高等代数

主　编　卞秋香　周思中　张　燕　夏良云
参　编　吴颉尔　王　磊　伊士超　孟义平
孙　波　黄青鹤　赵　娜　王平心
王　俊　周诗迪　沈启庆　王承毅

苏州大学出版社

图书在版编目(CIP)数据

高等代数 / 卞秋香等主编. --苏州 ：苏州大学出版社，2024. 8. --ISBN 978-7-5672-4931-8

Ⅰ. O13

中国国家版本馆 CIP 数据核字第 2024AF3220 号

书　　名：高等代数

主　　编：卞秋香　周思中　张　燕　夏良云

责任编辑：吴昌兴

装帧设计：吴　钰

出版发行：苏州大学出版社(Soochow University Press)

社　　址：苏州市十梓街 1 号　**邮编**：215006

印　　刷：江苏凤凰数码印务有限公司

邮购热线：0512-67480030

销售热线：0512-67481020

开　　本：787 mm×1 092 mm　1/16　**印张**：17. 50　**字数**：426 千

版　　次：2024 年 8 月第 1 版

印　　次：2024 年 8 月第 1 次印刷

书　　号：ISBN 978-7-5672-4931-8

定　　价：56. 00 元

苏州大学出版社营销部　电话：0512-67481020

苏州大学出版社网址　http://www. sudapress. com

苏州大学出版社邮箱　sdcbs@suda. edu. cn

前言

随着高等教育由精英模式向大众化转型的深入，数学作为自然科学与工程技术领域的基石，其重要性不言而喻. 作为数学类专业本科生的核心必修课程，高等代数不仅是连接初等数学与高等数学的桥梁，更是启迪智慧、培养抽象思维与逻辑推理能力的关键阶梯，它不仅承载着传授基础知识的重任，更肩负着激发学生潜能、提升其数学素养与综合能力的使命.

编者结合新时期培养数学应用型人才的需求，参阅国内同类教材，编写了本书. 在保证学科的系统性、逻辑性和科学性的前提下，尽量做到通俗易懂、由浅入深、兼顾发展，力求在深度与广度之间找到最佳平衡点，既避免内容过于艰深导致学生望而却步，又防止浅尝辄止使学生错失代数学的精髓. 通过精选的例题、逐步深入的讲解方式，以及科学合理的习题设计，帮助学生构建起坚实的代数基础，并初步掌握代数学的核心思想与方法.

本教材的特色与创新之处在于其时代性与前瞻性的教学视角，主要表现如下：

(1) 培养数学思想，提升思维能力. 本教材重视学生数学思想的培养，按照知识传授与价值引领同频共振的教学理念，结合课程思政、数学文化的融入，培养学生的数学逻辑思维能力和求真务实、严谨的科学态度.

(2) 整合教学内容，重构课程体系. 对一元多项式和线性空间、线性变换、欧几里得空间等较为抽象的内容，在保证知识体系完整的前提下弱化了严格证明的要求. 对线性代数的基本内容，则以矩阵和向量为主线，强化了以矩阵的运算、变换为重点内容的要求，整合了线性方程组相关内容. 对于线性变换和矩阵相关的特征向量部分，先通过矩阵特征值问题来阐述概念，然后过渡到线性变换的特征值问题，由具体到抽象，符合学生的认知过程.

(3) 教材层次分明，逐步提升难度. 本教材遵循学生的认知规律，从基础概念出发，逐步深入，通过丰富的例题和解析，引导学生逐步掌握高等代数的核心理论，通过不同层次的习题、拓展讲解，适应不同层次需求. 这种由浅入深、循序渐进的表达方式，有助于学生建立扎实的理论基础，并培养他们的逻辑思维和抽象思维能力.

(4) 注重知识应用，强化实践能力. 本教材不仅注重理论知识的传授，还强调知识的应用和实践能力的培养. 通过引入实际问题解决案例和数学实验，学生在解决实际问题的过程中可以深刻体会代数学的魅力和实用性，提高创新思维和解决问题的能力.

(5) 融合信息技术，打造一体化教材. 教材配套丰富的网络平台数字资源，学生可扫码进行线上测试，观看知识脉络、重难点及典型例题讲解视频等. 这样的安排让学生的学习体验更加流畅与高效，激发学生学习兴趣和积极性.

总之，本教材旨在成为符合时代需求，既严谨又贴近学生实际的高等代数教材，为培养更多具有创新精神和实践能力的数学应用型人才献一份力.

由于编者水平和经验有限，书中难免有疏漏和不妥之处，敬请广大读者和专家批评指正.

编 者

2024 年 7 月

目录

第1章

多项式

在多项式理论的发展史上，求根公式是一个重要的研究方向.解一元高次方程$f(x)=0$的关键是将$f(x)$因式分解，为此需要研究多项式组成的集合的结构及其重要性质.本章所研究的内容包括多项式整除性理论、最大公因式、重因式、多项式求根等.

1.1 一元多项式的基本概念

一、数域的定义

数是数学的一个最基本的概念. 数的概念经历了由正整数到整数、有理数、实数，再到复数的过程. 数的范围不同，它们的某些性质也不同，但它们也有很多共同的性质，在代数中将具有共同性质的对象进行统一讨论. 将数的加、减、乘、除等运算的性质称为数的代数性质.

定义 1　设 P 是由一些数组成的集合，其中包括 0 与 1. 如果 P 中任意两个数的和、差、积仍然是 P 中的数，那么称 P 为一个**数环**.

显然全体整数组成的集合 $\mathbf{Z}$、全体有理数组成的集合 $\mathbf{Q}$、全体实数组成的集合 $\mathbf{R}$、全体复数组成的集合 $\mathbf{C}$ 都是数环.

定义 2　设 P 是由一些数组成的集合，其中包括 0 与 1. 如果 P 中任意两个数的和、差、积、商(除数不为 0)仍然是 P 中的数，那么称 P 为一个**数域**.

常见数域有复数域 $\mathbf{C}$、实数域 $\mathbf{R}$、有理数域 $\mathbf{Q}$. 因为不是任意两个整数的商都是整数，所以自然数集 $\mathbf{N}$ 及整数集 $\mathbf{Z}$ 都不是数域.

如果数的集合 P 中任意两个数做某一运算的结果仍然是 P 中的数，那么就说数集 P 对这个运算是封闭的. 因此，数域的定义也可以说成：

定义 2′　如果包括 0 与 1 在内的数集 P 对于加法、减法、乘法和除法(除数不为 0)是封闭的，那么就称 P 为一个**数域**.

例 1　证明：数集 $\mathbf{Q}(\sqrt{2})=\{a+b\sqrt{2}\mid a,b\in\mathbf{Q}\}$是一个数域.

证明　$0=0+0\times\sqrt{2}\in\mathbf{Q}(\sqrt{2})$；$1=1+0\times\sqrt{2}\in\mathbf{Q}(\sqrt{2})$.

对 $\forall x,y\in\mathbf{Q}(\sqrt{2})$，设 $x=a+b\sqrt{2}$，$y=c+d\sqrt{2}$，$a,b,c,d\in\mathbf{Q}$，则有

$$x\pm y=(a\pm c)+(b\pm d)\sqrt{2}\in\mathbf{Q}(\sqrt{2}),$$

$$x\cdot y=(ac+2bd)+(ad+bc)\sqrt{2}\in\mathbf{Q}(\sqrt{2}).$$

设 $a+b\sqrt{2}\neq0$，于是 $a-b\sqrt{2}\neq0$(否则，若 $a-b\sqrt{2}=0$，则 $a=b\sqrt{2}$. 于是有$\frac{a}{b}=\sqrt{2}\in\mathbf{Q}$；

或 $a=0,b=0\Rightarrow a+b\sqrt{2}=0$. 矛盾).

$$\frac{c+d\sqrt{2}}{a+b\sqrt{2}}=\frac{(c+d\sqrt{2})(a-b\sqrt{2})}{(a+b\sqrt{2})(a-b\sqrt{2})}=\frac{ac-2bd}{a^2-2b^2}+\frac{ad-bc}{a^2-2b^2}\sqrt{2}\in\mathbf{Q}(\sqrt{2}).$$

所以 $\mathbf{Q}(\sqrt{2})$ 是一个数域.

类似可证 $\mathbf{Q}(\mathrm{i})=\{a+b\mathrm{i}\mid a,b\in\mathbf{Q},\mathrm{i}=\sqrt{-1}\}$ 是数域，此为高斯数域.

例 2 设 P 是至少含两个数的数集. 证明：若 P 中任意两个数的差与商(除数不为 0)仍属于 P，则 P 为一个数域.

证明 由题设，任取 $a,b\in P$，有

$$0=a-a\in P,\quad 1=\frac{b}{b}\in P(b\neq 0),\quad a-b\in P,\quad \frac{a}{b}\in P(b\neq 0),$$

则 $a+b=a-(0-b)\in P$. $b\neq 0$ 时，$ab=\dfrac{a}{\frac{1}{b}}\in P$；$b=0$ 时，$ab=0\in P$. 所以 P 是一个数域.

下面我们来看数域的一个重要性质.

命题 1 任意数域 P 都包括有理数域 $\mathbf{Q}$.

证明 设 P 为任意一个数域. 由定义可知，$0\in P,1\in P$. 于是 $\forall m\in\mathbf{Z}^+$，有

$$m=1+1+\cdots+1\in P.$$

进而 $\forall m,n\in\mathbf{Z}^+$，有

$$\frac{m}{n}\in P,\quad -\frac{m}{n}=0-\frac{m}{n}\in P.$$

而任意一个有理数可表示成两个整数的商，所以 $\mathbf{Q}\subseteq P$. ▎

由命题知，有理数域 $\mathbf{Q}$ 是最小的数域. 因有理数有无穷多个，故任意数域含无穷多个数.

二、一元多项式的定义

下面我们研究一元多项式.

定义 3 设 P 是一个数域，x 是一个不定元，n 是一非负整数，形如表达式

$$a_nx^n+a_{n-1}x^{n-1}+\cdots+a_1x+a_0,$$

其中 $a_0,a_1,\cdots,a_n\in P$，称为数域 P 上的**一元多项式**.

常用 $f(x),g(x),\cdots$ 或 $f,g,\cdots$ 来表示多项式.

说明 我们研究的是多项式由其加法、乘法运算及其相应的运算法则所确定的性质，那么 x 是不是自变量在这里不起什么作用，因此只要把 x 当作一个形式的记号就可以了. 在此情况下，x 被称作一个“不定元”，意思是它没有任何具体的含义，仅当作界定一个多项式的记号而已.

设多项式 $f(x)=a_nx^n+a_{n-1}x^{n-1}+\cdots+a_1x+a_0$，则：

(1) a_ix^i 称为 i 次项($i=1,2,\cdots,n$)，a_i 称为 i 次项的**系数**.

(2) 如果 $a_n\neq 0$，那么 a_nx^n 称为多项式 $f(x)$ 的首项，a_n 称为首项系数，n 称为多项式 $f(x)$ 的**次数**，记为 $\deg(f(x))$.

(3) 若系数 $a_0=a_1=\cdots=a_n=0$，即 $f(x)=0$，则称 $f(x)$ 为**零多项式**，记为 0. 零多项式是唯一不定义次数的多项式. 因为零多项式不定义次数，故用符号 $\deg(f(x))$ 时，总是假定 $f(x)\neq 0$.

(4) 规定 $x^0=1$,a_0 为**零次项**或**常数项**.

(5) 若 $f(x)=a,a\neq 0(a\in P)$,则 $\deg(f(x))=0$,称 $f(x)$ 为**零次多项式**.

定义 4 如果在多项式 $f(x)$ 与 $g(x)$ 中,同次项的系数全相等,那么就称 $f(x)$ 与 $g(x)$ **相等**,记为 $f(x)=g(x)$.

由定义 4 可知,若

$$f(x)=a_nx^n+a_{n-1}x^{n-1}+\cdots+a_1x+a_0,$$
$$g(x)=b_mx^m+b_{m-1}x^{m-1}+\cdots+b_1x+b_0,$$

则

$$f(x)=g(x)\Leftrightarrow m=n,a_i=b_i\quad (i=0,1,2,\cdots,n).$$

下面定义多项式的加法和乘法运算.

设

$$f(x)=a_nx^n+a_{n-1}x^{n-1}+\cdots+a_1x+a_0,$$
$$g(x)=b_mx^m+b_{m-1}x^{m-1}+\cdots+b_1x+b_0$$

是数域 P 上的两个多项式,那么可以写成

$$f(x)=\sum_{i=0}^{n}a_ix^i,\quad g(x)=\sum_{j=0}^{m}b_jx^j.$$

不妨设 $n\geqslant m$. 为了方便起见,在 $g(x)$ 中令 $b_n=b_{n-1}=\cdots=b_{m+1}=0$,则

$$\begin{aligned}f(x)\pm g(x)&=(a_n\pm b_n)x^n+(a_{n-1}\pm b_{n-1})x^{n-1}+\cdots+(a_1\pm b_1)x+(a_0\pm b_0)\\&=\sum_{i=0}^{n}(a_i\pm b_i)x^i,\end{aligned}$$

$$\begin{aligned}f(x)g(x)&=a_nb_mx^{n+m}+(a_nb_{m-1}+a_{n-1}b_m)x^{n+m-1}+\cdots+(a_1b_0+a_0b_1)x+a_0b_0\\&=\sum_{s=0}^{n+m}\Big(\sum_{i+j=s}a_ib_j\Big)x^s.\end{aligned}$$

由此可知,$f(x)\pm g(x)$,$f(x)g(x)$ 仍为数域 P 上的多项式. 故我们可以引入以下定义.

定义 5 所有系数在数域 P 中的一元多项式的全体称为数域 P 上的**一元多项式环**,记为 $P[x]$,P 称为 $P[x]$ 的**系数域**.

多项式乘积 $f(x)g(x)$ 的首项系数等于因子首项系数的乘积.

多项式的加法和乘法运算满足以下规律:

(1) **加法交换律**:$f(x)+g(x)=g(x)+f(x)$;

(2) **加法结合律**:$(f(x)+g(x))+h(x)=f(x)+(g(x)+h(x))$;

(3) **乘法交换律**:$f(x)g(x)=g(x)f(x)$;

(4) **乘法结合律**:$(f(x)g(x))h(x)=f(x)(g(x)h(x))$;

(5) **乘法对加法的分配律**:$f(x)(g(x)+h(x))=f(x)g(x)+f(x)h(x)$;

(6) **乘法消去律**:若 $f(x)g(x)=f(x)h(x)$ 且 $f(x)\neq 0$,则 $g(x)=h(x)$.

命题 2 设 $f(x),g(x)\in P[x]$.

(1) 当 $f(x)+g(x)\neq 0$ 时,有 $\deg(f(x)+g(x))\leqslant\max\{\deg(f(x)),\deg(g(x))\}$.

(2) 若 $f(x)\neq 0,g(x)\neq 0$,则 $f(x)g(x)\neq 0$,并且

$$\deg(f(x)g(x))=\deg(f(x))+\deg(g(x)).$$

显然上面的结果都可以推广到多个多项式的情形.

例 3 设 $f(x),g(x),h(x)\in\mathbf{R}[x]$.

(1) 证明:若 $f^2(x)=xg^2(x)+xh^2(x)$,则 $f(x)=g(x)=h(x)=0$.

(2) 在复数域 **C** 上,(1)是否成立?

(1) **证明** 若 $f(x)\neq 0$,则 $x(g^2(x)+h^2(x))=f^2(x)\neq 0$,从而 $g^2(x)+h^2(x)\neq 0$. 于是

$$\deg(xg^2(x)+xh^2(x))=\deg(x(g^2(x)+h^2(x)))$$

为奇数. 但 $\deg(f^2(x))$ 为偶数,所以

$$x(g^2(x)+h^2(x))\neq f^2(x),$$

这与已知矛盾,故 $f(x)=0$. 从而 $g^2(x)+h^2(x)=0$. 又 $g(x),h(x)\in\mathbf{R}[x]$,则必有 $g(x)=h(x)=0$,所以 $f(x)=g(x)=h(x)=0$.

(2) 在 **C** 上不成立. 如取 $f(x)=0,g(x)=\mathrm{i}x,h(x)=x$.

例 4 令 $f(x)=(x^{10}-x^9+x^8-x^7+\cdots-x+1)(x^{10}+x^9+\cdots+x+1)$,求 $f(x)$ 的奇次项系数之和.

解 由于 $f(-x)=f(x)$,所以 $f(x)$ 是偶函数. 故 $f(x)$ 奇次项系数之和为零.

1.2 多项式的整除

在一元多项式环中,可以做加、减、乘三种运算,但是乘法的逆运算——除法并不是普遍可以做的,因此整除就成了两个多项式之间的一种特殊的关系. 以下讨论数域 P 上一元多项式的整除性.

一、整除的定义

设 P 是一个数域,$P[x]$ 是数域 P 上一元多项式环.

定理 1(带余除法) 设 $f(x),g(x)\in P[x]$,且 $g(x)\neq 0$,则在 $P[x]$ 中存在唯一的多项式 $q(x),r(x)$,使得

$$f(x)=q(x)g(x)+r(x), \tag{1}$$

其中 $r(x)=0$,或者 $\deg(r(x))<\deg(g(x))$.

通常称带余除法中所得的 $q(x)$ 为 $g(x)$ 除 $f(x)$ 的商式,$r(x)$ 为 $g(x)$ 除 $f(x)$ 的余式.

证明 (存在性)情形 1:若 $f(x)=0$,令 $q(x)=r(x)=0$,则结论成立.

情形 2:若 $f(x)\neq 0$,设 $\deg(f(x))=n,\deg(g(x))=m$.

(1) 当 $n<m$ 时,取 $q(x)=0,r(x)=f(x)$,式(1)成立.

(2) 当 $n\geqslant m$ 时,对被除式 $f(x)$ 的次数 n 作数学归纳法.

假设对于次数小于 n 的被除式,$q(x),r(x)$ 的存在性已证. 现在看 n 次多项式 $f(x)$.

设 a_nx^n,b_mx^m 分别是 $f(x),g(x)$ 的首项. 为了利用归纳假设,要得到一个次数小于 n 的多项式,只要把 $f(x)$ 的首项消去. 显然 $a_nb_m^{-1}x^{n-m}g(x)$ 与 $f(x)$ 有相同的首项. 因此,令

$$f_1(x)=f(x)-a_nb_m^{-1}x^{n-m}g(x),$$

则 $\deg(f_1(x))<n$ 或 $f_1(x)=0$.

若 $f_1(x)=0$,取 $q(x)=a_nb_m^{-1}x^{n-m}$,$r(x)=0$.

若 $\deg(f_1(x))<n$,由归纳假设,对 $f_1(x)$,存在 $q_1(x),r_1(x)\in P[x]$,使得

$$f_1(x)=q_1(x)g(x)+r_1(x),$$

其中 $\deg(r_1(x))<\deg(g(x))$ 或者 $r_1(x)=0$. 于是

$$f(x)=(q_1(x)+a_nb_m^{-1}x^{n-m})g(x)+r_1(x).$$

令 $q(x)=q_1(x)+a_nb_m^{-1}x^{n-m}$,$r(x)=r_1(x)$,则 $f(x)=q(x)g(x)+r(x)$ 成立.

由数学归纳法原理,存在性得证.

(唯一性)设有 $q(x),r(x),q_1(x),r_1(x)\in P[x]$,使得

$$f(x)=q(x)g(x)+r(x);$$
$$f(x)=q_1(x)g(x)+r_1(x).$$

由上式得

$$(q(x)-q_1(x))g(x)=r_1(x)-r(x).$$

若 $r_1(x)-r(x)\neq 0$,则

$$\begin{aligned}\deg(g(x))&\leqslant\deg(r_1(x)-r(x))\\&<\deg(g(x)),\end{aligned}$$

矛盾. 因此 $r_1(x)-r(x)=0$. 故 $q(x)=q_1(x)$. ▌

例 1 设 $f(x)=3x^3+4x^2-5x+6$,$g(x)=x^2-3x+1$. 用 $g(x)$ 除 $f(x)$,求商式和余式.

解

$g(x)$	$f(x)$	$q(x)$
x^2-3x+1	$3x^3+4x^2-5x+6$	$3x+13$
	$3x^3-9x^2+3x$	
	$13x^2-8x+6$	
	$13x^2-39x+13$	
	$31x-7$	

故 $f(x)=(3x+13)g(x)+(31x-7)$.

综合除法

利用带余除法可以得到用 $x-c$ 除 $f(x)$ 的综合除法.

设 $f(x)=a_nx^n+a_{n-1}x^{n-1}+\cdots+a_1x+a_0$,$a_n\neq 0$,$n\geqslant 1$,$g(x)=x-c$. 由带余除法,

$$f(x)=h(x)(x-c)+r,\quad r\in P. \tag{2}$$

因为 $n\geqslant 1$,所以

$$\deg(f(x))=\deg(h(x))+\deg(x-c),$$

由此得 $\deg(h(x))=n-1$. 设 $h(x)=b_{n-1}x^{n-1}+b_{n-2}x^{n-2}+\cdots+b_1x+b_0$. 比较式(2)两边系数,得 $a_n=b_{n-1}$. 比较 s 次项的系数($s=1,\cdots,n-1$),得

$$a_s=-b_sc+b_{s-1},$$

从而得

$$b_{s-1}=a_s+b_sc\quad(s=1,\cdots,n-1).$$

比较常数项得 $a_0=-b_0c+r$,从而 $r=a_0+b_0c$. 因此我们有

$$
\begin{array}{c|cccccc}
c & a_n & a_{n-1} & a_{n-2} & \cdots & a_1 & a_0 \\
 & +) & b_{n-1}c & b_{n-2}c & \cdots & b_1c & b_0c \\
\hline
 & a_n & a_{n-1}+b_{n-1}c & a_{n-2}+b_{n-2}c & \cdots & a_1+b_1c & a_0+b_0c \\
 & \| & \| & \| & & \| & \| \\
 & b_{n-1} & b_{n-2} & b_{n-3} & & b_0 & r
\end{array}
$$

于是求出了商式 $h(x)=b_{n-1}x^{n-1}+b_{n-2}x^{n-2}+\cdots+b_1x+b_0$,余式 r.

说明 综合除法一般用于以下两种情况:

(1) 求一次多项式 $(x-c)$ 除 $f(x)$ 的商式及余式.

(2) 把 $f(x)$ 表示成 $(x-c)$ 的方幂和,即把 $f(x)$ 表示成

$$f(x)=b_n(x-c)^n+b_{n-1}(x-c)^{n-1}+\cdots+b_1(x-c)+b_0$$

的形式. 下面介绍如何求系数 $b_n,b_{n-1},\cdots,b_1,b_0$. 把上式改写成

$$f(x)=[b_n(x-c)^{n-1}+b_{n-1}(x-c)^{n-2}+\cdots+b_1](x-c)+b_0,$$

就可看出 b_0 就是 $f(x)$ 被 $(x-c)$ 除所得的余数,而

$$q_1(x)=b_n(x-c)^{n-1}+b_{n-1}(x-c)^{n-2}+\cdots+b_1$$

就是 $f(x)$ 被 $(x-c)$ 除所得的商式. 由

$$q_1(x)=[b_n(x-c)^{n-2}+b_{n-1}(x-c)^{n-3}+\cdots+b_2](x-c)+b_1,$$

又可看出 b_1 是商式 $q_1(x)$ 被 $(x-c)$ 除所得的余式,而

$$q_2(x)=b_n(x-c)^{n-2}+b_{n-1}(x-c)^{n-3}+\cdots+b_3(x-c)+b_2$$

就是 $q_1(x)$ 被 $(x-c)$ 除所得商式. 这样逐次用 $(x-c)$ 除所得的商式,那么所得的余数就是 $b_0,b_1,\cdots,b_{n-1},b_n$.

例 2 求 $g(x)=x-1+2\mathrm{i}$ 除 $f(x)=x^3-x^2-x$ 的商式和余式.

解 由

$$
\begin{array}{c|cccc}
1-2\mathrm{i} & 1 & -1 & -1 & 0 \\
 & +) & 1-2\mathrm{i} & -4-2\mathrm{i} & -9+8\mathrm{i} \\
\hline
 & 1 & -2\mathrm{i} & -5-2\mathrm{i} & -9+8\mathrm{i}
\end{array}
$$

故 $f(x)=(x^2-2\mathrm{i}x-5-2\mathrm{i})g(x)-9+8\mathrm{i}$.

例 3 把 $f(x)=x^5$ 表示成 $(x-1)$ 的方幂和.

解

$$
\begin{array}{c|cccccc}
1 & 1 & 0 & 0 & 0 & 0 & 0 \\
 & & 1 & 1 & 1 & 1 & 1 \\
\hline
1 & 1 & 1 & 1 & 1 & 1 & 1 \\
 & & 1 & 2 & 3 & 4 & \\
\hline
1 & 1 & 2 & 3 & 4 & 5 & \\
 & & 1 & 3 & 6 & & \\
\hline
1 & 1 & 3 & 6 & 10 & & \\
 & & 1 & 4 & & & \\
\hline
1 & 1 & 4 & 10 & & & \\
 & & 1 & & & & \\
\hline
 & 1 & 5 & & & &
\end{array}
$$

所以 $x^5=(x-1)^5+5(x-1)^4+10(x-1)^3+10(x-1)^2+5(x-1)+1$.

例 4 将 $f(x)=(x-2)^4+2(x-2)^3-3(x-2)^2+(x-2)+5$ 展开成 x 的多项式.

解 令 $y=x-2$,则 $x=y+2$. 于是 $f(y+2)=y^4+2y^3-3y^2+y+5$. 问题变为把多项式 $y^4+2y^3-3y^2+y+5$ 表示成 $y+2$ 的方幂和.

-2	1	2	-3	1	5
		-2	0	6	-14
-2	1	0	-3	7	-9
		-2	4	-2	
-2	1	-2	1	5	
		-2	8		
-2	1	-4	9		
		-2			
	1	-6			

所以 $f(x)=x^4-6x^3+9x^2+5x-9$.

在带余除法中,若余式 $r(x)=0$,则 $f(x)=q(x)g(x)$. 由此引出下述概念:

定义 6 设 $f(x),g(x)\in P[x]$,若存在 $q(x)\in P[x]$,使得

$$f(x)=q(x)g(x),$$

那么称 $g(x)$ 整除 $f(x)$,记作

$$g(x)\mid f(x);$$

否则,称 $g(x)$ 不能整除 $f(x)$,记作

$$g(x)\nmid f(x).$$

当 $g(x)\mid f(x)$ 时,$g(x)$ 就称为 $f(x)$ 的因式,$f(x)$ 称为 $g(x)$ 的倍式.

小贴士

带余除法中,$g(x)$ 必须不为零. 但 $g(x)\mid f(x)$ 中,$g(x)$ 可以为零. 这时

$$f(x)=q(x)g(x)=q(x)\cdot 0=0.$$

当 $g(x)\mid f(x)$ 时,如果 $g(x)\neq 0$,$g(x)$ 除 $f(x)$ 的商 $q(x)$ 有时也用 $\dfrac{f(x)}{g(x)}$ 表示.

定理 2 $\forall f(x),g(x)\in P[x]$,$g(x)\neq 0$,$g(x)\mid f(x)$ 的充分必要条件是 $g(x)$ 除 $f(x)$ 的余式 $r(x)=0$.

二、整除的性质

(1) 任一多项式 $f(x)$ 一定整除它自身,即 $f(x)\mid f(x)$.

(2) 任一多项式 $f(x)$ 都能整除零多项式 0.

(3) 零次多项式,即非零常数,能整除任一个多项式.

(4) 若 $f(x)\mid g(x)$,$g(x)\mid f(x)$,则 $f(x)=cg(x)$,其中 c 为非零常数.

(5) 若 $f(x)\mid g(x)$,$g(x)\mid h(x)$,则 $f(x)\mid h(x)$(整除的传递性).

(6) 若 $f(x)\mid g_i(x)(i=1,2,\cdots,r)$，则

$$f(x)\mid(u_1(x)g_1(x)+u_2(x)g_2(x)+\cdots+u_r(x)g_r(x)),$$

其中 $u_i(x)$ 是数域 P 上任意的多项式.

通常 $u_1(x)g_1(x)+u_2(x)g_2(x)+\cdots+u_r(x)g_r(x)$ 称为 $g_1(x),g_2(x),\cdots,g_r(x)$ 的一个组合.

由以上性质可以看出，多项式 $f(x)$ 与它的任一个非零常数倍 $cf(x)(c\neq 0)$ 有相同的因式，也有相同的倍式. 因此，在多项式整除性的讨论中，$f(x)$ 常常可以用 $cf(x)$ 来代替.

命题 3 设 $f(x),g(x)\in P[x]$，且 $g(x)\neq 0$，数域 $P\subseteq F$，则

$$在\ P[x]中,g(x)\mid f(x)\Leftrightarrow 在\ F[x]中,g(x)\mid f(x).$$

证明 (必要性)设在 $P[x]$ 中，$g(x)\mid f(x)$，则存在 $h(x)\in P[x]$，使得

$$f(x)=g(x)h(x).$$

由于 $P\subseteq F$，因此 $h(x)\in F[x]$，从而在 $F[x]$ 中，$g(x)\mid f(x)$.

(充分性)设在 $F[x]$ 中，$g(x)\mid f(x)$. 在 $P[x]$ 中作带余除法，有 $h(x),r(x)\in P[x]$ 使

$$f(x)=h(x)g(x)+r(x).$$

由于 $P\subseteq F$，因此 $f(x),g(x),h(x),r(x)\in F[x]$. 故上式可以看成 $f(x)$ 在 $F[x]$ 中的带余除法. 由于在 $F[x]$ 中，$g(x)\mid f(x)$，故 $r(x)=0$. 从而在 $P[x]$ 中，$g(x)\mid f(x)$. ▍

上述命题可表述为：两个多项式之间的整除关系不因为系数域的扩大而改变. 若 $f(x)$，$g(x)$ 是 $P[x]$ 中两个多项式，F 是包含 P 的一个较大的数域，则 $f(x),g(x)$ 也可以看成是 $F[x]$ 中的多项式. 从带余除法可以看出，不论把 $f(x),g(x)$ 看成是 $F[x]$ 中还是 $P[x]$ 中的多项式，用 $g(x)$ 去除 $f(x)$ 所得的商式及余式都是一样的. 因此，若在 $P[x]$ 中 $g(x)$ 不能整除 $f(x)$，则在 $F[x]$ 中，$g(x)$ 也不能整除 $f(x)$.

例 5 证明：若 $g(x)\mid f_1(x)+f_2(x),g(x)\mid f_1(x)-f_2(x)$，则

$$g(x)\mid f_1(x),\quad g(x)\mid f_2(x).$$

证明 因为 $g(x)\mid f_1(x)+f_2(x),g(x)\mid f_1(x)-f_2(x)$，故有 $h_1(x),h_2(x)$，使得

$$f_1(x)+f_2(x)=g(x)h_1(x),$$
$$f_1(x)-f_2(x)=g(x)h_2(x).$$

两式相加，得

$$2f_1(x)=(h_1(x)+h_2(x))g(x),$$

所以 $g(x)\mid f_1(x)$.

两式相减，得

$$2f_2(x)=(h_1(x)-h_2(x))g(x),$$

所以 $g(x)\mid f_2(x)$.

例 6 求 k,l，使 $x^2+x+l\mid x^3+kx+1$.

解 因为 $x^2+x+l\mid x^3+kx+1$，所以存在实数 a，使得 $x^3+kx+1=(x^2+x+l)(x+a)$. 比较两边系数得

$$\begin{cases}a+1=0,\\k=l+a,\\al=1\end{cases}\Rightarrow\begin{cases}a=-1,\\l=-1,\\k=-2.\end{cases}$$

例 7 证明：若 $g(x)\mid f(x)$，$g(x)\nmid h(x)$，则 $g(x)\nmid f(x)+h(x)$.

证明 （反证法）若 $g(x)\mid f(x)+h(x)$，则存在 $d(x)$，使得

$$f(x)+h(x)=g(x)d(x).$$

又因为 $g(x)\mid f(x)$，所以存在 $d_1(x)$，使得

$$f(x)=g(x)d_1(x).$$

故有

$$h(x)=g(x)(d(x)-d_1(x)),$$

则 $g(x)\mid h(x)$. 与题设矛盾，所以 $g(x)\nmid f(x)+h(x)$.

1.3 最大公因式

在 $P[x]$ 中，若 $c(x)\mid f(x)$ 且 $c(x)\mid g(x)$，则称 $c(x)$ 是 $f(x)$ 与 $g(x)$ 的一个公因式.

自然要问：$f(x)$ 与 $g(x)$ 有没有最大的公因式？直觉上，会把 $f(x)$ 与 $g(x)$ 的公因式组成的集合中的次数最高的多项式定义为 $f(x)$ 与 $g(x)$ 的最大公因式. 但是这样的定义不容易求 $f(x)$ 与 $g(x)$ 的最大公因式，也无法确定 0 与 0 的最大公因式（因为任意多项式都是 0 与 0 的公因式）. 下面我们来定义 $f(x)$ 与 $g(x)$ 的最大公因式.

一、多项式的最大公因式

定义 7 设 $f(x)$ 与 $g(x)$ 是 $P[x]$ 中两个多项式. $P[x]$ 中多项式 $d(x)$ 称为 $f(x)$ 与 $g(x)$ 的一个**最大公因式**，如果它满足下面两个条件：

(1) $d(x)$ 是 $f(x)$ 与 $g(x)$ 的公因式；

(2) 对于 $f(x)$，$g(x)$ 的任一公因式 $c(x)$，都有 $c(x)\mid d(x)$.

例如，对于任意多项式 $f(x)$，$f(x)$ 就是 $f(x)$ 与 0 的一个最大公因式. 特别地，根据定义，0 是 0 与 0 的最大公因式.

任给 $f(x)$，$g(x)\in P[x]$，且 $f(x)\neq 0$，$g(x)\neq 0$，试问：$f(x)$ 与 $g(x)$ 的最大公因式是否存在？如果存在，如何求？下面我们利用带余除法来探索这些问题.

引理 设 $f(x)$ 与 $g(x)$ 是 $P[x]$ 中两个多项式，如果有等式

$$f(x)=q(x)g(x)+r(x)$$

成立，那么 $f(x)$，$g(x)$ 和 $g(x)$，$r(x)$ 有相同的公因式. 从而 $d(x)$ 是 $f(x)$ 与 $g(x)$ 的一个最大公因式当且仅当 $d(x)$ 是 $g(x)$ 与 $r(x)$ 的一个最大公因式.

证明 若 $c(x)\mid f(x)$ 且 $c(x)\mid g(x)$，因为 $r(x)=f(x)-q(x)g(x)$，所以

$$c(x)\mid r(x).$$

反之，若 $c(x)\mid g(x)$ 且 $c(x)\mid r(x)$，因为 $f(x)=q(x)g(x)+r(x)$，所以

$$c(x)\mid f(x).$$

设 $d(x)$ 是 $f(x)$ 与 $g(x)$ 的一个最大公因式，则 $d(x)\mid f(x)$ 且 $d(x)\mid g(x)$，则由刚证得的结论得

$$d(x)\mid g(x) \text{且} d(x)\mid r(x).$$

任取 $g(x)$ 与 $r(x)$ 的一个公因式 $c(x)$，则

$$c(x)\mid f(x)\text{且}c(x)\mid g(x).$$

因为 $d(x)$ 是 $f(x)$ 与 $g(x)$ 的一个最大公因式，所以 $c(x)\mid d(x)$. 于是 $d(x)$ 是 $g(x)$ 与 $r(x)$ 的一个最大公因式.

反之，若 $d(x)$ 是 $g(x)$ 与 $r(x)$ 的一个最大公因式，则 $d(x)$ 是 $f(x)$ 与 $g(x)$ 的一个最大公因式. ▎

定理 3 对于 $P[x]$ 中任意两个多项式 $f(x), g(x)$，在 $P[x]$ 中存在一个最大公因式 $d(x)$，且 $d(x)$ 可以表示成 $f(x), g(x)$ 的一个组合，即有 $P[x]$ 中多项式 $u(x), v(x)$，使得

$$d(x)=u(x)f(x)+v(x)g(x).$$

证明 设 $f(x), g(x)\in P[x]$，则

情形 1：若 $g(x)=0$，则 $f(x)$ 就是一个最大公因式，且

$$f(x)=1\cdot f(x)+1\cdot 0.$$

情形 2：若 $g(x)\neq 0$，作带余除法，得

$$f(x)=q_1(x)g(x)+r_1(x).$$

若 $r_1(x)\neq 0$，则

$$g(x)=q_2(x)r_1(x)+r_2(x);$$

若 $r_2(x)\neq 0$，则

$$r_1(x)=q_3(x)r_2(x)+r_3(x).$$

如此下去，只要余式不为 0，就用余式去除除式. 这样辗转相除下去，所得余式的次数不断降低. 由于非零多项式的次数是正整数或零，因此经过有限次辗转相除后，必然出现余式为 0，即

$$r_{s-3}(x)=q_{s-1}(x)r_{s-2}(x)+r_{s-1}(x),\quad 0\leqslant\deg(r_{s-1}(x))<\deg(r_{s-2}(x));\qquad(1)$$

$$r_{s-2}(x)=q_s(x)r_{s-1}(x)+r_s(x),\quad 0\leqslant\deg(r_s(x))<\deg(r_{s-1}(x));\qquad(2)$$

$$r_{s-1}(x)=q_{s+1}(x)r_s(x)+0.\qquad(3)$$

由于 $r_s(x)$ 是 $r_s(x)$ 与 0 的一个最大公因式，由引理知 $r_s(x)$ 是 $r_s(x)$ 与 $r_{s-1}(x)$ 的一个最大公因式；同样的理由，逐步推上去，$r_s(x)$ 就是 $f(x)$ 与 $g(x)$ 一个最大公因式.

由式(2)得

$$r_s(x)=r_{s-2}(x)-q_s(x)r_{s-1}(x).$$

由(1)得

$$r_{s-1}(x)=r_{s-3}(x)-q_{s-1}(x)r_{s-2}(x).$$

代入上式可得

$$\begin{aligned}r_s(x)&=r_{s-2}(x)-q_s(x)(r_{s-3}(x)-q_{s-1}(x)r_{s-2}(x))\\&=-q_s(x)r_{s-3}(x)+(1+q_s(x)q_{s-1}(x))r_{s-2}(x).\end{aligned}$$

依次往上推，最后得出，存在 $u(x), v(x)\in P[x]$，使得

$$r_s(x)=u(x)f(x)+v(x)g(x).$$ ▎

由最大公因式的定义不难看出，如果 $d_1(x), d_2(x)$ 是 $f(x), g(x)$ 的两个最大公因式，那么一定有 $d_1(x)\mid d_2(x)$ 与 $d_2(x)\mid d_1(x)$，即 $d_1(x)=cd_2(x)$. 这就是说，两个多项式的最大公因式在可以相差一个非零常数倍的意义下是唯一确定的. 两个不全为零的多项式的最大公因式总是一个非零多项式. 在这个情形下，我们用

$$(f(x),g(x))$$

来表示首项系数是1的那个最大公因式.

定理3证明中用来求最大公因式的方法通常称为**辗转相除法**(division algorithm).

小贴士

定理3的逆不成立.例如,令 $f(x)=x$, $g(x)=x+1$,则

$$x(x+2)+(x+1)(x-1)=2x^2+2x-1.$$

但 $2x^2+2x-1$ 显然不是 $f(x)$ 与 $g(x)$ 的最大公因式.

最大公因式

命题4 若 $d(x)=u(x)f(x)+v(x)g(x)$, $d(x)$ 是 $f(x)$ 与 $g(x)$ 的一个公因式,则 $d(x)$ 一定是 $f(x)$ 与 $g(x)$ 的一个最大公因式.

例1 设 $f(x)=x^4+3x^3-x^2-4x-3$, $g(x)=3x^3+10x^2+2x-3$,求 $(f(x),g(x))$,并求 $u(x)$, $v(x)$,使得 $(f(x),g(x))=u(x)f(x)+v(x)g(x)$.

解

	$g(x)$	$f(x)$	
$-\frac{27}{5}x+9$	$3x^3+10x^2+2x-3$	$x^4+3x^3-x^2-4x-3$	$\frac{1}{3}x-\frac{1}{9}$
$=q_2(x)$	$3x^3+15x^2+18x$	$x^4+\frac{10}{3}x^3+\frac{2}{3}x^2-x$	$=q_1(x)$
	$-5x^2-16x-3$	$-\frac{1}{3}x^3-\frac{5}{3}x^2-3x-3$	
	$-5x^2-25x-30$	$-\frac{1}{3}x^3-\frac{10}{9}x^2-\frac{2}{9}x+\frac{1}{3}$	
	$r_2(x)=9x+27$	$r_1(x)=-\frac{5}{9}x^2-\frac{25}{9}x-\frac{10}{3}$	$-\frac{5}{81}x-\frac{10}{81}$
		$-\frac{5}{9}x^2-\frac{5}{3}x$	$=q_3(x)$
		$-\frac{10}{9}x-\frac{10}{3}$	
		$-\frac{10}{9}x-\frac{10}{3}$	
		0	

用等式来表示,就是

$$f(x)=\left(\frac{1}{3}x-\frac{1}{9}\right)g(x)+\left(-\frac{5}{9}x^2-\frac{25}{9}x-\frac{10}{3}\right),$$

$$g(x)=\left(-\frac{27}{5}x+9\right)\left(-\frac{5}{9}x^2-\frac{25}{9}x-\frac{10}{3}\right)+(9x+27),$$

$$-\frac{5}{9}x^2-\frac{25}{9}x-\frac{10}{3}=\left(-\frac{5}{81}x-\frac{10}{81}\right)(9x+27),$$

因此

$$(f(x),g(x))=x+3.$$

而

$$\begin{aligned}9x+27&=g(x)-\left(-\frac{27}{5}x+9\right)\left(-\frac{5}{9}x^2-\frac{25}{9}x-\frac{10}{3}\right)\\&=g(x)-\left(-\frac{27}{5}x+9\right)\left[f(x)-\left(\frac{1}{3}x-\frac{1}{9}\right)g(x)\right]\\&=\left(\frac{27}{5}x-9\right)f(x)+\left(-\frac{9}{5}x^2+\frac{18}{5}x\right)g(x),\end{aligned}$$

于是令 $u(x)=\frac{3}{5}x-1,v(x)=-\frac{1}{5}x^2+\frac{2}{5}x$，就有

$$(f(x),g(x))=u(x)f(x)+v(x)g(x).$$

二、多项式互素

两个不全为 0 的多项式，如果它们的首项系数为 1 的最大公因式为 1，那么这种情形特别重要. 下面我们就来研究这种情形.

定义 8 $P[x]$中两个多项式 $f(x),g(x)$称为**互素**(也称为**互质**)的，如果

$$(f(x),g(x))=1.$$

显然，两个多项式互素当且仅当它们的公因式都是零次多项式，也就是 P 中的非零数.

定理 4 $P[x]$中两个多项式 $f(x),g(x)$互素的充要条件是 $P[x]$中存在多项式$u(x)$，$v(x)$，使得

$$u(x)f(x)+v(x)g(x)=1.$$

证明 (必要性)由定理 3 可得.

(充分性)设有 $P[x]$中多项式 $u(x),v(x)$，使得

$$u(x)f(x)+v(x)g(x)=1.$$

任取 $f(x)$与 $g(x)$的一个公因式 $c(x)$，则 $c(x)\mid 1$，于是 $c(x)$是零次多项式. 因此$f(x)$与 $g(x)$互素. ▌

关于互素多项式有以下事实成立.

性质 1 在 $P[x]$中，如果$(f(x),g(x))=1$，且 $f(x)\mid g(x)h(x)$，那么

$$f(x)\mid h(x).$$

证明 由$(f(x),g(x))=1$ 可知，存在 $P[x]$中多项式 $u(x),v(x)$，使得

$$u(x)f(x)+v(x)g(x)=1.$$

等式两边同乘 $h(x)$，得

$$u(x)f(x)h(x)+v(x)g(x)h(x)=h(x).$$

因为 $f(x)\mid g(x)h(x)$，所以 $f(x)$整除等式左端，从而

$$f(x)\mid h(x).$$ ▌

性质 2 在 $P[x]$中，如果 $f_1(x)\mid g(x),f_2(x)\mid g(x)$，且$(f_1(x),f_2(x))=1$，那么

$$f_1(x)f_2(x)\mid g(x).$$

证明 因为 $f_1(x)\mid g(x)$，所以存在 $h_1(x)$，使得

$$g(x)=f_1(x)h_1(x).$$

又因为 $f_2(x)\mid g(x)$，所以

$$f_2(x)\mid f_1(x)h_1(x).$$

而 $(f_1(x),f_2(x))=1$，由性质 1 得 $f_2(x)\mid h_1(x)$. 于是存在 $h_2(x)$，使得

$$h_1(x)=f_2(x)h_2(x),$$

从而 $g(x)=f_1(x)f_2(x)h_2(x)$. 这就是说，

$$f_1(x)f_2(x)\mid g(x). \blacksquare$$

性质 3 在 $P[x]$ 中，如果 $(f_1(x),g(x))=1$，$(f_2(x),g(x))=1$，那么

$$(f_1(x)f_2(x),g(x))=1.$$

证明 因为 $(f_1(x),g(x))=1$，$(f_2(x),g(x))=1$，所以由定理 4 知，$P[x]$ 中存在多项式 $u_1(x)$，$u_2(x)$，$v_1(x)$，$v_2(x)$，使得

$$u_1(x)f_1(x)+v_1(x)g(x)=1,$$
$$u_2(x)f_2(x)+v_2(x)g(x)=1.$$

两式相乘得

$$u_1(x)u_2(x)f_1(x)f_2(x)+[u_1(x)v_2(x)f_1(x)+u_2(x)v_1(x)f_2(x)+v_1(x)v_2(x)g(x)]g(x)=1.$$

由定理 4 知，$(f_1(x)f_2(x),g(x))=1$. ▍

利用数学归纳法，性质 3 可以推广为：在 $P[x]$ 中，若

$$(f_i(x),g(x))=1\quad(i=1,2,\cdots,s),$$

则 $(f_1(x)f_2(x)\cdots f_s(x),g(x))=1$.

小贴士

① 当一个多项式整除两个多项式之积时，若没有互素的条件，这个多项式一般不能整除积的因式之一. 例如 $x^2-1\mid(x+1)^2(x-1)^2$，但 $x^2-1\nmid(x+1)^2$，且 $x^2-1\nmid(x-1)^2$.

② 性质 2 若没有互素的条件，则不成立. 例如 $g(x)=x^2-1$，$f_1(x)=x+1$，$f_2(x)=(x+1)(x-1)$，则 $f_1(x)\mid g(x)$，$f_2(x)\mid g(x)$，但 $f_1(x)f_2(x)\nmid g(x)$.

说明 令 F 是含 P 的一个数域，$d(x)$ 是 $P[x]$ 中的多项式 $f(x)$ 与 $g(x)$ 在 $P[x]$ 中首项系数为 1 的最大公因式，而 $\overline{d}(x)$ 是 $f(x)$ 与 $g(x)$ 在 $F[x]$ 中首项系数为 1 的最大公因式，那么 $\overline{d}(x)=d(x)$. 即从数域 P 过渡到数域 F 时，$f(x)$ 与 $g(x)$ 的最大公因式本质上没有改变.

最大公因式的概念可以推广到任意多个多项式的情形.

推广 对于任意多个多项式 $f_1(x)$，$f_2(x)$，$\cdots$，$f_s(x)(s\geqslant 2)$，$d(x)$ 称为 $f_1(x)$，$f_2(x)$，$\cdots$，$f_s(x)(s\geqslant 2)$ 的一个最大公因式，如果 $d(x)$ 具有下面的性质：

(1) $d(x)\mid f_i(x)$，$i=1,2,\cdots,s$；

(2) 如果 $c(x)\mid f_i(x)$，$i=1,2,\cdots,s$，那么 $c(x)\mid d(x)$.

我们仍用符号 $(f_1(x),f_2(x),\cdots,f_s(x))$ 来表示首项系数为 1 的最大公因式. 不难证明 $f_1(x)$，$f_2(x)$，$\cdots$，$f_s(x)$ 的最大公因式存在，而且当 $f_1(x)$，$f_2(x)$，$\cdots$，$f_s(x)$ 全不为 0 时，

$$(f_1(x),f_2(x),\cdots,f_s(x))=((f_1(x),f_2(x),\cdots,f_{s-1}(x)),f_s(x)).$$

同样地，利用以上这个关系可以证明，存在多项式 $u_i(x)$，$i=1,2,\cdots,s$，使得

$$u_1(x)f_1(x)+u_2(x)f_2(x)+\cdots+u_s(x)f_s(x)=(f_1(x),f_2(x),\cdots,f_s(x)).$$

如果$(f_1(x),f_2(x),\cdots,f_s(x))=1$，那么$f_1(x),f_2(x),\cdots,f_s(x)$就称为互素的. 同样有类似定理 4 的结论.

小贴士

$s(s\geqslant 2)$个多项式$f_1(x),f_2(x),\cdots,f_s(x)$互素时，它们并不一定两两互素. 例如，多项式$f_1(x)=x^2-3x+2$，$f_2(x)=x^2-5x+6$，$f_3(x)=x^2-4x+3$是互素的，但$(f_1(x),f_2(x))=x-2$.

互素多项式的性质可以推广到多个多项式的情形：

(1) 若$h(x)\mid f_1(x)f_2(x)\cdots f_s(x)$，$h(x)$与$f_1(x),\cdots,f_{i-1}(x),f_{i+1}(x),\cdots,f_s(x)$互素，则

$$h(x)\mid f_i(x),\quad 1\leqslant i\leqslant s.$$

(2) $f_1(x),f_2(x),\cdots,f_s(x)$整除$h(x)$，且$f_1(x),f_2(x),\cdots,f_s(x)$两两互素，则

$$f_1(x)f_2(x)\cdots f_s(x)\mid h(x).$$

(3) 若多项式$f_1(x),f_2(x),\cdots,f_s(x)$都与$h(x)$互素，则

$$(f_1(x)f_2(x)\cdots f_s(x),h(x))=1.$$

例 2 假设$f_1(x)=af(x)+bg(x)$，$g_1(x)=cf(x)+dg(x)$，且$ad-bc=1$，证明：

$$(f(x),g(x))=(f_1(x),g_1(x)).$$

证明 令$(f(x),g(x))=d(x)$，$(f_1(x),g_1(x))=d_1(x)$，则

$$d(x)\mid f(x),\quad d(x)\mid g(x),$$

所以$d(x)\mid af(x)+bg(x)$，$d(x)\mid cf(x)+dg(x)$，即$d(x)\mid f_1(x)$，$d(x)\mid g_1(x)$. 从而

$$d(x)\mid d_1(x).$$

又因为

$$d_1(x)\mid af(x)+bg(x),\quad d_1(x)\mid cf(x)+dg(x),$$

所以

$$d_1(x)\mid d(af(x)+bg(x))-b(cf(x)+dg(x)),$$

即$d_1(x)\mid(ad-bc)f(x)$. 而$ad-bc=1$，故$d_1(x)\mid f(x)$. 同理可得$d_1(x)\mid g(x)$. 从而

$$d_1(x)\mid d(x).$$

又因为$(f(x),g(x))=d(x)$，$(f_1(x),g_1(x))=d_1(x)$，所以$d_1(x)=d(x)$，即

$$(f(x),g(x))=(f_1(x),g_1(x)).$$

1.4 多项式的因式分解

这一节我们来讨论多项式的因式分解. 在中学所学代数里，我们仅学过把一个多项式分解为不能再分的因式的乘积，但并没有深入地讨论这个问题. 所谓不能再分，常常只是我们自己看不出怎样再分下去，并没有严格地论证它们确实不可再分. 所谓不能再分的概念，其实不是绝对的，而是相对于系数所在的数域而言的. 例如，在有理数域 **Q** 上，多项式x^4-9只能分解为

$$x^4-9=(x^2-3)(x^2+3).$$

但在实数域 **R** 上就可以进一步分解成

$$x^4-9=(x-\sqrt{3})(x+\sqrt{3})(x^2+3).$$

而在复数域 **C** 上，还可以更进一步分解为

$$x^4-9=(x-\sqrt{3})(x+\sqrt{3})(x-\sqrt{3}\mathrm{i})(x+\sqrt{3}\mathrm{i}).$$

因此，必须在明确系数域后，讨论能不能分解才有确切的意义.

一、不可约多项式

若 $f(x)\in P[x]$，则 $c,cf(x)(c\in P,c\neq 0)$ 都是 $f(x)$ 的因式，这样的因式称为 $f(x)$ 的平凡因式.

定义 9 设 $f(x)$ 为 $P[x]$ 中一个次数大于 0 的多项式，若 $f(x)$ 只有平凡因式，则称 $f(x)$ 在数域 P 上**不可约**；否则，称 $f(x)$ 在数域 P 上**可约**.

根据定义，一次多项式总是不可约多项式.

一个多项式是否可约依赖于数域 P.

不可约多项式可以从以下几个方面刻画：

定理 5 设 $p(x)$ 是 $P[x]$ 中次数大于 0 的一个多项式，则下列命题等价：

(1) $p(x)$ 是 P 上不可约多项式；

(2) $\forall f(x)\in P[x]$，$p(x)\mid f(x)$ 或者 $(p(x),f(x))=1$；

(3) 在 $P[x]$ 中，由 $p(x)\mid f(x)g(x)$ 一定可推出 $p(x)\mid f(x)$ 或 $p(x)\mid g(x)$；

(4) 在 $P[x]$ 中，$p(x)$ 不能分解成两个次数比 $p(x)$ 的次数低的多项式的乘积.

证明 ((1)⇒(2)) 设 $p(x)$ 在 P 上不可约，则 $\forall f(x)\in P[x]$，由于 $(p(x),f(x))$ 是 $p(x)$ 的一个因式，因此，由不可约多项式的定义知

$$(p(x),f(x))=1 \quad 或 \quad (p(x),f(x))=cp(x),c\in P.$$

从后者得 $p(x)\mid (p(x),f(x))$. 又由于 $(p(x),f(x))\mid f(x)$，因此，由整除关系的传递性得

$$p(x)\mid f(x).$$

((2)⇒(3)) 设在 $P[x]$ 中，$p(x)\mid f(x)g(x)$. 若 $p(x)\nmid f(x)$，则根据(2)得

$$(p(x),f(x))=1.$$

从而根据互素的多项式的性质得 $p(x)\mid g(x)$.

((3)⇒(4)) (反证法)设 $p(x)=p_1(x)p_2(x)$，且 $\deg(p_i(x))<\deg(p(x))$，$i=1,2$.

由于 $p(x)\mid p(x)$，因此

$$p(x)\mid p_1(x)p_2(x).$$

由(3)得 $p(x)\mid p_1(x)$ 或 $p(x)\mid p_2(x)$. 显然 $p_i(x)\neq 0$，$i=1,2$，故 $\deg(p(x))\leqslant\deg(p_i(x))$，$i=1,2$，矛盾. 因此 $p(x)$ 不能分解成两个次数比 $p(x)$ 的次数低的多项式的乘积.

((4)⇒(1)) 任取 $p(x)$ 在 $P[x]$ 中的一个因式 $g(x)$，存在 $h(x)\in P[x]$，使得

$$p(x)=h(x)g(x).$$

于是

$$\deg(p(x))=\deg(h(x))+\deg(g(x)).$$

而根据(4)得

$$\deg(h(x))=\deg(p(x)) \quad 或 \quad \deg(g(x))=\deg(p(x)).$$

从而 $\deg(g(x))=0$ 或 $\deg(h(x))=0$. 所以存在某个 $c\in P$,使得

$$p(x)=ch(x) \quad 或 \quad p(x)=cg(x).$$

因此 $p(x)$在 P 上不可约. ▌

推广 若在 $P[x]$中,$p(x)$不可约,且 $p(x)$整除一些多项式 $f_1(x),f_2(x),\cdots,f_s(x)$ 的乘积 $f_1(x)f_2(x)\cdots f_s(x)$,则 $p(x)$一定整除这些多项式之中的一个.

二、因式分解定理

定理 6(因式分解唯一性定理) 数域 P 上次数大于 0 的多项式 $f(x)$可以唯一地分解成数域 P 上一些不可约多项式的乘积. 所谓唯一性是说,如果有两个分解式

$$f(x)=p_1(x)p_2(x)\cdots p_s(x)=q_1(x)q_2(x)\cdots q_t(x),$$

那么必有 $s=t$,并且适当排列因式的次序后,有

$$p_i(x)=c_iq_i(x) \quad (i=1,2,\cdots,s),$$

其中 $c_i(i=1,2,\cdots,s)$是一些非零常数.

证明 对 $f(x)$的次数作数学归纳.

当 $\deg(f(x))=1$ 时,结论成立.

设对次数低于 n 的多项式结论成立. 下证 $\deg(f(x))=n$ 的情形.

若 $f(x)$是不可约多项式,则结论显然成立.

若 $f(x)$不是不可约多项式,则存在 $f_1(x),f_2(x)$,且 $\deg(f_i(x))<n,i=1,2$,使得 $f(x)=f_1(x)f_2(x)$. 由归纳假设 $f_1(x),f_2(x)$皆可分解成不可约多项式的积,所以 $f(x)$ 可分解为一些不可约多项式的积.

(唯一性)设 $f(x)$有两个分解式

$$f(x)=p_1(x)p_2(x)\cdots p_s(x)=q_1(x)q_2(x)\cdots q_t(x), \tag{1}$$

其中 $p_i(x),q_j(x)(i=1,2,\cdots,s;j=1,2,\cdots,t)$都是不可约多项式.

对 s 作数学归纳法. 若 $s=1$,则必有 $s=t=1,f(x)=p_1(x)=q_1(x)$.

假设不可约多项式个数为 $s-1$ 时唯一性已证. 由式(1)得

$$p_1(x)\mid q_1(x)q_2(x)\cdots q_t(x).$$

故存在 $q_j(x)$,使得 $p_1(x)\mid q_j(x)$. 不妨设 $q_j(x)=q_1(x)$,则 $p_1(x)\mid q_1(x)$,故

$$q_1(x)=c_1p_1(x),c_1\neq 0.$$

式(1)两边消去 $q_1(x)$,即得

$$p_2(x)\cdots p_s(x)=c_1q_2(x)\cdots q_t(x).$$

由归纳假设有 $s-1=t-1$,所以 $s=t$. ▌

应该指出,因式分解定理虽然在理论上有其基本重要性,但是它并没有给出一个具体的分解多项式的方法. 实际上,对于一般的多项式情形,普遍可行的分解多项式的方法是不存在的.

在多项式 $f(x)$的分解式中,可以把每一个不可约因式的首项系数提出来,使它们成为首项系数为 1 的多项式,再把相同的不可约因式合并. 于是 $f(x)$的分解式成为

$$f(x)=cp_1^{r_1}(x)p_2^{r_2}(x)\cdots p_s^{r_s}(x),$$

其中，c 是 $f(x)$ 的首项系数，$p_1(x),p_2(x),\cdots,p_s(x)$ 是不同的首项系数为 1 的不可约多项式，$r_1,r_2,\cdots,r_s$ 是正整数. 这种分解式称为**标准分解式**.

如果已经有了两个多项式的标准分解式，就可以直接写出两个多项式的最大公因式. 多项式 $f(x)$ 与 $g(x)$ 的最大公因式 $d(x)$ 就是那些同时在 $f(x)$ 与 $g(x)$ 的标准分解式中出现的不可约多项式方幂的乘积，所带的方幂的指数等于它在 $f(x)$ 与 $g(x)$ 中所带的方幂中较小的一个. 若 $f(x)$ 与 $g(x)$ 的标准分解式中没有共同的不可约多项式，则 $f(x)$ 与 $g(x)$ 互素.

例 1 在 $P[x]$ 中，$f(x)$ 的次数大于 0，令

$$g(x):=f(ax+b),\quad a,b\in P,a\neq 0.$$

证明：$f(x)$ 在 P 上不可约当且仅当 $g(x)$ 在 P 上不可约.

证明 （充分性）显然 $\deg(g(x))=\deg(f(x))$. 假如 $f(x)$ 在 P 上可约，则在 $P[x]$ 中，

$$f(x)=f_1(x)f_2(x),\quad \deg(f_i(x))<\deg(f(x)),i=1,2.$$

用 $ax+b$ 代替 x 得

$$f(ax+b)=f_1(ax+b)f_2(ax+b).$$

令 $g_i(x):=f_i(ax+b)$，则有 $\deg(g_i(x))=\deg((f_i(x)),i=1,2$. 则在 $P[x]$ 中，有

$$g(x)=g_1(x)g_2(x),\quad \deg(g_i(x))<\deg(g(x)),i=1,2.$$

这与 $g(x)$ 在 P 上不可约相矛盾，因此 $f(x)$ 在 P 上不可约.

（必要性）在 $g(x)=f(ax+b)$ 中，用 $\frac{1}{a}(x-b)$ 代替 x 得 $g\left(\frac{1}{a}(x-b)\right)=f(x)$，从充分性证得的结论知，如果 $f(x)$ 在 P 上不可约，那么 $g(x)$ 在 P 上不可约.

例 2 证明：x^2+x+1 在实数域和有理数域上都不可约.

证明 若 x^2+x+1 在实数域 $\mathbf{R}$ 上可约，则 $x^2+x+1=(x+a)(x+b)$，$a,b\in\mathbf{R}$. 此式也可以看成 x^2+x+1 在复数域 $\mathbf{C}$ 上的因式分解. 在复数域 $\mathbf{C}$ 上有

$$x^2+x+1=\left(x-\frac{-1+\sqrt{3}\mathrm{i}}{2}\right)\left(x-\frac{-1-\sqrt{3}\mathrm{i}}{2}\right).$$

根据因式分解唯一性定理得 $a=-\frac{-1+\sqrt{3}\mathrm{i}}{2}$，$b=-\frac{-1-\sqrt{3}\mathrm{i}}{2}$. 这与 $a,b\in\mathbf{R}$ 矛盾. 因此 x^2+x+1 在实数域 $\mathbf{R}$ 上不可约.

假如 x^2+x+1 在有理数域上可约，则

$$x^2+x+1=(x+c)(x+d),\quad c,d\in\mathbf{Q}.$$

此式也可以看成 x^2+x+1 在实数域 $\mathbf{R}$ 上的因式分解. 因此 x^2+x+1 在 $\mathbf{R}$ 上可约. 与刚证的结论矛盾. 因此 x^2+x+1 在有理数域上不可约.

例 3 证明：若 $f(x),g(x)$ 为数域 P 上的非零多项式，且 $(f(x),g(x))=1$，则多项式

$$\varphi(x)=(x^3-1)f^n(x)+(x^3-x^2+x-1)g^m(x)$$

与

$$\psi(x)=(x^2-1)f^n(x)+(x^2-x)g^m(x)$$

的最大公因式为 $x-1$.

证明 因为

$$\varphi(x)=(x^3-1)f^n(x)+(x^3-x^2+x-1)g^m(x),$$
$$\psi(x)=(x^2-1)f^n(x)+(x^2-x)g^m(x),$$

所以 $x-1$ 是 $\varphi(x)$ 与 $\psi(x)$ 的公因式. 故只要证明 $(x^2+x+1)f^n(x)+(x^2+1)g^m(x)$ 与 $(x+1)f^n(x)+xg^m(x)$ 互素即可.

(反证法)设 $(x^2+x+1)f^n(x)+(x^2+1)g^m(x)$ 与 $(x+1)f^n(x)+xg^m(x)$ 不互素,因而有不可约多项式 $p(x)$,使得

$$p(x)\mid(x^2+x+1)f^n(x)+(x^2+1)g^m(x),$$
$$p(x)\mid(x+1)f^n(x)+xg^m(x),$$

所以

$$p(x)\mid(x^2+x+1)f^n(x)+(x^2+1)g^m(x)-x[(x+1)f^n(x)+xg^m(x)].$$

即

$$p(x)\mid f^n(x)+g^m(x).$$

又因为

$$(x+1)f^n(x)+xg^m(x)=x(f^n(x)+g^m(x))+f^n(x),$$

所以

$$p(x)\mid f^n(x).$$

故 $p(x)\mid f(x)$. 从而得到 $p(x)\mid g(x)$,这与 $(f(x),g(x))=1$ 矛盾,故结论成立.

1.5 重因式

因式分解唯一性定理揭示了数域 P 上一元多项式环 $P[x]$ 的结构:每一个次数大于 0 的多项式 $f(x)$ 都可以唯一地分解成有限多个不可约多项式的乘积. 在 $f(x)$ 的标准分解式中,如果不可约因式 $p_j(x)$ 的幂指数为 l_j,那么自然把 $p_j(x)$ 叫作 $f(x)$ 的 l_j 重因式. 因为把 $f(x)$ 因式分解比较困难,所以我们抓住 $p_j(x)$ 是 $f(x)$ 的 l_j 重因式的特征是 $p_j^{l_j}(x)\mid f(x)$,但 $p_j^{l_j+1}(x)\nmid f(x)$,利用这个特征给出 $f(x)$ 的重因式的概念.

一、重因式的定义

定义 10 不可约多项式 $p(x)$ 称为多项式 $f(x)$ 的 **k(k 为非负整数)重因式**,如果 $p^k(x)\mid f(x)$,但 $p^{k+1}(x)\nmid f(x)$.

如果 $k=0$,那么 $p(x)$ 不是 $f(x)$ 的因式;如果 $k=1$,那么 $p(x)$ 称为 $f(x)$ 的**单因式**;如果 $k>1$,那么 $p(x)$ 称为 $f(x)$ 的**重因式**.

小贴士

k 重因式和重因式是两个不同的概念,不要混淆.

显然,如果 $f(x)$ 的标准分解式为

$$f(x)=cp_1^{r_1}(x)p_2^{r_2}(x)\cdots p_s^{r_s}(x),$$

那么 $p_1(x),p_2(x),\cdots,p_s(x)$分别是 $f(x)$的 r_1 重,r_2 重,…, r_s 重因式. 指数 $r_i=1$ 的不可约因式是单因式;指数 $r_i>1$ 的不可约因式是重因式.

由重因式的定义知:

定理 7 不可约多项式 $p(x)$是多项式 $f(x)$的 k 重因式的充要条件是存在多项式 $g(x)$,使得 $f(x)=p^k(x)g(x)$,且 $p(x)\nmid g(x)$.

二、重因式的判别

设有多项式

$$f(x)=a_nx^n+a_{n-1}x^{n-1}+\cdots+a_1x+a_0,$$

规定它的导数或微商(也称一阶导数)是

$$f'(x)=a_nnx^{n-1}+a_{n-1}(n-1)x^{n-2}+\cdots+a_1.$$

通过直接验证,可以得出关于多项式微商的基本公式:

$$(f(x)+g(x))'=f'(x)+g'(x);$$
$$(cf(x))'=cf'(x);$$
$$(f(x)g(x))'=f'(x)g(x)+f(x)g'(x);$$
$$(f^m(x))'=mf^{m-1}(x)f'(x).$$

同样可以定义高阶微商的概念. 微商 $f'(x)$称为 $f(x)$的一阶微商;$f'(x)$的微商 $f''(x)$称为 $f(x)$的二阶微商;…;$f(x)$的 k 阶微商记为 $f^{(k)}(x)$.

一个 $n(n\geqslant 1)$次多项式的微商是一个 $n-1$ 次多项式;它的 n 阶微商是一个常数;它的 $n+1$ 阶微商等于 0.

小贴士

这里的导数纯粹是套用数学分析中多项式的导数定义和公式,但避开了极限、连续性等概念(因为不是在任意一个数域 P 内都有这些概念). 若数域 $P=\mathbf{R}$,则它就是数学分析中的导数.

定理 8 如果不可约多项式 $p(x)$是多项式 $f(x)$的一个 $k(k\geqslant 1)$重因式,那么 $p(x)$是微商 $f'(x)$的 $k-1$ 重因式.

分析 要证 $p(x)$是 $f'(x)$的 $k-1$ 重因式,需证 $p^{k-1}(x)\mid f'(x)$,但 $p^k(x)\nmid f'(x)$.

证明 因为 $p(x)$是 $f(x)$的一个 k 重因式,所以存在 $g(x)\in P[x]$,使得

$$f(x)=p^k(x)g(x),\quad p(x)\nmid g(x).$$

于是

$$\begin{aligned}f'(x)&=kp^{k-1}(x)p'(x)g(x)+p^k(x)g'(x)\\&=p^{k-1}(x)(kp'(x)g(x)+p(x)g'(x)),\end{aligned}$$

则 $p^{k-1}(x)\mid f'(x)$. 因为 $k\neq 0$,$p(x)\nmid p'(x)$,$p(x)\nmid g(x)$,且 $p(x)$不可约,所以

$$p(x)\nmid kp'(x)g(x).$$

而

$$p(x)\mid p(x)g'(x),$$

故

$$p(x) \nmid (kp'(x)g(x)+p(x)g'(x)).$$

所以 $p^k(x) \nmid f'(x)$. 故 $p(x)$是微商 $f'(x)$的 $k-1$ 重因式. ▌

小贴士

定理 8 的逆不成立. 例如

$$f(x)=x^3-3x^2+3x+3,$$

$$f'(x)=3x^2-6x+3=3(x-1)^2,$$

$x-1$ 是 $f'(x)$的 2 重因式,但不是 $f(x)$的因式,当然更不是 $f(x)$的 3 重因式.

推论 1 如果不可约多项式 $p(x)$是多项式 $f(x)$的一个 $k(k\geqslant 1)$重因式,那么 $p(x)$是 $f(x),f'(x),\cdots,f^{(k-1)}(x)$的因式,但不是 $f^{(k)}(x)$的因式.

推论 2 不可约多项式 $p(x)$是多项式 $f(x)$的重因式的充分必要条件是 $p(x)$是 $f(x)$与 $f'(x)$的公因式.

推论 3 多项式 $f(x)$没有重因式的充分必要条件是$(f(x),f'(x))=1$.

推论 4 若 $f(x)\in P[x]$,$(f(x),f'(x))=p_1^{r_1}(x)\cdots p_s^{r_s}(x)$,其中 $p_i(x)$为不可约多项式, 则 $p_i(x)$为 $f(x)$的 r_i+1 重因式.

根据推论 3、推论 4 知:可用辗转相除法求出$(f(x),f'(x))$来判别 $f(x)$是否有重因式. 若有重因式,还可由$(f(x),f'(x))$的结果写出重因式.

推论 5 不可约多项式 $p(x)$为 $f(x)$的 k 重因式$\Leftrightarrow p(x)$为$(f(x),f'(x))$的 $k-1$ 重因式.

由于多项式的导数及两个多项式互素与否的事实在由数域 P 过渡到含 P 的数域 F 时都无改变,所以由定理 8 可得以下结论:

若多项式 $f(x)$在 $P[x]$中没有重因式,则把 $f(x)$看成含 P 的某一数域 F 上的多项式时,$f(x)$也没有重因式.

三、去掉重因式的方法

设 $f(x)$有重因式,其标准分解式为

$$f(x)=cp_1^{r_1}(x)p_2^{r_2}(x)\cdots p_s^{r_s}(x).$$

那么由定理 8 知

$$f'(x)=p_1^{r_1-1}(x)p_2^{r_2-1}(x)\cdots p_s^{r_s-1}(x)g(x),$$

此处 $g(x)$不能被任何 $p_i(x)(i=1,2,\cdots,s)$整除,则

$$(f(x),f'(x))=d(x)=p_1^{r_1-1}(x)p_2^{r_2-1}(x)\cdots p_s^{r_s-1}(x).$$

于是

$$\frac{f(x)}{(f(x),f'(x))}=cp_1(x)p_2(x)\cdots p_s(x)=h(x).$$

这样得到一个没有重因式的多项式 $h(x)$. 若不计重数,$h(x)$与 $f(x)$含有完全相同的不可约因式. 这是去掉因式重数的一个有效方法. 把由 $f(x)$找 $h(x)$的方法叫作去掉重因式的方法.

例 1　判断有理系数多项式

$$f(x)=x^3+x^2-16x+20$$

有无重因式. 如果有重因式，试求出一个多项式与它有完全相同的不可约因式(不计重数)，且这个多项式没有重因式.

解　$f'(x)=3x^2+2x-16$，则

	$f'(x)$	$f(x)$	
$3x+8$	$3x^2+2x-16$	$x^3+x^2-16x+20$	$\frac{1}{3}x+\frac{1}{9}$
$=q_2(x)$	$3x^2-6x$	$x^3+\frac{2}{3}x^2-\frac{16}{3}x$	$=q_1(x)$
	$8x-16$	$\frac{1}{3}x^2-\frac{32}{3}x+20$	
	$8x-16$	$\frac{1}{3}x^2+\frac{2}{9}x-\frac{16}{9}$	
	0	$r_1(x)=-\frac{98}{9}x+\frac{196}{9}$	
		$-\frac{9}{98}r_1(x)=x-2$	

所以$(f(x),f'(x))=x-2$. 因此，$f(x)$有重因式.

$$\frac{f(x)}{(f(x),f'(x))}=x^2+3x-10,$$

它与$f(x)$有完全相同的不可约因式，且没有重因式.

例 2　求例 1 中的多项式$f(x)=x^3+x^2-16x+20$在$\mathbf{Q}[x]$中的标准分解式.

解　$$f(x)=(x^2+3x-10)(x-2)=(x+5)(x-2)^2.$$

例 3　在$P[x]$中，$f(x)=x^3+ax+b$，求$f(x)$有重因式的充分必要条件.

解　$f'(x)=3x^2+a$.

情形 1：设$a\neq0$，则用辗转相除法求$(f(x),f'(x))$.

	$f'(x)$	$3f(x)$	
$3x-\frac{9b}{2a}$	$3x^2\qquad+a$	$3x^3\qquad+3ax+3b$	x
$=q_2(x)$	$3x^2+\frac{9b}{2a}x$	$3x^3\qquad+ax$	$=q_1(x)$
	$-\frac{9b}{2a}x+a$	$r_1(x)=2ax+3b$	
	$-\frac{9b}{2a}x-\frac{27b^2}{4a^2}$	$\frac{1}{2a}r_1(x)=x+\frac{3b}{2a}$	
	$r_2(x)=\frac{4a^3+27b^2}{4a^2}$		

$$f(x)\text{有重因式}\Leftrightarrow(f(x),f'(x))\neq 1\Leftrightarrow 4a^3+27b^2=0.$$

情形 2：当 $a=0$ 时，$f(x)=x^3+b$，$f'(x)=3x^2$，所以

$$f(x)\text{有重因式}\Leftrightarrow(f(x),f'(x))\neq 1\Leftrightarrow b=0\Leftrightarrow 4a^3+27b^2=0.$$

由情形 1、情形 2 得

$$f(x)\text{有重因式}\Leftrightarrow 4a^3+27b^2=0.$$

例 4 在 $P[x]$ 中，$\deg(f(x))>0$，令

$$g(x):=f(x+b).$$

证明：$f(x)$ 有重因式当且仅当 $g(x)$ 有重因式.

证明 设 $f(x)$ 在 $P[x]$ 中的标准分解式为

$$f(x)=ap_1^{r_1}(x)p_2^{r_2}(x)\cdots p_s^{r_s}(x). \tag{1}$$

用 $x+b$ 代替 x，则

$$f(x+b)=ap_1^{r_1}(x+b)p_2^{r_2}(x+b)\cdots p_s^{r_s}(x+b).$$

令 $q_i(x)=p_i(x+b)$，$i=1,2,\cdots,s$. 由于 $p_i(x)$ 在 P 上不可约，因此由 1.4 节例 1 知 $q_i(x)$ 在 P 上也不可约，$i=1,2,\cdots,s$. 于是 $g(x)$ 在 $P[x]$ 中的标准分解式为

$$g(x)=aq_1^{r_1}(x)q_2^{r_2}(x)\cdots q_s^{r_s}(x). \tag{2}$$

则

$f(x)$ 有重因式 $\Leftrightarrow$ 式(1)中有某个 $r_j>1\Leftrightarrow$ 式(2)中有某个 $r_j>1\Leftrightarrow g(x)$ 有重因式.

1.6 多项式函数 多项式的根

到目前为止，我们始终是纯形式地讨论多项式，也就是把多项式看作形式的表达式. 这一节将从另一个观点，即函数的观点来考察多项式.

一、多项式函数

设

$$f(x)=a_nx^n+a_{n-1}x^{n-1}+\cdots+a_1x+a_0 \tag{1}$$

是 $P[x]$ 中的多项式，$\alpha\in P$，在式(1)中用 α 代替 x 所得的数

$$a_n\alpha^n+a_{n-1}\alpha^{n-1}+\cdots+a_1\alpha+a_0$$

称为 $f(x)$ 当 $x=\alpha$ 时的值，记为 $f(\alpha)$. 这样，多项式 $f(x)$ 就定义了一个数域 P 上的函数. 可以由一个多项式来定义的函数就称为数域 P 上的多项式函数. 当 $P=\mathbf{R}$ 时，这就是数学分析中所讨论的多项式函数.

因为 x 在与数域 P 中的数进行运算时，与数的运算有相同的运算规律，所以不难看出，如果

$$h_1(x)=f(x)+g(x),$$
$$h_2(x)=f(x)g(x),$$

那么

$$h_1(\alpha)=f(\alpha)+g(\alpha),$$
$$h_2(\alpha)=f(\alpha)g(\alpha).$$

在 $P[x]$中,次数大于 1 的多项式 $f(x)$如果有一次因式,那么 $f(x)$是可约的,因此下面我们研究多项式有一次因式的充分必要条件是什么.

定义 11 如果多项式函数 $f(x)$在 $x=c$ 时函数值 $f(c)=0$,那么 c 称为 $f(x)$的一个**根**或**零点**.

定理 9(余数定理) 在 $P[x]$中,用 $x-c$ 去除多项式 $f(x)$,所得的余式是一个常数,这个常数等于函数值 $f(c)$.

证明 用 $x-c$ 去除 $f(x)$,根据带余除法得

$$f(x)=(x-c)q(x)+r(x),\quad \deg(r(x))<\deg(x-c)=1,\quad 或\ r(x)=0.$$

故余式 $r(x)$是零次多项式或零,从而 $r(x)$是一个常数 r. 用 $x=c$ 代入上式得 $r=f(c)$. ▌

由余数定理可得到根与一次因式的关系.

推论 c 是 $f(x)$的根$\Leftrightarrow(x-c)\mid f(x)$.

由这个关系,可以定义重根的概念.

定义 12 若 $x-c$ 是 $f(x)$的 k 重因式,则 c 称为 $f(x)$的 ***k* 重根**. 当 $k=1$ 时,c 称为 $f(x)$的**单根**;当 $k>1$ 时,c 称为 $f(x)$的**重根**.

例 1 求 $f(x)=x^4+x^2+4x-9$ 在 $x=-3$ 处的函数值.

解法 1 把 $x=-3$ 代入 $f(x)$,得

$$f(-3)=(-3)^4+(-3)^2+4\times(-3)-9=69.$$

解法 2 用 $x+3$ 去除 $f(x)$,得

$$f(x)=x^4+x^2+4x-9=(x+3)(x^3-3x^2+10x-26)+69.$$

故得 $f(-3)=69$.

定理 10 在 $P[x]$中,n 次多项式($n\geqslant0$)在数域 P 中至多有 n 个不同的根,重根按重数计算.

证明 对零次多项式,定理显然成立.

设 $f(x)$是一个次数大于 0 的多项式. 把 $f(x)$分解成不可约多项式的乘积. 由定理 9 的推论和根的重数的定义知,$f(x)$在数域 P 中根的个数等于分解式中一次因式的个数,这个数目显然不超过 n. ▌

二、多项式相等与多项式函数相等的关系

在前面可知,每个多项式函数都可以由一个多项式来定义. 不同的多项式会不会定义出相同的函数呢? 这就是问,是否可能有

$$f(x)\neq g(x),$$

而对于 P 中所有的数 c,都有

$$f(c)=g(c)?$$

由定理 10 不难发现,答案是否定的.

定理 11 在 $P[x]$中,如果多项式 $f(x)$,$g(x)$的次数都不超过 n,而它们对 $n+1$ 个不同的数有相同的值,即

$$f(\alpha_i)=g(\alpha_i)\quad(i=1,2,\cdots,n+1),$$

那么 $f(x)=g(x)$.

证明 若 $f(x)-g(x)\neq 0$，由定理条件知，$f(x)-g(x)$ 的次数不超过 n. 由定理 10 得 $f(x)-g(x)$ 在 P 中至多有 n 个不同的根. 但由已知条件得

$$f(\alpha_i)-g(\alpha_i)=0 \quad (i=1,2,\cdots,n+1).$$

矛盾. 因此，$f(x)-g(x)=0$，即 $f(x)=g(x)$. ▌

因为数域中有无穷多个数，所以定理 11 说明不同的多项式定义的函数也不相同. 如果两个多项式定义相同的函数，就称为恒等. 上面结论表明，多项式的恒等与多项式相等实际上是一致的. 换句话说，数域 P 上的多项式既可以作为形式表达式来处理，也可以作为函数来处理. 但是应该指出，考虑到今后的应用与推广，把多项式看成形式表达式要方便些.

例 2 求 t 的值，使 $f(x)=x^3-3x^2+tx-1$ 有重根.

解

	$f'(x)$	$f(x)$	
$\frac{3}{2}x-\frac{15}{4}$	$3x^2-6x+t$	x^3-3x^2+tx-1	$\frac{1}{3}x-\frac{1}{3}$
	$3x^2+\frac{3}{2}x$	$x^3-2x^2+\frac{1}{3}tx$	
	$-\frac{15}{2}x+t$	$-x^2+\frac{2}{3}tx-1$	
	$-\frac{15}{2}x-\frac{15}{4}$	$-x^2+2x-\frac{1}{3}t$	
	$t+\frac{15}{4}$	$r_1(t)=\left(\frac{2}{3}t-2\right)x-\left(1-\frac{1}{3}t\right)$	
		$t\neq 3,\ \frac{3}{t-3}r_1(x)=2x+1$	

(1) 若 $r_1(x)=0$，即 $t=3$，则

$$(f(x),f'(x))=\frac{1}{3}f'(x)=(x-1)^2.$$

此时，$f(x)$ 有重根，$x=1$ 为 $f(x)$ 的 3 重根.

(2) 若 $r_1(x)\neq 0$，$t+\frac{15}{4}=0$，即 $t=-\frac{15}{4}$，则

$$(f(x),f'(x))=x+\frac{1}{2}.$$

此时，$f(x)$ 有重根，$x=-\frac{1}{2}$ 为 $f(x)$ 的 2 重根.

例 3 举例说明下面命题是不对的：

$$\alpha \text{ 是 } f'(x) \text{ 的 } n \text{ 重根} \Rightarrow \alpha \text{ 是 } f(x) \text{ 的 } n+1 \text{ 重根}.$$

解 $f(x)=\frac{1}{3}x^3+x^2+x-5$，则

$$f'(x)=x^2+2x+1=(x+1)^2.$$

故 $x=-1$ 是 $f'(x)$ 的 2 重根，但

$$f(-1)=-\frac{1}{3}+1-1-5\neq 0,$$

所以 -1 不是 $f(x)$ 的 3 重根.

例 4 若 $(x-1)^2 \mid Ax^4+Bx^2+1$，求 A, B.

解 因为 $(x-1)^2 \mid Ax^4+Bx^2+1$，所以 1 为 $f(x)=Ax^4+Bx^2+1$ 的重根，从而 1 为 $f'(x)$ 的根. 于是有

$$\begin{cases} f(1)=A+B+1=0, \\ f'(1)=4A+2B=0 \end{cases} \Rightarrow \begin{cases} A=1, \\ B=-2. \end{cases}$$

1.7 复数域和实数域上的多项式

前面我们讨论了在一般数域上多项式的因式分解问题，下面研究在复数域和实数域上多项式的因式分解. 复数域和实数域都是数域，因此前面所得的结论对它们都成立. 但是这两个数域又有它们的特殊性，所以某些结论可以进一步具体化.

一、复数域上多项式因式分解定理

对于复数域，有下面重要的结论：

定理 12（代数基本定理） 在复数域 **C** 中，每个次数大于 0 的多项式在 **C** 内至少有一个根.

这个定理是由高斯（Gauss）首先证明的. 当时代数学研究的主要对象为多项式理论，这个定理是关于多项式理论的非常有用、非常基本的结论，它是一元高次代数方程求根问题的理论基础，在理论上具有最基本的意义. 但是近代代数学的中心问题已不再是方程的求根问题，因而该定理被命名成高等代数基本定理. 它有多个证明（例如高斯就给出过四个证明），都很复杂，并且或多或少地用到数学分析等其他领域的结论，这里我们不作介绍. 将来学过复变函数论后可以很简单地证明.

利用根与一次因式的关系可以得到：每个次数大于 0 的复系数多项式在复数域上一定有一个一次因式. 从而次数大于 1 的复系数多项式都是可约的. 由此可知：

推论 复数域上的不可约多项式只有一次因式.

代数基本定理可以等价地叙述为：

定理 13（复系数多项式因式分解定理） 每个次数大于 0 的复系数多项式 $f(x)$ 在复数域上都可以唯一地分解成有限个一次因式的乘积，其标准分解式为

$$f(x)=a_n(x-\alpha_1)^{l_1}(x-\alpha_2)^{l_2}\cdots(x-\alpha_s)^{l_s},$$

其中，$\alpha_1, \alpha_2, \cdots, \alpha_s$ 是不同的复数，$l_1, l_2, \cdots, l_s$ 是正整数.

由标准分解式得到：

推论 每个 n 次复系数多项式恰有 n 个复根（重根按重数计算）.

二、实数域上多项式因式分解定理

对于实系数多项式，以下事实是基本的：

定理 14 如果 α 是实系数多项式 $f(x)$ 的复根，那么 α 的共轭数 $\bar{\alpha}$ 也是 $f(x)$ 的根，并且 α 与 $\bar{\alpha}$ 有相同重数. 即实系数多项式的非实的复数根两两成对.

证明 设 $f(x)=a_nx^n+a_{n-1}x^{n-1}+\cdots+a_0\in\mathbf{R}[x]$，$\alpha$ 是 $f(x)$ 的一个复根，则有

$$a_n\alpha^n+a_{n-1}\alpha^{n-1}+\cdots+a_0=0.$$

两边取共轭复数，得

$$0=\overline{f(\alpha)}=a_n\overline{\alpha^n}+a_{n-1}\overline{\alpha^{n-1}}+\cdots+a_0=f(\bar{\alpha}).$$

因此，$\bar{\alpha}$ 也是 $f(x)$ 的一个复根. ▎

定理 15 实数域上的不可约多项式为一次多项式和判别式小于 0 的二次多项式.

证明 设 $p(x)$ 是实数域上的不可约多项式. 把 $p(x)$ 看成复系数多项式，根据代数基本定理，$p(x)$ 有一个复根 c.

情形 1：c 是实数，则在 $\mathbf{R}[x]$ 中，$x-c\mid p(x)$. 由于 $p(x)$ 在 $\mathbf{R}$ 上不可约，因此存在 $a\in\mathbf{R}\setminus\{0\}$，使得

$$p(x)=a(x-c).$$

情形 2：c 是虚数，则 $\bar{c}\neq c$，且 $\bar{c}$ 也是 $p(x)$ 的一个虚数根. 于是在 $\mathbf{C}[x]$ 中，

$$x-c\mid p(x),\quad x-\bar{c}\mid p(x).$$

由于 $x-c$ 与 $x-\bar{c}$ 互素，因此 $(x-c)(x-\bar{c})\mid p(x)$. 即在 $\mathbf{C}[x]$ 中，

$$x^2-(c+\bar{c})x+c\,\bar{c}\mid p(x),$$

$x^2-(c+\bar{c})x+c\,\bar{c}$ 是实系数多项式. 由于整除性不随数域的扩大而改变，因此在 $\mathbf{R}[x]$ 中，

$$x^2-(c+\bar{c})x+c\,\bar{c}\mid p(x).$$

由于 $p(x)$ 在 $\mathbf{R}$ 上不可约，因此存在 $b\in\mathbf{R}\setminus\{0\}$，使得

$$p(x)=b[x^2-(c+\bar{c})x+c\,\bar{c}].$$

由于 $p(x)$ 有虚根，因此 $p(x)$ 的判别式小于 0.

反之，$\mathbf{R}[x]$ 中的一次多项式都是不可约的；判别式小于 0 的二次多项式由于没有实根，因此没有一次因式，从而也是不可约的. ▎

由上述结论，实数域上所有次数大于 2 的多项式皆可约. 因此我们可以得到下面定理：

定理 16(实系数多项式因式分解定理) 每个次数大于 0 的实系数多项式在实数域上都可以唯一地分解成一次因式与二次不可约因式的乘积.

即实系数多项式具有标准分解式

$$f(x)=a_n(x-c_1)^{l_1}\cdots(x-c_s)^{l_s}(x^2+p_1x+q_1)^{k_1}\cdots(x^2+p_rx+q_r)^{k_r},$$

其中 $c_1,\cdots,c_s,p_1,\cdots,p_r,q_1,\cdots,q_r\in\mathbf{R}$，$l_1,\cdots,l_s,k_1,\cdots,k_r\in\mathbf{Z}^+$，并且 $x^2+p_ix+q_i(i=1,2,\cdots,r)$ 是不可约的，也就是适合条件 $p_i^2-4q_i<0,i=1,2,\cdots,r$.

证明 对 $f(x)$ 的次数作数学归纳.

定理对一次多项式显然成立.

假设定理对次数小于 n 的多项式已经证明.

设 $f(x)$ 是 n 次实系数多项式. 由代数基本定理，$f(x)$ 有一复根 α. 若 α 是实数，则

$$f(x)=(x-\alpha)f_1(x),$$

其中 $f_1(x)$ 是 $n-1$ 次实系数多项式. 若 α 不是实数，则 $\bar{\alpha}$ 也是 $f(x)$ 的根，且 $\bar{\alpha}\neq\alpha$，得

$$f(x)=(x-\alpha)(x-\overline{\alpha})f_2(x).$$

显然$(x-\alpha)(x-\overline{\alpha})=x^2-(\alpha+\overline{\alpha})x+\alpha\overline{\alpha}$是实系数二次不可约多项式，从而$f_2(x)$是$n-2$次实系数多项式. 由归纳假设，$f_1(x)$或$f_2(x)$可以分解成一次与二次不可约多项式的乘积，因此$f(x)$也可以如此分解. 由归纳原理，定理得证. ▌

推论 实数域上的奇次多项式至少有一个实根.

例1 求x^n-1在$\mathbf{C}$上与在$\mathbf{R}$上的标准分解式.

解 首先，在复数域$\mathbf{C}$上，x^n-1有n个复根$1,\varepsilon,\varepsilon^2,\cdots,\varepsilon^{n-1}$，这里$\varepsilon=\cos\frac{2\pi}{n}+\mathrm{i}\sin\frac{2\pi}{n}$，$\varepsilon^n=1,\varepsilon^k=\cos\frac{2k\pi}{n}+\mathrm{i}\sin\frac{2k\pi}{n},k=1,2,\cdots,n$，所以

$$x^n-1=(x-1)(x-\varepsilon)(x-\varepsilon^2)\cdots(x-\varepsilon^{n-1}).$$

其次，在实数域$\mathbf{R}$内，因为

$$\overline{\varepsilon^k}=\varepsilon^{n-k},\quad \varepsilon^k+\overline{\varepsilon^k}=2\cos\frac{2k\pi}{n},\quad \varepsilon^k\,\overline{\varepsilon^k}=1\quad(k=1,2,\cdots,n),$$

所以，当n为奇数时，

$$\begin{aligned}x^n-1&=(x-1)[x^2-(\varepsilon+\varepsilon^{n-1})x+\varepsilon\varepsilon^{n-1}]\cdots[x^2-(\varepsilon^{\frac{n-1}{2}}+\varepsilon^{\frac{n+1}{2}})x+\varepsilon^{\frac{n-1}{2}}\varepsilon^{\frac{n+1}{2}}]\\&=(x-1)\left(x^2-2x\cos\frac{2\pi}{n}+1\right)\cdots\left(x^2-2x\cos\frac{n-1}{n}\pi+1\right);\end{aligned}$$

当n为偶数时，

$$\begin{aligned}x^n-1&=(x-1)(x+1)[x^2-(\varepsilon+\varepsilon^{n-1})x+\varepsilon\varepsilon^{n-1}]\cdots[x^2-(\varepsilon^{\frac{n-2}{2}}+\varepsilon^{\frac{n+2}{2}})x+\varepsilon^{\frac{n-2}{2}}\varepsilon^{\frac{n+2}{2}}]\\&=(x-1)(x+1)\left(x^2-2x\cos\frac{2\pi}{n}+1\right)\cdots\left(x^2-2x\cos\frac{n-2}{n}\pi+1\right).\end{aligned}$$

例2 在$\mathbf{C}[x]$中，求x^n-a^n的标准分解式.

解 $x^n-a^n=a^n\left[\left(\frac{x}{a}\right)^n-1\right]$. 由例1中$x^n-1$的标准分解式得

$$\left(\frac{x}{a}\right)^n-1=\left(\frac{x}{a}-1\right)\left(\frac{x}{a}-\varepsilon\right)\left(\frac{x}{a}-\varepsilon^2\right)\cdots\left(\frac{x}{a}-\varepsilon^{n-1}\right).$$

从而

$$x^n-a^n=(x-a)(x-a\varepsilon)(x-a\varepsilon^2)\cdots(x-a\varepsilon^{n-1}).$$

代数基本定理虽然肯定了n次方程有n个复根，但是并没有给出根的一个具体求法. 高次方程求根的问题还远远没有解决. 特别是应用方面，方程求根是一个重要的问题，这个问题相当复杂，它构成了计算数学的一个分支.

1.8 有理系数多项式

对于任何一个给定的有理系数多项式，要具体地给出它的分解式是一个很复杂的问题，即使要判别一个有理系数多项式是否可约也不是一个容易解决的问题，这一点对于有理数域与复数域、实数域而言是不同的. 本节主要指出有理系数多项式的两个重要事实：第一，有理系数多项式的因式分解的问题，可以归结为整系数多项式的因式分解问题，进而解决求有

理系数多项式的有理根的问题.第二,在有理系数多项式环中有任意次数的不可约多项式.

一、有理系数多项式的有理根

由于有理数与整数有天然的联系,因此把有理系数多项式与整系数多项式联系起来.如

$$f(x)=\frac{1}{3}x^3+5x^2-\frac{1}{2}x+2=\frac{1}{6}(2x^3+30x^2-3x+12).$$

记 $g(x)=2x^3+30x^2-3x+12$,则 $g(x)$是整系数多项式,且 $g(x)$的各项系数 2,30,-3,12 的最大公因数为±1.由此引入下述概念:

定义 13 如果一个非零的整系数多项式 $f(x)=a_nx^n+a_{n-1}x^{n-1}+\cdots+a_0$ 的系数 a_n,a_{n-1},…,a_0 没有异于±1 的公因子,即它们是互素的,就称 $f(x)$为一个**本原多项式**.

设

$$f(x)=a_nx^n+a_{n-1}x^{n-1}+\cdots+a_0$$

是一个有理系数多项式.因为任一有理数都可表示成两个整数的商,所以可以选取适当的整数 c,使 $cf(x)$是一个整系数多项式.如果 $cf(x)$的各项系数有公因子 d,就可以得到

$$cf(x)=dg(x),$$

也就是

$$f(x)=\frac{d}{c}g(x)=rg(x),$$

其中 $g(x)$是本原多项式.由此 $f(x)$表示成了一个有理数 r 与一个本原多项式 $g(x)$的乘积.

上面的分析表明,任何一个非零的有理系数多项式 $f(x)$都可以表示成一个有理数 r 与一个本原多项式 $g(x)$的乘积,即

$$f(x)=rg(x).$$

可以证明,这种表示法除了相差一个正负号外是唯一的.即,如果

$$f(x)=rg(x)=r_1g_1(x),$$

其中 $g(x)$,$g_1(x)$都是本原多项式,那么必有

$$r=\pm r_1,\quad g(x)=\pm g_1(x).$$

因为 $f(x)$与 $g(x)$只差一个非零常数倍,所以 $f(x)$的因式分解问题可以归结为本原多项式 $g(x)$的因式分解问题.下面进一步指出,一个本原多项式能否分解成两个次数较低的有理系数多项式的乘积,与它能否分解成两个次数较低的整系数多项式的乘积的问题是一致的.

定理 17(高斯引理) 两个本原多项式的乘积还是本原多项式.

证明 设

$$f(x)=a_nx^n+a_{n-1}x^{n-1}+\cdots+a_0,$$
$$g(x)=b_mx^m+b_{m-1}x^{m-1}+\cdots+b_0$$

是两个本原多项式,

$$h(x)=f(x)g(x)=d_{n+m}x^{n+m}+d_{n+m-1}x^{n+m-1}+\cdots+d_0.$$

假如 $h(x)$不是本原多项式,则存在一个素数 p,使得

$$p\mid d_s\quad(s=0,1,2,\cdots,n+m).$$

因为 $f(x)$ 是本原多项式,所以 p 不能同时整除 $f(x)$ 的每一个系数. 令 a_i 是第一个不能被 p 整除的系数,即

$$p\mid a_0,\cdots,p\mid a_{i-1},p\nmid a_i.$$

同样地,因为 $g(x)$ 是本原多项式,所以令 b_j 是第一个不能被 p 整除的系数,即

$$p\mid b_0,\cdots,p\mid b_{j-1},p\nmid b_j.$$

因为

$$d_{i+j}=a_0b_{i+j}+a_1b_{i+j-1}+\cdots+a_{i-1}b_{j+1}+a_ib_j+a_{i+1}b_{j-1}+\cdots+a_{i+j}b_0,$$

且 $p\mid d_{i+j}$,故 $p\mid a_ib_j$,所以 $p\mid a_i$ 或 $p\mid b_j$,矛盾. 因此 $h(x)$ 是本原多项式. ▌

定理 18 如果一非零的整系数多项式能够分解成两个次数较低的有理系数多项式的乘积,那么它一定可以分解成两个次数较低的整系数多项式的乘积.

证明 设整系数多项式 $f(x)$ 有分解式

$$f(x)=g(x)h(x),$$

其中 $g(x),h(x)$ 是有理系数多项式,且

$$\deg(g(x))<\deg(f(x)),\quad \deg(h(x))<\deg(f(x)).$$

令

$$f(x)=af_1(x),\quad g(x)=rg_1(x),\quad h(x)=sh_1(x),$$

其中 $f_1(x),g_1(x),h_1(x)$ 都是本原多项式,a 是整数,r,s 是有理数. 于是

$$af_1(x)=rsg_1(x)h_1(x).$$

由高斯引理知 $g_1(x)h_1(x)$ 是本原多项式,故得 $a=\pm rs$,即 rs 是整数. 因此有

$$f(x)=(rsg_1(x))h_1(x),$$

其中 $rsg_1(x)$ 和 $h_1(x)$ 都是整系数多项式,且次数都低于 $f(x)$ 的次数. ▌

推论 设 $f(x),g(x)$ 是整系数多项式,且 $g(x)$ 是本原的. 如果 $f(x)=g(x)h(x)$,其中 $h(x)$ 是有理系数多项式,那么 $h(x)$ 一定是整系数多项式.

证明 令 $f(x)=af_1(x),h(x)=ch_1(x),a\in\mathbf{Z},c\in\mathbf{Q}$,其中 $f_1(x),h_1(x)$ 是本原多项式. 于是有

$$af_1(x)=g(x)ch_1(x)=cg(x)h_1(x),$$

则 $a=\pm c$,即 $c\in\mathbf{Z}$. 所以 $h(x)=ch_1(x)$ 为整系数多项式. ▌

以上定理把有理系数多项式在有理数域上是否可约的问题归结到整系数多项式能否分解成次数较低的整系数多项式的乘积的问题. 同时提供了一个求整系数多项式的全部有理根的方法.

二、求整系数多项式的全部有理根的方法

定理 19 设

$$f(x)=a_nx^n+a_{n-1}x^{n-1}+\cdots+a_0$$

是一个整系数多项式,而 $\frac{r}{s}$ 是它的一个有理根,其中 r,s 互素,那么

$$s\mid a_n,\quad r\mid a_0.$$

证明 因为$\frac{r}{s}$是$f(x)$的一个有理根,所以在有理数域$\mathbf{Q}$上

$$\left(x-\frac{r}{s}\right)\Big|f(x),$$

从而

$$(sx-r)\mid f(x).$$

因为r,s互素,所以$sx-r$是一个本原多项式. 由上述定理得,存在整系数多项式$q(x)=b_{n-1}x^{n-1}+\cdots+b_0$,满足

$$f(x)=(sx-r)q(x)=(sx-r)(b_{n-1}x^{n-1}+\cdots+b_0),$$

其中$b_{n-1},\cdots,b_0\in\mathbf{Z}$. 比较两边系数可得

$$a_n=sb_{n-1},\quad a_0=-rb_0.$$

因此$s\mid a_n,r\mid a_0$. ▌

说明 (1) 特别地,如果$f(x)$的首项系数$a_n=1$,那么$f(x)$的有理根都是整数,而且是a_0的因子.

(2) $f(x)=\left(x-\frac{r}{s}\right)q(x)$,其中$q(x)$是一个整系数多项式.

给定一个整系数多项式$f(x)$,设它的最高次项系数的因数是$v_1,v_2,\cdots,v_k$,常数项的因数是$u_1,u_2,\cdots,u_l$. 那么根据定理19,欲求$f(x)$的有理根,只需对有限个有理数$\frac{u_i}{v_j}$用综合除法来进行试验. 当有理数$\frac{u_i}{v_j}$的个数很多时,对它们逐个进行试验还是比较麻烦的. 下面的讨论能够简化计算.

首先,1和-1永远在有理数$\frac{u_i}{v_j}$中出现,而计算$f(1)$与$f(-1)$并不困难. 另外,若有理数$a(\neq\pm1)$是$f(x)$的根,则由定理19,$f(x)=(x-a)q(x)$,而$q(x)$也是一个整系数多项式. 因此商

$$\frac{f(1)}{1-a}=q(1),\quad \frac{f(-1)}{1+a}=-q(-1)$$

都应该是整数. 这样只需对那些使商$\frac{f(1)}{1-a}$与$\frac{f(-1)}{1+a}$都是整数的$\frac{u_i}{v_j}$进行试验(我们可以假定$f(1)$与$f(-1)$都不等于零. 否则,可以考虑用$x-1$或$x+1$除$f(x)$所得的商).

例1 求多项式

$$f(x)=3x^4+8x^3+6x^2+3x-2$$

的有理根.

解 $f(x)$的首项系数3的因数只有$\pm1,\pm3$;$f(x)$的常数项-2的因数只有$\pm1,\pm2$. 因此$f(x)$的有理根只可能是$\pm1,\pm2,\pm\frac{1}{3},\pm\frac{2}{3}$.

$$f(1)=18\neq0,\quad f(-1)=-4\neq0,$$

因此±1都不是$f(x)$的根.

考虑 2，由于

$$\frac{f(-1)}{1+2}=\frac{-4}{3}\notin \mathbf{Z},$$

因此 2 不是 $f(x)$ 的根. 考虑 -2，由于

$$\frac{f(1)}{1-(-2)}=\frac{18}{3}=6\in \mathbf{Z},\quad \frac{f(-1)}{1+(-2)}=\frac{-4}{-1}=4\in \mathbf{Z},$$

因此需要用 $x-(-2)$ 去除 $f(x)$，用综合除法：

$$\begin{array}{r|rrrrr}
-2 & 3 & 8 & 6 & 3 & -2 \\
 & & -6 & -4 & -4 & 2 \\
\hline
-2 & 3 & 2 & 2 & -1 & 0 \\
 & & -6 & 8 & -20 & \\
\hline
 & 3 & -4 & 10 & -21 &
\end{array}$$

这表明 $x-(-2)$ 是 $f(x)$ 的单因式，因此 -2 是 $f(x)$ 的单根，且

$$f(x)=(3x^3+2x^2+2x-1)(x+2).$$

考虑 $\frac{1}{3}$，由于

$$\frac{f(1)}{1-\frac{1}{3}}=\frac{18\times 3}{2}=27\in \mathbf{Z},\quad \frac{f(-1)}{1+\frac{1}{3}}=\frac{-4\times 3}{4}=-3\in \mathbf{Z},$$

因此需要用 $x-\frac{1}{3}$ 去除 $3x^3+2x^2+2x-1$，用综合除法：

$$\begin{array}{c|cccc}
\frac{1}{3} & 3 & 2 & 2 & -1 \\
 & & 1 & 1 & 1 \\
\hline
\frac{1}{3} & 3 & 3 & 3 & 0 \\
 & & 1 & \frac{4}{3} & \\
\hline
 & 3 & 4 & \frac{13}{3} &
\end{array}$$

这表明 $x-\frac{1}{3}$ 是 $3x^3+2x^2+2x-1$ 的单因式，因此 $\frac{1}{3}$ 是 $3x^3+2x^2+2x-1$ 的单根，从而 $\frac{1}{3}$ 是 $f(x)$ 的单根，且

$$f(x)=(3x^2+3x+3)\left(x-\frac{1}{3}\right)(x+2).$$

由于 x^2+x+1 无有理根(因为 ± 1 都不是它的根)，因此 $f(x)$ 的全部有理根是 -2，$\frac{1}{3}$，且都是单根.

例 2 证明：$f(x)=x^3+2x^2-x+1$ 在有理数域 $\mathbf{Q}$ 上不可约.

证明 因为 $f(x)$ 的首项系数为 1，常数项为 1，故 $f(x)$ 的有理根只可能是 ±1. 由于

$$f(1)=1+2-1+1=3\neq0,\quad f(-1)=-1+2+1+1=3\neq0,$$

因此 ±1 都不是 $f(x)$ 的根，从而 $f(x)$ 没有有理根. 于是 $f(x)$ 在 $\mathbf{Q}[x]$ 中没有一次因式. 又因为 $\deg(f(x))=3$，所以 $f(x)$ 在有理数域 $\mathbf{Q}$ 上不可约.

三、有理数域上多项式的可约性

艾森斯坦判别法

定理 20(艾森斯坦(Eisenstein)判别法) 设

$$f(x)=a_nx^n+a_{n-1}x^{n-1}+\cdots+a_1x+a_0$$

是一个整系数多项式，$\deg(f(x))>0$. 若存在一个素数 p，使得

(1) $p\nmid a_n$，

(2) $p\mid a_{n-1},p\mid a_{n-2},\cdots,p\mid a_0$，

(3) $p^2\nmid a_0$，

则多项式 $f(x)$ 在有理数域 $\mathbf{Q}$ 上不可约.

证明 (反证法)假如 $f(x)$ 在有理数域 $\mathbf{Q}$ 上可约，则 $f(x)$ 可分解成两个次数较低的整系数多项式的乘积：

$$f(x)=(b_lx^l+b_{l-1}x^{l-1}+\cdots+b_0)(c_mx^m+c_{m-1}x^{m-1}+\cdots+c_0)\quad(l,m<n,l+m=n).$$

于是

$$a_n=b_lc_m,\quad a_0=b_0c_0.$$

由于 $p\mid a_0$，因此 $p\mid b_0c_0$. 因为 p 是素数，所以 $p\mid b_0$ 或 $p\mid c_0$. 但是 $p^2\nmid a_0$，故不妨设 $p\mid b_0$，但 $p\nmid c_0$. 由于 $p\nmid a_n$，因此 $p\nmid b_l$ 且 $p\nmid c_m$. 假设 $b_0,b_1,\cdots,b_l$ 中第一个不能被 p 整除的是 b_k. 比较 $f(x)$ 中 x^k 的系数，得

$$a_k=b_kc_0+b_{k-1}c_1+\cdots+b_0c_k.$$

其中 $b_{k-1},\cdots,b_0,a_k$ 都能被 p 整除，所以 $p\mid b_kc_0$. 因为 p 是素数，所以 $p\mid b_k$ 或 $p\mid c_0$，矛盾. 假设不成立，所以 $f(x)$ 在有理数域 $\mathbf{Q}$ 上不可约. ▌

例如，任取一个正整数 n，考虑多项式 $f(x)=x^n+2$. 由于素数 2 使得 $2\mid2,2\mid0,2\nmid1,2^2\nmid2$，故由 Eisenstein 判断法知，$f(x)=x^n+2$ 在有理数域 $\mathbf{Q}$ 上不可约.

由该例可得有理数域 $\mathbf{Q}$ 上存在次数为任意正整数的不可约多项式.

小贴士

Eisenstein 判别法的条件只是一个充分条件，而非必要条件. 也就是说，如果一个整系数多项式不满足 Eisenstein 判别法条件，则它可能是可约的，也可能是不可约的.

例 3 判断 $f(x)=5x^6-12x^5+24x^3-36x^2+48x-12$ 在有理数域上是否不可约.

解 选择常数项 -12 的素因数 3，则有

$$3\mid-12,3\mid48,3\mid-36,3\mid24,3\mid-12,3\nmid5,3^2\nmid-12,$$

因此 $f(x)$ 在有理数域 $\mathbf{Q}$ 上不可约.

小贴士

在例 3 中不能选取常数项 -12 的素因数 2，这是因为 $2^2 \mid -12$，从而不满足 Eisenstein 判别法的条件 $p^2 \nmid a_0$. 也不能选取常数项 -12 的因数 12，因为 12 不是素数.

在利用 Eisenstein 判别法判断整系数多项式 $f(x)$ 在有理数域上是否不可约时，有时对于某一个多项式 $f(x)$，需要从 $f(x)$ 的常数项中寻找一个素因数 p. 如果 $f(x)$ 的常数项是 ± 1，那么这个常数项没有素因数，于是无法利用 Eisenstein 判别法. 此时可考虑用适当的代换 $ax+b(a,b\in \mathbf{Z},a\neq 0)$，使 $f(ax+b)=g(y)$ 满足 Eisenstein 判别法条件，从而来判定原多项式 $f(x)$ 不可约. 由 1.4 节例 1 知：

命题 5　有理系数多项式 $f(x)$ 在有理数域上不可约的充分必要条件是 $\forall a,b\in \mathbf{Q}(a\neq 0)$，多项式 $g(x):=f(ax+b)$ 在有理数域上不可约.

例 4　证明：$f(x)=x^2+1$ 在 $\mathbf{Q}$ 上不可约.

证明　作变换 $x=y+1$，则

$$f(x)=y^2+2y+2.$$

取 $p=2$，由 Eisenstein 判别法知，y^2+2y+2 在 $\mathbf{Q}$ 上不可约，所以 $f(x)$ 在有理数域 $\mathbf{Q}$ 上不可约.

例 5　设 p 是一个素数，多项式

$$f(x)=x^{p-1}+x^{p-2}+\cdots+x+1$$

叫作一个分圆多项式，证明：$f(x)$ 在 $\mathbf{Q}$ 上不可约.

证明　令 $x=y+1$，由于 $(x-1)f(x)=x^p-1$，则有

$$yf(y+1)=(y+1)^p-1=y^p+C_p^1 y^{p-1}+\cdots+C_p^{p-1}y.$$

令 $g(y)=f(y+1)$，于是

$$g(y)=y^{p-1}+C_p^1 y^{p-2}+\cdots+C_p^{p-1}.$$

由 Eisenstein 判断法，$g(y)$ 在有理数域上不可约，故 $f(x)$ 也在有理数域上不可约.

例 6　设 $f(x)=1+x+\dfrac{x^2}{2!}+\dfrac{x^3}{3!}+\cdots+\dfrac{x^p}{p!}$（$p$ 为素数），问 $f(x)$ 在 $\mathbf{Q}$ 上是否可约？

解　令 $g(x)=p!f(x)$，即

$$g(x)=p!+p!x+\frac{p!}{2!}x^2+\cdots+\frac{p!}{(p-1)!}x^{p-1}+x^p,$$

则 $g(x)$ 为整系数多项式. 因为 $p\nmid 1$，$p\left|\dfrac{p!}{(p-1)!}\right.$，$p\left|\dfrac{p!}{(p-2)!}\right.$，…，$p\mid p!$，但 $p^2\nmid p!$，所以 $g(x)$ 在 $\mathbf{Q}$ 上不可约，从而 $f(x)$ 在 $\mathbf{Q}$ 上不可约.

知识脉络　范例解析　测一测　小百科

习　题

1. 证明：由全体奇数组成的数集对于乘法是封闭的，但对于加、减法不是封闭的.

2. 在 $P[x]$ 中，如果 $f(x)$ 与 $g(x)$ 的次数都是3，试问：$f(x)+g(x)$ 的次数一定是3吗？

3. 证明：在 $P[x]$ 中，若 $c\in P$，$c\neq 0$，且 $c=f(x)g(x)$，则 $\deg(f(x))=\deg(g(x))=0$.

4. 用 $g(x)$ 去除 $f(x)$，求所得的商式和余式：

(1) $f(x)=x^3-3x^2-x-1$，$g(x)=3x^2-2x+1$；

(2) $f(x)=x^4+x^3-2x+3$，$g(x)=3x^2-x+2$.

5. 求 $g(x)$ 整除 $f(x)$ 的充分必要条件：

(1) $f(x)=x^3+a_1x+a_0$，$g(x)=x^2+a_1x+1$；

(2) $f(x)=x^4-3x^3+a_1x+a_0$，$g(x)=x^2-3x+1$.

6. 用综合除法求一次多项式 $g(x)$ 除 $f(x)$ 所得的商式和余式：

(1) $f(x)=2x^4-x^3+5x-3$，$g(x)=x+3$；

(2) $f(x)=3x^4-5x^2+2x-1$，$g(x)=x-4$；

(3) $f(x)=5x^3-3x+4$，$g(x)=x-1+2\mathrm{i}$.

7. 把 $f(x)$ 表示成 $x-x_0$ 的方幂和，即表示成 $c_0+c_1(x-x_0)+c_2(x-x_0)^2+\cdots$ 的形式：

(1) $f(x)=5x^3-3x+4$，$x_0=-2$；

(2) $f(x)=2x^4-x^3+5x-3$，$x_0=-3$；

(3) $f(x)=x^4+2\mathrm{i}x^3-(1+\mathrm{i})x^2-3x+7$，$x_0=-\mathrm{i}$.

8. 求 $(f(x),g(x))$，并求 $u(x)$，$v(x)$，使 $(f(x),g(x))=u(x)f(x)+v(x)g(x)$：

(1) $f(x)=x^3+x^2-7x+2$，$g(x)=3x^2-5x-2$；

(2) $f(x)=x^4+3x-2$，$g(x)=3x^3-x^2-7x+4$；

(3) $f(x)=x^4+6x^3-6x^2+6x-7$，$g(x)=x^3+x^2-7x+5$.

9. 已知 $f(x)=x^3+(1+t)x^2+2x+2u$，$g(x)=x^3+tx^2+u$ 的最大公因式是一个二次多项式，求 t，u 的值.

10. 证明：如果 $d(x)\mid f(x)$，$d(x)\mid g(x)$，且 $d(x)=u(x)f(x)+v(x)g(x)$，那么 $d(x)$ 是 $f(x)$ 与 $g(x)$ 的一个最大公因式.

11. 证明：$(f(x)h(x),g(x)h(x))=(f(x),g(x))h(x)$（$h(x)$ 的首项系数为1）.

12. 证明：在 $P[x]$ 中，如果 $(f(x),g(x))=1$，那么 $(f(x^m),g(x^m))=1\,(m\geqslant 1)$.

13. 如果 $f(x)$，$g(x)$ 不全为零，证明：$\left(\dfrac{f(x)}{(f(x),g(x))},\dfrac{g(x)}{(f(x),g(x))}\right)=1$.

14. 如果 $f(x)$，$g(x)$ 不全为零，且

$$u(x)f(x)+v(x)g(x)=(f(x),g(x)),$$

那么 $(u(x),v(x))=1$.

15. 证明：如果 $(f(x),g(x))=1$，那么

(1) $(f(x),f(x)+g(x))=1$，$(g(x),f(x)+g(x))=1$；

(2) $(f(x)g(x),f(x)+g(x))=1$.

16. 证明：在 $P[x]$ 中，如果 $f(x),g(x)$ 不全为零，$f(x)|h(x),g(x)|h(x)$，那么

$$f(x)g(x)|h(x)(f(x),g(x)).$$

17. 设 $f_i(x),g_j(x)\in P[x],i=1,2,\cdots,m,j=1,2,\cdots,n$，且

$$(f_i(x),g_j(x))=1\quad(i=1,2,\cdots,m;j=1,2,\cdots,n).$$

证明：$(f_1(x)f_2(x)\cdots f_m(x),g_1(x)g_2(x)\cdots g_n(x))=1$.

18. 证明下列多项式在实数域上和有理数域上都不可约：

(1) x^2+1；　　(2) x^2+2x+3.

19. 求下列多项式的公共根：

$$f(x)=x^3+2x^2+2x+1,\quad g(x)=x^4+x^3+2x^2+x+1.$$

20. 分别在复数域、实数域和有理数域上分解下列多项式为不可约因式的乘积：

(1) x^4+1；　　(2) x^4+4.

21. 证明：在 $P[x]$ 中，$g^2(x)|f^2(x)$ 当且仅当 $g(x)|f(x)$.

22. 在 $P[x]$ 中，设 $(f,g_i)=1,i=1,2$，证明：$(fg_1,g_2)=(g_1,g_2)$.

23. 判别下列有理系数多项式有无重因式. 如果有重因式，试求出一个多项式与它有完全相同的不可约因式(不计重数)，且这个多项式没有重因式.

(1) $f(x)=x^3+x^2-16x+20$；

(2) $f(x)=x^5-5x^4+7x^3-2x^2+4x-8$.

24. 求 t 的值，使得 $f(x)=x^3-3x^2+tx-1$ 有重根.

25. 设 $f(x)=2x^3-7x^2+4x+a\in\mathbf{Q}[x]$，求 a 的值，使得 $f(x)$ 在 $\mathbf{Q}$ 中有重根，并求出相应的重根及其重数.

26. 在 $P[x]$ 中，求 $f(x)$ 有重因式的充分必要条件：

(1) $f(x)=x^4+ax^2+b$；　　(2) $f(x)=x^4+cx+d$；

(3) $f(x)=x^4+cx^3+d$.

27. 在 $P[x]$ 中，$f(x)$ 是 4 次多项式. 如果 $x-2$ 是 $f(x)+5$ 的 3 重因式，$x+3$ 是 $f(x)-2$ 的 2 重因式，求 $f(x)$.

28. 举例说明 $P[x]$ 中一个不可约多项式 $p(x)$ 是 $f(x)$ 的导数 $f'(x)$ 的 $k-1$ 重因式 $(k\geqslant 2)$，但是 $p(x)$ 不是 $f(x)$ 的 k 重因式.

29. 如果 a 是 $f'''(x)$ 的一个 k 重根，证明：a 是

$$g(x)=\frac{(x-a)}{2}[f'(x)+f'(a)]-f(x)+f(a)$$

的一个 $k+3$ 重根.

30. 设 $f(x)=x^4-5x^3+ax^2+bx+9\in\mathbf{Q}[x]$，如果 3 是 $f(x)$ 的 2 重根，求 a,b.

31. 证明：在 $\mathbf{Q}[x]$ 中，如果 $(x^2+1)|f_1(x^4)+xf_2(x^4)$，那么 1 是 $f_1(x),f_2(x)$ 的根.

32. 求出有单根 5 与 -2，有二重根 3 的四次多项式.

33. 证明：$1+x+\dfrac{x^2}{2!}+\cdots+\dfrac{x^n}{n!}$ 没有重根.

34. 证明：如果 $(x-1)|f(x^n)$，那么 $(x^n-1)|f(x^n)$.

35. 求下列多项式的全部有理根：

(1) $2x^3+x^2-3x+1$；

(2) $x^3-6x^2+15x-14$；

(3) $2x^4-x^3-19x^2+9x+9$；

(4) $x^5+x^4-6x^3-14x^2-11x-3$.

36. 判别下列多项式在有理数域上是否可约：

(1) $4x^5-27x^4+12x^3-15x+21$；

(2) x^3-5x^2+4x+3；

(3) x^4+2x-1；

(4) x^6+x^3+1；

(5) x^p+px^2+1，p 为奇素数；

(6) $x^4+4kx+1$，k 为整数.

补充题

1. 设 m,n 为正整数，$d=(m,n)$，证明：$(x^n-1,x^m-1)=x^d-1$.

2. 证明：多项式 $f(x)=(n+1)x^n+nx^{n-1}+\cdots+2x+1$ 没有重根.

3. 证明：非常数的一元多项式函数不是周期函数.

4. 设 $f(x)$ 为数域 P 上的次数为 $n(n\geqslant 1)$ 的一元多项式，首项系数为 a. 证明：$f'(x)\mid f(x)\Leftrightarrow$ 存在 $b\in P$，使得 $f(x)=a(x-b)^n$.

5. 设 $f_1(x),f_2(x)$ 是数域 P 上两个互素的多项式. $r_1(x),r_2(x)$ 是 $P[x]$ 中任意两个多项式，且 $r_1(x),r_2(x)$ 的次数分别小于 $f_1(x),f_2(x)$ 的次数，证明：存在多项式 $g(x)\in P[x]$，它被 $f_1(x)$ 除余式为 $r_1(x)$，被 $f_2(x)$ 除余式为 $r_2(x)$.

6. 设 $f(x),p(x)\in \mathbf{Q}[x]$，$p(x)$ 在 $\mathbf{Q}$ 上不可约，且 $f(x)$ 与 $p(x)$ 有一个公共复根，证明：$p(x)\mid f(x)$.

7. 设多项式 $f(x)\in P[x]$，$f(x)=f(-x)$. 若 $(x-a)\mid f(x)$，证明：$(x^2-a^2)\mid f(x)$.

8. 设 $f(x)$ 是数域 P 上的首项系数为 1 且次数至少是 1 次的多项式，证明下面结论等价：

(1) $f(x)$ 是数域 P 上的不可约多项式的方幂；

(2) 对任意的 $g(x)\in P[x]$，必有 $f(x)$ 与 $g(x)$ 互素或者存在某个正整数 m，使得 $f(x)$ 整除 $g^m(x)$.

9. 证明：$x^n+ax^{n-m}+b$ 不能有不为零的重数大于 2 的根.

10. 证明：设 d,n 都是正整数，则对任一整数 $a(\neq\pm 1)$，有 $(a^d-1)\mid a^n-1\Leftrightarrow d\mid n$.

第 2 章

行列式

行列式产生于线性方程组的求解，最早用于速记. 目前行列式理论已成为数学、现代物理及其他科学领域中不可缺少的工具. 本章主要介绍 n 阶行列式的定义、性质及其计算方法.

2.1 二阶与三阶行列式

引例 1 求平面上两直线 $a_{i1}x_1+a_{i2}x_2=b_i, i=1,2$ 的交点，即求如下方程组的解：

$$\begin{cases}a_{11}x_1+a_{12}x_2=b_1,\\ a_{21}x_1+a_{22}x_2=b_2.\end{cases} \tag{1}$$

利用加减消元法，当 $a_{11}a_{22}-a_{12}a_{21}\neq 0$ 时，方程组(1)有唯一解

$$x_1=\frac{b_1a_{22}-b_2a_{12}}{a_{11}a_{22}-a_{12}a_{21}},\quad x_2=\frac{a_{11}b_2-a_{21}b_1}{a_{11}a_{22}-a_{12}a_{21}}. \tag{2}$$

为了方便记忆，引入记号

$$\begin{vmatrix}a_{11} & a_{12}\\ a_{21} & a_{22}\end{vmatrix}=a_{11}a_{22}-a_{12}a_{21},$$

称之为**二阶行列式**.

记 $D=\begin{vmatrix}a_{11} & a_{12}\\ a_{21} & a_{22}\end{vmatrix}, D_1=\begin{vmatrix}b_1 & a_{12}\\ b_2 & a_{22}\end{vmatrix}, D_2=\begin{vmatrix}a_{11} & b_1\\ a_{21} & b_2\end{vmatrix}$，当 $D\neq 0$ 时，方程(1)的解为

$$x_1=\frac{D_1}{D},\quad x_2=\frac{D_2}{D}.$$

引例 2 求三平面 $a_{i1}x_1+a_{i2}x_2+a_{i3}x_3=b_i, i=1,2,3$ 的交点，即求如下方程组的解：

$$\begin{cases}a_{11}x_1+a_{12}x_2+a_{13}x_3=b_1,\\ a_{21}x_1+a_{22}x_2+a_{23}x_3=b_2,\\ a_{31}x_1+a_{32}x_2+a_{33}x_3=b_3.\end{cases} \tag{3}$$

类似引例 1，消去 x_2, x_3，得到关于 x_1 的方程

$$Dx_1=D_1,$$

其中

$$D=a_{11}a_{22}a_{33}+a_{12}a_{23}a_{31}+a_{13}a_{21}a_{32}-a_{13}a_{22}a_{31}-a_{12}a_{21}a_{33}-a_{11}a_{23}a_{32},$$
$$D_1=b_1a_{22}a_{33}+a_{12}a_{23}b_3+a_{13}b_2a_{32}-a_{13}a_{22}b_3-a_{12}b_2a_{33}-b_1a_{23}a_{32},$$

称

$$\begin{vmatrix}a_{11} & a_{12} & a_{13}\\ a_{21} & a_{22} & a_{23}\\ a_{31} & a_{32} & a_{33}\end{vmatrix}=a_{11}a_{22}a_{33}+a_{12}a_{23}a_{31}+a_{13}a_{21}a_{32}-a_{13}a_{22}a_{31}-a_{12}a_{21}a_{33}-a_{11}a_{23}a_{32}$$

为三阶行列式.

由三阶行列式的记号,知 $D=\begin{vmatrix} a_{11} & a_{12} & a_{13} \\ a_{21} & a_{22} & a_{23} \\ a_{31} & a_{32} & a_{33} \end{vmatrix}$,$D_1=\begin{vmatrix} b_1 & a_{12} & a_{13} \\ b_2 & a_{22} & a_{23} \\ b_3 & a_{32} & a_{33} \end{vmatrix}$,当 $D\neq 0$ 时,$x_1=\frac{D_1}{D}$. 同理有 $x_2=\frac{D_2}{D}$,$x_3=\frac{D_3}{D}$,其中

$$D_2=\begin{vmatrix} a_{11} & b_1 & a_{13} \\ a_{21} & b_2 & a_{23} \\ a_{31} & b_3 & a_{33} \end{vmatrix},\ D_3=\begin{vmatrix} a_{11} & a_{12} & b_1 \\ a_{21} & a_{22} & b_2 \\ a_{31} & a_{32} & b_3 \end{vmatrix}.$$

小贴士

① 二阶行列式的对角线法则:

$$\begin{vmatrix} a_{11} & a_{12} \\ a_{21} & a_{22} \end{vmatrix}=a_{11}a_{22}-a_{12}a_{21}.$$

副对角线　主对角线

二阶行列式等于主对角线上两元素之积减去副对角线上两元素之积.

② 三阶行列式的对角线法则:

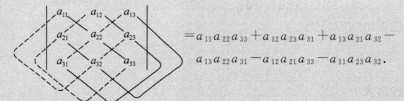

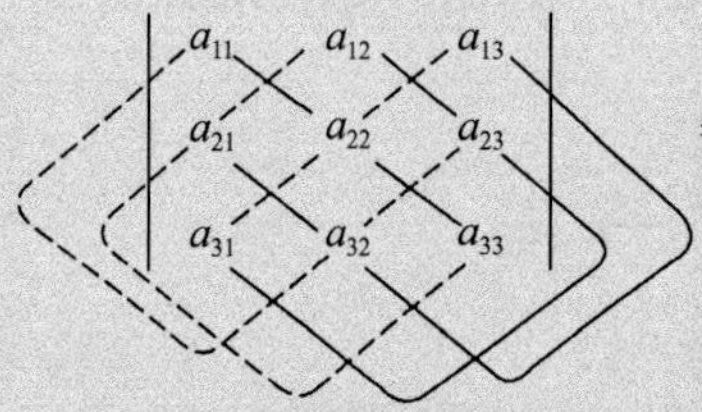

$$=a_{11}a_{22}a_{33}+a_{12}a_{23}a_{31}+a_{13}a_{21}a_{32}-a_{13}a_{22}a_{31}-a_{12}a_{21}a_{33}-a_{11}a_{23}a_{32}.$$

即三阶行列式是3! 项的代数和,每项为取自不同行不同列三个元素的乘积,项的正负号遵循对角线法则:三条实线上三元素的乘积前为正号,三条虚线上三元素的乘积前为负号.

对角线法则只适用于二阶与三阶行列式,为研究四阶及以上的行列式,需要了解全排列及其逆序数的知识.

2.2 排列与对换

定义 1 由 $1,2,,n$ 组成的有序数组叫作一个 **n 元排列**(简称**排列**).

显然 n 元排列的总数为 $n!$. 例如 3 元排列总数为 3!个,即 6 个,所有排列为

$$123,\ 132,\ 213,\ 231,\ 312,\ 321.$$

为了定义逆序数,对于 n 个不同的数规定由小到大为标准次序,得到的排列称为标准排列.

定义 2 在一个排列中,当两个数的先后次序与标准次序不同时,就说它们构成 1 个**逆序**. 一个排列中所有逆序的总数叫作这个排列的**逆序数**. 排列 $j_1j_2\cdots j_n$ 的逆序数记为 $\tau(j_1j_2\cdots j_n)$.

定义 3　逆序数为奇数的排列叫作**奇排列**,逆序数为偶数的排列叫作**偶排列**.

例　求下列各排列的逆序数,并判断排列的奇偶性.

(1) 54213;　　(2) $n(n-1)\cdots 21$.

解　(1) 5 的前面比 5 大的数有 0 个;4 前面比 4 大的数有 1 个;2 前面比 2 大的数有 2 个;1 前面比 1 大的数有 3 个;3 的前面比 3 大的数有 2 个. 于是

$$\tau(54213)=0+1+2+3+2=8,$$

此排列为偶排列.

(2) 同理

$$\tau(n(n-1)\cdots 21)=1+2+\cdots+n-1=\frac{n(n-1)}{2}.$$

当 $n=4k$ 或 $4k+1(k\in\mathbf{Z}^+)$时,逆序数为偶数,此排列为偶排列;当 $n=4k+2$ 或 $4k+3(k\in\mathbf{Z}^+)$时,逆序数为奇数,此排列为奇排列.

观察偶排列 1342,对换数字 3,4 所得排列 1432 是奇排列. 奇排列 2341 对换数字 2,1 所得排列 1342 是偶排列. 由此猜想有下述结论:

定理 1　对换排列中的任意两个数改变排列的奇偶性.

证明　先证对换的两个数相邻,即相邻对换的情形. 设

$$a_1\cdots a_r a b b_1\cdots b_s \xrightarrow{\text{对换 } a \text{ 与 } b} a_1\cdots a_r b a b_1\cdots b_s.$$

显然,ab 前后元素的逆序数经过对换并不改变,而 a,b 两元素的逆序数改变为:当 $a<b$ 时,经对换后 a 的逆序数增加 1,而 b 的逆序数不变;当 $a>b$ 时,经对换后 a 的逆序数不变,而 b 的逆序数减少 1. 综上所述,相邻对换改变排列的奇偶性.

再证一般情形. 设

$$a_1\cdots a_r a b_1\cdots b_s b c_1\cdots c_n \xrightarrow{\text{对换 } a \text{ 与 } b} a_1\cdots a_r b b_1\cdots b_s a c_1\cdots c_n.$$

这过程等同于先把 a 与 $b_1,\cdots,b_s$ 作 s 次相邻对换,即一位一位地向后移动,变成 $a_1\cdots a_r b_1\cdots b_s a b c_1\cdots c_n$,再将 b 与 $a,b_s,\cdots,b_1$ 作 $s+1$ 次相邻对换,即经过 $2s+1$ 次相邻对换,排列 $a_1\cdots a_r a b_1\cdots b_s b c_1\cdots c_n$ 变成排列 $a_1\cdots a_r b b_1\cdots b_s a c_1\cdots c_n$,所以这两个排列的奇偶性相反. ▌

由于标准排列的逆序数为 0,再结合定理 1,易得:

推论 1　奇排列对换成标准排列的对换次数为奇数,偶排列对换成标准排列的对换次数为偶数.

推论 2　所有 n 元排列($n>1$)中,奇、偶排列的个数相等.

证明　假设所有的 n 元排列中有 s 个奇排列,t 个偶排列.

将 s 个奇排列中的 1,2 两个数对换,得到 s 个不同的偶排列,因此 $s\leqslant t$,同理可证 $t\leqslant s$,于是 $s=t$,即奇、偶排列的总数相同. ▌

2.3 n 阶行列式的概念

下面通过研究三阶行列式的结构给出 n 阶行列式的定义，注意从这一节起，我们所说的数总是取自一固定的数域 P，行列式也是数域 P 上的行列式，以后不再加以说明. 观察

$$\begin{vmatrix} a_{11} & a_{12} & a_{13} \\ a_{21} & a_{22} & a_{23} \\ a_{31} & a_{32} & a_{33} \end{vmatrix} = a_{11}a_{22}a_{33}+a_{12}a_{23}a_{31}+a_{13}a_{21}a_{32}-a_{13}a_{22}a_{31}-a_{12}a_{21}a_{33}-a_{11}a_{23}a_{32}$$

得到：

(1) 项的构成：每项为取自不同的行、不同的列上 3 个元素的乘积；

(2) 项数：每项可以写成 $a_{1p_1}a_{2p_2}a_{3p_3}$，其中行标为标准排列，列标排成 $p_1p_2p_3$，共有 $3!=6$ 项；

(3) 项的符号：对一般项 $a_{1p_1}a_{2p_2}a_{3p_3}$，带正号的三项列标排列是 123，231，312；带负号的三项列标排列是 132，213，321. 前三个排列都是偶排列，后三个排列都是奇排列，因而一般项 $a_{1p_1}a_{2p_2}a_{3p_3}$ 的符号可表示为 $(-1)^{\tau(p_1p_2p_3)}$，即符号由 $p_1p_2p_3$ 的奇偶性决定. 于是三阶行列式可以写成

$$\sum_{p_1p_2p_3}(-1)^{\tau(p_1p_2p_3)}a_{1p_1}a_{2p_2}a_{3p_3},$$

其中 $\sum\limits_{p_1p_2p_3}$ 表示对 1，2，3 三个数的所有排列 $p_1p_2p_3$ 取和.

类似地，可以把三阶行列式推广到阶数 $n\geqslant 4$ 的情形.

定义 4 ***n* 阶行列式**

$$\begin{vmatrix} a_{11} & a_{12} & \cdots & a_{1n} \\ a_{21} & a_{22} & \cdots & a_{2n} \\ \vdots & \vdots & & \vdots \\ a_{n1} & a_{n2} & \cdots & a_{nn} \end{vmatrix} = \sum_{p_1p_2\cdots p_n}(-1)^{\tau(p_1p_2\cdots p_n)}a_{1p_1}a_{2p_2}\cdots a_{np_n}, \tag{1}$$

其中 $\sum\limits_{p_1p_2\cdots p_n}$ 是对所有的排列 $p_1p_2\cdots p_n$ 求和. 行列式简记为 $\det(a_{ij})$，其中 a_{ij} 为行列式的 (i,j) 元.

小贴士

① 行列式为取自不同行不同列的 n 个元素乘积的代数和.

② 行列式是 $n!$ 项的代数和，项 $a_{1p_1}a_{2p_2}\cdots a_{np_n}$ 的符号由排列 $p_1p_2\cdots p_n$ 的逆序数决定.

③ 当 $n=1$ 时，一阶行列式 $|a|=a$，注意不要与绝对值记号混淆.

例 1 (1) 确定四阶行列式中项 $a_{42}a_{21}a_{33}a_{14}$ 的符号.

(2) 求 i,j 的值，使四阶行列式中的项 $a_{24}a_{1i}a_{42}a_{3j}$ 带正号.

解 (1) $a_{42}a_{21}a_{34}a_{13}=a_{13}a_{21}a_{34}a_{42}$，列标排列的逆序数

$$\tau(3142)=0+1+0+2=3$$

为奇数,于是该项带负号.

(2) $a_{24}a_{1i}a_{42}a_{3j}=a_{1i}a_{24}a_{3j}a_{42}$,列标排列为 $i4j2$,于是 $i=1,j=3$ 或 $i=3,j=1$. 因为

$$\tau(1432)=0+0+1+2=3,$$

所以 $i=3,j=1$.

例 2 求函数

$$f(x)=\begin{vmatrix} 2 & -1 & x & 2x \\ 1 & 1 & x & 1 \\ 0 & x & 2 & 0 \\ x & 0 & -1 & -x \end{vmatrix}$$

中 x^4,x^3 的系数.

解 先求 x^4 的系数,由行列式定义,只需找出行列式的展开式包含 4 个 x 的项,显然只有副对角线上的元素乘积满足要求,此项为$(-1)^{\tau(4321)}2x^4$,从而 x^4 的系数为 2.

再求 x^3 的系数,即求包含 3 个 x 的项,显然 3 个 x 不能都取自副对角线,必有一个取自第一行第三列或第四行第四列,因而包含 3 个 x 的项有三个:$(-1)^{\tau(3421)}a_{13}a_{24}a_{32}a_{41}=-x^3$,$(-1)^{\tau(1324)}a_{11}a_{23}a_{32}a_{44}=2x^3$ 及$(-1)^{\tau(3124)}a_{13}a_{21}a_{32}a_{44}=-x^3$,从而 x^3 的系数为 0.

下面给出几种特殊的行列式的计算.

(1) **上(下)三角形行列式**:主对角线以下(上)的元素都为 0 的行列式;特别地,主对角线以下及以上的元素都为 0 的行列式叫作对角行列式. 如下所示,其中未写出的元素为 0.

$$\begin{vmatrix} a_{11} & a_{12} & \cdots & a_{1n} \\ & a_{22} & \cdots & a_{2n} \\ & & \ddots & \vdots \\ & & & a_{nn} \end{vmatrix} \qquad \begin{vmatrix} a_{11} & & & \\ a_{21} & a_{22} & & \\ \vdots & \vdots & \ddots & \\ a_{n1} & a_{n2} & \cdots & a_{nn} \end{vmatrix} \qquad \begin{vmatrix} a_{11} & & & \\ & a_{22} & & \\ & & \ddots & \\ & & & a_{nn} \end{vmatrix}$$

上三角形行列式 **下三角形行列式** **对角行列式**

例 3 证明:上(下)三角形行列式的值等于主对角元素的乘积.

证明 只证 $D=\begin{vmatrix} a_{11} & & & \\ a_{21} & a_{22} & & \\ \vdots & \vdots & \ddots & \\ a_{n1} & a_{n2} & \cdots & a_{nn} \end{vmatrix}=a_{11}a_{22}\cdots a_{nn}=\prod\limits_{i=1}^{n}a_{ii}$(其中$\prod$ 表示连乘号).

由行列式定义,$D=\sum\limits_{p_1p_2\cdots p_n}(-1)^{\tau(p_1p_2\cdots p_n)}a_{1p_1}a_{2p_2}\cdots a_{np_n}$. 由于 $i<j$ 时,$a_{ij}=0$,因此项 $a_{1p_1}a_{2p_2}\cdots a_{np_n}$,只有 $p_1=1$,此项才可能不为 0. 接下来由 $p_1=1$,要保证p_i 各不相同,则 $p_2\geqslant 2$,同上 $p_2=2$ 时,此项才可能不为 0. 以此类推,D 中可能不为 0 的项只有一项 $a_{11}a_{22}\cdots a_{nn}$,其符号为$(-1)^{\tau(12\cdots n)}=(-1)^0=1$,所以 $D=a_{11}a_{22}\cdots a_{nn}$.

(2) **斜上(下)三角形行列式**:副对角线以下(上)的元素都为 0 的行列式;特别地,副对角线以下及以上的元素都为 0 的行列式叫作斜三角行列式. 如下所示,其中未写出的元素为 0.

$$\begin{vmatrix} a_{11} & a_{12} & \cdots & a_{1n} \\ a_{21} & a_{22} & a_{2,n-1} & \\ \vdots & \iddots & & \\ a_{n1} & & & \end{vmatrix} \qquad \begin{vmatrix} & & & a_{1n} \\ & & a_{2,n-1} & a_{2n} \\ & \iddots & \vdots & \vdots \\ a_{n1} & a_{n2} & \cdots & a_{nn} \end{vmatrix} \qquad \begin{vmatrix} & & a_{1n} \\ & a_{2,n-1} & \\ \iddots & & \\ a_{n1} & & \end{vmatrix}$$

斜上三角形行列式　　　　**斜下三角形行列式**　　　　**斜对角行列式**

用定义可证，上述行列式的值为$(-1)^{\frac{n(n-1)}{2}}a_{1n}a_{2,n-1}\cdots a_{n1}$，如

$$\begin{vmatrix} 0 & 0 & 0 & 1 \\ 0 & 0 & 2 & 0 \\ 0 & 3 & 0 & 0 \\ 4 & 0 & 0 & 0 \end{vmatrix} = (-1)^{\frac{4(4-1)}{2}} 1\times2\times3\times4=24.$$

行列式的定义中，每一项的定号规则是把 n 个元素行标按标准次序排列. 由于数的乘法是可交换的，因而这 n 个元素的次序是任意的，据此给出行列式的另一种定义方式.

任取行列式 D 的一项，去掉符号为 $a_{1p_1}\cdots a_{ip_i}\cdots a_{jp_j}\cdots a_{np_n}$，对换元素 a_{ip_i} 与 a_{jp_j}，得 $a_{1p_1}\cdots a_{jp_j}\cdots a_{ip_i}\cdots a_{np_n}$，显然其值不变，但行标排列与列标排列同时作了一次相应的对换. 设新的行标排列与列标排列的逆序数分别为 r 与 s，根据对换改变排列的奇偶性，可得

$$(-1)^{\tau(p_1p_2\cdots p_n)}=(-1)^{\tau(12\cdots n)+\tau(p_1p_2\cdots p_n)}=(-1)(-1)^r\cdot(-1)(-1)^s=(-1)^{r+s}.$$

即对换乘积中两元素的次序，行标排列与列标排列的逆序数之和的奇偶性没发生改变，于是经有限次对换，可使列标排列变为标准次序 $12\cdots n$，而行标排列变为 $q_1q_2\cdots q_n$，变换前后的行标排列与列标排列的逆序数之和的奇偶性不变，从而

$$(-1)^{\tau(p_1p_2\cdots p_n)}=(-1)^{\tau(12\cdots n)+\tau(p_1p_2\cdots p_n)}=(-1)^{\tau(q_1q_2\cdots q_n)+\tau(12\cdots n)}=(-1)^{\tau(q_1q_2\cdots q_n)},$$

所以

$$(-1)^{\tau(p_1p_2\cdots p_n)}a_{1p_1}a_{2p_2}\cdots a_{np_n}=(-1)^{\tau(q_1q_2\cdots q_n)}a_{q_11}a_{q_22}\cdots a_{q_nn}.$$

显然排列 $q_1q_2\cdots q_n$ 由排列 $p_1p_2\cdots p_n$ 所唯一确定，于是可得行列式的**等价定义**为

$$\det(a_{ij})=\sum_{q_1q_2\cdots q_n}(-1)^{\tau(q_1q_2\cdots q_n)}a_{q_11}a_{q_22}\cdots a_{q_nn}. \tag{2}$$

2.4 行列式的性质

当 n 较大时，直接用定义计算行列式很麻烦，比如计算一个 29 阶行列式，即使用我国的“神威·太湖之光”超级计算机，也需要大约 5.006 8 万年的时间才能算出结果，因而有必要根据定义推导一些性质，从而利用这些性质简化计算. 在用定义推证性质的过程中只需分析项的构成、项数、符号间关系即可.

定义 5　将行列式 D 的行变为相应的列所得行列式称为 D 的**转置**，记为 D^{T}.

性质 1　$D^{\mathrm{T}}=D$.

证明　由转置的定义，D 中元素 a_{ij} 在 D^{T} 中位于第 j 行第 i 列，因此，把 D^{T} 按 2.3 节中行列式的等价定义(2)展开就等于行列式 D 的按定义(1)的展开式，即得 $D^{\mathrm{T}}=D$. ▌

此性质表明，行列式中行与列的地位是同等的，凡是有关行的性质，对列也成立，反之亦然. 因此先给出行列式关于行的性质.

根据行列式的定义，它的每一项是取自不同行不同列的 n 个元素的乘积，那么取定一行，如第 i 行，其元素为 $a_{i1},a_{i2},\cdots,a_{in}$，则行列式的每一项中都有且仅有其中的一个元素. 由此把 n 阶行列式的 $n!$ 项分成 n 组，第 1 组的项都含有 a_{i1}，…，第 n 组的项都含有 a_{in}，接着把第 j 组的元素 a_{ij} 提取出来，剩余的代数和记为 $A_{ij}(j=1,2,\cdots,n)$，则

$$D=a_{i1}A_{i1}+a_{i2}A_{i2}+\cdots+a_{in}A_{in}\quad(i=1,2,\cdots,n).$$

根据这一结果，我们可以得出下列性质，当然这些性质也可以用定义直接证明.

性质 2

$$\begin{vmatrix} a_{11} & a_{12} & \cdots & a_{1n} \\ \vdots & \vdots & & \vdots \\ ka_{i1} & ka_{i2} & \cdots & ka_{in} \\ \vdots & \vdots & & \vdots \\ a_{n1} & a_{n2} & \cdots & a_{nn} \end{vmatrix}=k\begin{vmatrix} a_{11} & a_{12} & \cdots & a_{1n} \\ \vdots & \vdots & & \vdots \\ a_{i1} & a_{i2} & \cdots & a_{in} \\ \vdots & \vdots & & \vdots \\ a_{n1} & a_{n2} & \cdots & a_{nn} \end{vmatrix}.$$

证明　左式 $=ka_{i1}A_{i1}+ka_{i2}A_{i2}+\cdots+ka_{in}A_{in}=k(a_{i1}A_{i1}+a_{i2}A_{i2}+\cdots+a_{in}A_{in})=$ 右式. ▌

此性质也即公因子可以外提，显然若 $k=0$ 可得：行列式某一行元素全为 0，则行列式为 0.

性质 3

$$\begin{vmatrix} a_{11} & a_{12} & \cdots & a_{1n} \\ \vdots & \vdots & & \vdots \\ b_{i1}+c_{i1} & b_{i2}+c_{i2} & \cdots & b_{in}+c_{in} \\ \vdots & \vdots & & \vdots \\ a_{n1} & a_{n2} & \cdots & a_{nn} \end{vmatrix}=\begin{vmatrix} a_{11} & a_{12} & \cdots & a_{1n} \\ \vdots & \vdots & & \vdots \\ b_{i1} & b_{i2} & \cdots & b_{in} \\ \vdots & \vdots & & \vdots \\ a_{n1} & a_{n2} & \cdots & a_{nn} \end{vmatrix}+\begin{vmatrix} a_{11} & a_{12} & \cdots & a_{1n} \\ \vdots & \vdots & & \vdots \\ c_{i1} & c_{i2} & \cdots & c_{in} \\ \vdots & \vdots & & \vdots \\ a_{n1} & a_{n2} & \cdots & a_{nn} \end{vmatrix}.$$

证明　左式 $=(b_{i1}+c_{i1})A_{i1}+(b_{i2}+c_{i2})A_{i2}+\cdots+(b_{in}+c_{in})A_{in}$

$=(b_{i1}A_{i1}+b_{i2}A_{i2}+\cdots+b_{in}A_{in})+(c_{i1}A_{i1}+c_{i2}A_{i2}+\cdots+c_{in}A_{in})$

$=$ 右式. ▌

显然性质 3 可推广到某一行为多组数之和的情形，可自行写出.

性质 4　对换行列式中两行的位置，行列式变号.

证明　设行列式 $D=(a_{ij})$，对换第 i 行与第 j 行，得行列式 $D_1=(b_{ij})$. 当 $k\neq i,j$ 时，$b_{kp}=a_{kp}$，且 $b_{ip}=a_{jp},b_{jp}=a_{ip}$，根据行列式定义

$$\begin{aligned} D_1&=\sum_{p_1p_2\cdots p_n}(-1)^{\tau(p_1p_2\cdots p_n)}b_{1p_1}b_{2p_2}\cdots b_{ip_i}\cdots b_{jp_j}\cdots b_{np_n}\\ &=\sum_{p_1p_2\cdots p_n}(-1)^{\tau(p_1p_2\cdots p_n)}a_{1p_1}a_{2p_2}\cdots a_{jp_i}\cdots a_{ip_j}\cdots a_{np_n}\\ &=\sum_{p_1p_2\cdots p_n}(-1)^{\tau(p_1p_2\cdots p_n)}a_{1p_1}a_{2p_2}\cdots a_{ip_j}\cdots a_{jp_i}\cdots a_{np_n}, \end{aligned}$$

因为排列 $p_1p_2\cdots p_j\cdots p_i\cdots p_n$ 是由 $p_1p_2\cdots p_n$ 对换 p_i,p_j 得到的，所以

$$(-1)^{\tau(p_1p_2\cdots p_n)}=-(-1)^{\tau(p_1p_2\cdots p_j\cdots p_i\cdots p_n)},$$

从而

$$D_1=-\sum_{p_1p_2\cdots p_n}(-1)^{\tau(p_1p_2\cdots p_j\cdots p_i\cdots p_n)}a_{1p_1}a_{2p_2}\cdots a_{ip_j}\cdots a_{jp_i}\cdots a_{np_n}=-D.\ ▌$$

性质 5　若行列式中有两行相同，则行列式为零.

证明 对换行列式 D 中相同的两行,则 $D=-D$,从而 $D=0$. ▌

由性质 2 和性质 5 可以得到:

性质 6 若行列式中有两行元素成比例,则此行列式为零.

性质 7 把一行的倍数加到另一行,行列式不变. 如

$$\begin{vmatrix} a_{11} & a_{12} & \cdots & a_{1n} \\ \vdots & \vdots & & \vdots \\ a_{i1}+ka_{j1} & a_{i2}+ka_{j2} & \cdots & a_{in}+ka_{jn} \\ \vdots & \vdots & & \vdots \\ a_{j1} & a_{j2} & & a_{jn} \\ \vdots & \vdots & & \vdots \\ a_{n1} & a_{n2} & \cdots & a_{nn} \end{vmatrix} = \begin{vmatrix} a_{11} & a_{12} & \cdots & a_{1n} \\ \vdots & \vdots & & \vdots \\ a_{i1} & a_{i2} & \cdots & a_{in} \\ \vdots & \vdots & & \vdots \\ a_{j1} & a_{j2} & & a_{jn} \\ \vdots & \vdots & & \vdots \\ a_{n1} & a_{n2} & \cdots & a_{nn} \end{vmatrix}.$$

证明 根据性质 3 和性质 6,得

$$\text{左式}=\begin{vmatrix} a_{11} & a_{12} & \cdots & a_{1n} \\ \vdots & \vdots & & \vdots \\ a_{i1} & a_{i2} & \cdots & a_{in} \\ \vdots & \vdots & & \vdots \\ a_{j1} & a_{j2} & & a_{jn} \\ \vdots & \vdots & & \vdots \\ a_{n1} & a_{n2} & \cdots & a_{nn} \end{vmatrix} + \begin{vmatrix} a_{11} & a_{12} & \cdots & a_{1n} \\ \vdots & \vdots & & \vdots \\ ka_{j1} & ka_{j2} & \cdots & ka_{jn} \\ \vdots & \vdots & & \vdots \\ a_{j1} & a_{j2} & & a_{jn} \\ \vdots & \vdots & & \vdots \\ a_{n1} & a_{n2} & \cdots & a_{nn} \end{vmatrix} = \text{右式}. ▌$$

小贴士

几个记号:

r_i——第 i 行,c_i——第 i 列;

$r_i+kr_j(c_i+kc_j)$——第 j 行(列)的 k 倍加到第 i 行(列);

$r_i\div k(c_i\div k)$——提取第 i 行(列)的公因子 k;

$r_i\leftrightarrow r_j(c_i\leftrightarrow c_j)$——对换 i,j 两行(列).

例 1 计算行列式 $D=\begin{vmatrix} 0 & 1 & 4 & 5 \\ 2 & 1 & 4 & 1 \\ 2 & 0 & 1 & 3 \\ 1 & -1 & -3 & 3 \end{vmatrix}$.

解 $$D \xlongequal{r_1\leftrightarrow r_4} -\begin{vmatrix} 1 & -1 & -3 & 3 \\ 2 & 1 & 4 & 1 \\ 2 & 0 & 1 & 3 \\ 0 & 1 & 4 & 5 \end{vmatrix} \xlongequal[r_3-2r_1]{r_2-2r_1} -\begin{vmatrix} 1 & -1 & -3 & 3 \\ 0 & 3 & 10 & -5 \\ 0 & 2 & 7 & -3 \\ 0 & 1 & 4 & 5 \end{vmatrix}$$

$$\xlongequal{r_2\leftrightarrow r_4} \begin{vmatrix} 1 & -1 & -3 & 3 \\ 0 & 1 & 4 & 5 \\ 0 & 2 & 7 & -3 \\ 0 & 3 & 10 & -5 \end{vmatrix} \xlongequal[r_4-3r_2]{r_3-2r_2} \begin{vmatrix} 1 & -1 & -3 & 3 \\ 0 & 1 & 4 & 5 \\ 0 & 0 & -1 & -13 \\ 0 & 0 & -2 & -20 \end{vmatrix}$$

$$\xlongequal{r_4-2r_3}\begin{vmatrix}1&-1&-3&3\\0&1&4&5\\0&0&-1&-13\\0&0&0&6\end{vmatrix}=-6.$$

小贴士

此类题目一般利用性质化为三角形行列式进行计算.

例 2　计算 n 阶行列式

$$D=\begin{vmatrix}a&b&b&\cdots&b\\b&a&b&\cdots&b\\b&b&a&\cdots&b\\\vdots&\vdots&\vdots&&\vdots\\b&b&b&\cdots&a\end{vmatrix}.$$

解　将第 $2,3,\cdots,n$ 列都加到第一列,得

$$D=\begin{vmatrix}a+(n-1)b&b&b&\cdots&b\\a+(n-1)b&a&b&\cdots&b\\a+(n-1)b&b&a&\cdots&b\\\vdots&\vdots&\vdots&&\vdots\\a+(n-1)b&b&b&\cdots&a\end{vmatrix}\xlongequal[i=2,3,\cdots,n]{r_i-r_1}\begin{vmatrix}a+(n-1)b&b&b&\cdots&b\\0&a-b&0&\cdots&0\\0&0&a-b&\cdots&0\\\vdots&\vdots&\vdots&\ddots&\vdots\\0&0&0&\cdots&a-b\end{vmatrix}$$

$$=[a+(n-1)b](a-b)^{n-1}.$$

小贴士

对各行(或各列)之和相等的行列式,可将其各列(或行)加到第一列(或行)或第 n 列(或行),然后再化为三角形行列式进行计算.

例 3　设 $D=\begin{vmatrix}a_{11}&\cdots&a_{1m}&0&\cdots&0\\\vdots&&\vdots&\vdots&&\vdots\\a_{m1}&\cdots&a_{mm}&0&\cdots&0\\c_{11}&\cdots&c_{1m}&b_{11}&\cdots&b_{1n}\\\vdots&&\vdots&\vdots&&\vdots\\c_{n1}&\cdots&c_{nm}&b_{n1}&\cdots&b_{nn}\end{vmatrix}$,

$$D_1=\det(a_{ij})=\begin{vmatrix}a_{11}&\cdots&a_{1m}\\\vdots&&\vdots\\a_{m1}&\cdots&a_{mm}\end{vmatrix},D_2=\det(b_{ij})=\begin{vmatrix}b_{11}&\cdots&b_{1n}\\\vdots&&\vdots\\b_{n1}&\cdots&b_{nn}\end{vmatrix}.$$

证明:$D=D_1D_2$.

证明　对 D_1 做运算 r_i+kr_j,将 D_1 化为下三角形行列式,设为

$$D_1=\begin{vmatrix}p_{11}&&\\\vdots&\ddots&\\p_{m1}&\cdots&p_{mm}\end{vmatrix}=p_{11}\cdots p_{mm}.$$

对 D_2 做运算 c_i+kc_j，将 D_2 化为下三角形行列式，设为

$$D_2=\begin{vmatrix} q_{11} & & \\ \vdots & \ddots & \\ q_{n1} & \cdots & q_{nn} \end{vmatrix}=q_{11}\cdots q_{nn}.$$

对 D，先对前 m 行做与 D_1 相同的行运算，再对后 n 列做与 D_2 相同的列运算，则

$$D=\begin{vmatrix} p_{11} & & & & & \\ \vdots & \ddots & & & & \\ p_{m1} & \cdots & p_{mm} & & & \\ c_{11} & \cdots & c_{1m} & q_{11} & & \\ \vdots & & \vdots & \vdots & \ddots & \\ c_{n1} & \cdots & c_{nm} & q_{n1} & \cdots & q_{nn} \end{vmatrix},$$

故 $D=p_{11}\cdots p_{mm}\cdot q_{11}\cdots q_{nn}=D_1D_2$. ▍

本题结论简记为

$$\begin{vmatrix} \boldsymbol{A} & \boldsymbol{O} \\ \boldsymbol{C} & \boldsymbol{B} \end{vmatrix}=|\boldsymbol{A}||\boldsymbol{B}|,$$

显然也有

$$\begin{vmatrix} \boldsymbol{A} & \boldsymbol{D} \\ \boldsymbol{O} & \boldsymbol{B} \end{vmatrix}=\begin{vmatrix} \boldsymbol{A} & \boldsymbol{O} \\ \boldsymbol{O} & \boldsymbol{B} \end{vmatrix}=|\boldsymbol{A}||\boldsymbol{B}|.$$

例 4 证明：$D=\begin{vmatrix} b_1+c_1 & c_1+a_1 & a_1+b_1 \\ b_2+c_2 & c_2+a_2 & a_2+b_2 \\ b_3+c_3 & c_3+a_3 & a_3+b_3 \end{vmatrix}=2\begin{vmatrix} a_1 & b_1 & c_1 \\ a_2 & b_2 & c_2 \\ a_3 & b_3 & c_3 \end{vmatrix}$.

证明 将第一列拆开，得

$$D=\begin{vmatrix} b_1 & c_1+a_1 & a_1+b_1 \\ b_2 & c_2+a_2 & a_2+b_2 \\ b_3 & c_3+a_3 & a_3+b_3 \end{vmatrix}+\begin{vmatrix} c_1 & c_1+a_1 & a_1+b_1 \\ c_2 & c_2+a_2 & a_2+b_2 \\ c_3 & c_3+a_3 & a_3+b_3 \end{vmatrix}.$$

依次将等式右端的两个行列式按第二列和第三列拆分，得到 8 个行列式，其中两列相同的行列式为 0，于是

$$D=\begin{vmatrix} b_1 & c_1 & a_1 \\ b_2 & c_2 & a_2 \\ b_3 & c_3 & a_3 \end{vmatrix}+\begin{vmatrix} c_1 & a_1 & b_1 \\ c_2 & a_2 & b_2 \\ c_3 & a_3 & b_3 \end{vmatrix}=-2\begin{vmatrix} a_1 & c_1 & b_1 \\ a_2 & c_2 & b_2 \\ a_3 & c_3 & b_3 \end{vmatrix}=2\begin{vmatrix} a_1 & b_1 & c_1 \\ a_2 & b_2 & c_2 \\ a_3 & b_3 & c_3 \end{vmatrix}.$$

例 5 一个 n 阶行列式，假设它的元素满足

$$a_{ij}=-a_{ji} \quad (i,j=1,2,\cdots,n).$$

证明：当 n 为奇数时，此行列式为零.

证明 由于 $a_{ij}=-a_{ji}$，可得 $a_{ii}=0, i=1,2,\cdots,n$.

于是此行列式

$$D=\begin{vmatrix}0 & a_{12} & \cdots & a_{1n}\\ -a_{12} & 0 & \cdots & a_{2n}\\ \vdots & \vdots & & \vdots\\ -a_{1n} & -a_{2n} & \cdots & 0\end{vmatrix}=D^{\mathrm{T}}=\begin{vmatrix}0 & -a_{12} & \cdots & -a_{1n}\\ a_{12} & 0 & \cdots & -a_{2n}\\ \vdots & \vdots & & \vdots\\ a_{1n} & a_{2n} & \cdots & 0\end{vmatrix}$$

$$\xlongequal[i=1,2,\cdots,n]{r_i\div(-1)}(-1)^n\begin{vmatrix}0 & a_{12} & \cdots & a_{1n}\\ -a_{12} & 0 & \cdots & a_{2n}\\ \vdots & \vdots & & \vdots\\ -a_{1n} & -a_{2n} & \cdots & 0\end{vmatrix}=(-1)^nD.$$

从而当 n 为奇数时，此行列式为零.

2.5 行列式的展开计算

本节学习行列式的降阶计算方法. 观察三阶行列式可通过二阶行列式表示：

$$\begin{vmatrix}a_{11} & a_{12} & a_{13}\\ a_{21} & a_{22} & a_{23}\\ a_{31} & a_{32} & a_{33}\end{vmatrix}=a_{11}\begin{vmatrix}a_{22} & a_{23}\\ a_{32} & a_{33}\end{vmatrix}-a_{12}\begin{vmatrix}a_{21} & a_{23}\\ a_{31} & a_{33}\end{vmatrix}+a_{13}\begin{vmatrix}a_{21} & a_{22}\\ a_{31} & a_{32}\end{vmatrix}$$

$$=a_{11}(-1)^{1+1}\begin{vmatrix}a_{22} & a_{23}\\ a_{32} & a_{33}\end{vmatrix}+a_{12}(-1)^{1+2}\begin{vmatrix}a_{21} & a_{23}\\ a_{31} & a_{33}\end{vmatrix}+a_{13}(-1)^{1+3}\begin{vmatrix}a_{21} & a_{22}\\ a_{31} & a_{32}\end{vmatrix}.$$

思考上式体现的规律，并猜想可否推广到 n 阶行列式.

定义 6 在行列式 $D=\det(a_{ij})_{n\times n}$ 中，划去元素 a_{ij} 所在的第 i 行与第 j 列，剩余的 $n-1$ 阶行列式称为 a_{ij} 的**余子式**，记为 M_{ij}. 称 $(-1)^{i+j}M_{ij}$ 为元素 a_{ij} 的**代数余子式**，记为 A_{ij}.

由以上定义，知三阶行列式 $D=a_{11}A_{11}+a_{12}A_{12}+a_{13}A_{13}$. 下面将之推广到 n 阶行列式.

引理 1 如果一个 n 阶行列式 D 的第 i 行除 a_{ij} 外的其他元素都为零，那么此行列式等于 a_{ij} 与它的代数余子式的乘积，即 $D=a_{ij}A_{ij}$.

证明 当 a_{ij} 位于第 n 行第 n 列时，由 2.4 节例 3 得

$$D=\begin{vmatrix}a_{11} & a_{12} & \cdots & a_{1,n-1} & a_{1n}\\ a_{21} & a_{22} & \cdots & a_{2,n-1} & a_{2n}\\ \vdots & \vdots & & \vdots & \vdots\\ 0 & 0 & \cdots & 0 & a_{nn}\end{vmatrix}=a_{nn}\begin{vmatrix}a_{11} & a_{12} & \cdots & a_{1,n-1}\\ a_{21} & a_{22} & \cdots & a_{2,n-1}\\ \vdots & \vdots & & \vdots\\ a_{n-1,1} & a_{n-1,1} & \cdots & a_{n-1,n-1}\end{vmatrix}=a_{nn}M_{nn}=a_{nn}A_{nn}.$$

再证一般情形：

$$D=\begin{vmatrix}a_{11} & \cdots & a_{1j} & \cdots & a_{1n}\\ \vdots & & \vdots & & \vdots\\ 0 & \cdots & a_{ij} & \cdots & 0\\ \vdots & & \vdots & & \vdots\\ a_{n1} & \cdots & a_{nj} & \cdots & a_{nn}\end{vmatrix}.$$

把 D 的第 i 行依次与第 $i+1$ 行，第 $i+2$ 行，…，第 n 行对换，然后将第 j 列与第 $j+1$ 列，第 $j+2$ 列，…，第 n 列对换，得

$$D=(-1)^{n-i}(-1)^{n-j}\begin{vmatrix} a_{11} & a_{12} & \cdots & a_{1,n-1} & a_{1n} \\ a_{21} & a_{22} & \cdots & a_{2,n-1} & a_{2n} \\ \vdots & \vdots & & \vdots & \vdots \\ 0 & 0 & \cdots & 0 & a_{ij} \end{vmatrix}=(-1)^{i+j}a_{ij}M_{ij}=a_{ij}A_{ij}.$$ ▍

定理 2 行列式等于它的任意一行(列)的各元素与其对应的代数余子式乘积之和,即

$$D=a_{i1}A_{i1}+a_{i2}A_{i2}+\cdots+a_{in}A_{in}=\sum_{k=1}^{n}a_{ik}A_{ik}\quad(i=1,2,\cdots,n),$$

或

$$D=a_{1j}A_{1j}+a_{2j}A_{2j}+\cdots+a_{nj}A_{nj}=\sum_{k=1}^{n}a_{kj}A_{kj}\quad(j=1,2,\cdots,n).$$

证明
$$D=\begin{vmatrix} a_{11} & a_{12} & \cdots & a_{1n} \\ \vdots & \vdots & & \vdots \\ a_{i1}+0+\cdots+0 & 0+a_{i2}+\cdots+0 & \cdots & 0+\cdots+0+a_{in} \\ \vdots & \vdots & & \vdots \\ a_{n1} & a_{n2} & \cdots & a_{nn} \end{vmatrix}$$

$$=\begin{vmatrix} a_{11} & a_{12} & \cdots & a_{1n} \\ \vdots & \vdots & & \vdots \\ a_{i1} & 0 & \cdots & 0 \\ \vdots & \vdots & & \vdots \\ a_{n1} & a_{n2} & \cdots & a_{nn} \end{vmatrix}+\begin{vmatrix} a_{11} & a_{12} & \cdots & a_{1n} \\ \vdots & \vdots & & \vdots \\ 0 & a_{i2} & \cdots & 0 \\ \vdots & \vdots & & \vdots \\ a_{n1} & a_{n2} & \cdots & a_{nn} \end{vmatrix}+\cdots+\begin{vmatrix} a_{11} & a_{12} & \cdots & a_{1n} \\ \vdots & \vdots & & \vdots \\ 0 & 0 & \cdots & a_{in} \\ \vdots & \vdots & & \vdots \\ a_{n1} & a_{n2} & \cdots & a_{nn} \end{vmatrix}$$

$$=a_{i1}A_{i1}+a_{i2}A_{i2}+\cdots+a_{in}A_{in}.$$

同理可证

$$D=a_{1j}A_{1j}+a_{2j}A_{2j}+\cdots+a_{nj}A_{nj}=\sum_{k=1}^{n}a_{kj}A_{kj}\quad(j=1,2,\cdots,n).$$ ▍

推论 行列式的一行(列)所有元素与另一行(列)的相应元素的代数余子式乘积之和为 0,即

$$a_{i1}A_{j1}+a_{i2}A_{j2}+\cdots+a_{in}A_{jn}=0\quad(i\neq j)$$

或

$$a_{1i}A_{1j}+a_{2i}A_{2j}+\cdots+a_{ni}A_{nj}=0\quad(i\neq j).$$

证明 行列式按第 j 行展开,得

$$a_{j1}A_{j1}+\cdots+a_{jn}A_{jn}=\begin{vmatrix} a_{11} & \cdots & a_{1n} \\ \vdots & & \vdots \\ a_{i1} & \cdots & a_{in} \\ \vdots & & \vdots \\ a_{j1} & \cdots & a_{jn} \\ \vdots & & \vdots \\ a_{n1} & \cdots & a_{nn} \end{vmatrix}.$$

把 a_{jk} 换成 $a_{ik}(k=1,2,\cdots,n)$,可得

$$a_{i1}A_{j1}+a_{i2}A_{j2}+\cdots+a_{in}A_{jn}=\begin{vmatrix} a_{11} & \cdots & a_{1n} \\ \vdots & & \vdots \\ a_{i1} & \cdots & a_{in} \\ \vdots & & \vdots \\ a_{i1} & \cdots & a_{in} \\ \vdots & & \vdots \\ a_{n1} & \cdots & a_{nn} \end{vmatrix}.$$

于是 $i\neq j$ 时，$a_{i1}A_{j1}+a_{i2}A_{j2}+\cdots+a_{in}A_{jn}=0$.同理

$$a_{1i}A_{1j}+a_{2i}A_{2j}+\cdots+a_{ni}A_{nj}=0\quad(i\neq j).$$ ▌

小贴士

余子式的性质：设 $D=\det(a_{ij})$，元素 a_{ij} 的代数余子式为 A_{ij}，则

$$\sum_{s=1}^{n}a_{is}A_{js}=\begin{cases}D, & i=j,\\ 0, & i\neq j,\end{cases}\qquad \sum_{s=1}^{n}a_{si}A_{sj}=\begin{cases}D, i=j,\\ 0, i\neq j.\end{cases}$$

典例分析

例 1 计算行列式 $D=\begin{vmatrix} 4 & 1 & 0 & 2 \\ 7 & 0 & -5 & 2 \\ -4 & 1 & 5 & 2 \\ 8 & 2 & 0 & 7 \end{vmatrix}$.

解 $D\xlongequal{r_3+r_2}\begin{vmatrix} 4 & 1 & 0 & 2 \\ 7 & 0 & -5 & 2 \\ 3 & 1 & 0 & 4 \\ 8 & 2 & 0 & 7 \end{vmatrix}\xlongequal{\text{按第 3 列展开}}-5\times(-1)^{2+3}\begin{vmatrix} 4 & 1 & 2 \\ 3 & 1 & 4 \\ 8 & 2 & 7 \end{vmatrix}$

$$\xlongequal{r_3-2r_1}5\begin{vmatrix} 4 & 1 & 2 \\ 3 & 1 & 4 \\ 0 & 0 & 3 \end{vmatrix}\xlongequal{\text{按第 3 行展开}}5\times3\times(-1)^{3+3}\begin{vmatrix} 4 & 1 \\ 3 & 1 \end{vmatrix}=15.$$

例 2 设 n 阶行列式 $D_n=\begin{vmatrix} 1 & 2 & 3 & \cdots & n \\ 1 & 2 & 0 & \cdots & 0 \\ 1 & 0 & 3 & \cdots & 0 \\ \vdots & \vdots & \vdots & \ddots & \vdots \\ 1 & 0 & 0 & \cdots & n \end{vmatrix}$，求第一行各元素的代数余子式之和 $A_{11}+A_{12}+\cdots+A_{1n}$.

解 将 D_n 按第一行展开，得 $D_n=A_{11}+2A_{12}+\cdots+nA_{1n}$. 于是把 D_n 的第一行元素分别换为 1,1,…,1，有

$$A_{11}+A_{12}+\cdots+A_{1n}=\begin{vmatrix} 1 & 1 & 1 & \cdots & 1 \\ 1 & 2 & 0 & \cdots & 0 \\ 1 & 0 & 3 & \cdots & 0 \\ \vdots & \vdots & \vdots & \ddots & \vdots \\ 1 & 0 & 0 & \cdots & n \end{vmatrix}$$

$$\xrightarrow[i=2,3,\cdots,n]{c_1-\frac{1}{i}c_i}\begin{vmatrix} 1-\sum\limits_{j=2}^{n}\frac{1}{j} & 1 & 1 & \cdots & 1 \\ 0 & 2 & 0 & \cdots & 0 \\ 0 & 0 & 3 & \cdots & 0 \\ \vdots & \vdots & \vdots & \ddots & \vdots \\ 0 & 0 & 0 & \cdots & n \end{vmatrix}=n!\left(1-\sum_{j=2}^{n}\frac{1}{j}\right).$$

小贴士

① 一般地，已知 n 阶行列式 $D=\det(a_{ij})$，第 i 行元素的代数余子式的代数和

$$b_1A_{i1}+\cdots+b_nA_{in}=\begin{vmatrix} \vdots & \vdots & \vdots \\ b_1 & \cdots & b_n \\ \vdots & \vdots & \vdots \end{vmatrix}\text{第 } i \text{ 行},$$

其中等式右端的行列式为 D 中仅第 i 行元素替换为 $b_1,\cdots,b_n$ 所得的行列式.

② 此题行列式为箭形(爪形)行列式 ⟍，可用主对角线上元素去消第一列元素.

例 3 证明 $n(n\geqslant 2)$ 阶范德蒙德(Vandermonde)行列式

$$D_n=\begin{vmatrix} 1 & 1 & \cdots & 1 \\ x_1 & x_2 & \cdots & x_n \\ x_1^2 & x_2^2 & \cdots & x_n^2 \\ \vdots & \vdots & & \vdots \\ x_1^{n-1} & x_2^{n-1} & \cdots & x_n^{n-1} \end{vmatrix}=\prod_{n\geqslant i>j\geqslant 1}(x_i-x_j). \tag{1}$$

证明 用数学归纳法证明，由于

$$D_2=\begin{vmatrix} 1 & 1 \\ x_1 & x_2 \end{vmatrix}=x_2-x_1=\prod_{2\geqslant i>j\geqslant 1}(x_i-x_j),$$

因此当 $n=2$ 时，式(1)成立.

假设式(1)对于 $n-1$ 阶范德蒙德行列式成立. 对 D_n 从第 n 行开始由下而上，每一行减去它上一行的 x_1 倍，得

$$D_n=\begin{vmatrix} 1 & 1 & 1 & \cdots & 1 \\ 0 & x_2-x_1 & x_3-x_1 & \cdots & x_n-x_1 \\ 0 & x_2(x_2-x_1) & x_3(x_3-x_1) & \cdots & x_n(x_n-x_1) \\ \vdots & \vdots & \vdots & & \vdots \\ 0 & x_2^{n-2}(x_2-x_1) & x_3^{n-2}(x_3-x_1) & \cdots & x_n^{n-2}(x_n-x_1) \end{vmatrix}.$$

按第一列展开，并把每列的公因子 (x_i-x_1) 提出来，根据归纳假设，可得

$$\begin{aligned} D_n&=(x_2-x_1)(x_3-x_1)\cdots(x_n-x_1)\begin{vmatrix} 1 & 1 & \cdots & 1 \\ x_2 & x_3 & \cdots & x_n \\ \vdots & \vdots & & \vdots \\ x_2^{n-2} & x_3^{n-2} & \cdots & x_n^{n-2} \end{vmatrix} \\ &=(x_2-x_1)(x_3-x_1)\cdots(x_n-x_1)\prod_{n\geqslant i>j\geqslant 2}(x_i-x_j) \end{aligned}$$

$$=\prod_{n\geqslant i>j\geqslant 1}(x_i-x_j).$$

结论对 n 阶范德蒙德行列式也成立. 由此完成证明.

例 4　计算行列式 $D=\begin{vmatrix}2&3&4&5\\2&3^2&4^2&5^2\\2&3^3&4^3&5^3\\2&3^4&4^4&5^4\end{vmatrix}$.

解　$D=2\times3\times4\times5\begin{vmatrix}1&1&1&1\\1^1&3^1&4^1&5^1\\1^2&3^2&4^2&5^2\\1^3&3^3&4^3&5^3\end{vmatrix}$（范德蒙德行列式）

$$=120\times(3-1)\times(4-1)\times(5-1)\times(4-3)\times(5-3)\times(5-4)=5760.$$

接下来给出几类行列式的计算方法.

例 5　计算 n 阶行列式

$$D_n=\begin{vmatrix}x_1&y_1&0&\cdots&0\\0&x_2&y_2&\cdots&0\\\vdots&\vdots&\ddots&\vdots&\vdots\\0&0&\cdots&x_{n-1}&y_{n-1}\\y_n&0&\cdots&0&x_n\end{vmatrix}.$$

解　将 D_n 按第一列展开，得

$$D_n=x_1\begin{vmatrix}x_2&y_2&\cdots&0\\0&x_3&\ddots&0\\\vdots&\vdots&\ddots&y_{n-1}\\0&0&\cdots&x_n\end{vmatrix}+y_n(-1)^{n+1}\begin{vmatrix}y_1&0&\cdots&0\\x_2&y_2&\cdots&\vdots\\\vdots&\ddots&\ddots&0\\0&\cdots&x_{n-1}&y_{n-1}\end{vmatrix}$$

$$=x_1x_2\cdots x_n+(-1)^{n+1}y_1y_2\cdots y_n$$

例 6　计算 n 阶行列式

$$D_n=\begin{vmatrix}\alpha+\beta&\alpha\beta&0&\cdots&0&0\\1&\alpha+\beta&\alpha\beta&\cdots&0&0\\0&1&\alpha+\beta&\cdots&0&0\\\vdots&\vdots&\vdots&&\vdots&\vdots\\0&0&0&\cdots&\alpha+\beta&\alpha\beta\\0&0&0&\cdots&1&\alpha+\beta\end{vmatrix}.$$

典例分析

解　将行列式按第 n 列展开，有

$$D_n=(\alpha+\beta)D_{n-1}-\alpha\beta D_{n-2}.$$

由此，可得

$$D_n-\alpha D_{n-1}=\beta(D_{n-1}-\alpha D_{n-2}),$$

$$D_n-\beta D_{n-1}=\alpha(D_{n-1}-\beta D_{n-2}).$$

从而

$$D_n-\alpha D_{n-1}=\beta^2(D_{n-2}-\alpha D_{n-3})=\cdots=\beta^{n-2}(D_2-\alpha D_1)=\beta^n.$$

同理得 $D_n-\beta D_{n-1}=\alpha^n$，于是

$$D_n=\begin{cases}(n+1)\alpha^n, & \alpha=\beta,\\ \dfrac{\alpha^{n+1}-\beta^{n+1}}{\alpha-\beta}, & \alpha\neq\beta.\end{cases}$$

小贴士

此题为三对角行列式，可先按行或按列展开后得递推公式，再利用递推技巧求解.

例 7 计算 n 阶行列式

$$D_n=\begin{vmatrix} x & a & a & \cdots & a\\ -a & x & a & \cdots & a\\ -a & -a & x & \cdots & a\\ \vdots & \vdots & \vdots & & \vdots\\ -a & -a & -a & \cdots & x\end{vmatrix}.$$

解 将行列式第一行写为两数之和，然后再拆为两个行列式之和：

$$D_n=\begin{vmatrix} (x-a)+a & 0+a & 0+a & \cdots & 0+a\\ -a & x & a & \cdots & a\\ -a & -a & x & \cdots & a\\ \vdots & \vdots & \vdots & & \vdots\\ -a & -a & -a & \cdots & x\end{vmatrix}$$

$$=\begin{vmatrix} x-a & 0 & 0 & \cdots & 0\\ -a & x & a & \cdots & a\\ -a & -a & x & \cdots & a\\ \vdots & \vdots & \vdots & & \vdots\\ -a & -a & -a & \cdots & x\end{vmatrix}+\begin{vmatrix} a & a & a & \cdots & a\\ -a & x & a & \cdots & a\\ -a & -a & x & \cdots & a\\ \vdots & \vdots & \vdots & & \vdots\\ -a & -a & -a & \cdots & x\end{vmatrix}$$

$$=(x-a)D_{n-1}+\begin{vmatrix} a & a & a & \cdots & a\\ 0 & x+a & 2a & \cdots & 2a\\ 0 & 0 & x+a & \cdots & 2a\\ \vdots & \vdots & \vdots & & \vdots\\ 0 & 0 & 0 & \cdots & x+a\end{vmatrix}$$

$$=(x-a)D_{n-1}+a(x+a)^{n-1},$$

即

$$D_n=(x-a)D_{n-1}+a(x+a)^{n-1}.$$

由于 $D_n=D_n^{\mathrm{T}}$，而 D_n^{T} 也就是将上式中的 a，$-a$ 分别换为 $-a$，a，从而

$$D_n=(x+a)D_{n-1}-a(x-a)^{n-1}.$$

当 $a\neq0$ 时，解得

$$D_n=\frac{1}{2}[(x+a)^n+(x-a)^n].$$

当 $a=0$ 时，直接计算得 $D_n=x^n$，带入上式也成立，于是

$$D_n=\frac{1}{2}[(x+a)^n+(x-a)^n].$$

小贴士：

行列式的计算方法较灵活，可以根据行列式的特点，充分利用行列式的性质并结合行列式的展开定理进行计算，常用的方法包括：化三角形法、降阶法、升阶法、递推法、拆项法、数学归纳法、析因子法等.

典例分析

2.6 克拉默(Cramer)法则

本节应用行列式解决含 n 个方程的 n 元线性方程组的求解问题.

定义 7 线性方程组

$$\begin{cases} a_{11}x_1+a_{12}x_2+\cdots+a_{1n}x_n=b_1, \\ a_{21}x_1+a_{22}x_2+\cdots+a_{2n}x_n=b_2, \\ \cdots\cdots\cdots\cdots \\ a_{n1}x_1+a_{n2}x_2+\cdots+a_{nn}x_n=b_n \end{cases} \tag{1}$$

的系数构成的行列式

$$D=\begin{vmatrix} a_{11} & a_{12} & \cdots & a_{1n} \\ a_{21} & a_{22} & \cdots & a_{2n} \\ \vdots & \vdots & & \vdots \\ a_{n1} & a_{n2} & \cdots & a_{nn} \end{vmatrix} \tag{2}$$

称为线性方程组(1)的系数行列式.

若常数项 $b_1,b_2,\cdots,b_n$ 不全为零，则称(1)为非齐次线性方程组，并称

$$\begin{cases} a_{11}x_1+a_{12}x_2+\cdots+a_{1n}x_n=0, \\ a_{21}x_1+a_{22}x_2+\cdots+a_{2n}x_n=0, \\ \cdots\cdots\cdots\cdots \\ a_{n1}x_1+a_{n2}x_2+\cdots+a_{nn}x_n=0 \end{cases} \tag{3}$$

为齐次线性方程组. 显然 $x_1=x_2=\cdots=x_n=0$ 一定是齐次线性方程组(3)的解，称之为零解. 方程组(3)的除零解外的解(若还有的话)称为非零解.

定理 3(克拉默法则) 如果线性方程组(1)的系数行列式 $D\neq0$，那么线性方程组(1)有唯一解

$$x_1=\frac{D_1}{D},x_2=\frac{D_2}{D},\cdots,x_n=\frac{D_n}{D}, \tag{4}$$

其中 D_j 是行列式 D 中第 j 列换成常数项 $b_1,b_2,\cdots,b_n$ 所成的行列式，即

$$D_j=\begin{vmatrix} a_{11} & \cdots & a_{1,j-1} & b_1 & a_{1,j+1} & \cdots & a_{1n} \\ a_{21} & \cdots & a_{2,j-1} & b_2 & a_{2,j+1} & \cdots & a_{2n} \\ \vdots & \vdots & \vdots & \vdots & \vdots & & \vdots \\ a_{n1} & \cdots & a_{n,j-1} & b_n & a_{n,j+1} & \cdots & a_{nn} \end{vmatrix}, \quad j=1,2,\cdots,n.$$

证明 方程组(1)可写为

$$\sum_{j=1}^{n} a_{ij}x_j=b_i, \quad i=1,2,\cdots,n.$$

首先验证方程组有解. 把 $x_1=\frac{D_1}{D},x_2=\frac{D_2}{D},\cdots,x_n=\frac{D_n}{D}$ 代入方程组的左端,得

$$\begin{aligned}\sum_{j=1}^{n} a_{ij}\frac{D_j}{D}&=\frac{1}{D}\sum_{j=1}^{n} a_{ij}\sum_{s=1}^{n} b_sA_{sj}=\frac{1}{D}\sum_{j=1}^{n}\sum_{s=1}^{n} a_{ij}b_sA_{sj}\\&=\frac{1}{D}\sum_{s=1}^{n}\left(\sum_{j=1}^{n} a_{ij}A_{sj}\right)b_s=\frac{1}{D}Db_i=b_i,\end{aligned}$$

即 $x_1=\frac{D_1}{D},x_2=\frac{D_2}{D},\cdots,x_n=\frac{D_n}{D}$ 为方程组(1)的解.

其次证明解唯一. 取定 k,用代数余子式 $A_{1k},A_{2k},\cdots,A_{nk}$,依次右乘方程组(1)的 n 个方程,得

$$\begin{cases}(a_{11}x_1+a_{12}x_2+\cdots+a_{1n}x_n)A_{1k}=b_1A_{1k},\\(a_{21}x_1+a_{22}x_2+\cdots+a_{2n}x_n)A_{2k}=b_2A_{2k},\\\cdots\cdots\cdots\cdots\\(a_{n1}x_1+a_{n2}x_2+\cdots+a_{nn}x_n)A_{nk}=b_nA_{nk},\end{cases}$$

将 n 个方程相加,得

$$x_1\sum_{j=1}^{n} a_{j1}A_{jk}+x_2\sum_{j=1}^{n} a_{j2}A_{jk}+\cdots+x_n\sum_{j=1}^{n} a_{jn}A_{jk}=\sum_{j=1}^{n} b_jA_{jk}.$$

由余子式的性质,$x_1,x_2,\cdots,x_{k-1},x_{k+1},\cdots,x_n$ 的系数等于 0,x_k 的系数为

$$a_{1k}A_{1k}+a_{2k}A_{2k}+\cdots+a_{nk}A_{nk}=D,$$

而

$$b_1A_{1k}+b_2A_{2k}+\cdots+b_nA_{nk}=D_k,$$

所以,得 $Dx_k=D_k,k=1,2,\cdots,n$. 于是当 $D\neq 0$ 时,有 $x_k=\frac{D_k}{D}(k=1,2,\cdots,n)$. ▍

根据克拉默法则,可以得出:

定理 4 如果线性方程组(1)的系数行列式 $D\neq 0$,则方程组(1)有唯一解.

推论 如果线性方程组(1)无解或有两个不同解,则方程组的系数行列式 D 必为零.

定理 5 如果齐次线性方程组(3)的系数行列式 $D\neq 0$,则方程组(3)只有零解.

例 1 解方程组

$$\begin{cases}2x_1+x_2-x_3+x_4=1,\\x_1-x_2+2x_3-x_4=2,\\x_1+x_2-x_3+x_4=1,\\3x_1+x_2-x_3+2x_4=0.\end{cases}$$

解

$$D=\begin{vmatrix}2&1&-1&1\\1&-1&2&-1\\1&1&-1&1\\3&1&-1&2\end{vmatrix}=\begin{vmatrix}0&3&-5&3\\1&-1&2&-1\\0&2&-3&2\\0&4&-7&5\end{vmatrix}=1\times(-1)^{1+2}\begin{vmatrix}3&-5&3\\2&-3&2\\4&-7&5\end{vmatrix}=-1,$$

$$D_1=\begin{vmatrix}1&1&-1&1\\2&-1&2&-1\\1&1&-1&1\\0&1&-1&2\end{vmatrix}=0,D_2=\begin{vmatrix}2&1&-1&1\\1&2&2&-1\\1&1&-1&1\\3&0&-1&2\end{vmatrix}=-5,$$

$$D_3=\begin{vmatrix}2&1&1&1\\1&-1&2&-1\\1&1&1&1\\3&1&0&2\end{vmatrix}=-3,D_4=\begin{vmatrix}2&1&-1&1\\1&-1&2&2\\1&1&-1&1\\3&1&-1&0\end{vmatrix}=1.$$

因为 $D\neq0$,所以方程组有唯一解

$$x_1=\frac{D_1}{D}=0,x_2=\frac{D_2}{D}=5,x_3=\frac{D_3}{D}=3,x_4=\frac{D_4}{D}=-1.$$

例 2 问 λ 取何值时,下列齐次线性方程组有非零解?

$$\begin{cases}(5-\lambda)x_1+2x_2+2x_3=0,\\2x_1+(6-\lambda)x_2=0,\\2x_1+(4-\lambda)x_3=0.\end{cases}$$

解 方程组有非零解,等价于

$$D=\begin{vmatrix}5-\lambda&2&2\\2&6-\lambda&0\\2&0&4-\lambda\end{vmatrix}=(5-\lambda)(2-\lambda)(8-\lambda)=0,$$

所以当 $\lambda=2,5$ 或 8 时,方程组有非零解.

例 3 证明平面上三个点 (x_i,y_i),$i=1,2,3$ 在一条直线上的必要条件是

$$\begin{vmatrix}x_1&y_1&1\\x_2&y_2&1\\x_3&y_3&1\end{vmatrix}=0.$$

证明 设所在直线为 $ax+by+c=0$(其中 $a^2+b^2\neq0$),由三点在直线上,得

$$\begin{cases}ax_1+by_1+c\cdot1=0,\\ax_2+by_2+c\cdot1=0,\\ax_3+by_3+c\cdot1=0.\end{cases}$$

可以把 (a,b,c) 看作以 z_1,z_2,z_3 为变量的齐次方程组

$$\begin{cases}x_1z_1+y_1z_2+z_3=0,\\x_2z_1+y_2z_2+z_3=0,\\x_3z_1+y_3z_2+z_3=0\end{cases}$$

的一个非零解,等价于系数行列式为 0,即

$$\begin{vmatrix} x_1 & y_1 & 1 \\ x_2 & y_2 & 1 \\ x_3 & y_3 & 1 \end{vmatrix}=0.$$

*2.7 拉普拉斯(Laplace)定理　行列式的乘法规则

类比行列式按一行(列)展开定理,自然想到行列式是否可以按几行(列)展开,本节给出这一展开定理.

一、拉普拉斯定理

定义 8　在 n 阶行列式 D 中任意选定 k 行 k 列($k\leqslant n$),位于这些行和列的交点上的 k^2 个元素按照原来的次序组成一个 k 阶行列式 M,称为行列式 D 的一个 **k 阶子式**. 在 D 中划去这 k 行 k 列后余下的元素按照原来的次序组成的 $n-k$ 阶行列式 M' 称为 k 阶子式 M 的**余子式**.

从定义可知,M 也是 M' 的余子式,于是 M 和 M' 称为 D 的一对**互余**的子式.

显然 n 阶行列式共有 $(C_n^k)^2$ 个 k 阶子式.

例 1　在四阶行列式

$$D=\begin{vmatrix} -1 & 1 & 0 & 2 \\ 2 & -1 & 2 & 1 \\ 0 & 2 & -5 & 6 \\ 5 & -1 & 3 & 7 \end{vmatrix}$$

中选定第一,四行,第二,三列得到一个二阶子式及余子式分别为

$$M=\begin{vmatrix} 1 & 0 \\ -1 & 3 \end{vmatrix},\quad M'=\begin{vmatrix} 2 & 1 \\ 0 & 6 \end{vmatrix}.$$

定义 9　设 D 的 k 阶子式 M 在 D 中所在的行标、列标分别是 $i_1,i_2,\cdots,i_k;j_1,j_2,\cdots,j_k$,则 M 的余子式 M' 前面加上符号 $(-1)^{(i_1+i_2+\cdots+i_k)+(j_1+j_2+\cdots+j_k)}$ 后称为 M 的**代数余子式**.

由 M 与 M' 在行列式 D 中位于不同的行和不同的列,易得如下引理.

引理 2　行列式 D 的任一个子式 M 与它的代数余子式 A 的乘积中的每一项都是行列式 D 的展开式中的一项,而且符号也一致.

证明　设 $D=\det(a_{ij})$,先证 k 阶子式 M 位于行列式 D 的左上角的情形,即

$$D=\begin{vmatrix} \boldsymbol{R} & * \\ * & \boldsymbol{S} \end{vmatrix},$$

其中 $M=|\boldsymbol{R}|$,则 M 的代数余子式

$$A=(-1)^{1+2+\cdots+k+1+2+\cdots+k}M'=M'=|\boldsymbol{S}|,$$

由行列式定义,任取 M 及 M' 中的一项

$$(-1)^{\tau(p_1p_2\cdots p_k)}a_{1p_1}a_{2p_2}\cdots a_{kp_k},(-1)^{\tau(p_{k+1}p_{k+2}\cdots p_n)}a_{k+1,p_{k+1}}a_{k+2,p_{k+2}}\cdots a_{np_n}$$

其中 $p_1p_2\cdots p_k$ 是 $1,2,\cdots,k$ 的一个排列，$p_{k+1}p_{k+2}\cdots p_n$ 是 $k+1,k+2,\cdots,n$ 的一个排列.显然

$$\tau(p_1p_2\cdots p_n)=\tau(p_1p_2\cdots p_k)+\tau(p_{k+1}p_{k+2}\cdots p_n),$$

则这两项的乘积可写为

$$(-1)^{\tau(p_1p_2\cdots p_n)}a_{1p_1}a_{2p_2}\cdots a_{np_n}.$$

它是 D 的展开式中的一项，而且符号也一致.

下证一般情形，M 位于 D 的第 $i_1,i_2,\cdots,i_k(i_1<i_2<\cdots<i_k)$ 行，第 $j_1,j_2,\cdots,j_k(j_1<j_2<\cdots<j_k)$ 列.

可将 M 变换为第一种情形.首先将 D 的第 i_1 行依次与 $i_1-1,i_1-2,\cdots,1$ 行对换，即经过 i_1-1 次相邻行对换后，第 i_1 行换为第一行，同理经过 i_2-2 次相邻行对换，第 i_2 行换为第二行，…，经过 i_k-k 次对换，第 i_k 行换为第 k 行，即经过 $i_1-1+i_2-2+\cdots+i_k-k$ 次相邻行对换将第 $i_1,i_2,\cdots,i_k$ 行换为第 $1,2,\cdots,k$ 行.同理经过 $j_1-1+j_2-2+\cdots+j_k-k$ 次相邻列对换将第 $j_1,j_2,\cdots,j_k$ 列换为第 $1,2,\cdots,k$ 列.设变换后所得行列式为 D_1，则

$$D=(-1)^{i_1-1+i_2-2+\cdots+i_k-k+j_1-1+j_2-2+\cdots+j_k-k}D_1=(-1)^{i_1+i_2+\cdots+i_k+j_1+j_2+\cdots+j_k}D_1.$$

由此，D 和 D_1 的展开式中出现的项一样，只是每一项都相差 $(-1)^{i_1+i_2+\cdots+i_k+j_1+j_2+\cdots+j_k}$.

因为 M 位于 D_1 的左上角，于是 MM' 中的每一项都是 D_1 展开式中的一项，并且符号也一致.又

$$MA=(-1)^{i_1+i_2+\cdots+i_k+j_1+j_2+\cdots+j_k}MM',$$

所以，MA 中每一项都是行列式 D 的展开式中的一项，符号也一致. ▌

定理6(拉普拉斯定理) 设在 n 阶行列式 D 中任意取定了 $k(1\leqslant k\leqslant n-1)$ 行.由这 k 行元素所组成的一切 k 阶子式与它们的代数余子式的乘积的和等于行列式 D.

证明 设 D 中任取 k 行后得到的所有 k 阶子式为 $M_i,i=1,2,\cdots,t$，对应的代数余子式为 $A_i,i=1,2,\cdots,t$.即证

$$D=M_1A_1+M_2A_2+\cdots+M_tA_t.$$

由引理2，M_iA_i 的每一项是 D 中的一项且符号相同.又 M_iA_i 与 $M_jA_j(i\neq j)$ 无公共项，因此只需两边项数相同即可.由于 D 的项数是 $n!$，而 M_i 的项数是 $k!$，A_i 的项数式 $(n-k)!$，又

$$t=C_n^k=\frac{n!}{k!\,(n-k)!},$$

所以要证等式右边的项数是 $t\cdot k!\cdot(n-k)!=n!$，得证. ▌

小贴士

① $k=1$ 时，拉普拉斯定理即为行列式 D 按某行展开.

② $D=\begin{vmatrix} a_{11} & \cdots & a_{1k} & 0 & \cdots & 0 \\ \vdots & & \vdots & \vdots & & \vdots \\ a_{k1} & \cdots & a_{kk} & 0 & \cdots & 0 \\ & & & b_{11} & \cdots & b_{1r} \\ & * & & \vdots & & \vdots \\ & & & b_{r1} & \cdots & b_{rr} \end{vmatrix}=\begin{vmatrix} a_{11} & \cdots & a_{1k} \\ \vdots & & \vdots \\ a_{k1} & \cdots & a_{kk} \end{vmatrix}\begin{vmatrix} b_{11} & \cdots & b_{1r} \\ \vdots & & \vdots \\ b_{r1} & \cdots & b_{rr} \end{vmatrix}$ 即为行列式 D 取定前 k 行运用拉普拉斯定理的结果.

通常利用拉普拉斯定理来计算行列式是不方便的. 这个定理主要在理论方面应用.

例 2 计算行列式

$$D=\begin{vmatrix}1&3&2&4\\0&2&5&0\\2&2&3&3\\0&1&3&0\end{vmatrix}.$$

解 按第二和第四行展开,得

$$D=\begin{vmatrix}2&5\\1&3\end{vmatrix}\cdot(-1)^{2+4+2+3}\cdot\begin{vmatrix}1&4\\2&3\end{vmatrix}=5.$$

例 3 计算行列式

$$D_{2n}=\begin{vmatrix}a&&&&&&&b\\&a&&&&&b&\\&&\ddots&&&\iddots&&\\&&&a&b&&&\\&&&c&d&&&\\&&\iddots&&&\ddots&&\\&c&&&&&d&\\c&&&&&&&d\end{vmatrix}.$$

解 每次按第一行和最后一行展开

$$D=\begin{vmatrix}a&b\\c&d\end{vmatrix}\cdot\begin{vmatrix}a&b\\c&d\end{vmatrix}\cdot\cdots\cdot\begin{vmatrix}a&b\\c&d\end{vmatrix}=\begin{vmatrix}a&b\\c&d\end{vmatrix}^n=(ad-bc)^n.$$

二、行列式的乘积法则

定理 7(乘法定理) 设 n 阶行列式 $D_1=\det(a_{ij})$,$D_2=\det(b_{ij})$,则

$$D_1D_2=\det(c_{ij}),$$

其中 c_{ij} 是 D_1 的第 i 行元素分别与 D_2 的第 j 列的对应元素乘积之和:

$$c_{ij}=a_{i1}b_{1j}+a_{i2}b_{2j}+\cdots+a_{in}b_{nj}=\sum_{k=1}^{n}a_{ik}b_{kj}.$$

证明 作一个 $2n$ 阶的行列式

$$D=\begin{vmatrix}a_{11}&a_{12}&\cdots&a_{1n}&0&0&\cdots&0\\a_{21}&a_{22}&\cdots&a_{2n}&0&0&\cdots&0\\\vdots&\vdots&&\vdots&\vdots&\vdots&&\vdots\\a_{n1}&a_{n2}&\cdots&a_{nn}&0&0&&0\\-1&0&\cdots&0&b_{11}&b_{12}&\cdots&b_{1n}\\0&-1&\cdots&0&b_{21}&b_{22}&\cdots&b_{2n}\\\vdots&\vdots&&\vdots&\vdots&\vdots&&\vdots\\0&0&\cdots&-1&b_{n1}&b_{n2}&\cdots&b_{nn}\end{vmatrix}.$$

取前 n 行,由拉普拉斯定理,得

$$D=\begin{vmatrix} a_{11} & \cdots & a_{1n} \\ \vdots & & \vdots \\ a_{n1} & \cdots & a_{nn} \end{vmatrix}\begin{vmatrix} b_{11} & \cdots & b_{1n} \\ \vdots & & \vdots \\ b_{n1} & \cdots & b_{nn} \end{vmatrix}=D_1D_2.$$

对 D 做行的运算，将元素 a_{ij} 都化为 0，有

$$D\xlongequal[i=1,2,\cdots,n]{r_i+a_{i1}r_{n+1}+a_{i2}r_{n+2}+\cdots+a_{in}r_{2n}}\begin{vmatrix} 0 & \cdots & 0 & c_{11} & \cdots & c_{1n} \\ \vdots & & \vdots & \vdots & & \vdots \\ 0 & \cdots & 0 & c_{n1} & \cdots & c_{nn} \\ -1 & & & b_{11} & \cdots & b_{1n} \\ & \ddots & & \vdots & & \vdots \\ & & -1 & b_{n1} & \cdots & b_{nn} \end{vmatrix}$$

$$=(-1)^{1+2+\cdots+n+(n+1)+\cdots+2n}|c_{ij}|(-1)^n=|c_{ij}|,$$

于是

$$D_1D_2=\det(c_{ij}).$$ ▍

例 4　证明：方程组

$$\begin{cases} ax_1+bx_2+cx_3+dx_4=0, \\ bx_1-ax_2+dx_3-cx_4=0, \\ cx_1-dx_2-ax_3+bx_4=0, \\ dx_1+cx_2-bx_3-ax_4=0 \end{cases}$$

只有零解. 其中 a,b,c,d 不全为 0.

证明　系数行列式

$$D=\begin{vmatrix} a & b & c & d \\ b & -a & d & -c \\ c & -d & -a & b \\ d & c & -b & -a \end{vmatrix},$$

$$D^2=DD^{\mathrm{T}}=\begin{vmatrix} a & b & c & d \\ b & -a & d & -c \\ c & -d & -a & b \\ d & c & -b & -a \end{vmatrix}\begin{vmatrix} a & b & c & d \\ b & -a & -d & c \\ c & d & -a & -b \\ d & -c & b & -a \end{vmatrix}$$

$$=\begin{vmatrix} a^2+b^2+c^2+d^2 & 0 & 0 & 0 \\ 0 & a^2+b^2+c^2+d^2 & 0 & 0 \\ 0 & 0 & a^2+b^2+c^2+d^2 & 0 \\ 0 & 0 & 0 & a^2+b^2+c^2+d^2 \end{vmatrix}$$

$$=(a^2+b^2+c^2+d^2)^4.$$

因为 a,b,c,d 不全为 0，所以 $D^2=(a^2+b^2+c^2+d^2)^4\neq 0$，从而 $D\neq 0$，故方程组只有零解.

知识脉络　范例解析　测一测　小百科

习　题

1. 利用对角线法则计算下列行列式：

(1) $\begin{vmatrix} 2 & 6 \\ -2 & -3 \end{vmatrix}$；　(2) $\begin{vmatrix} 0 & -5 & 3 \\ 2 & -4 & -3 \\ 1 & 5 & 0 \end{vmatrix}$；

(3) $\begin{vmatrix} 1 & 1 & 1 \\ a & b & c \\ a^2 & b^2 & c^2 \end{vmatrix}$.

2. 求行列式 $\begin{vmatrix} k-1 & 2 \\ 2 & k-1 \end{vmatrix} \neq 0$ 时 k 的取值.

3. 设 a,b,c 为互异实数，证明：行列式 $D=\begin{vmatrix} a & b & c \\ a^2 & b^2 & c^2 \\ b+c & c+a & a+b \end{vmatrix}=0$ 的充分必要条件为 $a+b+c=0$.

4. 已知行列式 $\begin{vmatrix} 5-\lambda & 2 & 2 \\ 2 & 6-\lambda & 0 \\ 2 & 0 & 4-\lambda \end{vmatrix}=0$，求 λ.

5. 确定以下 8 元排列的逆序数及其奇偶性：(1) 14536278；(2) 21786354.

6. 选择 i 与 k，使：(1) $17i4k56$ 成偶排列；(2) $16i3k47$ 成奇排列.

7. 求排列 $(2k)1(2k-1)2(2k-2)3(2k-3)\cdots(k+1)k$ 的逆序数，并讨论它的奇偶性.

8. 如果排列 $x_1x_2\cdots x_{n-1}x_n$ 的逆序数为 k，那么排列 $x_nx_{n-1}\cdots x_2x_1$ 的逆序数是多少？

9. 判定 5 阶行列式中 $a_{31}a_{23}a_{42}a_{14}a_{55}$，$a_{35}a_{43}a_{14}a_{51}a_{22}$ 这两项应带的符号；写出四阶行列式中所有带负号并且包含因子 a_{14} 的项.

10. 由定义计算下列行列式：

(1) $\begin{vmatrix} 0 & 0 & \cdots & 0 & 1 \\ 0 & 0 & \cdots & 2 & 0 \\ \vdots & \vdots & & \vdots & \vdots \\ 0 & n-1 & \cdots & 0 & 0 \\ n & 0 & \cdots & 0 & 0 \end{vmatrix}$；　(2) $\begin{vmatrix} 0 & 1 & 0 & \cdots & 0 \\ 0 & 0 & 2 & \cdots & 0 \\ \vdots & \vdots & & \vdots & \vdots \\ 0 & 0 & \cdots & 0 & n-1 \\ n & 0 & \cdots & 0 & 0 \end{vmatrix}$；

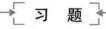

(3) $\begin{vmatrix} 0 & \cdots & 0 & 1 & 0 \\ 0 & \cdots & 2 & \cdots & 0 \\ \vdots & \vdots & & \vdots & \vdots \\ n-1 & 0 & \cdots & 0 & 0 \\ 0 & 0 & \cdots & 0 & n \end{vmatrix}$.

11. 设 n 阶行列式 $D=\det(a_{ij})$，把 D 上下翻转或逆时针旋转 90° 或依副对角线翻转，依次得

$$D_1=\begin{vmatrix} a_{n1} & \cdots & a_{nn} \\ \vdots & & \vdots \\ a_{11} & \cdots & a_{1n} \end{vmatrix},\quad D_2=\begin{vmatrix} a_{1n} & \cdots & a_{nn} \\ \vdots & & \vdots \\ a_{11} & \cdots & a_{n1} \end{vmatrix},\quad D_3=\begin{vmatrix} a_{nn} & \cdots & a_{1n} \\ \vdots & & \vdots \\ a_{n1} & \cdots & a_{11} \end{vmatrix},$$

用 D 表示 D_1,D_2,D_3.

12. 由行列式定义求函数

$$f(x)=\begin{vmatrix} -3x & 0 & x & 2 \\ 2 & 2x & 1 & 1 \\ 3 & -2 & x & 2 \\ -1 & 0 & 1 & x \end{vmatrix}$$

中 x^4,x^3 的系数.

13. 由行列式定义证明：

$$\begin{vmatrix} 0 & 0 & 0 & a_1 & a_2 \\ 0 & 0 & 0 & b_1 & b_2 \\ 0 & 0 & 0 & c_1 & c_2 \\ d_1 & d_2 & d_3 & d_4 & d_5 \\ e_1 & e_2 & e_3 & e_4 & e_5 \end{vmatrix}=0.$$

14. 计算下列行列式：

(1) $\begin{vmatrix} 200 & 198 & 400 \\ 101 & 100 & 199 \\ 408 & 400 & 800 \end{vmatrix}$;

(2) $\begin{vmatrix} 1+a_1 & 2+a_2 & 3+a_1 \\ 1+a_2 & 2+a_2 & 3+a_2 \\ 1+a_3 & 2+a_3 & 3+a_3 \end{vmatrix}$;

(3) $\begin{vmatrix} \lambda-1 & -2 & -4 \\ -2 & \lambda+2 & -2 \\ -4 & -2 & \lambda-1 \end{vmatrix}$;

(4) $\begin{vmatrix} 5 & 1 & 1 & 2 \\ 3 & 0 & 1 & 5 \\ 6 & 1 & 0 & 2 \\ 2 & 5 & 1 & 0 \end{vmatrix}$;

(5) $\begin{vmatrix} 1 & 2 & 3 & 4 \\ 2 & 3 & 4 & 1 \\ 3 & 4 & 1 & 2 \\ 4 & 1 & 2 & 3 \end{vmatrix}$;

(6) $\begin{vmatrix} 0 & 1 & 1 & -1 & 2 \\ 1 & 1 & 0 & -1 & 0 \\ 1 & 0 & -1 & -5 & 1 \\ 2 & 4 & 4 & -8 & 1 \\ 3 & 5 & 4 & 1 & 2 \end{vmatrix}$.

15. 计算下列行列式：

(1) $D_n=\begin{vmatrix}1&1&\cdots&1&0\\1&1&\cdots&0&1\\\vdots&\vdots&&\vdots&\vdots\\1&0&\cdots&1&1\\0&1&\cdots&1&1\end{vmatrix}$；　(2) $D_n=\begin{vmatrix}x_1-y_1&x_1-y_2&\cdots&x_1-y_n\\x_2-y_1&x_2-y_2&\cdots&x_2-y_n\\\vdots&\vdots&&\vdots\\x_n-y_1&x_n-y_2&\cdots&x_n-y_n\end{vmatrix}$；

(3) $D_{n+1}=\begin{vmatrix}x_{n+1}&x_1&x_2&\cdots&x_n\\y_1&z_1&0&\cdots&0\\y_2&0&z_2&\cdots&0\\\vdots&\vdots&\vdots&&\vdots\\y_n&0&0&\cdots&z_n\end{vmatrix}$，$z_i\neq 0$；(4) $D_n=\begin{vmatrix}1+a_1^2&1&\cdots&1\\1&1+a_2^2&\cdots&1\\\vdots&\vdots&&\vdots\\1&1&\cdots&1+a_n^2\end{vmatrix}$.

16. 求方程 $f(x)=\begin{vmatrix}1&-1&1&x-1\\1&-1&1+x&-1\\1&x-1&1&-1\\1+x&-1&1&-1\end{vmatrix}=0$ 的根.

17. 已知四阶行列式 $\begin{vmatrix}2&1&4&1\\3&-1&2&1\\2&3&-2&2\\5&0&5&2\end{vmatrix}$，求 $A_{31}+2A_{32}+3A_{33}+2A_{34}$ 及 $-2M_{14}+3M_{24}-2M_{34}+5M_{44}$.

18. 设 n 阶行列式 D 的某行元素全为 3，且 $D=3$，计算 $\sum\limits_{i=1}^{n}\sum\limits_{j=1}^{n}A_{ij}$.

19. 计算下列行列式：

(1) $\begin{vmatrix}x&y&0&\cdots&0&0\\0&x&y&\cdots&0&0\\\vdots&\vdots&\vdots&&\vdots&\vdots\\0&0&0&\cdots&x&y\\y&0&0&\cdots&0&x\end{vmatrix}$；　(2) $\begin{vmatrix}x&0&0&\cdots&0&a_0\\-1&x&0&\cdots&0&a_1\\\vdots&\vdots&\vdots&&\vdots&\vdots\\0&0&0&\cdots&x&a_{n-2}\\0&0&0&\cdots&-1&x+a_{n-1}\end{vmatrix}$；

(3) $\begin{vmatrix}x_1&x_2&x_3&\cdots&x_{n-1}&x_n\\1&-1&0&\cdots&0&0\\0&2&-2&\cdots&0&0\\\vdots&\vdots&\vdots&&0&0\\0&0&0&\cdots&n-1&1-n\end{vmatrix}$；　(4) $\begin{vmatrix}x&a_1&a_2&\cdots&a_{n-1}\\a_1&x&a_2&\cdots&a_{n-1}\\a_1&a_2&x&\cdots&a_{n-1}\\\vdots&\vdots&\vdots&&\vdots\\a_1&a_2&a_3&\cdots&x\end{vmatrix}$；

(5) $\begin{vmatrix}1&2&2&\cdots&2\\2&2&2&\cdots&2\\2&2&3&\cdots&2\\\vdots&\vdots&\vdots&&\vdots\\2&2&2&\cdots&n\end{vmatrix}$；　(6) $\begin{vmatrix}x_1y_1&x_1y_2&x_1y_3&\cdots&x_1y_n\\x_1y_2&x_2y_2&x_2y_3&\cdots&x_2y_n\\x_1y_3&x_2y_3&x_3y_3&\cdots&x_3y_3\\\vdots&\vdots&\vdots&&\vdots\\x_1y_n&x_2y_n&x_3y_n&\cdots&x_ny_n\end{vmatrix}$.

20. 证明：

(1) $\begin{vmatrix} 1 & 1 & 1 & 1 \\ a & b & c & d \\ a^2 & b^2 & c^2 & d^2 \\ a^4 & b^4 & c^4 & d^4 \end{vmatrix}=(a-b)(a-c)(a-d)(b-c)(b-d)(c-d)(a+b+c+d)$；

(2) $\begin{vmatrix} a^2 & (a+1)^2 & (a+2)^2 & (a+3)^2 \\ b^2 & (b+1)^2 & (b+2)^2 & (b+3)^2 \\ c^2 & (c+1)^2 & (c+2)^2 & (c+3)^2 \\ d^2 & (d+1)^2 & (d+2)^2 & (c+3)^2 \end{vmatrix}=0$；

(3) $D_n=\begin{vmatrix} \cos\theta & 1 & 0 & \cdots & 0 & 0 \\ 1 & 2\cos\theta & 1 & \cdots & 0 & 0 \\ 0 & 1 & 2\cos\theta & \cdots & 0 & 0 \\ \vdots & \vdots & \vdots & & \vdots & \vdots \\ 0 & 0 & 0 & \cdots & 2\cos\theta & 1 \\ 0 & 0 & 0 & \cdots & 1 & 2\cos\theta \end{vmatrix}=\cos n\theta$；

(4) $D_{2n}=\begin{vmatrix} a_n & & & 0 & & b_n \\ & \ddots & & & \iddots & \\ & & a_1 & b_1 & & \\ & & c_1 & d_1 & & \\ & \iddots & & & \ddots & \\ c_n & & & & & d_n \end{vmatrix}=\prod_{i=1}^{n}(a_id_i-b_ic_i)$.

21. 计算行列式 $D_{n+1}=\begin{vmatrix} a^n & (a-1)^n & \cdots & (a-n)^n \\ a^{n-1} & (a-1)^{n-1} & \cdots & (a-n)^{n-1} \\ \vdots & \vdots & & \vdots \\ a & a-1 & \cdots & a-n \\ 1 & 1 & \cdots & 1 \end{vmatrix}$.

22. 计算行列式 $D=\begin{vmatrix} 3 & 3 & 3 & 3 & 3 \\ 2 & 3 & 4 & 5 & 6 \\ 2^2 & 3^2 & 4^2 & 5^2 & 6^2 \\ 2^3 & 3^3 & 4^3 & 5^3 & 6^3 \\ 2^4 & 3^4 & 4^4 & 5^4 & 6^4 \end{vmatrix}$.

23. 利用克拉默法则解下列方程组：

$$\begin{cases} x_1+x_2+x_3+x_4=5, \\ x_1+2x_2-x_3+4x_4=-2, \\ 2x_1-3x_2-x_3-5x_4=-2, \\ 3x_1+x_2+2x_3+11x_4=0. \end{cases}$$

24. 某地有一座煤矿、一个发电厂和一条铁路. 经成本核算，每生产价值 1 元钱的煤需消耗 0.3 元的电;为了把这 1 元钱的煤运出去需花费 0.2 元的运费;每生产 1 元的电需 0.6 元的煤作燃料;为了运行电厂的辅助设备需消耗本身 0.1 元的电,还需要花费 0.1 元的运费;作为铁路局,每提供 1 元运费的运输需消耗 0.5 元的煤,辅助设备要消耗 0.1 元的电.现煤矿接到外地 6 万元煤的订货,电厂有 10 万元电的外地需求,问:煤矿和电厂各生产多少才能满足需求?

25. 确定 a 使方程组 $\begin{cases} ax_1+2x_2+2x_3=0, \\ 2x_1+ax_2+2x_3=0, \\ 2x_1+2x_2+2x_3=0 \end{cases}$ 只有零解.

26. 问 λ 取何值时,齐次线性方程组 $\begin{cases} (1-\lambda)x_1-2x_2+4x_3=0, \\ 2x_1+(3-\lambda)x_2+x_3=0, \\ x_1+x_2+(1-\lambda)x_3=0 \end{cases}$ 有非零解?

27. 利用拉普拉斯展开式计算下列行列式:

(1) $\begin{vmatrix} 5 & 3 & -1 & 2 & 0 \\ 1 & 7 & 2 & 5 & 2 \\ 0 & -2 & 3 & 1 & 0 \\ 0 & -4 & -1 & 4 & 0 \\ 0 & 2 & 3 & 5 & 0 \end{vmatrix}$; (2) $\begin{vmatrix} 0 & \cdots & 0 & a_{11} & \cdots & a_{1k} \\ \vdots & & \vdots & \vdots & & \vdots \\ 0 & \cdots & 0 & a_{k1} & \cdots & a_{kk} \\ b_{11} & \cdots & b_{1n} & c_{11} & \cdots & c_{1k} \\ \vdots & & \vdots & \vdots & & \vdots \\ b_{n1} & \cdots & b_{nn} & c_{n1} & \cdots & c_{nk} \end{vmatrix}$.

28. 计算行列式

$$D=\begin{vmatrix} 1 & 1 & 0 & 0 & 0 & 1 \\ y_1 & y_2 & 0 & 0 & 0 & y_3 \\ a_1 & b_1 & 1 & 1 & 1 & c_1 \\ a_2 & b_2 & x_1 & x_2 & x_3 & c_2 \\ a_3 & b_3 & x_1^2 & x_2^2 & x_3^2 & c_3 \\ y_1^2 & y_2^2 & 0 & 0 & 0 & y_3^2 \end{vmatrix}.$$

29. 利用行列式的乘法定理计算:

$$\begin{vmatrix} ax+by & ax+bz & az+by \\ ay+bz & ay+bx & ax+bz \\ az+bx & az+by & ay+bx \end{vmatrix}.$$

补充题

1. 证明：$$\frac{\mathrm{d}}{\mathrm{d}x}\begin{vmatrix} a_{11}(x) & a_{12}(x) & \cdots & a_{1n}(x) \\ a_{21}(x) & a_{22}(x) & \cdots & a_{2n}(x) \\ \vdots & \vdots & & \vdots \\ a_{n1}(x) & a_{n2}(x) & \cdots & a_{nn}(x) \end{vmatrix} = \sum_{i=1}^{n}\begin{vmatrix} a_{11}(x) & a_{12}(x) & \cdots & a_{1n}(x) \\ \vdots & \vdots & & \vdots \\ \frac{\mathrm{d}}{\mathrm{d}x}a_{i1}(x) & \frac{\mathrm{d}}{\mathrm{d}x}a_{i2}(x) & \cdots & \frac{\mathrm{d}}{\mathrm{d}x}a_{in}(x) \\ \vdots & \vdots & & \vdots \\ a_{n1}(x) & a_{n2}(x) & \cdots & a_{nn}(x) \end{vmatrix}.$$

2. 设行列式 $D=\det(a_{ij})$，A_{ij} 为 a_{ij} 的代数余子式. 证明：

(1) $$\begin{vmatrix} a_{11}+k_1 & a_{12}+k_2 & \cdots & a_{1n}+k_n \\ a_{21}+k_1 & a_{22}+k_2 & \cdots & a_{2n}+k_n \\ \vdots & \vdots & & \vdots \\ a_{n1}+k_1 & a_{n2}+k_2 & \cdots & a_{nn}+k_n \end{vmatrix} = D+\sum_{j=1}^{n}\sum_{i=1}^{n}k_jA_{ij};$$

(2) $$\sum_{i=1}^{n}\sum_{j=1}^{n}A_{ij} = \begin{vmatrix} a_{11}-a_{12} & a_{12}-a_{13} & \cdots & a_{1,n-1}-a_{1n} & 1 \\ a_{21}-a_{22} & a_{22}-a_{23} & \cdots & a_{2,n-1}-a_{2n} & 1 \\ \vdots & \vdots & & \vdots & \vdots \\ a_{n1}-a_{n2} & a_{n2}-a_{n3} & \cdots & a_{n,n-1}-a_{nn} & 1 \end{vmatrix}=0.$$

3. 设 n 阶行列式 $D=\det(a_{ij})$ 的元素 $a_{ij}=|i-j|$，求 D.

4. 计算下列 n 阶行列式：

(1) $$\begin{vmatrix} a & \lambda & \lambda & \lambda & \cdots & \lambda \\ \beta & \lambda & b & b & \cdots & b \\ \beta & b & \lambda & b & \cdots & b \\ \beta & b & b & \lambda & \cdots & b \\ \vdots & \vdots & \vdots & \vdots & & \vdots \\ \beta & b & b & b & \cdots & \lambda \end{vmatrix};$$ (2) $$\begin{vmatrix} 1 & 2 & 3 & \cdots & n-1 & n \\ n & 1 & 2 & \cdots & n-2 & n-1 \\ n-1 & n & 1 & \cdots & n-3 & n-2 \\ \vdots & \vdots & \vdots & & \vdots & \vdots \\ 3 & 4 & 5 & \cdots & 1 & 2 \\ 2 & 3 & 4 & \cdots & n & 1 \end{vmatrix};$$

(3) $$\begin{vmatrix} x & y & y & \cdots & y & y \\ z & x & y & \cdots & y & y \\ z & z & x & \cdots & y & y \\ \vdots & \vdots & \vdots & & \vdots & \vdots \\ z & z & z & \cdots & x & y \\ z & z & z & \cdots & z & x \end{vmatrix};$$ (4) $$\begin{vmatrix} 1 & 1 & 1 & \cdots & 1 & 1 \\ a_1 & a_2 & a_3 & \cdots & a_{n-1} & a_n \\ a_1^2 & a_2^2 & a_3^2 & \cdots & a_{n-1}^2 & a_n^2 \\ \vdots & \vdots & \vdots & & \vdots & \vdots \\ a_1^{n-2} & a_2^{n-2} & a_3^{n-2} & \cdots & a_{n-1}^{n-2} & a_n^{n-2} \\ a_1^n & a_2^n & a_3^n & \cdots & a_{n-1}^n & a_n^n \end{vmatrix};$$

(5) $$\begin{vmatrix} 2a & a^2 & 0 & \cdots & 0 & 0 & 0 \\ 1 & 2a & a^2 & \cdots & 0 & 0 & 0 \\ 0 & 1 & 2a & \cdots & 0 & 0 & 0 \\ \vdots & \vdots & \vdots & & \vdots & \vdots & \vdots \\ 0 & 0 & 0 & \cdots & 1 & 2a & a^2 \\ 0 & 0 & 0 & \cdots & 0 & 1 & 2a \end{vmatrix}.$$

5. 利用范德蒙德行列式计算 n 阶行列式

$$D_n=\begin{vmatrix} 1+a_1 & 1+a_1^2 & \cdots & 1+a_1^n \\ 1+a_2 & 1+a_2^2 & \cdots & 1+a_2^n \\ \vdots & \vdots & & \vdots \\ 1+a_n & 1+a_n^2 & \cdots & 1+a_n^n \end{vmatrix}.$$

6. 设 $\sin\theta\neq 0$. 证明：$D_n=\begin{vmatrix} 2\cos\theta & 1 & & & & \\ 1 & 2\cos\theta & 1 & & & \\ & 1 & \ddots & \ddots & & \\ & & \ddots & \ddots & 1 & \\ & & & 1 & 2\cos\theta & 1 \\ & & & & 1 & 2\cos\theta \end{vmatrix}=\dfrac{\sin(n+1)\theta}{\sin\theta}$.

7. 计算行列式

$$\begin{vmatrix} a_1 & 0 & a_1^2 & 1 & 0 \\ 0 & 1 & 0 & 0 & 2 \\ a_2 & x & a_2^2 & 1 & y \\ 0 & 3 & 0 & 0 & 4 \\ a_3 & z & a_3^2 & 1 & w \end{vmatrix}.$$

8. 用克拉默法则解下列方程组：

$$\begin{cases} 5x_1+6x_2=1, \\ x_1+5x_2+6x_3=0, \\ x_2+5x_3+6x_4=0, \\ x_3+5x_4+6x_5=0, \\ x_4+5x_5=1. \end{cases}$$

9. 设平面 3 条不同直线

$$l_1: ax+2by+3c=0,$$
$$l_2: bx+2cy+3a=0,$$
$$l_3: cx+2ay+3b=0$$

交于一点(x_0,y_0)，证明：$a+b+c=0$.

10. 设 $f(x)$ 为复系数三次多项式，α,β 是两个虚数，且 $\alpha\neq\beta$, $\overline{\beta}$，已知 $f(\overline{\alpha})=\overline{f(\alpha)}$，$f(\overline{\beta})=\overline{f(\beta)}$，试证 $f(x)$ 为实系数多项式.

11. 证明：

$$D=\begin{vmatrix} a_0 & a_1 & a_2 & \cdots & a_{n-1} \\ a_{n-1} & a_0 & a_1 & \cdots & a_{n-2} \\ a_{n-2} & a_{n-1} & a_0 & \cdots & a_{n-3} \\ \vdots & \vdots & \vdots & & \vdots \\ a_1 & a_2 & a_3 & \cdots & a_0 \end{vmatrix}=f(1)f(\varepsilon)\cdots f(\varepsilon^{n-1}),$$

其中 $f(x)=\sum_{i=0}^{n-1}a_ix^i$，$\varepsilon=\cos\frac{2\pi}{n}+\mathrm{i}\sin\frac{2\pi}{n}$.

第 3 章

矩 阵

矩阵是一个数表，是记录数据的一种记号，是基本但又及其重要的数学工具. 矩阵广泛应用于数学学科、经济管理、社会科学等领域. 伴随着计算机技术及数据科学的发展，矩阵正发挥着不可估量的作用. 为解决实际问题，应对问题所得矩阵进行相关运算，由此要学习并掌握矩阵理论.

本章首先介绍矩阵的概念，然后给出矩阵的线性运算、乘法运算、转置、方阵的行列式、逆矩阵、分块矩阵等运算及性质，接下来介绍矩阵的初等变换及其应用，最后给出矩阵的秩的概念及相关性质.

3.1 矩阵的概念

一、矩阵的概念

许多实际问题都会用到数表，比如某高校数学系一年级学生期末成绩(表 3-1)对应

表 3-1 某高校数学系一年级学生期末成绩

姓名	课程			
	数学分析	高等代数	…	空间解析几何
金浩天	82	90	…	72
王天骄	95	93	…	89
⋮	⋮	⋮		⋮
张海涛	92	75	…	67

一个数表

$$\begin{matrix} 82 & 90 & \cdots & 72 \\ 95 & 93 & \cdots & 89 \\ \vdots & \vdots & & \vdots \\ 92 & 75 & \cdots & 67 \end{matrix}$$

再比如 m 个方程 n 个未知量的线性方程组，它的未知量的系数按原来的顺序排列，得到 m 行 n 列的数表. 以上这些数表，我们称之为“矩阵”.

定义 1 由数域 P 上的 $m\times n$ 个数排成 m 行 n 列的数表

$$\begin{pmatrix} a_{11} & a_{12} & \cdots & a_{1n} \\ a_{21} & a_{22} & \cdots & a_{2n} \\ \vdots & \vdots & & \vdots \\ a_{m1} & a_{m2} & \cdots & a_{mn} \end{pmatrix}$$

称为数域 P 上的一个 m 行 n 列矩阵，简称 $\boldsymbol{m\times n}$ **矩阵**，构成矩阵的 $m\times n$ 个数称为矩阵的元素，简称为**元**. a_{ij} 位于矩阵的第 i 行第 j 列，称为**矩阵的 $(\boldsymbol{i},\boldsymbol{j})$ 元**. 以 a_{ij} 为 (i,j) 元的矩阵，可记作 $(a_{ij})_{m\times n}$ 或 (a_{ij}). 通常矩阵可以用 $\boldsymbol{A},\boldsymbol{B},\boldsymbol{C}$ 等大写字母表示，也可标明行列，如 $\boldsymbol{A}_{m\times n}$.

例 1 平面直角坐标系中，只考虑坐标轴绕坐标原点逆时针方向旋转，则坐标变换公式为

$$\begin{cases} x'=x\cos\theta-y\sin\theta, \\ y'=x\sin\theta+y\cos\theta, \end{cases}$$

其中 θ 为 x 轴与 x' 轴的夹角. 显然新旧坐标之间的关系，完全通过公式中系数所排成的矩阵

$$\begin{pmatrix} \cos\theta & -\sin\theta \\ \sin\theta & \cos\theta \end{pmatrix}$$

确定. 对于空间的情形，保持原点不动的仿射坐标系的变换有公式

$$\begin{cases} x'=a_{11}x+a_{12}y+a_{13}z, \\ y'=a_{21}x+a_{22}y+a_{23}z, \\ z'=a_{31}x+a_{32}y+a_{33}z. \end{cases}$$

对应的坐标变换矩阵为

$$\begin{pmatrix} a_{11} & a_{12} & a_{13} \\ a_{21} & a_{22} & a_{23} \\ a_{31} & a_{32} & a_{33} \end{pmatrix}.$$

例 2 假设某一地区的某一种物资(如水泥)有 m 个产地 $A_1,A_2,\cdots,A_m$，n 个销地 $B_1,B_2,\cdots,B_n$，设 a_{ij} 表示由产地 A_i 运到销地 B_j 的数量，则此调动方案可用如下矩阵表示：

$$\begin{pmatrix} a_{11} & a_{12} & \cdots & a_{1n} \\ a_{21} & a_{22} & \cdots & a_{2n} \\ \vdots & \vdots & & \vdots \\ a_{m1} & a_{m2} & \cdots & a_{mn} \end{pmatrix}.$$

例 3 希尔(Hill)密码是希尔于 1929 年提出的一种密码体制，把每一个字母看作一个数字，一串字母可以看作一个 $n\times n$ 矩阵，进行加密. 如对“我喜欢高代!”进行加密和破译. 首先假设要用的字母、声调、符号等对应的数字. 将二十六个英文字母依次设为数字 01,02,03,…,26. 将拼音声调中的一声、二声、三声、四声和轻音分别设为数字 27,28,29,30,31. 标点中的逗号、句号、省略号、感叹号、问号、破折号、冒号、分号分别设为数字 32,33,34,…,39. 将空格设为数字 00. 其次将“我喜欢高代!”这句话转换为拼音“wo3 xi3 huan1 gao1 dai4!”. 再写出密码模式对应的数字:23 15 29 24 09 29 08 21 01 14 27 07 01 15 27 04 01 09 30 35. 将这 20 个数字依照次序写成一个 5×5 的矩阵，不足的位数用 0 补齐，得到原始密码矩阵

$$\begin{pmatrix}23 & 29 & 27 & 4 & 0\\15 & 8 & 7 & 1 & 0\\29 & 21 & 1 & 9 & 0\\24 & 1 & 15 & 30 & 0\\9 & 14 & 27 & 35 & 0\end{pmatrix}.$$

我们需要事先与接收方预定一个保密矩阵，保密和解密要用到后面学到的矩阵乘法等运算.

例 4 两组变量 $x_1,x_2,\cdots,x_n$ 与 $y_1,y_2,\cdots,y_m$ 之间的关系式

$$\begin{cases}y_1=a_{11}x_1+a_{12}x_2+\cdots+a_{1n}x_n,\\y_2=a_{21}x_1+a_{22}x_2+\cdots+a_{2n}x_n,\\\cdots\cdots\cdots\cdots\\y_m=a_{m1}x_1+a_{m2}x_2+\cdots+a_{mn}x_n\end{cases}$$

表示一个从变量 $x_1,x_2,\cdots,x_n$ 到变量 $y_1,y_2,\cdots,y_m$ 的线性变换，其中 a_{ij} 为常数. 线性变换的系数 a_{ij} 构成系数矩阵 $A=(a_{ij})_{m\times n}$，线性变换与矩阵之间存在着一一对应关系，特别地，恒等变换

$$\begin{cases}y_1=x_1,\\y_2=x_2,\\\cdots\cdots\cdots\cdots\\y_n=x_n\end{cases}$$

与

$$\begin{pmatrix}1 & 0 & \cdots & 0\\0 & 1 & \cdots & 0\\\vdots & \vdots & & \vdots\\0 & 0 & \cdots & 1\end{pmatrix}$$

一一对应.

二、几种特殊矩阵

(1) **零矩阵**：元素都是零的矩阵称为**零矩阵**，记作 $\boldsymbol{O}$.

(2) ***n* 阶方阵**：行数与列数都等于 n 的矩阵称为 ***n* 阶矩阵**或 ***n* 阶方阵**. n 阶矩阵 $\boldsymbol{A}$ 也记作 $\boldsymbol{A}_n$.

特别地，1 阶方阵也记为(a_{11})或 a_{11}.

(3) **对角矩阵**：称 n 阶方阵 $\begin{pmatrix}\lambda_1 & 0 & \cdots & 0\\0 & \lambda_2 & \cdots & 0\\\vdots & \vdots & & \vdots\\0 & 0 & \cdots & \lambda_n\end{pmatrix}$ 为对角矩阵，简记为 $\boldsymbol{\Lambda}=\mathrm{diag}(\lambda_1,\cdots,\lambda_n)$.

其特点为从左上角到右下角的直线(叫作对角线)以外的元素都是 0.

(4) **单位矩阵**：称 n 阶矩阵 $\mathrm{diag}(1,1,\cdots,1)=\begin{pmatrix}1&0&\cdots&0\\0&1&\cdots&0\\\vdots&\vdots&&\vdots\\0&0&\cdots&1\end{pmatrix}$为**单位矩阵**，记为 $\boldsymbol{E}_n$，或简记为 $\boldsymbol{E}$.

(5) **行矩阵与列矩阵**：只有一行的矩阵$(a_1 \quad a_2 \quad \cdots \quad a_n)$称为**行矩阵**，又称**行向量**. 为避免元素间的混淆，行矩阵也记作$(a_1,a_2,\cdots,a_n)$. 只有一列的矩阵称为**列矩阵**，又称**列向量**.

三、同型矩阵与矩阵相等

两个矩阵的行数相等、列数也相等时，就称它们是**同型矩阵**.

如果 $\boldsymbol{A}=(a_{ij})$与 $\boldsymbol{B}=(b_{ij})$是同型矩阵，并且它们的对应元素相等，即

$$a_{ij}=b_{ij} \quad (i=1,2,\cdots,m;j=1,2,\cdots,n),$$

那么就称矩阵 $\boldsymbol{A}$ 与矩阵 $\boldsymbol{B}$ **相等**，记作 $\boldsymbol{A}=\boldsymbol{B}$.

3.2 矩阵的运算

本节我们来定义矩阵的运算及其运算律. 矩阵运算包括矩阵的加法、数与矩阵相乘、矩阵的乘法、矩阵的转置、方阵的行列式等.

为了确定起见，我们取定一个数域 P，以下所讨论的矩阵全是由数域 P 中的数组成的.

一、矩阵的加法

定义 2 设 $\boldsymbol{A}=(a_{ij})$与 $\boldsymbol{B}=(b_{ij})$是 $m\times n$ 矩阵，则称矩阵$(a_{ij}+b_{ij})_{m\times n}$为 $\boldsymbol{A}$ 与 $\boldsymbol{B}$ 的和，记作 $\boldsymbol{A}+\boldsymbol{B}$.

显然只有当两个矩阵是同型矩阵时，这两个矩阵才能进行加法运算.

根据上述定义，容易证明矩阵加法满足下列运算规律(设 $\boldsymbol{A},\boldsymbol{B},\boldsymbol{C}$ 都是 $m\times n$ 矩阵)：

(1) **交换律**：$\boldsymbol{A}+\boldsymbol{B}=\boldsymbol{B}+\boldsymbol{A}$；

(2) **结合律**：$(\boldsymbol{A}+\boldsymbol{B})+\boldsymbol{C}=\boldsymbol{A}+(\boldsymbol{B}+\boldsymbol{C})$.

矩阵$(-a_{ij})_{m\times n}$称为矩阵 $\boldsymbol{A}=(a_{ij})_{m\times n}$的负矩阵，记为$-\boldsymbol{A}$. 显然

$$\boldsymbol{A}+(-\boldsymbol{A})=\boldsymbol{O}.$$

矩阵的**减法**定义为

$$\boldsymbol{A}-\boldsymbol{B}=\boldsymbol{A}+(-\boldsymbol{B}).$$

二、数与矩阵相乘

定义 3 数 k 与矩阵 $\boldsymbol{A}=(a_{ij})_{m\times n}$的乘积，称为**数乘矩阵**，记作 $k\boldsymbol{A}$ 或 $\boldsymbol{A}k$，规定 $k\boldsymbol{A}=(ka_{ij})_{m\times n}$.

根据定义直接验证，数乘矩阵满足下列运算规律(设 $\boldsymbol{A},\boldsymbol{B}$ 为 $m\times n$ 矩阵，k,l 为数)：

(1) 结合律：$(kl)\boldsymbol{A}=k(l\boldsymbol{A})$.

(2) 分配律：$k(\boldsymbol{A}+\boldsymbol{B})=k\boldsymbol{A}+k\boldsymbol{B}$.

(3) 分配律：$(k+l)\boldsymbol{A}=k\boldsymbol{A}+l\boldsymbol{A}$.

矩阵加法与数乘矩阵统称为矩阵的线性运算.

例 1 设 $2\boldsymbol{A}+3\boldsymbol{B}+4\boldsymbol{X}=\boldsymbol{C}$，$\boldsymbol{A}=\begin{pmatrix}1&2\\5&1\end{pmatrix}$，$\boldsymbol{B}=\begin{pmatrix}0&2\\2&-4\end{pmatrix}$，$\boldsymbol{C}=\begin{pmatrix}6&18\\0&2\end{pmatrix}$，求 $\boldsymbol{X}$.

解 $\boldsymbol{X}=\frac{1}{4}(\boldsymbol{C}-2\boldsymbol{A}-3\boldsymbol{B})=\begin{pmatrix}1&2\\-4&3\end{pmatrix}$.

三、矩阵的乘法

1. 矩阵与矩阵相乘的定义

给出定义前，先看一个具体问题：某企业向三个灾区支援四种抗灾物资. 用 $a_{ij}(i=1,2,3;j=1,2,3,4)$表示企业向第 i 个灾区提供第 j 种物资的数量，得到矩阵

$$\boldsymbol{A}=\begin{pmatrix}a_{11}&a_{12}&a_{13}&a_{14}\\a_{21}&a_{22}&a_{23}&a_{24}\\a_{31}&a_{32}&a_{33}&a_{34}\end{pmatrix}.$$

用 $b_{i1}(i=1,2,3,4)$表示第 i 种货物的单价，用 $b_{i2}(i=1,2,3,4)$表示第 i 种货物的重量，得到矩阵

$$\boldsymbol{B}=\begin{pmatrix}b_{11}&b_{12}\\b_{21}&b_{22}\\b_{31}&b_{32}\\b_{41}&b_{42}\end{pmatrix}$$

以 c_{i1},c_{i2}分别表示企业向第 i 个灾区援助货物的总值及总重量，其中 $i=1,2,3$，于是

$$c_{ij}=a_{i1}b_{1j}+a_{i2}b_{2j}+a_{i3}b_{3j}=\sum_{k=1}^{3}a_{ik}b_{kj}\quad(i=1,2,3;j=1,2)\tag{1}$$

这样得到矩阵

$$\boldsymbol{C}=\begin{pmatrix}c_{11}&c_{12}\\c_{21}&c_{22}\\c_{31}&c_{32}\end{pmatrix}$$

此例中，由公式(1)确定的矩阵 $\boldsymbol{C}$ 称为矩阵 $\boldsymbol{A}$ 与 $\boldsymbol{B}$ 的乘积，记为 $\boldsymbol{C}=\boldsymbol{AB}$，一般地，有：

定义 4 设 $\boldsymbol{A}=(a_{ij})$是一个 $m\times s$ 矩阵，$\boldsymbol{B}=(b_{ij})$是一个 $s\times n$ 矩阵，规定矩阵 $\boldsymbol{A}$ 与矩阵 $\boldsymbol{B}$ 的乘积是一个 $m\times n$ 矩阵 $\boldsymbol{C}=(c_{ij})$，其中

$$c_{ij}=a_{i1}b_{1j}+a_{i2}b_{2j}+\cdots+a_{is}b_{sj},$$

并把此乘积记作 $\boldsymbol{C}=\boldsymbol{AB}$，即

$$\begin{pmatrix}a_{11}&a_{12}&\cdots&a_{1s}\\\vdots&\vdots&&\vdots\\\boxed{a_{i1}\quad a_{i2}\quad\cdots\quad a_{is}}\\\vdots&\vdots&&\vdots\\a_{m1}&a_{m2}&\cdots&a_{ms}\end{pmatrix}\begin{pmatrix}b_{11}&\cdots&b_{1j}&\cdots&b_{1n}\\b_{21}&\cdots&b_{2j}&\cdots&b_{2n}\\\vdots&&\vdots&&\vdots\\b_{s1}&\cdots&b_{sj}&\cdots&b_{sn}\end{pmatrix}=\begin{pmatrix}c_{11}&\cdots&\cdots&c_{1n}\\c_{21}&\cdots&\cdots&c_{2n}\\\vdots&&\boxed{c_{ij}}&\vdots\\c_{m1}&\cdots&\cdots&c_{mn}\end{pmatrix},$$

其中“行乘列”，即乘积 c_{ij} 等于 A 的第 i 行元素与 B 的第 j 列对应元素乘积之和.

如

$$(a_1,a_2,\cdots,a_n)\begin{pmatrix}b_1\\b_2\\\vdots\\b_n\end{pmatrix}=a_1b_1+a_2b_2+\cdots+a_nb_n,$$

$$\begin{pmatrix}b_1\\b_2\\\vdots\\b_n\end{pmatrix}(a_1,a_2,\cdots,a_n)=\begin{pmatrix}b_1a_1 & b_1a_2 & \cdots & b_1a_n\\b_2a_1 & b_2a_2 & \cdots & b_2a_n\\\vdots & \vdots & & \vdots\\b_na_1 & b_na_2 & \cdots & b_na_n\end{pmatrix}.$$

小贴士

① $\boldsymbol{AB}$ 可相乘的条件为 $\boldsymbol{A}$ 的列数 $=\boldsymbol{B}$ 的行数.

② $\boldsymbol{AB}$ 的行、列数分别为 $\boldsymbol{A}$ 的行数、$\boldsymbol{B}$ 的列数.

例 2 已知 $\boldsymbol{A}=\begin{pmatrix}0 & -1\\2 & 4\end{pmatrix}$，$\boldsymbol{B}=\begin{pmatrix}5 & 2 & 0\\1 & 3 & -2\end{pmatrix}$，求 $\boldsymbol{AB}$.

解 $\boldsymbol{AB}=\begin{pmatrix}0 & -1\\2 & 4\end{pmatrix}\begin{pmatrix}5 & 2 & 0\\1 & 3 & -2\end{pmatrix}=\begin{pmatrix}-1 & -3 & 2\\14 & 16 & -8\end{pmatrix}$.

例 3 线性方程组的矩阵表示. 线性方程组

$$\begin{cases}a_{11}x_1+a_{12}x_2+\cdots+a_{1n}x_n=b_1,\\a_{21}x_1+a_{22}x_2+\cdots+a_{2n}x_n=b_2,\\\cdots\cdots\cdots\cdots\\a_{m1}x_1+a_{m2}x_2+\cdots+a_{mn}x_n=b_m\end{cases}\tag{2}$$

可写为

$$\begin{pmatrix}a_{11} & a_{12} & \cdots & a_{1n}\\a_{21} & a_{22} & \cdots & a_{2n}\\\vdots & \vdots & & \vdots\\a_{m1} & a_{m2} & \cdots & a_{mn}\end{pmatrix}\begin{pmatrix}x_1\\x_2\\\vdots\\x_n\end{pmatrix}=\begin{pmatrix}b_1\\b_2\\\vdots\\b_m\end{pmatrix}.$$

若记 $\boldsymbol{A}=(a_{ij})_{m\times n}$，$\boldsymbol{x}=\begin{pmatrix}x_1\\x_2\\\vdots\\x_n\end{pmatrix}$，$\boldsymbol{b}=\begin{pmatrix}b_1\\b_2\\\vdots\\b_m\end{pmatrix}$，则线性方程组(2)可表为 $\boldsymbol{Ax}=\boldsymbol{b}$. 称 $\boldsymbol{A}=(a_{ij})$ 为线性方程组(2)的系数矩阵.

例 4 求矩阵 $\boldsymbol{A}=\begin{pmatrix}3 & 3\\-3 & -3\end{pmatrix}$，$\boldsymbol{B}=\begin{pmatrix}3 & -3\\-3 & 3\end{pmatrix}$ 的乘积 $\boldsymbol{AB}$ 及 $\boldsymbol{BA}$.

解 $\boldsymbol{AB}=\begin{pmatrix}3 & 3\\-3 & -3\end{pmatrix}\begin{pmatrix}3 & -3\\-3 & 3\end{pmatrix}=\begin{pmatrix}0 & 0\\0 & 0\end{pmatrix}$,

$$BA=\begin{pmatrix}3&-3\\-3&3\end{pmatrix}\begin{pmatrix}3&3\\-3&-3\end{pmatrix}=\begin{pmatrix}18&18\\-18&-18\end{pmatrix}.$$

例 2 中,$\boldsymbol{A}$ 是 2×2 矩阵,$\boldsymbol{B}$ 是 2×3 矩阵,乘积 $\boldsymbol{AB}$ 有意义而 $\boldsymbol{BA}$ 没有意义. 矩阵的乘法必须注意相乘的顺序. $\boldsymbol{AB}$ 是 $\boldsymbol{A}$ 左乘 $\boldsymbol{B}$ 的乘积,$\boldsymbol{BA}$ 是 $\boldsymbol{A}$ 右乘 $\boldsymbol{B}$ 的乘积. 例 4 说明,即使 $\boldsymbol{AB}$ 与 $\boldsymbol{BA}$ 都存在,也未必相等. 两个非零矩阵的乘积也可能为零矩阵.

小贴士

① 乘法交换律一般不成立,即 $\boldsymbol{AB}\neq\boldsymbol{BA}$. 特别地,若 $\boldsymbol{AB}=\boldsymbol{BA}$,称 $\boldsymbol{A}$ 与 $\boldsymbol{B}$ 可交换.

② 由 $\boldsymbol{AB}=\boldsymbol{O}$,不一定得到 $\boldsymbol{A}=\boldsymbol{O}$ 或 $\boldsymbol{B}=\boldsymbol{O}$,即 $\boldsymbol{A}\neq\boldsymbol{O}$ 且 $\boldsymbol{B}\neq\boldsymbol{O}$ 时,有可能 $\boldsymbol{AB}=\boldsymbol{O}$.

③ 消去律一般不成立,即当 $\boldsymbol{AB}=\boldsymbol{AC}$ 时,不一定有 $\boldsymbol{B}=\boldsymbol{C}$,而且即使 $\boldsymbol{A}\neq\boldsymbol{O}$,也不一定有 $\boldsymbol{B}=\boldsymbol{C}$.

2. 矩阵乘法的运算律(假设运算是可行的,k 为数,$\boldsymbol{A},\boldsymbol{B},\boldsymbol{C}$ 为矩阵)

(1) **结合律**:$(\boldsymbol{AB})\boldsymbol{C}=\boldsymbol{A}(\boldsymbol{BC})$;

(2) **分配律**:$\boldsymbol{A}(\boldsymbol{B}+\boldsymbol{C})=\boldsymbol{AB}+\boldsymbol{AC},(\boldsymbol{B}+\boldsymbol{C})\boldsymbol{A}=\boldsymbol{BA}+\boldsymbol{CA}$;

(3) **数乘结合律**:$k\boldsymbol{AB}=(k\boldsymbol{A})\boldsymbol{B}=\boldsymbol{A}(k\boldsymbol{B})$;

(4) **恒等性**:$\boldsymbol{A}_{m\times n}\boldsymbol{E}_n=\boldsymbol{E}_m\boldsymbol{A}_{m\times n}=\boldsymbol{A}_{m\times n}$.

证明 只证明(1). 设 $\boldsymbol{A}=(a_{ij})_{s\times n},\boldsymbol{B}=(b_{jk})_{n\times m},\boldsymbol{C}=(c_{kl})_{m\times r}$,令

$$\boldsymbol{V}=\boldsymbol{AB}=(v_{ik})_{s\times m},\quad \boldsymbol{W}=\boldsymbol{BC}=(w_{jl})_{n\times r},$$

则 $(\boldsymbol{AB})\boldsymbol{C}=\boldsymbol{VC},\boldsymbol{A}(\boldsymbol{BC})=\boldsymbol{AW}$. $\boldsymbol{VC}$ 的第 i 行第 l 列元素为

$$\sum_{k=1}^{m}v_{ik}c_{kl}=\sum_{k=1}^{m}\left(\sum_{j=1}^{n}a_{ij}b_{jk}\right)c_{kl}=\sum_{k=1}^{m}\sum_{j=1}^{n}a_{ij}b_{jk}c_{kl}.$$

$\boldsymbol{AW}$ 的第 i 行第 l 列元素为

$$\sum_{j=1}^{n}a_{ij}w_{jl}=\sum_{j=1}^{n}a_{ij}\left(\sum_{k=1}^{m}b_{jk}c_{kl}\right)=\sum_{j=1}^{n}\sum_{k=1}^{m}a_{ij}b_{jk}c_{kl}=\sum_{k=1}^{m}\sum_{j=1}^{n}a_{ij}b_{jk}c_{kl}.$$

于是 $(\boldsymbol{AB})\boldsymbol{C}=\boldsymbol{A}(\boldsymbol{BC})$,结合律得证. ▎

3. 矩阵的方幂

定义 5 设 $\boldsymbol{A}$ 是 n 阶方阵,k 为正整数,$\boldsymbol{A}$ 的 k **次幂**即为 k 个 $\boldsymbol{A}$ 相乘,规定 $\boldsymbol{A}^0=\boldsymbol{E}$.

显然只有方阵的幂才有意义.

① 矩阵乘法的运算律(设 k,l 为正整数):$\boldsymbol{A}^k\boldsymbol{A}^l=\boldsymbol{A}^{k+l},(\boldsymbol{A}^k)^l=\boldsymbol{A}^{kl}$.

② 对正整数 k,一般情况,$(\boldsymbol{AB})^k\neq\boldsymbol{A}^k\boldsymbol{B}^k$,当 $\boldsymbol{A}$ 与 $\boldsymbol{B}$ 可交换时,

$$(\boldsymbol{AB})^k=\boldsymbol{A}^k\boldsymbol{B}^k,\quad (\boldsymbol{A}+\boldsymbol{B})^k=\sum_{i=0}^{k}\mathrm{C}_k^i\boldsymbol{A}^{k-i}\boldsymbol{B}^i.$$

③ 设 x 的多项式为 $f(x)=b_0+b_1x+\cdots+b_nx^n$,称

$$f(\boldsymbol{A})=b_0\boldsymbol{E}+b_1\boldsymbol{A}+b_2\boldsymbol{A}^2+\cdots+b_n\boldsymbol{A}^n$$

为 $\boldsymbol{A}$ 的 n 次多项式矩阵.

例 5 已知 $\boldsymbol{A}=\begin{pmatrix}1\\2\\1\\2\end{pmatrix},\boldsymbol{B}=(1\quad 0\quad -1\quad 1)$,计算 $\boldsymbol{AB},\boldsymbol{BA},(\boldsymbol{AB})^n$.

解 $\boldsymbol{AB}=\begin{pmatrix}1\\2\\1\\2\end{pmatrix}(1\quad 0\quad -1\quad 1)=\begin{pmatrix}1&0&-1&1\\2&0&-2&2\\1&0&-1&1\\2&0&-2&2\end{pmatrix}$，$\boldsymbol{BA}=(1\quad 0\quad -1\quad 1)\begin{pmatrix}1\\2\\1\\2\end{pmatrix}=2$，

$$(\boldsymbol{AB})^n=(\boldsymbol{AB})(\boldsymbol{AB})\cdots(\boldsymbol{AB})==\boldsymbol{A}(\boldsymbol{BA})(\boldsymbol{BA})\cdots(\boldsymbol{BA})\boldsymbol{B}=2^{n-1}\boldsymbol{AB}=2^{n-1}\begin{pmatrix}1&0&-1&1\\2&0&-2&2\\1&0&-1&1\\2&0&-2&2\end{pmatrix}.$$

例 6 设 $\boldsymbol{A}=\begin{pmatrix}\lambda&0&0\\1&\lambda&0\\0&1&\lambda\end{pmatrix}$，求 $\boldsymbol{A}^k$（k 为正整数）.

解 设 $\boldsymbol{A}=\boldsymbol{M}+\boldsymbol{N}$，其中

$$\boldsymbol{M}=\begin{pmatrix}\lambda&0&0\\0&\lambda&0\\0&0&\lambda\end{pmatrix},\quad \boldsymbol{N}=\begin{pmatrix}0&0&0\\1&0&0\\0&1&0\end{pmatrix}.$$

由于 $\boldsymbol{M}^i=\begin{pmatrix}\lambda^i&0&0\\0&\lambda^i&0\\0&0&\lambda^i\end{pmatrix}$，$\boldsymbol{N}^2=\begin{pmatrix}0&0&0\\0&0&0\\1&0&0\end{pmatrix}$，$\boldsymbol{N}^3=\begin{pmatrix}0&0&0\\0&0&0\\0&0&0\end{pmatrix}$，$\boldsymbol{MN}=\boldsymbol{NM}$，于是

$$\begin{aligned}\boldsymbol{A}^k&=(\boldsymbol{M}+\boldsymbol{N})^k=\sum_{i=0}^{k}\mathrm{C}_k^i\boldsymbol{M}^{k-i}\boldsymbol{N}^k=\boldsymbol{M}^k+\mathrm{C}_k^1\boldsymbol{M}^{k-1}\boldsymbol{N}+\mathrm{C}_k^2\boldsymbol{M}^{k-2}\boldsymbol{N}^2,\\&=\begin{pmatrix}\lambda^k&0&0\\0&\lambda^k&0\\0&0&\lambda^k\end{pmatrix}+k\begin{pmatrix}0&0&0\\\lambda^{k-1}&0&0\\0&\lambda^{k-1}&0\end{pmatrix}+\frac{k(k-1)}{2}\begin{pmatrix}0&0&0\\0&0&0\\\lambda^{k-2}&0&0\end{pmatrix}\\&=\begin{pmatrix}\lambda^k&0&0\\k\lambda^{k-1}&\lambda^k&0\\\frac{k(k-1)}{2}\lambda^{k-2}&k\lambda^{k-1}&\lambda^k\end{pmatrix}.\end{aligned}$$

例 7 方阵 $\boldsymbol{C}$ 的主对角元素之和称为 $\boldsymbol{C}$ 的**迹**，记为 $\mathrm{tr}(\boldsymbol{C})$. 设 $\boldsymbol{A}$，$\boldsymbol{B}$ 为 n 阶方阵. 证明：$\mathrm{tr}(\boldsymbol{AB})=\mathrm{tr}(\boldsymbol{BA})$.

证明 设 $\boldsymbol{AB}=(c_{ij})$，$\boldsymbol{BA}=(d_{ij})$，则 $c_{ii}=\sum\limits_{t=1}^{n}a_{it}b_{ti}$，$d_{tt}=\sum\limits_{i=1}^{n}b_{ti}a_{it}$，于是

$$\mathrm{tr}(\boldsymbol{AB})=\sum_{i=1}^{n}c_{ii}=\sum_{i=1}^{n}\sum_{t=1}^{n}a_{it}b_{ti}=\sum_{t=1}^{n}\left(\sum_{i=1}^{n}b_{ti}a_{it}\right)=\sum_{t=1}^{n}d_{tt}=\mathrm{tr}(\boldsymbol{BA}).$$

四、矩阵的转置

类似于行列式的转置，矩阵也有相应的转置定义.

定义 6 把矩阵 $\boldsymbol{A}$ 的行列互换得到的矩阵称为 $\boldsymbol{A}$ 的**转置矩阵**，记作 $\boldsymbol{A}^{\mathrm{T}}$ 或 $\boldsymbol{A}'$.

矩阵的转置满足下述运算规律（假设运算都是可行的，k 为常数）：

(1) $(\boldsymbol{A}^{\mathrm{T}})^{\mathrm{T}}=\boldsymbol{A}$；　　(2) $(k\boldsymbol{A})^{\mathrm{T}}=k\boldsymbol{A}^{\mathrm{T}}$；

(3) $(\boldsymbol{A}+\boldsymbol{B})^{\mathrm{T}}=\boldsymbol{A}^{\mathrm{T}}+\boldsymbol{B}^{\mathrm{T}}$；　　(4) $(\boldsymbol{A}\boldsymbol{B})^{\mathrm{T}}=\boldsymbol{B}^{\mathrm{T}}\boldsymbol{A}^{\mathrm{T}}$；

(5) $(\boldsymbol{A}_1\boldsymbol{A}_2\cdots\boldsymbol{A}_k)^{\mathrm{T}}=\boldsymbol{A}_k^{\mathrm{T}}\boldsymbol{A}_{k-1}^{\mathrm{T}}\cdots\boldsymbol{A}_2^{\mathrm{T}}\boldsymbol{A}_1^{\mathrm{T}}$.

证明　这里仅证明(4). 设 $\boldsymbol{A}=(a_{ik})_{m\times s}$，$\boldsymbol{B}=(b_{kj})_{s\times n}$，记 $\boldsymbol{C}=\boldsymbol{A}\boldsymbol{B}=(c_{ij})_{m\times n}$，$\boldsymbol{D}=\boldsymbol{B}^{\mathrm{T}}\boldsymbol{A}^{\mathrm{T}}=(d_{ij})_{m\times n}$. 由矩阵乘法，得

$$c_{ji}=\sum_{k=1}^{s}a_{jk}b_{ki},$$

而 $\boldsymbol{B}^{\mathrm{T}}$ 的第 i 行为$(b_{1i},b_{2i},\cdots,b_{si})$，$\boldsymbol{A}^{\mathrm{T}}$ 的第 j 列为$(a_{j1},a_{j2},\cdots,a_{js})^{\mathrm{T}}$，因此

$$d_{ij}=\sum_{k=1}^{s}b_{ki}a_{jk}=\sum_{k=1}^{s}a_{jk}b_{ki}.\ \blacksquare$$

于是 $d_{ij}=c_{ji}(i=1,2,\cdots,n;j=1,2,\cdots,m)$，即 $\boldsymbol{D}=\boldsymbol{C}^{\mathrm{T}}$，亦即$(\boldsymbol{A}\boldsymbol{B})^{\mathrm{T}}=\boldsymbol{B}^{\mathrm{T}}\boldsymbol{A}^{\mathrm{T}}$.

例 8　设

$$\boldsymbol{A}=\begin{pmatrix}1&0&-1&2\\-1&1&3&0\\0&5&-1&4\end{pmatrix},\ \boldsymbol{B}=\begin{pmatrix}0&3\\1&2\\3&1\\-1&2\end{pmatrix},$$

求$(\boldsymbol{A}\boldsymbol{B})^{\mathrm{T}}$.

解　因为

$$\boldsymbol{A}\boldsymbol{B}=\begin{pmatrix}1&0&-1&2\\-1&1&3&0\\0&5&-1&4\end{pmatrix}\begin{pmatrix}0&3\\1&2\\3&1\\-1&2\end{pmatrix}=\begin{pmatrix}-5&6\\10&2\\-2&17\end{pmatrix},$$

所以

$$(\boldsymbol{A}\boldsymbol{B})^{\mathrm{T}}=\begin{pmatrix}-5&10&-2\\6&2&17\end{pmatrix}.$$

小贴士

本题也可以利用$(\boldsymbol{A}\boldsymbol{B})^{\mathrm{T}}=\boldsymbol{B}^{\mathrm{T}}\boldsymbol{A}^{\mathrm{T}}$ 求解.

定义 7　设 $\boldsymbol{A}=(a_{ij})$为 n 阶方阵.

(1) 如果满足 $\boldsymbol{A}^{\mathrm{T}}=\boldsymbol{A}$，即 $a_{ij}=a_{ji}(i,j=1,2,\cdots,n)$，那么 $\boldsymbol{A}$ 称为**对称矩阵**，简称**对称阵**.

(2) 如果满足 $\boldsymbol{A}^{\mathrm{T}}=-\boldsymbol{A}$，即 $a_{ij}=-a_{ji}(i,j=1,2,\cdots,n)$，那么称 $\boldsymbol{A}$ 为**反对称矩阵**.

注　对称矩阵的元素以主对角线为对称轴对应相等. 反对称矩阵的主对角线元素都为 0.

例 9　设 $\boldsymbol{A}$ 为 $m\times n$ 矩阵，k,l 为常数，证明：$\boldsymbol{B}=k\boldsymbol{E}_n-l\boldsymbol{A}^{\mathrm{T}}\boldsymbol{A}$ 是对称矩阵.

证明　因为 $\boldsymbol{B}^{\mathrm{T}}=(k\boldsymbol{E}_n)^{\mathrm{T}}-(l\boldsymbol{A}^{\mathrm{T}}\boldsymbol{A})^{\mathrm{T}}=k\boldsymbol{E}_n-l\boldsymbol{A}^{\mathrm{T}}(\boldsymbol{A}^{\mathrm{T}})^{\mathrm{T}}=k\boldsymbol{E}_n-l\boldsymbol{A}^{\mathrm{T}}\boldsymbol{A}=\boldsymbol{B}$，所以 $\boldsymbol{B}$ 是对称矩阵.

五、方阵的行列式

定义 8 由 n 阶方阵 $\boldsymbol{A}$ 的元素所构成的行列式(各元素的位置不变),称为方阵 $\boldsymbol{A}$ 的**行列式**,记作 $\det \boldsymbol{A}$ 或 $|\boldsymbol{A}|$.

方阵的行列式具有如下性质(设 $\boldsymbol{A},\boldsymbol{B}$ 为 n 阶方阵,k 为数):

(1) $|\boldsymbol{A}^{\mathrm{T}}|=|\boldsymbol{A}|$;

(2) $|k\boldsymbol{A}|=k^n|\boldsymbol{A}|$;

(3) $|\boldsymbol{AB}|=|\boldsymbol{BA}|=|\boldsymbol{A}||\boldsymbol{B}|$.

小贴士

① $|-\boldsymbol{A}_{n\times n}|=(-1)^n|\boldsymbol{A}|$.

② 一般来说,$|\boldsymbol{A}+\boldsymbol{B}|\neq|\boldsymbol{A}|+|\boldsymbol{B}|$.

例 10 已知 $\boldsymbol{A},\boldsymbol{B}$ 为 n 阶方阵,$|\boldsymbol{A}|=1,\boldsymbol{AA}^{\mathrm{T}}=\boldsymbol{E},|\boldsymbol{B}|=4$,求

$$\boldsymbol{D}=|(\boldsymbol{A}+\boldsymbol{B})^{\mathrm{T}}\boldsymbol{A}-\boldsymbol{B}^{\mathrm{T}}(\boldsymbol{A}^2+\boldsymbol{E})\boldsymbol{A}^{\mathrm{T}}-\boldsymbol{E}|.$$

解 由已知,得

$$\begin{aligned}\boldsymbol{D}&=|\boldsymbol{A}^{\mathrm{T}}\boldsymbol{A}+\boldsymbol{B}^{\mathrm{T}}\boldsymbol{A}-\boldsymbol{B}^{\mathrm{T}}\boldsymbol{A}(\boldsymbol{AA}^{\mathrm{T}})-\boldsymbol{B}^{\mathrm{T}}\boldsymbol{A}^{\mathrm{T}}-\boldsymbol{E}|\\&=|-\boldsymbol{B}^{\mathrm{T}}\boldsymbol{A}^{\mathrm{T}}|=(-1)^n|\boldsymbol{B}^{\mathrm{T}}|\cdot|\boldsymbol{A}^{\mathrm{T}}|=(-1)^n|\boldsymbol{B}|\cdot|\boldsymbol{A}|=(-1)^n4.\end{aligned}$$

定义 9 设 $n\geqslant2$,n 阶方阵 $\boldsymbol{A}$ 的伴随矩阵 $\boldsymbol{A}^*$ 定义为

$$\boldsymbol{A}^*=\begin{pmatrix}A_{11}&A_{21}&\cdots&A_{n1}\\A_{12}&A_{22}&\cdots&A_{n2}\\\vdots&\vdots&&\vdots\\A_{1n}&A_{2n}&\cdots&A_{nn}\end{pmatrix},$$

其中 A_{ij} 为行列式 $|\boldsymbol{A}|$ 的元素 a_{ij} 的**代数余子式**.

性质 $\boldsymbol{AA}^*=\boldsymbol{A}^*\boldsymbol{A}=|\boldsymbol{A}|\boldsymbol{E}$.

证明 设 $\boldsymbol{A}=(a_{ij})_{n\times n}$,记 $\boldsymbol{AA}^*=(b_{ij})$,则

$$b_{ij}=a_{i1}A_{j1}+a_{i2}A_{j2}+\cdots+a_{in}A_{jn}=\begin{cases}|\boldsymbol{A}|, & i=j,\\0, & i\neq j.\end{cases}$$

于是

$$\boldsymbol{AA}^*=\begin{pmatrix}|\boldsymbol{A}|&&&\\&|\boldsymbol{A}|&&\\&&\ddots&\\&&&|\boldsymbol{A}|\end{pmatrix}=|\boldsymbol{A}|\boldsymbol{E}.$$

同理可证 $\boldsymbol{A}^*\boldsymbol{A}=|\boldsymbol{A}|\boldsymbol{E}$. ▎

3.3 可逆矩阵

上节定义了矩阵的加法和乘法运算，那么矩阵是否可以定义除法运算呢？我们知道数的乘法中，若数 $a\neq 0$，则必存在唯一的数 a^{-1}（称为 a 的倒数），使得 $a^{-1}a=aa^{-1}=1$，数的除法运算 $c\div a$ 便可以表示为 $a^{-1}c$ 或 ca^{-1}. 类比倒数的概念，考虑到单位矩阵 $\boldsymbol{E}$ 在矩阵的乘法中的作用与数 1 类似，由此给出逆矩阵的定义.

一、逆矩阵的概念

定义 10 设 $\boldsymbol{A}$ 为 n 阶方阵，如果存在 n 阶方阵 $\boldsymbol{B}$，使得

$$\boldsymbol{AB}=\boldsymbol{BA}=\boldsymbol{E},$$

则称 $\boldsymbol{A}$ 是**可逆**的，并称 $\boldsymbol{B}$ 为 $\boldsymbol{A}$ 的**逆矩阵**，简称为 $\boldsymbol{A}$ 的**逆**，否则称 $\boldsymbol{A}$ 是**不可逆**的.

根据定义，显然只有方阵才可能存在逆矩阵. 单位矩阵的逆矩阵为其自身. 矩阵可逆时，其逆矩阵是否唯一呢？事实上，若 $\boldsymbol{B}$ 与 $\boldsymbol{C}$ 都是 $\boldsymbol{A}$ 的逆矩阵，则

$$\boldsymbol{B}=\boldsymbol{BE}=\boldsymbol{B}(\boldsymbol{AC})=(\boldsymbol{BA})\boldsymbol{C}=\boldsymbol{EC}=\boldsymbol{C}.$$

定理 1 若矩阵 $\boldsymbol{A}$ 可逆，则 $\boldsymbol{A}$ 的逆矩阵是唯一的，记作 $\boldsymbol{A}^{-1}$.

若矩阵的阶数很大时，根据定义判别矩阵是否可逆或求逆矩阵比较麻烦. 由矩阵的伴随矩阵的性质及逆矩阵的定义，易得：

定理 2 n 阶方阵 $\boldsymbol{A}$ 可逆的充要条件是 $|\boldsymbol{A}|\neq 0$.

证明 若矩阵 $\boldsymbol{A}$ 可逆，即有 $\boldsymbol{AA}^{-1}=\boldsymbol{E}$. 于是 $|\boldsymbol{A}|\cdot|\boldsymbol{A}^{-1}|=|\boldsymbol{E}|=1$，所以 $|\boldsymbol{A}|\neq 0$.

反之，若 $|\boldsymbol{A}|\neq 0$，当 $n=1$ 时，结论显然成立. 当 $n\geqslant 2$ 时，由 $\boldsymbol{AA}^*=\boldsymbol{A}^*\boldsymbol{A}=|\boldsymbol{A}|\boldsymbol{E}$，可得

$$\boldsymbol{A}\left(\frac{1}{|\boldsymbol{A}|}\boldsymbol{A}^*\right)=\left(\frac{1}{|\boldsymbol{A}|}\boldsymbol{A}^*\right)\boldsymbol{A}=\boldsymbol{E}.$$

由定义，$\boldsymbol{A}$ 可逆，且 $\boldsymbol{A}^{-1}=\dfrac{1}{|\boldsymbol{A}|}\boldsymbol{A}^*$. ▍

当 $|\boldsymbol{A}|=0$ 时，$\boldsymbol{A}$ 称为**奇异矩阵**，否则称为**非奇异矩阵**.

推论 1 n 阶方阵 $\boldsymbol{A}$ 是可逆矩阵的充要条件是 $\boldsymbol{A}$ 为非奇异矩阵.

推论 2 若 n 阶方阵 $\boldsymbol{A}$ 可逆，则 $n\geqslant 2$ 时，$\boldsymbol{A}^{-1}=\dfrac{1}{|\boldsymbol{A}|}\boldsymbol{A}^*$.

思考：满足 $\boldsymbol{AB}=\boldsymbol{E}$ 或者 $\boldsymbol{BA}=\boldsymbol{E}$ 的矩阵 $\boldsymbol{B}$ 是不是 $\boldsymbol{A}$ 的逆？根据推论 1，易得：

推论 3 若 $\boldsymbol{AB}=\boldsymbol{E}$（或 $\boldsymbol{BA}=\boldsymbol{E}$），则 $\boldsymbol{B}=\boldsymbol{A}^{-1}$.

证明 只证 $\boldsymbol{AB}=\boldsymbol{E}$ 的情形，此时有 $|\boldsymbol{A}|\cdot|\boldsymbol{B}|=|\boldsymbol{E}|=1$，故 $|\boldsymbol{A}|\neq 0$，因而 $\boldsymbol{A}^{-1}$ 存在，于是

$$\boldsymbol{B}=\boldsymbol{EB}=(\boldsymbol{A}^{-1}\boldsymbol{A})\boldsymbol{B}=\boldsymbol{A}^{-1}(\boldsymbol{AB})=\boldsymbol{A}^{-1}\boldsymbol{E}=\boldsymbol{A}^{-1}. ▍$$

例 1 问矩阵 $\boldsymbol{A}=\begin{pmatrix}a_{11} & a_{12}\\ a_{21} & a_{22}\end{pmatrix}$ 可逆的条件，并在可逆时，求其逆矩阵.

解 当 $|\boldsymbol{A}|=a_{11}a_{22}-a_{12}a_{21}\neq 0$ 时，$\boldsymbol{A}$ 可逆.

$$\boldsymbol{A}^*=\begin{pmatrix}a_{22} & -a_{12}\\ -a_{21} & a_{11}\end{pmatrix},$$

得
$$\boldsymbol{A}^{-1}=\frac{1}{a_{11}a_{22}-a_{12}a_{21}}\begin{pmatrix}a_{22} & -a_{12}\\ -a_{21} & a_{11}\end{pmatrix}.$$

小贴士

若 $\boldsymbol{A}$ 可逆，且 $\boldsymbol{AB}=\boldsymbol{AC}$，则等式两边左乘 $\boldsymbol{A}^{-1}$，得 $\boldsymbol{B}=\boldsymbol{C}$.

二、逆矩阵的运算性质

定理3 设 $\boldsymbol{A},\boldsymbol{B}$ 为同阶可逆矩阵，k 是不为零的数，则 $\boldsymbol{A}^{-1},\boldsymbol{A}^{\mathrm{T}},k\boldsymbol{A}$ 及 $\boldsymbol{AB}$ 都可逆，且

(1) $(\boldsymbol{A}^{-1})^{-1}=\boldsymbol{A}$；

(2) $(\boldsymbol{A}^{\mathrm{T}})^{-1}=(\boldsymbol{A}^{-1})^{\mathrm{T}}$；

(3) $(k\boldsymbol{A})^{-1}=\dfrac{1}{k}\boldsymbol{A}$；

(4) $(\boldsymbol{AB})^{-1}=\boldsymbol{B}^{-1}\boldsymbol{A}^{-1}$.

证明 只证(2)和(4)，其余略.

(2) 因为 $\boldsymbol{A}^{\mathrm{T}}(\boldsymbol{A}^{-1})^{\mathrm{T}}=(\boldsymbol{A}^{-1}\boldsymbol{A})^{\mathrm{T}}=\boldsymbol{E}^{\mathrm{T}}=\boldsymbol{E}$，所以 $(\boldsymbol{A}^{-1})^{\mathrm{T}}=(\boldsymbol{A}^{\mathrm{T}})^{-1}$.

(4) 由于 $(\boldsymbol{AB})\boldsymbol{B}^{-1}\boldsymbol{A}^{-1}=\boldsymbol{A}(\boldsymbol{BB}^{-1})\boldsymbol{A}^{-1}=\boldsymbol{AEA}^{-1}=\boldsymbol{AA}^{-1}=\boldsymbol{E}$，于是 $(\boldsymbol{AB})^{-1}=\boldsymbol{B}^{-1}\boldsymbol{A}^{-1}$. ▌

小贴士

① 若 $\boldsymbol{A}_i(i=1,2,\cdots,m)$ 为同阶可逆矩阵，则 $\boldsymbol{A}_1\boldsymbol{A}_2\cdots\boldsymbol{A}_m$ 亦可逆，且 $(\boldsymbol{A}_1\boldsymbol{A}_2\cdots\boldsymbol{A}_m)^{-1}=\boldsymbol{A}_m^{-1}\boldsymbol{A}_{m-1}^{-1}\cdots\boldsymbol{A}_1^{-1}$.

② 设 k 为正整数，规定 $\boldsymbol{A}^{-k}=(\boldsymbol{A}^{-1})^k$，$\boldsymbol{A}^0=\boldsymbol{E}$. 易证，当 $\boldsymbol{A}$ 可逆，λ,μ 为整数时，
$$\boldsymbol{A}^{\lambda}\boldsymbol{A}^{\mu}=\boldsymbol{A}^{\lambda+\mu},\ (\boldsymbol{A}^{\lambda})^{\mu}=\boldsymbol{A}^{\lambda\mu}.$$

例2 求方阵 $\boldsymbol{A}=\begin{pmatrix}1 & 2 & -2\\ 3 & 3 & -2\\ 0 & -2 & 2\end{pmatrix}$ 的逆矩阵.

解 $|\boldsymbol{A}|=2\neq 0$，于是 $\boldsymbol{A}$ 可逆，且
$$\boldsymbol{A}^{-1}=\frac{1}{|\boldsymbol{A}|}\boldsymbol{A}^*=\frac{1}{2}\begin{pmatrix}2 & 0 & 2\\ -6 & 2 & -4\\ -6 & 2 & -3\end{pmatrix}=\begin{pmatrix}1 & 0 & 1\\ -3 & 1 & -2\\ -3 & 1 & -\dfrac{3}{2}\end{pmatrix}.$$

例3 已知 $\boldsymbol{A}$ 与 $\boldsymbol{B}$ 为 n 阶方阵，且 $\boldsymbol{AB}=\boldsymbol{A}+5\boldsymbol{B}$，证明：$\boldsymbol{A}$ 与 $\boldsymbol{B}$ 是可交换的.

证明 由 $\boldsymbol{AB}=\boldsymbol{A}+5\boldsymbol{B}$，得 $\boldsymbol{AB}-\boldsymbol{A}-5\boldsymbol{B}=\boldsymbol{O}$，则
$$(\boldsymbol{A}-5\boldsymbol{E})(\boldsymbol{B}-\boldsymbol{E})=\boldsymbol{AB}-\boldsymbol{A}-5\boldsymbol{B}+5\boldsymbol{E}=5\boldsymbol{E},$$
即有 $\dfrac{1}{5}(\boldsymbol{A}-5\boldsymbol{E})(\boldsymbol{B}-\boldsymbol{E})=\boldsymbol{E}$，所以 $(\boldsymbol{B}-\boldsymbol{E})^{-1}=\dfrac{1}{5}(\boldsymbol{A}-5\boldsymbol{E})$. 从而 $(\boldsymbol{B}-\boldsymbol{E})\dfrac{1}{5}(\boldsymbol{A}-5\boldsymbol{E})=\boldsymbol{E}$，可得
$$\boldsymbol{BA}-\boldsymbol{A}-5\boldsymbol{B}+5\boldsymbol{E}=5\boldsymbol{E},$$
于是 $\boldsymbol{BA}=\boldsymbol{A}+5\boldsymbol{B}$，故 $\boldsymbol{AB}=\boldsymbol{BA}$，即 $\boldsymbol{A}$ 与 $\boldsymbol{B}$ 是可交换的.

例4 设 $\boldsymbol{A},\boldsymbol{B}$ 为 n 阶方阵，且 $\boldsymbol{A},\boldsymbol{B},\boldsymbol{AB}-\boldsymbol{E}$ 都可逆. 证明：$\boldsymbol{A}-\boldsymbol{B}^{-1}$，$(\boldsymbol{A}-\boldsymbol{B}^{-1})^{-1}-\boldsymbol{A}^{-1}$ 都可逆，并求它们的逆矩阵.

证明 因为

$$A-B^{-1}=ABB^{-1}-B^{-1}=(AB-E)B^{-1},$$

所以由 B, $AB-E$ 都可逆，知 $A-B^{-1}$ 可逆，且

$$(A-B^{-1})^{-1}=B(AB-E)^{-1}.$$

逆矩阵求法

于是

$$\begin{aligned}(A-B^{-1})^{-1}-A^{-1}&=B(AB-E)^{-1}-A^{-1}=A^{-1}[AB(AB-E)^{-1}-E]\\&=A^{-1}[AB-(AB-E)](AB-E)^{-1}=A^{-1}(AB-E)^{-1}.\end{aligned}$$

因而 $(A-B^{-1})^{-1}-A^{-1}$ 也是可逆的，且

$$[(A-B^{-1})^{-1}-A^{-1}]^{-1}=(AB-E)A=ABA-A.$$

小贴士

最后的等式称为华罗庚等式.

三、解矩阵方程

下面利用矩阵的逆给出克拉默法则的另一种表达形式. 线性方程组

$$\begin{cases}a_{11}x_1+a_{12}x_2+\cdots+a_{1n}x_n=b_1,\\a_{21}x_1+a_{22}x_2+\cdots+a_{2n}x_n=b_2,\\\cdots\cdots\cdots\cdots\\a_{n1}x_1+a_{n2}x_2+\cdots+a_{nn}x_n=b_n\end{cases}$$

可以写成

$$Ax=b. \tag{1}$$

如果 $|A|\neq 0$，那么 A 可逆. 由 $A(A^{-1}b)=(AA^{-1})b=b$，知 $x=A^{-1}b$ 是(1)的解.

由 $Ax=b$，得 $A^{-1}(Ax)=A^{-1}b$，即 $x=A^{-1}b$. 根据逆矩阵的唯一性，$x=A^{-1}b$ 是唯一解.

用 $A^{-1}=\dfrac{1}{|A|}A^*$ 代入式(1)，乘出来就是克拉默法则中给出的公式.

例 5 已知 $A=\begin{pmatrix}0&3&3\\1&1&0\\-1&2&3\end{pmatrix}$，$AB=A+2B$，求矩阵 B.

解 由 $AB=A+2B$，得 $(A-2E)B=A$. 因为

$$|A-2E|=\begin{vmatrix}-2&3&3\\1&-1&0\\-1&2&1\end{vmatrix}=2\neq 0,$$

所以 $A-2E$ 可逆，且

$$(A-2E)^{-1}=\frac{1}{|A-2E|}(A-2E)^*=\frac{1}{2}\begin{pmatrix}-1&3&3\\-1&1&3\\1&1&-1\end{pmatrix},$$

于是

$$B=(A-2E)^{-1}A=\begin{pmatrix}0&3&3\\-1&2&3\\1&1&0\end{pmatrix}.$$

3.4 分块矩阵

对于高阶矩阵,将其用若干条纵线和横线分成若干个小矩阵,这就是**矩阵的分块**,每一个小矩阵称为**子块**,以子块为元素的矩阵称为**分块矩阵**. 分块矩阵是矩阵的一种表示方法,主要用于简化计算以及给推理证明提供一种新思路. 如矩阵

$$A=\begin{pmatrix}a_{11}&a_{12}&\cdots&a_{1n}\\a_{21}&a_{22}&\cdots&a_{2n}\\\vdots&\vdots&&\vdots\\a_{s1}&a_{s2}&\cdots&a_{sn}\end{pmatrix}$$

有很多分块方法,可以将每列分成一块,也可以将每行分成一块,于是

$$A=(\boldsymbol{a}_1\quad\boldsymbol{a}_2\quad\cdots\quad\boldsymbol{a}_n)=\begin{pmatrix}\boldsymbol{b}_1\\\boldsymbol{b}_2\\\vdots\\\boldsymbol{b}_s\end{pmatrix},$$

也可分成

$$A=\begin{pmatrix}A_1&A_2\\A_3&A_4\end{pmatrix},$$

其中 $A_1=\begin{pmatrix}a_{11}&a_{12}&\cdots&a_{1,n-1}\\a_{21}&a_{22}&\cdots&a_{2,n-1}\\\vdots&\vdots&&\vdots\\a_{s-1,1}&a_{s-1,2}&\cdots&a_{s-1,n-1}\end{pmatrix}$, $A_2=\begin{pmatrix}a_{1n}\\a_{2n}\\\vdots\\a_{s-1,n}\end{pmatrix}$, $A_3=(a_{s1}\quad a_{s2}\quad\cdots\quad a_{s,n-1})$, $A_4=(a_{sn})$.

对于一个矩阵,是否需要分块,如何分块要根据实际问题的需要而定. 一般地,对矩阵 $A=(a_{ij})_{s\times n}$ 用横线分成 t 个部分,用纵线分成 l 个部分,则 A 分成了 $t\times l$ 块,记

$$A=\begin{pmatrix}A_{11}&A_{12}&\cdots&A_{1l}\\A_{21}&A_{22}&\cdots&A_{2l}\\\vdots&\vdots&&\vdots\\A_{t1}&A_{t2}&\cdots&A_{tl}\end{pmatrix},$$

简记为 $A=(A_{ij})_{t\times l}$ 或 $A=(A_{ij})$.

一、分块矩阵的基本运算

(1) **加法**: 设 $A=(A_{ij})_{t\times l}$, $B=(B_{ij})_{t\times l}$, 其中子块 A_{ij}, B_{ij} 为同型矩阵,则

$$A+B=(A_{ij}+B_{ij})_{t\times l}.$$

(2) **数乘分块矩阵**：设 $\boldsymbol{A}=(\boldsymbol{A}_{ij})_{t\times l}$，$k$ 为常数，则

$$k\boldsymbol{A}=(k\boldsymbol{A}_{ij})_{t\times l}.$$

(3) **分块矩阵的转置**：设 $\boldsymbol{A}=(\boldsymbol{A}_{ij})_{t\times l}$，则

$$\boldsymbol{A}^{\mathrm{T}}=\begin{pmatrix}\boldsymbol{A}_{11}^{\mathrm{T}} & \boldsymbol{A}_{21}^{\mathrm{T}} & \cdots & \boldsymbol{A}_{t1}^{\mathrm{T}}\\ \boldsymbol{A}_{12}^{\mathrm{T}} & \boldsymbol{A}_{22}^{\mathrm{T}} & \cdots & \boldsymbol{A}_{t2}^{\mathrm{T}}\\ \vdots & \vdots & & \vdots\\ \boldsymbol{A}_{1l}^{\mathrm{T}} & \boldsymbol{A}_{2l}^{\mathrm{T}} & \cdots & \boldsymbol{A}_{tl}^{\mathrm{T}}\end{pmatrix}.$$

(4) 分块矩阵的乘法：设 $\boldsymbol{A}=(a_{ij})_{s\times n}$，$\boldsymbol{B}=(b_{ij})_{n\times m}$，把 $\boldsymbol{A},\boldsymbol{B}$ 进行分块，使 $\boldsymbol{A}$ 的列分法与 $\boldsymbol{B}$ 的行分法相同，即

$$\boldsymbol{A}=\begin{pmatrix}\boldsymbol{A}_{11} & \boldsymbol{A}_{12} & \cdots & \boldsymbol{A}_{1l}\\ \boldsymbol{A}_{21} & \boldsymbol{A}_{22} & \cdots & \boldsymbol{A}_{2l}\\ \vdots & \vdots & & \vdots\\ \boldsymbol{A}_{t1} & \boldsymbol{A}_{t2} & \cdots & \boldsymbol{A}_{tl}\end{pmatrix},\ \boldsymbol{B}=\begin{pmatrix}\boldsymbol{B}_{11} & \boldsymbol{B}_{12} & \cdots & \boldsymbol{B}_{1r}\\ \boldsymbol{B}_{21} & \boldsymbol{B}_{22} & \cdots & \boldsymbol{B}_{2r}\\ \vdots & \vdots & & \vdots\\ \boldsymbol{B}_{l1} & \boldsymbol{B}_{l2} & \cdots & \boldsymbol{B}_{lr}\end{pmatrix},$$

其中每个 $\boldsymbol{A}_{ij}$ 是 $s_i\times n_j$ 小矩阵，每个 $\boldsymbol{B}_{ij}$ 是 $n_i\times m_j$ 小矩阵，于是有

$$\boldsymbol{C}=\boldsymbol{A}\boldsymbol{B}=\begin{pmatrix}\boldsymbol{C}_{11} & \boldsymbol{C}_{12} & \cdots & \boldsymbol{C}_{1r}\\ \boldsymbol{C}_{21} & \boldsymbol{C}_{22} & \cdots & \boldsymbol{C}_{2r}\\ \vdots & \vdots & & \vdots\\ \boldsymbol{C}_{t1} & \boldsymbol{C}_{t2} & \cdots & \boldsymbol{C}_{tr}\end{pmatrix},$$

其中

$$\boldsymbol{C}_{pq}=\boldsymbol{A}_{p1}\boldsymbol{B}_{1q}+\boldsymbol{A}_{p2}\boldsymbol{B}_{2q}+\cdots+\boldsymbol{A}_{pl}\boldsymbol{B}_{lq}=\sum_{k=1}^{l}\boldsymbol{A}_{pk}\boldsymbol{B}_{kq}\quad(p=1,2,\cdots,t;q=1,2,\cdots,r).$$

即分块矩阵的乘法与矩阵普通乘法形式相同，两个子块的乘法也必须满足相乘的条件，即左块的列数等于右块的行数. 必须注意，$\boldsymbol{A}$ 的列数与 $\boldsymbol{B}$ 的行数相同时，$\boldsymbol{AB}$ 有意义.若 $\boldsymbol{AB}$ 要用分块矩阵进行相乘运算，则矩阵 $\boldsymbol{A}$ 的列的分法必须与矩阵 $\boldsymbol{B}$ 的行的分法一致.

二、分块对角阵的运算

若分块矩阵

$$\begin{pmatrix}\boldsymbol{A}_1 & & & \\ & \boldsymbol{A}_2 & & \\ & & \ddots & \\ & & & \boldsymbol{A}_s\end{pmatrix}$$

中 $\boldsymbol{A}_i(i=1,2,\cdots,s)$ 都是方阵，未写出的子块为零子块，则此矩阵称为**分块对角矩阵**.

容易证明，分块对角矩阵具有如下性质：设

$$\boldsymbol{A}_{n\times n}=\begin{pmatrix}\boldsymbol{A}_1 & & & \\ & \boldsymbol{A}_2 & & \\ & & \ddots & \\ & & & \boldsymbol{A}_k\end{pmatrix},\ \boldsymbol{B}_{n\times n}=\begin{pmatrix}\boldsymbol{B}_1 & & & \\ & \boldsymbol{B}_2 & & \\ & & \ddots & \\ & & & \boldsymbol{B}_k\end{pmatrix},$$

其中 $\boldsymbol{A}_i,\boldsymbol{B}_i$ 皆为子方阵，若 $\boldsymbol{A}_i$ 与 $\boldsymbol{B}_i$ 的阶数相同，$i=1,2,\cdots,k$，则

(1) $\boldsymbol{AB}=\begin{pmatrix}\boldsymbol{A}_1\boldsymbol{B}_1 & & & \\ & \boldsymbol{A}_2\boldsymbol{B}_2 & & \\ & & \ddots & \\ & & & \boldsymbol{A}_k\boldsymbol{B}_k\end{pmatrix}$.

(2) $|\boldsymbol{A}|=|\boldsymbol{A}_1||\boldsymbol{A}_2|\cdots|\boldsymbol{A}_k|$.

(3)若 $\boldsymbol{A}_i(i=1,2,\cdots,k)$可逆，则 $\boldsymbol{A}$ 可逆，且 $\boldsymbol{A}^{-1}=\begin{pmatrix}\boldsymbol{A}_1^{-1} & & & \\ & \boldsymbol{A}_2^{-1} & & \\ & & \ddots & \\ & & & \boldsymbol{A}_k^{-1}\end{pmatrix}$.

例 1　设 $\boldsymbol{A}=\begin{pmatrix}5 & 0 & 0 & 0\\ 0 & 3 & 1 & 0\\ 0 & 2 & 1 & 0\\ 0 & 0 & 0 & -1\end{pmatrix}$，求 $\boldsymbol{A}^{-1}$.

解　令 $\boldsymbol{A}=\begin{pmatrix}\boldsymbol{A}_1 & & \\ & \boldsymbol{A}_2 & \\ & & \boldsymbol{A}_3\end{pmatrix}$，其中 $\boldsymbol{A}_1=(5)$，$\boldsymbol{A}_2=\begin{pmatrix}3 & 1\\ 2 & 1\end{pmatrix}$，$\boldsymbol{A}_3=(-1)$. 因为

$$\boldsymbol{A}_1^{-1}=\frac{1}{5},\quad \boldsymbol{A}_2^{-1}=\begin{pmatrix}3 & 1\\ 2 & 1\end{pmatrix}^{-1}=\begin{pmatrix}1 & -1\\ -2 & 3\end{pmatrix},\quad \boldsymbol{A}_3^{-1}=(-1),$$

所以 $\boldsymbol{A}^{-1}=\begin{pmatrix}\frac{1}{5} & 0 & 0 & 0\\ 0 & 1 & -1 & 0\\ 0 & -2 & 3 & 0\\ 0 & 0 & 0 & -1\end{pmatrix}$.

例 2　求矩阵

$$\boldsymbol{D}=\begin{pmatrix}\boldsymbol{A} & \boldsymbol{O}\\ \boldsymbol{C} & \boldsymbol{B}\end{pmatrix}$$

的逆矩阵，其中 $\boldsymbol{A},\boldsymbol{B}$ 分别是 m 阶和 n 阶的可逆矩阵，$\boldsymbol{C}$ 是 $n\times m$ 矩阵，$\boldsymbol{O}$ 是 $m\times n$ 零矩阵.

解　由已知，$|\boldsymbol{D}|=|\boldsymbol{A}||\boldsymbol{B}|\neq 0$，所以 $\boldsymbol{D}$ 可逆. 设

$$\boldsymbol{D}^{-1}=\begin{pmatrix}\boldsymbol{X} & \boldsymbol{Y}\\ \boldsymbol{Z} & \boldsymbol{W}\end{pmatrix},$$

于是

$$\begin{pmatrix}\boldsymbol{A} & \boldsymbol{O}\\ \boldsymbol{C} & \boldsymbol{B}\end{pmatrix}\begin{pmatrix}\boldsymbol{X} & \boldsymbol{Y}\\ \boldsymbol{Z} & \boldsymbol{W}\end{pmatrix}=\begin{pmatrix}\boldsymbol{E}_m & \boldsymbol{O}\\ \boldsymbol{O} & \boldsymbol{E}_n\end{pmatrix},$$

这里 $\boldsymbol{E}_m,\boldsymbol{E}_n$ 分别表示 m 阶和 n 阶单位矩阵. 比较等式两边，得

$$\begin{cases}AX=E_m,\\AY=O,\\CX+BZ=O,\\CY+BW=E_n.\end{cases}$$

由第一、二式，得

$$X=A^{-1},\quad Y=A^{-1}O=O,$$

代入第三、四式，得

$$W=B^{-1},\quad BZ=-CX=-CA^{-1},$$

所以 $Z=-B^{-1}CA^{-1}$. 因此

$$D^{-1}=\begin{pmatrix}A^{-1} & O\\-B^{-1}CA^{-1} & B^{-1}\end{pmatrix}.$$

3.5 初等变换与初等矩阵

非齐次线性方程与其增广矩阵之间存在一一对应关系，因而用消元法解线性方程组过程中方程的变换可对应到矩阵的变换，也就是矩阵的初等变换. 矩阵的初等变换是高等代数中至关重要的一种方法，可用于求逆矩阵、解线性方程组、解矩阵方程、判定向量的线性相关性、化二次型为标准形、求空间的基、求多项式的最大公因式等.

一、矩阵的初等变换

例 1 解线性方程组

$$\begin{cases}3x_1-2x_2-x_3=1,\\3x_1-4x_2+4x_3=2,\\6x_1-6x_2+4x_3=2.\end{cases}\tag{1}$$

解 第二个方程减去第一个方程，第三个方程减去第一个方程的两倍，原线性方程组就变成

$$\begin{cases}3x_1-2x_2-x_3=1,\\\quad -2x_2+5x_3=1,\\\quad -2x_2+6x_3=0.\end{cases}$$

第二个方程减去第三个方程，第三个方程两边同乘 $-\dfrac{1}{2}$，再将第二个方程与第三个方程的次序互换，即得

$$\begin{cases}3x_1-2x_2-x_3=1,\\\quad x_2-3x_3=0,\\\quad -x_3=1.\end{cases}\tag{2}$$

由最后一个方程依次向上，求出方程组的解为 $x_1=-2, x_2=-3, x_3=-1$.

此例中对方程的变换包括：

(1) 用一非零数乘某一方程(简称**倍乘变换**);

(2) 把一个方程的倍数加到另一个方程(简称**倍加变换**);

(3) 互换两个方程的位置(简称**对换变换**).

定义 11 倍乘变换、倍加变换和对换变换并称为线性方程组的**初等变换**.

消元的过程就是反复实施初等变换的过程.显然这三种变换都存在逆变换,而且易证初等变换总是把方程组变成同解的方程组.另外在方程组的初等变换过程中,实际上只对方程组的系数和常数进行运算,未知数并未参与运算,因而可以简写为对方程组所对应的增广矩阵实施相应的变换,这样就得到了矩阵的三种初等行变换.

定义 12 称下面的三种变换为矩阵的**初等行变换**:

(1) 互换两行的位置(对换 i,j 两行,记作 $r_i \leftrightarrow r_j$);

(2) 用一个非零数乘某一行$\left(\text{第 } i \text{ 行乘 } k,\text{记作 } r_i \times k \text{ 或 } r_i \div \frac{1}{k}\right)$;

(3) 把某一行倍数加到另一行上(第 j 行的 k 倍加到第 i 行上,记作 $r_i + kr_j$).

将定义中的"行"换成"列",即得矩阵的初等列变换的定义(相应记号把"r"换成"c").

矩阵的初等行变换与初等列变换,统称**初等变换**.显然三种初等变换都是可逆的,如

$$\boldsymbol{A} \xrightarrow{r_i + kr_j} \boldsymbol{B} \xrightarrow{r_i - kr_j} \boldsymbol{A}\left(\text{或 } \boldsymbol{A} \overset{r_i+kr_j}{\sim} \boldsymbol{B} \overset{r_i-kr_j}{\sim} \boldsymbol{A}\right).$$

小贴士

矩阵的初等变换与行列式的变换之间的不同点,包括:

① 矩阵的初等变换用→或~符号;

② 矩阵的数乘变换不记录 k,且 $k \neq 0$;

③ 矩阵的对换变换不记录负号.

定义 13 如果矩阵 $\boldsymbol{A}$ 经有限次初等行变换变成矩阵 $\boldsymbol{B}$,就称矩阵 $\boldsymbol{A}$ 与 $\boldsymbol{B}$ **行等价**,记作 $\boldsymbol{A} \overset{r}{\sim} \boldsymbol{B}$;

如果矩阵 $\boldsymbol{A}$ 经有限次初等列变换变成矩阵 $\boldsymbol{B}$,就称矩阵 $\boldsymbol{A}$ 与 $\boldsymbol{B}$ **列等价**,记作 $\boldsymbol{A} \overset{c}{\sim} \boldsymbol{B}$;

如果矩阵 $\boldsymbol{A}$ 经有限次初等变换变成矩阵 $\boldsymbol{B}$,就称矩阵 $\boldsymbol{A}$ 与 $\boldsymbol{B}$ **等价**,记作 $\boldsymbol{A} \sim \boldsymbol{B}$.

矩阵之间的等价关系具有下列性质:

(1) **反身性**:$\boldsymbol{A} \sim \boldsymbol{A}$;

(2) **对称性**:若 $\boldsymbol{A} \sim \boldsymbol{B}$,则 $\boldsymbol{B} \sim \boldsymbol{A}$;

(3) **传递性**:若 $\boldsymbol{A} \sim \boldsymbol{B}$,$\boldsymbol{B} \sim \boldsymbol{C}$,则 $\boldsymbol{A} \sim \boldsymbol{C}$.

下面利用对增广矩阵进行初等行变换来解方程组(1):

$$\begin{pmatrix} 3 & -2 & -1 & 1 \\ 3 & -4 & 4 & 2 \\ 6 & -6 & 4 & 2 \end{pmatrix} \xrightarrow[r_3 - 2r_1]{r_2 - r_1} \begin{pmatrix} 3 & -2 & -1 & 1 \\ 0 & -2 & 5 & 1 \\ 0 & -2 & 6 & 0 \end{pmatrix} \xrightarrow[r_3 \times \left(-\frac{1}{2}\right)]{r_2 - r_3} \begin{pmatrix} 3 & -2 & -1 & 1 \\ 0 & 0 & -1 & 1 \\ 0 & 1 & -3 & 0 \end{pmatrix}$$

$$\xrightarrow{r_2 \leftrightarrow r_3} \begin{pmatrix} 3 & -2 & -1 & 1 \\ 0 & 1 & -3 & 0 \\ 0 & 0 & -1 & 1 \end{pmatrix}.$$

对应的同解方程组为方程组(2),从而可得原方程组的解. 这一过程得到的最后一个等价矩阵,我们称为行阶梯形矩阵. 其一般情形如下所示:

$$\left(\begin{array}{cccccccccccc}
b_1 & * & * & * & * & * & \cdots & \cdots & * & * & \cdots & * \\
 & & 0 & b_2 & * & * & \cdots & \cdots & * & * & \cdots & * \\
 & & & & 0 & b_3 & \cdots & \cdots & \cdots & \cdots & \cdots & \cdots \\
 & & & & & 0 & \cdots & \cdots & \cdots & \cdots & \cdots & \cdots \\
 & & & & & & & 0 & b_r & * & \cdots & * \\
 & & & & & & & & 0 & 0 & \cdots & 0 \\
 & & & & & & & & \cdots & \cdots & \cdots & \cdots \\
 & & & & & & & & 0 & 0 & & 0
\end{array}\right)
\begin{array}{l} \left.\begin{array}{l} \\ \\ \\ \\ \\ \end{array}\right\} r \\ \\ \\ \\ \end{array}.$$

定义 14 若非零矩阵满足:

(1) 零行(如果有)全在下方;

(2) 从第一行起,每行第一个非零元前面零的个数逐行严格递增,

则称此矩阵为**行阶梯形矩阵**.

如矩阵

$$\boldsymbol{A}=\begin{pmatrix} 0 & 1 & 2 & -1 & 5 & 0 \\ 0 & 0 & 2 & 4 & 0 & 8 \\ 0 & 0 & 0 & 0 & -5 & 0 \\ 0 & 0 & 0 & 0 & 0 & 0 \end{pmatrix},\ \boldsymbol{B}=\begin{pmatrix} 0 & 1 & 2 & -1 & 3 & 0 \\ 0 & 0 & 3 & 1 & 0 & 9 \\ 0 & 0 & 3 & 0 & -5 & 0 \\ 0 & 0 & 0 & 0 & 0 & 0 \end{pmatrix},\ \boldsymbol{C}=\begin{pmatrix} 0 & 1 & 2 & -1 & 3 & 0 \\ 0 & 0 & 3 & 1 & 0 & 9 \\ 0 & 0 & 0 & 0 & 0 & 0 \\ 0 & 0 & 0 & 0 & 0 & 2 \end{pmatrix}$$

中 $\boldsymbol{A}$ 为行阶梯形矩阵,$\boldsymbol{B}$ 和 $\boldsymbol{C}$ 不是行阶梯形矩阵($\boldsymbol{B}$ 不符合条件(2),$\boldsymbol{C}$ 不符合条件(1)).

例 1 中为了求解计算的方便,将行阶梯形矩阵继续化简

$$\begin{pmatrix} 3 & -2 & -1 & 1 \\ 0 & 1 & -3 & 0 \\ 0 & 0 & -1 & 1 \end{pmatrix} \xrightarrow{r_3\times(-1)} \begin{pmatrix} 3 & -2 & -1 & 1 \\ 0 & 1 & -3 & 0 \\ 0 & 0 & 1 & -1 \end{pmatrix} \xrightarrow[r_2+3r_3]{r_1+r_3} \begin{pmatrix} 3 & -2 & 0 & 0 \\ 0 & 1 & 0 & -3 \\ 0 & 0 & 1 & -1 \end{pmatrix}$$

$$\xrightarrow{r_1+2r_2} \begin{pmatrix} 3 & 0 & 0 & -6 \\ 0 & 1 & 0 & -3 \\ 0 & 0 & 1 & -1 \end{pmatrix} \xrightarrow{r_1\times\frac{1}{3}} \begin{pmatrix} 1 & 0 & 0 & -2 \\ 0 & 1 & 0 & -3 \\ 0 & 0 & 1 & -1 \end{pmatrix}.$$

然后还原成同解的线性方程组,得原方程组的解. 观察最后所得的矩阵,其特点为行阶梯形矩阵中非零行第一个非零元素为 1,其对应列的其他元素为 0.

定义 15 若行阶梯形矩阵满足:

(1) 非零行的首非零元为 1;

(2) 首非零元所在列的其他元均为 0,

则称此矩阵为**行最简形矩阵**.

用归纳法可证(略):对于任何非零矩阵,总可经有限次初等行变换把它变为行阶梯形矩阵和行最简形矩阵. 显然,解线性方程组只需把增广矩阵化为行最简形矩阵,再还原得解.

对行最简形矩阵再进行初等列变换,可将其化为左上角为单位矩阵,其余元素皆是 0 的矩阵,称为矩阵的**标准形**.

对于 $s\times n$ 矩阵 $\boldsymbol{A}$，总可经过初等变换(行变换和列变换)把它化为标准形

$$\begin{pmatrix}\boldsymbol{E}_r & \boldsymbol{O}\\ \boldsymbol{O} & \boldsymbol{O}\end{pmatrix}_{s\times n}.$$

此标准形由 s,n,r 三个数完全确定，其中 r 是行阶梯形矩阵中非零行的行数. 后面会证明所有与 $\boldsymbol{A}$ 等价的矩阵组成一个集合，标准形 $\boldsymbol{F}$ 是这个集合中形状最简单的矩阵.

小贴士

① 初等变换可把矩阵化为标准形.

② 初等行变换可把矩阵化为行阶梯形或行最简形矩阵.

下面我们用矩阵乘法来表示初等变换的过程，然后利用初等变换求矩阵的逆，为此首先引入初等矩阵的概念.

二、初等矩阵

定义 16　由单位矩阵 $\boldsymbol{E}$ 经过一次初等变换得到的矩阵称为**初等矩阵**.

显然，每个初等矩阵都有一个与之相应的初等变换，根据初等变换，初等矩阵分成三类：

(1) 互换矩阵 $\boldsymbol{E}$ 的第 i,j 两行(或列)的位置，得

$$\boldsymbol{E}(i,j)=\begin{pmatrix}1 &&&&&&&&\\ &\ddots&&&&&&&\\ &&1&&&&&&\\ &&&0&\cdots&1&&&\\ &&&&1&&&&\\ &&&\vdots&\ddots&\vdots&&&\\ &&&&&1&&&\\ &&&1&\cdots&0&&&\\ &&&&&&1&&\\ &&&&&&&\ddots&\\ &&&&&&&&1\end{pmatrix}\begin{matrix}\\ \\ \\ 第\ i\ 行\\ \\ \\ \\ 第\ j\ 行\\ \\ \\ \\ \end{matrix}.$$

(2) 用非零数 k 乘 $\boldsymbol{E}$ 的第 i 行(或列)，有

$$\boldsymbol{E}(i(k))=\begin{pmatrix}1&&&&&\\ &\ddots&&&&\\ &&1&&&\\ &&&k&&\\ &&&&1&\\ &&&&&\ddots&\\ &&&&&&1\end{pmatrix}\begin{matrix}\\ \\ \\ 第\ i\ 行\\ \\ \\ \\ \end{matrix}.$$

（其中 k 位于第 i 列）

(3) 把 $\boldsymbol{E}$ 的第 j 行的 k 倍加到第 i 行(或第 i 列的 k 倍加到第 j 列)

$$\begin{array}{ccccccccc} & & & \text{第 } i \text{ 列} & & \text{第 } j \text{ 列} & & & \end{array}$$

$$\boldsymbol{E}(i,j(k))=\begin{pmatrix}1 & & & & & & \\ & \ddots & & & & & \\ & & 1 & \cdots & k & & \\ & & & \ddots & \vdots & & \\ & & & & 1 & & \\ & & & & & \ddots & \\ & & & & & & 1\end{pmatrix}\begin{matrix} \\ \\ \text{第 } i \text{ 行} \\ . \\ \text{第 } j \text{ 行} \\ \\ \\ \end{matrix}$$

上述三类初等矩阵是 $\boldsymbol{E}$ 经过一次初等行(或列)变换得到的,即这三类初等矩阵全部是初等矩阵. 另外易知,**初等矩阵都是可逆的**,它们的逆矩阵还是初等矩阵. 事实上

$$\boldsymbol{E}(i,j)^{-1}=\boldsymbol{E}(i,j),$$

$$\boldsymbol{E}(i(k))^{-1}=\boldsymbol{E}(i(k^{-1})),$$

$$\boldsymbol{E}(i,j(k))^{-1}=\boldsymbol{E}(i,j(-k)).$$

下面将初等矩阵左乘或右乘矩阵 $\boldsymbol{A}_{s\times n}=(a_{ij})$,并对结果进行分析.

(1) $$\boldsymbol{E}_s(i,j)\boldsymbol{A}_{s\times n}=\begin{pmatrix}\boldsymbol{e}_1\\ \vdots\\ \boldsymbol{e}_j\\ \vdots\\ \boldsymbol{e}_i\\ \vdots\\ \boldsymbol{e}_s\end{pmatrix}\boldsymbol{A}=\begin{pmatrix}\boldsymbol{e}_1\boldsymbol{A}\\ \vdots\\ \boldsymbol{e}_j\boldsymbol{A}\\ \vdots\\ \boldsymbol{e}_i\boldsymbol{A}\\ \vdots\\ e_2\boldsymbol{A}\end{pmatrix}=\begin{pmatrix}a_{11} & a_{12} & \cdots & a_{1n}\\ \vdots & \vdots & & \vdots\\ a_{j1} & a_{j2} & \cdots & a_{jn}\\ & \vdots & & \vdots\\ a_{i1} & a_{i2} & \cdots & a_{in}\\ \vdots & \vdots & & \vdots\\ a_{s1} & a_{s2} & \cdots & a_{sn}\end{pmatrix}\begin{matrix} \\ \\ \text{第 } i \text{ 行} \\ , \\ \text{第 } j \text{ 行} \\ \\ \\ \end{matrix}$$

其中 $\boldsymbol{e}_i=(0,\cdots,0,1,0,\cdots,0)(i=1,2,\cdots,s)$,即只有第 i 个元素为 1 的行矩阵. 由结果可知以初等矩阵 $\boldsymbol{E}_s(i,j)$ 左乘矩阵 $\boldsymbol{A}$,相当于对 $\boldsymbol{A}$ 施行第一种初等行变换:互换 $\boldsymbol{A}$ 的第 i 行与第 j 行($r_i\leftrightarrow r_j$). 类似地,以初等矩阵 $\boldsymbol{E}_n(i,j)$ 右乘矩阵 $\boldsymbol{A}$,相当于互换 $\boldsymbol{A}$ 的第 i 列与第 j 列($c_i\leftrightarrow c_j$).

(2) 以 $\boldsymbol{E}_s(i(k))$ 左乘矩阵 $\boldsymbol{A}$,相当于以数 k 乘 $\boldsymbol{A}$ 的第 i 行($r_i\times k$);以 $\boldsymbol{E}_n(i(k))$ 右乘矩阵 $\boldsymbol{A}_{s\times n}$,相当于以数 k 乘 $\boldsymbol{A}$ 的第 i 列($c_i\times k$).

(3) 以 $\boldsymbol{E}_s(i,j(k))$ 左乘矩阵 $\boldsymbol{A}$,相当于把 $\boldsymbol{A}$ 的第 j 行乘 k 加到第 i 行上(r_i+kr_j);以 $\boldsymbol{E}_n(i,j(k))$ 右乘矩阵 $\boldsymbol{A}$,相当于把 $\boldsymbol{A}$ 的第 j 列乘 k 加到第 i 列上(c_i+kc_j).

归纳上述结果,可得:

引理 1 对一个 $s\times n$ 矩阵 $\boldsymbol{A}$ 作一次初等行变换就相当于在 $\boldsymbol{A}$ 的左边乘上相应的 s 阶初等矩阵;对 $\boldsymbol{A}$ 作一次初等列变换就相当于在 $\boldsymbol{A}$ 的右边乘上相应的 n 阶初等矩阵.

简记为“行变左乘,列变右乘”.

定理 4 方阵 $\boldsymbol{A}$ 为可逆的充要条件是它能表示成有限个初等矩阵的乘积.

证明 (充分性)设 $\boldsymbol{A}$ 可表示成有限个初等矩阵的乘积,因初等矩阵可逆,有限个可逆矩阵的乘积仍可逆,故 $\boldsymbol{A}$ 可逆.

(必要性)设 n 阶可逆矩阵 $\boldsymbol{A}$ 经过有限次初等行变换成为行最简形矩阵 $\boldsymbol{B}$. 由引理 1,知存在初等矩阵 $\boldsymbol{P}_1,\boldsymbol{P}_2,\cdots,\boldsymbol{P}_l$,使得 $\boldsymbol{P}_1\boldsymbol{P}_2\cdots\boldsymbol{P}_l\boldsymbol{A}=\boldsymbol{B}$. 因为 $\boldsymbol{A},\boldsymbol{P}_1,\boldsymbol{P}_2,\cdots,\boldsymbol{P}_l$ 均可逆,所以 $\boldsymbol{B}$ 也可逆,从而 $\boldsymbol{B}$ 的非零行数为 n,即 $\boldsymbol{B}$ 有 n 个首非零元 1,但 $\boldsymbol{B}$ 总共只有 n 个列,故 $\boldsymbol{B}=\boldsymbol{E}$. 于是

$$\boldsymbol{A}=\boldsymbol{P}_l^{-1}\cdots\boldsymbol{P}_2^{-1}\boldsymbol{P}_1^{-1}\boldsymbol{B}=\boldsymbol{P}_l^{-1}\cdots\boldsymbol{P}_2^{-1}\boldsymbol{P}_1^{-1},$$

这里 $\boldsymbol{P}_i^{-1}$ 为初等矩阵,即 $\boldsymbol{A}$ 是有限个初等矩阵的乘积. ▎

推论 方阵 $\boldsymbol{A}$ 可逆的充要条件是 $\boldsymbol{A}$ 可以经过有限次初等行(列)变换化为单位矩阵.

定理 5 设 $\boldsymbol{A}$ 与 $\boldsymbol{B}$ 为 $s\times n$ 矩阵,那么 $\boldsymbol{A}\sim\boldsymbol{B}$ 的充要条件是存在 s 阶可逆矩阵 $\boldsymbol{P}$ 及 n 阶可逆矩阵 $\boldsymbol{Q}$,使得 $\boldsymbol{PAQ}=\boldsymbol{B}$.

证明 $\boldsymbol{A}\sim\boldsymbol{B}\Leftrightarrow\boldsymbol{A}$ 经有限次初等变换(行和列变换)变成 $\boldsymbol{B}$

$\Leftrightarrow$存在初等矩阵 $\boldsymbol{P}_1,\cdots,\boldsymbol{P}_l$ 及 $\boldsymbol{Q}_1,\cdots,\boldsymbol{Q}_m$,使得 $\boldsymbol{P}_l\cdots\boldsymbol{P}_1\boldsymbol{A}\boldsymbol{Q}_1\cdots\boldsymbol{Q}_m=\boldsymbol{B}$

$\Leftrightarrow$存在 s 阶可逆矩阵 $\boldsymbol{P}$ 及 n 阶可逆矩阵 $\boldsymbol{Q}$,使得 $\boldsymbol{PAQ}=\boldsymbol{B}$. ▎

推论 设 $\boldsymbol{A}$ 为 $s\times n$ 矩阵,则存在 s 阶可逆矩阵 $\boldsymbol{P}$ 及 n 阶可逆矩阵 $\boldsymbol{Q}$,使得

$$\boldsymbol{A}=\boldsymbol{P}\begin{pmatrix}\boldsymbol{E}_r & \boldsymbol{O}\\ \boldsymbol{O} & \boldsymbol{O}\end{pmatrix}\boldsymbol{Q}.$$

三、初等变换法求逆矩阵

由定理 4 推论,若 $\boldsymbol{A}$ 可逆,则存在初等矩阵 $\boldsymbol{P}_1,\boldsymbol{P}_2\cdots,\boldsymbol{P}_l$,使得 $\boldsymbol{P}_l\cdots\boldsymbol{P}_2\boldsymbol{P}_1\boldsymbol{A}=\boldsymbol{E}$,于是 $\boldsymbol{A}^{-1}=\boldsymbol{P}_l\cdots\boldsymbol{P}_2\boldsymbol{P}_1$,即

$$\begin{cases}\boldsymbol{P}_l\cdots\boldsymbol{P}_2\boldsymbol{P}_1\boldsymbol{A}=\boldsymbol{E},\\ \boldsymbol{P}_l\cdots\boldsymbol{P}_2\boldsymbol{P}_1\boldsymbol{E}=\boldsymbol{A}^{-1}.\end{cases}$$

作矩阵$(\boldsymbol{A},\boldsymbol{E})$,按矩阵的分块乘法,有

$$\boldsymbol{P}_l\cdots\boldsymbol{P}_1(\boldsymbol{A},\boldsymbol{E})=(\boldsymbol{P}_l\cdots\boldsymbol{P}_1\boldsymbol{A},\boldsymbol{P}_l\cdots\boldsymbol{P}_1\boldsymbol{E})=(\boldsymbol{E},\boldsymbol{A}^{-1})\Leftrightarrow(\boldsymbol{A},\boldsymbol{E})\xrightarrow{\text{行变换}}(\boldsymbol{E},\boldsymbol{A}^{-1}).$$

小贴士

① 利用初等变换求 $\boldsymbol{A}$ 的逆矩阵的方法有:

a. 对$(\boldsymbol{A},\boldsymbol{E})$实施初等行变换,$\boldsymbol{A}$ 化成 $\boldsymbol{E}$ 时,$\boldsymbol{E}$ 就化为 $\boldsymbol{A}^{-1}$,即$(\boldsymbol{A},\boldsymbol{E})\xrightarrow{\text{行变换}}(\boldsymbol{E},\boldsymbol{A}^{-1})$;

b. 对$\begin{pmatrix}\boldsymbol{A}\\ \boldsymbol{E}\end{pmatrix}$实施初等列变换,$\boldsymbol{A}$ 化成 $\boldsymbol{E}$ 时,$\boldsymbol{E}$ 就化成 $\boldsymbol{A}^{-1}$,即$\begin{pmatrix}\boldsymbol{A}\\ \boldsymbol{E}\end{pmatrix}\xrightarrow{\text{列变换}}\begin{pmatrix}\boldsymbol{E}\\ \boldsymbol{A}^{-1}\end{pmatrix}$.

② 利用初等变换求 $\boldsymbol{A}^{-1}\boldsymbol{B}$ 的方法:$(\boldsymbol{A},\boldsymbol{B})\xrightarrow{\text{行变换}}(\boldsymbol{E},\boldsymbol{A}^{-1}\boldsymbol{B})$.

③ 利用初等变换求 $\boldsymbol{Y}=\boldsymbol{CA}^{-1}$ 的方法:

a. 因 $\boldsymbol{Y}^{\mathrm{T}}=(\boldsymbol{A}^{\mathrm{T}})^{-1}\boldsymbol{C}^{\mathrm{T}}$,故$(\boldsymbol{A}^{\mathrm{T}},\boldsymbol{C}^{\mathrm{T}})\xrightarrow{\text{行变换}}(\boldsymbol{E},(\boldsymbol{A}^{\mathrm{T}})^{-1}\boldsymbol{C}^{\mathrm{T}})=(\boldsymbol{E},\boldsymbol{Y}^{\mathrm{T}})$,可求得 $\boldsymbol{Y}$;

b. $\begin{pmatrix}\boldsymbol{A}\\ \boldsymbol{C}\end{pmatrix}\xrightarrow{\text{列变换}}\begin{pmatrix}\boldsymbol{E}\\ \boldsymbol{CA}^{-1}\end{pmatrix}$.

例 2 设 $\boldsymbol{A}=\begin{pmatrix}1 & 2 & -2\\ 3 & 3 & -2\\ 0 & -2 & 2\end{pmatrix}$,求 $\boldsymbol{A}^{-1}$,$(\boldsymbol{A}^*)^{-1}$.

解 对矩阵作初等行变换

$$(\boldsymbol{A},\boldsymbol{E})=\begin{pmatrix}1&2&-2&1&0&0\\3&3&-2&0&1&0\\0&-2&2&0&0&1\end{pmatrix}\xrightarrow{r_2-3r_1}\begin{pmatrix}1&2&-2&1&0&0\\0&-3&4&-3&1&0\\0&-2&2&0&0&1\end{pmatrix}$$

$$\xrightarrow[r_2-r_3]{r_1+r_3}\begin{pmatrix}1&0&0&1&0&1\\0&-1&2&-3&1&-1\\0&-2&2&0&0&1\end{pmatrix}\xrightarrow[r_3+2r_2]{r_2\div(-1)}\begin{pmatrix}1&0&0&1&0&1\\0&1&-2&3&-1&1\\0&0&-2&6&-2&3\end{pmatrix}$$

$$\xrightarrow[r_3\div(-2)]{r_2-r_3}\begin{pmatrix}1&0&0&1&0&1\\0&1&0&-3&1&-2\\0&0&1&-3&1&-\frac{3}{2}\end{pmatrix}.$$

所以 $\boldsymbol{A}^{-1}=\begin{pmatrix}1&0&1\\-3&1&-2\\-3&1&-\frac{3}{2}\end{pmatrix}$.

因为 $\boldsymbol{A}^{-1}=\frac{1}{|\boldsymbol{A}|}\boldsymbol{A}^*$，$\boldsymbol{A}^*=|\boldsymbol{A}|\boldsymbol{A}^{-1}$，所以

$$(\boldsymbol{A}^*)^{-1}=\frac{1}{|\boldsymbol{A}|}\boldsymbol{A}=\frac{1}{2}\begin{pmatrix}1&2&-2\\3&3&-2\\0&-2&2\end{pmatrix}.$$

例 3 求矩阵 $\boldsymbol{X}$，使 $\boldsymbol{AX}=\boldsymbol{B}$，其中

$$\boldsymbol{A}=\begin{pmatrix}1&2&3\\2&2&1\\3&4&3\end{pmatrix},\quad \boldsymbol{B}=\begin{pmatrix}2&5\\3&1\\4&3\end{pmatrix}.$$

解法 1 因为 $|\boldsymbol{A}|\neq 0$，所以 $\boldsymbol{A}$ 可逆，先求 $\boldsymbol{A}$ 的逆，则 $\boldsymbol{X}=\boldsymbol{A}^{-1}\boldsymbol{B}$.（略）

解法 2 若 $\boldsymbol{A}$ 可逆，则 $\boldsymbol{X}=\boldsymbol{A}^{-1}\boldsymbol{B}$.

$$(\boldsymbol{A},\boldsymbol{B})=\begin{pmatrix}1&2&3&2&5\\2&2&1&3&1\\3&4&3&4&3\end{pmatrix}\xrightarrow[r_3-3r_1]{r_2-2r_1}\begin{pmatrix}1&2&3&2&5\\0&-2&-5&-1&-9\\0&-2&-6&-2&-12\end{pmatrix}$$

$$\xrightarrow[r_3-r_2]{r_1+r_2}\begin{pmatrix}1&0&-2&1&-4\\0&-2&-5&-1&-9\\0&0&-1&-1&-3\end{pmatrix}\xrightarrow[r_2-5r_3]{r_1-2r_3}\begin{pmatrix}1&0&0&3&2\\0&-2&0&4&6\\0&0&-1&-1&-3\end{pmatrix}$$

$$\xrightarrow[r_3\div(-1)]{r_2\div(-2)}\begin{pmatrix}1&0&0&3&2\\0&1&0&-2&-3\\0&0&1&1&3\end{pmatrix},$$

由 $\boldsymbol{A}\sim\boldsymbol{E}$，得 $\boldsymbol{A}$ 可逆，则 $\boldsymbol{X}=\boldsymbol{A}^{-1}\boldsymbol{B}=\begin{pmatrix}3&2\\-2&-3\\1&3\end{pmatrix}$.

四、利用初等变换解线性方程组(化阶梯方程组)

例 4　解线性方程组

$$\begin{cases}2x_1+x_2+2x_3=1,\\3x_1-x_2+5x_3=2,\\x_1-2x_2+3x_3=1.\end{cases}$$

解　对增广矩阵进行初等行变换：

$$\begin{pmatrix}2&1&2&1\\3&-1&5&2\\1&-2&3&1\end{pmatrix}\xrightarrow{r_1\leftrightarrow r_3}\begin{pmatrix}1&-2&3&1\\3&-1&5&2\\2&1&2&1\end{pmatrix}\xrightarrow[r_3-2r_1]{r_2-3r_1}\begin{pmatrix}1&-2&3&1\\0&5&-4&-1\\0&5&-4&-1\end{pmatrix}$$

$$\xrightarrow{r_3-r_2}\begin{pmatrix}1&-2&3&1\\0&5&-4&-1\\0&0&0&0\end{pmatrix},$$

还原成线性方程组，得

$$\begin{cases}x_1-2x_2+3x_3=1,\\5x_2-4x_3=-1.\end{cases}$$

取 x_3 为自由未知数，可以解得

$$\begin{cases}x_1=-\dfrac{7}{5}k+\dfrac{3}{5},\\x_2=\dfrac{4}{5}k-\dfrac{1}{5},\\x_3=k\end{cases}\quad(k\text{ 为任意常数}).$$

下面我们来说明，利用初等变换来解以下线性方程组一般步骤：

$$\begin{cases}a_{11}x_1+a_{12}x_2+\cdots+a_{1n}x_n=b_1,\\a_{21}x_1+a_{22}x_2+\cdots+a_{2n}x_n=b_2,\\\cdots\cdots\cdots\cdots\\a_{s1}x_1+a_{s2}x_2+\cdots+a_{sn}x_n=b_s.\end{cases}\tag{3}$$

首先看 x_1 的系数. 若 x_1 的系数 $a_{11},a_{21},\cdots,a_{s1}$ 全为零，则 x_1 可以取任何值，从而方程组(3)可以看作 $x_2,\cdots,x_n$ 的方程组来解. 如果 x_1 的系数不全为零，由于方程可互换，因而不妨设 $a_{11}\neq0$. 利用倍加变换，分别把第一个方程的 $-\dfrac{a_{i1}}{a_{11}}$ 倍加到第 i 个方程($i=2,\cdots,n$)，将方程组(3)变为

$$\begin{cases}a_{11}x_1+a_{12}x_2+\cdots+a_{1n}x_n=b_1,\\a'_{22}x_2+\cdots+a'_{2n}x_n=b'_2,\\\cdots\cdots\cdots\cdots\\a'_{s2}x_2+\cdots+a'_{sn}x_n=b'_s,\end{cases}\tag{4}$$

其中

$$a'_{ij}=a_{ij}-\frac{a_{i1}}{a_{11}}a_{1j}\quad(i=2,\cdots,s;j=2,\cdots,n).$$

这样,解方程组(3)的问题就归结为解方程组

$$\begin{cases}a'_{22}x_2+\cdots+a'_{2n}x_n=b'_2,\\ \cdots\cdots\cdots\cdots\\ a'_{s2}x_2+\cdots+a'_{sn}x_n=b'_n\end{cases}\tag{5}$$

的问题.方程组(4)的解显然都是方程组(5)的解,而方程组(5)的一个解,代入方程组(4)的第一个方程就定出 x_1 的值,从而得出方程组(4)的一个解,即方程组(4)有解⇔方程组(5)有解,而方程组(4)与方程组(3)同解,于是,方程组(3)有解⇔方程组(5)有解.

对方程组(5)再按上面的过程进行变换,依次作下去,最后可得一个阶梯形方程组.为讨论方便,不妨设为

$$\begin{cases}c_{11}x_1+c_{12}x_2+\cdots+c_{1r}x_r+\cdots+c_{1n}x_n=d_1,\\ \qquad c_{22}x_2+\cdots+c_{2r}x_r+\cdots+c_{2n}x_n=d_2,\\ \cdots\cdots\cdots\cdots\\ \qquad\qquad c_{rr}x_r+\cdots+c_{rn}x_n=d_r,\\ \qquad\qquad 0=d_{r+1},\\ \qquad\qquad 0=0,\\ \cdots\cdots\cdots\cdots\\ \qquad\qquad 0=0,\end{cases}\tag{6}$$

其中 $c_{ii}\neq 0,i=1,2,\cdots,r$.注意方程组(6)中的"$0=0$"这样的恒等式有可能出现,有可能不出现,方程组(3)与方程组(6)是同解的.下面考虑方程组(6).

情形1 方程组(6)中有方程 $0=d_{r+1}$,且 $d_{r+1}\neq 0$.此时方程组(6)无解,因而方程组(3)也无解.

情形2 当 d_{r+1} 是零或方程组(6)中根本没有"$0=0$"的方程时,分两种情况:

当 $r=n$ 时,方程组(6)为

$$\begin{cases}c_{11}x_1+c_{12}x_2+\cdots+c_{1n}x_n=d_1,\\ \qquad c_{22}x_2+\cdots+c_{2n}x_n=d_2,\\ \cdots\cdots\cdots\cdots\\ \qquad\qquad c_{nn}x_n=d_n,\end{cases}\tag{7}$$

其中 $c_{ii}\neq 0,i=1,2,\cdots,n$.由最后一个方程开始往上,可以依次解得 $x_n,x_{n-1},\cdots,x_1$,即方程组(7)有唯一解,于是方程组(3)有唯一解,如例1.

当 $r<n$ 时方程组(6)为

$$\begin{cases}c_{11}x_1+c_{12}x_2+\cdots+c_{1r}x_r+c_{1,r+1}x_{r+1}+\cdots+c_{1n}x_n=d_1,\\ \qquad c_{22}x_2+\cdots+c_{2r}x_r+c_{2,r+1}x_{r+1}+\cdots+c_{2n}x_n=d_2,\\ \cdots\cdots\cdots\cdots\\ \qquad\qquad c_{rr}x_r+c_{r,r+1}x_{r+1}+\cdots+c_{rn}x_n=d_r,\end{cases}\tag{8}$$

其中 $c_{ii}\neq 0,i=1,2,\cdots,r$.将方程组(8)改写成

$$\begin{cases} c_{11}x_1+c_{12}x_2+\cdots+c_{1r}x_r=d_1-c_{1,r+1}x_{r+1}-\cdots-c_{1n}x_n, \\ \qquad c_{22}x_2+\cdots+c_{2r}x_r=d_2-c_{2,r+1}x_{r+1}-\cdots-c_{2n}x_n, \\ \qquad\qquad \cdots\cdots\cdots\cdots \\ \qquad\qquad\qquad c_{rr}x_r=d_r-c_{r,r+1}x_{r+1}-\cdots-c_{rn}x_n. \end{cases} \tag{9}$$

显然任给 $x_{r+1},\cdots,x_n$ 的一组值,就唯一地得到 $x_1,x_2,\cdots,x_r$ 的值,也就得到方程组(9)的一个解. 一般地,可以把 $x_1,x_2,\cdots,x_r$ 通过 $x_{r+1},\cdots,x_n$ 表示出来,此时就得到了方程组(3)的**通解**(线性方程组全部解的表达式称为**通解**),其中 $x_{r+1},\cdots,x_n$ 称为一组**自由未知量**.

定理 6　n 元线性方程组的解的情况有且只有三种可能:无解,有唯一解,有无穷多个解. 用初等变换化线性方程组为阶梯形方程组,若出现方程"$0=d$(其中 d 是非零数)",则原方程组无解;否则,有解. 当有解时,如果阶梯形方程组中方程的个数 r 等于未知量的个数,那么方程组有唯一解;如果阶梯形方程组中方程的个数 r 小于未知量的个数,那么方程组就有无穷多个解.

定理 7　在齐次线性方程组

$$\begin{cases} a_{11}x_1+a_{12}x_2+\cdots+a_{1n}x_n=0, \\ a_{21}x_1+a_{22}x_2+\cdots+a_{2n}x_n=0, \\ \qquad\cdots\cdots\cdots\cdots \\ a_{s1}x_1+a_{s2}x_2+\cdots+a_{sn}x_n=0 \end{cases}$$

中,如果 $s<n$,那么它必有非零解.

证明　易知,方程组化成阶梯形方程组后,方程的个数不会超过原方程组中方程的个数,即 $r\leqslant s<n$. 由 $r<n$ 可知,它的解不唯一,必有非零解. ▎

显然,用初等变换将方程组(3)化成阶梯形就相当于用初等行变换将增广矩阵

$$\begin{pmatrix} a_{11} & a_{12} & \cdots & a_{1n} & b_1 \\ a_{21} & a_{22} & \cdots & a_{2n} & b_2 \\ \vdots & \vdots & & \vdots & \vdots \\ a_{s1} & a_{s2} & \cdots & a_{sn} & b_s \end{pmatrix}$$

化成行阶梯形矩阵. 因此,解线性方程组的第一步工作可以通过矩阵来进行. 根据化成的阶梯形矩阵可以判别方程组有解还是无解,在有解的情形,将矩阵还原成阶梯形方程组去解.

3.6　分块矩阵的初等变换

将矩阵的初等变换及初等矩阵的概念推广到分块矩阵,可以用来简化计算及证明.

分块矩阵的初等变换也分为 3 类:

第一类:对调分块矩阵的两块行或两块列;

第二类:以某可逆矩阵左(右)乘分块矩阵的某一块行(列);

第三类:以某个矩阵左(右)乘分块矩阵的某一块行(列)后加到另一块行(列)上去.

将某个单位矩阵 $\boldsymbol{E}$ 分块成 $\begin{pmatrix} \boldsymbol{E}_m & \boldsymbol{O} \\ \boldsymbol{O} & \boldsymbol{E}_n \end{pmatrix}$,作 1 次块初等变换可得**分块初等矩阵**:

$$\begin{pmatrix} O & E_n \\ E_m & O \end{pmatrix}, \begin{pmatrix} O & E_m \\ E_n & O \end{pmatrix}, \begin{pmatrix} P & O \\ O & E_n \end{pmatrix}, \begin{pmatrix} E_m & O \\ O & P \end{pmatrix}, \begin{pmatrix} E_m & P \\ O & E_n \end{pmatrix}, \begin{pmatrix} E_m & O \\ P & E_n \end{pmatrix}.$$

类似地,对分块矩阵进行一次块初等行(列)变换就相当于 $\boldsymbol{A}$ 左(右)乘相应分块初等矩阵,如

$$\begin{pmatrix} P & O \\ O & E_n \end{pmatrix}\begin{pmatrix} A & B \\ C & D \end{pmatrix}=\begin{pmatrix} PA & PB \\ C & D \end{pmatrix},$$

$$\begin{pmatrix} E_m & O \\ P & E_n \end{pmatrix}\begin{pmatrix} A & B \\ C & D \end{pmatrix}=\begin{pmatrix} A & B \\ C+PA & D+PB \end{pmatrix}.$$

上式中,如果 $\boldsymbol{A}$ 可逆,可选择矩阵 $\boldsymbol{P}$,使 $\boldsymbol{C}+\boldsymbol{PA}=\boldsymbol{O}$,所得矩阵易于求行列式及逆矩阵.

例 1 设矩阵 $\boldsymbol{A},\boldsymbol{B}$ 可逆,利用分块矩阵的初等变换,求下列分块矩阵的逆矩阵:

$$D=\begin{pmatrix} A & O \\ C & B \end{pmatrix}.$$

解 由 $\begin{pmatrix} E_m & O \\ -CA^{-1} & E_n \end{pmatrix}\begin{pmatrix} A & O \\ C & B \end{pmatrix}=\begin{pmatrix} A & O \\ O & B \end{pmatrix}$ 及 $\begin{pmatrix} A & O \\ O & B \end{pmatrix}^{-1}=\begin{pmatrix} A^{-1} & O \\ O & B^{-1} \end{pmatrix}$,可得

$$D^{-1}=\left[\begin{pmatrix} E_m & O \\ -CA^{-1} & E_n \end{pmatrix}^{-1}\begin{pmatrix} A & O \\ O & B \end{pmatrix}\right]^{-1}=\begin{pmatrix} A^{-1} & O \\ O & B^{-1} \end{pmatrix}\begin{pmatrix} E_m & O \\ -CA^{-1} & E_n \end{pmatrix}$$

$$=\begin{pmatrix} A^{-1} & O \\ -B^{-1}CA^{-1} & B^{-1} \end{pmatrix}.$$

例 2 设分块矩阵 $\begin{pmatrix} A & B \\ C & D \end{pmatrix}$ 及 $\boldsymbol{A},\boldsymbol{D}$ 都是方阵. 求证:

$$\begin{vmatrix} A & B \\ C & D \end{vmatrix}=\begin{cases} |A|\,|D-CA^{-1}B|, & A \text{ 可逆}, \\ |D|\,|A-BD^{-1}C|, & D \text{ 可逆}. \end{cases}$$

典例分析

证明 当 $\boldsymbol{A}$ 可逆时,有

$$\begin{pmatrix} E_m & O \\ -CA^{-1} & E_n \end{pmatrix}\begin{pmatrix} A & B \\ C & D \end{pmatrix}=\begin{pmatrix} A & B \\ O & D-CA^{-1}B \end{pmatrix},$$

两边取行列式,得

$$\begin{vmatrix} A & B \\ C & D \end{vmatrix}=\begin{vmatrix} A & B \\ O & D-CA^{-1}B \end{vmatrix}=|A|\,|D-CA^{-1}B|.$$

当 D 可逆时,有

$$\begin{pmatrix} E_m & -BD^{-1} \\ O & E_n \end{pmatrix}\begin{pmatrix} A & B \\ C & D \end{pmatrix}=\begin{pmatrix} A-BD^{-1}C & O \\ C & D \end{pmatrix},$$

同时取行列式,即证第二种情形.

3.7 矩阵的秩

本节介绍矩阵的一个重要概念——秩,矩阵的秩可用于判定矩阵的可逆性、向量组的线性相关性、方程组有无解、二次型的正定性、多项式的整除性等. 本节给出秩的概念及其性

质，为后面的学习提供重要的理论依据.

一、秩的概念

前面我们利用初等行变换可以将矩阵化为行阶梯形矩阵，例如

$$\begin{pmatrix}2&-2&4&1\\3&-2&5&1\\1&0&1&0\end{pmatrix}\xrightarrow{r_1-r_3}\begin{pmatrix}1&-2&3&1\\3&-2&5&1\\1&0&1&0\end{pmatrix}\xrightarrow[r_3-r_1]{r_2-3r_1}\begin{pmatrix}1&-2&3&1\\0&4&-4&-2\\0&2&-2&-1\end{pmatrix}$$

$$\xrightarrow{r_3-\frac{1}{2}r_2}\begin{pmatrix}1&-2&3&1\\0&4&-4&-2\\0&0&0&0\end{pmatrix}.$$

也可以进行如下变换

$$\begin{pmatrix}2&-2&4&1\\3&-2&5&1\\1&0&1&0\end{pmatrix}\xrightarrow{r_1\leftrightarrow r_3}\begin{pmatrix}1&0&1&0\\3&-2&5&1\\2&-2&4&1\end{pmatrix}\xrightarrow[r_3-2r_1]{r_2-3r_1}\begin{pmatrix}1&0&1&0\\0&-2&2&1\\0&-2&2&1\end{pmatrix}\xrightarrow{r_3-r_2}\begin{pmatrix}1&0&1&0\\0&-2&2&1\\0&0&0&0\end{pmatrix}.$$

从上可知，矩阵的行阶梯形矩阵不唯一，但它们的非零行的行数都是 2. 这个非零行的行数与矩阵的一个重要数字特征——秩密切相关. 为了探讨秩与行列式的关系，我们先看矩阵子式的概念.

定义 17 在一个 $s\times n$ 矩阵 $\boldsymbol{A}$ 中任意选定 k 行和 k 列，位于这些选定的行和列的交点上的 k^2 个元素按原来的次序所组成的 k 阶行列式，称为矩阵 $\boldsymbol{A}$ 的一个 **k 阶子式**.

根据定义，矩阵 $\boldsymbol{A}_{s\times n}$ 有 $C_s^kC_n^k$ 个 k 阶子式，其中 $k\leqslant\min(s,n)$.

行阶梯形矩阵

$$\boldsymbol{A}=\begin{pmatrix}1&0&1&0\\0&-2&2&1\\0&0&0&0\end{pmatrix}$$

的二阶子式 $\begin{vmatrix}1&0\\0&-2\end{vmatrix}=-2\neq0$，但 $\boldsymbol{A}$ 不含阶数高于 2 的不等于零的子式. 这是因为：任何一个阶数高于 2 的子式都含有全为零的行，因而必然等于零. 这样，非零行的行数等于矩阵 $\boldsymbol{A}$ 的最高阶非零子式的阶数. 由此易得行阶梯形矩阵的最高阶非零子式的阶数就是其非零行的行数.

定义 18 若 $\boldsymbol{A}$ 不是零矩阵，则称 $\boldsymbol{A}$ 中一切非零子式的最高阶数为矩阵 $\boldsymbol{A}$ 的**秩**，记为 $R(\boldsymbol{A})$. 规定零矩阵的秩是 0.

根据行列式按一行展开公式知，如果 $\boldsymbol{A}$ 的 $r+1$ 阶子式全为零，那么 $\boldsymbol{A}$ 的 $r+2$ 阶子式(如果存在)也一定为零，从而 $\boldsymbol{A}$ 的所有阶数大于 r 的子式全为零. 因而得到秩的等价定义为：

定义 18′ 设矩阵 $\boldsymbol{A}$ 中有一个不等于零的 r 阶子式，且所有 $r+1$ 阶子式(如果存在)全等于零，数 r 称为矩阵 $\boldsymbol{A}$ 的**秩**，记为 $R(\boldsymbol{A})$. 规定零矩阵的秩为 0.

根据矩阵秩的定义，容易得到如下结论：

(1) $0\leqslant R(\boldsymbol{A}_{m\times n})\leqslant\min\{m,n\}$.

(2) $R(\boldsymbol{A})\geqslant r$ 的充要条件是$\boldsymbol{A}$ 有一个 r 阶子式不为零.

(3) $R(\boldsymbol{A})\leqslant r$ 的充要条件是$\boldsymbol{A}$ 的所有 $r+1$ 阶子式(如果存在)全为零.

(4) $R(\boldsymbol{A})=0$ 的充要条件是 $\boldsymbol{A}=\boldsymbol{O}$.

(5) $R(\boldsymbol{A})=R(\boldsymbol{A}^{\mathrm{T}})$.

(6) 若 n 阶方阵$\boldsymbol{A}$ 可逆,则 $R(\boldsymbol{A})=n$. 因而称可逆矩阵为满秩矩阵,不可逆矩阵为降秩矩阵.

二、初等变换与矩阵的秩

根据行列式的性质及矩阵的秩的定义,易证初等变换不会改变矩阵的秩,即:

定理 8 若 $\boldsymbol{A}\sim\boldsymbol{B}$,则 $R(\boldsymbol{A})=R(\boldsymbol{B})$.

证明 若 $\boldsymbol{A}$ 为零矩阵,结论显然成立,下设 $\boldsymbol{A}\neq\boldsymbol{O}$.

先证 $\boldsymbol{A}$ 经过一次初等行变换变为 $\boldsymbol{B}$ 时,结论成立. 为此第一步证明 $R(\boldsymbol{B})\geqslant R(\boldsymbol{A})$.

设 $R(\boldsymbol{A})=r$,则 $\boldsymbol{A}$ 的某个 r 阶子式 $D\neq0$,在 $\boldsymbol{B}$ 中与 D 相对应的子式记为 $\overline{D}$. 下证 $\boldsymbol{B}$ 中存在 r 阶非零子式. 变换分为两种情形:

(1) 当 $\boldsymbol{A}\xrightarrow{r_i\leftrightarrow r_j}\boldsymbol{B}$ 或 $\boldsymbol{A}\xrightarrow{r_i\times k}\boldsymbol{B}$ 时,此时 $\overline{D}=D$ 或 $\overline{D}=-D$ 或 $\overline{D}=kD$,于是 $\overline{D}\neq0$.

(2) 当 $\boldsymbol{A}\xrightarrow{r_i+kr_j}\boldsymbol{B}$ 时,有两种情况:

① D 中不含第 i 行或 D 中同时含有第 i 行和第 j 行,此时 $\overline{D}=D\neq0$.

② D 中含第 i 行但不含有第 j 行,此时由行列式的性质知

$$\overline{D}=\begin{vmatrix}\vdots\\ r_i+kr_j\\ \vdots\end{vmatrix}=\begin{vmatrix}\vdots\\ r_i\\ \vdots\end{vmatrix}+k\begin{vmatrix}\vdots\\ r_j\\ \vdots\end{vmatrix}=D+k\hat{D}.$$

若$\hat{D}\neq0$,则$\hat{D}$或者$-\hat{D}$为 $\boldsymbol{B}$ 中 r 阶非零子式,若$\hat{D}=0$,则 $\overline{D}=D\neq0$.

由上可知,$\boldsymbol{A}$ 经过一次初等行变换变为 $\boldsymbol{B}$ 时,$\boldsymbol{B}$ 中存在 r 阶非零子式,故 $R(\boldsymbol{B})\geqslant r=R(\boldsymbol{A})$.

显然若 $\boldsymbol{A}$ 经过一次初等行变换变为 $\boldsymbol{B}$,则由 $\boldsymbol{B}$ 也可经一次初等行变换变为 $\boldsymbol{A}$,于是 $R(\boldsymbol{B})\leqslant R(\boldsymbol{A})$. 从而 $R(\boldsymbol{A})=R(\boldsymbol{B})$.

再证 $\boldsymbol{A}$ 经过一次初等列变换变为 $\boldsymbol{B}$ 时,结论成立. 这时 $\boldsymbol{A}^{\mathrm{T}}$ 经相应的一次初等行变换变为 $\boldsymbol{B}^{\mathrm{T}}$,由上述证明,知 $R(\boldsymbol{A}^{\mathrm{T}})=R(\boldsymbol{B}^{\mathrm{T}})$,又 $R(\boldsymbol{A})=R(\boldsymbol{A}^{\mathrm{T}})$,$R(\boldsymbol{B})=R(\boldsymbol{B}^{\mathrm{T}})$,因此 $R(\boldsymbol{A})=R(\boldsymbol{B})$.

由上证得,经过一次初等变换,矩阵的秩不变,则经过有限次初等变换,矩阵的秩也不变. ▌

小贴士

① 行阶梯形矩阵的秩等于其非零行的行数.

② 由定理 8 知,若 $\boldsymbol{A}\xrightarrow{\text{行变换}}\boldsymbol{B}$(行阶梯形矩阵),且 $\boldsymbol{B}$ 中含有 r 个非零行,则 $R(\boldsymbol{A})=r$.

例 1 确定 a,b 的值，使矩阵 $\boldsymbol{A}=\begin{pmatrix}3&2&1&-3&a\\1&1&1&1&1\\0&1&2&6&3\\5&4&3&-1&b\end{pmatrix}$ 的秩为 2.

解 $\boldsymbol{A}\xrightarrow{r_1\leftrightarrow r_2}\begin{pmatrix}1&1&1&1&1\\3&2&1&-3&a\\0&1&2&6&3\\5&4&3&-1&b\end{pmatrix}\xrightarrow[r_4-5r_1]{r_2-3r_1}\begin{pmatrix}1&1&1&1&1\\0&-1&-2&-6&a-3\\0&1&2&6&3\\0&-1&-2&-6&b-5\end{pmatrix}$

$$\xrightarrow[r_4+r_3]{r_2+r_3}\begin{pmatrix}1&1&1&1&1\\0&0&0&0&a\\0&1&2&6&3\\0&0&0&0&b-2\end{pmatrix}.$$

要使 $\boldsymbol{A}$ 的秩为 2，只有 $a=0,b=2$.

定理 8 给出 $\boldsymbol{A}\sim\boldsymbol{B}\Rightarrow R(\boldsymbol{A})=R(\boldsymbol{B})$，那么反过来是否也成立呢？下证对同型矩阵也是成立的.

引理 2 设 $R(\boldsymbol{A}_{s\times n})=r$，则 $\boldsymbol{A}$ 的标准形为 $\boldsymbol{E}_{s\times n}^{(r)}=\begin{pmatrix}\boldsymbol{E}_r&\boldsymbol{O}\\\boldsymbol{O}&\boldsymbol{O}\end{pmatrix}$.

证明 设对 $\boldsymbol{A}$ 实施初等行变换化为行阶梯形矩阵 $\boldsymbol{B}$，由定理 8，$\boldsymbol{B}$ 中含有 r 个非零行，再对 $\boldsymbol{B}$ 实施初等列变换，得其标准形为 $\boldsymbol{E}_{s\times n}^{(r)}$，从而 $\boldsymbol{A}$ 的标准形也为 $\boldsymbol{E}_{s\times n}^{(r)}$. ▎

定理 9 设 $\boldsymbol{A},\boldsymbol{B}$ 都是 $s\times n$ 矩阵，则 $\boldsymbol{A}\sim\boldsymbol{B}$ 的充要条件是 $R(\boldsymbol{A})=R(\boldsymbol{B})$.

证明 只需证充分性. 设 $R(\boldsymbol{A})=R(\boldsymbol{B})=r$，则由引理 2 知，$\boldsymbol{A},\boldsymbol{B}$ 都与 $\boldsymbol{E}_{s\times n}^{(r)}$ 等价，从而 $\boldsymbol{A}\sim\boldsymbol{B}$. ▎

推论 n 阶方阵 $\boldsymbol{A}$ 可逆的充要条件是 $R(\boldsymbol{A})=n$.

三、秩的性质

结合上面给出的秩的基本性质，另外增加几个秩的性质. 归纳为如下定理.

定理 10 设以下运算都是可行的，则

(1) $0\leqslant R(\boldsymbol{A}_{s\times n})\leqslant\min(s,n)$；

(2) $R(\boldsymbol{A}^{\mathrm{T}})=R(\boldsymbol{A})$；

(3) 若 $\boldsymbol{A}\sim\boldsymbol{B}$，则 $R(\boldsymbol{A})=R(\boldsymbol{B})$，即，若 $\boldsymbol{B}=\boldsymbol{PAQ}$，其中 $\boldsymbol{P}$ 与 $\boldsymbol{Q}$ 可逆，则 $R(\boldsymbol{A})=R(\boldsymbol{B})$；

(4) $\max\{R(\boldsymbol{A}),R(\boldsymbol{B})\}\leqslant R(\boldsymbol{A},\boldsymbol{B})\leqslant R(\boldsymbol{A})+R(\boldsymbol{B})$；

(5) $R(\boldsymbol{A}\pm\boldsymbol{B})\leqslant R(\boldsymbol{A})+R(\boldsymbol{B})$；

(6) $R(\boldsymbol{AB})\leqslant\min\{R(\boldsymbol{A}),R(\boldsymbol{B})\}$；

(7) 若 $\boldsymbol{A}_{s\times n}\boldsymbol{B}_{n\times t}=\boldsymbol{O}$，则 $R(\boldsymbol{A})+R(\boldsymbol{B})\leqslant n$.

证明 (4) 因为 $\boldsymbol{A}$ 与 $\boldsymbol{B}$ 的最高阶非零子式也是 $(\boldsymbol{A},\boldsymbol{B})$ 的非零子式，所以 $R(\boldsymbol{A})\leqslant R(\boldsymbol{A},\boldsymbol{B})$，$R(\boldsymbol{B})\leqslant R(\boldsymbol{A},\boldsymbol{B})$，从而 $\max\{R(\boldsymbol{A}),R(\boldsymbol{B})\}\leqslant R(\boldsymbol{A},\boldsymbol{B})$. 设 $R(\boldsymbol{A})=r$，$R(\boldsymbol{B})=t$. 把 $\boldsymbol{A}^{\mathrm{T}}$ 和 $\boldsymbol{B}^{\mathrm{T}}$ 分别作初等行变换化为行阶梯形矩阵 $\widetilde{\boldsymbol{A}}$

矩阵的秩

和 $\widetilde{\boldsymbol{B}}$. 由(2), $R(\boldsymbol{A}^{\mathrm{T}})=r$, $R(\boldsymbol{B}^{\mathrm{T}})=t$, 故 $\widetilde{\boldsymbol{A}}$ 和 $\widetilde{\boldsymbol{B}}$ 中分别含 r 个和 t 个非零行, 从而 $\begin{pmatrix}\widetilde{\boldsymbol{A}}\\ \widetilde{\boldsymbol{B}}\end{pmatrix}$ 中只含 $r+t$ 个非零行, 并且 $\begin{pmatrix}\boldsymbol{A}^{\mathrm{T}}\\ \boldsymbol{B}^{\mathrm{T}}\end{pmatrix}\xrightarrow{r}\begin{pmatrix}\widetilde{\boldsymbol{A}}\\ \widetilde{\boldsymbol{B}}\end{pmatrix}$. 于是

$$R(\boldsymbol{A},\boldsymbol{B})=R\begin{pmatrix}\boldsymbol{A}^{\mathrm{T}}\\ \boldsymbol{B}^{\mathrm{T}}\end{pmatrix}^{\mathrm{T}}=R\begin{pmatrix}\boldsymbol{A}^{\mathrm{T}}\\ \boldsymbol{B}^{\mathrm{T}}\end{pmatrix}=R\begin{pmatrix}\widetilde{\boldsymbol{A}}\\ \widetilde{\boldsymbol{B}}\end{pmatrix}\leqslant r+t=R(\boldsymbol{A})+R(\boldsymbol{B}).$$

(5) 设 $\boldsymbol{A},\boldsymbol{B}$ 都是 $s\times n$ 矩阵, 对矩阵 $\begin{pmatrix}\boldsymbol{A}\pm\boldsymbol{B}\\ \boldsymbol{B}\end{pmatrix}$ 作初等行变换 $r_i\mp r_{s+i}(i=1,2,\cdots,s)$, 可得

$$\begin{pmatrix}\boldsymbol{A}\pm\boldsymbol{B}\\ \boldsymbol{B}\end{pmatrix}\xrightarrow{r}\begin{pmatrix}\boldsymbol{A}\\ \boldsymbol{B}\end{pmatrix},$$

于是

$$\begin{aligned}R(\boldsymbol{A}\pm\boldsymbol{B})&\leqslant R\begin{pmatrix}\boldsymbol{A}\pm\boldsymbol{B}\\ \boldsymbol{B}\end{pmatrix}=R\begin{pmatrix}\boldsymbol{A}\\ \boldsymbol{B}\end{pmatrix}=R(\boldsymbol{A}^{\mathrm{T}},\boldsymbol{B}^{\mathrm{T}})^{\mathrm{T}}=R(\boldsymbol{A}^{\mathrm{T}},\boldsymbol{B}^{\mathrm{T}})\\ &\leqslant R(\boldsymbol{A}^{\mathrm{T}})+R(\boldsymbol{B}^{\mathrm{T}})=R(\boldsymbol{A})+R(\boldsymbol{B}).\end{aligned}$$

(6) 设 $R(\boldsymbol{A})=r$, 对 $\boldsymbol{A}$ 实施初等行变换化为行阶梯形矩阵, 即存在可逆矩阵 $\boldsymbol{P}$, 使得

$$\boldsymbol{PA}=\begin{pmatrix}\boldsymbol{A}_1\\ \boldsymbol{O}\end{pmatrix},$$

其中 $\boldsymbol{A}_1$ 含 r 个非零行, 于是

$$\boldsymbol{P}(\boldsymbol{AB})=(\boldsymbol{PA})\boldsymbol{B}=\begin{pmatrix}\boldsymbol{A}_1\\ \boldsymbol{O}\end{pmatrix}\boldsymbol{B}=\begin{pmatrix}\boldsymbol{A}_1\boldsymbol{B}\\ \boldsymbol{O}\end{pmatrix},$$

$\boldsymbol{A}_1\boldsymbol{B}$ 只有 r 行, 因此 $\boldsymbol{P}(\boldsymbol{AB})$ 至多含 r 个非零行, 从而

$$R(\boldsymbol{AB})=R(\boldsymbol{PAB})\leqslant r=R(\boldsymbol{A}).$$

另外

$$R(\boldsymbol{AB})=R(\boldsymbol{AB})^{\mathrm{T}}=R(\boldsymbol{B}^{\mathrm{T}}\boldsymbol{A}^{\mathrm{T}})\leqslant R(\boldsymbol{B}^{\mathrm{T}})=R(\boldsymbol{B}),$$

从而 $R(\boldsymbol{AB})\leqslant\min\{R(\boldsymbol{A}),R(\boldsymbol{B})\}$.

(7) 根据分块矩阵的乘法运算, 及 $\boldsymbol{AB}=\boldsymbol{O}$, 有

$$\begin{pmatrix}\boldsymbol{E}_s & -\boldsymbol{A}\\ \boldsymbol{O} & \boldsymbol{E}_n\end{pmatrix}\begin{pmatrix}\boldsymbol{A} & \boldsymbol{O}\\ \boldsymbol{E}_n & \boldsymbol{B}\end{pmatrix}\begin{pmatrix}\boldsymbol{E}_n & -\boldsymbol{B}\\ \boldsymbol{O} & \boldsymbol{E}_t\end{pmatrix}=\begin{pmatrix}\boldsymbol{O} & -\boldsymbol{AB}\\ \boldsymbol{E}_n & \boldsymbol{B}\end{pmatrix}\begin{pmatrix}\boldsymbol{E}_n & -\boldsymbol{B}\\ \boldsymbol{O} & \boldsymbol{E}_t\end{pmatrix}=\begin{pmatrix}\boldsymbol{O} & -\boldsymbol{AB}\\ \boldsymbol{E}_n & \boldsymbol{O}\end{pmatrix}=\begin{pmatrix}\boldsymbol{O} & \boldsymbol{O}\\ \boldsymbol{E}_n & \boldsymbol{O}\end{pmatrix},$$

由于 $\begin{pmatrix}\boldsymbol{E}_s & -\boldsymbol{A}\\ \boldsymbol{O} & \boldsymbol{E}_n\end{pmatrix}$, $\begin{pmatrix}\boldsymbol{E}_n & -\boldsymbol{B}\\ \boldsymbol{O} & \boldsymbol{E}_t\end{pmatrix}$ 可逆, 根据(3), 可得

$$R\begin{pmatrix}\boldsymbol{A} & \boldsymbol{O}\\ \boldsymbol{E}_n & \boldsymbol{B}\end{pmatrix}=R\begin{pmatrix}\boldsymbol{O} & \boldsymbol{O}\\ \boldsymbol{E}_n & \boldsymbol{O}\end{pmatrix}=n.$$

设 $R(\boldsymbol{A})=r$, $R(\boldsymbol{B})=t$, 则在 $\begin{pmatrix}\boldsymbol{A} & \boldsymbol{O}\\ \boldsymbol{E}_n & \boldsymbol{B}\end{pmatrix}$ 中存在非零的 $r+t$ 阶子式, 从而 $R\begin{pmatrix}\boldsymbol{A} & \boldsymbol{O}\\ \boldsymbol{E}_n & \boldsymbol{B}\end{pmatrix}\geqslant r+t$, 于是

$$R(\boldsymbol{A})+R(\boldsymbol{B})\leqslant n. \blacksquare$$

例 2 证明：若 $A_{m\times n}B_{n\times l}=C$，且 $R(A)=n$，则 $R(B)=R(C)$.

证明 因 $R(A)=n$，将 A 化为行最简形矩阵，即存在 m 阶可逆矩阵 P，使得

$$PA=\begin{pmatrix}E_n\\O\end{pmatrix}_{m\times n},$$

于是

$$PC=PAB=\begin{pmatrix}E_n\\O\end{pmatrix}B=\begin{pmatrix}B\\O\end{pmatrix}.$$

由矩阵秩的运算(3)，知 $R(C)=R(PC)=R\begin{pmatrix}B\\O\end{pmatrix}=R(B)$，即 $R(B)=R(C)$.

定义 19 秩等于其列数的矩阵称为**列满秩矩阵**，秩等于其行数的矩阵称为**行满秩矩阵**.

显然列满秩或行满秩的方阵就是满秩矩阵，即可逆矩阵.

例 2 中，取 $C=O$，可以得到如下推论（矩阵乘法的消去律）：

推论 设 $AB=O$. 若 A 为列满秩矩阵，则 $B=O$. 若 B 为行满秩矩阵，则 $A=O$.

例 3 设 A 为 n 阶矩阵，且 $A^2=E$，证明：$R(A+E)+R(A-E)=n$.

证明 因为 $(A+E)(A-E)=A^2-E=O$，由矩阵秩的运算(7)知，

$$R(A+E)+R(A-E)\leqslant n.$$

又有 $A^2=E$，所以 $|A|=\pm1$，从而 $R(A)=n$. 而

$$R(A+E)+R(A-E)\geqslant R[(A+E)+(A-E)]=R(A)=n.$$

综上所述，$R(A+E)+R(A-E)=n$.

知识脉络　　范例解析　　测一测　　小百科

习 题

1. 计算下列矩阵的乘积：

(1) $\begin{pmatrix}-5\\3\\0\end{pmatrix}(3,-3)$；

(2) $(1,6,-2)\begin{pmatrix}2\\-1\\2\end{pmatrix}$；

(3) $\begin{pmatrix}2&3&1\\1&-2&3\\2&9&0\end{pmatrix}\begin{pmatrix}5\\2\\-1\end{pmatrix}$；

(4) $(1\quad 0\quad 3\quad 2)\begin{pmatrix}1&5&1\\1&-1&2\\1&-3&0\\2&0&-2\end{pmatrix}$；

(5) $(x_1,x_2,x_3)\begin{pmatrix}a_{11}&a_{12}&a_{13}\\a_{12}&a_{22}&a_{23}\\a_{13}&a_{23}&a_{33}\end{pmatrix}\begin{pmatrix}x_1\\x_2\\x_3\end{pmatrix}$.

2. 设 $\boldsymbol{A}=\begin{pmatrix}0&1&0\\1&0&0\\0&0&1\end{pmatrix}$,$\boldsymbol{B}=\begin{pmatrix}1&-4&3\\2&0&-1\\1&-2&0\end{pmatrix}$,计算 $\boldsymbol{AB}-\boldsymbol{BA}$.

3. 设 $\boldsymbol{A}=\mathrm{diag}(a_1,a_2,\cdots,a_n)$,且 $a_i\neq a_j$,当 $i\neq j(i,j=1,2,\cdots,n)$. 证明:与 $\boldsymbol{A}$ 可交换的矩阵只能是对角矩阵.

4. 如果实对称矩阵 $\boldsymbol{A}$ 满足 $\boldsymbol{A}^2=\boldsymbol{O}$,证明:$\boldsymbol{A}=\boldsymbol{O}$.

5. 举反例说明下列命题是错误的:

(1) 若 $\boldsymbol{A}^2=\boldsymbol{O}$,则 $\boldsymbol{A}=\boldsymbol{O}$;

(2) 若 $\boldsymbol{A}^2=\boldsymbol{A}$,则 $\boldsymbol{A}=\boldsymbol{O}$ 或 $\boldsymbol{A}=\boldsymbol{E}$;

(3) 若 $\boldsymbol{AX}=\boldsymbol{AY}$,且 $\boldsymbol{A}\neq\boldsymbol{O}$,则 $\boldsymbol{X}=\boldsymbol{Y}$.

6. 设 $\boldsymbol{A}=\begin{pmatrix}1&2&-1\\3&-1&2\\0&2&0\end{pmatrix}$,$\boldsymbol{B}=\begin{pmatrix}1&-5&7\\-5&2&3\\7&3&-1\end{pmatrix}$,计算行列式 $|(2\boldsymbol{A}-\boldsymbol{B})^{\mathrm{T}}+\boldsymbol{B}|$,$|-2\boldsymbol{A}^{\mathrm{T}}|$.

7. 已知 $f(x)=x^2-5x+3$,$\boldsymbol{A}=\begin{pmatrix}2&-1\\-3&3\end{pmatrix}$,求 $f(\boldsymbol{A})$.

8. 证明:n 阶矩阵 $\boldsymbol{A}$ 可以唯一地表示成一个对称矩阵与一个反对称矩阵之和.

9. 设 $\boldsymbol{A}$ 为反对称矩阵,证明:对任意矩阵 $\boldsymbol{X}_{n\times 1}$,有 $\boldsymbol{X}^{\mathrm{T}}\boldsymbol{AX}=\boldsymbol{O}$.

10. 证明:$|\boldsymbol{A}^{\mathrm{T}}+\boldsymbol{B}^{\mathrm{T}}|=|\boldsymbol{A}+\boldsymbol{B}|$.

11. (1) 设 n 阶方阵 $\boldsymbol{A}$ 满足 $|\boldsymbol{A}|=2$,求 $|2\boldsymbol{A}^{\mathrm{T}}\boldsymbol{A}^3|$;

(2) 设 $\boldsymbol{A}=\begin{pmatrix}1&1\\-1&2\end{pmatrix}$,$\boldsymbol{BA}=\boldsymbol{B}+2\boldsymbol{E}$,求 $|\boldsymbol{B}|$.

12. 计算下列矩阵:

(1) $\begin{pmatrix}1&0\\\lambda&1\end{pmatrix}^n$;

(2) $\begin{pmatrix}1&-1&-1&-1\\-1&1&-1&-1\\-1&-1&1&-1\\-1&-1&-1&1\end{pmatrix}^*$;

(3) $\begin{pmatrix}0&1&&&\\&0&1&&\\&&\ddots&\ddots&\\&&&0&1\\&&&&0\end{pmatrix}_{n\times n}^n$.

13. 设 $\boldsymbol{\alpha}=\begin{pmatrix}1\\0\\-1\end{pmatrix}$,$\boldsymbol{A}=\boldsymbol{\alpha}\boldsymbol{\alpha}^{\mathrm{T}}$,常数 $a\in\mathbf{R}$,求 $|a\boldsymbol{E}-\boldsymbol{A}|$.

14. 设 n 阶矩阵 $\boldsymbol{A}$,$\boldsymbol{B}$ 的伴随矩阵分别为 $\boldsymbol{A}^*$,$\boldsymbol{B}^*$,证明:

(1) $(\boldsymbol{A}^*)^{\mathrm{T}}=(\boldsymbol{A}^{\mathrm{T}})^*$;

(2) 若 $\boldsymbol{A}$ 为对称矩阵,则 $\boldsymbol{A}^*$ 也为对称矩阵;

(3) $(\boldsymbol{AB})^*=\boldsymbol{B}^*\boldsymbol{A}^*$.

15. 设 $s_k=x_1^k+x_2^k+\cdots+x_n^k$, $k=0,1,2,\cdots$. 证明:

$$\begin{vmatrix} s_0 & s_1 & \cdots & s_{n-1} \\ s_1 & s_2 & \cdots & s_n \\ \vdots & \vdots & & \vdots \\ s_{n-1} & s_n & \cdots & s_{2n-2} \end{vmatrix} = \prod_{i<j}(x_i-x_j)^2.$$

16. 设 m 次多项式 $f(x)=a_0+a_1x+a_2x^2+\cdots+a_mx^m$.

(1) 设 $\boldsymbol{\Lambda}=\begin{pmatrix}\lambda_1 & 0 \\ 0 & \lambda_2\end{pmatrix}$, 证明: $\boldsymbol{\Lambda}^k=\begin{pmatrix}\lambda_1^k & 0 \\ 0 & \lambda_2^k\end{pmatrix}$, $f(\boldsymbol{\Lambda})=\begin{pmatrix}f(\lambda_1) & 0 \\ 0 & f(\lambda_2)\end{pmatrix}$;

(2) 设 $\boldsymbol{A}=\boldsymbol{P\Lambda P}^{-1}$, 证明: $\boldsymbol{A}^k=\boldsymbol{P\Lambda}^k\boldsymbol{P}^{-1}$, $f(\boldsymbol{A})=\boldsymbol{P}f(\boldsymbol{\Lambda})\boldsymbol{P}^{-1}$.

17. 已知 $\boldsymbol{A}=\dfrac{1}{2}\begin{pmatrix}1 & -\sqrt{3} \\ \sqrt{3} & 1\end{pmatrix}$, $\boldsymbol{A}^6=\boldsymbol{E}$, 求 $\boldsymbol{A}^{11}$.

18. 设 $\boldsymbol{P}^{-1}\boldsymbol{AP}=\boldsymbol{\Lambda}$, 其中 $\boldsymbol{P}=\begin{pmatrix}1 & 0 \\ 1 & -1\end{pmatrix}$, $\boldsymbol{\Lambda}=\begin{pmatrix}-1 & 0 \\ 0 & 2\end{pmatrix}$, 求 $\boldsymbol{A}^5$.

19. 已知 $\boldsymbol{A}^{-1}=\begin{pmatrix}1 & 0 & 0 & 0 \\ 0 & 2 & 0 & 0 \\ 1 & -2 & -1 & 0 \\ 0 & 1 & 2 & 2\end{pmatrix}$, 求 $\boldsymbol{A}^*$ 及其迹.

20. 设 $\boldsymbol{A}=(a_{ij})_{3\times 3}\neq\boldsymbol{O}$, 且 $a_{ij}+A_{ij}=0$, 求 $|\boldsymbol{A}|$.

21. 设 n 阶矩阵 $\boldsymbol{A}$ 的伴随矩阵为 $\boldsymbol{A}^*$, 证明:

(1) 若 $|\boldsymbol{A}|=0$, 则 $|\boldsymbol{A}^*|=0$;

(2) $|\boldsymbol{A}^*|=|\boldsymbol{A}|^{n-1}$.

22. 设方阵 $\boldsymbol{A}$ 满足 $\boldsymbol{A}^2+3\boldsymbol{A}-3\boldsymbol{E}=\boldsymbol{O}$:

(1) 证明: $\boldsymbol{A}$ 及 $\boldsymbol{A}-3\boldsymbol{E}$ 都可逆, 并求 $\boldsymbol{A}^{-1}$ 及 $(\boldsymbol{A}-3\boldsymbol{E})^{-1}$;

(2) 设 λ 为自然数, 求 $\boldsymbol{A}+\lambda\boldsymbol{E}$ 可逆的条件.

23. 设 $\boldsymbol{A}$, $\boldsymbol{B}$ 都是 n 阶方阵, 已知 $|\boldsymbol{B}|\neq 0$, $\boldsymbol{A}-\boldsymbol{E}$ 可逆, 且 $(\boldsymbol{A}-\boldsymbol{E})^{-1}=(\boldsymbol{B}-\boldsymbol{E})^{\mathrm{T}}$, 证明: $\boldsymbol{A}$ 可逆.

24. 设 $\boldsymbol{A}$ 为 n 阶方阵, 且有 $k\in\mathbf{N}$, 使 $\boldsymbol{A}^k=\boldsymbol{O}$(称为幂零方阵), 证明: $\boldsymbol{A}+\boldsymbol{E}_n$, $\boldsymbol{E}_n-\boldsymbol{A}$ 都可逆.

25. 证明: (1) 如果 $\boldsymbol{A}$ 是可逆对称(反对称)矩阵, 那么 $\boldsymbol{A}^{-1}$ 也是对称(反对称)矩阵;

(2) 不存在奇数级的可逆反对称矩阵.

26. 求当 a 为何值时, 矩阵 $\boldsymbol{A}=\begin{pmatrix}a & -2 & 2 \\ 0 & 1 & 2 \\ 1 & 0 & 3\end{pmatrix}$ 可逆, 并在可逆时求 $\boldsymbol{A}^{-1}$.

27. 求下列矩阵的逆矩阵(其中 $a_1a_2\cdots a_n\neq 0$):

(1) $\begin{pmatrix}-5 & -1 \\ 3 & 1\end{pmatrix}$; (2) $\begin{pmatrix}\cos\theta & -\sin\theta \\ \sin\theta & \cos\theta\end{pmatrix}$;

(3) $\begin{pmatrix}1 & 2 & 3\\ 3 & -2 & 1\\ 1 & -1 & -1\end{pmatrix}$；　　(4) $\begin{pmatrix}1 & 0 & 0 & 0\\ 1 & 2 & 0 & 0\\ 2 & 1 & 3 & 0\\ 1 & 2 & 1 & 4\end{pmatrix}$；

(5) $\begin{pmatrix}a_1 & & & \\ & a_2 & & \\ & & \ddots & \\ & & & a_n\end{pmatrix}$；　　(6) $\begin{pmatrix} & & & a_1\\ & & a_2 & \\ & ⋰ & & \\ a_n & & & \end{pmatrix}$.

28. 设 $\boldsymbol{X}$ 满足 $\boldsymbol{AX}+\boldsymbol{B}=2\boldsymbol{X}$，其中 $\boldsymbol{A}=\begin{pmatrix}0 & 3 & 3\\ 1 & 1 & 0\\ -1 & 2 & 3\end{pmatrix}$，$\boldsymbol{B}=\begin{pmatrix}3 & 0\\ 1 & 1\\ 2 & -1\end{pmatrix}$，求 $\boldsymbol{X}$.

29. 设 $\boldsymbol{A}$ 可逆，证明：$(\boldsymbol{A}^*)^{-1}=(\boldsymbol{A}^{-1})^*=\dfrac{1}{|\boldsymbol{A}|}\boldsymbol{A}$.

30. 若 $\boldsymbol{A}-\begin{pmatrix}0 & 1 & -2\\ 1 & 2 & 5\\ 3 & 4 & 1\end{pmatrix}$，求 $(3\boldsymbol{A}^*)^{-1}$.

31. 已知 $\boldsymbol{A},\boldsymbol{B}$ 为三阶方阵，$|\boldsymbol{A}|=2$，求 $\left|\left(\dfrac{1}{2}\boldsymbol{A}\right)^{-1}-5\boldsymbol{A}^*\right|$.

32. 将矩阵 $\begin{pmatrix}3 & 2\\ 1 & -1\end{pmatrix}$ 化为初等矩阵的乘积.

33. 计算 $\boldsymbol{A}=\begin{pmatrix}0 & 1 & 0\\ 1 & 0 & 0\\ 0 & 0 & 1\end{pmatrix}^{2019}\begin{pmatrix}1 & 2 & 5\\ 0 & 1 & 2\\ 3 & 4 & 1\end{pmatrix}\begin{pmatrix}0 & 0 & 1\\ 0 & 1 & 0\\ 1 & 0 & 0\end{pmatrix}^{2021}$.

34. 求矩阵 $\begin{pmatrix}4 & 2 & 14 & 0 & 6\\ -1 & 3 & 0 & -1 & 1\\ 2 & 1 & 7 & 2 & 5\\ 1 & 0 & 3 & 1 & 2\end{pmatrix}$ 的行阶梯形矩阵及标准形.

35. 用初等变换求矩阵 $\boldsymbol{A}=\begin{pmatrix}6 & 6 & -6\\ 0 & 12 & 12\\ 6 & -6 & 0\end{pmatrix}$ 和 $\boldsymbol{B}=\begin{pmatrix}3 & -2 & 0 & -1\\ 0 & 2 & 2 & 1\\ 1 & -2 & -3 & -2\\ 0 & 1 & 2 & 1\end{pmatrix}$ 的逆矩阵.

36. 解下列矩阵方程：

(1) $\begin{pmatrix}-1 & -2 & -3\\ 2 & 2 & 1\\ 3 & 4 & 3\end{pmatrix}\boldsymbol{X}=\begin{pmatrix}1 & 3\\ 2 & 0\\ 3 & 1\end{pmatrix}$；

(2) $\boldsymbol{X}\begin{pmatrix}2 & 1 & 0\\ 2 & 1 & -1\\ 1 & -1 & 1\end{pmatrix}=\begin{pmatrix}4 & 3 & 2\\ 1 & -1 & 3\end{pmatrix}$；

(3) $\begin{pmatrix}1&0&0\\0&1&0\\1&0&1\end{pmatrix}X\begin{pmatrix}0&0&1\\0&1&0\\1&0&0\end{pmatrix}=\begin{pmatrix}2&2&0\\3&-1&2\\-5&2&1\end{pmatrix}$;

(4) $\begin{pmatrix}1&1&1&\cdots&1&1\\0&1&1&\cdots&1&1\\0&0&1&\cdots&1&1\\\vdots&\vdots&\vdots&&\vdots&\vdots\\0&0&0&\cdots&0&1\end{pmatrix}_{n\times n}X=\begin{pmatrix}2&1&0&\cdots&0&0\\1&2&1&\cdots&0&0\\0&1&2&\cdots&0&0\\\vdots&\vdots&\vdots&&\vdots&\vdots\\0&0&0&\cdots&1&2\end{pmatrix}_{n\times n}$.

37. 用初等行变换求解下列线性方程组：

(1) $\begin{cases}x_1-2x_2+3x_3-4x_4=4,\\2x_1+2x_2+2x_3-2x_4=-3,\\2x_1+x_2+3x_3-3x_4=5,\\x_1-4x_2+3x_3+2x_4=-2;\end{cases}$ (2) $\begin{cases}3x_1+x_2+x_3+7x_4=5,\\x_1+2x_2+2x_3-x_4=-4,\\-2x_1-2x_2+x_3+x_4=6,\\x_1+x_2+2x_3+2x_4=1.\end{cases}$

38. 设 A,B 为 n 阶可逆阵，O 为 n 阶零矩阵，求 $\begin{vmatrix}-3A^{-1}&O\\O&B^{\mathrm{T}}\end{vmatrix}$，$\left|-3\begin{pmatrix}A^{-1}&O\\O&B^{\mathrm{T}}\end{pmatrix}\right|$.

39. 设 $A=(\alpha_1\quad\alpha_2\quad\beta)$，$B=(\alpha_1\quad\alpha_2\quad\gamma)$ 为三阶方阵，$\alpha_1,\alpha_2,\beta,\gamma$ 是三维列向量. $|A|=-1$，$|B|=4$，求 $|A-5B|$.

40. 设 $A=\begin{pmatrix}-2&-1&&\\-3&-1&&O\\&&1&0\\O&&-2&3\end{pmatrix}$，求 A^{-1}，$|A^3|$ 及 A^2.

41. 设 n 阶矩阵 A 及 s 阶矩阵 B 都可逆，求 $\begin{pmatrix}O&A\\B&O\end{pmatrix}^{-1}$.

42. 设 A,B 为同阶可逆方阵，$C=\begin{pmatrix}A&O\\O&B\end{pmatrix}$，求 C^*.

43. 设 A,D 分别是 r,t 阶方阵，且 $|A|\neq0$. B,C 分别为 $r\times t$，$t\times r$ 阶矩阵，求矩阵 X，Y 使

$$\begin{pmatrix}E_r&O\\X&E_t\end{pmatrix}\begin{pmatrix}A&B\\C&D\end{pmatrix}=\begin{pmatrix}A&B\\O&Z_1\end{pmatrix},\quad\begin{pmatrix}A&B\\C&D\end{pmatrix}\begin{pmatrix}E_r&Y\\O&E_t\end{pmatrix}=\begin{pmatrix}A&O\\C&Z_2\end{pmatrix},$$

并求 Z_1,Z_2.（注：本题给出将一个子块变为零矩阵的方法，一般用于求行列式及逆矩阵等.）

44. 设 A,B 分别为 $n\times m$ 与 $m\times n$ 矩阵，证明：

(1) $\begin{vmatrix}E_m&B\\A&E_n\end{vmatrix}=|E_n-AB|=|E_m-BA|$；

(2) $|\lambda E_n-AB|=\lambda^{n-m}|\lambda E_m-BA|$.

45. 按照 A 中划分，利用块初等变换求矩阵 $A=\left(\begin{array}{cc:cc}1&1&1&1\\1&-1&1&-1\\\hdashline1&1&-1&-1\\1&-1&-1&1\end{array}\right)$ 的逆矩阵.

46. 证明：可逆上三角矩阵的逆矩阵为上三角矩阵，上三角矩阵的乘积为上三角矩阵.

47. 求矩阵 $\boldsymbol{A}=\begin{pmatrix}3&-3&4&-2&-1\\3&-3&5&-4&1\\2&-2&3&-2&0\\1&-1&3&-4&3\end{pmatrix}$ 的秩，行最简形以及一个最高阶非零子式.

48. 对不同的 k 值，求矩阵 $\boldsymbol{A}=\begin{pmatrix}k&-2&3\\-1&2k&-3\\1&-2&3k\end{pmatrix}$ 的秩.

49. 设 $\boldsymbol{A}=\begin{pmatrix}2&3&-3\\-2&t&5\\3&-2&2\end{pmatrix}$，$\boldsymbol{B}$ 为三阶非零方阵，且 $\boldsymbol{AB}=\boldsymbol{O}$，求 t.

50. 证明：若 $\boldsymbol{A}$ 是 n 阶矩阵($n\geqslant 2$)，则

$$R(\boldsymbol{A}^*)=\begin{cases}n,\ R(\boldsymbol{A})=n;\\1,\ R(\boldsymbol{A})=n-1;\\0,\ R(\boldsymbol{A})<n-1.\end{cases}$$

51. 设 $\boldsymbol{A}$ 为秩是 r 的 $m\times n$ 矩阵. 证明：

(1) 存在 m 阶非奇异矩阵 $\boldsymbol{P}$ 及 $r\times n$ 行满秩矩阵 $\boldsymbol{Q}_1$，使得 $\boldsymbol{PA}=\begin{pmatrix}\boldsymbol{Q}_1\\\boldsymbol{O}\end{pmatrix}$，其中 $\boldsymbol{O}$ 是 $(m-r)\times n$ 零矩阵.

(2) 存在 n 阶可逆矩阵 $\boldsymbol{Q}$ 及 $m\times r$ 列满秩矩阵 $\boldsymbol{P}_1$，使得 $\boldsymbol{AQ}=(\boldsymbol{P}_1\ \ \boldsymbol{O})$，其中 $\boldsymbol{O}$ 是 $m\times(n-r)$ 零矩阵.

(3) 存在 $m\times r$ 列满秩矩阵 $\boldsymbol{B}$ 及 $r\times n$ 行满秩矩阵 $\boldsymbol{C}$，使得 $\boldsymbol{A}=\boldsymbol{BC}$.

52. 设 $\boldsymbol{A}$ 为 n 阶矩阵，且对任一 n 维向量，都有 $\boldsymbol{Ax}=\boldsymbol{O}$，证明：$\boldsymbol{A}=\boldsymbol{O}$.

53. 设 $\boldsymbol{A}$ 为 n 阶矩阵，则 $\boldsymbol{A}^2=\boldsymbol{A}$ 的充分必要条件是 $R(\boldsymbol{A})+R(\boldsymbol{A}-\boldsymbol{E})=n$.

54. 证明：任何秩为 r 的矩阵可以表示为 r 个秩为 1 的矩阵之和.

补充题

1. 证明：(1) $R(\boldsymbol{A})=1$ 的充要条件是存在非零列向量 $\boldsymbol{a}$ 及非零行向量 $\boldsymbol{b}^{\mathrm{T}}$，使得 $\boldsymbol{A}=\boldsymbol{ab}^{\mathrm{T}}$；

(2) 若 $R(\boldsymbol{A})=1$，则存在常数 k，使得 $\boldsymbol{A}^2=k\boldsymbol{A}$.

2. 设 $\boldsymbol{A}$ 为 2×2 矩阵，证明：如果 $R(\boldsymbol{A}^k)=0$，$k\geqslant 2$，那么 $\boldsymbol{A}^2=\boldsymbol{O}$.

3. (1) 把矩阵 $\begin{pmatrix}a&0\\0&a^{-1}\end{pmatrix}$ 表示成形式为

$$\begin{pmatrix}1&x\\0&1\end{pmatrix}\quad 与 \quad\begin{pmatrix}1&0\\x&1\end{pmatrix}$$

的矩阵的乘积；

(2) 设 $\boldsymbol{A}=\begin{pmatrix}a&b\\c&d\end{pmatrix}$ 为一复矩阵，$|\boldsymbol{A}|=1$，证明：$\boldsymbol{A}$ 可以表示成形式为 $\begin{pmatrix}1&x\\0&1\end{pmatrix}$ 与 $\begin{pmatrix}1&0\\x&1\end{pmatrix}$ 的矩

阵的乘积.

4. 设 $\boldsymbol{A}$ 是 n 阶方阵，$|\boldsymbol{A}|=1$，证明：$\boldsymbol{A}$ 可以表示成 $|\boldsymbol{A}|=1$ 这一类初等矩阵的乘积.

5. 设 $\boldsymbol{A}^*$ 是 $n\times n(n>2)$ 阶矩阵 $\boldsymbol{A}$ 的伴随矩阵，证明：$(\boldsymbol{A}^*)^*=|\boldsymbol{A}|^{n-2}\boldsymbol{A}$.

6. 设 $\boldsymbol{A},\boldsymbol{B},\boldsymbol{C},\boldsymbol{D}$ 都是 n 阶矩阵，其中 $|\boldsymbol{A}|\neq 0$，并且 $\boldsymbol{AC}=\boldsymbol{CA}$，证明：$\begin{vmatrix}\boldsymbol{A} & \boldsymbol{B}\\ \boldsymbol{C} & \boldsymbol{D}\end{vmatrix}=|\boldsymbol{AD}-\boldsymbol{CB}|$.

7. 已知矩阵 $\boldsymbol{A}$ 满足 $\boldsymbol{A}^3=2\boldsymbol{E}$，$\boldsymbol{B}=\boldsymbol{A}^2-2\boldsymbol{A}+2\boldsymbol{E}$，证明：$\boldsymbol{B}$ 是可逆矩阵，并求 $\boldsymbol{B}^{-1}$.

8. 设 $\boldsymbol{A},\boldsymbol{B}$ 为 n 阶方阵，且 $\boldsymbol{AB}-\boldsymbol{E}$ 可逆. 证明：$\boldsymbol{BA}-\boldsymbol{E}$ 也可逆，并求 $(\boldsymbol{BA}-\boldsymbol{E})^{-1}$.

9. 求矩阵

$$\begin{pmatrix}1+x_1y_1 & x_1y_2 & x_1y_3 & \cdots & x_1y_n\\ x_2y_1 & 1+x_2y_2 & x_2y_3 & \cdots & x_2y_n\\ \vdots & \vdots & \vdots & & \vdots\\ x_ny_1 & x_ny_2 & x_ny_3 & \cdots & 1+x_ny_n\end{pmatrix}$$

可逆的条件，可逆时求其逆.

10. 设分块矩阵 $\boldsymbol{T}=\begin{pmatrix}\boldsymbol{A} & \boldsymbol{B}\\ \boldsymbol{C} & \boldsymbol{D}\end{pmatrix}$，其中 $\boldsymbol{A},\boldsymbol{D}$ 可逆. 证明：$\boldsymbol{A}-\boldsymbol{BD}^{-1}\boldsymbol{C}$ 及 $\boldsymbol{T}$ 可逆，并求 $\boldsymbol{T}^{-1}$.

11. 已知 $\boldsymbol{A}$ 为非奇异反对称矩阵，$\boldsymbol{b}$ 为 n 元列向量. 设 $\boldsymbol{B}=\begin{pmatrix}\boldsymbol{A} & \boldsymbol{b}\\ \boldsymbol{b}^{\mathrm{T}} & \boldsymbol{O}\end{pmatrix}$. 证明：$R(\boldsymbol{B})=n$.

12. 设 $\boldsymbol{A},\boldsymbol{B}$ 分别为 $s\times n$ 与 $n\times m$ 矩阵，则 $R(\boldsymbol{AB})\geqslant R(\boldsymbol{A})+R(\boldsymbol{B})-n$.

13. 设 $f(x),g(x)$ 是数域 F 上的两个多项式，$\boldsymbol{A}$ 是 F 上的矩阵，且 $(f(x),g(x))=d(x)$，证明：若 $f(\boldsymbol{A})=0$，则 $R(g(\boldsymbol{A}))=R(d(\boldsymbol{A}))$.

第 4 章

n 维向量

向量最初用于物理学，用得较多的是二维与三维向量，它们统称为几何向量，将之推广可以得到 n 维向量. 这种推广不仅仅是形式上的，数学、经济等领域的很多实际问题都可以用 n 维向量来刻画. 向量是高等代数最重要的研究对象之一，本章重点介绍向量组的线性相关性、极大无关组和秩的概念，以及与之相关的一些性质，最后利用向量组及矩阵的秩来判定线性方程组解的存在性并给出有无穷多解时解的结构及通解的表达式.

4.1 向量组的线性相关性

一、n 维向量空间

我们知道刻画平面上一点的位置需要 2 个数，刻画空间中一点的位置需要 3 个数. 取定坐标系之后，也可以用 3 个数来刻画物理学中的力、速度、加速度. 而刻画一个球的大小和位置，需要知道它中心的坐标(3 个数)及其半径，也就是说，球的大小和位置需要 4 个数来刻画. 在生产中，假设一个工厂生产 n 种产品，那么为了说明这个工厂的产量，需要同时指出每种产品的产量，可以对应于 n 元有序数组. 再比如线性方程 $a_1x_1+a_2x_2+\cdots+a_nx_n=b$，可以用 $n+1$ 元有序数组 $(a_1,a_2,\cdots,a_n,b)$ 来代表. 这样的例子不胜枚举，作为它们的共同抽象，我们有：

定义 1　由数域 P 中 n 个数 $a_1,a_2,\cdots,a_n$ 组成的有序数组称为数域 P 上一个 **n 维向量**，a_i 称为向量的第 i 个分量.

n 维向量可写成行的形式

$$(a_1,a_2,\cdots,a_n)$$

就是行向量，写成列的形式

$$\begin{pmatrix} a_1 \\ a_2 \\ \vdots \\ a_n \end{pmatrix}$$

就是列向量，也就是行矩阵和列矩阵. 本书所讨论的向量在没有指明是行向量还是列向量时，都当作**列向量**. 通常用黑体小写字母 $\boldsymbol{a},\boldsymbol{b},\boldsymbol{\alpha},\boldsymbol{\beta},\cdots$ 来代表向量.

分量全为 0 的向量称为**零向量**，记为 $\mathbf{0}$.

向量 $(-a_1,-a_2,\cdots,-a_n)^{\mathrm{T}}$ 称为向量 $\boldsymbol{\alpha}=(a_1,a_2,\cdots,a_n)^{\mathrm{T}}$ 的**负向量**，记为 $-\boldsymbol{\alpha}$.

两个向量相等即它们对应分量相等. 规定行向量和列向量都按照矩阵的运算法则进行

运算，因此它们总被看作是两个不同的向量(而按定义 1，它们应是同一个向量).

定义 2　以数域 P 中的数作为分量的 n 维向量的全体，同时考虑到定义在它们上面的加法和数量乘法，称为数域 P 上的 ***n* 维向量空间**.

由于 n 维向量的讨论总是在一个固定的数域 P 上，因而不再每次说明. 若干个同维数的列向量(或同维数的行向量)所组成的集合叫作**向量组**. 例如将一个 $m\times n$ 矩阵的每一列看作一个向量，则它的全体列向量构成一个含 n 个 m 维列向量的向量组，若将每一行看作一个向量，则它的全体行向量构成一个含 m 个 n 维行向量的向量组.

s 个 n 维列向量 $\boldsymbol{\alpha}_1,\boldsymbol{\alpha}_2,\cdots,\boldsymbol{\alpha}_s$ 可构成 $n\times s$ 矩阵 $\boldsymbol{A}=(\boldsymbol{\alpha}_1,\boldsymbol{\alpha}_2,\cdots,\boldsymbol{\alpha}_s)$，而 t 个 n 维行向量 $\boldsymbol{\beta}_1^{\mathrm{T}},\boldsymbol{\beta}_2^{\mathrm{T}},\cdots,\boldsymbol{\beta}_t^{\mathrm{T}}$ 可构成 $t\times n$ 矩阵 $\boldsymbol{B}=\begin{pmatrix}\boldsymbol{\beta}_1^{\mathrm{T}}\\ \boldsymbol{\beta}_2^{\mathrm{T}}\\ \vdots\\ \boldsymbol{\beta}_t^{\mathrm{T}}\end{pmatrix}$. 由上可知，含有有限个向量的有序向量组可以与矩阵一一对应.

向量组中的向量之间有怎样的关系，对于弄清它们的结构至关重要. 下面给出一个向量组线性相关与线性无关的概念.

二、向量组的线性组合

成比例是两个向量最简单的线性关系，向量 $\boldsymbol{\alpha}$ 与 $\boldsymbol{\beta}$ 成比例，即存在数 k，使得 $\boldsymbol{\beta}=k\boldsymbol{\alpha}$. 更一般地，我们研究线性方程组

$$\begin{cases}a_{11}x_1+a_{12}x_2+\cdots+a_{1n}x_n=b_1,\\ a_{21}x_1+a_{22}x_2+\cdots+a_{2n}x_n=b_2,\\ \cdots\cdots\cdots\cdots\\ a_{s1}x_1+a_{s2}x_2+\cdots+a_{sn}x_n=b_s.\end{cases}\tag{1}$$

若令向量

$$\boldsymbol{\alpha}_1=\begin{pmatrix}a_{11}\\ a_{21}\\ \vdots\\ a_{s1}\end{pmatrix},\boldsymbol{\alpha}_2=\begin{pmatrix}a_{12}\\ a_{22}\\ \vdots\\ a_{s2}\end{pmatrix},\cdots,\boldsymbol{\alpha}_n=\begin{pmatrix}a_{1n}\\ a_{2n}\\ \vdots\\ a_{sn}\end{pmatrix},\boldsymbol{\beta}=\begin{pmatrix}b_1\\ b_2\\ \vdots\\ b_s\end{pmatrix},\tag{2}$$

则线性方程组(1)可以改写成向量方程

$$x_1\boldsymbol{\alpha}_1+x_2\boldsymbol{\alpha}_2+\cdots+x_n\boldsymbol{\alpha}_n=\boldsymbol{\beta}.\tag{3}$$

由此给出向量组线性组合的定义.

定义 3　向量 $\boldsymbol{\alpha}$ 称为向量组 $\boldsymbol{\beta}_1,\boldsymbol{\beta}_2,\cdots,\boldsymbol{\beta}_s$ 的一个**线性组合**，如果有数域 P 中的数 $k_1,k_2,\cdots,k_s$，使

$$\boldsymbol{\alpha}=k_1\boldsymbol{\beta}_1+k_2\boldsymbol{\beta}_2+\cdots+k_s\boldsymbol{\beta}_s,$$

其中 $k_1,k_2,\cdots,k_s$ 叫作这个线性组合的**组合系数**. 此时也称 $\boldsymbol{\alpha}$ 能由向量组 $\boldsymbol{\beta}_1,\boldsymbol{\beta}_2,\cdots,\boldsymbol{\beta}_s$ **线性表出**.

例如，任一个 n 维向量 $\boldsymbol{\alpha}=(a_1,a_2,\cdots,a_n)^{\mathrm{T}}$ 都是向量组

$$\boldsymbol{\varepsilon}_1=(1,0,\cdots,0)^{\mathrm{T}},\boldsymbol{\varepsilon}_2=(0,1,\cdots,0)^{\mathrm{T}},\cdots,\boldsymbol{\varepsilon}_n=(0,0,\cdots,1)^{\mathrm{T}} \tag{4}$$

的一个线性组合，事实上，$\boldsymbol{\alpha}=a_1\boldsymbol{\varepsilon}_1+a_2\boldsymbol{\varepsilon}_2+\cdots+a_s\boldsymbol{\varepsilon}_s$，称 $\boldsymbol{\varepsilon}_1,\boldsymbol{\varepsilon}_2,\cdots,\boldsymbol{\varepsilon}_n$ 为 **n 维单位向量组**.

显然，零向量是任意向量组的线性组合.

例 1 判断向量 $\boldsymbol{\alpha}$ 能否由向量组 $\boldsymbol{\alpha}_1,\boldsymbol{\alpha}_2,\boldsymbol{\alpha}_3$ 线性表出. 若能，写出它的一个线性组合，其中 $\boldsymbol{\alpha}=(2,-1,3,4)^{\mathrm{T}}$，$\boldsymbol{\alpha}_1=(1,2,-3,1)^{\mathrm{T}}$，$\boldsymbol{\alpha}_2=(5,-5,12,11)^{\mathrm{T}}$，$\boldsymbol{\alpha}_3=(1,-3,6,3)^{\mathrm{T}}$.

解 设 $\boldsymbol{\alpha}=k_1\boldsymbol{\alpha}_1+k_2\boldsymbol{\alpha}_2+k_3\boldsymbol{\alpha}_3$，对应的方程组

$$\begin{cases}k_1+5k_2+k_3=2,\\2k_1-5k_2-3k_3=-1,\\-3k_1+12k_2+6k_3=3,\\k_1+11k_2+3k_3=4.\end{cases}$$

对增广矩阵进行初等行变换，化为行最简形矩阵

$$\overline{\boldsymbol{A}}=\begin{pmatrix}1&5&1&2\\2&-5&-3&-1\\-3&12&6&3\\1&11&3&4\end{pmatrix}\to\begin{pmatrix}1&5&1&2\\0&3&1&1\\0&0&0&0\\0&0&0&0\end{pmatrix}\to\begin{pmatrix}1&0&-\frac{2}{3}&\frac{1}{3}\\0&1&\frac{1}{3}&\frac{1}{3}\\0&0&0&0\\0&0&0&0\end{pmatrix}.$$

所以

$$\begin{cases}k_1=\dfrac{2}{3}k_3+\dfrac{1}{3},\\k_2=-\dfrac{1}{3}k_3+\dfrac{1}{3}.\end{cases}$$

令 $k_3=1$，得 $k_1=1,k_2=0$，即

$$\boldsymbol{\alpha}=\boldsymbol{\alpha}_1+\boldsymbol{\alpha}_3.$$

由线性组合的定义，可以得到：

定理 1 向量 $\boldsymbol{\alpha}$ 可以由向量组 $\boldsymbol{\beta}_1,\boldsymbol{\beta}_2,\cdots,\boldsymbol{\beta}_s$ 线性表出的充要条件是线性方程组 $\boldsymbol{\alpha}=x_1\boldsymbol{\beta}_1+x_2\boldsymbol{\beta}_2+\cdots+x_s\boldsymbol{\beta}_s$ 或 $(\boldsymbol{\beta}_1,\boldsymbol{\beta}_2,\cdots,\boldsymbol{\beta}_s)\boldsymbol{x}=\boldsymbol{\alpha}$ 有解.

三、向量组的等价

定义 4 如果向量组 $\boldsymbol{\alpha}_1,\boldsymbol{\alpha}_2,\cdots,\boldsymbol{\alpha}_t$ 中每一个向量都可以由向量组 $\boldsymbol{\beta}_1,\boldsymbol{\beta}_2,\cdots,\boldsymbol{\beta}_s$ 线性表出，那么就称向量组 $\boldsymbol{\alpha}_1,\boldsymbol{\alpha}_2,\cdots,\boldsymbol{\alpha}_t$ 可以由向量组 $\boldsymbol{\beta}_1,\boldsymbol{\beta}_2,\cdots,\boldsymbol{\beta}_s$ **线性表出**. 如果两个向量组可以互相线性表出，就称它们为**等价的向量组**.

例如向量组 $\boldsymbol{\alpha}_1=(1,0)^{\mathrm{T}},\boldsymbol{\alpha}_2=(0,1)^{\mathrm{T}}$ 与 $\boldsymbol{\beta}_1=(3,2)^{\mathrm{T}},\boldsymbol{\beta}_2=(1,1)^{\mathrm{T}}$ 是等价的，事实上

$$\boldsymbol{\beta}_1=3\boldsymbol{\alpha}_1+2\boldsymbol{\alpha}_2,\boldsymbol{\beta}_2=\boldsymbol{\alpha}_1+\boldsymbol{\alpha}_2;$$

$$\boldsymbol{\alpha}_1=\boldsymbol{\beta}_1-2\boldsymbol{\beta}_2,\boldsymbol{\alpha}_2=-\boldsymbol{\beta}_1+3\boldsymbol{\beta}_2.$$

由定义，每一个向量组都可以由它自身线性表出. 另外，如果向量组 $\boldsymbol{\gamma}_1,\boldsymbol{\gamma}_2,\cdots,\boldsymbol{\gamma}_p$ 可以由向量组 $\boldsymbol{\beta}_1,\boldsymbol{\beta}_2,\cdots,\boldsymbol{\beta}_s$ 线性表出，而向量组 $\boldsymbol{\beta}_1,\boldsymbol{\beta}_2,\cdots,\boldsymbol{\beta}_s$ 可以由向量组 $\boldsymbol{\alpha}_1,\boldsymbol{\alpha}_2,\cdots,\boldsymbol{\alpha}_t$ 线性表出，那么向量组 $\boldsymbol{\gamma}_1,\boldsymbol{\gamma}_2,\cdots,\boldsymbol{\gamma}_p$ 可以由向量组 $\boldsymbol{\alpha}_1,\boldsymbol{\alpha}_2,\cdots,\boldsymbol{\alpha}_t$ 线性表出.

事实上，由 $\boldsymbol{\gamma}_1,\boldsymbol{\gamma}_2,\cdots,\boldsymbol{\gamma}_p$ 能由向量组 $\boldsymbol{\beta}_1,\boldsymbol{\beta}_2,\cdots,\boldsymbol{\beta}_s$ 线性表出，故存在 $l_{jm}\in P(m=1,2,\cdots,p;j=1,2,\cdots,s)$，使得

$$\boldsymbol{\gamma}_m=\sum_{j=1}^{s} l_{jm}\boldsymbol{\beta}_j \quad (m=1,2,\cdots,p). \tag{5}$$

向量组 $\boldsymbol{\beta}_1,\boldsymbol{\beta}_2,\cdots,\boldsymbol{\beta}_s$ 能由向量组 $\boldsymbol{\alpha}_1,\boldsymbol{\alpha}_2,\cdots,\boldsymbol{\alpha}_r$ 线性表示，即存在 $k_{ij}\in P(i=1,2,\cdots,t;j=1,2,\cdots,s)$，使得

$$\boldsymbol{\beta}_j=\sum_{i=1}^{t} k_{ij}\boldsymbol{\alpha}_i \quad (j=1,2,\cdots,s). \tag{6}$$

将式(6)代入式(5)，得

$$\boldsymbol{\gamma}_m=\sum_{j=1}^{s} l_{jm}\left(\sum_{i=1}^{t} k_{ij}\boldsymbol{\alpha}_i\right)=\sum_{i=1}^{t}\sum_{j=1}^{s} l_{jm}k_{ij}\boldsymbol{\alpha}_i=\sum_{i=1}^{t}\left(\sum_{j=1}^{s} l_{jm}k_{ij}\right)\boldsymbol{\alpha}_i,$$

即 $\boldsymbol{\gamma}_1,\boldsymbol{\gamma}_2,\cdots,\boldsymbol{\gamma}_p$ 能由 $\boldsymbol{\alpha}_1,\boldsymbol{\alpha}_2,\cdots,\boldsymbol{\alpha}_t$ 线性表出. 由此及向量组等价的定义易得：

性质 1 向量组之间的等价关系具有反身性、对称性和传递性.

下面讨论向量组之间的等价与矩阵间等价的关系. 将向量组 $A:\boldsymbol{\alpha}_1,\boldsymbol{\alpha}_2,\cdots,\boldsymbol{\alpha}_t$ 和 $B:\boldsymbol{\beta}_1,\boldsymbol{\beta}_2,\cdots,\boldsymbol{\beta}_s$ 所构成的矩阵依次记作 $\boldsymbol{A}=(\boldsymbol{\alpha}_1,\boldsymbol{\alpha}_2,\cdots,\boldsymbol{\alpha}_t)$ 和 $\boldsymbol{B}=(\boldsymbol{\beta}_1,\boldsymbol{\beta}_2,\cdots,\boldsymbol{\beta}_s)$，向量组 B 能由向量组 A 线性表示，即对每个向量 $\boldsymbol{\beta}_j(j=1,2,\cdots,s)$，存在数 $k_{1j},k_{2j},\cdots,k_{tj}$，使得

$$\boldsymbol{\beta}_j=k_{1j}\boldsymbol{\alpha}_1+k_{2j}\boldsymbol{\alpha}_2+\cdots+k_{tj}\boldsymbol{\alpha}_t=(\boldsymbol{\alpha}_1,\boldsymbol{\alpha}_2,\cdots,\boldsymbol{\alpha}_t)\begin{pmatrix}k_{1j}\\k_{2j}\\\vdots\\k_{tj}\end{pmatrix},$$

从而

$$(\boldsymbol{\beta}_1,\boldsymbol{\beta}_2,\cdots,\boldsymbol{\beta}_s)=(\boldsymbol{\alpha}_1,\boldsymbol{\alpha}_2,\cdots,\boldsymbol{\alpha}_t)\begin{pmatrix}k_{11}&k_{12}&\cdots&k_{1s}\\k_{21}&k_{22}&\cdots&k_{2s}\\\vdots&\vdots&&\vdots\\k_{t1}&k_{t2}&\cdots&k_{ts}\end{pmatrix},$$

其中 $\boldsymbol{K}=(k_{ij})$ 称为这一线性表示的系数矩阵.

由此可知，若 $\boldsymbol{C}_{m\times n}=\boldsymbol{A}_{m\times l}\boldsymbol{B}_{l\times n}$，则矩阵 $\boldsymbol{C}$ 的列向量组能由矩阵 $\boldsymbol{A}$ 的列向量组线性表出，$\boldsymbol{B}$ 为这一表示的系数矩阵. $\boldsymbol{C}_{m\times n}=\boldsymbol{A}_{m\times l}\boldsymbol{B}_{l\times n}$ 还可表示为

$$\begin{pmatrix}\boldsymbol{\gamma}_1^{\mathrm{T}}\\\boldsymbol{\gamma}_2^{\mathrm{T}}\\\vdots\\\boldsymbol{\gamma}_s^{\mathrm{T}}\end{pmatrix}=\begin{pmatrix}a_{11}&a_{12}&\cdots&a_{1s}\\a_{21}&a_{22}&\cdots&a_{2s}\\\vdots&\vdots&&\vdots\\a_{t1}&a_{t2}&\cdots&a_{ts}\end{pmatrix}\begin{pmatrix}\boldsymbol{\beta}_1^{\mathrm{T}}\\\boldsymbol{\beta}_2^{\mathrm{T}}\\\vdots\\\boldsymbol{\beta}_s^{\mathrm{T}}\end{pmatrix}.$$

这样，矩阵 $\boldsymbol{C}$ 的行向量组能由矩阵 $\boldsymbol{B}$ 的行向量组线性表示，$\boldsymbol{A}$ 为这一表示的系数矩阵.

设矩阵 $\boldsymbol{A}$ 与 $\boldsymbol{B}$ 行等价，即矩阵 $\boldsymbol{A}$ 能经初等行变换变成矩阵 $\boldsymbol{B}$，于是存在可逆矩阵 $\boldsymbol{Q}$，使得 $\boldsymbol{B}=\boldsymbol{QA}$，由上可知，$\boldsymbol{B}$ 的行向量组能由 $\boldsymbol{A}$ 的行向量组线性表出. 由于初等变换可逆，矩阵 $\boldsymbol{B}$ 也可经初等行变换变为 $\boldsymbol{A}$，从而 $\boldsymbol{A}$ 的行向量组也能由 $\boldsymbol{B}$ 的行向量组线性表示. 列等价也类似. 由此可得：

性质 2 若矩阵 $\boldsymbol{A}$ 与 $\boldsymbol{B}$ 行(列)等价，则 $\boldsymbol{A}$ 与 $\boldsymbol{B}$ 的行(列)向量组等价.

四、向量组的线性相关性

几何空间中,2 个向量 $\boldsymbol{\alpha},\boldsymbol{\beta}$ 共线,就是存在不全为零的数 k_1,k_2,使得 $k_1\boldsymbol{\alpha}+k_2\boldsymbol{\beta}=\mathbf{0}$,3 个向量 $\boldsymbol{\alpha},\boldsymbol{\beta},\boldsymbol{\gamma}$ 共面,就是存在不全为零的数 k_1,k_2,k_3,使得 $k_1\boldsymbol{\alpha}+k_2\boldsymbol{\beta}+k_3\boldsymbol{\gamma}=\mathbf{0}$. 将这种关系进行推广就得到:

定义 5 向量组 $\boldsymbol{\alpha}_1,\boldsymbol{\alpha}_2,\cdots,\boldsymbol{\alpha}_s$ 称为**线性相关**,如果有数域 P 中不全为零的数 $k_1,k_2,\cdots,k_s$,使

$$k_1\boldsymbol{\alpha}_1+k_2\boldsymbol{\alpha}_2+\cdots+k_s\boldsymbol{\alpha}_s=\mathbf{0}.$$

向量组 $\boldsymbol{\alpha}_1,\boldsymbol{\alpha}_2,\cdots,\boldsymbol{\alpha}_s$ 不线性相关,就称为**线性无关**,即从 $k_1\boldsymbol{\alpha}_1+k_2\boldsymbol{\alpha}_2+\cdots+k_s\boldsymbol{\alpha}_s=\mathbf{0}$,可以推出

$$k_1=k_2=\cdots=k_s=0.$$

若 P 为实数域,向量是三维的,2 个向量线性相关的几何意义就是它们共线. 3 个向量线性相关就是它们共面.

小贴士

① 单独一个零向量线性相关,单独一个非零向量线性无关.

② 两个非零向量线性相关等价于它们对应分量成比例.

③ 含有零向量的向量组一定线性相关.

由线性相关及线性表出的定义,可得:

定理 2 向量组 $A:\boldsymbol{\alpha}_1,\boldsymbol{\alpha}_2,\cdots,\boldsymbol{\alpha}_s(s\geqslant 2)$ 线性相关的充要条件是向量组 A 中有一个向量可以由其余的向量线性表出.

证明 (必要性)设向量组 A 线性相关,则存在不全为 0 的数 $k_1,k_2,\cdots,k_s$,使得

$$k_1\boldsymbol{\alpha}_1+k_2\boldsymbol{\alpha}_2+\cdots+k_s\boldsymbol{\alpha}_s=\mathbf{0}.$$

因为 $k_1,k_2,\cdots,k_s$ 不全为 0,不妨设 $k_1\neq 0$,于是便有

$$\boldsymbol{\alpha}_1=-\frac{1}{k_1}(k_2\boldsymbol{\alpha}_2+\cdots+k_s\boldsymbol{\alpha}_s),$$

即 $\boldsymbol{\alpha}_1$ 能由 $\boldsymbol{\alpha}_2,\boldsymbol{\alpha}_3,\cdots,\boldsymbol{\alpha}_s$ 线性表示.

(充分性)如果向量组 A 中某个向量能由其余的向量线性表出,不妨设 $\boldsymbol{\alpha}_s$ 能由 $\boldsymbol{\alpha}_1,\boldsymbol{\alpha}_2,\cdots,\boldsymbol{\alpha}_{s-1}$ 线性表示,即存在 $\lambda_1,\lambda_2,\cdots,\lambda_{s-1}$,使得

$$\boldsymbol{\alpha}_s=\lambda_1\boldsymbol{\alpha}_1+\lambda_2\boldsymbol{\alpha}_2+\cdots+\lambda_{s-1}\boldsymbol{\alpha}_{s-1},$$

于是 $\lambda_1\boldsymbol{\alpha}_1+\lambda_2\boldsymbol{\alpha}_2+\cdots+\lambda_{s-1}\boldsymbol{\alpha}_{s-1}+(-1)\boldsymbol{\alpha}_s=\mathbf{0}$. 因为 $\lambda_1,\lambda_2,\cdots,\lambda_{s-1},-1$ 这 s 个数不全为 0,所以向量组 A 线性相关. ▌

例 2 讨论 n 维单位向量组 $\boldsymbol{\varepsilon}_1,\boldsymbol{\varepsilon}_2,\cdots,\boldsymbol{\varepsilon}_n$ 的线性相关性.

解 设 $k_1\boldsymbol{\varepsilon}_1+k_2\boldsymbol{\varepsilon}_2+\cdots+k_n\boldsymbol{\varepsilon}_n=\mathbf{0}$,即

$$k_1(1,0,\cdots,0)^{\mathrm{T}}+k_2(0,1,\cdots,0)^{\mathrm{T}}+\cdots+k_n(0,0,\cdots,1)^{\mathrm{T}}=(k_1,k_2,\cdots,k_n)^{\mathrm{T}}=(0,0,\cdots,0)^{\mathrm{T}}.$$

由此,n 维单位向量组 $\boldsymbol{\varepsilon}_1,\boldsymbol{\varepsilon}_2,\cdots,\boldsymbol{\varepsilon}_n$ 是线性无关的.

例 3 判断向量 $\boldsymbol{\alpha}_1=(1,2,3)^{\mathrm{T}},\boldsymbol{\alpha}_2=(-8,4,8)^{\mathrm{T}},\boldsymbol{\alpha}_3=(10,5,6)^{\mathrm{T}},\boldsymbol{\alpha}_4=(2,-1,-2)^{\mathrm{T}}$ 是否线性相关.

解　设有 k_1,k_2,k_3,k_4，使 $k_1\alpha_1+k_2\alpha_2+k_3\alpha_3+k_4\alpha_4=0$，对应的方程组

$$\begin{cases}k_1-8k_2+10k_3+2k_4=0,\\2k_1+4k_2+5k_3-k_4=0,\\3k_1+8k_2+6k_3-2k_4=0.\end{cases}$$

由于这个方程组的方程个数小于未知量的个数，它有无穷多解，当然有非零解，于是存在不全为零的数 k_1,k_2,k_3,k_4，使得 $k_1\alpha_1+k_2\alpha_2+k_3\alpha_3+k_4\alpha_4=\mathbf{0}$，即此向量组线性相关.

例 4　设向量组 $\boldsymbol{\alpha}_1,\boldsymbol{\alpha}_2,\cdots,\boldsymbol{\alpha}_n(n>2)$ 线性无关，判断向量组 $\boldsymbol{\alpha}_1+\boldsymbol{\alpha}_2,\boldsymbol{\alpha}_2+\boldsymbol{\alpha}_3,\cdots,\boldsymbol{\alpha}_{n-1}+\boldsymbol{\alpha}_n,\boldsymbol{\alpha}_n+\boldsymbol{\alpha}_1$ 是否线性相关.

解　设有 $k_1,k_2,\cdots,k_n$，使

$$k_1(\boldsymbol{\alpha}_1+\boldsymbol{\alpha}_2)+k_2(\boldsymbol{\alpha}_2+\boldsymbol{\alpha}_3)+\cdots+k_{n-1}(\boldsymbol{\alpha}_{n-1}+\boldsymbol{\alpha}_n)+k_n(\boldsymbol{\alpha}_n+\boldsymbol{\alpha}_1)=\mathbf{0},$$

于是

$$(k_1+k_n)\boldsymbol{\alpha}_1+(k_1+k_2)\boldsymbol{\alpha}_2+\cdots+(k_{n-1}+k_n)\boldsymbol{\alpha}_n=\mathbf{0}.$$

由于 $\boldsymbol{\alpha}_1,\boldsymbol{\alpha}_2,\cdots,\boldsymbol{\alpha}_n$ 线性无关，所以，得方程组

$$\begin{cases}k_1+k_n=0,\\k_1+k_2=0,\\k_2+k_3=0,\\\cdots\cdots\cdots\cdots\\k_{n-1}+k_n=0\end{cases}$$

的系数行列式为

$$D=\begin{vmatrix}1&0&0&\cdots&0&1\\1&1&0&\cdots&0&0\\0&1&1&\cdots&0&0\\\vdots&\vdots&\vdots&&\vdots&\vdots\\0&0&0&\cdots&1&0\\0&0&0&\cdots&1&1\end{vmatrix}=\begin{cases}2,&n\text{ 为奇数},\\0,&n\text{ 为偶数}.\end{cases}$$

所以当 n 为奇数时，方程组只有零解，故向量组线性无关；当 n 为偶数时，方程组有非零解，故向量组线性相关.

显然由定义，可以得到整体组和部分组线性关系的结论：

定理 3　如果向量组的某个部分组线性相关，那么整个向量组就线性相关；反之，如果向量组线性无关，那么它的任何一个非空的部分组也线性无关.

证明　只需证明前半部分. 不妨设向量组 $\boldsymbol{\alpha}_1,\boldsymbol{\alpha}_2,\cdots,\boldsymbol{\alpha}_s$ 的前 t 个向量 $\boldsymbol{\alpha}_1,\boldsymbol{\alpha}_2,\cdots,\boldsymbol{\alpha}_t$ 线性相关. 于是存在不全为零的数 $k_1,k_2,\cdots,k_t$，使得

$$k_1\boldsymbol{\alpha}_1+k_2\boldsymbol{\alpha}_2+\cdots+k_t\boldsymbol{\alpha}_t=\mathbf{0},$$

从而

$$k_1\boldsymbol{\alpha}_1+k_2\boldsymbol{\alpha}_2+\cdots+k_t\boldsymbol{\alpha}_t+0\cdot\boldsymbol{\alpha}_{t+1}+\cdots+0\cdot\boldsymbol{\alpha}_s=\mathbf{0},$$

由于 $k_1,k_2,\cdots,k_t$ 不全为零，因此，$\boldsymbol{\alpha}_1,\boldsymbol{\alpha}_2,\cdots,\boldsymbol{\alpha}_s$ 线性相关. ▌

下面讨论向量组线性相关的充要条件. 由定义，可知一个向量组

$$\boldsymbol{\alpha}_i=(a_{i1},a_{i2},\cdots,a_{in})^{\mathrm{T}}\quad(i=1,2,\cdots,s)\tag{6}$$

是否线性相关，就是讨论方程组

$$x_1\boldsymbol{\alpha}_1+x_2\boldsymbol{\alpha}_2+\cdots+x_s\boldsymbol{\alpha}_s=\mathbf{0}\tag{7}$$

有无非零解. 式(7)按分量写出来为

$$\begin{cases}a_{11}x_1+a_{21}x_2+\cdots+a_{s1}x_s=0,\\a_{12}x_1+a_{22}x_2+\cdots+a_{s2}x_s=0,\\\cdots\cdots\cdots\cdots\\a_{1n}x_1+a_{2n}x_2+\cdots+a_{sn}x_s=0.\end{cases}\tag{8}$$

也可以写为向量方程$(\boldsymbol{\alpha}_1,\boldsymbol{\alpha}_2,\cdots,\boldsymbol{\alpha}_s)\boldsymbol{x}=\mathbf{0}$，于是有：

定理 4 向量组 $\boldsymbol{\alpha}_1,\boldsymbol{\alpha}_2,\cdots,\boldsymbol{\alpha}_s$ 线性无关的充要条件是齐次线性方程组 $x_1\boldsymbol{\alpha}_1+x_2\boldsymbol{\alpha}_2+\cdots+x_s\boldsymbol{\alpha}_s=\mathbf{0}$ 或$(\boldsymbol{\alpha}_1,\boldsymbol{\alpha}_2,\cdots,\boldsymbol{\alpha}_s)\boldsymbol{x}=\mathbf{0}$ 只有零解.

定理 5 如果向量组 $\boldsymbol{\alpha}_i=(a_{i1},a_{i2},\cdots,a_{in})^{\mathrm{T}},i=1,2,\cdots,s$ 线性无关，那么在每一个向量上添一个分量所得到的 $n+1$ 维的向量组

$$\boldsymbol{\beta}_i=(a_{i1},a_{i2},\cdots,a_{in},a_{i,n+1})^{\mathrm{T}}\quad(i=1,2,\cdots,s)\tag{9}$$

也线性无关.

证明 与向量组(9)相对应的齐次线性方程组为

$$\begin{cases}a_{11}x_1+a_{21}x_2+\cdots+a_{s1}x_s=0,\\a_{12}x_1+a_{22}x_2+\cdots+a_{s2}x_s=0,\\\cdots\cdots\cdots\cdots\\a_{1n}x_1+a_{2n}x_2+\cdots+a_{sn}x_s=0,\\a_{1,n+1}x_1+a_{2,n+1}x_2+\cdots+a_{s,n+1}x_s=0.\end{cases}\tag{10}$$

因方程组(10)的解全是方程组(8)的解，若方程组(8)只有零解，则方程组(10)只有零解. 由定理 4 得证. ▎

小贴士

这一结论可推广到增加有限个分量的情形.

定理 6 设向量组 $\boldsymbol{\alpha}_1,\boldsymbol{\alpha}_2,\cdots,\boldsymbol{\alpha}_s$ 线性无关，而向量组 $\boldsymbol{\alpha}_1,\boldsymbol{\alpha}_2,\cdots,\boldsymbol{\alpha}_s,\boldsymbol{\beta}$ 线性相关，则 $\boldsymbol{\beta}$ 可以由向量组 $\boldsymbol{\alpha}_1,\boldsymbol{\alpha}_2,\cdots,\boldsymbol{\alpha}_s$ 线性表出，且表达式是唯一的.

证明 已知 $\boldsymbol{\alpha}_1,\boldsymbol{\alpha}_2,\cdots,\boldsymbol{\alpha}_s,\boldsymbol{\beta}$ 线性相关，因此，存在不全为零的数 $k_1,k_2,\cdots,k_{s+1}$，使得

$$k_1\boldsymbol{\alpha}_1+k_2\boldsymbol{\alpha}_2+\cdots+k_s\boldsymbol{\alpha}_s+k_{s+1}\boldsymbol{\beta}=\mathbf{0}.$$

若 $k_{s+1}=0$，则 $k_1\boldsymbol{\alpha}_1+k_2\boldsymbol{\alpha}_2+\cdots+k_s\boldsymbol{\alpha}_s=\mathbf{0}$. 由 $\boldsymbol{\alpha}_1,\boldsymbol{\alpha}_2,\cdots,\boldsymbol{\alpha}_s$ 线性无关，得 $k_1=k_2=\cdots=k_s=0$，即 $k_1,k_2,\cdots,k_s,k_{s+1}$ 均为零，与其不全为零矛盾，所以 $k_{s+1}\neq 0$，于是

$$\boldsymbol{\beta}=-\frac{1}{k_{s+1}}(k_1\boldsymbol{\alpha}_1+k_2\boldsymbol{\alpha}_2+\cdots+k_s\boldsymbol{\alpha}_s).$$

因此，$\boldsymbol{\beta}$ 能由 $\boldsymbol{\alpha}_1,\boldsymbol{\alpha}_2,\cdots,\boldsymbol{\alpha}_s$ 线性表出.

下证唯一性. 假设 $\boldsymbol{\beta}=x_1\boldsymbol{\alpha}_1+x_2\boldsymbol{\alpha}_2+\cdots+x_s\boldsymbol{\alpha}_s=y_1\boldsymbol{\alpha}_1+y_2\boldsymbol{\alpha}_2+\cdots+y_s\boldsymbol{\alpha}_s$，则

$$(x_1-y_1)\boldsymbol{\alpha}_1+(x_2-y_2)\boldsymbol{\alpha}_2+\cdots+(x_s-y_s)\boldsymbol{\alpha}_s=\mathbf{0}.$$

由 $\boldsymbol{\alpha}_1,\boldsymbol{\alpha}_2,\cdots,\boldsymbol{\alpha}_s$ 线性无关，有 $x_1-y_1=x_2-y_2=\cdots=x_s-y_s=0$，即

$$x_1=y_1,x_2=y_2,\cdots,x_s=y_s,$$

即表示法唯一. ▌

利用 3.5 节的定理 7，容易得出：

定理 7　设向量组 $\boldsymbol{\alpha}_1,\boldsymbol{\alpha}_2,\cdots,\boldsymbol{\alpha}_s$ 能由向量组 $\boldsymbol{\beta}_1,\boldsymbol{\beta}_2,\cdots,\boldsymbol{\beta}_r$ 线性表出，且 $s>r$，则向量组 $\boldsymbol{\alpha}_1,\boldsymbol{\alpha}_2,\cdots,\boldsymbol{\alpha}_s$ 必线性相关.

证明　由于向量组 $\boldsymbol{\alpha}_1,\boldsymbol{\alpha}_2,\cdots,\boldsymbol{\alpha}_s$ 能由 $\boldsymbol{\beta}_1,\boldsymbol{\beta}_2,\cdots,\boldsymbol{\beta}_r$ 线性表出，故存在 k_{ij}，使得

$$\begin{cases}\boldsymbol{\alpha}_1=k_{11}\boldsymbol{\beta}_1+k_{21}\boldsymbol{\beta}_2+\cdots+k_{r1}\boldsymbol{\beta}_r,\\ \boldsymbol{\alpha}_2=k_{12}\boldsymbol{\beta}_1+k_{22}\boldsymbol{\beta}_2+\cdots+k_{r2}\boldsymbol{\beta}_r,\\ \quad\cdots\cdots\cdots\cdots\\ \boldsymbol{\alpha}_s=k_{1s}\boldsymbol{\beta}_1+k_{2s}\boldsymbol{\beta}_2+\cdots+k_{rs}\boldsymbol{\beta}_r.\end{cases}\tag{11}$$

设有数 $x_1,x_2,\cdots,x_s$，使

$$x_1\boldsymbol{\alpha}_1+x_2\boldsymbol{\alpha}_2+\cdots+x_s\boldsymbol{\alpha}_s=\mathbf{0}.\tag{12}$$

将式(11)代入式(12)，得

$$x_1\boldsymbol{\alpha}_1+x_2\boldsymbol{\alpha}_2+\cdots+x_s\boldsymbol{\alpha}_s=\left(\sum_{i=1}^{s}k_{1i}x_i\right)\boldsymbol{\beta}_1+\left(\sum_{i=1}^{s}k_{2i}x_i\right)\boldsymbol{\beta}_2+\cdots+\left(\sum_{i=1}^{s}k_{ri}x_i\right)\boldsymbol{\beta}_r=\mathbf{0}.$$

只需证存在不全为零的数 $x_1,x_2,\cdots,x_s$，使得 $\boldsymbol{\beta}_1,\boldsymbol{\beta}_2,\cdots,\boldsymbol{\beta}_r$ 的系数全为 0 即可. 设

$$\begin{cases}k_{11}x_1+k_{12}x_2+\cdots+k_{1s}x_s=0,\\ k_{21}x_1+k_{22}x_2+\cdots+k_{2s}x_s=0,\\ \quad\cdots\cdots\cdots\cdots\\ k_{r1}x_1+k_{r2}x_2+\cdots+k_{rs}x_s=0.\end{cases}\tag{13}$$

因方程组(13)是一个含有 s 个未知量和 r 个方程的齐次线性方程组，且 $r<s$，故方程组(13)有非零解，于是存在不全为零的 $x_1,x_2,\cdots,x_s$，使得式(12)成立，即向量组 $\alpha_1,\alpha_2,\cdots,\alpha_s$ 线性相关. ▌

定理 7 通俗地讲就是数量多的向量组能由数量少的向量组线性表示，则数量多的向量组必线性相关. 由此可以得到如下推论：

推论 1　如果向量组 $\boldsymbol{\alpha}_1,\boldsymbol{\alpha}_2,\cdots,\boldsymbol{\alpha}_s$ 可以由向量组 $\boldsymbol{\beta}_1,\boldsymbol{\beta}_2,\cdots,\boldsymbol{\beta}_r$ 线性表出，且 $\boldsymbol{\alpha}_1,\boldsymbol{\alpha}_2,\cdots,\boldsymbol{\alpha}_s$ 线性无关，那么 $s\leqslant r$.

推论 2　两个线性无关且等价的向量组，必含有相同个数的向量.

结合任一 n 维向量都可以由单位向量组 $\boldsymbol{\varepsilon}_1,\boldsymbol{\varepsilon}_2,\cdots,\boldsymbol{\varepsilon}_n$ 线性表示，可得：

推论 3　任意 $n+1$ 个 n 维向量必线性相关.

例 5　判断下列向量组是否线性相关.

(1) $\boldsymbol{\alpha}_1=(1,1,-5)^{\mathrm{T}},\boldsymbol{\alpha}_2=(-1,2,1)^{\mathrm{T}},\boldsymbol{\alpha}_3=(2,-1,4)^{\mathrm{T}},\boldsymbol{\alpha}_4=(1,3,8)^{\mathrm{T}}$；

(2) $\boldsymbol{\alpha}_1=(3,0,-4,3)^{\mathrm{T}},\boldsymbol{\alpha}_2=(6,0,-8,6)^{\mathrm{T}},\boldsymbol{\alpha}_3=(2,1,-2,7)^{\mathrm{T}}$；

(3) $\boldsymbol{\alpha}_1=(1,0,0,-1,2)^{\mathrm{T}},\boldsymbol{\alpha}_2=(0,1,0,3,5)^{\mathrm{T}},\boldsymbol{\alpha}_3=(0,0,1,-1,0)^{\mathrm{T}}$.

解　(1) 根据定理 7 的推论 2 知，4 个三维向量一定线性相关.

(2) $\boldsymbol{\alpha}_2=2\boldsymbol{\alpha}_1$，即 $\boldsymbol{\alpha}_1$ 与 $\boldsymbol{\alpha}_2$ 线性相关. 根据定理 3，整体组必线性相关.

(3) 由于 $(1,0,0)^{\mathrm{T}},(0,1,0)^{\mathrm{T}},(0,0,1)^{\mathrm{T}}$ 线性无关，根据定理 5，原向量组线性无关.

4.2 向量组的秩

对一个向量组，我们希望寻找它的一个部分组，使向量组中每个向量可以由这个部分组线性表出，且表法唯一，这样可知此向量组必是线性无关组的，而添加向量后必线性相关. 据此，本节首先定义了极大线性无关组及向量组的秩的概念，随后研究了向量组的秩与矩阵的秩之间的关系.

一、向量组的极大线性无关组

定义 6 向量组的一个部分组称为一个**极大线性无关组**（简称**极大无关组**），如果满足

(1) 这个部分组本身是线性无关的；

(2) 从这个向量组的其余向量中任意添一个向量（如果有的话），所得的部分向量组都线性相关.

例 1 向量组 $\boldsymbol{\alpha}_1=(1,0,0)^{\mathrm{T}}$，$\boldsymbol{\alpha}_2=(0,1,0)^{\mathrm{T}}$，$\boldsymbol{\alpha}_3=(1,1,0)^{\mathrm{T}}$ 中 $\boldsymbol{\alpha}_1,\boldsymbol{\alpha}_2$ 线性无关，而 $\boldsymbol{\alpha}_3=\boldsymbol{\alpha}_1+\boldsymbol{\alpha}_2$，所以 $\boldsymbol{\alpha}_1,\boldsymbol{\alpha}_2$ 是向量组 $\boldsymbol{\alpha}_1,\boldsymbol{\alpha}_2,\boldsymbol{\alpha}_3$ 的一个极大无关组. 另一方面，$\boldsymbol{\alpha}_1,\boldsymbol{\alpha}_3$ 及 $\boldsymbol{\alpha}_2,\boldsymbol{\alpha}_3$ 也都是该向量组的极大无关组.

小贴士

① 一般来说，一个向量组的极大无关组不是唯一的.

② 若一个向量组的极大无关组不唯一，则任意两个极大无关组都等价.

③ 一个线性无关向量组的极大无关组就是这个向量组本身.

④ 向量组和它的任一极大无关组等价.

由 4.1 节定理 7 的推论 2，可得：

定理 8 任一向量组的极大无关组都含有相同个数的向量.

定理 8 表明，极大无关组所含向量的个数与极大无关组的选择无关，它反映了向量组本身的性质. 由此引入向量组秩的定义.

二、向量组的秩

定义 7 向量组 A 的极大无关组所含向量的个数称为这个**向量组的秩**，记为 R_A. 只含零向量的向量组没有极大无关组，规定它的秩为 0.

由定义知，向量组 $\boldsymbol{\alpha}_1=(1,0,0)^{\mathrm{T}}$，$\boldsymbol{\alpha}_2=(0,1,0)^{\mathrm{T}}$，$\boldsymbol{\alpha}_3=(1,1,0)^{\mathrm{T}}$ 的秩为 2. 向量组 $\boldsymbol{\varepsilon}_1=(1,0,0)^{\mathrm{T}}$，$\boldsymbol{\varepsilon}_2=(0,1,0)^{\mathrm{T}}$，$\boldsymbol{\varepsilon}_3=(0,0,1)^{\mathrm{T}}$ 的秩为 3. 由于线性无关的向量组就是它自身的极大无关组，所以有如下定理：

定理 9 向量组线性无关的充要条件是它的秩与它所含向量的个数相同.

小贴士

① 一个向量组线性相关的充要条件是它的秩小于它所含向量的个数.

② 等价的向量组必有相同的秩.

③ 含有非零向量的向量组一定有极大无关组，且任一个线性无关的部分向量组都能扩充成一个极大无关组.

下面利用向量组的秩来研究向量组的等价.

定理 10　向量组 A 能由向量组 B 线性表出，则 $R_A \leqslant R_B$.

证明　设 $R_A = s, R_B = t$，设向量组 A 与 B 的极大无关组分别为

$$C: \boldsymbol{\alpha}_1, \boldsymbol{\alpha}_2, \cdots, \boldsymbol{\alpha}_s \quad \text{和} \quad D: \boldsymbol{\beta}_1, \boldsymbol{\beta}_2, \cdots, \boldsymbol{\beta}_t.$$

显然向量组 C 能由向量组 A 线性表出，向量组 B 能由向量组 D 线性表出，由已知向量组 A 能由向量组 B 线性表出，于是向量组 C 能由向量组 D 线性表出，又由于向量组 C 线性无关，由 4.1 节定理 7 的推论 1，得 $s \leqslant t$，即 $R_A \leqslant R_B$. ▌

推论 1　向量组 A 能由向量组 B 线性表出的充要条件是 $R_B = R_{A,B}$，其中，$R_{A,B}$ 为向量组 A 与 B 合起来构成的向量组的秩.

证明　(充分性)因为 $R_B = R_{A,B}$，所以向量组 B 的极大无关组必是向量组 A 与 B 合起来构成向量组的极大无关组，于是向量组 A 能由向量组 B 的极大无关组线性表出，进而能由向量组 B 线性表出.

(必要性)设向量组 A 能由向量组 B 线性表出. 因为向量组 B 能由其极大无关组线性表出，因而向量组 A 能由向量组 B 的极大无关组线性表出，即向量组 A,B 合起来构成的向量组能由向量组 B 的极大无关组线性表出，进而能由向量组 B 线性表出. 由定理 10，得 $R_{A,B} \leqslant R_B$，显然 $R_{A,B} \geqslant R_B$，于是 $R_B = R_{A,B}$. ▌

推论 2　向量组 A 与 B 等价的充要条件是 $R_A = R_B = R_{A,B}$.

三、矩阵的秩与向量组的秩的关系

把矩阵的每一行看成一个向量而构成的向量组称为矩阵的行向量组；类似地，把每一列看成一个向量而构成的向量组称为矩阵的列向量组.

定义 8　矩阵的行向量组的秩称为矩阵的**行秩**；矩阵的列向量组的秩称为矩阵的**列秩**.

例如，矩阵

$$\boldsymbol{A} = \begin{pmatrix} 1 & 1 & 3 & 1 \\ 0 & 2 & -1 & 4 \\ 0 & 0 & 0 & 5 \\ 0 & 0 & 0 & 0 \end{pmatrix}$$

的行向量组 $\boldsymbol{\alpha}_1 = (1,1,3,1), \boldsymbol{\alpha}_2 = (0,2,-1,4), \boldsymbol{\alpha}_3 = (0,0,0,5), \boldsymbol{\alpha}_4 = (0,0,0,0)$ 的秩是 3. 它的列向量组 $\boldsymbol{\beta}_1 = (1,0,0,0)^{\mathrm{T}}, \boldsymbol{\beta}_2 = (1,2,0,0)^{\mathrm{T}}, \boldsymbol{\beta}_3 = (3,-1,0,0)^{\mathrm{T}}, \boldsymbol{\beta}_4 = (1,4,5,0)^{\mathrm{T}}$ 的秩也是 3. 自然会提出疑问：矩阵 $\boldsymbol{A}$ 的行秩是否等于列秩？答案是肯定的，并且与矩阵的秩也相等，为了证明这一结论，先给出两个结论.

引理　设 $\boldsymbol{a}_1, \boldsymbol{a}_2, \cdots, \boldsymbol{a}_s, \boldsymbol{b}$ 为 n 维列向量组，$\boldsymbol{Q}$ 为 n 阶可逆矩阵，则有：

(1) 向量组 $\boldsymbol{a}_1, \boldsymbol{a}_2, \cdots, \boldsymbol{a}_s$ 的线性相关性与 $\boldsymbol{Q}\boldsymbol{a}_1, \boldsymbol{Q}\boldsymbol{a}_2, \cdots, \boldsymbol{Q}\boldsymbol{a}_s$ 相同.

(2) $\boldsymbol{b}$ 能由 $\boldsymbol{a}_1, \boldsymbol{a}_2, \cdots, \boldsymbol{a}_s$ 线性表示当且仅当 $\boldsymbol{Q}\boldsymbol{b}$ 能由 $\boldsymbol{Q}\boldsymbol{a}_1, \boldsymbol{Q}\boldsymbol{a}_2, \cdots, \boldsymbol{Q}\boldsymbol{a}_s$ 线性表示，且可以线性表示，则线性表示的系数不变.

证明 因为 Q 可逆，所以对数 $k_1,k_2,\cdots,k_s$，有

$$k_1\boldsymbol{a}_1+k_2\boldsymbol{a}_2+\cdots+k_s\boldsymbol{a}_s=\boldsymbol{0}\Leftrightarrow \boldsymbol{Q}(k_1\boldsymbol{a}_1+k_2\boldsymbol{a}_2+\cdots+k_s\boldsymbol{a}_s)=\boldsymbol{0}$$
$$\Leftrightarrow k_1(\boldsymbol{Q}\boldsymbol{a}_1)+k_2(\boldsymbol{Q}\boldsymbol{a}_2)+\cdots+k_s(\boldsymbol{Q}\boldsymbol{a}_s)=\boldsymbol{0},$$
$$k_1\boldsymbol{a}_1+k_2\boldsymbol{a}_2+\cdots+k_s\boldsymbol{a}_s=\boldsymbol{b}\Leftrightarrow \boldsymbol{Q}(k_1\boldsymbol{a}_1+k_2\boldsymbol{a}_2+\cdots+k_s\boldsymbol{a}_s)=\boldsymbol{Q}\boldsymbol{b}$$
$$\Leftrightarrow k_1(\boldsymbol{Q}\boldsymbol{a}_1)+k_2(\boldsymbol{Q}\boldsymbol{a}_2)+\cdots+k_s(\boldsymbol{Q}\boldsymbol{a}_s)=\boldsymbol{Q}\boldsymbol{b}.$$

因而，结论得证. ▌

小贴士

① 记 $\boldsymbol{A}=(\boldsymbol{a}_1,\boldsymbol{a}_2,\cdots,\boldsymbol{a}_s)$，$\boldsymbol{B}=(\boldsymbol{Q}\boldsymbol{a}_1,\boldsymbol{Q}\boldsymbol{a}_2,\cdots,\boldsymbol{Q}\boldsymbol{a}_s)$，则 $\boldsymbol{B}=\boldsymbol{Q}\boldsymbol{A}$，于是根据引理，若 $\boldsymbol{A}\overset{r}{\sim}\boldsymbol{B}$，则 $\boldsymbol{A}$ 的列向量组的线性相关性与 $\boldsymbol{B}$ 的列向量组的线性相关性相同.

② 因为 $(\boldsymbol{Q}\boldsymbol{a}_1,\boldsymbol{Q}\boldsymbol{a}_2,\cdots,\boldsymbol{Q}\boldsymbol{a}_s,\boldsymbol{Q}\boldsymbol{b})=\boldsymbol{Q}(\boldsymbol{a}_1,\boldsymbol{a}_2,\cdots,\boldsymbol{a}_s,\boldsymbol{b})$，根据引理，可以将矩阵 $(\boldsymbol{a}_1,\boldsymbol{a}_2,\cdots,\boldsymbol{a}_s,\boldsymbol{b})$ 进行初等行变换化为行最简形矩阵 $\boldsymbol{B}=(\boldsymbol{a}_1',\boldsymbol{a}_2',\cdots,\boldsymbol{a}_s',\boldsymbol{b}')$，则 $\boldsymbol{b}$ 能由 $\boldsymbol{a}_1,\boldsymbol{a}_2,\cdots,\boldsymbol{a}_s$ 线性表示等价于 $\boldsymbol{b}'$ 能由矩阵 $\boldsymbol{B}$ 中其余列向量线性表示，且表示方法一致. 同理判别 $\boldsymbol{b}_1,\boldsymbol{b}_2,\cdots,\boldsymbol{b}_t$ 是否能由 $\boldsymbol{a}_1,\boldsymbol{a}_2,\cdots,\boldsymbol{a}_s$ 线性表示，只需对矩阵 $(\boldsymbol{a}_1,\boldsymbol{a}_2,\cdots,\boldsymbol{a}_s,\boldsymbol{b}_1,\boldsymbol{b}_2,\cdots,\boldsymbol{b}_t)$ 进行初等行变换化为较简单的向量组进行判别即可.

定理 11 矩阵的行秩与列秩相等，且等于矩阵的秩.

证明 设矩阵 $\boldsymbol{A}=(a_{ij})_{m\times n}$ 按列分块为 $\boldsymbol{A}=(\boldsymbol{a}_1,\boldsymbol{a}_2,\cdots,\boldsymbol{a}_n)$，$R(\boldsymbol{A})=r$，于是存在 m 阶可逆矩阵 $\boldsymbol{Q}$，使得 $\boldsymbol{Q}\boldsymbol{A}$ 为行最简形. 为清楚起见，不妨设左上角为 $\boldsymbol{E}_r$，即

$$\boldsymbol{Q}\boldsymbol{A}=(\boldsymbol{Q}\boldsymbol{a}_1,\boldsymbol{Q}\boldsymbol{a}_2,\cdots,\boldsymbol{Q}\boldsymbol{a}_n)=\begin{pmatrix}1&0&\cdots&0&b_{1,r+1}&\cdots&b_{1,n}\\0&1&\cdots&0&b_{2,r+1}&\cdots&b_{2,n}\\\vdots&\vdots&\ddots&\vdots&\vdots&&\vdots\\0&0&\cdots&1&b_{r,r+1}&\cdots&b_{r,n}\\0&0&\cdots&0&0&\cdots&0\\\vdots&\vdots&&\vdots&\vdots&&\vdots\\0&0&\cdots&0&0&\cdots&0\end{pmatrix},$$

显然 $\boldsymbol{Q}\boldsymbol{A}$ 的前 r 个列向量线性无关，且 $\boldsymbol{Q}\boldsymbol{A}$ 中其余列向量都可以由其线性表示，因此，$\boldsymbol{Q}\boldsymbol{A}$ 前 r 个列向量为 $\boldsymbol{Q}\boldsymbol{A}$ 列向量组的极大无关组，其个数为 r，由引理，$\boldsymbol{a}_1,\boldsymbol{a}_2,\cdots,\boldsymbol{a}_r$ 线性无关，且 $\boldsymbol{A}$ 中其余列向量均能由其线性表示，因此，$\boldsymbol{A}$ 的列秩等于 $\boldsymbol{A}$ 的秩.

下面再证 $\boldsymbol{A}$ 的行秩等于 $\boldsymbol{A}$ 的秩. 将 $\boldsymbol{A}$ 按行分块，相应行向量为 $\boldsymbol{b}_1^{\mathrm{T}},\boldsymbol{b}_2^{\mathrm{T}},\cdots,\boldsymbol{b}_m^{\mathrm{T}}$，则 $\boldsymbol{A}^{\mathrm{T}}=(\boldsymbol{b}_1,\boldsymbol{b}_2,\cdots,\boldsymbol{b}_m)$，按照前面的结论，$\boldsymbol{A}^{\mathrm{T}}$ 的列秩等于 $\boldsymbol{A}^{\mathrm{T}}$ 的秩，而 $\boldsymbol{A}^{\mathrm{T}}$ 的列秩即为 $\boldsymbol{A}$ 的行秩，由 $R(\boldsymbol{A}^{\mathrm{T}})=R(\boldsymbol{A})$，得 $\boldsymbol{A}$ 的行秩等于 $\boldsymbol{A}$ 的秩. ▌

例 2 求向量组 $\boldsymbol{\alpha}_1=(2,1,3,0)^{\mathrm{T}}$，$\boldsymbol{\alpha}_2=(-2,-1,0,3)^{\mathrm{T}}$，$\boldsymbol{\alpha}_3=(4,2,6,0)^{\mathrm{T}}$，$\boldsymbol{\alpha}_4=(-2,1,-1,-4)^{\mathrm{T}}$，$\boldsymbol{\alpha}_5=(1,0,-1,-1)^{\mathrm{T}}$ 的秩及其一个极大无关组，并把不属于极大无关组的列向量用极大无关组线性表示，并判别这个向量组是否线性相关.

解 令 $\boldsymbol{A}=(\boldsymbol{\alpha}_1,\boldsymbol{\alpha}_2,\boldsymbol{\alpha}_3,\boldsymbol{\alpha}_4,\boldsymbol{\alpha}_5)$，则

$$\boldsymbol{A}=\begin{pmatrix}2&-2&4&-2&1\\1&-1&2&1&0\\3&0&6&-1&-1\\0&3&0&-4&-1\end{pmatrix}\xrightarrow{r\leftrightarrow r_2}\begin{pmatrix}1&-1&2&1&0\\2&-2&4&-2&1\\3&0&6&-1&-1\\0&3&0&-4&-1\end{pmatrix}\xrightarrow[r_3-3r_1]{r_2-2r_1}\begin{pmatrix}1&-1&2&1&0\\0&0&0&-4&1\\0&3&0&-4&-1\\0&3&0&-4&-1\end{pmatrix}$$

$$\xrightarrow[r_3-r_2]{r_4-r_3}\begin{pmatrix}1&-1&2&1&0\\0&0&0&-4&1\\0&3&0&0&-2\\0&0&0&0&0\end{pmatrix}\xrightarrow{r_3\leftrightarrow r_2}\begin{pmatrix}1&-1&2&1&0\\0&3&0&0&-2\\0&0&0&-4&1\\0&0&0&0&0\end{pmatrix}$$

$$\xrightarrow[r_3\div(-4)]{r_2\div 3}\begin{pmatrix}1&-1&2&1&0\\0&1&0&0&-\frac{2}{3}\\0&0&0&1&-\frac{1}{4}\\0&0&0&0&0\end{pmatrix}\xrightarrow[r_1-r_3]{r_1+r_2}\begin{pmatrix}1&0&2&0&-\frac{5}{12}\\0&1&0&0&-\frac{2}{3}\\0&0&0&1&-\frac{1}{4}\\0&0&0&0&0\end{pmatrix}\overset{\triangle}{=\!=}\boldsymbol{B}=(\boldsymbol{\beta}_1,\boldsymbol{\beta}_2,\boldsymbol{\beta}_3,\boldsymbol{\beta}_4,\boldsymbol{\beta}_5).$$

于是 $R(\boldsymbol{B})=3$，从而已知列向量组的秩为 3，一个极大无关组为 $\boldsymbol{\alpha}_1,\boldsymbol{\alpha}_2,\boldsymbol{\alpha}_4$. 因为

$$\boldsymbol{\beta}_3=\begin{pmatrix}2\\0\\0\\0\end{pmatrix}=2\begin{pmatrix}1\\0\\0\\0\end{pmatrix}=2\boldsymbol{\beta}_1,$$

$$\boldsymbol{\beta}_5=\begin{pmatrix}-\frac{5}{12}\\-\frac{2}{3}\\-\frac{1}{4}\end{pmatrix}=-\frac{5}{12}\begin{pmatrix}1\\0\\0\\0\end{pmatrix}-\frac{2}{3}\begin{pmatrix}0\\1\\0\\0\end{pmatrix}-\frac{1}{4}\begin{pmatrix}0\\0\\1\\0\end{pmatrix}=-\frac{5}{12}\boldsymbol{\beta}_1-\frac{2}{3}\boldsymbol{\beta}_2-\frac{1}{4}\boldsymbol{\beta}_4,$$

所以

$$\boldsymbol{\alpha}_3=2\boldsymbol{\alpha}_1,$$
$$\boldsymbol{\alpha}_5=-\frac{5}{12}\boldsymbol{\alpha}_1-\frac{2}{3}\boldsymbol{\alpha}_2-\frac{1}{4}\boldsymbol{\alpha}_4.$$

因向量组的秩为 $3<5$，所以向量组线性相关.

例 3　设 $\boldsymbol{\alpha}_1,\boldsymbol{\alpha}_2,\boldsymbol{\alpha}_3$ 是 $\mathbf{R}^3$ 的极大无关组，且 $\boldsymbol{\beta}_1=\boldsymbol{\alpha}_1+\boldsymbol{\alpha}_2+\boldsymbol{\alpha}_3$，$\boldsymbol{\beta}_2=\boldsymbol{\alpha}_1+\boldsymbol{\alpha}_2+2\boldsymbol{\alpha}_3$，$\boldsymbol{\beta}_3=\boldsymbol{\alpha}_1+2\boldsymbol{\alpha}_2+3\boldsymbol{\alpha}_3$. 证明：$\boldsymbol{\beta}_1,\boldsymbol{\beta}_2,\boldsymbol{\beta}_3$ 也是 $\mathbf{R}^3$ 的极大无关组.

证法 1　由已知，得 $\boldsymbol{\alpha}_1=\boldsymbol{\beta}_1+\boldsymbol{\beta}_2-\boldsymbol{\beta}_3$，$\boldsymbol{\alpha}_2=\boldsymbol{\beta}_1-2\boldsymbol{\beta}_2+\boldsymbol{\beta}_3$，$\boldsymbol{\alpha}_3=-\boldsymbol{\beta}_1+\boldsymbol{\beta}_2$，即向量组 $\boldsymbol{\alpha}_1,\boldsymbol{\alpha}_2,\boldsymbol{\alpha}_3$ 与 $\boldsymbol{\beta}_1,\boldsymbol{\beta}_2,\boldsymbol{\beta}_3$ 可以互相线性表出，也就是它们等价，因而 $\boldsymbol{\beta}_1,\boldsymbol{\beta}_2,\boldsymbol{\beta}_3$ 也是 $\mathbf{R}^3$ 的极大无关组.

典例分析

证法 2　由已知，得

$$(\boldsymbol{\beta}_1,\boldsymbol{\beta}_2,\boldsymbol{\beta}_3)=(\boldsymbol{\alpha}_1,\boldsymbol{\alpha}_2,\boldsymbol{\alpha}_3)\begin{pmatrix}1&1&1\\1&1&2\\1&2&3\end{pmatrix}.$$

将上式记为 $\boldsymbol{B}=\boldsymbol{A}\boldsymbol{Q}$,因为 $|\boldsymbol{Q}|=\begin{vmatrix}1&1&1\\1&1&2\\1&2&3\end{vmatrix}=-1\neq 0$,即矩阵 $\boldsymbol{Q}$ 可逆,于是 $R(\boldsymbol{B})=R(\boldsymbol{A})$. 因为 $\boldsymbol{\alpha}_1,\boldsymbol{\alpha}_2,\boldsymbol{\alpha}_3$ 是极大无关组,所以 $R(\boldsymbol{A})=3$,于是向量组 $\boldsymbol{\beta}_1,\boldsymbol{\beta}_2,\boldsymbol{\beta}_3$ 的秩为 3,故 $\boldsymbol{\beta}_1,\boldsymbol{\beta}_2,\boldsymbol{\beta}_3$ 也是 $\mathbf{R}^3$ 的极大无关组.

例 4 已知向量组

$$A:\boldsymbol{a}_1=\begin{pmatrix}4\\3\\7\\1\end{pmatrix},\boldsymbol{a}_2=\begin{pmatrix}6\\2\\8\\4\end{pmatrix};\quad B:\boldsymbol{b}_1=\begin{pmatrix}2\\1\\3\\1\end{pmatrix}\boldsymbol{b}_2=\begin{pmatrix}3\\2\\5\\1\end{pmatrix}\boldsymbol{b}_3=\begin{pmatrix}5\\2\\8\\3\end{pmatrix}.$$

问:(1) 向量组 A 能否用向量组 B 线性表出?(2) 向量组 A 与向量组 B 是否等价?

解 (1) $$(\boldsymbol{b}_1,\boldsymbol{b}_2,\boldsymbol{b}_3,\boldsymbol{a}_1,\boldsymbol{a}_2)=\begin{pmatrix}2&3&5&4&6\\1&2&2&3&2\\3&5&8&7&8\\1&1&3&1&4\end{pmatrix}\xrightarrow[r_3-3r_4]{\substack{r_1-2r_4\\r_2-r_4}}\begin{pmatrix}0&1&-1&2&-2\\0&1&-1&2&-2\\0&2&-1&4&-4\\1&1&3&1&4\end{pmatrix}$$

$$\xrightarrow{r_1\leftrightarrow r_4}\begin{pmatrix}1&1&3&1&4\\0&1&-1&2&-2\\0&2&-1&4&-4\\0&1&-1&2&-2\end{pmatrix}\xrightarrow[r_4-r_2]{r_3-2r_2}\begin{pmatrix}1&1&3&1&4\\0&1&-1&2&-2\\0&0&1&0&0\\0&0&0&0&0\end{pmatrix}.$$

于是 $R_B=R_{A,B}=3$,向量组 A 能用向量组 B 线性表出.

(2) 向量 $\boldsymbol{a}_1$ 与 $\boldsymbol{a}_2$ 不成比例,故 $R_A=2\neq R_{A,B}$,从而向量组 B 不能用向量组 A 线性表出,即向量组 A 与向量组 B 不等价.

4.3 线性方程组有解判别定理

在第 3 章,我们利用初等行变换讨论过线性方程组的解,本节利用向量组的线性相关性及向量组的秩(或矩阵的秩)来讨论解的存在性.

线性方程组

$$\begin{cases}a_{11}x_1+a_{12}x_2+\cdots+a_{1n}x_n=b_1,\\a_{21}x_1+a_{22}x_2+\cdots+a_{2n}x_n=b_2,\\\quad\cdots\cdots\cdots\cdots\\a_{s1}x_1+a_{s2}x_2+\cdots+a_{sn}x_n=b_s\end{cases}\tag{1}$$

的系数矩阵与增广矩阵分别为

$$\boldsymbol{A}=\begin{pmatrix} a_{11} & a_{12} & \cdots & a_{1n} \\ a_{21} & a_{22} & \cdots & a_{2n} \\ \vdots & \vdots & & \vdots \\ a_{s1} & a_{s2} & \cdots & a_{sn} \end{pmatrix},\quad \overline{\boldsymbol{A}}=(\boldsymbol{A},\boldsymbol{b})=\begin{pmatrix} a_{11} & a_{12} & \cdots & a_{1n} & b_1 \\ a_{21} & a_{22} & \cdots & a_{2n} & b_2 \\ \vdots & \vdots & & \vdots & \vdots \\ a_{s1} & a_{s2} & \cdots & a_{sn} & b_s \end{pmatrix}.$$

若列向量记为

$$\boldsymbol{\alpha}_1=\begin{pmatrix} a_{11} \\ a_{21} \\ \vdots \\ a_{s1} \end{pmatrix},\ \boldsymbol{\alpha}_2=\begin{pmatrix} a_{12} \\ a_{22} \\ \vdots \\ a_{s2} \end{pmatrix},\ \cdots,\ \boldsymbol{\alpha}_n=\begin{pmatrix} a_{1n} \\ a_{2n} \\ \vdots \\ a_{sn} \end{pmatrix},\ \boldsymbol{\beta}=\begin{pmatrix} b_1 \\ b_2 \\ \vdots \\ b_s \end{pmatrix}, \tag{2}$$

则线性方程组(1)可以改写成向量方程

$$x_1\boldsymbol{\alpha}_1+x_2\boldsymbol{\alpha}_2+\cdots+x_n\boldsymbol{\alpha}_n=\boldsymbol{\beta}. \tag{3}$$

于是线性方程组(1)有解⇔向量 $\boldsymbol{\beta}$ 可以表示成向量组 $\boldsymbol{\alpha}_1,\boldsymbol{\alpha}_2,\cdots,\boldsymbol{\alpha}_n$ 的线性组合. 即得:

定理 12(线性方程组有解判别定理)　线性方程组(1)有解的充要条件为它的系数矩阵与增广矩阵有相同的秩,即 $R(\boldsymbol{A})=R(\overline{\boldsymbol{A}})$.

证明　线性方程组(1)有解⇔向量 $\boldsymbol{\beta}$ 可以表示成向量组 $\boldsymbol{\alpha}_1,\boldsymbol{\alpha}_2,\cdots,\boldsymbol{\alpha}_n$ 的线性组合

⇔向量组 $\boldsymbol{\alpha}_1,\boldsymbol{\alpha}_2,\cdots,\boldsymbol{\alpha}_n$ 与 $\boldsymbol{\alpha}_1,\boldsymbol{\alpha}_2,\cdots,\boldsymbol{\alpha}_n,\boldsymbol{\beta}$ 等价

⇔$R(\boldsymbol{A})=R(\overline{\boldsymbol{A}})$. ▎

在方程组(1)有解的情况下,做进一步讨论. 设 $R(\boldsymbol{A})=R(\overline{\boldsymbol{A}})=r$,且 D_r 是矩阵 $\boldsymbol{A}$ 的一个不为零的 r 阶子式,不妨设 D_r 位于 $\boldsymbol{A}$ 的左上角. 于是 $\overline{\boldsymbol{A}}$ 的前 r 行就是行向量组的一个极大无关组,后面各行都可以由这 r 行线性表出,由此,方程组(1)与

$$\begin{cases} a_{11}x_1+\cdots+a_{1r}x_r+\cdots+a_{1n}x_n=b_1, \\ a_{21}x_1+\cdots+a_{2r}x_r+\cdots+a_{2n}x_n=b_2, \\ \cdots\cdots\cdots\cdots \\ a_{r1}x_1+\cdots+a_{rr}x_r+\cdots+a_{rn}x_n=b_r \end{cases} \tag{4}$$

同解.

当 $r=n$ 时,由克拉默法则,方程组(4)有唯一解,于是方程组(1)有唯一解.

当 $r<n$ 时,将方程组(4)写为

$$\begin{cases} a_{11}x_1+\cdots+a_{1r}x_r=b_1-a_{1,r+1}x_{r+1}-\cdots-a_{1n}x_n, \\ a_{21}x_1+\cdots+a_{2r}x_r=b_2-a_{2,r+1}x_{r+1}-\cdots-a_{2n}x_n, \\ \cdots\cdots\cdots\cdots \\ a_{r1}x_1+\cdots+a_{rr}x_r=b_r-a_{r,r+1}x_{r+1}-\cdots-a_{rn}x_n. \end{cases} \tag{5}$$

显然方程组(5)作为 $x_1,\cdots,x_r$ 的一个方程组,它的系数行列式 $D_r\neq 0$. 由克拉默法则,对于 $x_{r+1},\cdots,x_n$ 的任意一组值,方程组(5)都有唯一的解. 由此得方程组(1)的一个解,称 $x_{r+1},\cdots,x_n$ 是方程组(1)的一组自由未知量,从(5)中可解得:

$$\begin{cases} x_1=d_1'+c_{1,r+1}'x_{r+1}+\cdots+c_{1n}'x_n, \\ x_2=d_2'+c_{2,r+1}'x_{r+1}+\cdots+c_{2n}'x_n, \\ \cdots\cdots\cdots\cdots \\ x_r=d_r'+c_{r,r+1}'x_{r+1}+\cdots+c_{rn}'x_n. \end{cases} \tag{6}$$

(6)就是线性方程组(1)的一般解. 综上所述,得如下定理:

定理 13 对于非齐次方程组 $\boldsymbol{A}_{m\times n}\boldsymbol{x}=\boldsymbol{b}$,

(1) 无解的充要条件是 $R(\boldsymbol{A})\neq R(\overline{\boldsymbol{A}})$;

(2) 唯一解的充要条件是 $R(\boldsymbol{A})=R(\overline{\boldsymbol{A}})=n$;

(3) 无穷多解的充要条件是 $R(\boldsymbol{A})=R(\overline{\boldsymbol{A}})<n$.

定理 14 对于齐次方程组 $\boldsymbol{A}_{m\times n}\boldsymbol{x}=\boldsymbol{0}$,

(1) 只有零解的充要条件是 $R(\boldsymbol{A})=n$;

(2) 有非零解的充要条件是 $R(\boldsymbol{A})<n$.

典例分析

例 1 求解齐次线性方程组

$$\begin{cases}3x_1+6x_2+x_3+3x_4=0,\\2x_1+3x_2-x_3+3x_4=0,\\5x_1+3x_2-10x_3+12x_4=0.\end{cases}$$

解 对系数矩阵实施初等行变换

$$\boldsymbol{A}=\begin{pmatrix}3&6&1&3\\2&3&-1&3\\5&3&-10&12\end{pmatrix}\xrightarrow[r_1-r_2]{r_3-r_1-r_2}\begin{pmatrix}1&3&2&0\\2&3&-1&3\\0&-6&-10&6\end{pmatrix}\xrightarrow{r_2-2r_1}\begin{pmatrix}1&3&1&0\\0&-3&-5&3\\0&-6&-10&6\end{pmatrix}$$

$$\xrightarrow[r_1+r_2]{r_3-2r_2}\begin{pmatrix}1&0&-4&3\\0&-3&-5&3\\0&0&0&0\end{pmatrix}\xrightarrow{r_2\div(-3)}\begin{pmatrix}1&0&-4&3\\0&1&\dfrac{5}{3}&-1\\0&0&0&0\end{pmatrix}.$$

同解的方程组为

$$\begin{cases}x_1-4x_3+3x_4=0,\\x_2+\dfrac{5}{3}x_3-x_4=0.\end{cases}$$

由此即得

$$\begin{cases}x_1=4x_3-3x_4,\\x_2=-\dfrac{5}{3}x_3+x_4.\end{cases}$$

令 $x_3=k_1,x_4=k_2$,把它写成通常的参数形式

$$\begin{cases}x_1=4k_1-3k_2,\\x_2=-\dfrac{5}{3}k_1+k_2,\\x_3=k_1,\\x_4=k_2,\end{cases}$$

则通解为

$$\begin{pmatrix}x_1\\x_2\\x_3\\x_4\end{pmatrix}=k_1\begin{pmatrix}4\\-\frac{5}{3}\\1\\0\end{pmatrix}+k_2\begin{pmatrix}-3\\1\\0\\1\end{pmatrix}\quad(k_1,k_2\text{为任意常数}).$$

例 2　问 λ 取怎样的数值时，线性方程组

$$\begin{cases}\lambda x_1+x_2+x_3=1,\\x_1+\lambda x_2+x_3=\lambda,\\x_1+x_2+\lambda x_3=\lambda^2\end{cases}$$

有唯一解，无解，有无穷多解？有解时，求其解.

解法 1　对增广矩阵实施初等行变换

$$\overline{\mathbf{A}}=\begin{pmatrix}\lambda&1&1&1\\1&\lambda&1&\lambda\\1&1&\lambda&\lambda^2\end{pmatrix}\xrightarrow{r_1\leftrightarrow r_3}\begin{pmatrix}1&1&\lambda&\lambda^2\\1&\lambda&1&\lambda\\\lambda&1&1&1\end{pmatrix}\xrightarrow[r_3-\lambda r_1]{r_2-r_1}\begin{pmatrix}1&1&\lambda&\lambda^2\\0&\lambda-1&1-\lambda&\lambda-\lambda^2\\0&1-\lambda&1-\lambda^2&1-\lambda^3\end{pmatrix}$$

$$\xrightarrow{r_3+r_2}\begin{pmatrix}1&1&\lambda&\lambda^2\\0&\lambda-1&1-\lambda&\lambda-\lambda^2\\0&0&2-\lambda-\lambda^2&1+\lambda-\lambda^2-\lambda^3\end{pmatrix}$$

$$=\begin{pmatrix}1&1&\lambda&\lambda^2\\0&\lambda-1&1-\lambda&\lambda(1-\lambda)\\0&0&(1-\lambda)(2+\lambda)&(1-\lambda)(1+\lambda)^2\end{pmatrix}.$$

(1) 当 $\lambda=1$ 时，

$$\overline{\mathbf{A}}\to\begin{pmatrix}1&1&1&1\\0&0&0&0\\0&0&0&0\end{pmatrix}.$$

因为 $R(\mathbf{A})=R(\overline{\mathbf{A}})<3$，所以方程组有无穷多解，同解方程组为 $x_1=1-x_2-x_3$，通解为

$$\begin{cases}x_1=1-k_1-k_2,\\x_2=k_1,\\x_3=k_2\end{cases}\quad(k_1,k_2\text{为任意常数}).$$

(2) 当 $\lambda\neq1$ 时，

$$\overline{\mathbf{A}}\to\begin{pmatrix}1&1&\lambda&\lambda^2\\0&1&-1&-\lambda\\0&0&2+\lambda&(1+\lambda)^2\end{pmatrix}.$$

这时又分两种情形：

① $\lambda\neq-2$ 时，$R(\mathbf{A})=R(\overline{\mathbf{A}})=3$，所以方程组有唯一解：

$$x_1=-\frac{\lambda+1}{\lambda+2},\quad x_2=\frac{1}{\lambda+2},\quad x_3=\frac{(\lambda+1)^2}{\lambda+2}.$$

② $\lambda=-2$ 时，

$$\overline{\boldsymbol{A}}\rightarrow\begin{pmatrix}1 & 1 & -2 & 4\\0 & -3 & 3 & -6\\0 & 0 & 0 & 3\end{pmatrix}.$$

由于 $R(\boldsymbol{A})\neq R(\overline{\boldsymbol{A}})$，故方程组无解.

解法 2

$$|\boldsymbol{A}|=\begin{vmatrix}\lambda & 1 & 1\\1 & \lambda & 1\\1 & 1 & \lambda\end{vmatrix}=(\lambda+2)\begin{vmatrix}1 & 1 & 1\\1 & \lambda & 1\\1 & 1 & \lambda\end{vmatrix}$$

$$=(\lambda+2)\begin{vmatrix}1 & 1 & 1\\0 & \lambda-1 & 0\\0 & 0 & \lambda-1\end{vmatrix}=(\lambda+2)(\lambda-1)^2.$$

当 $\lambda\neq1$ 且 $\lambda\neq-2$ 时，$|\boldsymbol{A}|\neq0$，由克拉默法则，方程组有唯一解

$$x_1=-\frac{\lambda+1}{\lambda+2},\quad x_2=\frac{1}{\lambda+2},\quad x_3=\frac{(\lambda+1)^2}{\lambda+2}.$$

$\lambda=1$ 及 $\lambda=-2$ 的情形与解法 1 的讨论相同(略).

例 3 证明：矩阵方程 $\boldsymbol{A}x=\boldsymbol{B}$ 有解的充要条件是 $R(\boldsymbol{A})=R(\boldsymbol{A},\boldsymbol{B})$.

证明 设 $\boldsymbol{B}=(\boldsymbol{b}_1,\boldsymbol{b}_2,\cdots,\boldsymbol{b}_m)$，则

$\boldsymbol{A}x=\boldsymbol{B}$ 有解 $\Leftrightarrow\boldsymbol{A}x=\boldsymbol{b}_i(i=1,2,,\cdots,m)$ 有解

$\Leftrightarrow\boldsymbol{b}_1,\boldsymbol{b}_2,\cdots,\boldsymbol{b}_m$ 可以由 $\boldsymbol{A}$ 的列向量组线性表出

$\Leftrightarrow\boldsymbol{A}$ 的列向量组的秩等于 $\boldsymbol{A}$ 的列向量组与 $\boldsymbol{b}_1,\boldsymbol{b}_2,\cdots,\boldsymbol{b}_m$ 合并而成向量组的秩

$\Leftrightarrow R(\boldsymbol{A})=R(\boldsymbol{A},\boldsymbol{B})$.

4.4 线性方程组的解的结构

上一节解决了线性方程组解的存在条件问题，在有解的前提下，解与解之间的关系如何，这就是本节要解决的解的结构问题.

一、齐次线性方程组的解的结构

齐次线性方程组

$$\begin{cases}a_{11}x_1+a_{12}x_2+\cdots+a_{1n}x_n=0,\\a_{21}x_1+a_{22}x_2+\cdots+a_{2n}x_n=0,\\\cdots\cdots\cdots\cdots\\a_{s1}x_1+a_{s2}x_2+\cdots+a_{sn}x_n=0\end{cases}\tag{1}$$

可写成矩阵方程 $\boldsymbol{AX}=\boldsymbol{0}$，其中

$$\boldsymbol{A}=\begin{pmatrix}a_{11} & a_{12} & \cdots & a_{1n}\\a_{21} & a_{22} & \cdots & a_{2n}\\\vdots & \vdots & & \vdots\\a_{s1} & a_{s2} & \cdots & a_{sn}\end{pmatrix},\quad\boldsymbol{X}=\begin{pmatrix}x_1\\x_2\\\vdots\\x_n\end{pmatrix}.$$

直接验证可得 $\boldsymbol{AX}=\boldsymbol{0}$ 的解具有下面两个重要性质：

性质 1 若 $\boldsymbol{\zeta}_1,\boldsymbol{\zeta}_2$ 为 $\boldsymbol{AX}=\boldsymbol{0}$ 的解，则 $\boldsymbol{\zeta}_1+\boldsymbol{\zeta}_2$ 也是 $\boldsymbol{AX}=\boldsymbol{0}$ 的解.

性质 2 若 $\boldsymbol{\zeta}_1$ 为 $\boldsymbol{AX}=\boldsymbol{0}$ 的解，k 为实数，则 $k\boldsymbol{\zeta}_1$ 也是 $\boldsymbol{AX}=\boldsymbol{0}$ 的解.

证明 只证明性质 1. 设 $\boldsymbol{\zeta}_1,\boldsymbol{\zeta}_2$ 是 $\boldsymbol{AX}=\boldsymbol{0}$ 的解，则有 $\boldsymbol{A\zeta}_1=\boldsymbol{0},\boldsymbol{A\zeta}_2=\boldsymbol{0}$，于是

$$\boldsymbol{A}(\boldsymbol{\zeta}_1+\boldsymbol{\zeta}_2)=\boldsymbol{A\zeta}_1+\boldsymbol{A\zeta}_2=\boldsymbol{0},$$

即 $\boldsymbol{\zeta}_1+\boldsymbol{\zeta}_2$ 也是 $\boldsymbol{AX}=\boldsymbol{0}$ 的解. ▍

由上述性质，齐次线性方程组解的线性组合还是方程组的解. 因而如果方程组有非零解，就会有无穷多解，自然想到是否可以用方程组的有限个解的线性组合给出全部解. 为此引入基础解系的概念.

定义 9 齐次线性方程组(1)的一组解 $\boldsymbol{\eta}_1,\boldsymbol{\eta}_2,\cdots,\boldsymbol{\eta}_t$ 称为(1)的**一个基础解系**，如果

(1) $\boldsymbol{\eta}_1,\boldsymbol{\eta}_2,\cdots,\boldsymbol{\eta}_t$ 线性无关；

(2) 方程组(1)的任一个解都能表示成 $\boldsymbol{\eta}_1,\boldsymbol{\eta}_2,\cdots,\boldsymbol{\eta}_t$ 的线性组合.

对于有非零解的齐次线性方程组，如何求基础解系呢？利用系数矩阵的秩可以得到：

定理 15 在齐次线性方程组 $\boldsymbol{AX}=\boldsymbol{0}$ 有非零解的情况下，它有基础解系，并且基础解系所含解的个数等于 $n-R(\boldsymbol{A})$(其中 $n-R(\boldsymbol{A})$就是自由未知量的个数).

证明 设 $R(\boldsymbol{A})=r$，系数矩阵 $\boldsymbol{A}$ 经过初等行变换化成行最简形矩阵 $\boldsymbol{J}$. 因为 $\boldsymbol{AX}=\boldsymbol{0}$ 有非零解，所以 $r<n$，因此 $\boldsymbol{J}$ 有 r 个非零行，不妨设非零行的首非零元在前 r 列，即

$$\boldsymbol{J}=\begin{pmatrix} 1 & \cdots & 0 & b_{11} & \cdots & b_{1,n-r} \\ \vdots & & \vdots & \vdots & & \vdots \\ 0 & \cdots & 1 & b_{r1} & \cdots & b_{r,n-r} \\ 0 & & & \cdots & & 0 \\ \vdots & & & & & \vdots \\ 0 & & & \cdots & & 0 \end{pmatrix},$$

于是所对应的同解方程组为

$$\begin{cases} x_1=-b_{11}x_{r+1}-\cdots-b_{1,n-r}x_n, \\ x_2=-b_{21}x_{r+1}-\cdots-b_{2,n-r}x_n, \\ \cdots\cdots\cdots\cdots \\ x_r=-b_{r1}x_{r+1}-\cdots-b_{r,n-r}x_n. \end{cases} \tag{2}$$

为了找到一组线性无关的解向量，用 $n-r$ 组向量 $(1,0,\cdots,0)^{\mathrm{T}},(0,1,\cdots,0)^{\mathrm{T}},\cdots,(0,0,\cdots,1)^{\mathrm{T}}$ 代入自由未知量 $(x_{r+1},x_{r+2},\cdots\cdots,x_n)^{\mathrm{T}}$，就得到方程组(2)的 $n-r$ 解，也即方程组(1)的 $n-r$ 个解

$$\begin{cases} \boldsymbol{\eta}_1=(c_{11},\cdots,c_{1r},1,0,\cdots,0)^{\mathrm{T}}, \\ \boldsymbol{\eta}_2=(c_{21},\cdots,c_{2r},0,1,\cdots,0)^{\mathrm{T}}, \\ \cdots\cdots\cdots\cdots \\ \boldsymbol{\eta}_{n-r}=(c_{n-r,1},\cdots,c_{n-r,r},0,0,\cdots,1)^{\mathrm{T}}. \end{cases} \tag{3}$$

由于向量组 $(1,0,\cdots,0)^{\mathrm{T}},(0,1,\cdots,0)^{\mathrm{T}},\cdots,(0,0,\cdots,1)^{\mathrm{T}}$ 线性无关，所以 $\boldsymbol{\eta}_1,\boldsymbol{\eta}_2,\cdots,\boldsymbol{\eta}_{n-r}$ 线性无关.

再证方程组(1)的任一个解都可以由 $\boldsymbol{\eta}_1,\boldsymbol{\eta}_2,\cdots,\boldsymbol{\eta}_{n-r}$ 线性表示. 设

$$\boldsymbol{\eta}=(c_1,\cdots c_r,c_{r+1},c_{r+2},\cdots,c_n)^{\mathrm{T}} \tag{4}$$

是方程组(1)的一个解. 由于 $\boldsymbol{\eta}_1,\boldsymbol{\eta}_2,\cdots,\boldsymbol{\eta}_{n-r}$ 是方程组(1)的解,所以它们的线性组合

$$c_{r+1}\boldsymbol{\eta}_1+c_{r+2}\boldsymbol{\eta}_2+\cdots+c_n\boldsymbol{\eta}_{n-r} \tag{5}$$

也是方程组(1)的一个解. 由于式(4)和式(5)的最后的 $n-r$ 个分量相同,即自由未知量有相同的值,于是 $\boldsymbol{\eta}=c_{r+1}\boldsymbol{\eta}_1+c_{r+2}\boldsymbol{\eta}_2+\cdots+c_n\boldsymbol{\eta}_{n-r}$,即方程组(1)的任一个解可表为 $\boldsymbol{\eta}_1,\boldsymbol{\eta}_2,\cdots,\boldsymbol{\eta}_{n-r}$ 的线性组合,所以 $\boldsymbol{\eta}_1,\boldsymbol{\eta}_2,\cdots,\boldsymbol{\eta}_{n-r}$ 是方程组(1)的一个基础解系. ▌

小贴士

① 若把 $\boldsymbol{AX}=\mathbf{0}$ 解集合看作一个向量组,则基础解系就是这个向量组的一个极大无关组,这个向量组的秩为 $n-R(\boldsymbol{A})$.

② 定理的证明中给出了基础解系的求法,若已求得 $\boldsymbol{\eta}_1,\boldsymbol{\eta}_2,\cdots,\boldsymbol{\eta}_t$ 为 $\boldsymbol{AX}=\mathbf{0}$ 的一个基础解系,则 $\boldsymbol{AX}=\mathbf{0}$ 的通解为

$$\boldsymbol{x}=k_1\boldsymbol{\eta}_1+k_2\boldsymbol{\eta}_2+\cdots+k_t\boldsymbol{\eta}_t,$$

其中 $k_1,k_2,\cdots,k_t$ 为任意常数.

③ 通解的另一求法.式(2)中,自由未知量 $x_{r+1},x_{r+2},\cdots,x_n$ 依次取 $c_{r+1},c_{r+2},\cdots,c_n$,得通解

$$\begin{pmatrix}x_1\\\vdots\\x_r\\x_{r+1}\\x_{r+2}\\\vdots\\x_n\end{pmatrix}=c_{r+1}\begin{pmatrix}-b_{11}\\\vdots\\-b_{r1}\\1\\0\\\vdots\\0\end{pmatrix}+c_{r+2}\begin{pmatrix}-b_{12}\\\vdots\\-b_{r2}\\0\\1\\\vdots\\0\end{pmatrix}+\cdots+c_n\begin{pmatrix}-b_{1,n-r}\\\vdots\\-b_{r,n-r}\\0\\0\\\vdots\\1\end{pmatrix}.$$

④ 任何一个线性无关且与某一个基础解系等价的解向量组都是基础解系.

例 1 求下列方程组的通解:

$$\begin{cases}x_1-x_2-x_3-3x_4=0,\\x_1-x_2+x_3+5x_4=0,\\-4x_1+4x_2+x_3=0.\end{cases}$$

解 $\overline{\boldsymbol{A}}=\begin{pmatrix}1&-1&-1&-3\\1&-1&1&5\\-4&4&1&0\end{pmatrix}\xrightarrow[r_3+4r_1]{r_2-r_1}\begin{pmatrix}1&-1&-1&-3\\0&0&2&8\\0&0&-3&-12\end{pmatrix}$

$$\xrightarrow{r_2\div 2}\begin{pmatrix}1&-1&-1&-3\\0&0&1&4\\0&0&-3&-12\end{pmatrix}\xrightarrow[r_3+3r_2]{r_1+r_2}\begin{pmatrix}1&-1&0&1\\0&0&1&4\\0&0&0&0\end{pmatrix},$$

得同解方程组

$$\begin{cases}x_1=x_2-x_4,\\x_3=-4x_4.\end{cases}$$

取$\begin{pmatrix}x_2\\x_4\end{pmatrix}=\begin{pmatrix}1\\0\end{pmatrix},\begin{pmatrix}0\\1\end{pmatrix}$，则$\begin{pmatrix}x_1\\x_3\end{pmatrix}=\begin{pmatrix}1\\0\end{pmatrix},\begin{pmatrix}-1\\-4\end{pmatrix}$，得基础解系

$$\boldsymbol{\xi}_1=\begin{pmatrix}1\\1\\0\\0\end{pmatrix},\ \boldsymbol{\xi}_2=\begin{pmatrix}-1\\0\\-4\\1\end{pmatrix}.$$

通解为 $\boldsymbol{x}=k_1\boldsymbol{\xi}_1+k_2\boldsymbol{\xi}_2$，其中 $k_1,k_2\in\mathbf{R}$.

例 2　设 n 元齐次线性方程组 $\boldsymbol{AX}=\mathbf{0}$ 与 $\boldsymbol{BX}=\mathbf{0}$ 同解，证明：$R(\boldsymbol{A})=R(\boldsymbol{B})$.

证明　由于方程组 $\boldsymbol{AX}=\mathbf{0}$ 与 $\boldsymbol{BX}=\mathbf{0}$ 有相同的解集，设为 S，则由定理 15，

$$R(\boldsymbol{A})=n-R_S,\quad R(\boldsymbol{B})=n-R_S.$$

因此 $R(\boldsymbol{A})=R(\boldsymbol{B})$.

本例的结论表明，当矩阵 $\boldsymbol{A}$ 与 $\boldsymbol{B}$ 的列数相等时，要证 $R(\boldsymbol{A})=R(\boldsymbol{B})$，只需证明齐次方程组 $\boldsymbol{AX}=\mathbf{0}$ 与 $\boldsymbol{BX}=\mathbf{0}$ 同解.

二、非齐次线性方程组的解的结构

线性方程组

$$\begin{cases}a_{11}x_1+a_{12}x_2+\cdots+a_{1n}x_n=b_1,\\a_{21}x_1+a_{22}x_2+\cdots+a_{2n}x_n=b_2,\\\cdots\cdots\cdots\cdots\\a_{s1}x_1+a_{s2}x_2+\cdots+a_{sn}x_n=b_s.\end{cases}\tag{6}$$

其中 $b_1,b_2,\cdots,b_s$ 不全为零，即为非齐次线性方程组. 非齐次线性方程组(6)可以写为

$$\boldsymbol{AX}=\boldsymbol{b}.\tag{7}$$

齐次线性方程组 $\boldsymbol{AX}=\mathbf{0}$ 称为方程组(7)的导出组. 方程组(7)的解与它的导出组的解之间关系密切，直接验证即可得到：

性质 3　设 $\boldsymbol{\eta}_1,\boldsymbol{\eta}_2$ 都是 $\boldsymbol{AX}=\boldsymbol{b}$ 的解，则 $\boldsymbol{\eta}_1-\boldsymbol{\eta}_2$ 为 $\boldsymbol{AX}=\mathbf{0}$ 的解.

性质 4　设 $\boldsymbol{\xi}$ 是 $\boldsymbol{AX}=\boldsymbol{b}$ 的解，$\boldsymbol{\eta}$ 是 $\boldsymbol{AX}=\mathbf{0}$ 的解，则 $\boldsymbol{\xi}+\boldsymbol{\eta}$ 仍是 $\boldsymbol{AX}=\boldsymbol{b}$ 的解.

根据前面的性质，容易得到 $\boldsymbol{AX}=\boldsymbol{b}$ 通解表达式.

定理 16　如果 $\boldsymbol{\gamma}_0$ 是线性方程组 $\boldsymbol{AX}=\boldsymbol{b}$ 的一个特解，$\boldsymbol{\eta}_1,\boldsymbol{\eta}_2,\cdots,\boldsymbol{\eta}_{n-r}$ 是 $\boldsymbol{AX}=\mathbf{0}$ 的一个基础解系，那么 $\boldsymbol{AX}=\boldsymbol{b}$ 的通解为

$$\boldsymbol{x}=\boldsymbol{\gamma}_0+k_1\boldsymbol{\eta}_1+k_2\boldsymbol{\eta}_2+\cdots+k_{n-r}\boldsymbol{\eta}_{n-r},$$

其中 $k_1,k_2,\cdots,k_{n-r}$ 为任意常数.

典例分析

证明　由性质 4，对任意常数 $k_1,k_2,\cdots,k_{n-r}$，有

$$\boldsymbol{x}=\boldsymbol{\gamma}_0+k_1\boldsymbol{\eta}_1+k_2\boldsymbol{\eta}_2+\cdots+k_{n-r}\boldsymbol{\eta}_{n-r}$$

是 $\boldsymbol{AX}=\boldsymbol{b}$ 的解. 另一方面，设 $\boldsymbol{x}^*$ 是 $\boldsymbol{AX}=\boldsymbol{b}$ 的一个解，则由性质 3，得 $\boldsymbol{x}^*-\boldsymbol{\gamma}_0$ 为 $\boldsymbol{AX}=\mathbf{0}$ 的一个解，于是存在 $k_1^*,k_2^*,\cdots,k_{n-r}^*$，使得

$$\boldsymbol{x}^*-\boldsymbol{\gamma}_0=k_1^*\boldsymbol{\eta}_1+k_2^*\boldsymbol{\eta}_2+\cdots+k_{n-r}^*\boldsymbol{\eta}_{n-r},$$

即

$$x^*=\gamma_0+k_1^*\eta_1+k_2^*\eta_2+\cdots+k_{n-r}^*\eta_{n-r}.$$

结论成立. ▌

推论 在方程组(7)有解的条件下,解唯一的充要条件是它的导出组只有零解.

例 3 解下列方程组

$$\begin{cases}x_1+x_2+x_3+x_4+x_5=6,\\2x_2+x_3+2x_4+6x_5=10,\\3x_1+x_2+2x_3+x_4-3x_5=8,\\7x_1+9x_2+8x_3+9x_4+13x_5=52.\end{cases}$$

解法 1 $$\overline{\mathbf{A}}=\begin{pmatrix}1&1&1&1&1&6\\0&2&1&2&6&10\\3&1&2&1&-3&8\\7&9&8&9&13&52\end{pmatrix}\xrightarrow{r}\begin{pmatrix}1&1&1&1&1&6\\0&2&1&2&6&10\\0&0&0&0&0&0\\0&0&0&0&0&0\end{pmatrix}.$$

因为 $R(\mathbf{A})=R(\overline{\mathbf{A}})=2<5$,所以方程组有无穷多解.同解方程组为

$$\begin{cases}x_1+x_2=-x_3-x_4-x_5+6,\\2x_2=-x_3-2x_4-6x_5+10.\end{cases}$$

令 $x_3=x_4=x_5=0$,得 $x_1=1,x_2=5$,于是方程组的一个解为 $\boldsymbol{\eta}^*=(1,5,0,0,0)^{\mathrm{T}}$.

令

$$\begin{pmatrix}x_3\\x_4\\x_5\end{pmatrix}=\begin{pmatrix}1\\0\\0\end{pmatrix},\begin{pmatrix}0\\1\\0\end{pmatrix},\begin{pmatrix}0\\0\\1\end{pmatrix}.$$

代入$\begin{cases}x_1+x_2=-x_3-x_4-x_5,\\2x_2=-x_3-2x_4-6x_5,\end{cases}$得$\begin{pmatrix}x_1\\x_2\end{pmatrix}=\begin{pmatrix}-\frac{1}{2}\\-\frac{1}{2}\end{pmatrix},\begin{pmatrix}0\\-1\end{pmatrix},\begin{pmatrix}2\\-3\end{pmatrix}$,于是基础解系为

$$\boldsymbol{\xi}_1=\begin{pmatrix}-\frac{1}{2}\\-\frac{1}{2}\\1\\0\\0\end{pmatrix},\quad\boldsymbol{\xi}_2=\begin{pmatrix}0\\-1\\0\\1\\0\end{pmatrix},\quad\boldsymbol{\xi}_3=\begin{pmatrix}2\\-3\\0\\0\\1\end{pmatrix}.$$

方程组的通解为

$$\boldsymbol{x}=k_1\boldsymbol{\xi}_1+k_2\boldsymbol{\xi}_2+k_3\boldsymbol{\xi}_3+\boldsymbol{\eta}^*,$$

其中 k_1,k_2,k_3 为任意常数.

解法 2

$$\overline{\boldsymbol{A}}=\begin{pmatrix}1&1&1&1&1&6\\0&2&1&2&6&10\\3&1&2&1&-3&8\\7&9&8&9&13&52\end{pmatrix}\xrightarrow{r}\begin{pmatrix}1&1&1&1&1&6\\0&2&1&2&6&10\\0&0&0&0&0&0\\0&0&0&0&0&0\end{pmatrix}\xrightarrow{r}\begin{pmatrix}1&0&\frac{1}{2}&0&-2&1\\0&1&\frac{1}{2}&1&3&5\\0&0&0&0&0&0\\0&0&0&0&0&0\end{pmatrix}$$

于是原方程组等价于方程组

$$\begin{cases}x_1=-x_3/2+2x_5+1,\\x_2=-x_3/2-x_4-3x_5+5,\\x_3=x_3,\\x_4=x_4,\\x_5=x_5.\end{cases}$$

通解为

$$x=k_1\begin{pmatrix}-\frac{1}{2}\\-\frac{1}{2}\\1\\0\\0\end{pmatrix}+k_2\begin{pmatrix}0\\-1\\0\\1\\0\end{pmatrix}+k_3\begin{pmatrix}2\\-3\\0\\0\\1\end{pmatrix}+\begin{pmatrix}1\\5\\0\\0\\0\end{pmatrix},$$

其中 k_1,k_2,k_3 为任意常数.

例 4 设

$$\begin{cases}kx_1+x_2+x_3=5,\\3x_1+2x_2+kx_3=18-5k,\\x_2+2x_3=2.\end{cases}$$

问：k 取何值时，此线性方程组有唯一解，无穷多解或无解？有无穷多解时，求出通解.

解法 1 $\overline{\boldsymbol{A}}=\begin{pmatrix}k&1&1&5\\3&2&k&18-5k\\0&1&2&2\end{pmatrix}\to\begin{pmatrix}3&2&k&18-5k\\k&1&1&5\\0&1&2&2\end{pmatrix}$

$$\to\begin{pmatrix}3&2&k&18-5k\\0&0&1-\frac{k^2}{3}-2+\frac{4}{3}k&5-\frac{k}{3}(18-5k)-2\left(1-\frac{2}{3}k\right)\\0&1&2&2\end{pmatrix}$$

$$\to\begin{pmatrix}3&2&k&18-5k\\0&1&2&2\\0&0&\frac{4}{3}k-\frac{1}{3}k^2-1&\frac{5}{3}k^2-\frac{14}{3}k+3\end{pmatrix}.$$

（1）$\frac{4}{3}k-\frac{1}{3}k^2-1\neq 0$，即 $k\neq 1$ 且 $k\neq 3$ 时，$R(\mathbf{A})=R(\overline{\mathbf{A}})=n=3$，方程组有唯一解.

（2）$k=1$ 时，$\overline{\mathbf{A}}\to\begin{pmatrix}3&2&1&13\\0&1&2&2\\0&0&0&0\end{pmatrix}$，$R(\overline{\mathbf{A}})=R(\mathbf{A})=2<3$，方程组有无穷多解. 由

$\begin{cases}x_1=3+x_3,\\x_2=2-2x_3,\end{cases}$ 得解为

$$\begin{pmatrix}x_1\\x_2\\x_3\end{pmatrix}=\begin{pmatrix}3\\2\\0\end{pmatrix}+k\begin{pmatrix}1\\-2\\1\end{pmatrix}.$$

（3）$k=3$ 时，$\overline{\mathbf{A}}\to\begin{pmatrix}3&2&3&3\\0&1&2&2\\0&0&0&4\end{pmatrix}$. $R(\overline{\mathbf{A}})\neq R(\mathbf{A})$，所以方程组无解.

解法 2 $A=\begin{vmatrix}k&1&1\\3&2&k\\0&1&2\end{vmatrix}=-(k-1)(k-3)$.

当 $A\neq 0$，即 $k\neq 1$ 且 $k\neq 3$ 时，由克拉默法则，方程组有唯一解.

当 $k=1$ 或 $k=3$ 时，这两种情形的讨论同解法 1(略).

下面说明线性方程组理论的几何解释，如线性方程组

$$\begin{cases}a_{11}x_1+a_{12}x_2=b_1,\\a_{21}x_1+a_{22}x_2=b_2\end{cases}\tag{8}$$

中每个方程在二维空间表示一条直线，线性方程组(8)解的存在问题就相当于这两条直线有无交点的问题，显然仅当两直线平行且不重合时，二者没有交点. 方程组(8)的系数矩阵与增广矩阵分别是

$$\mathbf{A}=\begin{pmatrix}a_{11}&a_{12}\\a_{21}&a_{22}\end{pmatrix}\quad 与\quad \overline{\mathbf{A}}=\begin{pmatrix}a_{11}&a_{12}&b_1\\a_{21}&a_{22}&b_2\end{pmatrix},$$

它们的秩只能取 1 或 2，仅有三种情形：

① $R(\mathbf{A})=R(\overline{\mathbf{A}})=1$，此时 $\overline{\mathbf{A}}$ 的两行成比例，所以这两条直线重合，方程组有无穷多解.

② $R(\mathbf{A})=1$，$R(\overline{\mathbf{A}})=2$，此时这两条直线平行但不重合，方程组无解.

③ $R(\mathbf{A})=2$，此时 $R(\overline{\mathbf{A}})=2$，这两条直线不平行，必相交，方程组有唯一解.

知识脉络　　范例解析　　测一测　　小百科

习　题

1. 设 $3(\boldsymbol{a}_1-\boldsymbol{a})+2(\boldsymbol{a}_2+\boldsymbol{a})=5(\boldsymbol{a}_3+\boldsymbol{a})$，其中 $\boldsymbol{a}_1=(2,5,1,3)^{\mathrm{T}}$，$\boldsymbol{a}_2=(10,1,5,10)^{\mathrm{T}}$，$\boldsymbol{a}_3=(4,1,-1,1)^{\mathrm{T}}$，求 $\boldsymbol{a}$.

2. 将 $\boldsymbol{b}$ 表示为 $\boldsymbol{a}_1,\boldsymbol{a}_2,\boldsymbol{a}_3$ 的线性组合.

(1) $\boldsymbol{a}_1=(1,1,-1)^{\mathrm{T}}$，$\boldsymbol{a}_2=(1,2,1)^{\mathrm{T}}$，$\boldsymbol{a}_3=(0,0,1)^{\mathrm{T}}$，$\boldsymbol{b}=(1,0,-2)^{\mathrm{T}}$；

(2) $\boldsymbol{a}_1=(1,2,3)^{\mathrm{T}}$，$\boldsymbol{a}_2=(1,0,4)^{\mathrm{T}}$，$\boldsymbol{a}_3=(1,3,1)^{\mathrm{T}}$，$\boldsymbol{b}=(3,1,11)^{\mathrm{T}}$.

3. 判别下列向量组的线性相关性.

(1) $(1,1,0)^{\mathrm{T}}$，$(-5,1,1)^{\mathrm{T}}$，$(3,0,0)^{\mathrm{T}}$；

(2) $(1,0,0,5,6)^{\mathrm{T}}$，$(0,1,0,7,-3)^{\mathrm{T}}$，$(0,0,1,0,3)^{\mathrm{T}}$；

(3) $(1,-1,6)$，$(-2,1,5)$，$(1,-1,0)$，$(-2,2,3)$；

(4) $(2,1)$，$(-2,-5)$，$(-1,3)$.

4. 向量 $\boldsymbol{\beta}$ 能由 $\boldsymbol{\alpha}_1,\boldsymbol{\alpha}_2,\cdots,\boldsymbol{\alpha}_r$ 线性表示，试证：表示法是唯一的充分必要条件是 $\boldsymbol{\alpha}_1,\boldsymbol{\alpha}_2,\cdots,\boldsymbol{\alpha}_r$ 线性无关.

5. 设 $\boldsymbol{\alpha}_1,\boldsymbol{\alpha}_2,\boldsymbol{\alpha}_3$ 线性无关，证明 $\boldsymbol{\alpha}_1,\boldsymbol{\alpha}_1+\boldsymbol{\alpha}_2,\boldsymbol{\alpha}_1+\boldsymbol{\alpha}_2+\boldsymbol{\alpha}_3$ 也线性无关；问对 n 个线性无关向量组 $\boldsymbol{\alpha}_1,\boldsymbol{\alpha}_2,\cdots,\boldsymbol{\alpha}_n$，以上命题是否成立？

6. 证明：n 个 n 维向量 $\boldsymbol{\alpha}_1,\boldsymbol{\alpha}_2,\cdots,\boldsymbol{\alpha}_n$ 线性无关的充分必要条件是

$$D=\begin{vmatrix} \boldsymbol{\alpha}_1^{\mathrm{T}}\boldsymbol{\alpha}_1 & \boldsymbol{\alpha}_1^{\mathrm{T}}\boldsymbol{\alpha}_2 & \cdots & \boldsymbol{\alpha}_1^{\mathrm{T}}\boldsymbol{\alpha}_n \\ \boldsymbol{\alpha}_2^{\mathrm{T}}\boldsymbol{\alpha}_1 & \boldsymbol{\alpha}_2^{\mathrm{T}}\boldsymbol{\alpha}_2 & \cdots & \boldsymbol{\alpha}_2^{\mathrm{T}}\boldsymbol{\alpha}_n \\ \vdots & \vdots & & \vdots \\ \boldsymbol{\alpha}_n^{\mathrm{T}}\boldsymbol{\alpha}_1 & \boldsymbol{\alpha}_n^{\mathrm{T}}\boldsymbol{\alpha}_2 & \cdots & \boldsymbol{\alpha}_n^{\mathrm{T}}\boldsymbol{\alpha}_n \end{vmatrix}\neq 0.$$

7. 设 $\boldsymbol{A}$ 是 n 阶方阵，k 为正整数. 若向量 $\boldsymbol{\alpha}$ 满足 $\boldsymbol{A}^k\boldsymbol{\alpha}=\boldsymbol{0}$，而 $\boldsymbol{A}^{k-1}\boldsymbol{\alpha}\neq\boldsymbol{0}$，证明向量组 T：$\boldsymbol{\alpha},\boldsymbol{A\alpha},\cdots,\boldsymbol{A}^{k-1}\boldsymbol{\alpha}$ 线性无关.

8. 设在向量组 $\boldsymbol{\alpha}_1,\boldsymbol{\alpha}_2,\cdots,\boldsymbol{\alpha}_n$ 中，$\boldsymbol{\alpha}_1\neq\boldsymbol{0}$ 且每个 $\boldsymbol{\alpha}_i$ 都不能表示成它的前 $i-1$ 个向量 $\boldsymbol{\alpha}_1,\boldsymbol{\alpha}_2,\cdots,\boldsymbol{\alpha}_{i-1}$ 的线性组合，证明 $\boldsymbol{\alpha}_1,\boldsymbol{\alpha}_2,\cdots,\boldsymbol{\alpha}_n$ 线性无关.

9. 设向量组 $\boldsymbol{\alpha}_1,\boldsymbol{\alpha}_2,\cdots,\boldsymbol{\alpha}_s$ 线性相关，且 $\boldsymbol{\alpha}_1\neq\boldsymbol{0}$，证明：存在某个 $\boldsymbol{\alpha}_k(2\leqslant k\leqslant s)$，使 $\boldsymbol{\alpha}_k$ 能用 $\boldsymbol{\alpha}_1,\boldsymbol{\alpha}_2,\cdots,\boldsymbol{\alpha}_{k-1}$ 线性表出.

10. 设向量组 A：$\boldsymbol{\alpha}_1,\boldsymbol{\alpha}_2,\boldsymbol{\alpha}_3$ 线性无关，向量 $\boldsymbol{b}_1$ 能由向量组 A 线性表出，向量 $\boldsymbol{b}_2$ 不能由向量组 A 线性表出，λ 为任意常数. 问

(1) 向量组 $\boldsymbol{\alpha}_1,\boldsymbol{\alpha}_2,\boldsymbol{\alpha}_3,\lambda\boldsymbol{b}_1+\boldsymbol{b}_2$ 是否线性无关？给出理由.

(2) 向量组 $\boldsymbol{\alpha}_1,\boldsymbol{\alpha}_2,\boldsymbol{\alpha}_3,\boldsymbol{b}_1+\lambda\boldsymbol{b}_2$ 是否线性无关？给出理由.

11. 利用初等变换判别下列向量组的线性相关性.

(1) $(2,-1,7,3)^{\mathrm{T}}$，$(1,4,11,-2)^{\mathrm{T}}$，$(3,-6,3,8)^{\mathrm{T}}$；

(2) $(1,0,0,2)$，$(2,1,0,3)$，$(3,0,1,5)$.

12. 求下列向量组的秩，并求一个极大无关组：

(1) $\boldsymbol{\alpha}_1=(1,1,1,3)^{\mathrm{T}}$，$\boldsymbol{\alpha}_2=(-1,-3,5,1)^{\mathrm{T}}$，$\boldsymbol{\alpha}_3=(3,2,-1,4)^{\mathrm{T}}$，$\boldsymbol{\alpha}_4=(-2,-6,10,2)^{\mathrm{T}}$；

(2) $\boldsymbol{\alpha}_1=(2,1,-1,-3)$，$\boldsymbol{\alpha}_2=(-1,1,1,-3)$，$\boldsymbol{\alpha}_3=(6,0,-4,0)$，$\boldsymbol{\alpha}_4=(8,1,-5,-3)$.

13. 设向量组 $\boldsymbol{\alpha}_1=(1,-1,2,4)$，$\boldsymbol{\alpha}_2=(0,3,1,2)$，$\boldsymbol{\alpha}_3=(3,0,7,14)$，$\boldsymbol{\alpha}_4=(1,-1,2,0)$，$\boldsymbol{\alpha}_5=(2,1,5,6)$.

(1) 求这组向量的一个极大无关组；

(2) 将其余向量用这个极大无关组线性表示.

14. 设行向量组 $(2,1,1,1)$，$(2,1,a,a)$，$(3,2,1,a)$，$(4,3,2,1)$ 线性相关，且 $a\neq1$，求 a.

15. 设向量组 $\boldsymbol{\alpha}_1=(a,3,1)^{\mathrm{T}}$，$\boldsymbol{\alpha}_2=(2,b,3)^{\mathrm{T}}$，$\boldsymbol{\alpha}_3=(1,2,1)^{\mathrm{T}}$，$\boldsymbol{\alpha}_4=(2,3,1)^{\mathrm{T}}$ 的秩为 2，求 a，b.

16. 证明向量组 A：$\boldsymbol{a}_1=\begin{pmatrix}0\\2\\2\end{pmatrix}$，$\boldsymbol{a}_2=\begin{pmatrix}-1\\-1\\0\end{pmatrix}$ 与 B：$\boldsymbol{b}_1=\begin{pmatrix}1\\0\\-1\end{pmatrix}$，$\boldsymbol{b}_2=\begin{pmatrix}-1\\-2\\-1\end{pmatrix}$，$\boldsymbol{b}_3=\begin{pmatrix}-3\\-2\\1\end{pmatrix}$ 等价.

17. 已知向量组 A：$\boldsymbol{a}_1=\begin{pmatrix}1\\0\\2\\1\end{pmatrix}$，$\boldsymbol{a}_2=\begin{pmatrix}1\\2\\0\\1\end{pmatrix}$，$\boldsymbol{a}_3=\begin{pmatrix}2\\1\\3\\0\end{pmatrix}$；$B$：$\boldsymbol{b}_1=\begin{pmatrix}2\\5\\-1\\2\end{pmatrix}$，$\boldsymbol{b}_2=\begin{pmatrix}1\\-1\\3\\1\end{pmatrix}$，证明：向量组 B 能用向量组 A 线性表出，但向量组 A 与向量组 B 不等价.

18. 证明：n 维向量组 $\boldsymbol{a}_1,\boldsymbol{a}_2,\cdots,\boldsymbol{a}_n$ 线性无关的充分必要条件是，任一 n 维向量都能由 $\boldsymbol{a}_1,\boldsymbol{a}_2,\cdots,\boldsymbol{a}_n$ 线性表示.

19. 证明：一个向量组的任何一个线性无关组都可以扩充成一极大无关组.

20. 设向量组 $\boldsymbol{\alpha}_1,\boldsymbol{\alpha}_2,\cdots,\boldsymbol{\alpha}_s$ 的秩为 r_1，向量组 $\boldsymbol{\beta}_1,\boldsymbol{\beta}_2,\cdots,\boldsymbol{\beta}_t$ 的秩为 r_2，向量组 $\boldsymbol{\alpha}_1,\boldsymbol{\alpha}_2,\cdots,\boldsymbol{\alpha}_s,\boldsymbol{\beta}_1,\boldsymbol{\beta}_2,\cdots,\boldsymbol{\beta}_t$ 的秩为 r_3，证明：$\max\{r_1,r_2\}\leqslant r_3\leqslant r_1+r_2$.

21. 两个向量组等价的充分必要条件是它们的秩相等且其中一个向量组可以由另外一个向量组线性表出.

22. 设 $\boldsymbol{\beta}_1=\boldsymbol{\alpha}_2+\boldsymbol{\alpha}_3+\cdots+\boldsymbol{\alpha}_s$，$\boldsymbol{\beta}_2=\boldsymbol{\alpha}_1+\boldsymbol{\alpha}_3+\cdots+\boldsymbol{\alpha}_s$，$\cdots$，$\boldsymbol{\beta}_s=\boldsymbol{\alpha}_1+\boldsymbol{\alpha}_2+\cdots+\boldsymbol{\alpha}_{s-1}$，证明：向量组 $\boldsymbol{\beta}_1,\boldsymbol{\beta}_2,\cdots\boldsymbol{\beta}_s$ 与 $\boldsymbol{\alpha}_1,\boldsymbol{\alpha}_2,\cdots\boldsymbol{\alpha}_s$ 有相同的秩.

23. 证明：如果向量组(Ⅰ)可以由向量组(Ⅱ)线性表出，那么向量组(Ⅰ)的秩等于向量组(Ⅱ)的秩当且仅当这两个向量组等价.

24. 设向量组 A：$\boldsymbol{\alpha}_1,\boldsymbol{\alpha}_2$；$B$：$\boldsymbol{\alpha}_1,\boldsymbol{\alpha}_2,\boldsymbol{\alpha}_3$；$C$：$\boldsymbol{\alpha}_1,\boldsymbol{\alpha}_2,\boldsymbol{\alpha}_4$ 的秩分别为 2，2，3，求向量组 D：$\boldsymbol{\alpha}_1,\boldsymbol{\alpha}_2,5\boldsymbol{\alpha}_3-2\boldsymbol{\alpha}_4$ 的秩.

25. λ 取何值时，方程组 $\begin{cases}(\lambda+3)x_1+x_2+2x_3=\lambda,\\ \lambda x_1+(\lambda-1)x_2+x_3=\lambda,\\ 3(\lambda+1)x_1+\lambda x_2+(\lambda+3)x_3=3\end{cases}$ 有解，无解或有唯一解？

26. 讨论 a,b,c 满足什么条件时，方程组 $\begin{cases}x_1+ax_2+a^2x_3=a^3,\\ x_1+bx_2+b^2x_3=b^3,\\ x_1+cx_2+c^2x_3=c^3\end{cases}$ 有解，无解或有唯一解.

27. 设矩阵 $\mathbf{A}$ 是 $m\times n$ 矩阵，$m<n$，且 $R(\mathbf{A})=m$，讨论 $\mathbf{Ax}=\mathbf{b}$ 解的存在情况.

28. 设 $ab\neq0$，$n\geqslant2$，试讨论 a，b 为何值时，齐次线性方程组

$$\begin{cases}ax_1+bx_2+\cdots+bx_n=0,\\bx_1+ax_2+\cdots+bx_n=0,\\\cdots\cdots\cdots\cdots\\bx_1+bx_2+\cdots+ax_n=0\end{cases}$$

仅有零解，有无穷多解. 在有无穷多解时，求通解.

29. 问常数 a,b 各取何值时，方程组

$$\begin{cases}x_1+x_2+x_3+x_4=1,\\x_2-x_3+2x_4=1,\\2x_1+3x_2+(a+2)x_3+4x_4=b+3,\\3x_1+5x_2+x_3+(a+8)x_4=5\end{cases}$$

无解，有唯一解，或有无穷多解？并在有无穷多解时写出其通解.

30. 设 $\boldsymbol{A}=\begin{pmatrix}2&-2&1&3\\9&-5&2&8\end{pmatrix}$，求一个 4×2 矩阵 $\boldsymbol{B}$，使 $\boldsymbol{AB}=\boldsymbol{O}$，且 $R(\boldsymbol{B})=2$.

31. 设向量组 A：$\boldsymbol{a}_1=\begin{pmatrix}\alpha\\2\\10\end{pmatrix}$，$\boldsymbol{a}_2=\begin{pmatrix}-2\\1\\5\end{pmatrix}$，$\boldsymbol{b}_3=\begin{pmatrix}-1\\1\\4\end{pmatrix}$ 及向量 $\boldsymbol{b}=\begin{pmatrix}1\\\beta\\-1\end{pmatrix}$，问 α,β 为何值时，

(1) 向量 $\boldsymbol{b}$ 不能由向量组 A 线性表出；

(2) 向量 $\boldsymbol{b}$ 能由向量组 A 线性表出，且表示方法唯一；

(3) 向量 $\boldsymbol{b}$ 能由向量组 A 线性表出，且表示方法不唯一；并求一般表示法.

32. 设四元线性齐次方程组(Ⅰ)为 $\begin{cases}x_1+x_2=0,\\x_2-x_4=0,\end{cases}$ 又已知某线性齐次方程组(Ⅱ)的通解为 $k_1(0,1,1,0)^{\mathrm{T}}+k_2(-1,2,2,1)^{\mathrm{T}}$.

(1) 求线性方程组(Ⅰ)的基础解系.

(2) 问线性方程组(Ⅰ)和(Ⅱ)是否有非零公共解？若有，则求出所有的非零公共解；若没有，则说明理由.

33. 已知平面上3条不同的直线方程分别为 $l_1: ax+2by+3c=0$，$l_2: bx+2cy+3a=0$，$l_3: cx+2ay+3b=0$，试证这3条直线交于一点的充分必要条件为 $a+b+c=0$.

34. 求一个齐次线性方程组，使它的基础解系为 $\boldsymbol{\xi}_1=(0,1,2,3)^{\mathrm{T}}$，$\boldsymbol{\xi}_1=(3,2,1,0)^{\mathrm{T}}$.

35. 设 $\boldsymbol{A}$ 是 $s\times n$ 阶矩阵，且 $R(\boldsymbol{A})<n$. 证明：任意 $n-R(\boldsymbol{A})$ 个线性无关的解都是 $\boldsymbol{Ax}=\boldsymbol{0}$ 的一个基础解系.

36. 设 $\boldsymbol{\alpha}_1,\boldsymbol{\alpha}_2,\boldsymbol{\alpha}_3$ 为 $\boldsymbol{Ax}=\boldsymbol{0}$ 的一个基础解系. 问下列向量组是否也是基础解系.

(1) 与 $\boldsymbol{\alpha}_1,\boldsymbol{\alpha}_2,\boldsymbol{\alpha}_3$ 等价的一个向量组；

(2) 与 $\boldsymbol{\alpha}_1,\boldsymbol{\alpha}_2,\boldsymbol{\alpha}_3$ 等秩的一个向量组；

(3) $\boldsymbol{\alpha}_1-\boldsymbol{\alpha}_2,\boldsymbol{\alpha}_2-\boldsymbol{\alpha}_3,\boldsymbol{\alpha}_3-\boldsymbol{\alpha}_1$；

(4) $\boldsymbol{\alpha}_1+\boldsymbol{\alpha}_2,2\boldsymbol{\alpha}_2+3\boldsymbol{\alpha}_3,5\boldsymbol{\alpha}_1+3\boldsymbol{\alpha}_2$.

37. 设 $\boldsymbol{\alpha}_1,\boldsymbol{\alpha}_2,\cdots,\boldsymbol{\alpha}_s$ 为线性方程组 $\boldsymbol{Ax}=\boldsymbol{0}$ 的一个基础解系，$\boldsymbol{\beta}_1=t_1\boldsymbol{\alpha}_1+t_2\boldsymbol{\alpha}_2$，$\boldsymbol{\beta}_2=t_1\boldsymbol{\alpha}_2+t_2\boldsymbol{\alpha}_3$，$\cdots$，$\boldsymbol{\beta}_s=t_1\boldsymbol{\alpha}_s+t_2\boldsymbol{\alpha}_1$ 其中 t_1,t_2 为实常数，试问 t_1,t_2 满足什么关系时，$\boldsymbol{\beta}_1$，

$\boldsymbol{\beta}_2,\cdots,\boldsymbol{\beta}_s$ 也是 $\boldsymbol{A}\boldsymbol{x}=\boldsymbol{0}$ 的一个基础解系？

38. 设四元非齐次线性方程组的系数矩阵的秩为 3，已知 $\boldsymbol{\eta}_1,\boldsymbol{\eta}_2,\boldsymbol{\eta}_3$ 是它的 3 个解向量. 且 $\boldsymbol{\eta}_1=(1,0,3,2)^{\mathrm{T}}$，$\boldsymbol{\eta}_2+\boldsymbol{\eta}_3=(0,1,2,3)^{\mathrm{T}}$，求该方程组的通解.

39. 已知四阶方阵 $\boldsymbol{A}=(\boldsymbol{\alpha}_1,\boldsymbol{\alpha}_2,\boldsymbol{\alpha}_3,\boldsymbol{\alpha}_4)$，$\boldsymbol{\alpha}_1,\boldsymbol{\alpha}_2,\boldsymbol{\alpha}_3,\boldsymbol{\alpha}_4$ 均为四维列向量，其中 $\boldsymbol{\alpha}_2,\boldsymbol{\alpha}_3,\boldsymbol{\alpha}_4$ 线性无关，$\boldsymbol{\alpha}_1=2\boldsymbol{\alpha}_2-\boldsymbol{\alpha}_3$，如果 $\boldsymbol{\beta}=\boldsymbol{\alpha}_1+\boldsymbol{\alpha}_2+\boldsymbol{\alpha}_3+\boldsymbol{\alpha}_4$，求方程组 $\boldsymbol{A}\boldsymbol{x}=\boldsymbol{\beta}$ 的通解.

40. 设 $\boldsymbol{\eta}^*$ 是非齐次线性方程组 $\boldsymbol{A}\boldsymbol{x}=\boldsymbol{b}$ 的一个解，$\boldsymbol{\xi}_1,\cdots,\boldsymbol{\xi}_{n-r}$ 是对应的齐次线性方程组的一个基础解系，证明：

(1) $\boldsymbol{\eta}^*,\boldsymbol{\xi}_1,\cdots,\boldsymbol{\xi}_{n-r}$ 线性无关；

(2) $\boldsymbol{\eta}^*,\boldsymbol{\eta}^*+\boldsymbol{\xi}_1,\cdots,\boldsymbol{\eta}^*+\boldsymbol{\xi}_{n-r}$ 线性无关.

补 充 题

1. 设 n 维向量组 $\boldsymbol{\alpha}_1,\boldsymbol{\alpha}_2,\cdots,\boldsymbol{\alpha}_k$ 与 $\boldsymbol{\beta}_1,\boldsymbol{\beta}_2,\cdots,\boldsymbol{\beta}_l$ 的秩分别为 r,s，向量组 $C=\{\boldsymbol{\alpha}_i+\boldsymbol{\beta}_j\,|\,i=1,2,\cdots,k,j=1,2,\cdots,l\}$，证明：$R_C\leqslant\min\{r+s,n\}$.

2. 设向量组 $\boldsymbol{\alpha}_1,\boldsymbol{\alpha}_2,\cdots,\boldsymbol{\alpha}_s$ 的秩为 r，在其中任取 m 个向量 $\boldsymbol{\alpha}_{i1},\boldsymbol{\alpha}_{i2},\cdots,\boldsymbol{\alpha}_{im}$，证明：此向量组的秩 $\geqslant r+m-s$.

3. 设向量组 A：$\boldsymbol{a}_1,\cdots,\boldsymbol{a}_s$ 与向量组 B：$\boldsymbol{b}_1,\cdots,\boldsymbol{b}_r$ 满足 $(\boldsymbol{b}_1,\cdots,\boldsymbol{b}_r)=(\boldsymbol{a}_1,\cdots,\boldsymbol{a}_s)\boldsymbol{Q}$，其中 $\boldsymbol{Q}$ 为 $s\times r$ 矩阵，且向量组 A 线性无关. 证明向量组 B 线性无关的充分必要条件是 $R(\boldsymbol{Q})=r$.

4. 设 $\boldsymbol{A}$ 是 $s\times n$ 阶实矩阵. 证明：

(1) $R(\boldsymbol{A}^{\mathrm{T}}\boldsymbol{A})=R(\boldsymbol{A})$；

(2) 对任意 s 维列向量 $\boldsymbol{b}$，线性方程组 $\boldsymbol{A}^{\mathrm{T}}\boldsymbol{A}\boldsymbol{x}=\boldsymbol{A}^{\mathrm{T}}\boldsymbol{b}$ 总有解.

5. 设 $\boldsymbol{A}=\begin{pmatrix}1&2&3\\0&1&2\\-1&a&4-a\end{pmatrix}$，$R(\boldsymbol{A})=2$，在不解出 $\boldsymbol{A}^*$ 的情况下求 $\boldsymbol{A}^*\boldsymbol{x}=\boldsymbol{0}$ 的通解.

6. 设矩阵 $\boldsymbol{A}=(\boldsymbol{a}_1,\boldsymbol{a}_2,\boldsymbol{a}_3,\boldsymbol{a}_4)$，其中 $\boldsymbol{a}_1,\boldsymbol{a}_2,\boldsymbol{a}_3,\boldsymbol{a}_4$ 为 $n(n>4)$ 维列向量. 若 $\boldsymbol{\xi}_1=(3,3,3,3)^{\mathrm{T}}$，$\boldsymbol{\xi}_2=(5,3,4,9)^{\mathrm{T}}$ 是 $\boldsymbol{A}\boldsymbol{x}=\boldsymbol{0}$ 的基础解系，证明：

(1) $\boldsymbol{a}_1,\boldsymbol{a}_2,\boldsymbol{a}_3$ 线性相关；

(2) $\boldsymbol{a}_1$ 能由 $\boldsymbol{a}_3,\boldsymbol{a}_4$ 线性表出；

(3) $\boldsymbol{a}_3,\boldsymbol{a}_4$ 线性无关.

7. 设 n 元非齐次线性方程组 $\boldsymbol{A}\boldsymbol{x}=\boldsymbol{b}$ 满足秩 $R(\boldsymbol{A})=R(\overline{\boldsymbol{A}})=r<n$. 证明：

(1) 方程组 $\boldsymbol{A}\boldsymbol{x}=\boldsymbol{b}$ 有 $n-r+1$ 个线性无关的解 $\boldsymbol{\eta}_1,\boldsymbol{\eta}_2,\cdots,\boldsymbol{\eta}_{n-r+1}$；

(2) $t_1\boldsymbol{\eta}_1+t_2\boldsymbol{\eta}_2+\cdots+t_{n-r+1}\boldsymbol{\eta}_{n-r+1}$ 是方程组 $\boldsymbol{A}\boldsymbol{x}=\boldsymbol{b}$ 的解，其中 $t_1+t_2+\cdots+t_{n-r+1}=1$；

(3) 方程组 $\boldsymbol{A}\boldsymbol{x}=\boldsymbol{b}$ 的任一解 $\boldsymbol{\eta}$ 可表为 $\boldsymbol{\eta}=k_1\boldsymbol{\eta}_1+k_2\boldsymbol{\eta}_2+\cdots+k_{n-r+1}\boldsymbol{\eta}_{n-r+1}$，其中 $k_1+k_2+\cdots+k_{n-r+1}=1$.

8. 设 $\boldsymbol{\alpha}_1,\boldsymbol{\alpha}_2,\cdots,\boldsymbol{\alpha}_s(s<n)$ 为 s 个线性无关的 n 维向量，证明此向量组一定是一个有 n 个未知量的齐次线性方程组的一个基础解系.

9. 设平面上的 n 条直线的方程组成齐次线性方程组

$$\begin{cases} a_1x+b_1y+c_1=0, \\ a_2x+b_2y+c_2=0, \\ \cdots\cdots\cdots\cdots \\ a_nx+b_ny+c_n=0. \end{cases}$$

试给出这 n 条直线有唯一公共点的充分必要条件，并证明之.

10. 设数域 K 上有 $n-1$ 个方程的 n 元齐次线性方程组的系数矩阵 $\mathbf{A}$ 划去第 i 列剩下的 $(n-1)\times(n-1)$ 矩阵的行列式记为 M_i. 证明：

(1) $(M_1, -M_2, \cdots, (-1)^{n-1}M_n)$ 是这个方程组的一个解；

(2) 如果 $R(\mathbf{A})=n-1$，那么这个方程组的解全是上述解的倍数.

11. 设 $\mathbf{A}_1$ 是矩阵 $\mathbf{A}=(a_{ij})_{s\times n}$ 前 $s-1$ 行组成的子矩阵. 证明：如果以 $\mathbf{A}_1$ 为系数矩阵的齐次线性方程组的解全是方程 $a_{s1}x_1+a_{s2}x_2+\cdots+a_{sn}x_n=0$ 的解，那么 $\mathbf{A}$ 的第 s 个行向量能由 $\mathbf{A}$ 的前 $s-1$ 个行向量线性表出.

12. 设 $\mathbf{A}=(a_{ij})_{n\times n}$ 为实矩阵. 证明：

(1) 如果 $|a_{ii}|>\sum\limits_{j\neq i}|a_{ij}|, i=1,2,\cdots,n$，那么 $|\mathbf{A}|\neq 0$；

(2) 如果 $a_{ii}>\sum\limits_{j\neq i}|a_{ij}|, i=1,2,\cdots,n$，那么 $|\mathbf{A}|>0$.

第 5 章

方阵特征值问题

方阵的特征值与特征向量是高等代数中非常重要的概念，广泛应用于各领域，可以进行空间变换、数据降维、图像处理、稳定性分析等. 本章首先给出特征值与特征向量的概念及其性质，然后研究矩阵的相似对角化问题，最后介绍哈密尔顿-凯莱（Hamilton-Cayley）定理. 这些结论对研究线性变换的对角化将起到重要的作用.

5.1 特征值与特征向量

一、特征值的定义

在许多的实际问题中要计算矩阵的高次幂，如：某公司有 12 000 名员工，其中 3 000 人是工程师. 据调查，每年有 8%的工程师转岗到非工程师岗位，有 2%的非工程师转岗到工程师岗位. 现需预测 10 年后两类岗位的人数. 长期来看，这两类职业的人数会趋于怎样的稳定状态？

分析 设第 n 年的工程师和非工程师人数为 x_n 和 y_n，则有

$$x_{n+1}=0.92x_n+0.02y_n,\quad y_{n+1}=0.08x_n+0.98y_n$$

即：

$$\begin{pmatrix}x_{n+1}\\y_{n+1}\end{pmatrix}=\begin{pmatrix}0.92&0.02\\0.08&0.98\end{pmatrix}\begin{pmatrix}x_n\\y_n\end{pmatrix}$$

令 $\boldsymbol{v}_0=\begin{pmatrix}3\,000\\9\,000\end{pmatrix}$，$\boldsymbol{v}_n=\begin{pmatrix}x_n\\y_n\end{pmatrix}$，$\boldsymbol{P}=\begin{pmatrix}0.92&0.02\\0.08&0.98\end{pmatrix}$，则 $\boldsymbol{v}_{n+1}=\boldsymbol{P}\boldsymbol{v}_n$，10 年后的状态为

$$\boldsymbol{v}_{10}=\boldsymbol{P}\boldsymbol{v}_9=\boldsymbol{P}^2\boldsymbol{v}_8=\cdots=\boldsymbol{P}^{10}\boldsymbol{v}_0.$$

要计算 $\boldsymbol{P}^{10}$，可以利用下面学习的特征值理论将其 $\boldsymbol{P}$ 进行**相似对角化**，进而简化计算. 研究两类职业的人数稳定状态，即找到 $\boldsymbol{v}^*$，满足：

$$\boldsymbol{v}^*=\boldsymbol{P}\boldsymbol{v}^*,$$

这个稳定的比例向量 $\boldsymbol{v}^*$，我们称为矩阵 $\boldsymbol{P}$ 的特征向量，对应的特征值为 1. 首先给出定义：

定义 1 设 $\boldsymbol{A}$ 为数域 P 上的 n 阶方阵，如果存在数 $\lambda\in P$ 及数域 P 上一个 n 维非零列向量 $\boldsymbol{x}$，使得

$$\boldsymbol{A}\boldsymbol{x}=\lambda\boldsymbol{x}\tag{1}$$

成立，则称 λ 为 $\boldsymbol{A}$ 的一个**特征值**，非零向量 $\boldsymbol{x}$ 为 $\boldsymbol{A}$ 的属于特征值 λ 的**特征向量**.

小贴士

① 特征向量必为非零向量.

② 属于特征值 λ 的特征向量的非零线性组合仍是属于 λ 的特征向量.

为了求矩阵 $\boldsymbol{A}$ 的特征值与特征向量,将式(1)改写为

$$(\lambda\boldsymbol{E}-\boldsymbol{A})\boldsymbol{x}=\boldsymbol{0},\tag{2}$$

即特征向量 $\boldsymbol{x}$ 是 n 元齐次线性方程组的一个非零解,方程组(2)有非零解的充要条件是系数行列式

$$|\lambda\boldsymbol{E}-\boldsymbol{A}|=0.\tag{3}$$

将式(3)求出的特征值 λ 代入式(2),求出它的基础解系,则它们的非零线性组合就是属于该特征值 λ 的所有特征向量.

为了叙述方便,引入下面的概念.

定义 2　设 $\boldsymbol{A}=(a_{ij})$ 是数域 P 上的 n 阶方阵,λ 是一个数字,矩阵 $\lambda\boldsymbol{E}-\boldsymbol{A}$ 称为 $\boldsymbol{A}$ 的**特征矩阵**,其行列式

$$|\lambda\boldsymbol{E}-\boldsymbol{A}|=\begin{vmatrix}\lambda-a_{11} & -a_{12} & \cdots & -a_{1n}\\ -a_{21} & \lambda-a_{22} & \cdots & -a_{2n}\\ \vdots & \vdots & & \vdots\\ -a_{n1} & -a_{n2} & \cdots & \lambda-a_{nn}\end{vmatrix}\tag{4}$$

称为矩阵 $\boldsymbol{A}$ 的**特征多项式**,记作 $f_{\boldsymbol{A}}(\lambda)$. 称 $|\lambda\boldsymbol{E}-\boldsymbol{A}|=0$ 为 $\boldsymbol{A}$ 的**特征方程**,其根即为矩阵 $\boldsymbol{A}$ 的特征值.

由行列式的定义可知,n 阶方阵 $\boldsymbol{A}$ 的特征多项式 $f_{\boldsymbol{A}}(\lambda)$ 是关于 λ 的一个 n 次多项式. 根据 1.7 节定理 13 的推论,它在数域 P 中最多有 n 个根,从而矩阵 $\boldsymbol{A}$ 最多有 n 个特征值,而在复数域中矩阵 $\boldsymbol{A}$ 一定有 n 个特征值(重根按重数计算).

综上所述,求 n 阶方阵 $\boldsymbol{A}$ 的特征值和特征向量的步骤如下:

第一步,写出 $\boldsymbol{A}$ 的特征多项式 $f_{\boldsymbol{A}}(\lambda)$,求出 $f_{\boldsymbol{A}}(\lambda)$ 在数域 P 中的全部根.

第二步,对每一特征值 λ_0,求出齐次线性方程组 $(\lambda_0\boldsymbol{E}-\boldsymbol{A})\boldsymbol{x}=\boldsymbol{0}$ 的一个基础解系 $\boldsymbol{x}_1,\boldsymbol{x}_2,\cdots,\boldsymbol{x}_{n-r}$,其中 $r=R(\lambda_0\boldsymbol{E}-\boldsymbol{A})$,则 $\boldsymbol{A}$ 的属于特征值 λ_0 的全部特征向量为

$$k_1\boldsymbol{x}_1+k_2\boldsymbol{x}_2+\cdots+k_{n-r}\boldsymbol{x}_{n-r},$$

其中 $k_1,k_2,\cdots,k_{n-r}$ 是数域 P 中不全为零的任意常数.

例 1　求矩阵 $\boldsymbol{A}=\begin{pmatrix}-1 & 1 & 0\\ -4 & 3 & 0\\ 1 & 0 & 2\end{pmatrix}$ 在实数域上的特征值与特征向量.

解　矩阵 $\boldsymbol{A}$ 的特征多项式

$$f_{\boldsymbol{A}}(\lambda)=|\lambda\boldsymbol{E}-\boldsymbol{A}|=\begin{vmatrix}\lambda+1 & -1 & 0\\ 4 & \lambda-3 & 0\\ -1 & 0 & \lambda-2\end{vmatrix}=(\lambda-2)(\lambda-1)^2,$$

得 $\boldsymbol{A}$ 的特征值为 $\lambda_1=2,\lambda_2=\lambda_3=1$.

当 $\lambda_1=2$ 时,解齐次线性方程组 $(2\boldsymbol{E}-\boldsymbol{A})\boldsymbol{x}=\boldsymbol{0}$. 由

$$2\boldsymbol{E}-\boldsymbol{A}=\begin{pmatrix}3 & -1 & 0\\ 4 & -1 & 0\\ -1 & 0 & 0\end{pmatrix}\overset{r}{\sim}\begin{pmatrix}1 & 0 & 0\\ 0 & 1 & 0\\ 0 & 0 & 0\end{pmatrix},$$

得基础解系

$$p_1=(0,0,1)^{\mathrm{T}},$$

故 $\boldsymbol{A}$ 的属于特征值 $\lambda_1=2$ 的全部特征向量为 $k_1\boldsymbol{p}_1(k_1\neq 0,k_1\in\mathbf{R})$.

当 $\lambda_2=\lambda_3=1$ 时,解齐次线性方程组 $(\boldsymbol{E}-\boldsymbol{A})\boldsymbol{x}=\boldsymbol{0}$,得基础解系 $\boldsymbol{p}_2=(-1,-2,1)^{\mathrm{T}}$,故 $\boldsymbol{A}$ 的属于特征值 $\lambda_2=\lambda_3=1$ 的全部特征向量为 $k_2\boldsymbol{p}_2(k_2\neq 0,k_2\in\mathbf{R})$.

二、特征值的性质

性质 1 方阵 $\boldsymbol{A}$ 与其转置矩阵 $\boldsymbol{A}^{\mathrm{T}}$ 有相同的特征多项式,从而有相同的特征值.

证明 $f_{\boldsymbol{A}^{\mathrm{T}}}(\lambda)=|\lambda\boldsymbol{E}-\boldsymbol{A}^{\mathrm{T}}|=|(\lambda\boldsymbol{E}-\boldsymbol{A})^{\mathrm{T}}|=|\lambda\boldsymbol{E}-\boldsymbol{A}|=f_{\boldsymbol{A}}(\lambda)$. ▌

小贴士

虽然 $\boldsymbol{A}$ 与 $\boldsymbol{A}^{\mathrm{T}}$ 有相同特征值,但是特征向量不一定相同.

性质 2 设 $\boldsymbol{A}=(a_{ij})$ 是 n 阶方阵,$\lambda_1,\lambda_2,\cdots,\lambda_n$ 是 $\boldsymbol{A}$ 在复数域中的 n 个特征值,则

(1) $\lambda_1+\lambda_2+\cdots+\lambda_n=a_{11}+a_{22}+\cdots+a_{nn}=\mathrm{tr}(\boldsymbol{A})$;

(2) $\lambda_1\lambda_2\cdots\lambda_n=|\boldsymbol{A}|$.

证明 由特征多项式的定义,

$$f_{\boldsymbol{A}}(\lambda)=|\lambda\boldsymbol{E}-\boldsymbol{A}|=\begin{vmatrix}\lambda-a_{11} & -a_{12} & \cdots & -a_{1n}\\ -a_{21} & \lambda-a_{22} & \cdots & -a_{2n}\\ \vdots & \vdots & & \vdots\\ -a_{n1} & -a_{n2} & \cdots & \lambda-a_{nn}\end{vmatrix}$$

$$=(\lambda-a_{11})(\lambda-a_{22})\cdots(\lambda-a_{nn})+g(\lambda),$$

其中 $(\lambda-a_{11})(\lambda-a_{22})\cdots(\lambda-a_{nn})$ 是主对角线上 n 个元素的乘积. 显然 $g(\lambda)$ 至多包含 $n-2$ 个主对角线上的元素,它对 λ 的次数最多是 $n-2$. 因此,特征多项式中含 λ 的 n 次与 $n-1$ 次的项只能在主对角线上元素的连乘积中出现,它们是

$$\lambda^n-(a_{11}+a_{22}+\cdots+a_{nn})\lambda^{n-1}.$$

在特征多项式中,令 $\lambda=0$,得常数项为 $f_{\boldsymbol{A}}(0)=|-\boldsymbol{A}|=(-1)^n|\boldsymbol{A}|$,因此

$$f_{\boldsymbol{A}}(\lambda)=\lambda^n-(a_{11}+a_{22}+\cdots+a_{nn})\lambda^{n-1}+\cdots+(-1)^n|\boldsymbol{A}|. \tag{5}$$

又 $\lambda_1,\lambda_2,\cdots,\lambda_n$ 是 A 在复数域中的 n 个特征值,即 $f_{\boldsymbol{A}}(\lambda)$ 的所有根,故

$$f_{\boldsymbol{A}}(\lambda)=(\lambda-\lambda_1)(\lambda-\lambda_2)\cdots(\lambda-\lambda_n). \tag{6}$$

根据根与系数的关系,比较(5)与(6)两式中 λ^{n-1} 的系数与常数项,有

$$\lambda_1+\lambda_2+\cdots+\lambda_n=a_{11}+a_{22}+\cdots+a_{nn}=\mathrm{tr}(\boldsymbol{A}),\quad \lambda_1\lambda_2\cdots\lambda_n=|\boldsymbol{A}|.$$ ▌

由性质 2 中(2)可知以下推论:

推论 矩阵 $\boldsymbol{A}$ 可逆的充分必要条件是 $\boldsymbol{A}$ 的特征值都不为零.

例 2 设 $\boldsymbol{A}$ 是 n 阶方阵,λ_0 是 $\boldsymbol{A}$ 的特征值,证明:

(1) $k\lambda_0$ 是 $k\boldsymbol{A}$ 的特征值,其中 k 是某个常数;

(2) λ_0^m 是 $\boldsymbol{A}^m$ 的特征值,其中 m 是非负整数;

(3) 若 $\boldsymbol{A}$ 可逆,则 $\lambda_0\neq 0$ 且 λ_0^{-1} 是 $\boldsymbol{A}^{-1}$ 的特征值.

证明　因为 λ_0 是 $\boldsymbol{A}$ 的特征值，所以存在特征向量 $\boldsymbol{x}\neq\boldsymbol{0}$，使得 $\boldsymbol{Ax}=\lambda_0\boldsymbol{x}$.

(1) $(k\boldsymbol{A})\boldsymbol{x}=k(\boldsymbol{Ax})=k(\lambda_0\boldsymbol{x})=(k\lambda_0)\boldsymbol{x}$，$\boldsymbol{x}\neq\boldsymbol{0}$，故 $k\lambda_0$ 是 $k\boldsymbol{A}$ 的特征值.

(2) 只要证 $\boldsymbol{A}^m\boldsymbol{x}=\lambda_0^m\boldsymbol{x}$ 即可，对 m 用数学归纳法.

当 $m=0$ 或 1 时，显然 $\boldsymbol{A}^m\boldsymbol{x}=\lambda_0^m\boldsymbol{x}$ 成立. 假设 $m=k$ 时，有 $\boldsymbol{A}^m\boldsymbol{x}=\lambda_0^m\boldsymbol{x}$ 成立. 当 $m=k+1$ 时，有

$$\boldsymbol{A}^{k+1}\boldsymbol{x}=\boldsymbol{A}^k(\boldsymbol{Ax})=\boldsymbol{A}^k(\lambda_0\boldsymbol{x})=\lambda_0(\boldsymbol{A}^k\boldsymbol{x})=\lambda_0(\lambda_0^k\boldsymbol{x})=\lambda_0^{k+1}\boldsymbol{x},$$

即 $m=k+1$ 时，$\boldsymbol{A}^m x=\lambda_0^m x$ 也成立. 综上所述，λ_0^m 是 $\boldsymbol{A}^m$ 的特征值.

(3) 当 $\boldsymbol{A}$ 可逆时，根据推论有 $\lambda_0\neq 0$. 再由 $\boldsymbol{Ax}=\lambda_0\boldsymbol{x}$，两边左乘 $\boldsymbol{A}^{-1}$ 得 $\boldsymbol{x}=\lambda_0\boldsymbol{A}^{-1}\boldsymbol{x}$，即 $\boldsymbol{A}^{-1}\boldsymbol{x}=\lambda_0^{-1}\boldsymbol{x}$，即 λ_0^{-1} 是 $\boldsymbol{A}^{-1}$ 的特征值，特征向量还是 $\boldsymbol{x}$.

性质 3　设 λ 是矩阵 $\boldsymbol{A}$ 的特征值，$\boldsymbol{p}$ 是 $\boldsymbol{A}$ 的对应特征值 λ 的特征向量，$\varphi(x)$ 是一个多项式，则 $\varphi(\lambda)$ 是 $\varphi(\boldsymbol{A})$ 的特征值，且 $\boldsymbol{p}$ 仍是对应的特征向量.

证明　设 $\varphi(x)=a_0+a_1x+\cdots+a_mx^m$，由条件 $\boldsymbol{Ap}=\lambda\boldsymbol{p}$，从而

$$\begin{aligned}\varphi(\boldsymbol{A})\boldsymbol{p}&=(a_0\boldsymbol{E}+a_1\boldsymbol{A}+\cdots+a_m\boldsymbol{A}^m)\boldsymbol{p}=a_0(\boldsymbol{Ep})+a_1(\boldsymbol{Ap})+\cdots+a_m(\boldsymbol{A}^m\boldsymbol{p})\\&=a_0\boldsymbol{p}+a_1(\lambda\boldsymbol{p})+\cdots+a_m(\lambda^m\boldsymbol{p})=(a_0+a_1\lambda+\cdots+a_m\lambda^m)\boldsymbol{p}=\varphi(\lambda)\boldsymbol{p}.\end{aligned}$$

而 $\boldsymbol{p}\neq\boldsymbol{0}$，故 $\varphi(\lambda)$ 是 $\varphi(\boldsymbol{A})$ 的特征值，且 $\boldsymbol{p}$ 仍是对应的特征向量. ▌

例 3　设三阶矩阵 $\boldsymbol{A}$ 的特征值为 $1,-1,2$，求 $\boldsymbol{A}^*+3\boldsymbol{A}-2\boldsymbol{E}$ 的特征值.

解　由矩阵 $\boldsymbol{A}$ 的特征值全不为 0，知 $\boldsymbol{A}$ 可逆，$\boldsymbol{A}^*=|\boldsymbol{A}|\boldsymbol{A}^{-1}$，而 $|\boldsymbol{A}|=\lambda_1\lambda_2\lambda_3=-2$，记

$$\varphi(\boldsymbol{A})=\boldsymbol{A}^*+3\boldsymbol{A}-2\boldsymbol{E}=-2\boldsymbol{A}^{-1}+3\boldsymbol{A}-2\boldsymbol{E},$$

有 $\varphi(\lambda)=-\dfrac{2}{\lambda}+3\lambda-2$，得 $\varphi(\boldsymbol{A})$ 的特征值为 $\varphi(1)=-1$，$\varphi(-1)=-3$，$\varphi(2)=3$.

三、特征值的性质

定理 1　设 $\lambda_1,\lambda_2,\cdots,\lambda_m$ 是方阵 $\boldsymbol{A}$ 的 m 个特征值，$\boldsymbol{p}_1,\boldsymbol{p}_2,\cdots,\boldsymbol{p}_m$ 依次是与之对应的特征向量，如果 $\lambda_1,\lambda_2,\cdots,\lambda_m$ 各不相等，则 $\boldsymbol{p}_1,\boldsymbol{p}_2,\cdots,\boldsymbol{p}_m$ 线性无关.

证明　设有数 $k_1,k_2,\cdots,k_m$，使

$$k_1\boldsymbol{p}_1+k_2\boldsymbol{p}_2+\cdots+k_m\boldsymbol{p}_m=\boldsymbol{0},$$

上式两端多次左乘矩阵 $\boldsymbol{A}$，由例 2(2)可知 $\boldsymbol{A}^k\boldsymbol{p}_i=\lambda_i^k\boldsymbol{p}_i$，得

$$\begin{cases}\lambda_1k_1\boldsymbol{p}_1+\lambda_2k_2\boldsymbol{p}_2+\cdots+\lambda_mk_m\boldsymbol{p}_m=\boldsymbol{0},\\ \qquad\qquad\cdots\cdots\cdots\cdots\\ \lambda_1^{m-1}k_1\boldsymbol{p}_1+\lambda_2^{m-1}k_2\boldsymbol{p}_2+\cdots+\lambda_m^{m-1}k_m\boldsymbol{p}_m=\boldsymbol{0}.\end{cases}$$

将上述 m 个等式写成矩阵形式：

$$(k_1\boldsymbol{p}_1,k_2\boldsymbol{p}_2,\cdots,k_m\boldsymbol{p}_m)\begin{pmatrix}1&\lambda_1&\cdots&\lambda_1^{m-1}\\1&\lambda_2&\cdots&\lambda_2^{m-1}\\\vdots&\vdots&&\vdots\\1&\lambda_m&\cdots&\lambda_m^{m-1}\end{pmatrix}=\boldsymbol{O}.$$

因为 $\lambda_1,\lambda_2,\cdots,\lambda_m$ 互不相同，所以上式中的范德蒙德矩阵的转置矩阵可逆，消去后，得

$$(k_1\boldsymbol{p}_1,k_2\boldsymbol{p}_2,\cdots,k_m\boldsymbol{p}_m)=\boldsymbol{O}.$$

因为 $\boldsymbol{p}_1,\boldsymbol{p}_2,\cdots,\boldsymbol{p}_m$ 是特征向量，有 $\boldsymbol{p}_i\neq\boldsymbol{0}(i=1,2,\cdots,m)$，所以 $k_1=k_2=\cdots=k_m=0$，即证得 $\boldsymbol{p}_1,\boldsymbol{p}_2,\cdots,\boldsymbol{p}_m$ 线性无关. ▍

推论 如果 n 阶矩阵 $\boldsymbol{A}$ 有 n 个不同的特征值，则 $\boldsymbol{A}$ 有 n 个线性无关的特征向量.

将定理 1 进一步推广，可得如下定理：

定理 2 设 $\lambda_1,\lambda_2,\cdots,\lambda_m$ 是矩阵 $\boldsymbol{A}$ 的 m 个互不相同的特征值，而 $\boldsymbol{p}_{i1},\boldsymbol{p}_{i2},\cdots,\boldsymbol{p}_{in_i}$ 是 $\boldsymbol{A}$ 的分别对应于特征值 λ_i 的线性无关的特征向量组，则向量组

$$\boldsymbol{p}_{11},\boldsymbol{p}_{12},\cdots,\boldsymbol{p}_{1n_1};\boldsymbol{p}_{21},\boldsymbol{p}_{22},\cdots,\boldsymbol{p}_{2n_2};\cdots;\boldsymbol{p}_{m1},\boldsymbol{p}_{m2},\cdots,\boldsymbol{p}_{mn_m}$$

线性无关.

定理证明

5.2 矩阵的相似对角化

在矩阵的运算中，对角矩阵的运算最为简便. 那么，什么样的矩阵可以化为对角矩阵呢？为此，先介绍矩阵相似的概念.

一、矩阵相似的定义

定义 3 设 $\boldsymbol{A},\boldsymbol{B}$ 都是数域 P 上的 n 阶方阵，如果存在数域 P 上的 n 阶可逆矩阵 $\boldsymbol{C}$，使得

$$\boldsymbol{C}^{-1}\boldsymbol{A}\boldsymbol{C}=\boldsymbol{B},$$

则称矩阵 $\boldsymbol{A}$ 与 $\boldsymbol{B}$ **在数域 P 上相似**，简称 **$\boldsymbol{A}$ 与 $\boldsymbol{B}$ 相似**，记作 $\boldsymbol{A}\sim\boldsymbol{B}$，而 $\boldsymbol{C}$ 称为把矩阵 $\boldsymbol{A}$ 变成矩阵 $\boldsymbol{B}$ 的**相似变换矩阵**.

显然，两个矩阵相似则一定等价，但矩阵等价却不一定相似. 矩阵相似关系有如下性质：

(1) 反身性：$\boldsymbol{A}\sim\boldsymbol{A}$；

(2) 对称性：若 $\boldsymbol{A}\sim\boldsymbol{B}$，则 $\boldsymbol{B}\sim\boldsymbol{A}$；

(3) 传递性：若 $\boldsymbol{A}\sim\boldsymbol{B},\boldsymbol{B}\sim\boldsymbol{C}$，则 $\boldsymbol{A}\sim\boldsymbol{C}$.

相似的矩阵具有如下性质.

性质 1 相似矩阵有相同的秩.

性质 2 相似矩阵有相同的行列式.

性质 3 相似矩阵有相同的特征多项式，从而有相同的特征值.

证明 由于 $\boldsymbol{A}\sim\boldsymbol{B}$，所以有可逆矩阵 $\boldsymbol{C}$，使得 $\boldsymbol{C}^{-1}\boldsymbol{A}\boldsymbol{C}=\boldsymbol{B}$，因此

$$|\lambda\boldsymbol{E}-\boldsymbol{B}|=|\boldsymbol{C}^{-1}(\lambda\boldsymbol{E}-\boldsymbol{A})\boldsymbol{C}|=|\lambda\boldsymbol{E}-\boldsymbol{A}|,$$

即 $\boldsymbol{A},\boldsymbol{B}$ 的特征多项式相同，因而有相同的特征值. ▍

小贴士

此结论的逆命题不成立，即 $\boldsymbol{A}$ 与 $\boldsymbol{B}$ 有相同的特征多项式，但 $\boldsymbol{A}$ 不一定与 $\boldsymbol{B}$ 相似. 例如，矩阵 $\boldsymbol{A}=\begin{pmatrix}1&0\\0&1\end{pmatrix}$，$\boldsymbol{B}=\begin{pmatrix}1&1\\0&1\end{pmatrix}$，它们的特征多项式均为 $(\lambda-1)^2$，但它们不相似. 事实上，若 $\boldsymbol{A}$ 与 $\boldsymbol{B}$ 相似，则有可逆矩阵 $\boldsymbol{C}$，使 $\boldsymbol{B}=\boldsymbol{C}^{-1}\boldsymbol{A}\boldsymbol{C}=\boldsymbol{E}$，矛盾.

推论　相似矩阵有相同的迹.

证明　设矩阵 $\boldsymbol{A}$ 与 $\boldsymbol{B}$ 相似,则有可逆矩阵 $\boldsymbol{C}$,使得 $\boldsymbol{C}^{-1}\boldsymbol{AC}=\boldsymbol{B}$. 由 3.2 节例 7,得

$$\operatorname{tr}(\boldsymbol{B})=\operatorname{tr}(\boldsymbol{C}^{-1}\boldsymbol{AC})=\operatorname{tr}((\boldsymbol{AC})\boldsymbol{C}^{-1})=\operatorname{tr}(\boldsymbol{A}).\ \blacksquare$$

性质 4　若 n 阶方阵 $\boldsymbol{A}$ 与 $\boldsymbol{B}$ 相似,则 $\boldsymbol{A}^k$ 与 $\boldsymbol{B}^k$ 相似.

证明　因为 $\boldsymbol{A}$ 与 $\boldsymbol{B}$ 相似,所以存在可逆矩阵 $\boldsymbol{C}$,使得 $\boldsymbol{C}^{-1}\boldsymbol{AC}=\boldsymbol{B}$,于是有

$$\boldsymbol{B}^k=(\boldsymbol{C}^{-1}\boldsymbol{AC})^k=\boldsymbol{C}^{-1}\boldsymbol{A}^k\boldsymbol{C},$$

即 $\boldsymbol{A}^k$ 与 $\boldsymbol{B}^k$ 相似. ▎

性质 5　设 $\varphi(x)$ 是任一多项式,若 n 阶方阵 $\boldsymbol{A}$ 与 $\boldsymbol{B}$ 相似,则 $\varphi(\boldsymbol{A})$ 与 $\varphi(\boldsymbol{B})$ 相似.

证明　设 $\boldsymbol{C}^{-1}\boldsymbol{AC}=\boldsymbol{B}$,则 $\boldsymbol{C}^{-1}\boldsymbol{A}^i\boldsymbol{C}=\boldsymbol{B}^i\ (\forall i\in\mathbf{N})$. 记

$$\varphi(x)=a_kx^k+a_{k-1}x^{k-1}+\cdots+a_0,$$

则

$$\boldsymbol{C}^{-1}\varphi(\boldsymbol{A})\boldsymbol{C}=\boldsymbol{C}^{-1}\left(\sum_{i=0}^{k}a_i\boldsymbol{A}^i\right)\boldsymbol{C}=\sum_{i=0}^{k}a_i\boldsymbol{C}^{-1}\boldsymbol{A}^i\boldsymbol{C}=\sum_{i=0}^{k}a_i\boldsymbol{B}^i=\varphi(\boldsymbol{B}).\ \blacksquare$$

例 1　设矩阵 $\boldsymbol{A}=\begin{pmatrix}a&b\\b&a\end{pmatrix}$,求 $\boldsymbol{A}^n$.

解　显然

$$\boldsymbol{A}\begin{pmatrix}1\\1\end{pmatrix}=(a+b)\begin{pmatrix}1\\1\end{pmatrix},\quad \boldsymbol{A}\begin{pmatrix}1\\-1\end{pmatrix}=(a-b)\begin{pmatrix}1\\-1\end{pmatrix}.$$

令 $\boldsymbol{p}_1=(1,1)^{\mathrm{T}},\boldsymbol{p}_2=(1,-1)^{\mathrm{T}},\lambda_1=a+b,\lambda_2=a-b$,则

$$\boldsymbol{A}(\boldsymbol{p}_1,\boldsymbol{p}_2)=(\lambda_1\boldsymbol{p}_1,\lambda_2\boldsymbol{p}_2)=(\boldsymbol{p}_1,\boldsymbol{p}_2)\begin{pmatrix}\lambda_1&0\\0&\lambda_2\end{pmatrix},$$

有

$$\boldsymbol{A}=(\boldsymbol{p}_1,\boldsymbol{p}_2)\begin{pmatrix}\lambda_1&0\\0&\lambda_2\end{pmatrix}(\boldsymbol{p}_1,\boldsymbol{p}_2)^{-1}.$$

这表明矩阵 $\boldsymbol{A}$ 相似于对角矩阵,根据性质 4,有

$$\begin{aligned}\boldsymbol{A}^n&=(\boldsymbol{p}_1,\boldsymbol{p}_2)\begin{pmatrix}\lambda_1&0\\0&\lambda_2\end{pmatrix}^n(\boldsymbol{p}_1,\boldsymbol{p}_2)^{-1}=\begin{pmatrix}1&1\\1&-1\end{pmatrix}\begin{pmatrix}(a+b)^n&0\\0&(a-b)^n\end{pmatrix}\begin{pmatrix}1&1\\1&-1\end{pmatrix}^{-1}\\&=\frac{1}{2}\begin{pmatrix}(a+b)^n+(a-b)^n&(a+b)^n-(a-b)^n\\(a+b)^n-(a-b)^n&(a+b)^n+(a-b)^n\end{pmatrix}.\end{aligned}$$

从上例可以看到,若方阵 $\boldsymbol{A}$ 能够相似于对角矩阵,则可以简化运算.

二、矩阵的对角化

定义 4　设矩阵 $\boldsymbol{A}$ 是数域 P 上的 n 阶方阵,如果 $\boldsymbol{A}$ 在数域 P 上能与一个对角矩阵相似,就称 **$\boldsymbol{A}$ 在数域 $\boldsymbol{P}$ 上可以相似对角化**,简称**可对角化**.

下面研究 n 阶方阵 $\boldsymbol{A}$ 可对角化的条件. 若 $\boldsymbol{A}$ 可对角化,则存在 n 阶可逆阵 $\boldsymbol{C}$,使得

$$\boldsymbol{C}^{-1}\boldsymbol{AC}=\boldsymbol{\Lambda}=\begin{pmatrix}\lambda_1&&&\\&\lambda_2&&\\&&\ddots&\\&&&\lambda_n\end{pmatrix}.$$

于是

$$AC=C\Lambda.$$

把 C 按其列向量分块为 $C=(p_1,p_2,\cdots,p_n)$，代入上式得

$$(Ap_1,Ap_2,\cdots,Ap_n)=(\lambda_1 p_1,\lambda_2 p_2,\cdots,\lambda_n p_n),$$

从而

$$Ap_i=\lambda_i p_i\quad(i=1,2,\cdots,n).$$

由于 C 可逆，可知 $p_1,p_2,\cdots,p_n$ 是 A 的 n 个线性无关的非零向量，上式表明它们分别是属于特征值 $\lambda_1,\lambda_2,\cdots,\lambda_n$ 的特征向量.

反之，若矩阵 A 有 n 个线性无关的特征向量 $p_1,p_2,\cdots,p_n$，可设与之相应的特征值分别为 $\lambda_1,\lambda_2,\cdots,\lambda_n$，则有 $Ap_i=\lambda_i p_i$，$i=1,2,\cdots,n$.

记 $C=(p_1,p_2,\cdots,p_n)$，则 C 可逆，且

$$AC=A(p_1,p_2,\cdots,p_n)=(\lambda_1 p_1,\lambda_2 p_2,\cdots,\lambda_n p_n)=C\begin{pmatrix}\lambda_1 & & & \\ & \lambda_2 & & \\ & & \ddots & \\ & & & \lambda_n\end{pmatrix}=C\Lambda,$$

所以 $C^{-1}AC=\Lambda$，即 A 在数域 P 上可以相似对角化. 综上可得如下定理：

定理 3 设 A 是数域 P 上的 n 阶方阵，则 A 在 P 上可对角化的充要条件是 A 在 P 上有 n 个线性无关的特征向量.

定理 3 的推导过程给出了相似对角化的具体方法. 结合 5.1 节定理 1 的推论，可得相似对角化的一个充分条件.

推论 设矩阵 A 是数域 P 上的 n 阶方阵，若 A 在 P 中有 n 个不同的特征值，则 A 在 P 上可相似对角化.

小贴士

推论的条件不是必要的，即可以对角化的 n 阶方阵不一定有 n 个不同的特征值. 例如，数量矩阵 kE 可以对角化，但它的不同的特征值只有一个 k（k 是 n 重特征值）.

定理 4 设矩阵 A 是数域 P 上的 n 阶方阵，λ_0 是 $f_A(\lambda)$ 的 k 重根，则 $n-R(\lambda_0 E-A)\leqslant k$，即 A 的属于特征值 λ_0 的线性无关的特征向量的最大个数不大于 k.

定理证明

证明 记 $m=n-R(\lambda_0 E-A)$，则 A 有 m 个线性无关的特征向量 p_1，$p_2,\cdots,p_m$，它们是齐次线性方程组 $(\lambda_0 E-A)x=0$ 的一个基础解系. 在向量空间 P^n 中存在向量 $p_{m+1},\cdots,p_n$，使得 $p_1,p_2,\cdots,p_m,p_{m+1},\cdots,p_n$ 线性无关. 记 $C=(p_1,p_2,\cdots,p_m,p_{m+1},\cdots,p_n)$，则 C 可逆，且存在矩阵

$$B=\begin{pmatrix}\lambda_0 E_m & B_{12}\\ O & B_{22}\end{pmatrix},$$

其中 B_{22} 是 $n-m$ 阶方阵，于是有 $C^{-1}AC=B$，从而

$$f_{\boldsymbol{A}}(\lambda)=f_{\boldsymbol{B}}(\lambda)=|\lambda\boldsymbol{E}-\boldsymbol{B}|=\begin{vmatrix}(\lambda-\lambda_0)\boldsymbol{E}_m & -\boldsymbol{B}_{12}\\ \boldsymbol{O} & \lambda\boldsymbol{E}_{n-m}-\boldsymbol{B}_{22}\end{vmatrix}=(\lambda-\lambda_0)^m|\lambda\boldsymbol{E}_{n-m}-\boldsymbol{B}_{22}|,$$

可得 $m\leqslant k$. ▎

进一步讨论：设 $\boldsymbol{A}$ 是数域 P 上的 n 阶方阵，$\lambda_1,\lambda_2,\cdots,\lambda_s$ 是 $\boldsymbol{A}$ 的所有不同的特征值，其重数分别为 $k_1,k_2,\cdots,k_s$，令 $m_i=n-R(\lambda_i\boldsymbol{E}-\boldsymbol{A}),i=1,2,\cdots,s$，则有

$$m_1+m_2+\cdots+m_s\leqslant k_1+k_2+\cdots+k_s\leqslant n.$$

其中 $m_1+m_2+\cdots+m_s$ 就是 $\boldsymbol{A}$ 的线性无关的特征向量的最大个数，它当然不可能超过 n. 故 $\boldsymbol{A}$ 有 n 个线性无关的特征向量当且仅当 $m_1+m_2+\cdots+m_s=n$.

定理 5 设 $\boldsymbol{A}$ 是数域 P 上的 n 阶方阵，则 $\boldsymbol{A}$ 在 P 上可对角化的充要条件是 $\boldsymbol{A}$ 的特征多项式 $f_{\boldsymbol{A}}(\lambda)$ 的根全在 P 中，且对每一特征值 λ_0，有 $n-R(\lambda_0\boldsymbol{E}-\boldsymbol{A})$ 等于 λ_0 的重数.

对于 5.1 中例 1 的矩阵，$\boldsymbol{A}$ 在实数域上有 3 个特征值，但对特征值 1(二重)，

$$n-R(\boldsymbol{E}-\boldsymbol{A})=1<2,$$

故 $\boldsymbol{A}$ 不可相似对角化.

例 2 设矩阵 $\boldsymbol{A}=\begin{pmatrix}0&0&1\\1&1&t\\1&0&0\end{pmatrix}$，问 t 为何值时，矩阵 $\boldsymbol{A}$ 能对角化？能对角化时，求可逆矩阵 $\boldsymbol{C}$ 和使 $\boldsymbol{C}^{-1}\boldsymbol{AC}$ 为对角阵.

解 $$|\lambda\boldsymbol{E}-\boldsymbol{A}|=\begin{vmatrix}\lambda&0&-1\\-1&\lambda-1&-t\\-1&0&\lambda\end{vmatrix}=(\lambda-1)\begin{vmatrix}\lambda&-1\\-1&\lambda\end{vmatrix}=(\lambda-1)^2(\lambda+1),$$

得 $\lambda_1=\lambda_2=1,\lambda_3=-1$.

矩阵 $\boldsymbol{A}$ 可对角化的充要条件是对应重根 $\lambda_1=\lambda_2=1$，方程 $(\boldsymbol{E}-\boldsymbol{A})\boldsymbol{x}=\boldsymbol{0}$ 有 2 个线性无关的解，即 $R(\boldsymbol{E}-\boldsymbol{A})=1$. 由

$$\boldsymbol{E}-\boldsymbol{A}=\begin{pmatrix}1&0&-1\\-1&0&-t\\-1&0&1\end{pmatrix}\xrightarrow{r}\begin{pmatrix}1&0&-1\\0&0&t+1\\0&0&0\end{pmatrix},$$

得 $t+1=0$，即 $t=-1$. 因此，当 $t=-1$ 时，矩阵 $\boldsymbol{A}$ 能对角化.

当 $\lambda_1=\lambda_2=1$ 时，$(\boldsymbol{E}-\boldsymbol{A})\boldsymbol{x}=\boldsymbol{0}$ 的基础解系为 $\boldsymbol{p}_1=(0,1,0)^{\mathrm{T}},\boldsymbol{p}_2=(1,0,1)^{\mathrm{T}}$.

当 $\lambda_3=-1$ 时，$(-\boldsymbol{E}-\boldsymbol{A})\boldsymbol{x}=\boldsymbol{0}$ 的基础解系为 $\boldsymbol{p}_3=(-1,1,1)^{\mathrm{T}}$.

令 $\boldsymbol{C}=(\boldsymbol{p}_1,\boldsymbol{p}_2,\boldsymbol{p}_3)$，有 $\boldsymbol{C}^{-1}\boldsymbol{AC}=\mathrm{diag}(1,1,-1)$.

尽管在数域 P 上方阵未必能相似对角化，但是在复数域 $\mathbf{C}$ 上，所有方阵都能相似于上三角矩阵或下三角矩阵.

定理 6 在复数域 $\mathbf{C}$ 上，任意方阵都相似于上三角矩阵.

证明 设 $\boldsymbol{A}$ 为 n 阶复矩阵，对 n 作数学归纳法证明.

当 $n=1$ 时，结论自然成立.

假设对 $n-1$ 阶矩阵结论成立，下证 n 阶矩阵的情况. 设 λ 是 $\boldsymbol{A}$ 的一个特征值，则有非零向量 $\boldsymbol{p}_1$，使

$$Ap_1=\lambda p_1.$$

将非零向量 p_1 扩展为线性无关组 $p_1,p_2,\cdots,p_n$，记 $C=(p_1,p_2,\cdots,p_n)$，则 C 可逆，记

$$C^{-1}AC=\begin{pmatrix} b & * \\ \alpha & A_1 \end{pmatrix},$$

其中 α 是一个 $n-1$ 维列向量，A_1 是一个 $n-1$ 阶方阵，则不难验证 $b=\lambda$，$\alpha=O$，即

$$C^{-1}AC=\begin{pmatrix} \lambda & * \\ O & A_1 \end{pmatrix}.$$

对于其中的 $n-1$ 阶矩阵 A_1，根据归纳假设，存在 $n-1$ 阶可逆矩阵 Q，使 $Q^{-1}A_1Q$ 为上三角矩阵. 令 $R=C\begin{pmatrix} 1 & O \\ O & Q \end{pmatrix}$，则 $R^{-1}AR=\begin{pmatrix} \lambda & * \\ O & Q^{-1}A_1Q \end{pmatrix}$. ▌

5.3 哈密尔顿-凯莱定理与最小多项式

一、哈密尔顿-凯莱定理

本节，我们继续讨论矩阵对角化的问题，下面我们给出方阵的特征多项式的一个重要性质.

定理 7（**哈密尔顿-凯莱定理**） 设 A 是数域 P 的 n 阶矩阵，$f(\lambda)=|\lambda E-A|$ 是 A 的特征多项式，则 $f(A)=O$.

证明 先证明 A 是上三角矩阵的情况. 设

$$A=\begin{pmatrix} \lambda_1 & a_{12} & \cdots & a_{1n} \\ & \lambda_2 & \cdots & a_{2n} \\ & & \ddots & \vdots \\ & & & \lambda_n \end{pmatrix},$$

定理证明

则 A 的特征多项式为 $f(\lambda)=(\lambda-\lambda_1)(\lambda-\lambda_2)\cdots(\lambda-\lambda_n)$. 记

$$f_1(\lambda)=(\lambda-\lambda_1),$$
$$f_2(\lambda)=(\lambda-\lambda_1)(\lambda-\lambda_2),$$
$$\cdots\cdots\cdots\cdots$$
$$f_n(\lambda)=(\lambda-\lambda_1)(\lambda-\lambda_2)\cdots(\lambda-\lambda_n).$$

下面用数学归纳法证明. $f_i(A)\varepsilon_j=O$，$1\leqslant j\leqslant i$，其中$\{\varepsilon_j\}(1\leqslant j\leqslant n)$是单位坐标向量组. 显然，$f_1(A)\varepsilon_1=O$. 假设 $f_{i-1}(A)\varepsilon_j=O(1\leqslant j\leqslant i-1)$，因$(A-\lambda_iE)\varepsilon_i$ 可由 $\varepsilon_1,\varepsilon_2,\cdots,\varepsilon_{i-1}$线性表示，有

$$f_i(A)\varepsilon_j=f_{i-1}(A)(A-\lambda_iE)\varepsilon_j=(A-\lambda_iE)f_{i-1}(A)\varepsilon_j=O \quad (1\leqslant j\leqslant i-1),$$
$$f_i(A)\varepsilon_i=f_{i-1}(A)[(A-\lambda_iE)\varepsilon_i]=O.$$

根据归纳法原理，即证得 $f_i(A)\varepsilon_j=O(1\leqslant j\leqslant i)$. 特别地，当 $i=n$ 时，有 $f(A)\varepsilon_j=O(1\leqslant j\leqslant n)$，故 $f(A)=O$.

对于一般的 n 阶方阵 A，根据 5.2 定理 6，存在可逆矩阵 C，使 $C^{-1}AC=B$ 为上三角矩

阵，这里的 $\boldsymbol{C},\boldsymbol{B}$ 都是复矩阵. 因为相似的矩阵有相同的特征多项式，所以 $f(\lambda)=|\lambda\boldsymbol{E}-\boldsymbol{A}|$ 也是上三角矩阵 $\boldsymbol{B}$ 的特征多项式，故有 $f(\boldsymbol{B})=\boldsymbol{O}$，得 $f(\boldsymbol{A})=\boldsymbol{C}f(\boldsymbol{B})\boldsymbol{C}^{-1}=\boldsymbol{O}$. ▍

例 1　已知矩阵 $\boldsymbol{A}=\begin{pmatrix}1&-2&-2\\1&0&-3\\1&-1&-2\end{pmatrix}$，$g(\lambda)=2\lambda^4+3\lambda^3-3\lambda+1$，求 $g(\boldsymbol{A})$ 及 $\boldsymbol{A}^{100}$.

解　(1) $\boldsymbol{A}$ 的特征多项式

$$f_{\boldsymbol{A}}(\lambda)=|\lambda\boldsymbol{E}-\boldsymbol{A}|=(\lambda-1)(\lambda+1)^2=\lambda^3+\lambda^2-\lambda-1,$$

由带余除法，有 $g(\lambda)=f_{\boldsymbol{A}}(\lambda)(2\lambda+1)+\lambda^2+2$，将矩阵 $\boldsymbol{A}$ 代入，有

$$g(\boldsymbol{A})=f_{\boldsymbol{A}}(\boldsymbol{A})(2\boldsymbol{A}+\boldsymbol{E})+\boldsymbol{A}^2+2\boldsymbol{E}=\boldsymbol{A}^2+2\boldsymbol{E}=\begin{pmatrix}-1&0&8\\-2&3&4\\-2&0&7\end{pmatrix}.$$

(2) 令 $h(\lambda)=\lambda^{100}=f_{\boldsymbol{A}}(\lambda)q(\lambda)+a\lambda^2+b\lambda+c$. 根据(1)，因为除式 $f_{\boldsymbol{A}}(\boldsymbol{A})=\boldsymbol{O}$，我们并不关心商式 $q(\lambda)$ 是多少，而只需要知道余式 $r(\lambda)=a\lambda^2+b\lambda+c$ 是多少. 因为 ±1 是 $\boldsymbol{A}$ 的特征多项式的根，所以有 $f_{\boldsymbol{A}}(\pm1)=0$.

将 $\lambda=\pm1$ 代入 $h(\lambda)$ 中，得到两个等式

$$1=a+b+c, \tag{1}$$

$$1=a-b+c, \tag{2}$$

又因为 $\lambda=-1$ 是 $\boldsymbol{A}$ 的特征多项式的二重根，必是 $f'_{\boldsymbol{A}}(\lambda)$ 的单根，有 $f'_{\boldsymbol{A}}(-1)=0$.

将 $h(\lambda)$ 的表达式两边关于 λ 求导，则

$$100\lambda^{99}=f'_{\boldsymbol{A}}(\lambda)q(\lambda)+f_{\boldsymbol{A}}(\lambda)q'(\lambda)+2a\lambda+b.$$

将 $\lambda=-1$ 代入上式，得到等式

$$-100=-2a+b, \tag{3}$$

联立式(1)(2)(3)，解得

$$a=50,\quad b=0,\quad c=-49,$$

故 $\lambda^{100}=f_{\boldsymbol{A}}(\lambda)q(\lambda)+50\lambda^2-49$. 将 $\boldsymbol{A}$ 代入，得

$$\boldsymbol{A}^{100}=f_{\boldsymbol{A}}(\boldsymbol{A})q(\boldsymbol{A})+50\boldsymbol{A}^2-49\boldsymbol{E}=50\boldsymbol{A}^2-49\boldsymbol{E}=\begin{pmatrix}-199&0&400\\-100&1&200\\-100&0&201\end{pmatrix}.$$

可见，哈密尔顿-凯莱定理为求解方阵的高阶幂运算带来了方便.

二、最小多项式

如果一个非零多项式 $g(x)=0$，有 $g(\boldsymbol{A})=\boldsymbol{O}$，即 $g(x)$ 以 $\boldsymbol{A}$ 为根，则称 $g(x)$ 是 $\boldsymbol{A}$ 的**零化多项式**. 哈密尔顿-凯莱定理说明了特征多项式就是 $\boldsymbol{A}$ 的零化多项式. $\boldsymbol{A}$ 的零化多项式很多，我们希望从中找一个次数最小且其首项系数为 1 的多项式(称为首一多项式).

定义 5　若多项式 $m(x)$ 是以 $\boldsymbol{A}$ 为根的多项式中次数最小的首一多项式，则称 $m(x)$ 为矩阵 $\boldsymbol{A}$ 的**最小多项式**.

最小多项式具有以下简单性质.

定理 8 设 $m(x)$ 是 $\boldsymbol{A}$ 的一个零化多项式，则 $m(x)$ 是 $\boldsymbol{A}$ 的最小多项式的充要条件是 $m(x)$ 整除 $\boldsymbol{A}$ 的任意零化多项式.

证明 设 $g(x)$ 是 $\boldsymbol{A}$ 的任意一个零化多项式，根据带余除法，将 $g(x)$ 表示成

$$g(x)=q(x)m(x)+r(x),$$

其中 $\deg(r(x))<\deg(m(x))$ 或 $r(x)=0$. 将 $\boldsymbol{A}$ 代入上式得 $r(\boldsymbol{A})=\boldsymbol{O}$. 由定义，$m(x)$ 是 $\boldsymbol{A}$ 的最小多项式当且仅当 $r(x)=0$，即 $m(x)\mid g(x)$. ▎

定理 9 矩阵 $\boldsymbol{A}$ 的最小多项式必唯一.

证明 若 $m_1(x)$ 和 $m_2(x)$ 都是矩阵 $\boldsymbol{A}$ 的最小多项式，根据定理 8，$m_1(x)\mid m_2(x)$ 且 $m_2(x)\mid m_1(x)$，因最小多项式的首项系数为 1，故 $m_1(x)=m_2(x)$. ▎

定理 10 相似矩阵具有相同的最小多项式.

证明 设 $\boldsymbol{A}$ 相似于 $\boldsymbol{B}$，即 $\boldsymbol{B}=\boldsymbol{C}^{-1}\boldsymbol{A}\boldsymbol{C}$，设 $m_1(x)$ 和 $m_2(x)$ 分别是矩阵 $\boldsymbol{A}$ 和 $\boldsymbol{B}$ 的最小多项式，则有

$$m_1(\boldsymbol{B})=m_1(\boldsymbol{C}^{-1}\boldsymbol{A}\boldsymbol{C})=\boldsymbol{P}^{-1}m_1(\boldsymbol{A})\boldsymbol{P}=\boldsymbol{O},$$

故 $m_2(x)\mid m_1(x)$. 同理 $m_1(x)\mid m_2(x)$，因此 $m_1(x)=m_2(x)$. ▎

小贴士

最小多项式相同的矩阵不一定是相似的，比如 $\boldsymbol{A}=\begin{pmatrix}1&1&&\\&1&&\\&&1&\\&&&2\end{pmatrix}$，$\boldsymbol{B}=\begin{pmatrix}1&1&&\\&1&&\\&&2&\\&&&2\end{pmatrix}$，$\boldsymbol{A}$ 与 $\boldsymbol{B}$ 的最小多项式都等于 $(x-1)^2(x-2)$，但它们的特征多项式不同，因此 $\boldsymbol{A}$ 和 $\boldsymbol{B}$ 不是相似的.

例 2 设 $m(x)$ 是矩阵 $\boldsymbol{A}$ 的最小多项式，则 $\boldsymbol{A}$ 的任一特征值也是 $m(x)$ 的根.

证明 设 λ_0 是 $\boldsymbol{A}$ 的任一特征值，由带余除法有 $m(x)=q(x)(x-\lambda_0)+r$，其中 r 是常数. 将 $\boldsymbol{A}$ 代入得 $q(\boldsymbol{A})(\boldsymbol{A}-\lambda_0\boldsymbol{E})=-r\boldsymbol{E}$. 若 $r\neq 0$，则 $\boldsymbol{A}-\lambda_0\boldsymbol{E}$ 可逆，这与 λ_0 是 $\boldsymbol{A}$ 的特征值相矛盾，故 $r=0$，从 $m(\lambda_0)=0$.

由定理 8 可知，最小多项式 $m(x)\mid f_{\boldsymbol{A}}(x)$，故 $m(x)$ 的根一定也是 $\boldsymbol{A}$ 的特征多项式 $f_{\boldsymbol{A}}(x)$ 的根. 反之，矩阵 $\boldsymbol{A}$ 的特征多项式的根也是 $\boldsymbol{A}$ 的最小多项式的根. 故不计重数，矩阵 $\boldsymbol{A}$ 的最小多项式与特征多项式有相同的根. 后面将看到：复数矩阵 $\boldsymbol{A}$ 相似于对角矩阵的充要条件是其最小多项式的根均为单根.（详见 9.6 节定理 13.）

例 3 求矩阵 $\boldsymbol{A}=\begin{pmatrix}0&0&1\\0&1&0\\1&0&0\end{pmatrix}$ 的最小多项式.

解 矩阵 $\boldsymbol{A}$ 的特征多项式

$$f(\lambda)=|\lambda\boldsymbol{E}-\boldsymbol{A}|=(\lambda-1)^2(\lambda+1).$$

由定理 8 得 $m(\lambda)\mid f(\lambda)$，又 $\boldsymbol{A}-\boldsymbol{E}\neq\boldsymbol{O}$，$\boldsymbol{A}+\boldsymbol{E}\neq\boldsymbol{O}$，但 $(\boldsymbol{A}-\boldsymbol{E})(\boldsymbol{A}+\boldsymbol{E})=\boldsymbol{O}$，故 $\boldsymbol{A}$ 的最小多项式 $m(x)=(x+1)(x-1)=x^2-1$.

知识脉络　范例解析　测一测　小百科

习　题

1. 设矩阵 $\boldsymbol{A},\boldsymbol{B}$ 均为 n 阶方阵，且 $\boldsymbol{A}$ 可逆，证明：$\boldsymbol{AB}$ 与 $\boldsymbol{BA}$ 相似.

2. 设 $\boldsymbol{A}$ 为 n 阶矩阵，试证：

(1) 若 $\boldsymbol{A}$ 是幂等矩阵，即 $\boldsymbol{A}^2=\boldsymbol{A}$，则 $\boldsymbol{A}$ 的特征值只能是 0 和 1；

(2) 若 $\boldsymbol{A}$ 是幂零矩阵，即存在正整数 k 使 $\boldsymbol{A}^k=\boldsymbol{O}$，则 $\boldsymbol{A}$ 的特征值只能是 0.

3. 设 n 维非零列向量 $\boldsymbol{\alpha},\boldsymbol{\beta}$ 满足 $\boldsymbol{\alpha}^{\mathrm{T}}\boldsymbol{\beta}=\boldsymbol{0}$，求方阵 $\boldsymbol{A}=\boldsymbol{\alpha}\boldsymbol{\beta}^{\mathrm{T}}$ 的所有特征值.

4. 已知 $\boldsymbol{x}$ 是矩阵 $\boldsymbol{A}$ 的一个特征向量，试求参数 a,b 的值及与特征向量 $\boldsymbol{x}$ 对应的特征值，其中 $\boldsymbol{A}=\begin{pmatrix}1 & a & 3\\ 2 & b & 1\\ 0 & 3 & 1\end{pmatrix}$，$\boldsymbol{x}=\begin{pmatrix}1\\ -1\\ 1\end{pmatrix}$.

5. 设矩阵 $\boldsymbol{A}$ 是三阶方阵，满足 $|\boldsymbol{A}|=0$，$|\boldsymbol{A}+\boldsymbol{E}|=0$，$|\boldsymbol{A}-\boldsymbol{E}|=0$，试求行列式 $|2\boldsymbol{E}+\boldsymbol{A}|$.

6. 设矩阵 $\boldsymbol{A}=\begin{pmatrix}1 & -2 & -4\\ -2 & x & -2\\ -4 & -2 & 1\end{pmatrix}$，$\boldsymbol{B}=\begin{pmatrix}5 & & \\ & y & \\ & & -4\end{pmatrix}$，如果 $\boldsymbol{A}$ 与 $\boldsymbol{B}$ 相似，求：

(1) x,y 的值；

(2) 相应的可逆矩阵 $\boldsymbol{C}$，使 $\boldsymbol{C}^{-1}\boldsymbol{AC}=\boldsymbol{B}$.

7. 设矩阵 $\boldsymbol{A}=\begin{pmatrix}0 & 0 & 1\\ x & 1 & y\\ 1 & 0 & 0\end{pmatrix}$ 有 3 个线性无关的特征向量，求 x,y 应满足什么条件.

8. 设三阶矩阵 $\boldsymbol{A}$ 的特征值为 $\lambda_1=1,\lambda_2=0,\lambda_3=-1$，对应的特征向量依次为 $\boldsymbol{\alpha}_1=(1,2,2)^{\mathrm{T}}$，$\boldsymbol{\alpha}_2=(2,-2,1)^{\mathrm{T}}$，$\boldsymbol{\alpha}_3=(-2,-1,2)^{\mathrm{T}}$，求 $\boldsymbol{A}$.

9. 设矩阵 $\boldsymbol{A}=(a_1,a_2,a_3)$ 为非零实矩阵，求 $\boldsymbol{A}^{\mathrm{T}}\boldsymbol{A}$ 的特征值，并求属于非零特征值的一个特征向量.

10. 设矩阵 $\boldsymbol{A}=\begin{pmatrix}3 & 2 & 2\\ 2 & 3 & 2\\ 2 & 2 & 3\end{pmatrix}$，$\boldsymbol{P}=\begin{pmatrix}0 & 1 & 0\\ 1 & 0 & 1\\ 0 & 0 & 1\end{pmatrix}$，$\boldsymbol{B}=\boldsymbol{P}^{-1}\boldsymbol{A}^*\boldsymbol{P}$，求 $\boldsymbol{B}+2\boldsymbol{E}$ 的特征值与特征向量.

11. 设矩阵 $\boldsymbol{A}=\begin{pmatrix}1 & 4 & 2\\ 0 & -3 & 4\\ 0 & 4 & 3\end{pmatrix}$，求 $\boldsymbol{A}^n$.

12. 设 λ_1 和 λ_2 是矩阵 $\boldsymbol{A}$ 的两个不同的特征值，对应的特征向量依次为 $\boldsymbol{p}_1$ 和 $\boldsymbol{p}_2$，证明：

$\boldsymbol{p}_1+\boldsymbol{p}_2$ 不是 $\boldsymbol{A}$ 的特征向量.

13. 如果矩阵 $\boldsymbol{A}$ 与 $\boldsymbol{B}$ 相似,$\boldsymbol{C}$ 与 $\boldsymbol{D}$ 相似,证明:$\begin{pmatrix}\boldsymbol{A} & \boldsymbol{O}\\ \boldsymbol{O} & \boldsymbol{C}\end{pmatrix}$ 与 $\begin{pmatrix}\boldsymbol{B} & \boldsymbol{O}\\ \boldsymbol{O} & \boldsymbol{D}\end{pmatrix}$ 相似.

14. 求复数域上的矩阵 $\boldsymbol{A}$ 的特征值与特征向量:

(1) $\boldsymbol{A}=\begin{pmatrix}0 & a\\ -a & 0\end{pmatrix}$; (2) $\boldsymbol{A}=\begin{pmatrix}0 & 0 & 1\\ 0 & 1 & 0\\ 1 & 0 & 0\end{pmatrix}$;

(3) $\boldsymbol{A}=\begin{pmatrix}1 & -3 & 3\\ 3 & -5 & 3\\ 6 & -6 & 4\end{pmatrix}$; (4) $\boldsymbol{A}=\begin{pmatrix}3 & -2 & -4\\ -2 & 6 & -2\\ -4 & -2 & 3\end{pmatrix}$;

(5) $\boldsymbol{A}=\begin{pmatrix}2 & 0 & 0\\ 1 & 2 & -1\\ 1 & 0 & 1\end{pmatrix}$; (6) $\boldsymbol{A}=\begin{pmatrix}\mathrm{i} & 0 & 0 & 0\\ -1 & \mathrm{i} & 0 & 0\\ 0 & 0 & -\mathrm{i} & 0\\ 0 & 0 & -1 & -\mathrm{i}\end{pmatrix}$.

15. 在第 14 题中,哪些矩阵可以相似对角化? 在可以化成对角形的情况下,写出矩阵 $\boldsymbol{C}$,使得 $\boldsymbol{C}^{-1}\boldsymbol{A}\boldsymbol{C}=\boldsymbol{\Lambda}$.

16. 求矩阵 $\begin{pmatrix}3 & -1 & -3 & 1\\ -1 & 3 & 1 & -3\\ 3 & -1 & -3 & 1\\ -1 & 3 & 1 & -3\end{pmatrix}$ 的最小多项式.

17. 设矩阵 $\boldsymbol{A}$ 是非零的幂等矩阵,即 $\boldsymbol{A}^2=\boldsymbol{A}$,且 $|\boldsymbol{A}|=0$,证明:$\boldsymbol{A}$ 的最小多项式是 $x(x-1)$.

18. 设矩阵 $\boldsymbol{A}$ 为二阶方阵,如存在矩阵 $\boldsymbol{B}$,使 $\boldsymbol{A}+\boldsymbol{A}\boldsymbol{B}=\boldsymbol{B}\boldsymbol{A}$,证明:$\boldsymbol{A}^2=\boldsymbol{O}$.

19. 设矩阵 $\boldsymbol{A}$ 为 n 阶非负矩阵,即 $\boldsymbol{A}=(a_{ij})$,$a_{ij}\geqslant 0$. 若 $\forall i=1,2,\cdots,n$,有 $\sum\limits_{k=1}^{n} a_{ik}=1$,则称 $\boldsymbol{A}$ 为随机矩阵. 证明:随机矩阵必有特征值 1,且所有特征值的绝对值不超过 1.

20. 设矩阵 $\boldsymbol{A}=\begin{pmatrix}1 & 2 & -3\\ -1 & 4 & -3\\ 1 & a & 5\end{pmatrix}$ 的特征方程有一个二重根,求 a 的值,并讨论 $\boldsymbol{A}$ 可否相似对角化.

补充题

1. 求 n 阶矩阵 $\boldsymbol{A}$ 的特征值与特征向量,其中 $\boldsymbol{A}=\begin{pmatrix}0 & 1 & 0 & \cdots & 0\\ 0 & 0 & 1 & \cdots & 0\\ \vdots & \vdots & \vdots & & \vdots\\ 0 & 0 & 0 & \cdots & 1\\ 1 & 0 & 0 & \cdots & 0\end{pmatrix}$.

2. 设 $a_1,a_2,\cdots,a_n$ 是任意复数,求矩阵 $\boldsymbol{B}=\begin{pmatrix} a_1 & a_2 & a_3 & \cdots & a_n \\ a_n & a_1 & a_2 & \cdots & a_{n-1} \\ a_{n-1} & a_n & a_1 & \cdots & a_{n-2} \\ \vdots & \vdots & \vdots & & \vdots \\ a_2 & a_3 & a_4 & \cdots & a_1 \end{pmatrix}$ 的特征值与特征向量.

3. 证明:$\boldsymbol{A}$ 相似于对角阵$\Leftrightarrow$对于 $\boldsymbol{A}$ 的任意特征根λ_i,均有 $R(\lambda_i\boldsymbol{E}-\boldsymbol{A})=R(\lambda_i\boldsymbol{E}-\boldsymbol{A})^2$.

4. 设 $\boldsymbol{A}_1,\boldsymbol{A}_2\cdots,\boldsymbol{A}_n$ 都是 n 阶非零矩阵,满足 $\boldsymbol{A}_i\boldsymbol{A}_j=\begin{cases}\boldsymbol{A}_i, & i=j,\\ \boldsymbol{0}, & i\neq j.\end{cases}$ 证明:每个 $\boldsymbol{A}_i(i=1,2,\cdots,n)$都相似于对角阵 $\mathrm{diag}(1,0\cdots,0)$.

5. 设矩阵 $\boldsymbol{A}=\begin{pmatrix} & & & 1 \\ & & 1 & \\ & \iddots & & \\ 0 & & & \end{pmatrix}$ 为 $2k+1$ 阶矩阵,试求可逆阵 $\boldsymbol{P}$,使 $\boldsymbol{P}^{-1}\boldsymbol{AP}=\boldsymbol{B}$ 为对角阵.

6. 设 $\boldsymbol{A},\boldsymbol{B}$ 都是 n 阶矩阵,且 $\boldsymbol{A}$ 的 n 个特征值互异,证明:

(1) $\boldsymbol{A}$ 的特征向量都是 $\boldsymbol{B}$ 的特征向量的充分条件是 $\boldsymbol{AB}=\boldsymbol{BA}$;

(2) 若 $\boldsymbol{AB}=\boldsymbol{BA}$,则 $\boldsymbol{B}$ 是 $\boldsymbol{E},\boldsymbol{A},\boldsymbol{A}^2,\cdots,\boldsymbol{A}^{n-1}$的线性组合.

7. 设矩阵 $\boldsymbol{A}=\begin{pmatrix}1 & 0 & 0\\ 1 & 0 & 1\\ 0 & 1 & 0\end{pmatrix}$,证明:$n\geqslant 3$ 时,$\boldsymbol{A}^n=\boldsymbol{A}^{n-2}+\boldsymbol{A}^2-\boldsymbol{E}$,并求 $\boldsymbol{A}^{100}$.

8. 设矩阵 $\boldsymbol{A}$ 为方阵,$g(\lambda)$为 $\boldsymbol{A}$ 的最小多项式,$f(\lambda)$为任意多项式,证明:$f(\boldsymbol{A})$可逆的充分条件是$(f(\lambda),g(\lambda))=1$.

第 6 章

二次型

二次型的理论起源于解析几何中化二次曲线和二次曲面方程为标准形式的问题. n 元二次型是非线性的,可通过矩阵将其转化为线性的,并与实对称矩阵紧密联系起来. 现在二次型的理论不仅在几何而且在数学的其他分支及物理、力学、工程技术中也常常用到.

6.1 二次型及其矩阵表示

一、二次型的定义

在平面解析几何中,以原点为中心的二次曲线的一般方程为

$$ax^2+bxy+cy^2=d. \tag{1}$$

为了便于研究二次曲线(1)的几何性质,可以经过一个适当的坐标轴的旋转变换

$$\begin{cases} x=x'\cos\theta-y'\sin\theta, \\ y=x'\sin\theta+y'\cos\theta, \end{cases} \tag{2}$$

把式(1)化为标准方程

$$a'x'^2+c'y'^2=d. \tag{3}$$

式(1)左端是一个二次齐次多项式. 从代数学的观点来看,所谓化标准方程就是通过变量的线性替换(2)化简一个二次齐次多项式,使它只含有平方项,这样就容易识别曲线的类型,研究曲线的性质. 该方法也可类推到二次曲面的研究中.

定义 1 设 P 是一个数域,一个系数在数域 P 中的关于 n 个变量 $x_1,x_2,\cdots,x_n$ 的二次齐次函数

$$\begin{aligned} f(x_1,x_2,\cdots,x_n)=&a_{11}x_1^2+2a_{12}x_1x_2+\cdots+2a_{1n}x_1x_n+\\ &a_{22}x_2^2+\cdots+2a_{2n}x_2x_n+\cdots+a_{nn}x_n^2 \end{aligned} \tag{4}$$

称为**数域 P 上的一个 n 元二次型**,简称**二次型**.

当 $P=\mathbf{R}$ 时,称 $f(x_1,x_2,\cdots,x_n)$ 是实二次型;当 $P=\mathbf{C}$ 时,称 $f(x_1,x_2,\cdots,x_n)$ 是复二次型.

在二次型(4)中,当 $j>i$ 时,取 $a_{ji}=a_{ij}$,则二次型(4)可以写成

$$\begin{aligned} f(x_1,x_2,\cdots,x_n)=&a_{11}x_1^2+a_{12}x_1x_2+\cdots+a_{1n}x_1x_n+\\ &a_{21}x_2x_1+a_{22}x_2^2+\cdots+a_{2n}x_2x_n+\cdots+\\ &a_{n1}x_nx_1+a_{n2}x_nx_2+\cdots+a_{nn}x_n^2\\ =&\sum_{i=1}^{n}\sum_{j=1}^{n}a_{ij}x_ix_j. \end{aligned} \tag{5}$$

利用矩阵的知识，二次型(5)可表示为

$$f(x_1,x_2,\cdots,x_n)=(x_1,x_2,\cdots,x_n)\begin{pmatrix}a_{11}x_1+a_{12}x_2+\cdots+a_{1n}x_n\\a_{21}x_1+a_{22}x_2+\cdots+a_{2n}x_n\\\vdots\\a_{n1}x_1+a_{n2}x_2+\cdots+a_{nn}x_n\end{pmatrix}$$

$$=(x_1,x_2,\cdots,x_n)\begin{pmatrix}a_{11}&a_{12}&\cdots&a_{1n}\\a_{21}&a_{22}&\cdots&a_{2n}\\\vdots&\vdots&&\vdots\\a_{n1}&a_{n2}&\cdots&a_{nn}\end{pmatrix}\begin{pmatrix}x_1\\x_2\\\vdots\\x_n\end{pmatrix}\triangleq\boldsymbol{X}^{\mathrm{T}}\boldsymbol{AX},\qquad(6)$$

其中 $\boldsymbol{A}=\begin{pmatrix}a_{11}&a_{12}&\cdots&a_{1n}\\a_{21}&a_{22}&\cdots&a_{2n}\\\vdots&\vdots&&\vdots\\a_{n1}&a_{n2}&\cdots&a_{nn}\end{pmatrix}$，$\boldsymbol{X}=\begin{pmatrix}x_1\\x_2\\\vdots\\x_n\end{pmatrix}$. $\boldsymbol{A}$ 为对称矩阵，称为二次型 f 的矩阵.

容易看到，由二次型(5)可唯一确定一个数域 P 上的 n 阶对称矩阵，它的(i,i)元就是二次型(4)的 x_i^2 项的系数，而(i,j)元$(i\neq j)$就是 x_ix_j 项的系数的一半；反之，任意给定一个数域 P 上的 n 阶对称矩阵 $\boldsymbol{A}$，也可以唯一确定一个数域 P 上的 n 元二次型 $f=\boldsymbol{X}^{\mathrm{T}}\boldsymbol{AX}$. 故将矩阵 $\boldsymbol{A}$ 的秩称为二次型 f 的秩.

例 1　写出二次型 $f=\boldsymbol{X}^{\mathrm{T}}\begin{pmatrix}1&-2&-4\\0&1&4\\0&0&-7\end{pmatrix}\boldsymbol{X}$ 的矩阵.

解　这是二次型的一种矩阵乘积表示形式，它对应的二次型为

$$f(x_1,x_2,x_3)=x_1^2+x_2^2-7x_3^2-2x_1x_2-4x_1x_3+4x_2x_3,$$

此二次型 $f(x_1,x_2,x_3)$的矩阵为 $\boldsymbol{A}=\begin{pmatrix}1&-1&-2\\-1&1&2\\-2&2&-7\end{pmatrix}$，二次型的秩 $R(f)=R(\boldsymbol{A})=2$.

定义 2　设 $x_1,x_2,\cdots,x_n;y_1,y_2,\cdots,y_n$ 是两组变量，则系数在数域 P 中的一组关系式

$$\begin{cases}x_1=c_{11}y_1+c_{12}y_2+\cdots+c_{1n}y_n,\\x_2=c_{21}y_1+c_{22}y_2+\cdots+c_{2n}y_n,\\\cdots\cdots\cdots\cdots\\x_n=c_{n1}y_1+c_{n2}y_2+\cdots+c_{nn}y_n,\end{cases}\qquad(7)$$

称为 P 上由 $x_1,x_2,\cdots,x_n$ 到 $y_1,y_2,\cdots,y_n$ 的一个**线性替换**. 记

$$\boldsymbol{C}=\begin{pmatrix}c_{11}&c_{12}&\cdots&c_{1n}\\c_{21}&c_{22}&\cdots&c_{2n}\\\vdots&\vdots&&\vdots\\c_{n1}&c_{n2}&\cdots&c_{nn}\end{pmatrix},\quad\boldsymbol{Y}=\begin{pmatrix}y_1\\y_2\\\vdots\\y_n\end{pmatrix},$$

则式(7)可以写成 $\boldsymbol{X}=\boldsymbol{CY}$，或

$$\begin{pmatrix} x_1 \\ x_2 \\ \vdots \\ x_n \end{pmatrix} = \begin{pmatrix} c_{11} & c_{12} & \cdots & c_{1n} \\ c_{21} & c_{22} & \cdots & c_{2n} \\ \vdots & \vdots & & \vdots \\ c_{n1} & c_{n2} & \cdots & c_{nn} \end{pmatrix} \begin{pmatrix} y_1 \\ y_2 \\ \vdots \\ y_n \end{pmatrix}. \tag{8}$$

如果线性替换的系数矩阵 $\boldsymbol{C}=(c_{ij})$ 是**非退化的**，即 $|\boldsymbol{C}|\neq 0$，就称线性替换为**非退化或可逆线性替换**，简称**非退化的**.

若对二次型 $f(x_1,x_2,\cdots,x_n)=\boldsymbol{X}^{\mathrm{T}}\boldsymbol{A}\boldsymbol{X}$ 作非退化线性替换 $\boldsymbol{X}=\boldsymbol{C}\boldsymbol{Y}$，则可得到关于 y_1，y_2，$\cdots$，y_n 的一个二次型 $g(y_1,y_2,\cdots,y_n)=\boldsymbol{Y}^{\mathrm{T}}\boldsymbol{B}\boldsymbol{Y}$，由于

$$f(x_1,x_2,\cdots,x_n)=\boldsymbol{X}^{\mathrm{T}}\boldsymbol{A}\boldsymbol{X}=(\boldsymbol{C}\boldsymbol{Y})^{\mathrm{T}}\boldsymbol{A}(\boldsymbol{C}\boldsymbol{Y})=\boldsymbol{Y}^{\mathrm{T}}(\boldsymbol{C}^{\mathrm{T}}\boldsymbol{A}\boldsymbol{C})\boldsymbol{Y},$$

且 $(\boldsymbol{C}^{\mathrm{T}}\boldsymbol{A}\boldsymbol{C})^{\mathrm{T}}=\boldsymbol{C}^{\mathrm{T}}\boldsymbol{A}\boldsymbol{C}$，所以二次型 $g(y_1,y_2,\cdots,y_n)$ 的矩阵为

$$\boldsymbol{B}=\boldsymbol{C}^{\mathrm{T}}\boldsymbol{A}\boldsymbol{C}.$$

这就是经过非退化线性替换 $\boldsymbol{X}=\boldsymbol{C}\boldsymbol{Y}$ 前后二次型的矩阵之间的关系.

二、矩阵的合同

定义 3 设 $\boldsymbol{A}$，$\boldsymbol{B}$ 是数域 P 上的两个 n 阶方阵，若存在 P 上的 n 阶可逆矩阵 $\boldsymbol{C}$，使得

$$\boldsymbol{B}=\boldsymbol{C}^{\mathrm{T}}\boldsymbol{A}\boldsymbol{C},$$

就称 **$\boldsymbol{A}$ 与 $\boldsymbol{B}$ 在数域 P 上合同**. 由矩阵 $\boldsymbol{A}$ 到矩阵 $\boldsymbol{C}^{\mathrm{T}}\boldsymbol{A}\boldsymbol{C}$ 的变换称为矩阵的一个**合同变换**.

合同是矩阵间的一种关系，具有以下性质：

(1) 反身性：$\boldsymbol{A}=\boldsymbol{E}^{\mathrm{T}}\boldsymbol{A}\boldsymbol{E}$；

(2) 对称性：$\boldsymbol{B}=\boldsymbol{C}^{\mathrm{T}}\boldsymbol{A}\boldsymbol{C}\Rightarrow\boldsymbol{A}=(\boldsymbol{C}^{-1})^{\mathrm{T}}\boldsymbol{B}\boldsymbol{C}^{-1}$；

(3) 传递性：$\boldsymbol{A}_1=\boldsymbol{C}_1^{\mathrm{T}}\boldsymbol{A}\boldsymbol{C}_1$，$\boldsymbol{A}_2=\boldsymbol{C}_2^{\mathrm{T}}\boldsymbol{A}_1\boldsymbol{C}_2\Rightarrow\boldsymbol{A}_2=(\boldsymbol{C}_1\boldsymbol{C}_2)^{\mathrm{T}}\boldsymbol{A}(\boldsymbol{C}_1\boldsymbol{C}_2)$.

因此，经过非退化线性替换，新二次型的矩阵与原二次型的矩阵是合同的.

如果二次型 $f(x_1,x_2,\cdots,x_n)$ 经过非退化线性替换 $\boldsymbol{X}=\boldsymbol{C}\boldsymbol{Y}$ 变成二次型 $g(y_1,y_2,\cdots,y_n)$，则二次型 $g(y_1,y_2,\cdots,y_n)$ 也可以经过非退化线性替换 $\boldsymbol{Y}=\boldsymbol{C}^{-1}\boldsymbol{X}$ 还原. 于是，可以利用二次型 $g(y_1,y_2,\cdots,y_n)$ 的性质来研究原二次型 $f(x_1,x_2,\cdots,x_n)$ 的性质.

6.2 标准形

任意二次型能否经过适当非退化线性替换化成平方和的形式？即二次型的矩阵能否合同于对角阵？若能，如何作非退化线性替换？本节讨论用非退化线性替换来化简二次型.

定义 4 如果 n 元二次型 $f(x_1,x_2,\cdots,x_n)$ 可以经过一个适当的非退化线性替换化成

$$d_1y_1^2+d_2y_2^2+\cdots+d_ny_n^2 \tag{1}$$

的形式，那么称式(1)为二次型 $f(x_1,x_2,\cdots,x_n)$ 的**标准形**.

下面给出化二次型为标准形的理论依据，并给出化简的两种方法.

定理 1 数域 P 上任一 n 元二次型都可以经过一个适当的非退化线性替换化为标准形.

定理 1 不予证明，此结论可以用矩阵语言表述如下：

定理 1′ 数域 P 上任一 n 阶对称矩阵都合同于一个对角阵.

一、配方法

配方法就是利用平方公式

$$(x_1+x_2+\cdots+x_n)^2=x_1^2+x_2^2+\cdots+x_n^2+2x_1x_2+2x_1x_3+\cdots+2x_{n-1}x_n$$

对已知二次型进行配方.配方法主要有以下两种情形:

(1) 若二次型含有 x_i 的平方项,则先把含有 x_i 的乘积项集中,然后配方,再对其余的变量同样进行,直到都配成平方项为止.经过非退化线性变换,就得到标准形.

(2) 若二次型中不含有平方项,但至少有一个 $a_{ij}\neq 0(i\neq j)$,则可作线性变换

$$\begin{cases}x_i=y_i+y_j,\\ x_j=y_i-y_j, \quad k\neq i,j,\\ x_k=y_k,\end{cases}$$

化成含有平方项的二次型,然后再按(1)中方法配方.

例 1 用配方法化二次型 $f(x_1,x_2,x_3)=x_1x_2+x_1x_3+x_2x_3$ 为标准形.

典例分析

解 在 f 中不含平方项,由于 $a_{12}\neq 0$,令

$$\begin{cases}x_1=y_1+y_2,\\ x_2=y_1-y_2,\\ x_3=y_3,\end{cases}$$

代入可得

$$f=y_1^2-y_2^2+2y_1y_3=(y_1+y_3)^2-y_2^2-y_3^2.$$

令 $\begin{cases}z_1=y_1+y_3,\\ z_2=y_2,\\ z_3=y_3,\end{cases}$ 即 $\begin{cases}y_1=z_1-z_3,\\ y_2=z_2,\\ y_3=z_3,\end{cases}$ 线性替换矩阵为

$$\boldsymbol{C}=\begin{pmatrix}1&1&0\\1&-1&0\\0&0&1\end{pmatrix}\begin{pmatrix}1&0&-1\\0&1&0\\0&0&1\end{pmatrix}=\begin{pmatrix}1&1&-1\\1&-1&-1\\0&0&1\end{pmatrix},$$

由于 $|\boldsymbol{C}|=-2\neq 0$,可得非退化线性替换 $\boldsymbol{X}=\boldsymbol{CZ}$,则有 $f=z_1^2-z_2^2-z_3^2$.

小贴士

在用配方法化二次型时,必须保证替换矩阵 $\boldsymbol{C}$ 是可逆矩阵,我们采取的方法是先把含 x_1 的项放在一起配方,然后再配含 x_2 的项,如此继续下去,最后得到的矩阵是一个主对角线上元素全不为零的上三角矩阵,因此它是一个可逆矩阵.

二、合同变换法

下面的命题是用合同变换法把二次型化为标准形的理论依据.

命题 对称矩阵 $\boldsymbol{A}$ 经过下列变换得到的矩阵与 $\boldsymbol{A}$ 是合同的:

(1) 对换 $\boldsymbol{A}$ 的第 i 行与第 j 行,再对换第 i 列与第 j 列;

(2) 将 $\boldsymbol{A}$ 的第 i 行乘以非零常数 k，再将第 i 列乘以 k；

(3) 将 $\boldsymbol{A}$ 的第 i 行乘以常数 k 加到第 j 行，再将第 i 列乘以 k 后加到第 j 列上.

上述变换相当于将一个初等矩阵左乘以 $\boldsymbol{A}$ 后再将这个初等矩阵的转置右乘以 $\boldsymbol{A}$，因此得到的矩阵与 $\boldsymbol{A}$ 是合同的.

设 $\boldsymbol{A}$ 是 n 阶对称矩阵，则由定理 1′可知，存在 n 阶可逆矩阵 $\boldsymbol{C}$，使得 $\boldsymbol{C}^{\mathrm{T}}\boldsymbol{A}\boldsymbol{C}=\boldsymbol{\Lambda}$ 为对角阵. 于是，有初等矩阵 $\boldsymbol{C}_1,\boldsymbol{C}_2,\cdots,\boldsymbol{C}_m$，使得 $\boldsymbol{C}=\boldsymbol{C}_1\boldsymbol{C}_2\cdots\boldsymbol{C}_m$，从而有

$$\boldsymbol{C}^{\mathrm{T}}\boldsymbol{A}\boldsymbol{C}=\boldsymbol{C}_m^{\mathrm{T}}\cdots(\boldsymbol{C}_2^{\mathrm{T}}(\boldsymbol{C}_1^{\mathrm{T}}\boldsymbol{A}\boldsymbol{C}_1)\boldsymbol{C}_2)\cdots\boldsymbol{C}_m=\boldsymbol{\Lambda},$$

且

$$\boldsymbol{E}\boldsymbol{C}_1\boldsymbol{C}_2\cdots\boldsymbol{C}_m=\boldsymbol{C}.$$

上式表明：对矩阵 $\boldsymbol{A}$ 施行一系列与初等矩阵 $\boldsymbol{C}_1,\boldsymbol{C}_2,\cdots,\boldsymbol{C}_m$ 相应的初等列变换和相应的(与初等矩阵 $\boldsymbol{C}_1^{\mathrm{T}},\boldsymbol{C}_2^{\mathrm{T}},\cdots,\boldsymbol{C}_m^{\mathrm{T}}$ 相应的)初等行变换后，若 $\boldsymbol{A}$ 变成了对角阵 $\boldsymbol{\Lambda}$，则对单位矩阵 $\boldsymbol{E}$ 施行与上述相同的初等列变换，就可得到所需的非退化线性替换矩阵 $\boldsymbol{C}$，且满足 $\boldsymbol{C}^{\mathrm{T}}\boldsymbol{A}\boldsymbol{C}=\boldsymbol{\Lambda}$. 此方法称为**合同变换法**(又称**初等变换法**).

用合同变换法化 n 元二次型 $f(x_1,x_2,\cdots,x_n)=\boldsymbol{X}^{\mathrm{T}}\boldsymbol{A}\boldsymbol{X}$ 为标准形的具体做法：先构造 $2n\times n$ 矩阵 $\begin{pmatrix}\boldsymbol{A}\\ \boldsymbol{E}\end{pmatrix}$，然后对该矩阵施行初等列变换和相应的初等行变换，如果矩阵中 $\boldsymbol{A}$ 的部分变成了对角阵 $\boldsymbol{\Lambda}=\begin{pmatrix}d_1 & & & \\ & d_2 & & \\ & & \ddots & \\ & & & d_n\end{pmatrix}$，而 $\boldsymbol{E}$ 的部分相应地变成了矩阵 $\boldsymbol{C}$，$\boldsymbol{X}=\boldsymbol{C}\boldsymbol{Y}$ 就是一个非退化线性替换，且它把 $f(x_1,x_2,\cdots,x_n)$ 转化成标准形

$$f=d_1y_1^2+d_2y_2^2+\cdots+d_ny_n^2.$$

用合同变换化二次型的矩阵为对角阵，主要有以下三种情形：

(1) 若 $a_{11}\neq 0$ 时，将 $\boldsymbol{A}$ 的第一行的 $-\dfrac{a_{j1}}{a_{11}}$ 倍加到第 j 行，再将所得矩阵的第一列的 $-\dfrac{a_{1j}}{a_{11}}$ 倍加到第 j 行，$j=2,3,\cdots,n$，即

$$\boldsymbol{A}\rightarrow\begin{pmatrix}a_{11} & 0 & \cdots & 0\\ 0 & & & \\ \vdots & & \boldsymbol{A}_1 & \\ 0 & & & \end{pmatrix}$$

其中 $\boldsymbol{A}_1$ 是一个 $(n-1)\times(n-1)$ 阶矩阵.

(2) 若 $a_{11}=0$，而有某个 $a_{ii}\neq 0$，将第 $1,i$ 两行互换，再将第 $1,i$ 两列互换，所得矩阵的第一行第一列处元素为 $a_{ii}\neq 0$，转为情形(1)，即

$$\boldsymbol{A}\rightarrow\begin{pmatrix}a_{ii} & 0 & \cdots & 0\\ 0 & & & \\ \vdots & & \boldsymbol{A}_1 & \\ 0 & & & \end{pmatrix}.$$

(3) 若 $a_{ii}=0, i=1,2,\cdots,n$，则必有某个 $a_{ij}\neq 0(i\neq j)$，将第 j 行加到第 i 行，再将第 j 列加到第 i 列，所得矩阵第 i 行第 i 列处元素为 $2a_{ij}\neq 0$，转为情形(1)或(2).

例 2 (1) 用合同变换法化二次型 $f(x_1,x_2,x_3)=x_1x_2+x_1x_3+x_2x_3$ 为标准形.

(2) 若 $f(x_1,x_2,x_3)=\boldsymbol{X}^{\mathrm{T}}\boldsymbol{A}\boldsymbol{X}=1$，它是什么二次曲面？

典例分析

解 (1) $f(x_1,x_2,x_3)$ 的矩阵为 $\boldsymbol{A}=\begin{pmatrix}0&\frac{1}{2}&\frac{1}{2}\\ \frac{1}{2}&0&\frac{1}{2}\\ \frac{1}{2}&\frac{1}{2}&0\end{pmatrix}$，则有

$$\begin{pmatrix}\boldsymbol{A}\\ \boldsymbol{E}\end{pmatrix}=\begin{pmatrix}0&\frac{1}{2}&\frac{1}{2}\\ \frac{1}{2}&0&\frac{1}{2}\\ \frac{1}{2}&\frac{1}{2}&0\\ 1&0&0\\ 0&1&0\\ 0&0&1\end{pmatrix}\xrightarrow[c_1+c_2]{r_1+r_2}\begin{pmatrix}1&\frac{1}{2}&1\\ \frac{1}{2}&0&\frac{1}{2}\\ 1&\frac{1}{2}&0\\ 1&0&0\\ 1&1&0\\ 0&0&1\end{pmatrix}\xrightarrow[\substack{c_2-\frac{1}{2}c_1\\ c_3-c_1}]{\substack{r_2-\frac{1}{2}r_1\\ r_3-r_1}}\begin{pmatrix}1&0&0\\ 0&-\frac{1}{4}&0\\ 0&0&-1\\ 1&-\frac{1}{2}&-1\\ 1&\frac{1}{2}&-1\\ 0&0&1\end{pmatrix}.$$

作非退化线性替换 $\begin{pmatrix}x_1\\ x_2\\ x_3\end{pmatrix}=\begin{pmatrix}1&-\frac{1}{2}&-1\\ 1&\frac{1}{2}&-1\\ 0&0&1\end{pmatrix}\begin{pmatrix}y_1\\ y_2\\ y_3\end{pmatrix}$，将二次型化为标准形 $f=y_1^2-\frac{1}{4}y_2^2-y_3^2$.

(2) 当 $f=y_1^2-\frac{1}{4}y_2^2-y_3^2=1$ 时，表示双叶双曲面.

6.3 唯一性

二次型的标准形不唯一，但标准形中系数不为零的平方项个数是唯一确定的，也就是这个二次型的秩. 本节我们分别从复数域和实数域上来讨论二次型的唯一性问题. 复数域和实数域上的二次型分别叫作复二次型和实二次型.

一、复二次型的规范形

定理 2 任意一个 n 元复二次型可经过适当的非退化线性替换化为**规范形**

$$z_1^2+z_2^2+\cdots+z_r^2, \tag{1}$$

且规范形是唯一的，其中 r 为二次型的秩.

证明 设复二次型 $f(x_1,x_2,\cdots,x_n)$ 经过一个适当的非退化线性替换化成标准形

$$d_1y_1^2+d_2y_2^2+\cdots+d_ry_r^2 \quad (d_i\neq 0,i=1,2,\cdots,r). \tag{2}$$

由于复数可以开平方,再作非退化线性替换

$$\begin{cases} y_1=\dfrac{1}{\sqrt{d_1}}z_1, \\ \cdots\cdots\cdots \\ y_r=\dfrac{1}{\sqrt{d_r}}z_r, \\ y_{r+1}=z_{r+1}, \\ \cdots\cdots\cdots \\ y_n=z_n. \end{cases}$$

式(2)就变成

$$z_1^2+z_2^2+\cdots+z_r^2. \blacksquare$$

定理 2′ 任一复对称矩阵 $\boldsymbol{A}$ 合同于形式为 $\begin{pmatrix}\boldsymbol{E}_r & \boldsymbol{O} \\ \boldsymbol{O} & \boldsymbol{O}\end{pmatrix}$ 的矩阵,其中 $r=R(\boldsymbol{A})$.

推论 两个复对称矩阵合同的充要条件是它们有相同的秩.

二、实二次型的规范形

定理 3(惯性定理) 任意一个 n 元实二次型可经过适当的非退化线性替换化为**规范形**

$$z_1^2+\cdots+z_p^2-z_{p+1}^2-\cdots-z_r^2, \tag{3}$$

且规范形是唯一的,其中 r 为二次型的秩.

证明 设实二次型 $f(x_1,x_2,\cdots,x_n)$ 经过一个恰当的非退化线性替换,再适当排列变量的次序,可使 $f(x_1,x_2,\cdots,x_n)$ 化成标准形

$$d_1y_1^2+d_2y_2^2+\cdots+d_py_p^2-d_{p+1}y_{p+1}^2-\cdots-d_ry_r^2, d_i>0 \quad (i=1,2,\cdots,r). \tag{4}$$

再作非退化线性替换

$$\begin{cases} y_1=\dfrac{1}{\sqrt{d_1}}z_1, \\ \cdots\cdots\cdots \\ y_r=\dfrac{1}{\sqrt{d_r}}z_r, \\ y_{r+1}=z_{r+1}, \\ \cdots\cdots\cdots \\ y_n=z_n. \end{cases}$$

式(4)就变成

$$z_1^2+\cdots+z_p^2-z_{p+1}^2-\cdots-z_r^2.$$

下证唯一性. 设实二次型 $f(x_1,x_2,\cdots,x_n)$ 经过非退化线性替换 $\boldsymbol{X}=\boldsymbol{BY}$ 化成规范形

$$f(x_1,x_2,\cdots,x_n)=y_1^2+\cdots+y_p^2-y_{p+1}^2-\cdots-y_r^2;$$

而经过非退化线性替换 $\boldsymbol{X}=\boldsymbol{CZ}$ 化成规范形

$$f(x_1,x_2,\cdots,x_n)=z_1^2+\cdots+z_q^2-z_{q+1}^2-\cdots-z_r^2.$$

下面证明 $p=q$，用反证法. 假设 $p>q$. 由以上假设有

$$y_1^2+\cdots+y_p^2-y_{p+1}^2-\cdots-y_r^2=z_1^2+\cdots+z_q^2-z_{q+1}^2-\cdots-z_r^2, \tag{5}$$

其中 $\boldsymbol{Z}=\boldsymbol{C}^{-1}\boldsymbol{BY}$，令 $\boldsymbol{C}^{-1}\boldsymbol{B}=\boldsymbol{G}=(g_{ij})$，则

$$\begin{cases} z_1=g_{11}y_1+g_{12}y_2+\cdots+g_{1n}y_n, \\ z_2=g_{21}y_1+g_{22}y_2+\cdots+g_{2n}y_n, \\ \cdots\cdots\cdots\cdots \\ z_n=g_{n1}y_1+g_{n2}y_2+\cdots+g_{nn}y_n. \end{cases} \tag{6}$$

构造齐次线性方程组

$$\begin{cases} g_{11}y_1+g_{12}y_2+\cdots+g_{1n}y_n=0, \\ \cdots\cdots\cdots\cdots \\ g_{q1}y_1+g_{q2}y_2+\cdots+g_{qn}y_n=0, \\ y_{p+1}=0, \\ \cdots\cdots\cdots\cdots \\ y_n=0. \end{cases} \tag{7}$$

由于 n 元齐次线性方程组(7)的方程个数为 $q+(n-p)=n-(p-q)<n$，由 3.5 节定理 7 可知，方程组(7)有非零解，设

$$(y_1,\cdots,y_p,y_{p+1},\cdots,y_n)=(k_1,\cdots,k_p,0,\cdots,0), \tag{8}$$

将它代入式(5)的左端，得 $k_1^2+\cdots+k_p^2>0$.

另一方面，将非零解(8)代入方程组(6)，得到 $z_1,z_2,\cdots,z_n$ 与式(8)相应的一组值

$$(z_1,\cdots,z_q,z_{q+1},\cdots,z_n)=(0,\cdots,0,l_{q+1},\cdots,l_n).$$

代入式(5)的右端，得到 $-l_{q+1}^2-l_{q+2}^2-\cdots-l_n^2\leqslant 0$ 矛盾，说明假设 $p>q$ 错误，必有 $p\leqslant q$.

同理可证得 $q\leqslant p$. 所以 $p=q$，规范形的唯一性得证. ▍

定义 5　在实二次型 $f(x_1,x_2,\cdots,x_n)=\boldsymbol{X}^{\mathrm{T}}\boldsymbol{AX}$ 的规范形中，正平方项的个数 p 称为 f(或$\boldsymbol{A}$)的**正惯性指数**；负平方项的个数 $r-p$ 称为 f(或 $\boldsymbol{A}$)的**负惯性指数**；正惯性指数与负惯性指数的差 $p-(r-p)=2p-r$ 称为 f(或 $\boldsymbol{A}$)的**符号差**.

根据定义 5，定理 3 可用矩阵语言表达如下：

定理 3′　任一实对称矩阵 $\boldsymbol{A}$ 合同于形式为 $\begin{pmatrix} \boldsymbol{E}_p & & \\ & -\boldsymbol{E}_{r-p} & \\ & & 0 \end{pmatrix}$ 的矩阵，其中 $r=R(\boldsymbol{A})$，p 为$\boldsymbol{A}$ 的正惯性指数.

推论 1　两个实二次型有相同的规范形的充要条件是它们有相同的秩及正惯性指数.

推论 2　两个实矩阵合同的充要条件是它们有相同的秩及正惯性指数.

6.4 正定二次型

实二次型是一个 n 元多项式,当自变量取一组实数值时,多项式就对应一个实数. 下面我们根据取值对实二次型进行分类.

一、正定二次型的定义

定义 6 设 $f(x_1,x_2,\cdots,x_n)$ 是 n 元实二次型,如果对于任意一组不全为零的实数 c_1, $c_2,\cdots,c_n$,均有 $f(c_1,c_2,\cdots,c_n)>0$,则称实二次型 $f(x_1,x_2,\cdots,x_n)$ 是一个**正定二次型**.

定义 6′ 称 n 阶实对称矩阵 $\boldsymbol{A}$ 正定,如果二次型 $f(x_1,x_2,\cdots,x_n)=\boldsymbol{X}^{\mathrm{T}}\boldsymbol{A}\boldsymbol{X}$ 正定.

例 1 二次型 $f(x_1,x_2)=x_1^2+2x_1x_2+4x_2^2=(x_1+x_2)^2+3x_2^2$ 是正定的.

二次型 $g(x_1,x_2,x_3)=x_1^2+x_3^2$ 不是正定的,事实上 $g(0,1,0)=0$.

可见,由定义只可判断某些特殊的二次型的正定性. 下面讨论一些切实有效的判别方法.

二、正定二次型的判定

非退化线性替换可将二次型化为标准形,那么替换是否改变二次型的正定性呢? 我们有如下定理:

定理 4 非退化线性替换保持二次型的正定性不变.

证明 设实二次型 $f(x_1,x_2,\cdots,x_n)=\boldsymbol{X}^{\mathrm{T}}\boldsymbol{A}\boldsymbol{X}$ 经过非退化线性替换 $\boldsymbol{X}=\boldsymbol{C}\boldsymbol{Y}$ 变为实二次型 $g(y_1,y_2,\cdots,y_n)=\boldsymbol{Y}^{\mathrm{T}}\boldsymbol{B}\boldsymbol{Y}$,即

$$f(x_1,x_2,\cdots,x_n)=g(y_1,y_2,\cdots,y_n).$$

$\forall \boldsymbol{Y}=(k_1,k_2,\cdots,k_n)^{\mathrm{T}}\neq 0,\boldsymbol{Y}\in\mathbf{R}^n$ 得 $\boldsymbol{X}=\boldsymbol{C}\boldsymbol{Y}=(c_1,c_2,\cdots,c_n)^{\mathrm{T}}\neq\mathbf{0}$. 若 $f(x_1,x_2,\cdots,x_n)$ 正定,则 $g(k_1,k_2,\cdots,k_n)=f(c_1,c_2,\cdots,c_n)>0$,从而 $g(k_1,k_2,\cdots,k_n)$ 也正定. 同理可证若 $g(y_1,y_2,\cdots,y_n)$ 正定,也可经过 $\boldsymbol{Y}=\boldsymbol{C}^{-1}\boldsymbol{X}$ 得 $f(x_1,x_2,\cdots,x_n)$ 正定. ▌

定理 4′ 合同的实对称矩阵有相同的正定性.

根据正惯性指数的定义,显然可得:

定理 5 实二次型正定的充要条件是正惯性指数 $p=n$.

证明 实二次型 $f(x_1,x_2,\cdots,x_n)$ 的规范形为 $y_1^2+\cdots+y_p^2-y_{p+1}^2-\cdots-y_r^2$,而规范形正定的充要条件是 $p=n$,又非退化线性替换保持二次型的正定性不变,得证. ▌

推论 1 实二次型正定的充要条件是它的规范形为 $y_1^2+y_2^2+\cdots+y_n^2$.

推论 1′ 实对称矩阵正定的充要条件是它与单位矩阵合同.

推论 2 实二次型正定的充要条件是它的标准形的 n 个系数全为正数.

推论 2′ 实对称矩阵正定的充要条件是它与任一正对角矩阵合同.

推论 3 若实对称矩阵 $\boldsymbol{A}$ 正定,则 $|\boldsymbol{A}|>0$.

证明 设 $\boldsymbol{A}$ 是一个正定矩阵,由推论 1′,存在实可逆矩阵 $\boldsymbol{C}$,使得 $\boldsymbol{A}=\boldsymbol{C}^{\mathrm{T}}\boldsymbol{C}$,故

$$|\boldsymbol{A}|=|\boldsymbol{C}^{\mathrm{T}}||\boldsymbol{C}|=|\boldsymbol{C}|^2>0. ▌$$

小贴士

此推论反之不然，比如矩阵 $\boldsymbol{A}=\begin{pmatrix}-1 & 0\\ 0 & -1\end{pmatrix}$，$|\boldsymbol{A}|>0$，但 $\boldsymbol{A}$ 不正定.

推论 4 若实对称矩阵 $\boldsymbol{A}=(a_{ij})_{n\times n}$ 正定，则 $a_{ii}>0,i=1,2,\cdots,n$.

证明 因为 $\boldsymbol{A}$ 正定，所以二次型 $f(x_1,x_2,\cdots,x_n)=\boldsymbol{X}^{\mathrm{T}}\boldsymbol{A}\boldsymbol{X}$ 正定，取 $\boldsymbol{X}_i=(0,\cdots,0,\underset{\text{第}i\text{个}}{1},0,\cdots,0)^{\mathrm{T}}$，有 $f=\boldsymbol{X}_i^{\mathrm{T}}\boldsymbol{A}\boldsymbol{X}_i=a_{ii}>0,i=1,2,\cdots,n$. ▌

小贴士

此推论反之不然，比如矩阵 $\boldsymbol{A}=\begin{pmatrix}1 & -1\\ -1 & 1\end{pmatrix}$，$f(x_1,x_2)=\boldsymbol{X}^{\mathrm{T}}\boldsymbol{A}\boldsymbol{X}=(x_1-x_2)^2$ 不正定.

前面通过标准形和规范形来研究二次型的正定性，我们希望通过二次型的矩阵加以研究，为此，引入顺序主子式的定义.

定义 7 子式

$$\boldsymbol{P}_k=\begin{vmatrix}a_{11} & a_{12} & \cdots & a_{1k}\\ a_{21} & a_{22} & \cdots & a_{2k}\\ \vdots & \vdots & & \vdots\\ a_{k1} & a_{k2} & \cdots & a_{kk}\end{vmatrix}\quad (k=1,2,\cdots,n)$$

称为矩阵 $\boldsymbol{A}=(a_{ij})_{n\times n}$ 的 **k 阶顺序主子式.**

定理 6 实二次型 $f(x_1,x_2,\cdots,x_n)=\boldsymbol{X}^{\mathrm{T}}\boldsymbol{A}\boldsymbol{X}$ 正定的充要条件是 $\boldsymbol{A}$ 的顺序主子式全大于零.

证明 (必要性)设实二次型 $f(x_1,x_2,\cdots,x_n)=\sum\limits_{i=1}^{n}\sum\limits_{j=1}^{n}a_{ij}x_ix_j$ 正定，对于任意的 $k(1\leqslant k\leqslant n)$，令

$$f_k(x_1,x_2,\cdots,x_k)=\sum_{i=1}^{k}\sum_{j=1}^{k}a_{ij}x_ix_j,$$

则对于任意一组不全为零的实数 $c_1,c_2,\cdots,c_k$，有

$$f_k(c_1,c_2,\cdots,c_k)=\sum_{i=1}^{k}\sum_{j=1}^{k}a_{ij}c_ic_j=f(c_1,c_2,\cdots,c_k,0,\cdots,0)>0,$$

故 $f_k(x_1,x_2,\cdots,x_k)$ 也是正定的. 由推论 3，二次型 $f_k(x_1,x_2,\cdots,x_k)$ 的矩阵的行列式

$$\begin{vmatrix}a_{11} & a_{12} & \cdots & a_{1k}\\ a_{21} & a_{22} & \cdots & a_{2k}\\ \vdots & \vdots & \cdots & \vdots\\ a_{k1} & a_{k2} & \cdots & a_{kk}\end{vmatrix}>0\quad (k=1,2,\cdots,n).$$

故 $\boldsymbol{A}$ 的顺序主子式全大于零.

(充分性)先对 n 用数学归纳法.

当 $n=1$ 时，因为 $a_{11}>0$，所以 $f(x_1)=a_{11}x_1^2$ 是正定的.

假设对于 $n-1$ 元实二次型结论正确，现在证明 n 元的情形. 对二次型的矩阵 $\boldsymbol{A}=(a_{ij})_{n\times n}$ 进行分块：

$$A=\begin{pmatrix}A_{n-1} & \alpha\\ \alpha^{T} & a_{nn}\end{pmatrix},$$

其中 A_{n-1} 是 $n-1$ 阶实对称矩阵，且 A_{n-1} 的顺序主子式全大于零. 由归纳假设，A_{n-1} 是正定矩阵. 由推论 1′，存在一个 $n-1$ 阶实可逆矩阵 G，使得 $G^{T}A_{n-1}G=E_{n-1}$. 令

$$C_1=\begin{pmatrix}G & O\\ O & 1\end{pmatrix},$$

则 C_1 是实可逆矩阵，且

$$C_1^{T}AC_1=\begin{pmatrix}G^{T} & O\\ O & 1\end{pmatrix}\begin{pmatrix}A_{n-1} & \alpha\\ \alpha^{T} & a_{nn}\end{pmatrix}\begin{pmatrix}G & O\\ O & 1\end{pmatrix}=\begin{pmatrix}E_{n-1} & G^{T}\alpha\\ \alpha^{T}G & a_{nn}\end{pmatrix}.$$

再令

$$C_2=\begin{pmatrix}E_{n-1} & -G^{T}\alpha\\ O & 1\end{pmatrix},$$

则 C_2 是实可逆矩阵，且

$$C_2^{T}C_1^{T}AC_1C_2=\begin{pmatrix}E_{n-1} & O\\ -\alpha^{T}G & 1\end{pmatrix}\begin{pmatrix}E_{n-1} & G^{T}\alpha\\ \alpha^{T}G & a_{nn}\end{pmatrix}\begin{pmatrix}E_{n-1} & -G^{T}\alpha\\ O & 1\end{pmatrix}=\begin{pmatrix}E_{n-1} & O\\ O & a_{nn}-\alpha^{T}GG^{T}\alpha\end{pmatrix}.$$

令 $C=C_1C_2$，$a=a_{nn}-\alpha^{T}GG^{T}\alpha$，有

$$C^{T}AC=\begin{pmatrix}E_{n-1} & O\\ O & a\end{pmatrix}.$$

两边取行列式，得 $|C|^2|A|=a$. 由条件 $|A|>0$，故 $a>0$，有

$$\begin{pmatrix}E_{n-1} & O\\ O & a\end{pmatrix}=\begin{pmatrix}E_{n-1} & O\\ O & \sqrt{a}\end{pmatrix}\begin{pmatrix}E_{n-1} & O\\ O & 1\end{pmatrix}\begin{pmatrix}E_{n-1} & O\\ O & \sqrt{a}\end{pmatrix},$$

即 A 与单位矩阵合同，因此 A 正定，故 n 元实二次型 $f(x_1,x_2,\cdots,x_n)$ 正定，充分性得证. ▌

例 2 判断实二次型 $f(x_1,x_2,x_3)=3x_1^2+x_2^2+6x_3^2+2x_1x_2-4x_1x_3-2x_2x_3$ 是否正定.

解 因为 $f(x_1,x_2,x_3)$ 的矩阵为 $\begin{pmatrix}3 & 1 & -2\\ 1 & 1 & -1\\ -2 & -1 & 6\end{pmatrix}$，其顺序主子式依次为 $3>0$，

$\begin{vmatrix}3 & 1\\ 1 & 1\end{vmatrix}=2>0$，$\begin{vmatrix}3 & 1 & -2\\ 1 & 1 & -1\\ -2 & -1 & 6\end{vmatrix}=9>0$，从而实二次型 $f(x_1,x_2,x_3)$ 正定.

三、实二次型的分类

定义 8 设 $f(x_1,x_2,\cdots,x_n)$ 是一个实二次型，$c_1,c_2,\cdots,c_n$ 是任意一组不全为零的实数.
如果都有 $f(c_1,c_2,\cdots,c_n)<0$，那么 $f(x_1,x_2,\cdots,x_n)$ 称为**负定的**；
如果都有 $f(c_1,c_2,\cdots,c_n)\geqslant 0$，那么 $f(x_1,x_2,\cdots,x_n)$ 称为**半正定的**；
如果都有 $f(c_1,c_2,\cdots,c_n)\leqslant 0$，那么 $f(x_1,x_2,\cdots,x_n)$ 称为**半负定的**；
如果它既不是半正定又不是半负定的，那么 $f(x_1,x_2,\cdots,x_n)$ 称为**不定的**.

定义 8′ 设 $\boldsymbol{A}$ 是 n 阶实对称矩阵，如果二次型 $f(x_1,x_2,\cdots,x_n)=\boldsymbol{X}^{\mathrm{T}}\boldsymbol{A}\boldsymbol{X}$ 是负定的（半正定的、半负定的、不定的），就称 $\boldsymbol{A}$ 是**负定的（半正定的、半负定的、不定的）**.

推论 1 实二次型 f（半）负定充要条件是 $-f$（半）正定.

推论 2 实对称矩阵 $\boldsymbol{A}$ 负定的充要条件是 $\boldsymbol{A}$ 的奇数阶顺序主子式都小于零，偶数阶顺序主子式都大于零.

对于半正定性，有如下的结论（证明略）：

定理 7 对于实二次型 $f(x_1,x_2,\cdots,x_n)=\boldsymbol{X}^{\mathrm{T}}\boldsymbol{A}\boldsymbol{X}$，其中 $\boldsymbol{A}$ 是实对称的，下列条件等价：

(1) $f(x_1,x_2,\cdots,x_n)$ 是半正定的；

(2) 它的正惯性指数与秩相等；

(3) 存在实矩阵 $\boldsymbol{C}$，使得 $\boldsymbol{A}=\boldsymbol{C}^{\mathrm{T}}\boldsymbol{C}$；

(4) $\boldsymbol{A}$ 与任一非负对角矩阵合同；

(5) $\boldsymbol{A}$ 的所有主子式（行指标与列指标相同的子式）全大于或等于零.

定理证明

小贴士

条件(5)中仅有顺序主子式大于或等于零是不能保证半正定性的，比如

$$f(x_1,x_2)=-x_2^2=(x_1,x_2)\begin{pmatrix}0 & 0\\ 0 & -1\end{pmatrix}\begin{pmatrix}x_1\\ x_2\end{pmatrix}$$

就不是半正定的.

知识脉络 范例解析 测一测 小百科

习 题

1. 写出下列二次型的矩阵：

(1) $f(x_1,x_2,x_3,x_4)=x_1^2+3x_2^2-x_3^2+2x_1x_2+2x_1x_3-3x_2x_3$；

(2) $f(x_1,x_2,x_3)=(x_1,x_2,x_3)\begin{pmatrix}1 & 3 & 5\\ 2 & 4 & 6\\ 7 & 8 & 5\end{pmatrix}\begin{pmatrix}x_1\\ x_2\\ x_3\end{pmatrix}$；

(3) $f(x_1,x_2,x_3)=(ax_1+bx_2+cx_3)^2$.

2. 设 $\boldsymbol{A}$ 是一个 n 阶矩阵，证明：

(1) $\boldsymbol{A}$ 是反对称矩阵当且仅当对任意一个 n 维向量 $\boldsymbol{X}$，有 $\boldsymbol{X}^{\mathrm{T}}\boldsymbol{A}\boldsymbol{X}=0$.

(2) 如果 $\boldsymbol{A}$ 是对称矩阵，且对任意一个 n 维向量 $\boldsymbol{X}$ 有 $\boldsymbol{X}^{\mathrm{T}}\boldsymbol{A}\boldsymbol{X}=0$，那么 $\boldsymbol{A}=\boldsymbol{O}$.

3. 如果把实 n 阶对称矩阵按合同分类，即两个实 n 阶对称矩阵属于同一类当且仅当它们合同，问共有几类？

4. 分别用配方法和合同变换法化下列二次型为标准形：

(1) $f=-4x_1x_2+2x_1x_3+2x_2x_3$；

(2) $f=x_1^2+3x_2^2+2x_1x_2+4x_1x_3+2x_2x_3$；

5. 把第 4 题中的二次型在合同变换法下化为的标准形进一步化为规范形，并分实系数、复系数两种情形，写出所作的非退化线性替换.

6. 设矩阵 $\boldsymbol{A}$ 合同于 $\boldsymbol{C}$，矩阵 $\boldsymbol{B}$ 合同于 $\boldsymbol{D}$，证明：$\begin{pmatrix}\boldsymbol{A} & \boldsymbol{O}\\ \boldsymbol{O} & \boldsymbol{B}\end{pmatrix}$合同于$\begin{pmatrix}\boldsymbol{C} & \boldsymbol{O}\\ \boldsymbol{O} & \boldsymbol{D}\end{pmatrix}$.

7. 设 $f(x_1,x_2,\cdots,x_n)=\boldsymbol{X}^{\mathrm{T}}\boldsymbol{AX}$ 是一实二次型，若有实 n 维向量 $\boldsymbol{X}_1,\boldsymbol{X}_2$ 使 $\boldsymbol{X}_1^{\mathrm{T}}\boldsymbol{AX}_1>0$，$\boldsymbol{X}_2^{\mathrm{T}}\boldsymbol{AX}_2<0$，证明：存在实 n 维向量 $\boldsymbol{X}_0\neq 0$，使 $\boldsymbol{X}_0^{\mathrm{T}}\boldsymbol{AX}_0=0$.

8. 已知实对称矩阵 $\boldsymbol{A}=\begin{pmatrix}0 & \frac{1}{2} & -\frac{1}{2}\\ \frac{1}{2} & 0 & -1\\ -\frac{1}{2} & -1 & 0\end{pmatrix}$，$\boldsymbol{B}=\begin{pmatrix}1 & \frac{1}{2} & -\frac{3}{2}\\ \frac{1}{2} & 0 & -1\\ -\frac{3}{2} & -1 & 0\end{pmatrix}$，求可逆矩阵 $\boldsymbol{Q}$，使得 $\boldsymbol{Q}^{\mathrm{T}}\boldsymbol{AQ}=\boldsymbol{B}$.

9. 用可逆线性替换化下面二次型为规范形，并写出所作的可逆线性替换.

$$f(x_1,x_2,x_3)=(-2x_1+x_2+x_3)^2+(x_1-2x_2+x_3)^2+(x_1+x_2-2x_3)^2.$$

10. 设 $\boldsymbol{A}$ 为 n 阶实对称矩阵，秩 $R(\boldsymbol{A})=n$，$A_{ij}\,(i,j=1,2,\cdots,n)$ 是 $\boldsymbol{A}=(a_{ij})_{n\times n}$ 中元素 a_{ij} 的代数余子式，二次型 $f(x_1,x_2,\cdots,x_n)=\sum\limits_{i=1}^{n}\sum\limits_{j=1}^{n}\dfrac{A_{ij}}{|\boldsymbol{A}|}x_ix_j$.

(1) 把 $f(x_1,x_2,\cdots,x_n)$ 写成矩阵形式，并证明二次型的矩阵为 $\boldsymbol{A}^{-1}$；

(2) 二次型 $g(x_1,x_2,\cdots,x_n)=\boldsymbol{X}^{\mathrm{T}}\boldsymbol{AX}$ 与 $f(x_1,x_2,\cdots,x_n)$ 的规范形是否相同？说明理由.

11. 求二次型 $f(x_1,x_2,\cdots,x_n)=(n-1)\sum\limits_{i=1}^{n}x_i^2-2\sum\limits_{1\leqslant j<k\leqslant n}x_jx_k$ 的符号差.

12. 判断下列二次型是否正定：

(1) $f=6x_1^2+5x_2^2+7x_3^2-4x_1x_2+4x_2x_3$；

(2) $f=-x_1^2-2x_2^2-2x_3^2-x_4^2+2x_1x_2+2x_1x_3-2x_2x_3$；

(3) $\sum\limits_{i=1}^{n}x_i^2+\sum\limits_{1\leqslant i<j\leqslant n}x_ix_j$；

(4) $\sum\limits_{i=1}^{n}x_i^2+\sum\limits_{i=1}^{n-1}x_ix_{i+1}$.

13. 设对称阵 $\boldsymbol{A}$ 是 n 阶正定矩阵，证明：$k\boldsymbol{A}(k>0)$，$\boldsymbol{A}^{\mathrm{T}}$，$\boldsymbol{A}^{-1}$，$\boldsymbol{A}^*$，$\boldsymbol{A}^m$（$m$ 为任意整数）也是正定矩阵.

14. 求 λ 的值，使下列二次型为正定二次型：

$$f(x_1,x_2,x_3,x_4)=\lambda(x_1^2+x_2^2+x_3^2)+2x_1x_2-2x_2x_3+2x_1x_3+x_4^2.$$

15. 证明：如果 $\boldsymbol{A}$ 是正定矩阵，那么 $\boldsymbol{A}$ 的主子式全大于零.

16. 设 $\boldsymbol{A}$ 是实对称矩阵，证明：当实数 t 充分大之后，$t\boldsymbol{E}+\boldsymbol{A}$ 是正定矩阵.

17. 设 $\boldsymbol{A}$ 为 n 阶正定矩阵，$\boldsymbol{B}$ 为 n 阶实反对称矩阵，证明：$\boldsymbol{A}-\boldsymbol{B}^2$ 是正定矩阵.

18. 设 $\boldsymbol{A}$ 为 $n\times m$ 实系数对称矩阵，证明：$R(\boldsymbol{A})=n$ 的充要条件是存在一实系数 n 阶矩阵 $\boldsymbol{B}$，使得 $\boldsymbol{AB}+\boldsymbol{B}^{\mathrm{T}}\boldsymbol{A}$ 正定.

19. 证明矩阵 $\boldsymbol{Q}=\begin{pmatrix} a_1^2 & a_1a_2 & \cdots & a_1a_n \\ a_2a_1 & a_2^2 & \cdots & a_2a_n \\ \vdots & \vdots & & \vdots \\ a_na_1 & a_na_2 & \cdots & a_n^2 \end{pmatrix}$ 非负定，其中 $a_i(1\leqslant i\leqslant n)$ 都为实数.

20. 证明：$n\sum\limits_{i=1}^{n}x_i^2-\left(\sum\limits_{i=1}^{n}x_i\right)^2$ 是半正定的.

补充题

1. 已知可逆实矩阵 $\boldsymbol{A}=\begin{pmatrix} 10 & 3 & 1 \\ -13 & 0 & -5 \\ 10 & -1 & 3 \end{pmatrix}$，试求一个下三角矩阵 $\boldsymbol{Q}$，满足以下条件：

(1) $\boldsymbol{Q}$ 的对角线上的元素都是 1；

(2) 乘积 $\boldsymbol{Q}^{\mathrm{T}}\boldsymbol{A}^{\mathrm{T}}\boldsymbol{AQ}$ 为对角阵.

2. 设三元实二次型 $f(x,y,z)=x^2+3y^2+z^2+4xz$，且有 $x^2+y^2+z^2=1$，试求 f 的最大值和最小值，并求当 x,y,z 取何值时，f 分别达到最大值和最小值.

3. 设 $\boldsymbol{A}$ 是 n 阶正定矩阵，证明：$|\boldsymbol{A}|\leqslant a_{11}a_{22}\cdots a_{nn}$，其中 $a_{ii}(i=1,2,\cdots n)$ 为 $\boldsymbol{A}$ 的主对角元素.

4. 设 $\boldsymbol{D}=\begin{pmatrix} \boldsymbol{A} & \boldsymbol{C} \\ \boldsymbol{C}^{\mathrm{T}} & \boldsymbol{B} \end{pmatrix}$ 为正定矩阵，其中 $\boldsymbol{A},\boldsymbol{B}$ 分别为 m 阶、n 阶对称矩阵，$\boldsymbol{C}$ 为 $m\times n$ 矩阵.

(1) 计算 $\boldsymbol{P}^{\mathrm{T}}\boldsymbol{DP}$，其中 $\boldsymbol{P}=\begin{pmatrix} \boldsymbol{E}_m & -\boldsymbol{A}^{-1}\boldsymbol{C} \\ \boldsymbol{O} & \boldsymbol{E}_n \end{pmatrix}$；

(2) 利用(1)的结果判断矩阵 $\boldsymbol{B}-\boldsymbol{C}^{\mathrm{T}}\boldsymbol{A}^{-1}\boldsymbol{C}$ 是否为正定矩阵，并证明你的结论.

5. 设有 n 元二次型

$$f(x_1,x_2,\cdots,x_n)=(x_1+a_1x_2)^2+(x_2+a_2x_3)^2+\cdots+(x_{n-1}+a_{n-1}x_n)^2+(x_n+a_nx_1)^2,$$

其中 $a_i(1\leqslant i\leqslant n)$ 为实数. 试问：当 $a_1,a_2,\cdots,a_n$ 满足何种条件时，二次型 $f(x_1,x_2,\cdots,x_n)$ 正定.

6. 设 n 阶实方阵 $\boldsymbol{A}=\begin{pmatrix} b+8 & 3 & 3 & \cdots & 3 \\ 3 & b & 1 & \cdots & 1 \\ 3 & 1 & b & \cdots & 1 \\ \vdots & \vdots & \vdots & \ddots & \vdots \\ 3 & 1 & 1 & \cdots & b \end{pmatrix}$，试求 b 的取值范围使 $\boldsymbol{A}$ 为正定矩阵.

第 7 章

线性空间

本章将 n 维向量空间推广为线性空间，即对规定了加法与数乘的集合，不考虑集合对象的具体内容，而研究它们的公共性质. 线性空间具有高度的抽象性和广泛的应用性. 学习本章要注意理解各个基本概念及其相互之间的联系，养成从定义出发并进行严格推理的习惯.

7.1 线性空间的概念与简单性质

一、线性空间的概念

在第 4 章中，我们把数域 P 上定义了加法与数乘运算的所有 n 维列向量构成的集合 P^n，称为 n 维向量空间. 现在我们将集合连同运算加以抽象，引入一般线性空间的概念.

定义 1 设 V 是一个非空集合，P 是一个数域. 在集合 V 的元素之间定义了一种代数运算，叫作加法，即给出了一个法则，对于 V 中任意两个元素 $\boldsymbol{\alpha}$ 与 $\boldsymbol{\beta}$，在 V 中都有唯一的一个元素 $\boldsymbol{\gamma}$ 与它们对应，称为 $\boldsymbol{\alpha}$ 与 $\boldsymbol{\beta}$ 的和，记为 $\boldsymbol{\gamma}=\boldsymbol{\alpha}+\boldsymbol{\beta}$. 在数域 P 与集合 V 的元素之间还定义了一种运算叫作数量乘法，即对于数域 P 中任一数 k 与 V 中任一元素 $\boldsymbol{\alpha}$，在 V 中都有唯一的一个元素 $\boldsymbol{\delta}$ 与它们对应，称为 k 与 $\boldsymbol{\alpha}$ 的**数量乘积**，记为 $\boldsymbol{\delta}=k\boldsymbol{\alpha}$. 如果加法与数量乘法满足下述 8 条规则（$\forall \boldsymbol{\alpha},\boldsymbol{\beta},\boldsymbol{\gamma}\in V,\forall k,l\in P$），那么 V 称为数域 P 上的**线性空间**.

(1) $\boldsymbol{\alpha}+\boldsymbol{\beta}=\boldsymbol{\beta}+\boldsymbol{\alpha}$；
(2) $(\boldsymbol{\alpha}+\boldsymbol{\beta})+\boldsymbol{\gamma}=\boldsymbol{\alpha}+(\boldsymbol{\beta}+\boldsymbol{\gamma})$；
(3) $\exists \mathbf{0}\in V,\forall \boldsymbol{\alpha}\in V$，都有 $\mathbf{0}+\boldsymbol{\alpha}=\boldsymbol{\alpha}$（称 $\mathbf{0}$ 为 V 的零元素）；
(4) $\forall \boldsymbol{\alpha}\in V,\exists \boldsymbol{\beta}\in V$，使得 $\boldsymbol{\alpha}+\boldsymbol{\beta}=\mathbf{0}$（称 $\boldsymbol{\beta}$ 为 $\boldsymbol{\alpha}$ 的负元素）.
} 加法的四条规则

(5) $1\boldsymbol{\alpha}=\boldsymbol{\alpha}$；
(6) $k(l\boldsymbol{\alpha})=(kl)\boldsymbol{\alpha}$.
} 数量乘法的两条规则

(7) $(k+l)\boldsymbol{\alpha}=k\boldsymbol{\alpha}+l\boldsymbol{\alpha}$；
(8) $k(\boldsymbol{\alpha}+\boldsymbol{\beta})=k\boldsymbol{\alpha}+k\boldsymbol{\beta}$.
} 数量乘法与加法的两条规则

下面再来举几个例子.

例 1 数域 P 上的全体 n 维列向量构成的集合，对于向量的加法和数乘构成数域 P 上的一个线性空间，这个线性空间我们用 P^n 来表示. 特别地，当 $P=\mathbf{R}$ 时，$\mathbf{R}^n$ 称为 n 维实向量空间；当 $P=\mathbf{C}$ 时，$\mathbf{C}^n$ 称为 n 维复向量空间.

例 2 数域 P 上一元多项式环 $P[x]$，按通常的多项式加法和数与多项式的乘法，构成一个数域 P 上的线性空间. 如果只考虑其中次数小于 n 的多项式，再添上零多项式也构成数域 P 上的一个线性空间，用 $P[x]_n$ 表示.

例 3　元素属于数域 P 的 $m\times n$ 矩阵,按矩阵的加法和矩阵与数的数量乘法,构成数域 P 上的一个线性空间,用 $P^{m\times n}$ 表示.

例 4　闭区间$[a,b]$上的所有连续实函数,按函数的加法和数与函数的数量乘法,构成一个实数域上的线性空间,记为 $C[a,b]$.

例 5　数域 P 按照本身的加法与乘法,构成一个自身上的线性空间.

例 6　若 $V=\{\mathbf{0}\}$,V 可以看成是任意数域上的线性空间,称为零空间.

线性空间的元素也称为**向量**,线性空间有时也称为**向量空间**.以下我们用黑体的小写希腊字母 $\boldsymbol{\alpha},\boldsymbol{\beta},\boldsymbol{\gamma},\cdots$表示线性空间 V 中的元素,用小写的拉丁字母 $a,b,c,\cdots$表示数域 P 中的数.

二、线性空间的简单性质

下面我们直接用定义来证明线性空间的一些简单性质.

性质 1　零元素是唯一的.

证明　假设 $\mathbf{0}_1,\mathbf{0}_2$ 是线性空间 V 中的两个零元素,下证 $\mathbf{0}_1=\mathbf{0}_2$.

$$\mathbf{0}_2=\mathbf{0}_1+\mathbf{0}_2=\mathbf{0}_2+\mathbf{0}_1=\mathbf{0}_1.\ \blacksquare$$

性质 2　负元素是唯一的.

证明　假设 $\boldsymbol{\alpha}$ 有两个负元素 $\boldsymbol{\beta}$ 与 $\boldsymbol{\gamma}$,即 $\boldsymbol{\alpha}+\boldsymbol{\beta}=\mathbf{0},\boldsymbol{\alpha}+\boldsymbol{\gamma}=\mathbf{0}$,那么

$$\boldsymbol{\beta}=\boldsymbol{\beta}+\mathbf{0}=\boldsymbol{\beta}+(\boldsymbol{\alpha}+\boldsymbol{\gamma})=(\boldsymbol{\beta}+\boldsymbol{\alpha})+\boldsymbol{\gamma}=\mathbf{0}+\boldsymbol{\gamma}=\boldsymbol{\gamma}.\ \blacksquare$$

向量 $\boldsymbol{\alpha}$ 的负元素记为 $-\boldsymbol{\alpha}$.

利用负元素,我们定义减法:$\boldsymbol{\alpha}-\boldsymbol{\beta}=\boldsymbol{\alpha}+(-\boldsymbol{\beta})$.

性质 3　对于 V 中任意向量 $\boldsymbol{\alpha},\boldsymbol{\beta},\boldsymbol{\gamma}$,有加法消去律成立,即 $\boldsymbol{\alpha}+\boldsymbol{\beta}=\boldsymbol{\alpha}+\boldsymbol{\gamma}\Rightarrow\boldsymbol{\beta}=\boldsymbol{\gamma}$.

证明　$(-\boldsymbol{\alpha})+(\boldsymbol{\alpha}+\boldsymbol{\beta})=(-\boldsymbol{\alpha})+(\boldsymbol{\alpha}+\boldsymbol{\gamma})$,利用结合律得

$$[(-\boldsymbol{\alpha})+\boldsymbol{\alpha}]+\boldsymbol{\beta}=[(-\boldsymbol{\alpha})+\boldsymbol{\alpha}]+\boldsymbol{\gamma},$$

即

$$\mathbf{0}+\boldsymbol{\beta}=\mathbf{0}+\boldsymbol{\gamma}\Rightarrow\boldsymbol{\beta}=\boldsymbol{\gamma}.\ \blacksquare$$

性质 4　对于 V 中任意向量 $\boldsymbol{\alpha}$ 和数域 P 中任意数 k,有:

(1) $0\boldsymbol{\alpha}=\mathbf{0}$;

(2) $k\mathbf{0}=\mathbf{0}$;

(3) $(-1)\boldsymbol{\alpha}=-\boldsymbol{\alpha}$;

(4) $(-k)\boldsymbol{\alpha}=k(-\boldsymbol{\alpha})=-k\boldsymbol{\alpha}$;

(5) 如果 $k\boldsymbol{\alpha}=\mathbf{0}$,那么 $k=0$ 或者 $\boldsymbol{\alpha}=\mathbf{0}$.

证明　(1) $0\boldsymbol{\alpha}=0\boldsymbol{\alpha}+\mathbf{0}=0\boldsymbol{\alpha}+(0\boldsymbol{\alpha}-0\boldsymbol{\alpha})=(0\boldsymbol{\alpha}+0\boldsymbol{\alpha})-0\boldsymbol{\alpha}=(0+0)\boldsymbol{\alpha}-0\boldsymbol{\alpha}=0\boldsymbol{\alpha}-0\boldsymbol{\alpha}=\mathbf{0}$.

(2) $k\boldsymbol{\alpha}=k(\boldsymbol{\alpha}+\mathbf{0})=k\boldsymbol{\alpha}+k\mathbf{0}$,两边加上 $-k\boldsymbol{\alpha}$,即得 $\mathbf{0}=k\mathbf{0}$.

(3) 因 $\boldsymbol{\alpha}+(-1)\boldsymbol{\alpha}=1\boldsymbol{\alpha}+(-1)\boldsymbol{\alpha}=(1-1)\boldsymbol{\alpha}=0\boldsymbol{\alpha}=\mathbf{0}$,两边加上 $-\boldsymbol{\alpha}$ 即得 $(-1)\boldsymbol{\alpha}=-\boldsymbol{\alpha}$.

(4) 由 $k\boldsymbol{\alpha}+(-k)\boldsymbol{\alpha}=[k+(-k)]\boldsymbol{\alpha}=0\boldsymbol{\alpha}=\mathbf{0}$,得 $(-k)\boldsymbol{\alpha}=-k\boldsymbol{\alpha}$;由 $k\boldsymbol{\alpha}+k(-\boldsymbol{\alpha})=k[\boldsymbol{\alpha}+(-\boldsymbol{\alpha})]=k\mathbf{0}=\mathbf{0}$,得 $k(-\boldsymbol{\alpha})=-k\boldsymbol{\alpha}$.

(5) 假设 $k\neq0$,有 $\boldsymbol{\alpha}=1\boldsymbol{\alpha}=(k^{-1}k)\boldsymbol{\alpha}=k^{-1}(k\boldsymbol{\alpha})=k^{-1}\cdot\mathbf{0}=\mathbf{0}$. $\blacksquare$

7.2 维数、基与坐标

在 n 维线性空间 P^n 中，我们给出了向量的线性组合、线性相关、线性无关、极大无关组和向量组的秩等概念，这些概念和性质均可平行地推广到一般的 n 维线性空间 V 中. 下面我们直接给出相关的概念和结论，其中 V 都表示数域 P 上的线性空间.

一、线性相关

定义 2 设 $\boldsymbol{\alpha}_1,\boldsymbol{\alpha}_2,\cdots,\boldsymbol{\alpha}_r,\boldsymbol{\beta}\in V(r\geqslant 1)$，若存在 $k_1,k_2,\cdots,k_r\in P$，使得

$$\boldsymbol{\beta}=k_1\boldsymbol{\alpha}_1+k_2\boldsymbol{\alpha}_2+\cdots+k_r\boldsymbol{\alpha}_r,$$

称向量 $\boldsymbol{\beta}$ 是向量组 $\boldsymbol{\alpha}_1,\boldsymbol{\alpha}_2,\cdots,\boldsymbol{\alpha}_r$ 的一个**线性组合**，或 $\boldsymbol{\beta}$ 可由向量组 $\boldsymbol{\alpha}_1,\boldsymbol{\alpha}_2,\cdots,\boldsymbol{\alpha}_r$ **线性表出**.

定义 3 设 $\boldsymbol{\alpha}_1,\boldsymbol{\alpha}_2,\cdots,\boldsymbol{\alpha}_r,\boldsymbol{\beta}_1,\boldsymbol{\beta}_2,\cdots,\boldsymbol{\beta}_s\in V$，若 $\boldsymbol{\alpha}_1,\boldsymbol{\alpha}_2,\cdots,\boldsymbol{\alpha}_r$ 中每个向量都可以由向量组 $\boldsymbol{\beta}_1,\boldsymbol{\beta}_2,\cdots,\boldsymbol{\beta}_s$ 线性表出，那么称向量组 $\boldsymbol{\alpha}_1,\boldsymbol{\alpha}_2,\cdots,\boldsymbol{\alpha}_r$ 可以由向量组 $\boldsymbol{\beta}_1,\boldsymbol{\beta}_2,\cdots,\boldsymbol{\beta}_s$ **线性表出**. 如果两个向量组可以互相线性表出，那么称向量组 $\boldsymbol{\alpha}_1,\boldsymbol{\alpha}_2,\cdots,\boldsymbol{\alpha}_r$ 与 $\boldsymbol{\beta}_1,\boldsymbol{\beta}_2,\cdots,\boldsymbol{\beta}_s$ **等价**.

定义 4 线性空间 V 中向量组 $\boldsymbol{\alpha}_1,\boldsymbol{\alpha}_2,\cdots,\boldsymbol{\alpha}_r(r\geqslant 1)$ 称为**线性相关**，如果在数域 P 中有 r 个不全为零的数 $k_1,k_2,\cdots,k_r$，使

$$k_1\boldsymbol{\alpha}_1+k_2\boldsymbol{\alpha}_2+\cdots+k_r\boldsymbol{\alpha}_r=\mathbf{0}. \tag{1}$$

如果向量 $\boldsymbol{\alpha}_1,\boldsymbol{\alpha}_2,\cdots,\boldsymbol{\alpha}_r$ 不线性相关，就称为**线性无关**. 换句话说，向量组 $\boldsymbol{\alpha}_1,\boldsymbol{\alpha}_2,\cdots,\boldsymbol{\alpha}_r$ 称为线性无关，如果等式(1)只有在 $k_1=k_2=\cdots=k_r=0$ 时才成立.

小贴士

① 单个向量 $\boldsymbol{\alpha}$ 是线性相关的充分必要条件是 $\boldsymbol{\alpha}=\mathbf{0}$.

② 向量组 $\boldsymbol{\alpha}_1,\boldsymbol{\alpha}_2,\cdots,\boldsymbol{\alpha}_r(r>1)$ 线性相关的充要条件是其中有一个向量是其余向量的线性组合.

③ 向量组 $\boldsymbol{\alpha}_1,\boldsymbol{\alpha}_2,\cdots,\boldsymbol{\alpha}_r$ 可由 $\boldsymbol{\beta}_1,\boldsymbol{\beta}_2,\cdots,\boldsymbol{\beta}_s$ 线性表出，若 $r>s$，则 $\boldsymbol{\alpha}_1,\boldsymbol{\alpha}_2,\cdots,\boldsymbol{\alpha}_r$ 线性相关.

其逆否命题：向量组 $\boldsymbol{\alpha}_1,\boldsymbol{\alpha}_2,\cdots,\boldsymbol{\alpha}_r$ 可由 $\boldsymbol{\beta}_1,\boldsymbol{\beta}_2,\cdots,\boldsymbol{\beta}_s$ 线性表出，若 $\boldsymbol{\alpha}_1,\boldsymbol{\alpha}_2,\cdots,\boldsymbol{\alpha}_r$ 线性无关，则 $r\leqslant s$.

由此推出，两个等价的线性无关的向量组必含有相同个数的向量.

④ 如果向量组 $\boldsymbol{\alpha}_1,\boldsymbol{\alpha}_2,\cdots,\boldsymbol{\alpha}_r$ 线性无关，但向量组 $\boldsymbol{\alpha}_1,\boldsymbol{\alpha}_2,\cdots,\boldsymbol{\alpha}_r,\boldsymbol{\beta}$ 线性相关，那么 $\boldsymbol{\beta}$ 可以被 $\boldsymbol{\alpha}_1,\boldsymbol{\alpha}_2,\cdots,\boldsymbol{\alpha}_r$ 线性表出，而且表示法是唯一的.

例 1 证明：在线性空间 $P^{2\times 2}$ 中，向量组 $\boldsymbol{E}_{11},\boldsymbol{E}_{12},\boldsymbol{E}_{21},\boldsymbol{E}_{22}$ 线性无关，且 $P^{2\times 2}$ 中任意向量均可由 $\boldsymbol{E}_{11},\boldsymbol{E}_{12},\boldsymbol{E}_{21},\boldsymbol{E}_{22}$ 线性表出，其中 $\boldsymbol{E}_{ij}$ 是 (i,j) 元为 1，而其余元均为 0 的二阶方阵，$i,j=1,2$.

证明 设 $x_{11}\boldsymbol{E}_{11}+x_{12}\boldsymbol{E}_{12}+x_{21}\boldsymbol{E}_{21}+x_{22}\boldsymbol{E}_{22}=\boldsymbol{O}$，得

$$x_{11}=x_{12}=x_{21}=x_{22}=0,$$

所以 $\boldsymbol{E}_{11},\boldsymbol{E}_{12},\boldsymbol{E}_{21},\boldsymbol{E}_{22}$ 线性无关.

$\forall \boldsymbol{A}\in P^{2\times 2}$,存在 $a_{11},a_{12},a_{21},a_{22}\in P$,使得 $\boldsymbol{A}=\begin{pmatrix} a_{11} & a_{12} \\ a_{21} & a_{22} \end{pmatrix}$,于是有

$$\boldsymbol{A}=a_{11}\boldsymbol{E}_{11}+a_{12}\boldsymbol{E}_{12}+a_{21}\boldsymbol{E}_{21}+a_{22}\boldsymbol{E}_{22},$$

即 $\boldsymbol{A}$ 可由 $\boldsymbol{E}_{11},\boldsymbol{E}_{12},\boldsymbol{E}_{21},\boldsymbol{E}_{22}$ 线性表出.

二、维数、基与坐标

除了零空间,一般线性空间都含有无穷多个向量.如何把这无穷多个向量表示出来,这些向量间具有怎样的关系?为了讨论这些问题,我们引入基和维数的概念.

定义5 如果在线性空间 V 中有 n 个线性无关的向量,而任意 $n+1$ 个向量(如果有的话)线性相关,那么就称 V 是 **n 维**的,这 n 个线性无关的向量称为 V 的一组**基**;如果在 V 中可以找到任意多个线性无关的向量,那么 V 就称为**无限维**的.线性空间 V 的维数,记作 $\dim V$.

按照此定义,零空间$\{\boldsymbol{0}\}$中没有线性无关的向量,我们规定零空间的维数为 0. P^n 是 n 维的,$P^{m\times n}$ 是 $m\times n$ 维的,$P[x]$ 与 $C[a,b]$ 是无限维的.以后我们主要讨论有限维线性空间.

定理1 如果在线性空间 V 中有 n 个线性无关的向量 $\boldsymbol{\alpha}_1,\boldsymbol{\alpha}_2,\cdots,\boldsymbol{\alpha}_n$,且 V 中任一向量都可以由它们线性表出,那么 V 是 n 维的,$\boldsymbol{\alpha}_1,\boldsymbol{\alpha}_2,\cdots,\boldsymbol{\alpha}_n$ 就是 V 的一组基.

证明 由条件 $\boldsymbol{\alpha}_1,\boldsymbol{\alpha}_2,\cdots,\boldsymbol{\alpha}_n$ 线性无关,则 $\dim V\geqslant n$.下证 V 是 n 维的,只需证 V 中任意$n+1$ 个向量必定线性相关.设 $\boldsymbol{\beta}_1,\boldsymbol{\beta}_2,\cdots,\boldsymbol{\beta}_{n+1}$ 是 V 中任意 $n+1$ 个向量,它们由 $\boldsymbol{\alpha}_1,\boldsymbol{\alpha}_2,\cdots,\boldsymbol{\alpha}_n$ 线性表出.若它们线性无关,就有 $n+1\leqslant n$,矛盾. ▌

定义6 设 $\boldsymbol{\varepsilon}_1,\boldsymbol{\varepsilon}_2,\cdots,\boldsymbol{\varepsilon}_n$ 是 V 的一组基,$\boldsymbol{\alpha}$ 是 V 中任一向量,则 $\boldsymbol{\alpha}$ 可以被基 $\boldsymbol{\varepsilon}_1,\boldsymbol{\varepsilon}_2,\cdots,\boldsymbol{\varepsilon}_n$ **唯一线性表出**,即

$$\boldsymbol{\alpha}=a_1\boldsymbol{\varepsilon}_1+a_2\boldsymbol{\varepsilon}_2+\cdots+a_n\boldsymbol{\varepsilon}_n,$$

其中系数 $a_1,a_2,\cdots,a_n$ 是被向量 $\boldsymbol{\alpha}$ 和基 $\boldsymbol{\varepsilon}_1,\boldsymbol{\varepsilon}_2,\cdots,\boldsymbol{\varepsilon}_n$ 唯一确定的,这组数就称为 $\boldsymbol{\alpha}$ 在基 $\boldsymbol{\varepsilon}_1,\boldsymbol{\varepsilon}_2,\cdots,\boldsymbol{\varepsilon}_n$ 下的坐标,记为$(a_1,a_2,\cdots,a_n)$.

下面我们来看几个例子.

例2 如果把复数域 $\mathbf{C}$ 看作是自身上的线性空间,那么它是一维的,数 1 就是一组基;如果把复数域 $\mathbf{C}$ 看作是实数域上 $\mathbf{R}$ 的线性空间,那么它就是二维的,数 1 与 i 就是一组基.

这个例子告诉我们,维数是和所考虑的数域有关的.

例3 在 n 维空间 P^n 中,$\boldsymbol{\varepsilon}_1=(1,0,\cdots,0)^{\mathrm{T}},\boldsymbol{\varepsilon}_2=(0,1,\cdots,0)^{\mathrm{T}},\cdots,\boldsymbol{\varepsilon}_n=(0,0,\cdots,1)^{\mathrm{T}}$ 是一组基.对每一个向量 $\boldsymbol{\alpha}=(a_1,a_2,\cdots,a_n)^{\mathrm{T}}$,都有

$$\boldsymbol{\alpha}=a_1\boldsymbol{\varepsilon}_1+a_2\boldsymbol{\varepsilon}_2+\cdots+a_n\boldsymbol{\varepsilon}_n,$$

所以$(a_1,a_2,\cdots,a_n)$就是向量 $\boldsymbol{\alpha}$ 在这组基下的坐标.

可以证明,$\boldsymbol{e}_1=(1,1,\cdots,1)^{\mathrm{T}},\boldsymbol{e}_2=(0,1,\cdots,1)^{\mathrm{T}},\cdots,\boldsymbol{e}_n=(0,0,\cdots,1)^{\mathrm{T}}$ 也是 P^n 中 n 个线性无关的向量.在基 $\boldsymbol{e}_1,\boldsymbol{e}_2,\cdots,\boldsymbol{e}_n$ 下,$\boldsymbol{\alpha}=(a_1,a_2,\cdots,a_n)^{\mathrm{T}}$ 可以表示为

$$\boldsymbol{\alpha}=a_1\boldsymbol{e}_1+(a_2-a_1)\boldsymbol{e}_2+\cdots+(a_n-a_{n-1})\boldsymbol{e}_n.$$

因此,$\boldsymbol{\alpha}$ 在基 $\boldsymbol{e}_1,\boldsymbol{e}_2,\cdots,\boldsymbol{e}_n$ 下的坐标为$(a_1,a_2-a_1,\cdots,a_n-a_{n-1})$.

例4 在线性空间 $P[x]_n$ 中,证明:$1,x,x^2,\cdots,x^{n-1}$是它的一组基.

证明 设 $k_0+k_1x+\cdots+k_{n-1}x^{n-1}=0$. 要使之成立,只有 $k_0=k_1=k_2=\cdots=k_{n-1}=0$,所以 $1,x,x^2,\cdots,x^{n-1}$ 线性无关. 且 $\forall f(x)\in P[x]_n$,设 $f(x)=a_0+a_1x+\cdots+a_{n-1}x^{n-1}$,$f(x)$ 可由 $1,x,x^2,\cdots,x^{n-1}$ 线性表示,故 $1,x,x^2,\cdots,x^{n-1}$ 是 $P[x]_n$ 的一组基,$f(x)$ 在基 $1,x,x^2,\cdots,x^{n-1}$ 下的坐标为 $(a_0,a_1,\cdots,a_{n-1})$.

设 $a\in P$,则向量组 $1,x-a,(x-a)^2,\cdots,(x-a)^{n-1}$ 也是 $P[x]_n$ 的一组基. 由泰勒公式可知,$f(x)$ 在此基下的坐标为

$$\left(f(a),f'(a),\cdots,\frac{1}{(n-1)!}f^{(n-1)}(a)\right).$$

7.3 基变换与坐标变换

在 n 维线性空间 V 中,任意 n 个线性无关的向量都可作为线性空间 V 的一组基,在不同基下同一向量的坐标一般是不同的. 下面我们来讨论随着基的改变,向量的坐标是如何变化的.

一、向量的表示

为了讨论方便,先引入一种形式的写法.

设 $\boldsymbol{\alpha}_1,\boldsymbol{\alpha}_2,\cdots,\boldsymbol{\alpha}_m$ 是线性空间 V 中的一组向量,引入记号 $(\boldsymbol{\alpha}_1,\boldsymbol{\alpha}_2,\cdots,\boldsymbol{\alpha}_m)$,称为**向量行矩阵**. 若 $\boldsymbol{\beta}$ 是线性空间 V 中的一个向量,且有 $\boldsymbol{\beta}=x_1\boldsymbol{\alpha}_1+x_2\boldsymbol{\alpha}_2+\cdots+x_m\boldsymbol{\alpha}_m$,记

$$\boldsymbol{\beta}=(\boldsymbol{\alpha}_1,\boldsymbol{\alpha}_2,\cdots,\boldsymbol{\alpha}_m)\begin{pmatrix}x_1\\x_2\\\vdots\\x_m\end{pmatrix}. \tag{1}$$

若 $\boldsymbol{\beta}_1,\boldsymbol{\beta}_2,\cdots,\boldsymbol{\beta}_n$ 是线性空间 V 中的一组向量,且有关系式:

$$\begin{cases}\boldsymbol{\beta}_1=a_{11}\boldsymbol{\alpha}_1+a_{21}\boldsymbol{\alpha}_2+\cdots+a_{m1}\boldsymbol{\alpha}_m,\\ \boldsymbol{\beta}_2=a_{12}\boldsymbol{\alpha}_1+a_{22}\boldsymbol{\alpha}_2+\cdots+a_{m2}\boldsymbol{\alpha}_m,\\ \cdots\cdots\cdots\\ \boldsymbol{\beta}_n=a_{1n}\boldsymbol{\alpha}_1+a_{2n}\boldsymbol{\alpha}_2+\cdots+a_{mn}\boldsymbol{\alpha}_m.\end{cases} \tag{2}$$

记 $\boldsymbol{A}=\begin{pmatrix}a_{11}&a_{12}&\cdots&a_{1n}\\a_{21}&a_{22}&\cdots&a_{2n}\\\vdots&\vdots&&\vdots\\a_{m1}&a_{m2}&\cdots&a_{mn}\end{pmatrix}$,上式可写为

$$(\boldsymbol{\beta}_1,\boldsymbol{\beta}_2,\cdots,\boldsymbol{\beta}_n)=(\boldsymbol{\alpha}_1,\boldsymbol{\alpha}_2,\cdots,\boldsymbol{\alpha}_m)\boldsymbol{A}, \tag{3}$$

其中 $(\boldsymbol{\alpha}_1,\boldsymbol{\alpha}_2,\cdots,\boldsymbol{\alpha}_m)\boldsymbol{A}$ 称为向量行矩阵与矩阵 $\boldsymbol{A}$ 的乘积. 将向量作为矩阵的元素,这种写法是"形式"的,一般来说没有实际意义,但这种约定的写法是没有问题的.

设 $\boldsymbol{\alpha}_1,\boldsymbol{\alpha}_2,\cdots,\boldsymbol{\alpha}_n;\boldsymbol{\beta}_1,\boldsymbol{\beta}_2,\cdots,\boldsymbol{\beta}_n$ 是数域 P 上线性空间 V 的两组向量,$\boldsymbol{A},\boldsymbol{B}$ 均为 $n\times p$ 矩阵,而 $\boldsymbol{C}$ 是 $p\times m$ 矩阵,则上面的矩阵形式表达式具有下列运算规律:

(1) $(\boldsymbol{\alpha}_1,\boldsymbol{\alpha}_2,\cdots,\boldsymbol{\alpha}_n)\boldsymbol{A}+(\boldsymbol{\alpha}_1,\boldsymbol{\alpha}_2,\cdots,\boldsymbol{\alpha}_n)\boldsymbol{B}=(\boldsymbol{\alpha}_1,\boldsymbol{\alpha}_2,\cdots,\boldsymbol{\alpha}_n)(\boldsymbol{A}+\boldsymbol{B})$;

(2) $(\boldsymbol{\alpha}_1,\boldsymbol{\alpha}_2,\cdots,\boldsymbol{\alpha}_n)\boldsymbol{A}+(\boldsymbol{\beta}_1,\boldsymbol{\beta}_2,\cdots,\boldsymbol{\beta}_n)\boldsymbol{A}=(\boldsymbol{\alpha}_1+\boldsymbol{\beta}_1,\boldsymbol{\alpha}_2+\boldsymbol{\beta}_2,\cdots,\boldsymbol{\alpha}_n+\boldsymbol{\beta}_n)\boldsymbol{A}$;

(3) $[(\boldsymbol{\alpha}_1,\boldsymbol{\alpha}_2,\cdots,\boldsymbol{\alpha}_n)\boldsymbol{A}]\boldsymbol{C}=(\boldsymbol{\alpha}_1,\boldsymbol{\alpha}_2,\cdots,\boldsymbol{\alpha}_n)(\boldsymbol{AC})$;

(4) 当 $\boldsymbol{\alpha}_1,\boldsymbol{\alpha}_2,\cdots,\boldsymbol{\alpha}_n$ 线性无关时，$(\boldsymbol{\alpha}_1,\boldsymbol{\alpha}_2,\cdots,\boldsymbol{\alpha}_n)\boldsymbol{A}=(\boldsymbol{\alpha}_1,\boldsymbol{\alpha}_2,\cdots,\boldsymbol{\alpha}_n)\boldsymbol{B}\Leftrightarrow\boldsymbol{A}=\boldsymbol{B}$.

二、基变换

定义 7　设 $\boldsymbol{\alpha}_1,\boldsymbol{\alpha}_2,\cdots,\boldsymbol{\alpha}_n$ 与 $\boldsymbol{\beta}_1,\boldsymbol{\beta}_2,\cdots,\boldsymbol{\beta}_n$ 是 n 维线性空间 V 的两组基，具有关系式

$$\begin{cases}\boldsymbol{\beta}_1=a_{11}\boldsymbol{\alpha}_1+a_{21}\boldsymbol{\alpha}_2+\cdots+a_{n1}\boldsymbol{\alpha}_n,\\ \boldsymbol{\beta}_2=a_{12}\boldsymbol{\alpha}_1+a_{22}\boldsymbol{\alpha}_2+\cdots+a_{n2}\boldsymbol{\alpha}_n,\\ \cdots\cdots\cdots\cdots\\ \boldsymbol{\beta}_n=a_{1n}\boldsymbol{\alpha}_1+a_{2n}\boldsymbol{\alpha}_2+\cdots+a_{nn}\boldsymbol{\alpha}_n.\end{cases}\tag{4}$$

即

$$(\boldsymbol{\beta}_1,\boldsymbol{\beta}_2,\cdots,\boldsymbol{\beta}_n)=(\boldsymbol{\alpha}_1,\boldsymbol{\alpha}_2,\cdots,\boldsymbol{\alpha}_n)\begin{pmatrix}a_{11}&a_{12}&\cdots&a_{1n}\\a_{21}&a_{22}&\cdots&a_{2n}\\\vdots&\vdots&&\vdots\\a_{n1}&a_{n2}&\cdots&a_{nn}\end{pmatrix}\triangleq(\boldsymbol{\alpha}_1,\boldsymbol{\alpha}_2,\cdots,\boldsymbol{\alpha}_n)\boldsymbol{A},$$

$\boldsymbol{A}$ 称为由基 $\boldsymbol{\alpha}_1,\boldsymbol{\alpha}_2,\cdots,\boldsymbol{\alpha}_n$ 到基 $\boldsymbol{\beta}_1,\boldsymbol{\beta}_2,\cdots,\boldsymbol{\beta}_n$ 的**过渡矩阵**.

过渡矩阵 $\boldsymbol{A}$ 的第 j 列就是向量 $\boldsymbol{\beta}_j$ 在基 $\boldsymbol{\alpha}_1,\boldsymbol{\alpha}_2,\cdots,\boldsymbol{\alpha}_n$ 下的坐标$(j=1,2,\cdots,n)$. 因此过渡矩阵 $\boldsymbol{A}$ 是由这两组基唯一确定的.

定理 2　设 $\boldsymbol{A}$ 是线性空间 V 的基 $\boldsymbol{\alpha}_1,\boldsymbol{\alpha}_2,\cdots,\boldsymbol{\alpha}_n$ 到基 $\boldsymbol{\beta}_1,\boldsymbol{\beta}_2,\cdots,\boldsymbol{\beta}_n$ 的过渡矩阵，则 $\boldsymbol{A}$ 是可逆矩阵，且 $\boldsymbol{A}^{-1}$ 就是由基 $\boldsymbol{\beta}_1,\boldsymbol{\beta}_2,\cdots,\boldsymbol{\beta}_n$ 到基 $\boldsymbol{\alpha}_1,\boldsymbol{\alpha}_2,\cdots,\boldsymbol{\alpha}_n$ 的过渡矩阵.

证明　设 $\boldsymbol{B}$ 是由基 $\boldsymbol{\beta}_1,\boldsymbol{\beta}_2,\cdots,\boldsymbol{\beta}_n$ 到基 $\boldsymbol{\alpha}_1,\boldsymbol{\alpha}_2,\cdots,\boldsymbol{\alpha}_n$ 的过渡矩阵，则有

$$(\boldsymbol{\alpha}_1,\boldsymbol{\alpha}_2,\cdots,\boldsymbol{\alpha}_n)=(\boldsymbol{\beta}_1,\boldsymbol{\beta}_2,\cdots,\boldsymbol{\beta}_n)\boldsymbol{B}.$$

又由条件，有

$$(\boldsymbol{\beta}_1,\boldsymbol{\beta}_2,\cdots,\boldsymbol{\beta}_n)=(\boldsymbol{\alpha}_1,\boldsymbol{\alpha}_2,\cdots,\boldsymbol{\alpha}_n)\boldsymbol{A}.$$

于是

$$(\boldsymbol{\alpha}_1,\boldsymbol{\alpha}_2,\cdots,\boldsymbol{\alpha}_n)=[(\boldsymbol{\alpha}_1,\boldsymbol{\alpha}_2,\cdots,\boldsymbol{\alpha}_n)\boldsymbol{A}]\boldsymbol{B}=(\boldsymbol{\alpha}_1,\boldsymbol{\alpha}_2,\cdots,\boldsymbol{\alpha}_n)\boldsymbol{AB}.$$

因为任意一个基到自身的过渡矩阵为单位矩阵 $\boldsymbol{E}$，所以

$$\boldsymbol{AB}=\boldsymbol{E},$$

即 $\boldsymbol{A}$ 可逆，且 $\boldsymbol{B}=\boldsymbol{A}^{-1}$. ▌

借助向量的运算规则和基变换公式，我们来推导坐标变换公式.

三、坐标变换

定理 3　设 $\boldsymbol{\alpha}_1,\boldsymbol{\alpha}_2,\cdots,\boldsymbol{\alpha}_n$ 与 $\boldsymbol{\beta}_1,\boldsymbol{\beta}_2,\cdots,\boldsymbol{\beta}_n$ 是 n 维线性空间 V 的两组基，由基 $\boldsymbol{\alpha}_1,\boldsymbol{\alpha}_2,\cdots,\boldsymbol{\alpha}_n$ 到基 $\boldsymbol{\beta}_1,\boldsymbol{\beta}_2,\cdots,\boldsymbol{\beta}_n$ 的过渡矩阵为 $\boldsymbol{A}$. 若 V 中的向量 $\boldsymbol{\xi}$ 在这两组基下的坐标分别为

$$\boldsymbol{X}=(x_1,x_2,\cdots,x_n)^{\mathrm{T}}\quad 和\quad \boldsymbol{Y}=(y_1,y_2,\cdots,y_n)^{\mathrm{T}},$$

则有

$$X=AY \tag{5}$$

或

$$Y=A^{-1}X. \tag{6}$$

式(5)或式(6)通常称为向量的**坐标变换公式**.

证明 因为由 $\boldsymbol{\alpha}_1,\boldsymbol{\alpha}_2,\cdots,\boldsymbol{\alpha}_n$ 到 $\boldsymbol{\beta}_1,\boldsymbol{\beta}_2,\cdots,\boldsymbol{\beta}_n$ 的过渡矩阵为 $\boldsymbol{A}$,所以

$$(\boldsymbol{\beta}_1,\boldsymbol{\beta}_2,\cdots,\boldsymbol{\beta}_n)=(\boldsymbol{\alpha}_1,\boldsymbol{\alpha}_2,\cdots,\boldsymbol{\alpha}_n)\boldsymbol{A}.$$

由条件

$$\boldsymbol{\xi}=(\boldsymbol{\beta}_1,\boldsymbol{\beta}_2,\cdots,\boldsymbol{\beta}_n)\boldsymbol{Y}=[(\boldsymbol{\alpha}_1,\boldsymbol{\alpha}_2,\cdots,\boldsymbol{\alpha}_n)\boldsymbol{A}]\boldsymbol{Y}=(\boldsymbol{\alpha}_1,\boldsymbol{\alpha}_2,\cdots,\boldsymbol{\alpha}_n)(\boldsymbol{AY}).$$

由于向量 $\boldsymbol{\xi}$ 在基 $\boldsymbol{\alpha}_1,\boldsymbol{\alpha}_2,\cdots,\boldsymbol{\alpha}_n$ 的坐标是唯一的,所以 $\boldsymbol{X}=\boldsymbol{AY}$ 或写成 $\boldsymbol{Y}=\boldsymbol{A}^{-1}\boldsymbol{X}$. ▌

例 给定 $\mathbf{R}^3$ 中的两组基:$\{\boldsymbol{\xi}_1,\boldsymbol{\xi}_2,\boldsymbol{\xi}_3\}$与$\{\boldsymbol{\eta}_1,\boldsymbol{\eta}_2,\boldsymbol{\eta}_3\}$,其中

$$\boldsymbol{\xi}_1=(1,1,1),\boldsymbol{\xi}_2=(1,1,0),\boldsymbol{\xi}_3=(1,0,0),$$
$$\boldsymbol{\eta}_1=(2,2,1),\boldsymbol{\eta}_2=(1,2,0),\boldsymbol{\eta}_3=(3,2,1).$$

(1) 求由基 $\boldsymbol{\xi}_1,\boldsymbol{\xi}_2,\boldsymbol{\xi}_3$ 到基 $\boldsymbol{\eta}_1,\boldsymbol{\eta}_2,\boldsymbol{\eta}_3$ 的过渡矩阵;

(2) 若向量 $\boldsymbol{\delta}$ 在 $\boldsymbol{\eta}_1,\boldsymbol{\eta}_2,\boldsymbol{\eta}_3$ 下的坐标为$(1,-2,1)^{\mathrm{T}}$,求 $\boldsymbol{\delta}$ 在 $\boldsymbol{\xi}_1,\boldsymbol{\xi}_2,\boldsymbol{\xi}_3$ 下的坐标.

典例分析

解 (1) 在 $\mathbf{R}^3$ 线性空间中取标准基 $\boldsymbol{\varepsilon}_1,\boldsymbol{\varepsilon}_2,\boldsymbol{\varepsilon}_3$. 设由基 $\boldsymbol{\varepsilon}_1,\boldsymbol{\varepsilon}_2,\boldsymbol{\varepsilon}_3$ 到基 $\boldsymbol{\xi}_1,\boldsymbol{\xi}_2,\boldsymbol{\xi}_3$ 及 $\boldsymbol{\eta}_1,\boldsymbol{\eta}_2,\boldsymbol{\eta}_3$ 的过渡矩阵分别为 $\boldsymbol{A},\boldsymbol{B}$,则有

$$(\boldsymbol{\xi}_1,\boldsymbol{\xi}_2,\boldsymbol{\xi}_3)=(\boldsymbol{\varepsilon}_1,\boldsymbol{\varepsilon}_2,\boldsymbol{\varepsilon}_3)\boldsymbol{A},$$
$$(\boldsymbol{\eta}_1,\boldsymbol{\eta}_2,\boldsymbol{\eta}_3)=(\boldsymbol{\varepsilon}_1,\boldsymbol{\varepsilon}_2,\boldsymbol{\varepsilon}_3)\boldsymbol{B},$$

其中

$$\boldsymbol{A}=\begin{pmatrix}1&1&1\\1&1&0\\1&0&0\end{pmatrix},\quad \boldsymbol{B}=\begin{pmatrix}2&1&3\\2&2&2\\1&0&1\end{pmatrix}.$$

于是有

$$(\boldsymbol{\eta}_1,\boldsymbol{\eta}_2,\boldsymbol{\eta}_3)=(\boldsymbol{\xi}_1,\boldsymbol{\xi}_2,\boldsymbol{\xi}_3)\boldsymbol{A}^{-1}\boldsymbol{B}.$$

设由基 $\boldsymbol{\xi}_1,\boldsymbol{\xi}_2,\boldsymbol{\xi}_3$ 到基 $\boldsymbol{\eta}_1,\boldsymbol{\eta}_2,\boldsymbol{\eta}_3$ 的过渡矩阵为 $\boldsymbol{P}$,

$$\boldsymbol{P}=\boldsymbol{A}^{-1}\boldsymbol{B}=\begin{pmatrix}1&1&1\\1&1&0\\1&0&0\end{pmatrix}^{-1}\begin{pmatrix}2&1&3\\2&2&2\\1&0&1\end{pmatrix}=\begin{pmatrix}1&0&1\\1&2&1\\0&-1&1\end{pmatrix}.$$

(2) 利用坐标变换公式,向量 $\boldsymbol{\delta}$ 在 $\boldsymbol{\xi}_1,\boldsymbol{\xi}_2,\boldsymbol{\xi}_3$ 下的坐标为

$$\boldsymbol{P}\begin{pmatrix}1\\-2\\1\end{pmatrix}=\begin{pmatrix}1&0&1\\1&2&1\\0&-1&1\end{pmatrix}\begin{pmatrix}1\\-2\\1\end{pmatrix}=\begin{pmatrix}2\\-2\\3\end{pmatrix}.$$

7.4 线性子空间

在通常的三维几何空间中，考虑一个通过原点的平面，这个平面上的所有向量对于加法和数量乘法组成一个二维的线性空间，它既是三维几何空间的一个部分，又对于原来的运算也构成一个线性空间. 为了说明这种包含关系，我们引入线性子空间的概念.

定义 8 设 V 是数域 P 上的线性空间，W 是 V 的一个非空子集. 如果对于 V 上的加法和数乘运算，W 也构成数域 P 上的线性空间，那么称 W 为 V 的一个**线性子空间**(简称**子空间**).

定理 4 如果线性空间 V 的非空子集 W 关于 V 的两种运算封闭，即满足：

(1) 加法封闭：对任意两个向量 $\boldsymbol{\alpha},\boldsymbol{\beta}\in W$，总有 $\boldsymbol{\alpha}+\boldsymbol{\beta}\in W$；

(2) 数乘封闭：对任意向量 $\boldsymbol{\alpha}\in W$，$k\in P$，总有 $k\boldsymbol{\alpha}\in W$，

那么 W 就成为 V 的一个子空间.

证明 我们仅需验证在子集 W 中两种运算满足定义 1 的 8 条规则. 作为 V 的子集，W 中的向量自然满足线性空间定义中的规则(1)，(2)，(5)，(6)，(7)和(8). 又由于 W 非空，任取 $\boldsymbol{\alpha}\in W$，有

$$-\boldsymbol{\alpha}=(-1)\boldsymbol{\alpha}\in W \quad \text{及} \quad \mathbf{0}=\boldsymbol{\alpha}+(-1)\boldsymbol{\alpha}\in W,$$

即规则(4)和(3)成立，因此 W 就成为 V 的一个子空间. ▌

小贴士

加法和数乘的封闭性相当于：对任意两个向量 $\boldsymbol{\alpha},\boldsymbol{\beta}\in W$ 及 $k,l\in P$，总有 $k\boldsymbol{\alpha}+l\boldsymbol{\beta}\in W$. 由此看出，子空间 W 中的任意有限个向量的线性组合仍是 W 中的向量.

在线性空间 V 中，仅由一个零向量组成的集合$\{\mathbf{0}\}$是 V 的一个子空间，称为**零子空间**；线性空间 V 本身也是 V 的一个子空间. 这两个子空间通常称为 V 的**平凡子空间**，而 V 的其余子空间则称为**非平凡子空间**.

从维数角度来看，V 的子空间 W 的维数不会超过 V 的维数，即 $\dim W\leqslant\dim V$. 特别地，当 $\dim W=\dim V$ 时，必有 $W=V$(留作思考). 根据以上分析，当 W 是 V 的非平凡子空间时，必有

$$0<\dim W<\dim V=n.$$

下面列举一些非平凡子空间的例子.

例 1 在实三维空间中，过原点的直线是一维子空间，通过原点的平面是二维子空间；反之，一维子空间必是过原点的直线，二维子空间必是过原点的平面.

例 2 在实向量空间 $\mathbf{R}^n$ 中，n 元齐次线性方程组 $\boldsymbol{A}\boldsymbol{x}=\mathbf{0}$ 的全体解向量组成一个子空间，即 $\boldsymbol{A}\boldsymbol{x}=\mathbf{0}$ 的解空间，其中 $\boldsymbol{A}\neq\boldsymbol{O}$. 不难看出，解空间的基就是方程组的基础解系，它的维数等于 $n-R(\boldsymbol{A})$，即基础解系所含向量的个数.

例 3 设 λ 为矩阵 $\boldsymbol{A}$ 的一个特征值，那么由 $\boldsymbol{A}$ 的对应于 λ 的全部特征向量与零向量组成的集合 $V_\lambda=\{\boldsymbol{x}\,|\,\boldsymbol{A}\boldsymbol{x}=\lambda\boldsymbol{x},\boldsymbol{x}\in P^n\}$关于 P^n 中的数乘和加法运算封闭，因此 V_λ 是一个子空间，称为属于特征值 λ 的**特征子空间**.

例 4 $P[x]_n$ 是线性空间 $P[x]$ 的子空间.

例 5 设 V 是数域 P 上的线性空间，$\boldsymbol{\alpha}_1,\boldsymbol{\alpha}_2,\cdots,\boldsymbol{\alpha}_s\in V$，令 $W=\{k_1\boldsymbol{\alpha}_1+k_2\boldsymbol{\alpha}_2+\cdots+k_s\boldsymbol{\alpha}_s \mid k_1,k_2,\cdots,k_s\in P\}$，证明：$W$ 是 V 的一个子空间.

证明 因为 $\mathbf{0}\in W$，所以 W 是 V 的非空子集. $\forall \boldsymbol{\alpha},\boldsymbol{\beta}\in W$，$\forall k,l\in P$，存在 $k_1,k_2,\cdots,k_s$；$l_1,l_2,\cdots,l_s\in P$，使得

$$\boldsymbol{\alpha}=k_1\boldsymbol{\alpha}_1+k_2\boldsymbol{\alpha}_2+\cdots+k_s\boldsymbol{\alpha}_s,$$
$$\boldsymbol{\beta}=l_1\boldsymbol{\alpha}_1+l_2\boldsymbol{\alpha}_2+\cdots+l_s\boldsymbol{\alpha}_s.$$

于是有

$$k\boldsymbol{\alpha}+l\boldsymbol{\beta}=(kk_1+ll_1)\boldsymbol{\alpha}_1+\cdots+(kk_s+ll_s)\boldsymbol{\alpha}_s\in W.$$

所以，W 是 V 的一个子空间.

W 称为由向量组 $\boldsymbol{\alpha}_1,\boldsymbol{\alpha}_2,\cdots,\boldsymbol{\alpha}_s$ **生成的子空间**，记作 $L(\boldsymbol{\alpha}_1,\boldsymbol{\alpha}_2,\cdots,\boldsymbol{\alpha}_s)$. 而向量组 $\boldsymbol{\alpha}_1,\boldsymbol{\alpha}_2,\cdots,\boldsymbol{\alpha}_s$ 称为这个子空间的一组**生成元**.

关于子空间还有下面两个常用的结论.

定理 5 设 V 是数域 P 上的线性空间，$\boldsymbol{\alpha}_1,\boldsymbol{\alpha}_2,\cdots,\boldsymbol{\alpha}_s$ 和 $\boldsymbol{\beta}_1,\boldsymbol{\beta}_2,\cdots,\boldsymbol{\beta}_t$ 是 V 中的两组向量，则

(1) $L(\boldsymbol{\alpha}_1,\boldsymbol{\alpha}_2,\cdots,\boldsymbol{\alpha}_s)=L(\boldsymbol{\beta}_1,\boldsymbol{\beta}_2,\cdots,\boldsymbol{\beta}_t)$ 的充要条件是向量组 $\boldsymbol{\alpha}_1,\boldsymbol{\alpha}_2,\cdots,\boldsymbol{\alpha}_s$ 与 $\boldsymbol{\beta}_1,\boldsymbol{\beta}_2,\cdots,\boldsymbol{\beta}_t$ 等价；

(2) $\dim L(\boldsymbol{\alpha}_1,\boldsymbol{\alpha}_2,\cdots,\boldsymbol{\alpha}_s)=R(\boldsymbol{\alpha}_1,\boldsymbol{\alpha}_2,\cdots,\boldsymbol{\alpha}_s)$.

证明 (1) (必要性)因为 $L(\boldsymbol{\alpha}_1,\boldsymbol{\alpha}_2,\cdots,\boldsymbol{\alpha}_s)=L(\boldsymbol{\beta}_1,\boldsymbol{\beta}_2,\cdots,\boldsymbol{\beta}_t)$，所以，$\boldsymbol{\alpha}_i$ 是 $L(\boldsymbol{\beta}_1,\boldsymbol{\beta}_2,\cdots,\boldsymbol{\beta}_t)$ 中的向量，从而可由 $\boldsymbol{\beta}_1,\boldsymbol{\beta}_2,\cdots,\boldsymbol{\beta}_t$ 线性表出，其中 $i=1,2,\cdots,s$；同样，$\boldsymbol{\beta}_1,\boldsymbol{\beta}_2,\cdots,\boldsymbol{\beta}_t$ 也可由 $\boldsymbol{\alpha}_1,\boldsymbol{\alpha}_2,\cdots,\boldsymbol{\alpha}_s$ 线性表出，所以，向量组 $\boldsymbol{\alpha}_1,\boldsymbol{\alpha}_2,\cdots,\boldsymbol{\alpha}_s$ 与 $\boldsymbol{\beta}_1,\boldsymbol{\beta}_2,\cdots,\boldsymbol{\beta}_t$ 等价.

(充分性) $\forall \boldsymbol{\alpha}\in L(\boldsymbol{\alpha}_1,\boldsymbol{\alpha}_2,\cdots,\boldsymbol{\alpha}_s)$，$\boldsymbol{\alpha}$ 可由 $\boldsymbol{\alpha}_1,\boldsymbol{\alpha}_2,\cdots,\boldsymbol{\alpha}_s$ 线性表出. 因为 $\boldsymbol{\alpha}_1,\boldsymbol{\alpha}_2,\cdots,\boldsymbol{\alpha}_s$ 与 $\boldsymbol{\beta}_1,\boldsymbol{\beta}_2,\cdots,\boldsymbol{\beta}_t$ 等价，所以 $\boldsymbol{\alpha}$ 也可由 $\boldsymbol{\beta}_1,\boldsymbol{\beta}_2,\cdots,\boldsymbol{\beta}_t$ 线性表出，即有 $\boldsymbol{\alpha}\in L(\boldsymbol{\beta}_1,\boldsymbol{\beta}_2,\cdots,\boldsymbol{\beta}_t)$，所以

$$L(\boldsymbol{\alpha}_1,\boldsymbol{\alpha}_2,\cdots,\boldsymbol{\alpha}_s)\subseteq L(\boldsymbol{\beta}_1,\boldsymbol{\beta}_2,\cdots,\boldsymbol{\beta}_t).$$

同理可证 $L(\boldsymbol{\beta}_1,\boldsymbol{\beta}_2,\cdots,\boldsymbol{\beta}_t)\subseteq L(\boldsymbol{\alpha}_1,\boldsymbol{\alpha}_2,\cdots,\boldsymbol{\alpha}_s)$，因此

$$L(\boldsymbol{\alpha}_1,\boldsymbol{\alpha}_2,\cdots,\boldsymbol{\alpha}_s)=L(\boldsymbol{\beta}_1,\boldsymbol{\beta}_2,\cdots,\boldsymbol{\beta}_t).$$

(2) 设 $R(\boldsymbol{\alpha}_1,\boldsymbol{\alpha}_2,\cdots,\boldsymbol{\alpha}_s)=r$，若 $r=0$，则

$$\dim L(\boldsymbol{\alpha}_1,\boldsymbol{\alpha}_2,\cdots,\boldsymbol{\alpha}_s)=R(\boldsymbol{\alpha}_1,\boldsymbol{\alpha}_2,\cdots,\boldsymbol{\alpha}_s)=0.$$

若 $r>0$，则 $\boldsymbol{\alpha}_1,\boldsymbol{\alpha}_2,\cdots,\boldsymbol{\alpha}_s$ 存在极大无关组 $\boldsymbol{\alpha}_{i1},\boldsymbol{\alpha}_{i2},\cdots,\boldsymbol{\alpha}_{ir}$，于是有

$$L(\boldsymbol{\alpha}_1,\boldsymbol{\alpha}_2,\cdots,\boldsymbol{\alpha}_s)=L(\boldsymbol{\alpha}_{i1},\boldsymbol{\alpha}_{i2},\cdots,\boldsymbol{\alpha}_{ir}),$$

从而

$$\dim L(\boldsymbol{\alpha}_1,\boldsymbol{\alpha}_2,\cdots,\boldsymbol{\alpha}_s)=\dim L(\boldsymbol{\alpha}_{i1},\boldsymbol{\alpha}_{i2},\cdots,\boldsymbol{\alpha}_{ir})=r,$$

即有

$$\dim L(\boldsymbol{\alpha}_1,\boldsymbol{\alpha}_2,\cdots,\boldsymbol{\alpha}_s)=R(\boldsymbol{\alpha}_1,\boldsymbol{\alpha}_2,\cdots,\boldsymbol{\alpha}_s). \blacksquare$$

定理 6 设 W 是数域 P 上 n 维线性空间 V 的一个 m 维子空间，$\boldsymbol{\alpha}_1,\boldsymbol{\alpha}_2,\cdots,\boldsymbol{\alpha}_m$ 是 W 的一组基，则 $\boldsymbol{\alpha}_1,\boldsymbol{\alpha}_2,\cdots,\boldsymbol{\alpha}_m$ 可以扩充成 V 的基，即在 V 中存在 $n-m$ 个向量 $\boldsymbol{\alpha}_{m+1},\boldsymbol{\alpha}_{m+2},\cdots,\boldsymbol{\alpha}_n$，使得 $\boldsymbol{\alpha}_1,\cdots,\boldsymbol{\alpha}_m,\boldsymbol{\alpha}_{m+1},\cdots,\boldsymbol{\alpha}_n$ 是 V 的一组基.

证明　对维数差 $n-m$ 用数学归纳法.

当 $n-m=0$ 时,子空间 W 的基就是 V 的基,此时定理结论成立.

假设当 $n-m=k$ 时,定理结论成立.当 $n-m=k+1$ 时,有 $m<n$,$\boldsymbol{\alpha}_1,\boldsymbol{\alpha}_2,\cdots,\boldsymbol{\alpha}_m$ 还不是 V 的一组基,那么 V 中必存在向量 $\boldsymbol{\alpha}_{m+1}$ 不能由 $\boldsymbol{\alpha}_1,\boldsymbol{\alpha}_2,\cdots,\boldsymbol{\alpha}_m$ 线性表出.再由 $\boldsymbol{\alpha}_1,\boldsymbol{\alpha}_2,\cdots,\boldsymbol{\alpha}_m$ 线性无关,有 $\boldsymbol{\alpha}_1,\boldsymbol{\alpha}_2,\cdots,\boldsymbol{\alpha}_m,\boldsymbol{\alpha}_{m+1}$ 线性无关,于是子空间 $L(\boldsymbol{\alpha}_1,\boldsymbol{\alpha}_2,\cdots,\boldsymbol{\alpha}_m,\boldsymbol{\alpha}_{m+1})$ 是 $m+1$ 维的,且有 $n-(m+1)=k$.由归纳假设,$L(\boldsymbol{\alpha}_1,\boldsymbol{\alpha}_2,\cdots,\boldsymbol{\alpha}_m,\boldsymbol{\alpha}_{m+1})$ 的基 $\boldsymbol{\alpha}_1,\boldsymbol{\alpha}_2,\cdots,\boldsymbol{\alpha}_m,\boldsymbol{\alpha}_{m+1}$ 可以扩充成 V 的基,可得定理结论成立. ▌

7.5　子空间的交与和

一、子空间的交

定理 7　如果 V_1,V_2 是线性空间 V 的两个子空间,那么它们的**交** $V_1\cap V_2$ 也是 V 的子空间.

证明　由 $\mathbf{0}\in V_1$,$\mathbf{0}\in V_2$,可知 $\mathbf{0}\in V_1\cap V_2$,因而 $V_1\cap V_2$ 是非空的. $\forall\boldsymbol{\alpha},\boldsymbol{\beta}\in V_1\cap V_2$,$\forall k,l\in P$,有 $\boldsymbol{\alpha},\boldsymbol{\beta}\in V_i$,因为 V_i 是子空间,所以 $k\boldsymbol{\alpha}+l\boldsymbol{\beta}\in V_i$,$i=1,2$,即 $k\boldsymbol{\alpha}+l\boldsymbol{\beta}\in V_1\cap V_2$,所以 $V_1\cap V_2$ 是 V 的子空间. ▌

由集合的交的定义可以看出,子空间的交具有下列运算规律:

$$V_1\cap V_2=V_2\cap V_1\text{(交换律)},$$

$$(V_1\cap V_2)\cap V_3=V_1\cap(V_2\cap V_3)\text{(结合律)}.$$

由结合律,我们定义多个子空间的交:

$$V_1\cap V_2\cap\cdots\cap V_s=\bigcap_{i=1}^{s}V_i.$$

它也是 V 的子空间.

例 1　在线性空间 P^n 中,设 V_1,V_2 分别是齐次线性方程组 $\boldsymbol{A}_1\boldsymbol{x}=\mathbf{0}$ 与 $\boldsymbol{A}_2\boldsymbol{x}=\mathbf{0}$ 的解空间,证明:$V_1\cap V_2$ 就是齐次线性方程组 $\begin{pmatrix}\boldsymbol{A}_1\\ \boldsymbol{A}_2\end{pmatrix}\boldsymbol{x}=\mathbf{0}$ 的解空间.

证明　令 $V_1=\{\boldsymbol{x}\mid\boldsymbol{A}_1\boldsymbol{x}=\mathbf{0}\}$,$V_2=\{\boldsymbol{x}\mid\boldsymbol{A}_2\boldsymbol{x}=\mathbf{0}\}$,$W=\left\{\boldsymbol{x}\,\middle|\,\begin{pmatrix}\boldsymbol{A}_1\\ \boldsymbol{A}_2\end{pmatrix}\boldsymbol{x}=\mathbf{0}\right\}$.任取 $\boldsymbol{x}_0\in W$,有 $\begin{pmatrix}\boldsymbol{A}_1\\ \boldsymbol{A}_2\end{pmatrix}\boldsymbol{x}_0=\mathbf{0}$,即 $\boldsymbol{A}_1\boldsymbol{x}_0=\boldsymbol{A}_2\boldsymbol{x}_0=\mathbf{0}$,得 $\boldsymbol{x}_0\in V_1\cap V_2$;

反之,任取 $\boldsymbol{x}_0\in V_1\cap V_2$,有 $\boldsymbol{A}_1\boldsymbol{x}_0=\boldsymbol{A}_2\boldsymbol{x}_0=\mathbf{0}$,从而 $\begin{pmatrix}\boldsymbol{A}_1\boldsymbol{x}_0\\ \boldsymbol{A}_2\boldsymbol{x}_0\end{pmatrix}=\begin{pmatrix}\boldsymbol{A}_1\\ \boldsymbol{A}_2\end{pmatrix}\boldsymbol{x}_0=\mathbf{0}$,得 $\boldsymbol{x}_0\in W$.

综上所述,有 $W=V_1\cap V_2$.

小贴士

任意两个子空间的并不一定是子空间，如在线性空间 P^2 中，令 $V_1=\{(a,0)|a\in P\}$，$V_2=\{(0,b)|b\in P\}$，则 V_1,V_2 都是 P^2 的子空间，且 $V_1\cap V_2=\{(0,0)\}$是零空间. 但两个子空间 V_1,V_2 的并 $V_1\cup V_2=\{(a,b)|a,b\in P,ab=0\}$不是 P^2 的子空间，因为它关于 P^2 的加法不封闭.

二、子空间的和

定义 9 设 V_1,V_2 是线性空间 V 的子空间，定义它们的和为

$$V_1+V_2=\{\boldsymbol{\alpha}_1+\boldsymbol{\alpha}_2|\boldsymbol{\alpha}_1\in V_1,\boldsymbol{\alpha}_2\in V_2\}.$$

定理 8 设 V_1,V_2 是线性空间 V 的两个子空间，则 V_1+V_2 也是 V 的子空间.

证明 因为 $\mathbf{0}=\mathbf{0}+\mathbf{0}\in V_1+V_2$，所以 V_1+V_2 非空. $\forall\boldsymbol{\alpha},\boldsymbol{\beta}\in V_1+V_2,k,l\in P$，存在 $\boldsymbol{\alpha}_1,\boldsymbol{\beta}_1\in V_1,\boldsymbol{\alpha}_2,\boldsymbol{\beta}_2\in V_2$，使得 $\boldsymbol{\alpha}=\boldsymbol{\alpha}_1+\boldsymbol{\alpha}_2,\boldsymbol{\beta}=\boldsymbol{\beta}_1+\boldsymbol{\beta}_2$. 于是有

$$k\boldsymbol{\alpha}+l\boldsymbol{\beta}=(k\boldsymbol{\alpha}_1+l\boldsymbol{\beta}_1)+(k\boldsymbol{\alpha}_2+l\boldsymbol{\beta}_2).$$

因为 V_1,V_2 是 V 的子空间，所以有 $k\boldsymbol{\alpha}_1+l\boldsymbol{\beta}_1\in V_1,k\boldsymbol{\alpha}_2+l\boldsymbol{\beta}_2\in V_2$，从而有

$$k\boldsymbol{\alpha}+l\boldsymbol{\beta}\in V_1+V_2,$$

所以，V_1+V_2 是 V 的子空间. ▌

由定义不难看出，子空间的和具有下列运算规律：

$$V_1+V_2=V_2+V_1(\text{交换律}),$$

$$(V_1+V_2)+V_3=V_1+(V_2+V_3)(\text{结合律}).$$

由结合律，我们可以定义多个子空间的和

$$V_1+V_2+\cdots+V_s=\sum_{i=1}^{s}V_i.$$

关于子空间的交与和有以下结论：设 V_1,V_2,W 都是 V 的子空间，

(1) $W\subseteq V_1$ 且 $W\subseteq V_2\Rightarrow W\subseteq V_1\cap V_2$；$V_1\subseteq W$ 且 $V_2\subseteq W\Rightarrow V_1+V_2\subseteq W$.

(2) $V_1\subseteq V_2\Leftrightarrow V_1\cap V_2=V_1\Leftrightarrow V_1+V_2=V_2$.

例 2 在三维几何空间中，记 $V_1=L(\boldsymbol{\varepsilon}_1,\boldsymbol{\varepsilon}_2),V_2=L(\boldsymbol{\varepsilon}_2,\boldsymbol{\varepsilon}_3)$，其中 $\boldsymbol{\varepsilon}_1=(1,0,0),\boldsymbol{\varepsilon}_2=(0,1,0),\boldsymbol{\varepsilon}_3=(0,0,1)$，那么，$V_1\cap V_2=L(\boldsymbol{\varepsilon}_2),V_1+V_2=L(\boldsymbol{\varepsilon}_1,\boldsymbol{\varepsilon}_2,\boldsymbol{\varepsilon}_3)=\mathbf{R}^3$.

例 3 在线性空间 V 中，$\boldsymbol{\alpha}_1,\boldsymbol{\alpha}_2,\cdots,\boldsymbol{\alpha}_s;\boldsymbol{\beta}_1,\boldsymbol{\beta}_2,\cdots,\boldsymbol{\beta}_t$ 是 V 中两组向量，有

$$L(\boldsymbol{\alpha}_1,\boldsymbol{\alpha}_2,\cdots,\boldsymbol{\alpha}_s)+L(\boldsymbol{\beta}_1,\boldsymbol{\beta}_2,\cdots,\boldsymbol{\beta}_t)=L(\boldsymbol{\alpha}_1,\boldsymbol{\alpha}_2,\cdots,\boldsymbol{\alpha}_s,\boldsymbol{\beta}_1,\boldsymbol{\beta}_2,\cdots,\boldsymbol{\beta}_t).$$

三、维数公式

定理解析

关于两个子空间的交与和的维数，有以下的定理.

定理 9(维数公式) 如果 V_1,V_2 是线性空间 V 的两个子空间，那么

$$\dim V_1+\dim V_2=\dim(V_1+V_2)+\dim(V_1\cap V_2).$$

证明 设 $\dim V_1=n_1,\dim V_2=n_2,\dim(V_1\cap V_2)=m$. 取 $V_1\cap V_2$ 的一组基 $\boldsymbol{\alpha}_1,\boldsymbol{\alpha}_2,\cdots,\boldsymbol{\alpha}_m$. 由于 $V_1\cap V_2$ 是 V_1 的子空间，由 7.4 节定理 6 可以扩充成 V_1 的一组基

$$\boldsymbol{\alpha}_1,\boldsymbol{\alpha}_2,\cdots,\boldsymbol{\alpha}_m,\boldsymbol{\beta}_1,\cdots,\boldsymbol{\beta}_{n_1-m};$$

也可以扩充成 V_2 的一组基

$$\boldsymbol{\alpha}_1,\boldsymbol{\alpha}_2,\cdots,\boldsymbol{\alpha}_m,\boldsymbol{\gamma}_1,\cdots,\boldsymbol{\gamma}_{n_2-m}.$$

下证向量组

$$\boldsymbol{\alpha}_1,\boldsymbol{\alpha}_2,\cdots,\boldsymbol{\alpha}_m,\boldsymbol{\beta}_1,\cdots,\boldsymbol{\beta}_{n_1-m},\boldsymbol{\gamma}_1,\cdots,\boldsymbol{\gamma}_{n_2-m} \tag{1}$$

是 V_1+V_2 的一组基. 这样,V_1+V_2 的维数就等于 n_1+n_2-m,因而维数公式成立.

因为 $V_1=L(\boldsymbol{\alpha}_1,\boldsymbol{\alpha}_2,\cdots,\boldsymbol{\alpha}_m,\boldsymbol{\beta}_1,\cdots,\boldsymbol{\beta}_{n_1-m})$,$V_2=L(\boldsymbol{\alpha}_1,\boldsymbol{\alpha}_2,\cdots,\boldsymbol{\alpha}_m,\boldsymbol{\gamma}_1,\cdots,\boldsymbol{\gamma}_{n_2-m})$,所以 $V_1+V_2=L(\boldsymbol{\alpha}_1,\boldsymbol{\alpha}_2,\cdots,\boldsymbol{\alpha}_m,\boldsymbol{\beta}_1,\cdots,\boldsymbol{\beta}_{n_1-m},\boldsymbol{\gamma}_1,\cdots,\boldsymbol{\gamma}_{n_2-m})$.

下面证明向量组(1)是线性无关的. 假设有等式

$$k_1\boldsymbol{\alpha}_1+\cdots+k_m\boldsymbol{\alpha}_m+p_1\boldsymbol{\beta}_1+\cdots+p_{n_1-m}\boldsymbol{\beta}_{n_1-m}+q_1\boldsymbol{\gamma}_1+\cdots+q_{n_2-m}\boldsymbol{\gamma}_{n_2-m}=\mathbf{0}.$$

记

$$\boldsymbol{\alpha}=k_1\boldsymbol{\alpha}_1+\cdots+k_m\boldsymbol{\alpha}_m+p_1\boldsymbol{\beta}_1+\cdots+p_{n_1-m}\boldsymbol{\beta}_{n_1-m}=-q_1\boldsymbol{\gamma}_1-\cdots-q_{n_2-m}\boldsymbol{\gamma}_{n_2-m}. \tag{2}$$

由式(2)知 $\boldsymbol{\alpha}\in V_1$,$\boldsymbol{\alpha}\in V_2$. 于是,$\boldsymbol{\alpha}\in V_1\cap V_2$,即 $\boldsymbol{\alpha}$ 可以被 $\boldsymbol{\alpha}_1,\boldsymbol{\alpha}_2,\cdots,\boldsymbol{\alpha}_m$ 线性表示. 令

$$\boldsymbol{\alpha}=l_1\boldsymbol{\alpha}_1+l_2\boldsymbol{\alpha}_2+\cdots+l_m\boldsymbol{\alpha}_m, \tag{3}$$

代入式(2)有

$$l_1\boldsymbol{\alpha}_1+l_2\boldsymbol{\alpha}_2+\cdots+l_m\boldsymbol{\alpha}_m+q_1\boldsymbol{\gamma}_1+\cdots+q_{n_2-m}\boldsymbol{\gamma}_{n_2-m}=\mathbf{0}.$$

由于 $\boldsymbol{\alpha}_1,\boldsymbol{\alpha}_2,\cdots,\boldsymbol{\alpha}_m,\boldsymbol{\gamma}_1,\cdots,\boldsymbol{\gamma}_{n_2-m}$ 线性无关,得

$$l_1=\cdots=l_m=q_1=\cdots=q_{n_2-m}=0,$$

因而 $\boldsymbol{\alpha}=\mathbf{0}$. 从而有

$$k_1\boldsymbol{\alpha}_1+\cdots+k_m\boldsymbol{\alpha}_m+p_1\boldsymbol{\beta}_1+\cdots+p_{n_1-m}\boldsymbol{\beta}_{n_1-m}=\mathbf{0}.$$

由于 $\boldsymbol{\alpha}_1,\boldsymbol{\alpha}_2,\cdots,\boldsymbol{\alpha}_m,\boldsymbol{\beta}_1,\cdots,\boldsymbol{\beta}_{n_1-m}$ 线性无关,又得

$$k_1=\cdots=k_m=p_1=\cdots=p_{n_1-m}=0,$$

这就证明了 $\boldsymbol{\alpha}_1,\boldsymbol{\alpha}_2,\cdots,\boldsymbol{\alpha}_m,\boldsymbol{\beta}_1,\cdots,\boldsymbol{\beta}_{n_1-m},\boldsymbol{\gamma}_1,\cdots,\boldsymbol{\gamma}_{n_2-m}$ 线性无关,因而它是 V_1+V_2 的一组基,故维数公式成立. ▌

小贴士

由例 2 可见,在三维几何空间中,V_1,V_2 是两张通过原点的不同的平面,维数都是 2,V_1+V_2 是整个三维空间,维数为 3. 从维数公式可以看到,和的维数往往要比维数的和小. $V_1\cap V_2=L(\boldsymbol{\varepsilon}_2)$,说明这两张平面的交是一维的直线.

推论　如果 n 维线性空间 V 中两个子空间 V_1,V_2 的维数之和大于 n,那么 V_1,V_2 必含有非零的公共向量.

证明　由已知得 $\dim(V_1+V_2)+\dim(V_1\cap V_2)=\dim V_1+\dim V_2>n$. 但因 V_1+V_2 是 V 的子空间,有 $\dim(V_1+V_2)\leqslant n$,所以 $\dim(V_1\cap V_2)>0$,即 $V_1\cap V_2$ 中含有非零向量. ▌

7.6 子空间的直和

设 V_1,V_2 是 n 维线性空间 V 的两个子空间,若 $V_1\cap V_2$ 中只有零向量,则 $\dim(V_1+V_2)=\dim V_1+\dim V_2$,这是子空间的和的一种特殊情况,称为直和.

一、直和的概念

定义 10 设 V_1,V_2 是线性空间 V 的子空间，如果和 V_1+V_2 中每个向量 $\boldsymbol{\alpha}$ 的分解式

$$\boldsymbol{\alpha}=\boldsymbol{\alpha}_1+\boldsymbol{\alpha}_2 \quad (\boldsymbol{\alpha}_1\in V_1,\ \boldsymbol{\alpha}_2\in V_2)$$

是唯一的，这个和就称为**直和**，记为 $V_1\oplus V_2$.

定理 10 设 V_1,V_2 是线性空间 V 的子空间，则下列条件等价：

(1) V_1+V_2 是直和；

(2) 零向量的分解式唯一；

(3) $V_1\cap V_2=\{\boldsymbol{0}\}$；

(4) 当 V_1,V_2 是有限维时，$\dim(V_1+V_2)=\dim V_1+\dim V_2$.

证明 (1)⇒(2) 显然成立.

(2)⇒(3) $\forall\boldsymbol{\alpha}\in V_1\cap V_2$，零向量可以表示成

$$\boldsymbol{0}=\boldsymbol{\alpha}+(-\boldsymbol{\alpha}) \quad (\boldsymbol{\alpha}\in V_1,-\boldsymbol{\alpha}\in V_2).$$

由零向量的分解式唯一，有 $\boldsymbol{\alpha}=-\boldsymbol{\alpha}=\boldsymbol{0}$，即 $V_1\cap V_2=\{\boldsymbol{0}\}$.

(3)⇒(1) 若存在 $\boldsymbol{\alpha}\in V$，它的分解式不唯一，即 $\exists\,\boldsymbol{\alpha}_1,\boldsymbol{\beta}_1\in V_1,\boldsymbol{\alpha}_2,\boldsymbol{\beta}_2\in V_2$，使得

$$\boldsymbol{\alpha}=\boldsymbol{\alpha}_1+\boldsymbol{\alpha}_2=\boldsymbol{\beta}_1+\boldsymbol{\beta}_2,$$

有 $\boldsymbol{\alpha}_1-\boldsymbol{\beta}_1=\boldsymbol{\beta}_2-\boldsymbol{\alpha}_2\in V_1\cap V_2$. 由条件 $V_1\cap V_2=\{\boldsymbol{0}\}$，得 $\boldsymbol{\alpha}_1=\boldsymbol{\beta}_1,\boldsymbol{\alpha}_2=\boldsymbol{\beta}_2$，即向量 $\boldsymbol{\alpha}$ 的分解式是唯一的，故 V_1+V_2 是直和.

(3)⇔(4) 根据维数公式 $\dim(V_1+V_2)+\dim(V_1\cap V_2)=\dim V_1+\dim V_2$，有

$$V_1\cap V_2=\{\boldsymbol{0}\}\Leftrightarrow\dim(V_1\cap V_2)=0\Leftrightarrow\dim(V_1+V_2)=\dim V_1+\dim V_2.$$ ▌

定理 11 设 U 是线性空间 V 的一个子空间，那么一定存在一个子空间 W 使得 $V=U\oplus W$.

证明 取 U 的一组基 $\boldsymbol{\alpha}_1,\boldsymbol{\alpha}_2,\cdots,\boldsymbol{\alpha}_m$，把它扩充为 V 的一组基 $\boldsymbol{\alpha}_1,\cdots,\boldsymbol{\alpha}_m,\boldsymbol{\alpha}_{m+1},\cdots,\boldsymbol{\alpha}_n$. 令 $W=L(\boldsymbol{\alpha}_{m+1},\cdots,\boldsymbol{\alpha}_n)$，则 $V=U\oplus W$. ▌

小贴士

该定理中称子空间 W 为 U 的一个**余子空间**. 余子空间一般不唯一. 比如：在 $\mathbf{R}^3$ 中，设 $\boldsymbol{\alpha}_1=(1,0,0),\boldsymbol{\alpha}_2=(0,1,0),\boldsymbol{\beta}_1=(0,1,1),\boldsymbol{\beta}_2=(0,0,1)$，令 $U=L(\boldsymbol{\alpha}_1,\boldsymbol{\alpha}_2),W_1=L(\boldsymbol{\beta}_1),W_2=L(\boldsymbol{\beta}_2)$，则 $\mathbf{R}^3=U\oplus W_1=U\oplus W_2$，但是 $W_1\neq W_2$.

二、多个子空间的直和

子空间的直和的概念可以推广到多个子空间的情形.

定义 11 设 $V_1,V_2,\cdots,V_s$ 都是线性空间 V 的子空间. 如果和 $V_1+V_2+\cdots+V_s$ 中每个向量 $\boldsymbol{\alpha}$ 的分解式

$$\boldsymbol{\alpha}=\boldsymbol{\alpha}_1+\boldsymbol{\alpha}_2+\cdots+\boldsymbol{\alpha}_s,\quad \boldsymbol{\alpha}_i\in V_i\,(i=1,2,\cdots,s)$$

是唯一的，这个和就称为**直和**，记为 $V_1\oplus V_2\oplus\cdots\oplus V_s$.

与两个子空间的直和一样，我们有

定理 12 $V_1,V_2,\cdots,V_s$ 是 V 的子空间，且 $W=V_1+V_2+\cdots+V_s$，则下列条件等价：

(1) $W=V_1\oplus V_2\oplus\cdots\oplus V_s$；

(2) 零向量的分解式唯一；

(3) $V_i\cap\sum\limits_{j\neq i}V_j=\{\mathbf{0}\}(i=1,2,\cdots,s)$；

(4) 当 $V_i(i=1,2,\cdots,s)$ 是有限维空间时，$\dim W=\sum\limits_{i=1}^{s}\dim V_i$.

7.7 线性空间的同构

在本节内容开始前，我们先回忆下映射的概念.

一、映射的概念

定义 12　设 M 与 M' 是两个非空集合，如果有一个对应法则 σ，它使 M 中每一个元素 a 都有 M' 中一个唯一确定的元素 a' 与之对应，则称 σ 为 M 到 M' 的一个**映射**，记作 $\sigma:M\to M'$. a' 称为 a 在映射 σ 下的**像**，而 a 称为 a' 在映射 σ 下的一个**原像**，记为 $\sigma(a)=a'$.

M 到 M 自身的映射，称为 M 到自身的**变换**.

设集合 M 到集合 M' 的两个映射 σ 与 τ，若对 M 中的每个元素 a，都有 $\sigma(a)=\tau(a)$，则称它们相等，记作 $\sigma=\tau$.

定义 13　设 σ,τ 分别是集合 M 到 M'，M' 到 M'' 的映射，定义映射的**乘积** $\tau\sigma$ 为

$$(\tau\sigma)(a)=\tau(\sigma(a))\quad(a\in M).$$

相继施行 σ 和 τ 的结果，则 $\tau\sigma$ 是 M 到 M'' 的一个映射.

设 σ 是集合 M 到 M' 的一个映射，我们用 $\sigma(M)$ 表示 M 在映射 σ 下像的全体，称为 M 在映射 σ 下的**像集**，显然 $\sigma(M)\subseteq M'$.

如果 $\sigma(M)=M'$，映射 σ 就称为**映上的**或**满射**.

如果在映射 σ 下，M 中不同元素的像也一定不同，即若 $a_1\neq a_2$，则 $\sigma(a_1)\neq\sigma(a_2)$；或若 $\sigma(a_1)=\sigma(a_2)$，则 $a_1=a_2$，那么映射 σ 就称为 **1－1 的**或**单射**.

一个映射如果既是单射又是满射就称为 **1－1 对应的**或**双射**.

对于 M 到 M' 的双射可以定义它的**逆映射**，记为 σ^{-1}. 因为 σ 是满射，所以 M' 中每个元素都有原像，又因为 σ 是单射，所以 M' 中每个元素只有唯一的原像，定义

$$\sigma^{-1}(a')=a，当\ \sigma(a)=a'.$$

可见 σ^{-1} 是 M' 到 M 的一个双射，并且 $\sigma^{-1}\sigma=I_M$，$\sigma\sigma^{-1}=I_{M'}$.

二、同构映射

设 $\boldsymbol{\varepsilon}_1,\boldsymbol{\varepsilon}_2,\cdots,\boldsymbol{\varepsilon}_n$ 是线性空间 V 的一组基，在这组基下，V 中每个向量都有确定的坐标，而向量的坐标可以看成 P^n 的元素. 因此，向量与它的坐标之间的映射是 V 到 P^n 的一个双射. 设

$$\boldsymbol{\alpha}=a_1\boldsymbol{\varepsilon}_1+a_2\boldsymbol{\varepsilon}_2+\cdots+a_n\boldsymbol{\varepsilon}_n,$$
$$\boldsymbol{\beta}=b_1\boldsymbol{\varepsilon}_1+b_2\boldsymbol{\varepsilon}_2+\cdots+b_n\boldsymbol{\varepsilon}_n.$$

向量 $\boldsymbol{\alpha},\boldsymbol{\beta}$ 的坐标分别是$(a_1,a_2,\cdots,a_n)^{\mathrm{T}}$，$(b_1,b_2,\cdots,b_n)^{\mathrm{T}}$，有

$$\boldsymbol{\alpha}+\boldsymbol{\beta}=(a_1+b_1)\boldsymbol{\varepsilon}_1+(a_2+b_2)\boldsymbol{\varepsilon}_2+\cdots+(a_n+b_n)\boldsymbol{\varepsilon}_n,$$
$$k\boldsymbol{\alpha}=ka_1\boldsymbol{\varepsilon}_1+ka_2\boldsymbol{\varepsilon}_2+\cdots+ka_n\boldsymbol{\varepsilon}_n,$$

于是向量 $\boldsymbol{\alpha}+\boldsymbol{\beta},k\boldsymbol{\alpha}$ 的坐标分别是

$$(a_1+b_1,a_2+b_2,\cdots,a_n+b_n)^{\mathrm{T}}=(a_1,a_2,\cdots,a_n)^{\mathrm{T}}+(b_1,b_2,\cdots,b_n)^{\mathrm{T}}.$$
$$(ka_1,ka_2,\cdots,ka_n)^{\mathrm{T}}=k(a_1,a_2,\cdots,a_n)^{\mathrm{T}}.$$

在向量用坐标表示之后，它们的运算就可以归结为它们坐标的运算.因而线性空间 V 的讨论也就可以归结为 P^n 的讨论.

定义 14 设 V,V' 是数域 P 上的两个线性空间，如果映射 σ：$V\to V'$，满足以下条件：

(1) σ 是双射；

(2) $\sigma(\boldsymbol{\alpha}+\boldsymbol{\beta})=\sigma(\boldsymbol{\alpha})+\sigma(\boldsymbol{\beta}),\forall\boldsymbol{\alpha},\boldsymbol{\beta}\in V$；

(3) $\sigma(k\boldsymbol{\alpha})=k\sigma(\boldsymbol{\alpha}),\forall k\in P,\forall\boldsymbol{\alpha}\in V$，

则称 σ 是 V 与 V'的一个**同构映射**，并称线性空间 V 与 V'**同构**，记作 $V\overset{\sigma}{\cong}V'$.

三、同构的性质

由定义可以看出，同构映射具有下列基本性质：

性质 1 $\sigma(\mathbf{0})=\mathbf{0},\sigma(-\boldsymbol{\alpha})=-\sigma(\boldsymbol{\alpha})$.

性质 2 $\sigma(k_1\boldsymbol{\alpha}_1+k_2\boldsymbol{\alpha}_2+\cdots+k_r\boldsymbol{\alpha}_r)=k_1\sigma(\boldsymbol{\alpha}_1)+k_2\sigma(\boldsymbol{\alpha}_2)+\cdots+k_r\sigma(\boldsymbol{\alpha}_r)$.

性质 3 V 中向量组 $\boldsymbol{\alpha}_1,\boldsymbol{\alpha}_2,\cdots,\boldsymbol{\alpha}_r$ 线性相关(线性无关)的充要条件是它们的像 $\sigma(\boldsymbol{\alpha}_1)$，$\sigma(\boldsymbol{\alpha}_2),\cdots,\sigma(\boldsymbol{\alpha}_r)$线性相关(线性无关).

性质 4 $\dim V=\dim V'$.

由性质 4 可知，同构的线性空间有相同的维数.

性质 5 若 W 是 V 的一个线性子空间，则 W 在 σ 下的像集合 $\sigma(W)=\{\sigma(\boldsymbol{\alpha})\mid\boldsymbol{\alpha}\in W\}$是 $\sigma(V)$的子空间，且 $\dim W=\dim\sigma(W)$.

证明 由条件 $\sigma(W)\subseteq\sigma(V)=V'$，且 $\mathbf{0}=\sigma(\mathbf{0})\in\sigma(W)$，故 $\sigma(W)\neq\varnothing$，对 $\forall\boldsymbol{\alpha}',\boldsymbol{\beta}'\in\sigma(W)$，有 W 中的向量 $\boldsymbol{\alpha},\boldsymbol{\beta}$，使得 $\sigma(\boldsymbol{\alpha})=\boldsymbol{\alpha}',\sigma(\boldsymbol{\beta})=\boldsymbol{\beta}'$. 于是有

$$\boldsymbol{\alpha}'+\boldsymbol{\beta}'=\sigma(\boldsymbol{\alpha})+\sigma(\boldsymbol{\beta})=\sigma(\boldsymbol{\alpha}+\boldsymbol{\beta}),$$
$$k\boldsymbol{\alpha}'=k\sigma(\boldsymbol{\alpha})=\sigma(k\boldsymbol{\alpha}),\forall k\in P.$$

由于 W 是子空间，有 $\boldsymbol{\alpha}+\boldsymbol{\beta}\in W,k\boldsymbol{\alpha}\in W$，从而有 $\boldsymbol{\alpha}'+\boldsymbol{\beta}'\in\sigma(W),k\boldsymbol{\alpha}'\in\sigma(W)$，故 $\sigma(W)$是 $\sigma(V)$的子空间，σ 是 W 到 $\sigma(W)$的同构映射，故 $\dim W=\dim\sigma(W)$. ▎

性质 6 同构映射的逆映射是同构映射.

证明 设 σ 是线性空间 V 到 V'的同构映射，显然逆映射 σ^{-1}是 V'到 V 的一个双射. 我们来证 σ^{-1}还满足条件(2)，(3).

$\forall\boldsymbol{\alpha}',\boldsymbol{\beta}'\in V'$，有

$$\sigma\sigma^{-1}(\boldsymbol{\alpha}'+\boldsymbol{\beta}')=\boldsymbol{\alpha}'+\boldsymbol{\beta}'=\sigma\sigma^{-1}(\boldsymbol{\alpha}')+\sigma\sigma^{-1}(\boldsymbol{\beta}')=\sigma(\sigma^{-1}(\boldsymbol{\alpha}')+\sigma^{-1}(\boldsymbol{\beta}')).$$

两边用 σ^{-1}作用，即得

$$\sigma^{-1}(\boldsymbol{\alpha}'+\boldsymbol{\beta}')=\sigma^{-1}(\boldsymbol{\alpha}')+\sigma^{-1}(\boldsymbol{\beta}').$$

条件(3)同理可证. ▌

性质 7　两个同构映射的乘积是同构映射.

证明　设 σ 和 τ 分别是线性空间 V 到 V' 和 V' 到 V'' 的同构映射，下证乘积 $\tau\sigma$ 是 V 到 V'' 的一个同构映射. 显然，$\tau\sigma$ 是双射. $\forall \boldsymbol{\alpha},\boldsymbol{\beta}\in V$，由

$$\tau\sigma(\boldsymbol{\alpha}+\boldsymbol{\beta})=\tau(\sigma(\boldsymbol{\alpha})+\sigma(\boldsymbol{\beta}))=\tau\sigma(\boldsymbol{\alpha})+\tau\sigma(\boldsymbol{\beta}),$$

$$\tau\sigma(k\boldsymbol{\alpha})=\tau(k\sigma(\boldsymbol{\alpha}))=k\cdot\tau\sigma(\boldsymbol{\alpha}),$$

故 $\tau\sigma$ 是 V 到 V'' 的同构映射. ▌

性质 8　同构关系具有如下性质：

反身性：$V\overset{I}{\cong}V$；

对称性：$V\overset{\sigma}{\cong}V'\Rightarrow V'\overset{\sigma^{-1}}{\cong}V$；

传递性：$V\overset{\sigma}{\cong}V',V'\overset{\tau}{\cong}V''\Rightarrow V\overset{\tau\sigma}{\cong}V''$.

性质 9　数域 P 上任一个 n 维线性空间都与 P^n 同构.

在 n 维线性空间 V 中取定一组基后，向量与它的坐标之间的对应就是 V 到 P^n 的一个同构映射. 由同构的对称性与传递性即得，数域 P 上任意两个 n 维线性空间都同构.

综上所述，我们有：

定理 13　数域 P 上两个有限维线性空间同构的充要条件是它们有相同的维数.

该定理说明了维数是有限维线性空间的唯一的本质特征.

知识脉络　　范例解析　　测一测　　小百科

习　题

1. 全体正实数 $\mathbf{R}^+$，加法与数量乘法分别定义为：$a\oplus b=ab,k\circ a=a^k$.

(1) 集合 $\mathbf{R}^+$ 是 $\mathbf{R}$ 上的线性空间，请给出理由；

(2) 求出该线性空间的维数与基；

(3) 把实数域 $\mathbf{R}$ 看成自身上的线性空间，证明：$\mathbf{R}^+\cong\mathbf{R}$，并写出一个同构映射.

2. 已知矩阵 $\mathbf{A}=\begin{pmatrix}1&0&0\\0&\omega&0\\0&0&\omega^2\end{pmatrix}$，$\omega=\dfrac{-1+\sqrt{3}\mathrm{i}}{2}$，记 $\mathbf{A}$ 的实系数多项式全体构成集合 V.

(1) 证明：V 关于矩阵的加法和数乘运算构成 $\mathbf{R}$ 上的线性空间.

(2) 求 V 的基与维数.

3. $P^{n\times n}$ 中全体对称(反对称，上三角)矩阵构成数域 P 上的线性空间，求该空间的维数与一组基.

4. 设 $V=\{a_1+a_2\sqrt{2}+a_3\sqrt{3}\mid a_1,a_2,a_3\in\mathbf{Q}\}$，则 V 是有理数域 $\mathbf{Q}$ 上的线性空间，求 V 的维数和一组基.

5. 在 P^4 中，求齐次方程组 $\begin{cases}x_1+2x_2+4x_3-3x_4=0,\\3x_1+5x_2+6x_3-4x_4=0,\\4x_1+5x_2-2x_3+3x_4=0\end{cases}$ 的解空间的基与维数.

6. 设 $V=P^{n\times n}$，则 V 关于矩阵加法和数乘运算构成 P 上的线性空间，$\boldsymbol{A}$ 为 V 中的一个固定矩阵，令 $W=\{f(\boldsymbol{A})\mid f(x)\in P[x]\}$，求 W 的维数和一组基.

7. 在 P^4 中，求由基 $\boldsymbol{\alpha}_1,\boldsymbol{\alpha}_2,\boldsymbol{\alpha}_3$ 到基 $\boldsymbol{\beta}_1,\boldsymbol{\beta}_2,\boldsymbol{\beta}_3$ 的过渡矩阵，其中 $\boldsymbol{\alpha}_1=(1,-1,1)$，$\boldsymbol{\alpha}_2=(-1,2,1)$，$\boldsymbol{\alpha}_3=(-1,-1,0)$，$\boldsymbol{\beta}_1=(0,1,2)$，$\boldsymbol{\beta}_2=(-2,1,1)$，$\boldsymbol{\beta}_3=(1,3,1)$，并求向量 $\boldsymbol{\xi}=(1,1,-1)$ 在 $\boldsymbol{\alpha}_1,\boldsymbol{\alpha}_2,\boldsymbol{\alpha}_3$ 基下的坐标.

8. 已知线性空间 $P[x]_3$ 的两组基：$f_1(x)=1+x$，$f_2(x)=x+x^2$，$f_3(x)=1-2x^2$ 和 $g_1(x)=1+2x$，$g_2(x)=1-x+x^2$，$g_3(x)=1+x^2$.

(1) 求由基 $f_1(x),f_2(x),f_3(x)$ 到基 $g_1(x),g_2(x),g_3(x)$ 的过渡矩阵；

(2) 求向量 $f(x)=1+5x+x^2$ 在基 $f_1(x),f_2(x),f_3(x)$ 下的坐标.

9. 设 $P^{2\times 2}$ 的两组基为

(Ⅰ)：$\boldsymbol{A}_1=\begin{pmatrix}1&0\\0&0\end{pmatrix}$，$\boldsymbol{A}_2=\begin{pmatrix}1&1\\0&0\end{pmatrix}$，$\boldsymbol{A}_3=\begin{pmatrix}1&1\\1&0\end{pmatrix}$，$\boldsymbol{A}_4=\begin{pmatrix}1&1\\1&1\end{pmatrix}$；

(Ⅱ)：$\boldsymbol{B}_1=\begin{pmatrix}1&0\\1&1\end{pmatrix}$，$\boldsymbol{B}_2=\begin{pmatrix}0&1\\1&1\end{pmatrix}$，$\boldsymbol{B}_3=\begin{pmatrix}1&1\\1&0\end{pmatrix}$，$\boldsymbol{B}_4=\begin{pmatrix}1&1\\0&1\end{pmatrix}$.

(1) 求由基(Ⅰ)到基(Ⅱ)的过渡矩阵；

(2) 求在基(Ⅰ)与基(Ⅱ)下有相同坐标的矩阵.

10. 设 $\boldsymbol{A}\in P^{n\times n}$.

(1) 证明：全体与 $\boldsymbol{A}$ 可交换的矩阵组成的一个子空间，记作 $C(\boldsymbol{A})$；

(2) 当 $\boldsymbol{A}=\boldsymbol{E}$ 时，求 $C(\boldsymbol{A})$；

(3) 当 $\boldsymbol{A}=\begin{pmatrix}1&0&0&\cdots&0\\0&2&0&\cdots&0\\\vdots&\vdots&\vdots&&\vdots\\0&0&0&\cdots&n\end{pmatrix}$ 时，求 $C(\boldsymbol{A})$ 的维数和一组基.

11. 如果 $c_1\boldsymbol{\alpha}+c_2\boldsymbol{\beta}+c_3\boldsymbol{\gamma}=\mathbf{0}$ 且 $c_1c_3\neq 0$，证明：$L(\boldsymbol{\alpha},\boldsymbol{\beta})=L(\boldsymbol{\beta},\boldsymbol{\gamma})$.

12. 在全体二维实向量集合 V 按规定的加法与数乘运算

$$(a,b)\oplus(c,d)=(a+c,b+d+ac),$$

$$k\circ(a,b)=\left(ka,kb+\frac{k(k-1)}{2}a^2\right)$$

构成的线性空间中，下列子集是否构成 V 的子空间？为什么？

(1) $W_1=\{\boldsymbol{\alpha}=(x,x)\mid\boldsymbol{\alpha}\in V\}$；

(2) $W_2=\left\{\boldsymbol{\alpha}=\left(x,\frac{x(x+1)}{2}\right)\mid\boldsymbol{\alpha}\in V\right\}$.

13. 设 $S(\boldsymbol{A})=\{\boldsymbol{B}\mid\boldsymbol{B}\in P^{n\times n},\boldsymbol{AB}=\mathbf{0}\}$，证明：

(1) $S(\boldsymbol{A})$是$P^{n\times n}$的子空间;

(2) 设$R(\boldsymbol{A})=r$,求$S(\boldsymbol{A})$的一组基和维数.

14. 求$P[t]_4$中多项式组$f_1(t)=1+4t-2t^2+t^3$, $f_2(t)=-1+9t-3t^2+2t^3$, $f_3(t)=-5+6t+t^3$, $f_4(t)=5+7t-5t^2+2t^3$的秩和一个极大无关组,并将这个极大无关组扩充为$P[t]_4$的一组基.

15. 设$V_1\subseteq V_2$,且V_1,V_2都是V的线性子空间,证明:若$\dim V_1=\dim V_2$,则$V_1=V_2$.

16. 设$\boldsymbol{A}$是$m\times n$实矩阵,用U表示$\boldsymbol{A}$的列向量组,用W表示$\boldsymbol{AA}^{\mathrm{T}}$的列向量空间,证明:$U=W$.

17. 设$\boldsymbol{\alpha}_1=(2,-1,0,1)$, $\boldsymbol{\alpha}_2=(-1,1,1,1)$, $\boldsymbol{\alpha}_3=(0,1,2,3)$,$\boldsymbol{\beta}_1=(1,0,1,2)$, $\boldsymbol{\beta}_2=(-1,2,3,4)$,记$V_1=L(\boldsymbol{\alpha}_1,\boldsymbol{\alpha}_2,\boldsymbol{\alpha}_3)$,$V_2=L(\boldsymbol{\beta}_1,\boldsymbol{\beta}_2)$,求$V_1\cap V_2$的维数和一组基.

18. 线性空间$V_1=\{\boldsymbol{\alpha}=(x_1,x_2,x_3,x_4)^{\mathrm{T}}\mid x_1+x_2+x_3+x_4=0\}$,$V_2=\{\boldsymbol{\alpha}=(x_1,x_2,x_3,x_4)^{\mathrm{T}}\mid x_1-x_2+x_3-x_4=0\}$.

(1) 求V_1,V_2的一组基与维数;

(2) 求线性空间V_1+V_2和$V_1\cap V_2$的一组基与维数.

19. 设$\mathbf{R}^{2\times 2}$的两个子空间为$W_1=\left\{\boldsymbol{A}=\begin{pmatrix}x_1 & x_2\\ x_3 & x_4\end{pmatrix}\middle| x_1-x_2+x_3-x_4=0\right\}$,$W_2=L(\boldsymbol{B}_1,\boldsymbol{B}_2)$,其中$\boldsymbol{B}_1=\begin{pmatrix}1 & 0\\ 2 & 3\end{pmatrix}$,$\boldsymbol{B}_2=\begin{pmatrix}1 & -1\\ 0 & 1\end{pmatrix}$,求$W_1+W_2$和$W_1\cap W_2$的维数和一组基.

20. 设$\boldsymbol{\alpha}_1,\boldsymbol{\alpha}_2,\cdots,\boldsymbol{\alpha}_s$与$\boldsymbol{\beta}_1,\boldsymbol{\beta}_2,\cdots,\boldsymbol{\beta}_t$是两组$n$维向量,证明:若这两个向量组都线性无关,则空间$L(\boldsymbol{\alpha}_1,\boldsymbol{\alpha}_2,\cdots,\boldsymbol{\alpha}_s)\cap L(\boldsymbol{\beta}_1,\boldsymbol{\beta}_2,\cdots,\boldsymbol{\beta}_t)$的维数等于齐次线性方程组

$$\boldsymbol{\alpha}_1x_1+\cdots+\boldsymbol{\alpha}_sx_s+\boldsymbol{\beta}_1y_1+\cdots+\boldsymbol{\beta}_ty_t=\mathbf{0}$$

的解空间的维数.

21. 证明:和$\sum\limits_{i=1}^{s}V_i$是直和的充分必要条件是$V_i\cap\sum\limits_{j=1}^{i-1}V_j=\{\mathbf{0}\}(i=2,\cdots,s)$.

22. 在全体n阶方阵组成的线性空间$P^{n\times n}$上,$V_1=\{\boldsymbol{A}\in P^{n\times n}\mid\boldsymbol{A}^{\mathrm{T}}=\boldsymbol{A}\}$,$V_2=\{\boldsymbol{A}\in P^{n\times n}\mid\boldsymbol{A}^{\mathrm{T}}=-\boldsymbol{A}\}$,证明:$P^{n\times n}=V_1\oplus V_2$.

23. 设V_1与V_2分别是齐次方程组$\boldsymbol{x}_1+\boldsymbol{x}_2+\cdots+\boldsymbol{x}_n=\mathbf{0}$,$\boldsymbol{x}_1=\boldsymbol{x}_2=\cdots=\boldsymbol{x}_{n-1}=\boldsymbol{x}_n$的解空间,证明:$P^n=V_1\oplus V_2$.

24. 设n阶方阵$\boldsymbol{A},\boldsymbol{B},\boldsymbol{C},\boldsymbol{D}$两两可交换,且满足$\boldsymbol{AC}+\boldsymbol{BD}=\boldsymbol{E}$. 记$\boldsymbol{ABx}=\mathbf{0}$的解空间为$W$,$\boldsymbol{Bx}=\mathbf{0}$的解空间为$W_1$,$\boldsymbol{Ax}=\mathbf{0}$的解空间为$W_2$,证明:$W=W_1\oplus W_2$.

25. 设W,W_1,W_2都是线性空间V的子空间,$W_1\subseteq W$,$V=W_1\oplus W_2$. 证明:

$$\dim W=\dim W_1+\dim(W_2\cap W).$$

补充题

1. 设V_1,V_2是数域P上的线性空间,$\forall(\boldsymbol{\alpha}_1,\boldsymbol{\alpha}_2),(\boldsymbol{\beta}_1,\boldsymbol{\beta}_2)\in V_1\times V_2,k\in P$,规定

$$(\boldsymbol{\alpha}_1,\boldsymbol{\alpha}_2)+(\boldsymbol{\beta}_1,\boldsymbol{\beta}_2)=(\boldsymbol{\alpha}_1+\boldsymbol{\beta}_1,\boldsymbol{\alpha}_2+\boldsymbol{\beta}_2),$$

$$k(\boldsymbol{\alpha}_1,\boldsymbol{\alpha}_2)=(k\boldsymbol{\alpha}_1,k\boldsymbol{\alpha}_2).$$

(1) 证明:$V_1\times V_2$ 关于以上运算构成数域 P 上的线性空间;

(2) 设 $\dim V_1=m,\dim V_2=n$,求 $\dim(V_1\times V_2)$.

2. 给定 n 个互异的数 $a_1,a_2,\cdots,a_n\in P$,多项式组

$$f_i=(x-a_1)\cdots(x-a_{i-1})(x-a_{i+1})\cdots(x-a_n)\quad(i=1,2,\cdots,n).$$

(1) 证明:$f_1,f_2,\cdots,f_n$ 是 $P[x]_n$ 的一组基.

(2) 在(1)中,取 $a_1,a_2,\cdots,a_n$ 是全体 n 次单位根,求由基 $1,x,\cdots,x^{n-1}$ 到基 $f_1,f_2,\cdots,f_n$ 的过渡矩阵.

3. $f(x)$表示实系数多项式,证明:$W=\{f(x)\mid f(1)=0,\deg(f(x))\leqslant n\}$是实数域上的线性空间,并求出它的一组基.

4. 设 P 是数域,M 为形如$\boldsymbol{A}=\begin{pmatrix}a_1&a_2&\cdots&a_n\\a_n&a_1&\cdots&a_{n-1}\\\vdots&\vdots&&\vdots\\a_2&a_3&\cdots&a_1\end{pmatrix}$的循环矩阵的集合,证明:$M$ 为 $P^{n\times n}$ 的子空间,并求其维数和一组基.

5. 设 P^n 是数域 P 上全体 n 维向量构成的线性空间,证明:P^n 的任一子空间 W 至少是一个 n 元齐次线性方程组的解空间.

6. 设 $\boldsymbol{M}\in P^{n\times n},f(x)\in P[x],g(x)\in P[x]$,且$(f(x),g(x))=1$,$\boldsymbol{A}=f(\boldsymbol{M}),\boldsymbol{B}=g(\boldsymbol{M}),W,W_1,W_2$ 分别是方程 $\boldsymbol{ABx}=\boldsymbol{0},\boldsymbol{Ax}=\boldsymbol{0},\boldsymbol{Bx}=\boldsymbol{0}$ 的解空间.试证:$W=W_1\oplus W_2$.

7. 设 a,b 是两个复数,令 $V_a=\{f(x)\in C[x]\mid f(a)=0\},V_b=\{g(x)\in C[x]\mid g(b)=0\}$,那么 V_a,V_b 都是$C[x]$的子空间,证明:V_a 和 V_b 同构.

第 8 章

线性变换

线性变换是线性函数的推广，是一种非常强大灵活的数学工具，可进行数据处理和分析、建模、控制和优化等，广泛应用于机器学习、图像处理、信号处理、数值计算等领域.

在有限维线性空间中，线性变换和矩阵之间有很自然的联系，通过学习可进一步体会矩阵的重要性. 如无特别声明，本章所考虑的都是某一固定的数域 P 上的线性空间.

8.1 线性变换的定义

集合 M 到自身的映射称为该集合上的一个**变换**，当 M 为线性空间时，我们引入如下线性变换的概念.

定义 1 线性空间 V 的一个变换 σ 称为**线性变换**，如果 $\forall \boldsymbol{\alpha},\boldsymbol{\beta}\in V$，$\forall k\in P$，都有

$$\sigma(\boldsymbol{\alpha}+\boldsymbol{\beta})=\sigma(\boldsymbol{\alpha})+\sigma(\boldsymbol{\beta}),$$
$$\sigma(k\boldsymbol{\alpha})=k\sigma(\boldsymbol{\alpha}). \tag{1}$$

小贴士

定义中条件等价于：$\forall \boldsymbol{\alpha},\boldsymbol{\beta}\in V$，$\forall k,l\in P$，均有 $\sigma(k\boldsymbol{\alpha}+l\boldsymbol{\beta})=k\sigma(\boldsymbol{\alpha})+l\sigma(\boldsymbol{\beta})$.

下面先看几个线性变换的例子.

例 1 在线性空间 $\mathbf{R}^2$ 中，设 $\sigma_\theta(x,y)=(x',y')$ 表示把向量 $\overrightarrow{OP}=(x,y)$ 围绕坐标原点按逆时针方向旋转 θ 角变为 $\overrightarrow{OP'}=(x',y')$ 的变化，公式为 $\begin{pmatrix}x'\\y'\end{pmatrix}=\begin{pmatrix}\cos\theta & -\sin\theta\\ \sin\theta & \cos\theta\end{pmatrix}\begin{pmatrix}x\\y\end{pmatrix}$. 证明：$\sigma_\theta$ 是 $\mathbf{R}^2$ 的一个线性变换.

证明 $\forall \boldsymbol{\alpha},\boldsymbol{\beta}\in\mathbf{R}^2$，$k,l\in\mathbf{R}$，令 $\boldsymbol{\alpha}=(x_1,y_1)$，$\boldsymbol{\beta}=(x_2,y_2)$，则

$$\begin{aligned}\sigma_\theta(k\boldsymbol{\alpha}+l\boldsymbol{\beta})&=\sigma_\theta(kx_1+lx_2,ky_1+ly_2)=\left[\begin{pmatrix}\cos\theta & -\sin\theta\\ \sin\theta & \cos\theta\end{pmatrix}\begin{pmatrix}kx_1+lx_2\\ ky_1+ly_2\end{pmatrix}\right]^{\mathrm{T}}\\&=k\left[\begin{pmatrix}\cos\theta & -\sin\theta\\ \sin\theta & \cos\theta\end{pmatrix}\begin{pmatrix}x_1\\ y_1\end{pmatrix}\right]^{\mathrm{T}}+l\left[\begin{pmatrix}\cos\theta & -\sin\theta\\ \sin\theta & \cos\theta\end{pmatrix}\begin{pmatrix}x_2\\ y_2\end{pmatrix}\right]^{\mathrm{T}}\\&=k\sigma_\theta(\boldsymbol{\alpha})+l\sigma_\theta(\boldsymbol{\beta}),\end{aligned}$$

所以，σ_θ 是 $\mathbf{R}^2$ 的一个线性变换.

例 2 设 V 是线性空间，$k\in P$，定义变换 K：$K(\boldsymbol{\alpha})=k\boldsymbol{\alpha}$，$\forall \boldsymbol{\alpha}\in V$，则 K 是 V 的一个线性变换，称为由数 k 决定的**数乘变换**.

当 $k=1$ 时，称**恒等变换(或单位变换)**，记作 $\boldsymbol{I}$；当 $k=0$ 时，称为零变换，记作 $\mathbf{0}$.

例 3 在线性空间 $P[x]$或者 $P[x]_n$ 中,定义变换 D:$D(f(x))=f'(x)$,$\forall f(x)\in P[x]$,则 D 是 $P[x]$的一个线性变换,称为**微商变换**.

证明 $\forall f(x),g(x)\in P[x],k,l\in P$,有

$$D(kf(x)+lg(x))=(kf(x)+lg(x))'=kf'(x)+lg'(x)$$
$$=k\cdot D(f(x))+l\cdot D(g(x)),$$

所以,D 是线性空间 $P[x]$的一个线性变换.

例 4 在线性空间 $C[a,b]$中,令 $J(f(x))=\int_a^x f(t)\mathrm{d}t$,$\forall f(x)\in C[a,b]$,则 J 是 $C[a,b]$的一个线性变换.

证明 $\forall f(x),g(x)\in C[a,b],k,l\in \mathbf{R}$,有

$$J(kf(x)+lg(x))=\int_a^x(kf(t)+lg(t))\mathrm{d}t=k\int_a^x f(t)\mathrm{d}t+l\int_a^x g(t)\mathrm{d}t$$
$$=k\cdot J(f(x))+l\cdot J(g(x)),$$

所以,J 是线性空间 $C[a,b]$的一个线性变换.

性质 1 设 σ 是 V 的线性变换,则 $\sigma(\mathbf{0})=\mathbf{0}$,$\sigma(-\boldsymbol{\alpha})=-\sigma(\boldsymbol{\alpha})$.

在 $\sigma(k\boldsymbol{\alpha})=k\sigma(\boldsymbol{\alpha})$中,取 $k=0$ 和 1 即证.

性质 2 线性变换保持线性组合关系式不变. 即

若 $\boldsymbol{\beta}=k_1\boldsymbol{\alpha}_1+k_2\boldsymbol{\alpha}_2+\cdots+k_s\boldsymbol{\alpha}_s$,则 $\sigma(\boldsymbol{\beta})=k_1\sigma(\boldsymbol{\alpha}_1)+k_2\sigma(\boldsymbol{\alpha}_2)+\cdots+k_s\sigma(\boldsymbol{\alpha}_s)$.

性质 3 线性变换把线性相关的向量组变成线性相关的向量组.

小贴士

性质 3 的逆命题不成立. 例如零变换,它把任何一个向量组都变成了线性相关的向量组,而原向量组可以线性相关,也可以线性无关.

8.2 线性变换的运算

一、定义

定义 2 设 σ,τ 是线性空间 V 上的两个线性变换,定义它们的和 $\sigma+\tau$ 为

$$(\sigma+\tau)(\boldsymbol{\alpha})=\sigma(\boldsymbol{\alpha})+\tau(\boldsymbol{\alpha})\quad(\alpha\in V).$$

小贴士

线性变换的和还是线性变换. 事实上,$\forall \boldsymbol{\alpha},\boldsymbol{\beta}\in V,k,l\in P$,

$$(\sigma+\tau)(k\boldsymbol{\alpha}+l\boldsymbol{\beta})=\sigma(k\boldsymbol{\alpha}+l\boldsymbol{\beta})+\tau(k\boldsymbol{\alpha}+l\boldsymbol{\beta})=k\sigma(\boldsymbol{\alpha})+l\sigma(\boldsymbol{\beta})+k\tau(\boldsymbol{\alpha})+l\tau(\boldsymbol{\beta})$$
$$=k(\sigma(\boldsymbol{\alpha})+\tau(\boldsymbol{\alpha}))+l(\sigma(\boldsymbol{\beta})+\tau(\boldsymbol{\beta}))=k(\sigma+\tau)(\boldsymbol{\alpha})+l(\sigma+\tau)(\boldsymbol{\beta}).$$

易证线性变换的加法满足交换律与结合律,设 σ,τ,φ 是 V 上的线性变换:

$$\sigma+\tau=\tau+\sigma,\quad \sigma+(\tau+\varphi)=(\sigma+\tau)+\varphi.$$

显然对于加法有 $\sigma+\mathbf{0}=\sigma$,即零变换 $\mathbf{0}$ 与所有线性变换 σ 的和仍等于 σ.

定义 3　设 σ 是线性空间 V 上的线性变换，定义它的负变换 $(-\sigma)$ 为

$$(-\sigma)(\boldsymbol{\alpha})=-\sigma(\boldsymbol{\alpha})\quad(\boldsymbol{\alpha}\in V).$$

小贴士

负变换 $(-\sigma)$ 是线性变换，且有 $\sigma+(-\sigma)=\mathbf{0}$.

定义 4　设 σ 是线性空间 V 上的线性变换，对 $k\in P$，定义数量乘法 $k\sigma$ 为

$$(k\sigma)(\boldsymbol{\alpha})=k\sigma(\boldsymbol{\alpha})\quad(\boldsymbol{\alpha}\in V).$$

小贴士

线性变换的数量乘法仍是线性变换，且满足运算规律（设 $k,l\in P$）：

① $1\sigma=\sigma,(kl)\sigma=k(l\sigma)$；

② $(k+l)\sigma=k\sigma+l\sigma,k(\sigma+\tau)=k\sigma+k\tau$.

线性空间 V 上的全体线性变换所成集合对于线性变换的加法与数量乘法构成数域 P 上的一个线性空间，记作 $L(V)$.

定义 5　设 σ,τ 是 V 上的线性变换，定义它们的乘积 $\sigma\tau$ 为

$$(\sigma\tau)(\boldsymbol{\alpha})=\sigma(\tau(\boldsymbol{\alpha}))\quad(\boldsymbol{\alpha}\in V).$$

小贴士

① 线性变换的乘积仍是线性变换.

② 线性变换的乘积满足如下运算规律（设 σ,τ,φ 是 V 上的线性变换）.

分配律：$\sigma(\tau+\varphi)=\sigma\tau+\sigma\varphi,(\tau+\varphi)\sigma=\tau\sigma+\varphi\sigma$；

结合律：$(\sigma\tau)\varphi=\sigma(\tau\varphi)$.

例 1　在实数域 $\mathbf{R}$ 上的线性空间 $\mathbf{R}[x]$ 中，线性变换

$$D(f(x))=f'(x),\quad J(f(x))=\int_a^x f(t)\mathrm{d}t.$$

证明：乘积 $DJ=\boldsymbol{I}$，但 $JD\neq\boldsymbol{I}$.

证明　$\forall f(x)\in\mathbf{R}[x]$，有 $(DJ)(f(x))=D\left(\int_0^x f(t)\mathrm{d}t\right)=f(x)$，故 $DJ=\boldsymbol{I}$；而

$(JD)(f(x))=J(f'(x))=\int_0^x f'(t)\mathrm{d}t=f(x)-f(0)$，故 $JD\neq\boldsymbol{I}$.

由上可知，线性变换的乘法一般是不可交换的. 但对于任意线性变换 σ，都有

$$\boldsymbol{I}\sigma=\sigma\boldsymbol{I}=\sigma.$$

定义 6　线性空间 V 上的变换 σ 称为可逆的，如果存在 V 上的变换 τ，使得

$$\sigma\tau=\tau\sigma=\boldsymbol{I},$$

其中变换 τ 称为 σ 的逆变换，记为 σ^{-1}.

若线性变换 σ 可逆，则其逆变换 σ^{-1} 仍是线性变换. 事实上，对 $\forall\boldsymbol{\alpha},\boldsymbol{\beta}\in V,k,l\in P$，有

$$\begin{aligned}\sigma^{-1}(k\boldsymbol{\alpha}+l\boldsymbol{\beta})&=\sigma^{-1}(k(\sigma\sigma^{-1})(\boldsymbol{\alpha})+l(\sigma\sigma^{-1})(\boldsymbol{\beta}))=\sigma^{-1}(\sigma(k\sigma^{-1}(\boldsymbol{\alpha}))+\sigma(l\sigma^{-1}(\boldsymbol{\beta})))\\&=\sigma^{-1}(\sigma(k\sigma^{-1}(\boldsymbol{\alpha})+l\sigma^{-1}(\boldsymbol{\beta})))=(\sigma^{-1}\sigma)(k\sigma^{-1}(\boldsymbol{\alpha})+l\sigma^{-1}(\boldsymbol{\beta}))\end{aligned}$$

$$=k\sigma^{-1}(\boldsymbol{\alpha})+l\sigma^{-1}(\boldsymbol{\beta}),$$

即 σ^{-1} 是线性变换.

小贴士

① 若 σ,τ 都是可逆的线性变换,则 $\sigma\tau$ 也是可逆的线性变换,$(\sigma\tau)^{-1}=\tau^{-1}\sigma^{-1}$;

② 若 σ 可逆,则对任一非零数 k,$k\sigma$ 也可逆,且 $(k\sigma)^{-1}=k^{-1}\sigma^{-1}$.

二、线性变换的多项式

线性变换 σ 的 n 次幂定义为 n 个 σ 之积,即 $\sigma^n=\overbrace{\sigma\sigma\cdots\sigma}^{n个}$.

我们约定 $\sigma^0=\boldsymbol{I}$. 根据线性变换幂的定义,可以推出指数法则

$$\sigma^{m+n}=\sigma^m\sigma^n,(\sigma^m)^n=\sigma^{mn}\quad(m,n\geqslant 0).$$

当线性变换 σ 可逆时,定义 σ 的负整数幂为 $\sigma^{-n}=(\sigma^{-1})^n$($n$ 是正整数).

这时,指数法则可以推广到负整数幂的情形.

小贴士

线性变换乘积不满足交换律,因而一般有 $(\sigma\tau)^n\neq\sigma^n\tau^n$.

设 $f(x)=a_mx^m+a_{m-1}x^{m-1}+\cdots+a_1x+a_0\in P[x]$,定义 σ 的多项式 $f(\sigma)$ 为

$$f(\sigma)=a_m\sigma^m+a_{m-1}\sigma^{m-1}+\cdots+a_1\sigma+a_0\boldsymbol{I},$$

$f(\sigma)$ 是一线性变换,称为线性变换 σ 的多项式.

小贴士

线性变换的多项式满足如下运算规律. 在 $P[x]$ 中,若

$$h(x)=f(x)+g(x),\quad p(x)=f(x)g(x),$$

则

$$h(\sigma)=f(\sigma)+g(\sigma),\quad p(\sigma)=f(\sigma)g(\sigma).$$

特别地,$f(\sigma)g(\sigma)=g(\sigma)f(\sigma)$,即同一个线性变换的多项式的乘法是可交换的.

例 2 在线性空间 $P[x]_n$ 中,求导变换 $D(f(x))=f'(x)$,考虑平移变换 $L_a:f(x)\to f(x+a)$(其中 $a\in P$)仍是一个线性变换. 根据泰勒展开式

$$f(x+a)=f(x)+af'(x)+\frac{a^2}{2!}f''(x)+\cdots+\frac{a^{n-1}}{(n-1)!}f^{(n-1)}(x),$$

于是 $L_a=\boldsymbol{I}+aD+\frac{a^2}{2!}D^2+\cdots+\frac{a^{n-1}}{(n-1)!}D^{n-1}$ 是线性变换 D 的多项式.

8.3 线性变换的矩阵

本节将在一组基下建立线性变换与矩阵的对应,实现用矩阵的理论来研究线性变换.

一、线性变换与基

设 V 是数域 P 上的 n 维线性空间,$\boldsymbol{\varepsilon}_1,\boldsymbol{\varepsilon}_2,\cdots,\boldsymbol{\varepsilon}_n$ 是 V 的一组基,$\forall\boldsymbol{\xi}\in V$,记

$$\boldsymbol{\xi}=x_1\boldsymbol{\varepsilon}_1+x_2\boldsymbol{\varepsilon}_2+\cdots+x_n\boldsymbol{\varepsilon}_n, \tag{1}$$

其中系数是唯一确定的,它们就是 $\boldsymbol{\xi}$ 在这组基下的坐标. 将线性变换 σ 作用在(1)上,有

$$\sigma(\boldsymbol{\xi})=x_1\sigma(\boldsymbol{\varepsilon}_1)+x_2\sigma(\boldsymbol{\varepsilon}_2)+\cdots+x_n\sigma(\boldsymbol{\varepsilon}_n).$$

由此可知,线性变换完全可由它在一组基下的像唯一确定.

定理 1　设 $\boldsymbol{\varepsilon}_1,\boldsymbol{\varepsilon}_2,\cdots,\boldsymbol{\varepsilon}_n$ 是线性空间 V 的一组基,$\boldsymbol{\alpha}_1,\boldsymbol{\alpha}_2,\cdots,\boldsymbol{\alpha}_n$ 是 V 中任意 n 个向量,则**存在唯一的线性变换 $\boldsymbol{\sigma}$**,使得 $\sigma(\boldsymbol{\varepsilon}_i)=\boldsymbol{\alpha}_i,i=1,2,\cdots,n$.

定理解析

证明　$\forall\boldsymbol{\xi}\in V$,设 $\boldsymbol{\xi}=\sum\limits_{i=1}^{n}x_i\boldsymbol{\varepsilon}_i$,定义 V 上的变换 σ:$\sigma(\boldsymbol{\xi})=\sum\limits_{i=1}^{n}x_i\boldsymbol{\alpha}_i$.

先证变换 σ 是线性的. $\forall\boldsymbol{\beta},\boldsymbol{\gamma}\in V$,设 $\boldsymbol{\beta}=\sum\limits_{i=1}^{n}b_i\boldsymbol{\varepsilon}_i$,$\boldsymbol{\gamma}=\sum\limits_{i=1}^{n}c_i\boldsymbol{\varepsilon}_i$,对 $\forall k\in P$,有

$$\boldsymbol{\beta}+\boldsymbol{\gamma}=\sum_{i=1}^{n}(b_i+c_i)\boldsymbol{\varepsilon}_i,$$

$$k\boldsymbol{\beta}=\sum_{i=1}^{n}kb_i\boldsymbol{\varepsilon}_i.$$

按定义的变换 σ,有

$$\sigma(\boldsymbol{\beta}+\boldsymbol{\gamma})=\sum_{i=1}^{n}(b_i+c_i)\boldsymbol{\alpha}_i=\sum_{i=1}^{n}b_i\boldsymbol{\alpha}_i+\sum_{i=1}^{n}c_i\boldsymbol{\alpha}_i=\sigma(\boldsymbol{\beta})+\sigma(\boldsymbol{\gamma}),$$

$$\sigma(k\boldsymbol{\beta})=\sum_{i=1}^{n}kb_i\boldsymbol{\alpha}_i=k\sum_{i=1}^{n}b_i\boldsymbol{\alpha}_i=k\sigma(\boldsymbol{\beta}),$$

因此,σ 是线性变换.

再证 σ 满足 $\sigma(\boldsymbol{\varepsilon}_i)=\boldsymbol{\alpha}_i$. 因为 $\boldsymbol{\varepsilon}_i=0\boldsymbol{\varepsilon}_1+\cdots+0\boldsymbol{\varepsilon}_{i-1}+1\boldsymbol{\varepsilon}_i+0\boldsymbol{\varepsilon}_{i+1}+\cdots+0\boldsymbol{\varepsilon}_n,i=1,2,\cdots,n$. 所以 $\sigma(\boldsymbol{\varepsilon}_i)=0\boldsymbol{\alpha}_1+\cdots+0\boldsymbol{\alpha}_{i-1}+1\boldsymbol{\alpha}_i+0\boldsymbol{\alpha}_{i+1}+\cdots+0\boldsymbol{\alpha}_n=\boldsymbol{\alpha}_i,i=1,2,\cdots,n$.

最后证唯一性. 若还有 V 的线性变换 τ,满足 $\tau(\boldsymbol{\varepsilon}_i)=\boldsymbol{\alpha}_i,i=1,2,\cdots,n$,则对任一向量 $\boldsymbol{\eta}\in V$,有 $\boldsymbol{\eta}=y_1\boldsymbol{\varepsilon}_1+y_2\boldsymbol{\varepsilon}_2+\cdots+y_n\boldsymbol{\varepsilon}_n$,根据条件有

$$\begin{aligned}\sigma(\boldsymbol{\eta})&=y_1\sigma(\boldsymbol{\varepsilon}_1)+y_2\sigma(\boldsymbol{\varepsilon}_2)+\cdots+y_n\sigma(\boldsymbol{\varepsilon}_n)=y_1\boldsymbol{\alpha}_1+y_2\boldsymbol{\alpha}_2+\cdots+y_n\boldsymbol{\alpha}_n\\&=y_1\tau(\boldsymbol{\varepsilon}_1)+y_2\tau(\boldsymbol{\varepsilon}_2)+\cdots+y_n\tau(\boldsymbol{\varepsilon}_n)=\tau(\boldsymbol{\xi}),\end{aligned}$$

于是 $\sigma=\tau$. ▌

下面我们就可以建立线性变换与矩阵的联系.

二、线性变换与矩阵

定义 7　设 σ 是 V 中的一个线性变换,$\boldsymbol{\varepsilon}_1,\boldsymbol{\varepsilon}_2,\cdots,\boldsymbol{\varepsilon}_n$ 是 V 的一组基,基向量的像可以被

基线性表出,记

$$\begin{cases}\sigma(\boldsymbol{\varepsilon}_1)=a_{11}\boldsymbol{\varepsilon}_1+a_{21}\boldsymbol{\varepsilon}_2+\cdots+a_{n1}\boldsymbol{\varepsilon}_n,\\ \sigma(\boldsymbol{\varepsilon}_2)=a_{12}\boldsymbol{\varepsilon}_1+a_{22}\boldsymbol{\varepsilon}_2+\cdots+a_{n2}\boldsymbol{\varepsilon}_n,\\ \cdots\cdots\cdots\cdots\\ \sigma(\boldsymbol{\varepsilon}_n)=a_{1n}\boldsymbol{\varepsilon}_1+a_{2n}\boldsymbol{\varepsilon}_2+\cdots+a_{nn}\boldsymbol{\varepsilon}_n,\end{cases} \tag{2}$$

或

$$\sigma(\boldsymbol{\varepsilon}_1,\boldsymbol{\varepsilon}_2,\cdots,\boldsymbol{\varepsilon}_n)=(\sigma(\boldsymbol{\varepsilon}_1),\sigma(\boldsymbol{\varepsilon}_2),\cdots,\sigma(\boldsymbol{\varepsilon}_n))=(\boldsymbol{\varepsilon}_1,\boldsymbol{\varepsilon}_2,\cdots,\boldsymbol{\varepsilon}_n)\boldsymbol{A}, \tag{3}$$

其中 $\boldsymbol{A}=\begin{pmatrix}a_{11} & a_{12} & \cdots & a_{1n}\\ a_{21} & a_{22} & \cdots & a_{2n}\\ \vdots & \vdots & & \vdots\\ a_{n1} & a_{n2} & \cdots & a_{nn}\end{pmatrix}$ 称为**线性变换 σ 在基 $\boldsymbol{\varepsilon}_1,\boldsymbol{\varepsilon}_2,\cdots,\boldsymbol{\varepsilon}_n$ 下的矩阵.**

定义 7 表明:在基 $\boldsymbol{\varepsilon}_1,\boldsymbol{\varepsilon}_2,\cdots,\boldsymbol{\varepsilon}_n$ 下,每个线性变换 σ 按式(3)对应于一个 n 阶矩阵 $\boldsymbol{A}$;反之,给定矩阵 $\boldsymbol{A}$,由式(3)可以唯一确定一个线性变换 σ,使 $\sigma(\boldsymbol{\varepsilon}_i)$ 满足式(3).
由此,我们得到了一个 $L(V)$ 到 $P^{n\times n}$ 的映射 $T:\sigma\to\boldsymbol{A}$.

定理 2 T 是从线性空间 $L(V)$ 到 $P^{n\times n}$ 的同构映射.

证明 由定理 1 知 T 是双射. 下证 T 是线性映射. $\forall\sigma,\tau\in L(V)$,有

$$T(\sigma)=\boldsymbol{A}=(a_{ij}),\quad T(\tau)=\boldsymbol{B}=(b_{ij}),$$

即

$$\sigma(\boldsymbol{\varepsilon}_j)=\sum_{i=1}^{n}a_{ij}\boldsymbol{\varepsilon}_i,\tau(\boldsymbol{\varepsilon}_j)=\sum_{i=1}^{n}b_{ij}\boldsymbol{\varepsilon}_i\quad(j=1,2,\cdots,n).$$

于是

$$(\sigma+\tau)(\boldsymbol{\varepsilon}_j)=\sigma(\boldsymbol{\varepsilon}_j)+\tau(\boldsymbol{\varepsilon}_j)=\sum_{i=1}^{n}a_{ij}\boldsymbol{\varepsilon}_i+\sum_{i=1}^{n}b_{ij}\boldsymbol{\varepsilon}_i=\sum_{i=1}^{n}(a_{ij}+b_{ij})\boldsymbol{\varepsilon}_i\quad(j=1,2,\cdots,n).$$

故 $T(\sigma+\tau)=\boldsymbol{A}+\boldsymbol{B}=T(\sigma)+T(\tau)$,同理可得 $\forall\sigma\in L(V),k\in P$,有 $T(k\sigma)=kT(\sigma)$. ▍

同构映射 T 在 $L(V)$ 与 $P^{n\times n}$ 之间双射对应,其重要性表现在它保持运算的对应.

定理 3 设 $\boldsymbol{\varepsilon}_1,\boldsymbol{\varepsilon}_2,\cdots,\boldsymbol{\varepsilon}_n$ 是数域 P 上 n 维线性空间 V 的一组基,在这组基下,每个线性变换按公式(3)对应一个 $n\times n$ 矩阵. 这个对应具有以下的性质:

(1) 线性变换的和对应于矩阵的和;

(2) 线性变换的乘积对应于矩阵的乘积;

(3) 线性变换的数量乘积对应于矩阵的数量乘积;

(4) 可逆的线性变换与可逆矩阵对应,且逆变换对应于逆矩阵.

证明 设 σ,τ 是两个线性变换,它们在基 $\boldsymbol{\varepsilon}_1,\boldsymbol{\varepsilon}_2,\cdots,\boldsymbol{\varepsilon}_n$ 下的矩阵分别是 $\boldsymbol{A},\boldsymbol{B}$,即

$$\sigma(\boldsymbol{\varepsilon}_1,\boldsymbol{\varepsilon}_2,\cdots,\boldsymbol{\varepsilon}_n)=(\boldsymbol{\varepsilon}_1,\boldsymbol{\varepsilon}_2,\cdots,\boldsymbol{\varepsilon}_n)\boldsymbol{A},$$
$$\tau(\boldsymbol{\varepsilon}_1,\boldsymbol{\varepsilon}_2,\cdots,\boldsymbol{\varepsilon}_n)=(\boldsymbol{\varepsilon}_1,\boldsymbol{\varepsilon}_2,\cdots,\boldsymbol{\varepsilon}_n)\boldsymbol{B}.$$

(1) $$\begin{aligned}(\sigma+\tau)(\boldsymbol{\varepsilon}_1,\boldsymbol{\varepsilon}_2,\cdots,\boldsymbol{\varepsilon}_n)&=\sigma(\boldsymbol{\varepsilon}_1,\boldsymbol{\varepsilon}_2,\cdots,\boldsymbol{\varepsilon}_n)+\tau(\boldsymbol{\varepsilon}_1,\boldsymbol{\varepsilon}_2,\cdots,\boldsymbol{\varepsilon}_n)\\&=(\boldsymbol{\varepsilon}_1,\boldsymbol{\varepsilon}_2,\cdots,\boldsymbol{\varepsilon}_n)\boldsymbol{A}+(\boldsymbol{\varepsilon}_1,\boldsymbol{\varepsilon}_2,\cdots,\boldsymbol{\varepsilon}_n)\boldsymbol{B}\\&=(\boldsymbol{\varepsilon}_1,\boldsymbol{\varepsilon}_2,\cdots,\boldsymbol{\varepsilon}_n)(\boldsymbol{A}+\boldsymbol{B}),\end{aligned}$$

故在基 $\boldsymbol{\varepsilon}_1,\boldsymbol{\varepsilon}_2,\cdots,\boldsymbol{\varepsilon}_n$ 下,线性变换 $\sigma+\tau$ 的矩阵是 $\boldsymbol{A}+\boldsymbol{B}$.

(2) $(\sigma\tau)(\boldsymbol{\varepsilon}_1,\boldsymbol{\varepsilon}_2,\cdots,\boldsymbol{\varepsilon}_n)=\sigma(\tau(\boldsymbol{\varepsilon}_1,\boldsymbol{\varepsilon}_2,\cdots,\boldsymbol{\varepsilon}_n))=\sigma((\boldsymbol{\varepsilon}_1,\boldsymbol{\varepsilon}_2,\cdots,\boldsymbol{\varepsilon}_n)\boldsymbol{B})$

$$=(\sigma(\boldsymbol{\varepsilon}_1,\boldsymbol{\varepsilon}_2,\cdots,\boldsymbol{\varepsilon}_n))\boldsymbol{B}=(\boldsymbol{\varepsilon}_1,\boldsymbol{\varepsilon}_2,\cdots,\boldsymbol{\varepsilon}_n)\boldsymbol{AB},$$

故在基 $\boldsymbol{\varepsilon}_1,\boldsymbol{\varepsilon}_2,\cdots,\boldsymbol{\varepsilon}_n$ 下，线性变换 $\sigma\tau$ 的矩阵是 $\boldsymbol{AB}$.

(3) $(k\sigma)(\boldsymbol{\varepsilon}_1,\boldsymbol{\varepsilon}_2,\cdots,\boldsymbol{\varepsilon}_n)=k(\sigma(\boldsymbol{\varepsilon}_1,\boldsymbol{\varepsilon}_2,\cdots,\boldsymbol{\varepsilon}_n))=k((\boldsymbol{\varepsilon}_1,\boldsymbol{\varepsilon}_2,\cdots,\boldsymbol{\varepsilon}_n)\boldsymbol{A})$

$$=(\boldsymbol{\varepsilon}_1,\boldsymbol{\varepsilon}_2,\cdots,\boldsymbol{\varepsilon}_n)k\boldsymbol{A}.$$

故在基 $\boldsymbol{\varepsilon}_1,\boldsymbol{\varepsilon}_2,\cdots,\boldsymbol{\varepsilon}_n$ 下，数量乘积 $k\sigma$ 对应于矩阵的数量乘积 $k\boldsymbol{A}$.

(4) 恒等变换 $\boldsymbol{I}$ 对应于单位矩阵，由 $\sigma\tau=\tau\sigma=\boldsymbol{I}$ 与等式 $\boldsymbol{AB}=\boldsymbol{BA}=\boldsymbol{E}$ 相对应，从而可逆线性变换与可逆矩阵对应，而且逆变换与逆矩阵对应. ▌

三、向量与其像的坐标间的关系

利用线性变换 σ 在一组基下的矩阵，可给出向量 $\boldsymbol{\alpha}$ 与其像 $\sigma(\boldsymbol{\alpha})$ 的坐标间的关系.

定理 4　设线性变换 σ 在基 $\boldsymbol{\varepsilon}_1,\boldsymbol{\varepsilon}_2,\cdots,\boldsymbol{\varepsilon}_n$ 下的矩阵是 $\boldsymbol{A}$，若向量 $\boldsymbol{\xi}$ 与其像 $\sigma(\boldsymbol{\xi})$ 在这组基下的坐标分别是 $(x_1,x_2,\cdots,x_n)^{\mathrm{T}}$ 和 $(y_1,y_2,\cdots,y_n)^{\mathrm{T}}$，则

$$\begin{pmatrix}y_1\\y_2\\\vdots\\y_n\end{pmatrix}=\boldsymbol{A}\begin{pmatrix}x_1\\x_2\\\vdots\\x_n\end{pmatrix}.$$

证明　由假设

$$\boldsymbol{\xi}=x_1\boldsymbol{\varepsilon}_1+x_2\boldsymbol{\varepsilon}_2+\cdots+x_n\boldsymbol{\varepsilon}_n=(\boldsymbol{\varepsilon}_1,\boldsymbol{\varepsilon}_2,\cdots,\boldsymbol{\varepsilon}_n)\begin{pmatrix}x_1\\x_2\\\vdots\\x_n\end{pmatrix},$$

可得

$$\sigma(\boldsymbol{\xi})=(\sigma(\boldsymbol{\varepsilon}_1),\sigma(\boldsymbol{\varepsilon}_2),\cdots,\sigma(\boldsymbol{\varepsilon}_n))\begin{pmatrix}x_1\\x_2\\\vdots\\x_n\end{pmatrix}=(\boldsymbol{\varepsilon}_1,\boldsymbol{\varepsilon}_2,\cdots,\boldsymbol{\varepsilon}_n)\boldsymbol{A}\begin{pmatrix}x_1\\x_2\\\vdots\\x_n\end{pmatrix}.$$

又

$$\sigma(\boldsymbol{\xi})=(\boldsymbol{\varepsilon}_1,\boldsymbol{\varepsilon}_2,\cdots,\boldsymbol{\varepsilon}_n)\begin{pmatrix}y_1\\y_2\\\vdots\\y_n\end{pmatrix},$$

由 $\boldsymbol{\varepsilon}_1,\boldsymbol{\varepsilon}_2,\cdots,\boldsymbol{\varepsilon}_n$ 线性无关，知

$$\begin{pmatrix}y_1\\y_2\\\vdots\\y_n\end{pmatrix}=\boldsymbol{A}\begin{pmatrix}x_1\\x_2\\\vdots\\x_n\end{pmatrix}.$$ ▌

四、同一线性变换在不同基下矩阵间的关系

线性变换 σ 的矩阵依赖于基的选取. 一般说来,随着基的改变,同一个线性变换有不同的矩阵. 下面研究线性变换的矩阵如何随着基的改变而改变.

定理 5 设线性空间 V 中线性变换 σ 在两组基 $\boldsymbol{\varepsilon}_1,\boldsymbol{\varepsilon}_2,\cdots,\boldsymbol{\varepsilon}_n$ 与 $\boldsymbol{\eta}_1,\boldsymbol{\eta}_2,\cdots,\boldsymbol{\eta}_n$ 下的矩阵分别为 $\boldsymbol{A}$ 和 $\boldsymbol{B}$,从基 $\boldsymbol{\varepsilon}_1,\boldsymbol{\varepsilon}_2,\cdots,\boldsymbol{\varepsilon}_n$ 到 $\boldsymbol{\eta}_1,\boldsymbol{\eta}_2,\cdots,\boldsymbol{\eta}_n$ 的过渡矩阵是 $\boldsymbol{X}$,则 $\boldsymbol{B}=\boldsymbol{X}^{-1}\boldsymbol{A}\boldsymbol{X}$.

证明 由假设

$$\sigma(\boldsymbol{\varepsilon}_1,\boldsymbol{\varepsilon}_2,\cdots,\boldsymbol{\varepsilon}_n)=(\boldsymbol{\varepsilon}_1,\boldsymbol{\varepsilon}_2,\cdots,\boldsymbol{\varepsilon}_n)\boldsymbol{A},$$
$$\sigma(\boldsymbol{\eta}_1,\boldsymbol{\eta}_2,\cdots,\boldsymbol{\eta}_n)=(\boldsymbol{\eta}_1,\boldsymbol{\eta}_2,\cdots,\boldsymbol{\eta}_n)\boldsymbol{B},$$
$$(\boldsymbol{\eta}_1,\boldsymbol{\eta}_2,\cdots,\boldsymbol{\eta}_n)=(\boldsymbol{\varepsilon}_1,\boldsymbol{\varepsilon}_2,\cdots,\boldsymbol{\varepsilon}_n)\boldsymbol{X},$$

于是

$$\begin{aligned}\sigma(\boldsymbol{\eta}_1,\boldsymbol{\eta}_2,\cdots,\boldsymbol{\eta}_n)&=\sigma((\boldsymbol{\varepsilon}_1,\boldsymbol{\varepsilon}_2,\cdots,\boldsymbol{\varepsilon}_n)\boldsymbol{X})=(\sigma(\boldsymbol{\varepsilon}_1,\boldsymbol{\varepsilon}_2,\cdots,\boldsymbol{\varepsilon}_n))\boldsymbol{X}\\&=(\boldsymbol{\varepsilon}_1,\boldsymbol{\varepsilon}_2,\cdots,\boldsymbol{\varepsilon}_n)\boldsymbol{A}\boldsymbol{X}=(\boldsymbol{\eta}_1,\boldsymbol{\eta}_2,\cdots,\boldsymbol{\eta}_n)\boldsymbol{X}^{-1}\boldsymbol{A}\boldsymbol{X}.\end{aligned}$$

这表明 σ 在基 $\boldsymbol{\eta}_1,\boldsymbol{\eta}_2,\cdots,\boldsymbol{\eta}_n$ 下的矩阵是 $\boldsymbol{X}^{-1}\boldsymbol{A}\boldsymbol{X}$,故有 $\boldsymbol{B}=\boldsymbol{X}^{-1}\boldsymbol{A}\boldsymbol{X}$. ▎

例 已知 P^3 的线性变换 $\sigma(a,b,c)=(2b+c,a-4b,3a)(\forall(a,b,c)\in P^3)$. 求 σ 在基 $\boldsymbol{\alpha}_1=(1,1,1),\boldsymbol{\alpha}_2=(1,1,0),\boldsymbol{\alpha}_3=(1,0,0)$ 下的矩阵.

解 取 P^3 的自然基 $\boldsymbol{\varepsilon}_1,\boldsymbol{\varepsilon}_2,\boldsymbol{\varepsilon}_3$,有 $\sigma(\boldsymbol{\varepsilon}_1,\boldsymbol{\varepsilon}_2,\boldsymbol{\varepsilon}_3)=(\boldsymbol{\varepsilon}_1,\boldsymbol{\varepsilon}_2,\boldsymbol{\varepsilon}_3)\boldsymbol{A},(\boldsymbol{\alpha}_1,\boldsymbol{\alpha}_2,\boldsymbol{\alpha}_3)=(\boldsymbol{\varepsilon}_1,\boldsymbol{\varepsilon}_2,\boldsymbol{\varepsilon}_3)\boldsymbol{X}$,

其中 $\boldsymbol{A}=\begin{pmatrix}0&2&1\\1&-4&0\\3&0&0\end{pmatrix},\boldsymbol{X}=\begin{pmatrix}1&1&1\\1&1&0\\1&0&0\end{pmatrix}$,则 σ 在基 $\boldsymbol{\alpha}_1,\boldsymbol{\alpha}_2,\boldsymbol{\alpha}_3$ 下的矩阵为

$$\boldsymbol{B}=\boldsymbol{X}^{-1}\boldsymbol{A}\boldsymbol{X}=\begin{pmatrix}0&0&1\\0&1&-1\\1&-1&0\end{pmatrix}\begin{pmatrix}0&2&1\\1&-4&0\\3&0&0\end{pmatrix}\begin{pmatrix}1&1&1\\1&1&0\\1&0&0\end{pmatrix}=\begin{pmatrix}3&3&3\\-6&-6&-2\\6&5&-1\end{pmatrix}.$$

定理 6 线性变换在不同基下所对应的矩阵是相似的;反过来,如果两个矩阵相似,那么它们可以看作同一个线性变换在两组基下所对应的矩阵.

证明 定理 5 证明了前一部分,现在证明后一部分. 设 n 阶矩阵 $\boldsymbol{A}$ 和 $\boldsymbol{B}$ 相似,$\boldsymbol{A}$ 可看作是 n 维线性空间 V 中一个线性变换 σ 在基 $\boldsymbol{\varepsilon}_1,\boldsymbol{\varepsilon}_2,\cdots,\boldsymbol{\varepsilon}_n$ 下的矩阵. 因 $\boldsymbol{B}=\boldsymbol{X}^{-1}\boldsymbol{A}\boldsymbol{X}$,令

$$(\boldsymbol{\eta}_1,\boldsymbol{\eta}_2,\cdots,\boldsymbol{\eta}_n)=(\boldsymbol{\varepsilon}_1,\boldsymbol{\varepsilon}_2,\cdots,\boldsymbol{\varepsilon}_n)\boldsymbol{X},$$

则 $\boldsymbol{\eta}_1,\boldsymbol{\eta}_2,\cdots,\boldsymbol{\eta}_n$ 也是一组基,σ 在这组基下的矩阵就是 $\boldsymbol{B}$. ▎

8.4 线性变换的特征值与特征向量

给定一个线性变换 σ,希望找到一组基,使 σ 在这组基下的矩阵尽可能的简单. 为此,在线性变换中也引入特征值、特征向量的概念.

一、线性变换的特征值

定义 8 设 σ 是线性空间 V 的一个线性变换,如果对于数域 P 中一数 λ,存在一个非零

向量 $\boldsymbol{\xi}$,使得

$$\sigma(\boldsymbol{\xi})=\lambda\boldsymbol{\xi}, \tag{1}$$

那么 λ 称为 σ 的一个特征值,而 $\boldsymbol{\xi}$ 称为 σ 的属于特征值 λ 的一个特征向量.

下面给出求线性变换的特征值和特征向量的方法. 设 V 是数域 P 上的 n 维线性空间,$\boldsymbol{\varepsilon}_1,\boldsymbol{\varepsilon}_2,\cdots,\boldsymbol{\varepsilon}_n$ 是它的一组基,线性变换 σ 在这组基下的矩阵是 $\boldsymbol{A}$. 设 λ 是线性变换的特征值,它的一个特征向量 $\boldsymbol{\xi}$ 在 $\boldsymbol{\varepsilon}_1,\boldsymbol{\varepsilon}_2,\cdots,\boldsymbol{\varepsilon}_n$ 下的坐标是 $(x_1,x_2,\cdots,x_n)^{\mathrm{T}}$,即

$$\sigma(\boldsymbol{\varepsilon}_1,\boldsymbol{\varepsilon}_2,\cdots,\boldsymbol{\varepsilon}_n)=(\boldsymbol{\varepsilon}_1,\boldsymbol{\varepsilon}_2,\cdots,\boldsymbol{\varepsilon}_n)\boldsymbol{A},$$

$$\boldsymbol{\xi}=(\boldsymbol{\varepsilon}_1,\boldsymbol{\varepsilon}_2,\cdots,\boldsymbol{\varepsilon}_n)\begin{pmatrix}x_1\\x_2\\\vdots\\x_n\end{pmatrix},$$

于是

$$\sigma(\boldsymbol{\xi})=(\boldsymbol{\varepsilon}_1,\boldsymbol{\varepsilon}_2,\cdots,\boldsymbol{\varepsilon}_n)\boldsymbol{A}\begin{pmatrix}x_1\\x_2\\\vdots\\x_n\end{pmatrix}=\lambda\boldsymbol{\xi}=(\boldsymbol{\varepsilon}_1,\boldsymbol{\varepsilon}_2,\cdots,\boldsymbol{\varepsilon}_n)\lambda\begin{pmatrix}x_1\\x_2\\\vdots\\x_n\end{pmatrix},$$

因 $\boldsymbol{\varepsilon}_1,\boldsymbol{\varepsilon}_2,\cdots,\boldsymbol{\varepsilon}_n$ 是基,得到坐标之间的等式,即

$$\boldsymbol{A}\begin{pmatrix}x_1\\x_2\\\vdots\\x_n\end{pmatrix}=\lambda\begin{pmatrix}x_1\\x_2\\\vdots\\x_n\end{pmatrix}. \tag{2}$$

这说明特征向量 $\boldsymbol{\xi}$ 的坐标 $(x_1,x_2,\cdots,x_n)^{\mathrm{T}}\triangleq\boldsymbol{x}$ 满足方程组 $\boldsymbol{A}\boldsymbol{x}=\lambda\boldsymbol{x}$. 由于 $\boldsymbol{\xi}\neq\boldsymbol{0}$,所以它的坐标 $\boldsymbol{x}\neq\boldsymbol{0}$,这表明 σ 与其表示矩阵 $\boldsymbol{A}$ 的特征值相同,而特征向量间的关系则是 $\boldsymbol{\xi}=(\boldsymbol{\varepsilon}_1,\boldsymbol{\varepsilon}_2,\cdots,\boldsymbol{\varepsilon}_n)\boldsymbol{x}$.

根据 5.1 节矩阵的特征值与特征向量可得,求线性变换的特征值与特征向量的步骤为:

(1) 在线性空间 V 中取一组基 $\boldsymbol{\varepsilon}_1,\boldsymbol{\varepsilon}_2,\cdots,\boldsymbol{\varepsilon}_n$,写出 σ 在这组基下的矩阵 $\boldsymbol{A}$;

(2) 求 $\boldsymbol{A}$ 的特征多项式 $|\lambda\boldsymbol{E}-\boldsymbol{A}|$ 在数域 P 中全部的根,即为线性变换 σ 的全部特征值;

(3) 对每一个特征值 λ_i,求出齐次线性方程组 $(\lambda_i\boldsymbol{E}-\boldsymbol{A})\boldsymbol{x}=\boldsymbol{0}$ 的一组基础解系,设为 $(c_{11},c_{12},\cdots,c_{1n})^{\mathrm{T}},(c_{21},c_{22},\cdots,c_{2n})^{\mathrm{T}},\cdots,(c_{r1},c_{r2},\cdots,c_{rn})^{\mathrm{T}}$,它们就是矩阵 $\boldsymbol{A}$ 的属于特征值 λ_i 的全部线性无关的特征向量. 令 $\boldsymbol{\eta}_i=\sum\limits_{j=1}^{n}c_{ij}\boldsymbol{\varepsilon}_j$, $i=1,2,\cdots,r$,记

$$\boldsymbol{\xi}=k_1\boldsymbol{\eta}_1+k_2\boldsymbol{\eta}_2+\cdots+k_r\boldsymbol{\eta}_r,$$

其中 $k_1,k_2,\cdots,k_r\in P$ 不全为零,则 $\boldsymbol{\xi}$ 就是 σ 的属于特征值 λ_i 的全部特征向量.

小贴士

与矩阵的特征值理论一样，我们可以平行地建立如下一些重要概念和结论：

① **特征子空间**：设λ为σ的一个特征值，集合$V_\lambda=\{\boldsymbol{\alpha}\mid\sigma(\boldsymbol{\alpha})=\lambda\boldsymbol{\alpha}\}$（$\sigma$的属于特征值$\lambda$的全部特征向量再添上零向量所成的集合）是$V$的子空间，称为$\sigma$的一个特征子空间；

② **特征多项式**：如果线性变换σ在基$\boldsymbol{\varepsilon}_1,\boldsymbol{\varepsilon}_2,\cdots,\boldsymbol{\varepsilon}_n$下的矩阵为$\boldsymbol{A}$，则称$\boldsymbol{A}$的特征多项式$f_{\boldsymbol{A}}(\lambda)=|\lambda\boldsymbol{E}-\boldsymbol{A}|$也为$\sigma$的特征多项式，根据定理5，该定义与基的选取无关；

③ **哈密尔顿-凯莱定理推广**：设σ是有限维空间V的线性变换，$f(\lambda)$是σ的特征多项式，那么$f(\sigma)=\boldsymbol{0}$.

例 1 设线性变换σ在基$\boldsymbol{\varepsilon}_1,\boldsymbol{\varepsilon}_2,\boldsymbol{\varepsilon}_3$下的矩阵为

$$\boldsymbol{A}=\begin{pmatrix}4&6&0\\-3&-5&0\\-3&-6&1\end{pmatrix},$$

求σ的特征值与特征向量.

解 由$f_A(\lambda)=|\lambda\boldsymbol{E}-\boldsymbol{A}|=\begin{vmatrix}\lambda-4&-6&0\\3&\lambda+5&0\\3&6&\lambda-1\end{vmatrix}=(\lambda+2)(\lambda-1)^2=0$，得$\boldsymbol{A}$的特征值为$\lambda_1=-2,\lambda_2=\lambda_3=1$.

把特征值$\lambda_1=-2$代入齐次线性方程组$(-2\boldsymbol{E}-\boldsymbol{A})\boldsymbol{x}=\boldsymbol{0}$，解得基础解系$\boldsymbol{p}_1=(-1,1,1)^{\mathrm{T}}$，因此$\sigma$属于$\lambda_1=-2$的一个线性无关的特征向量为$\boldsymbol{\xi}_1=-\boldsymbol{\varepsilon}_1+\boldsymbol{\varepsilon}_2+\boldsymbol{\varepsilon}_3$，而$\sigma$属于$\lambda_1=-2$的全部特征向量为$k_1\boldsymbol{\xi}_1$，$k_1$是数域$P$中不为零的任意数.

把特征值$\lambda_2=\lambda_3=1$代入齐次线性方程组$(\boldsymbol{E}-\boldsymbol{A})\boldsymbol{x}=\boldsymbol{0}$，解得基础解系

$$\boldsymbol{p}_2=(-2,1,0)^{\mathrm{T}},\quad \boldsymbol{p}_3=(0,0,1)^{\mathrm{T}},$$

因此σ属于$\lambda_2=\lambda_3=1$的两个线性无关的特征向量为$\boldsymbol{\xi}_2=-2\boldsymbol{\varepsilon}_1+\boldsymbol{\varepsilon}_2,\boldsymbol{\xi}_3=\boldsymbol{\varepsilon}_3$，而$\sigma$属于$\lambda_2=\lambda_3=1$的全部特征向量为$k_2\boldsymbol{\xi}_2+k_3\boldsymbol{\xi}_3$，$k_2,k_3$是数域$P$中不全为零的任意数.

二、线性变换的对角化

定义 9 设σ是n维线性空间V上的一个线性变换，如果存在V的一组基，使得σ在这组基下的矩阵为对角矩阵，则称线性变换σ**可对角化**.

设线性变换σ在基$\boldsymbol{\varepsilon}_1,\boldsymbol{\varepsilon}_2,\cdots,\boldsymbol{\varepsilon}_n$下的矩阵为对角矩阵，即

$$\boldsymbol{\Lambda}=\begin{pmatrix}\lambda_1&&&\\&\lambda_2&&\\&&\ddots&\\&&&\lambda_n\end{pmatrix},\tag{3}$$

则有

$$\sigma(\boldsymbol{\varepsilon}_i)=\lambda_i\boldsymbol{\varepsilon}_i\quad(i=1,2,\cdots,n),$$

于是$\boldsymbol{\varepsilon}_1,\boldsymbol{\varepsilon}_2,\cdots,\boldsymbol{\varepsilon}_n$成为$\sigma$的$n$个线性无关的特征向量.

反之，如果σ有n个线性无关的特征向量，设为$\boldsymbol{\varepsilon}_1,\boldsymbol{\varepsilon}_2,\cdots,\boldsymbol{\varepsilon}_n$，取这组向量为$V$的基，那

么在这组基下 σ 的矩阵就是对角矩阵. 此结论表述如下：

定理 7　设 σ 是 n 维线性空间 V 上的一个线性变换，σ 的矩阵在某组基下为对角矩阵的充要条件是 σ 有 n 个线性无关的特征向量.

根据 8.3 节定理 5，线性变换的对角化就是线性变换的矩阵能否相似对角化的问题. 将 5.2 节相关知识平移，有如下一些结论.

推论　如果在 n 维线性空间 V 中，线性变换 σ 的特征多项式在数域 P 上有 n 个不同的特征值，那么 σ 可对角化.

定理 8　设 σ 是 n 维线性空间 V 上的线性变换，λ_0 是 σ 的一个 k 重特征根，V_{λ_0} 是相应的特征子空间，则 $\dim V_{\lambda_0}\leqslant k$.

定义 10　对于线性变换的一个特征值 λ_0，称 $\dim V_{\lambda_0}$ 为 λ_0 的**几何重数**，λ_0 作为 σ 的特征多项式根的重数称为 λ_0 的**代数重数**.

由定理 8 知 λ_0 的几何重数小于等于其代数重数.

根据定理 7 定理 8 及定义 10，得如下定理：

定理 9　设 σ 是数域 P 上 n 维线性空间 V 的线性变换，σ 可对角化的充要条件是 σ 的特征多项式 $f_\sigma(\lambda)$ 的根全在 P 中，且任一特征值的几何重数等于代数重数.

当线性变换 σ 在一组基下的矩阵是对角阵 $\boldsymbol{\Lambda}$，如式(3)所示，σ 的特征多项式为 $f_\sigma(\lambda)=(\lambda-\lambda_1)(\lambda-\lambda_2)\cdots(\lambda-\lambda_n)$，其中主对角线上的元素除排列次序外是唯一确定的，它们正是 σ 的特征多项式全部的根(重根按重数计算).

例 2　续例 1，已经算出线性变换 σ 的特征值是 -2 与 1(二重)，而对应的特征向量 $\boldsymbol{\xi}_1=-\boldsymbol{\varepsilon}_1+\boldsymbol{\varepsilon}_2+\boldsymbol{\varepsilon}_3$，$\boldsymbol{\xi}_2=-2\boldsymbol{\varepsilon}_1+\boldsymbol{\varepsilon}_2$，$\boldsymbol{\xi}_3=\boldsymbol{\varepsilon}_3$，则 σ 在基 $\boldsymbol{\xi}_1,\boldsymbol{\xi}_2,\boldsymbol{\xi}_3$ 下的矩阵为对角矩阵

$$\boldsymbol{\Lambda}=\begin{pmatrix}-2&0&0\\0&1&0\\0&0&1\end{pmatrix}.$$

而 $\boldsymbol{\varepsilon}_1,\boldsymbol{\varepsilon}_2,\boldsymbol{\varepsilon}_3$ 到 $\boldsymbol{\xi}_1,\boldsymbol{\xi}_2,\boldsymbol{\xi}_3$ 的过渡矩阵 $\boldsymbol{X}=\begin{pmatrix}-1&-2&0\\1&1&0\\1&0&1\end{pmatrix}$，且 $\boldsymbol{X}^{-1}\boldsymbol{A}\boldsymbol{X}=\boldsymbol{\Lambda}$.

8.5　线性变换的值域与核

定义 11　设 σ 是 n 维线性空间 V 的一个线性变换，σ 的全体像组成的集合称为 σ 的**值域**，记为 $\sigma(V)$. 被 σ 映为零向量的全体向量组成的集合称为 σ 的**核**，记为 $\sigma^{-1}(\mathbf{0})$.

若用集合的记号，则 $\sigma(V)=\{\sigma(\boldsymbol{\alpha})\mid\boldsymbol{\alpha}\in V\}$，$\sigma^{-1}(\mathbf{0})=\{\boldsymbol{\alpha}\mid\sigma(\boldsymbol{\alpha})=\mathbf{0},\boldsymbol{\alpha}\in V\}$.

定理 10　设 σ 是线性空间 V 的一个线性变换，则 $\sigma(V)$ 与 $\sigma^{-1}(\mathbf{0})$ 都是 V 的子空间.

证明　先证 $\sigma(V)$ 是 V 的子空间，事实上，$\sigma(V)\subseteq V$，$\sigma(V)\neq\varnothing$. $\forall\boldsymbol{\alpha},\boldsymbol{\beta}\in\sigma(V)$，则有 $\boldsymbol{\xi},\boldsymbol{\eta}\in V$，使 $\sigma(\boldsymbol{\xi})=\boldsymbol{\alpha}$，$\sigma(\boldsymbol{\eta})=\boldsymbol{\beta}$，且 $\forall k\in P$，有

$$\boldsymbol{\alpha}+\boldsymbol{\beta}=\sigma(\boldsymbol{\xi})+\sigma(\boldsymbol{\eta})=\sigma(\boldsymbol{\xi}+\boldsymbol{\eta})\in\sigma(V),$$

$$k\boldsymbol{\alpha}=k\sigma(\boldsymbol{\xi})=\sigma(k\boldsymbol{\xi})\in\sigma(V),$$

即 $\sigma(V)$ 对于加法和数乘封闭，从而 $\sigma(V)$ 是 V 的一个子空间.

下证 $\sigma^{-1}(\mathbf{0})$ 是 V 的子空间. 事实上,$\sigma^{-1}(\mathbf{0})\subseteq V$,$\sigma(\mathbf{0})=\mathbf{0}$,有 $\mathbf{0}\in\sigma^{-1}(\mathbf{0})\neq\varnothing$. $\forall\boldsymbol{\xi},\boldsymbol{\eta}\in\sigma^{-1}(\mathbf{0})$,$\forall k\in P$,有 $\sigma(\boldsymbol{\xi})=\sigma(\boldsymbol{\eta})=\mathbf{0}$,于是

$$\sigma(\boldsymbol{\xi}+\boldsymbol{\eta})=\sigma(\boldsymbol{\xi})+\sigma(\boldsymbol{\eta})=\mathbf{0}\Rightarrow\boldsymbol{\xi}+\boldsymbol{\eta}\in\sigma^{-1}(\mathbf{0}),$$

$$\sigma(k\boldsymbol{\xi})=k\sigma(\boldsymbol{\xi})=\mathbf{0},k\in P\Rightarrow k\boldsymbol{\xi}\in\sigma^{-1}(\mathbf{0}),$$

即 $\sigma^{-1}(\mathbf{0})$ 对于加法和数乘封闭,从而 $\sigma^{-1}(\mathbf{0})$ 是 V 的一个子空间. ▎

定义 12 $\sigma(V)$ 的维数称为 σ 的**秩**,$\sigma^{-1}(\mathbf{0})$ 的维数称为 σ 的**零度**.

例 1 在线性空间 $P[x]_n$,令 $D(f(x))=f'(x)$,则 $D(P[x]_n)=P[x]_{n-1}$,$D^{-1}(\mathbf{0})=P$. 即 D 的秩为 $n-1$,D 的零度为 1.

定理 11 设 σ 是 n 维线性空间 V 的线性变换,$\boldsymbol{\varepsilon}_1,\boldsymbol{\varepsilon}_2,\cdots,\boldsymbol{\varepsilon}_n$ 是 V 的一组基,σ 在这组基下的矩阵是 $\boldsymbol{A}$,则有:

(1) $\sigma(V)=L(\sigma(\boldsymbol{\varepsilon}_1),\sigma(\boldsymbol{\varepsilon}_2),\cdots,\sigma(\boldsymbol{\varepsilon}_n))$;

(2) σ 的秩 $=\boldsymbol{A}$ 的秩.

证明 (1) 设 $\forall\boldsymbol{\xi}\in\sigma(V)$,$\exists\boldsymbol{\alpha}=x_1\boldsymbol{\varepsilon}_1+x_2\boldsymbol{\varepsilon}_2+\cdots+x_n\boldsymbol{\varepsilon}_n\in V$,使得

$$\boldsymbol{\xi}=\sigma(\boldsymbol{\alpha})=x_1\sigma(\boldsymbol{\varepsilon}_1)+x_2\sigma(\boldsymbol{\varepsilon}_2)+\cdots+x_n\sigma(\boldsymbol{\varepsilon}_n)\in L(\sigma(\boldsymbol{\varepsilon}_1),\sigma(\boldsymbol{\varepsilon}_2),\cdots,\sigma(\boldsymbol{\varepsilon}_n)),$$

因此 $\sigma(V)\subseteq L(\sigma(\boldsymbol{\varepsilon}_1),\sigma(\boldsymbol{\varepsilon}_2),\cdots,\sigma(\boldsymbol{\varepsilon}_n))$,上式还表明基像组的线性组合还是 σ 的像,于是 $L(\sigma(\boldsymbol{\varepsilon}_1),\sigma(\boldsymbol{\varepsilon}_2),\cdots,\sigma(\boldsymbol{\varepsilon}_n))\subseteq\sigma(V)$. 综上,有 $\sigma(V)=L(\sigma(\boldsymbol{\varepsilon}_1),\sigma(\boldsymbol{\varepsilon}_2),\cdots,\sigma(\boldsymbol{\varepsilon}_n))$.

(2) 根据(1),σ 的秩等于基像组的秩,又 $(\sigma(\boldsymbol{\varepsilon}_1),\sigma(\boldsymbol{\varepsilon}_2),\cdots,\sigma(\boldsymbol{\varepsilon}_n))=(\boldsymbol{\varepsilon}_1,\boldsymbol{\varepsilon}_2,\cdots,\boldsymbol{\varepsilon}_n)\boldsymbol{A}$,矩阵 $\boldsymbol{A}$ 是由基像组的坐标按列排成的. 而且,n 维线性空间 V 中取定一组基后,向量与它的坐标之间的对应就是 V 到 P^n 的一个同构映射. 同构对应保持向量组的一切线性关系,故基像组与它们的坐标组(矩阵 $\boldsymbol{A}$ 的列向量组)有相同的秩. ▎

小贴士

此定理说明线性变换与矩阵之间的对应关系保持秩不变.

定理 12 设 σ 是 n 维线性空间 V 的线性变换,则

$$\sigma\text{ 的秩}+\sigma\text{ 的零度}=n.$$

定理解析

证明 设 σ 的零度等于 r,在 $\sigma^{-1}(\mathbf{0})$ 中取一组基 $\boldsymbol{\varepsilon}_1,\boldsymbol{\varepsilon}_2,\cdots,\boldsymbol{\varepsilon}_r$,并把它扩充为 V 的一组基:$\boldsymbol{\varepsilon}_1,\boldsymbol{\varepsilon}_2,\cdots,\boldsymbol{\varepsilon}_r,\boldsymbol{\varepsilon}_{r+1},\cdots,\boldsymbol{\varepsilon}_n$,由定理 11 中的(1)可知

$$\sigma(V)=L(\sigma(\boldsymbol{\varepsilon}_1),\sigma(\boldsymbol{\varepsilon}_2),\cdots,\sigma(\boldsymbol{\varepsilon}_n))=L(\sigma(\boldsymbol{\varepsilon}_{r+1}),\cdots,\sigma(\boldsymbol{\varepsilon}_n)).$$

下面证明 $\sigma(\boldsymbol{\varepsilon}_{r+1}),\cdots,\sigma(\boldsymbol{\varepsilon}_n)$ 为 $\sigma(V)$ 的一组基,即证明它们线性无关. 设

$$k_{r+1}\sigma(\boldsymbol{\varepsilon}_{r+1})+k_{r+2}\sigma(\boldsymbol{\varepsilon}_{r+2})+\cdots+k_n\sigma(\boldsymbol{\varepsilon}_n)=\mathbf{0},$$

则有

$$\sigma(k_{r+1}\boldsymbol{\varepsilon}_{r+1}+k_{r+2}\boldsymbol{\varepsilon}_{r+2}+\cdots+k_n\boldsymbol{\varepsilon}_n)=\mathbf{0}.$$

令 $\boldsymbol{\xi}=k_{r+1}\boldsymbol{\varepsilon}_{r+1}+k_{r+2}\boldsymbol{\varepsilon}_{r+2}+\cdots+k_n\boldsymbol{\varepsilon}_n$,则有 $\boldsymbol{\xi}\in\sigma^{-1}(\mathbf{0})$,即 $\boldsymbol{\xi}$ 可被 $\boldsymbol{\varepsilon}_1,\boldsymbol{\varepsilon}_2,\cdots,\boldsymbol{\varepsilon}_r$ 线性表出,设

$$\boldsymbol{\xi}=k_1\boldsymbol{\varepsilon}_1+k_2\boldsymbol{\varepsilon}_2+\cdots+k_r\boldsymbol{\varepsilon}_r,$$

于是

$$k_1\boldsymbol{\varepsilon}_1+k_2\boldsymbol{\varepsilon}_2+\cdots+k_r\boldsymbol{\varepsilon}_r-k_{r+1}\boldsymbol{\varepsilon}_{r+1}-k_{r+2}\boldsymbol{\varepsilon}_{r+2}-\cdots-k_n\boldsymbol{\varepsilon}_n=\mathbf{0}.$$

由于 $\boldsymbol{\varepsilon}_1,\boldsymbol{\varepsilon}_2,\cdots,\boldsymbol{\varepsilon}_r,\boldsymbol{\varepsilon}_{r+1},\cdots,\boldsymbol{\varepsilon}_n$ 是 V 的一组基，所以 $k_1=k_2=\cdots=k_n=0$，故 $\sigma(\boldsymbol{\varepsilon}_{r+1}),\cdots,\sigma(\boldsymbol{\varepsilon}_n)$ 线性无关，为 $\sigma(V)$ 的一组基，所以 $\dim\sigma(V)=n-r$.

因此 $\dim\sigma(V)+\dim\sigma^{-1}(\mathbf{0})=n$. ▌

小贴士

虽然 $\dim\sigma(V)+\dim\sigma^{-1}(\mathbf{0})=n$，但 $\sigma(V)+\sigma^{-1}(\mathbf{0})$ 未必等于 V，比如例 1，$D(P[x]_n)+D^{-1}(\mathbf{0})=P[x]_{n-1}\neq P[x]_n$.

推论 1　n 维线性空间 V 的线性变换 σ 是单射的充要条件为 σ 是满射.

证明　根据定理 12 有，σ 是单射 $\Leftrightarrow\sigma^{-1}(\mathbf{0})=\{\mathbf{0}\}\Leftrightarrow\sigma(V)=V\Leftrightarrow\sigma$ 是满射. ▌

推论 2　n 维线性空间 V 的线性变换 σ 可逆的充要条件为它是单射或满射.

例 2　已知 P^3 的线性变换 $\sigma(a,b,c)=(a+2b-c,b+c,a+b-2c)$，求 $\sigma(V)$ 与 $\sigma^{-1}(\mathbf{0})$ 的基与维数.

解　取 P^3 的自然基 $\boldsymbol{\varepsilon}_1,\boldsymbol{\varepsilon}_2,\boldsymbol{\varepsilon}_3$，$\sigma$ 在基 $\boldsymbol{\varepsilon}_1,\boldsymbol{\varepsilon}_2,\boldsymbol{\varepsilon}_3$ 下的矩阵 $\boldsymbol{A}=\begin{pmatrix}1&2&-1\\0&1&1\\1&1&-2\end{pmatrix}$，可求得 $R(\boldsymbol{A})=2$，且 $(1,0,1)^{\mathrm{T}},(2,1,1)^{\mathrm{T}}$ 是 $\boldsymbol{A}$ 的列向量组的极大无关组，故 $\dim\sigma(V)=2$，$\sigma(\boldsymbol{\varepsilon}_1)=\boldsymbol{\varepsilon}_1+\boldsymbol{\varepsilon}_3=(1,0,1)$，$\sigma(\boldsymbol{\varepsilon}_2)=2\boldsymbol{\varepsilon}_1+\boldsymbol{\varepsilon}_2+\boldsymbol{\varepsilon}_3=(2,1,1)$ 是 $\sigma(V)$ 的一组基.

求解 $\boldsymbol{Ax}=\mathbf{0}$ 得基础解系 $(3,-1,1)^{\mathrm{T}}$，故 $\dim\sigma^{-1}(\mathbf{0})=1$，且 $3\boldsymbol{\varepsilon}_1-\boldsymbol{\varepsilon}_2+\boldsymbol{\varepsilon}_3=(3,-1,1)$ 是 $\sigma^{-1}(\mathbf{0})$ 的一组基.

8.6　不变子空间

本节介绍由线性变换决定的一类子空间——不变子空间，并利用不变子空间的概念来研究线性变换矩阵的化简问题.

一、概念

定义 13　设 σ 是线性空间 V 的线性变换，W 是 V 的子空间，如果 W 中的向量在 σ 下的像仍在 W 中，即 $\forall\boldsymbol{\xi}\in V$，有 $\sigma(\boldsymbol{\xi})\in W$（或 $\sigma(W)\subseteq W$），则称 W 是 σ 的**不变子空间**，简称 **σ-子空间**.

小贴士

① 对 V 上的任意线性变换 σ，零空间 $\{\mathbf{0}\}$ 和 V 都是 σ-子空间.

② 线性变换 σ 的值域 $\sigma(V)$ 与核 $\sigma^{-1}(\mathbf{0})$ 都是 σ-子空间.

③ 任何一个子空间都是数乘变换的不变子空间.

例　若线性变换 σ 与 τ 可交换，即 $\sigma\tau=\tau\sigma$，证明：$\tau(V)$ 与 $\tau^{-1}(\mathbf{0})$ 都是 σ-子空间.

证明　$\forall\boldsymbol{\xi}\in\tau(V)$，存在 $\boldsymbol{\alpha}\in V$，使得 $\boldsymbol{\xi}=\tau(\boldsymbol{\alpha})$，则

$$\sigma(\boldsymbol{\xi})=\sigma(\tau(\boldsymbol{\alpha}))=\sigma\tau(\boldsymbol{\alpha})=\tau\sigma(\boldsymbol{\alpha})=\tau(\sigma(\boldsymbol{\alpha}))\in\tau(V),$$

故 $\tau(V)$ 是 σ-子空间. $\forall\boldsymbol{\eta}\in\tau^{-1}(\mathbf{0})$，有

$$\tau(\sigma(\boldsymbol{\eta}))=\tau\sigma(\boldsymbol{\eta})=\sigma\tau(\boldsymbol{\eta})=\sigma(\mathbf{0})=\mathbf{0},$$

于是 $\sigma(\boldsymbol{\eta})\in\tau^{-1}(\mathbf{0})$，故 $\tau^{-1}(\mathbf{0})$ 是 σ-子空间.

小贴士

因为 σ 的多项式 $f(\sigma)$ 和 σ 是可交换的，所以 $f(\sigma)$ 的核与值域都是 σ-子空间.

性质 1 σ-子空间的交与和仍是 σ-子空间.

性质 2 设 $W=L(\boldsymbol{\alpha}_1,\boldsymbol{\alpha}_2,\cdots,\boldsymbol{\alpha}_s)$，则 W 是 σ-子空间的充要条件是 $\sigma(\boldsymbol{\alpha}_1),\sigma(\boldsymbol{\alpha}_2),\cdots,\sigma(\boldsymbol{\alpha}_s)\in W$.

证明 必要性是显然的. 下面证明充分性. 任取 $\boldsymbol{\xi}\in W$，设 $\boldsymbol{\xi}=k_1\boldsymbol{\alpha}_1+k_2\boldsymbol{\alpha}_2+\cdots+k_s\boldsymbol{\alpha}_s$，则有

$$\sigma(\boldsymbol{\xi})=k_1\sigma(\boldsymbol{\alpha}_1)+k_2\sigma(\boldsymbol{\alpha}_2)+\cdots+k_s\sigma(\boldsymbol{\alpha}_s).$$

因为 $\sigma(\boldsymbol{\alpha}_1),\sigma(\boldsymbol{\alpha}_2),\cdots,\sigma(\boldsymbol{\alpha}_s)\in W$，所以 $\sigma(\boldsymbol{\xi})\in W$，故 W 是 σ-子空间. ▎

性质 3 由 σ 的特征向量生成的子空间是 σ-子空间.

证明 设 $\boldsymbol{\alpha}_1,\boldsymbol{\alpha}_2,\cdots,\boldsymbol{\alpha}_s$ 是 σ 的分别属于特征值 $\lambda_1,\lambda_2,\cdots,\lambda_s$ 的特征向量. $\forall\boldsymbol{\xi}\in L(\boldsymbol{\alpha}_1,\boldsymbol{\alpha}_2,\cdots,\boldsymbol{\alpha}_s)$，设 $\boldsymbol{\xi}=k_1\boldsymbol{\alpha}_1+k_2\boldsymbol{\alpha}_2+\cdots+k_s\boldsymbol{\alpha}_s$，则

$$\sigma(\boldsymbol{\xi})=k_1\lambda_1\boldsymbol{\alpha}_1+k_2\lambda_2\boldsymbol{\alpha}_2+\cdots+k_s\lambda_s\boldsymbol{\alpha}_s\in L(\boldsymbol{\alpha}_1,\boldsymbol{\alpha}_2,\cdots,\boldsymbol{\alpha}_s),$$

所以 $L(\boldsymbol{\alpha}_1,\boldsymbol{\alpha}_2,\cdots,\boldsymbol{\alpha}_s)$ 是 σ-子空间. ▎

小贴士

当 $s=1$ 时，线性变换的特征子空间 V_{λ_0} 是 σ-子空间.

二、不变子空间与线性变换的矩阵化简

设 σ 是线性空间 V 的线性变换，W 是 σ-子空间. 由于 W 中向量在 σ 下的像仍在 W 中，故只需在不变子空间 W 中考虑 σ，即把 σ 看成是 W 的一个线性变换.

定义 14 设 σ 是线性空间 V 的线性变换，W 是 σ-子空间. 把 σ 限制在 W 上，则 σ 在 W 上定义了一个线性变换，称由 **σ 在 W 上诱导的变换**，或 **σ 在 W 上的限制**，记为 $\sigma|_W$.

小贴士

① 当 $\boldsymbol{\xi}\in W$ 时，$\sigma|_W(\boldsymbol{\xi})=\sigma(\boldsymbol{\xi})$；当 $\boldsymbol{\xi}\notin W$ 时，$\sigma|_W(\boldsymbol{\xi})$ 没有意义.

② 将 σ 限制在 $\sigma^{-1}(\mathbf{0})$ 上是零变换，即 $\sigma|_{\sigma^{-1}(\mathbf{0})}=\mathbf{0}$.

定理 13 设 σ 是 n 维线性空间 V 的线性变换，W 是 V 的 σ-子空间. 在 W 中取一组基 $\boldsymbol{\varepsilon}_1,\boldsymbol{\varepsilon}_2,\cdots,\boldsymbol{\varepsilon}_k$，并且把它扩充成 V 的一组基

$$\boldsymbol{\varepsilon}_1,\boldsymbol{\varepsilon}_2,\cdots,\boldsymbol{\varepsilon}_k,\boldsymbol{\varepsilon}_{k+1},\cdots,\boldsymbol{\varepsilon}_n, \tag{1}$$

则 σ 在这组基下的矩阵就具有下列形状

$$\begin{pmatrix} a_{11} & \cdots & a_{1k} & a_{1,k+1} & \cdots & a_{1n} \\ \vdots & & \vdots & \vdots & & \vdots \\ a_{k1} & \cdots & a_{kk} & a_{k,k+1} & \cdots & a_{kn} \\ 0 & \cdots & 0 & a_{k+1,k+1} & \cdots & a_{k+1,n} \\ \vdots & & \vdots & \vdots & & \vdots \\ 0 & \cdots & 0 & a_{n,k+1} & \cdots & a_{n,n} \end{pmatrix}=\begin{pmatrix} \boldsymbol{A}_1 & \boldsymbol{A}_3 \\ \boldsymbol{O} & \boldsymbol{A}_2 \end{pmatrix}, \tag{2}$$

并且左上角的 k 阶矩阵 $\boldsymbol{A}_1$ 就是 $\sigma|_W$ 在 W 的基 $\boldsymbol{\varepsilon}_1,\boldsymbol{\varepsilon}_2,\cdots,\boldsymbol{\varepsilon}_k$ 下的矩阵. 反之,如果 σ 在基(1)下的矩阵是(2),则由 $\boldsymbol{\varepsilon}_1,\boldsymbol{\varepsilon}_2,\cdots,\boldsymbol{\varepsilon}_k$ 生成的子空间 W 必为 σ-子空间.

证明　因为 W 是 σ-子空间,所以 $\sigma(\boldsymbol{\varepsilon}_1),\sigma(\boldsymbol{\varepsilon}_2),\cdots,\sigma(\boldsymbol{\varepsilon}_k)$ 仍在 W 中,可以由 W 的基 $\boldsymbol{\varepsilon}_1,\boldsymbol{\varepsilon}_2,\cdots,\boldsymbol{\varepsilon}_k$ 线性表示,即有

$$\begin{cases}\sigma(\boldsymbol{\varepsilon}_1)=a_{11}\boldsymbol{\varepsilon}_1+a_{21}\boldsymbol{\varepsilon}_2+\cdots+a_{k1}\boldsymbol{\varepsilon}_k,\\ \sigma(\boldsymbol{\varepsilon}_2)=a_{12}\boldsymbol{\varepsilon}_1+a_{22}\boldsymbol{\varepsilon}_2+\cdots+a_{k2}\boldsymbol{\varepsilon}_k,\\ \cdots\cdots\cdots\cdots\\ \sigma(\boldsymbol{\varepsilon}_k)=a_{1k}\boldsymbol{\varepsilon}_1+a_{2k}\boldsymbol{\varepsilon}_2+\cdots+a_{kk}\boldsymbol{\varepsilon}_k.\end{cases}$$

从而 σ 在基(1)下的矩阵具有形状(2),$\sigma|_W$ 在 W 的基 $\boldsymbol{\varepsilon}_1,\boldsymbol{\varepsilon}_2,\cdots,\boldsymbol{\varepsilon}_k$ 下的矩阵是 $\boldsymbol{A}_1$. 反之,由式(2)知,$\sigma(\boldsymbol{\varepsilon}_i)\in L(\boldsymbol{\varepsilon}_1,\boldsymbol{\varepsilon}_2,\cdots,\boldsymbol{\varepsilon}_k)=W(i=1,2,\cdots,k)$,根据性质 2 有 W 必为 σ-子空间. ▎

推论　设 V 分解成若干个 σ-子空间的直和

$$V=W_1\oplus W_2\oplus\cdots\oplus W_s,$$

在每一个 σ-子空间 W_i 中取基

$$\boldsymbol{\varepsilon}_{i1},\boldsymbol{\varepsilon}_{i2},\cdots,\boldsymbol{\varepsilon}_{in_i}\quad(i=1,2,\cdots,s),\tag{3}$$

把它们合并成为 V 的一组基,则在这组基下,σ 的矩阵为准对角阵

$$\begin{pmatrix}\boldsymbol{A}_1&&&\\&\boldsymbol{A}_2&&\\&&\ddots&\\&&&\boldsymbol{A}_s\end{pmatrix}.\tag{4}$$

其中 $\boldsymbol{A}_i(i=1,2,\cdots,s)$ 就是 $\sigma|_{W_i}$ 在基(3)下的矩阵.

反之,如果线性变换 σ 在基 $\boldsymbol{\varepsilon}_{11},\cdots,\boldsymbol{\varepsilon}_{1n_1},\boldsymbol{\varepsilon}_{21},\cdots,\boldsymbol{\varepsilon}_{2n_2},\cdots,\boldsymbol{\varepsilon}_{s1},\cdots,\boldsymbol{\varepsilon}_{sn_s}$ 下的矩阵是准对角矩阵(4),则由基(3)生成的子空间 W_i 是 σ-子空间.

可见,线性变换矩阵的化简等同于空间的不变子空间直和分解. 应用哈密尔顿-凯莱定理,可以将空间 V 按特征值分解成不变子空间的直和. 下面不加证明地给出如下定理:

定理 14　设线性变换 σ 的特征多项式为 $f(\lambda)$,且 $f(\lambda)$ 可以分解为一次因式的乘积

$$f(\lambda)=(\lambda-\lambda_1)^{r_1}(\lambda-\lambda_2)^{r_2}\cdots(\lambda-\lambda_s)^{r_s},$$

则 V 可以分解成不变子空间的直和 $V=V_1\oplus V_2\oplus\cdots\oplus V_s$,其中 $V_i=\{\boldsymbol{\xi}\mid(\lambda_i\boldsymbol{I}-\sigma)^{r_i}\boldsymbol{\xi}=\boldsymbol{0},\boldsymbol{\xi}\in V\}$.

8.7　若尔当(Jordan)标准形

本节讨论,在适当选择的基下,一般的线性变换能将它的矩阵化简成什么形状? 我们的讨论限制在复数域中.

定义 15　形式为

$$\boldsymbol{J}(\lambda,k)=\begin{pmatrix}\lambda&0&\cdots&0&0&0\\1&\lambda&\cdots&0&0&0\\\vdots&\vdots&&\vdots&\vdots&\vdots\\0&0&\cdots&1&\lambda&0\\0&0&\cdots&0&1&\lambda\end{pmatrix}_{k\times k}$$

的矩阵称为若尔当块,其中 λ 为复数.由若干若尔当块组成的准对角矩阵

$$\boldsymbol{A}=\begin{pmatrix}\boldsymbol{J}(\lambda_1,k_1) & & & \\ & \boldsymbol{J}(\lambda_2,k_2) & & \\ & & \ddots & \\ & & & \boldsymbol{J}(\lambda_s,k_s)\end{pmatrix}$$

称为**若尔当形矩阵**,其中 $\lambda_1,\lambda_2,\cdots,\lambda_s$ 为复数,有一些可以相同.

例如 $\boldsymbol{J}(2,3)=\begin{pmatrix}2 & & \\ 1 & 2 & \\ & 1 & 2\end{pmatrix}$,$\boldsymbol{J}(\mathrm{i},2)=\begin{pmatrix}\mathrm{i} & 0\\ 1 & \mathrm{i}\end{pmatrix}$都是若尔当块.矩阵

$$\begin{pmatrix}\boldsymbol{J}(4,1) & \\ & \boldsymbol{J}(-\mathrm{i},3)\end{pmatrix}=\begin{pmatrix}4 & 0 & 0 & 0\\ 0 & -\mathrm{i} & 0 & 0\\ 0 & 1 & -\mathrm{i} & 0\\ 0 & 0 & 1 & -\mathrm{i}\end{pmatrix}$$

是若尔当形矩阵.

小贴士

一阶若尔当块就是一阶矩阵,从而对角矩阵都是若尔当形矩阵.

定理 15 设 σ 是复数域 $\mathbf{C}$ 上 n 维线性空间 V 的一个线性变换,则在 V 中必存在一组基,使得 σ 在这组基下的矩阵是若尔当形矩阵,并且除若尔当块的排列次序外,该若尔当形由 σ 唯一决定,称为 σ 的**若尔当标准形**.

(证明见 9.6 节)该定理用矩阵语言表述如下.

定理 15′ 任一 n 阶复矩阵 $\boldsymbol{A}$ 总与某一若尔当形矩阵相似,并且除若尔当块的排列次序外,该若尔当形矩阵由矩阵 $\boldsymbol{A}$ 唯一决定,称为矩阵 $\boldsymbol{A}$ 的**若尔当标准形**.

用定理计算矩阵的若尔当形并不方便,甚至也难于判断两个 n 阶矩阵何时相似.这些问题将留待下一章中用 λ-矩阵来解决.因为若尔当形矩阵是三角形矩阵,故线性变换的若尔当标准形中主对角线上的元素是此线性变换的特征多项式的全部根(重根按重数计算).

知识脉络　范例解析　测一测　小百科

习 题

1. 判别下列变换哪些是线性变换.

(1) 在线性空间 V 中,$\sigma(\boldsymbol{\xi})=\boldsymbol{\xi}+\boldsymbol{\alpha}$,其中 $\boldsymbol{\alpha}\in V$ 是一固定的非零向量;

(2) 在 P^3 中,$\sigma(\boldsymbol{x}_1,\boldsymbol{x}_2,\boldsymbol{x}_3)=(2\boldsymbol{x}_1,\boldsymbol{x}_2,\boldsymbol{x}_2-\boldsymbol{x}_3)$;

(3) 在 $P[x]_n$ 中，$\sigma(p(x))=xp(x)$；

(4) 在 $P^{n\times n}$ 中，$\sigma(\boldsymbol{X})=\boldsymbol{AX}$，$\boldsymbol{A}\in P^{n\times n}$ 固定.

2. 在 $P[x]$ 中，$\sigma(f(x))=f'(x)$，$\tau(f(x))=xf(x)$，证明：$\sigma\tau-\tau\sigma=\boldsymbol{I}$.

3. 设 σ,τ 是线性变换，如果 $\sigma\tau-\tau\sigma=\boldsymbol{I}$，证明：$\sigma^k\tau-\tau\sigma^k=k\sigma^{k-1}$，$k>1$.

4. 设 σ 是 n 维线性空间 V 的线性变换，$\sigma^3=2\boldsymbol{I}$，$\tau=\sigma^2-2\sigma+2\boldsymbol{I}$，证明：$\sigma,\tau$ 都是可逆变换.

5. 在 $\mathbf{R}^3$ 中，定义线性变换 $\sigma(x_1,x_2,x_3)=(x_1,x_1+2x_2,x_2-x_3)$，求：

(1) σ 在自然基 $\boldsymbol{\varepsilon}_1,\boldsymbol{\varepsilon}_2,\boldsymbol{\varepsilon}_3$ 下的矩阵；

(2) σ 在基 $\boldsymbol{\eta}_1,\boldsymbol{\eta}_2,\boldsymbol{\eta}_3$ 下的矩阵，其中：$\boldsymbol{\eta}_1=(1,1,1)$，$\boldsymbol{\eta}_2=(0,1,1)$，$\boldsymbol{\eta}_3=(0,0,1)$.

6. 已知 $P^{2\times 2}$ 的线性变换 σ 在基 $\boldsymbol{A}_1=\begin{pmatrix}1&0\\0&1\end{pmatrix}$，$\boldsymbol{A}_2=\begin{pmatrix}0&1\\1&0\end{pmatrix}$，$\boldsymbol{A}_3=\begin{pmatrix}0&-\mathrm{i}\\\mathrm{i}&0\end{pmatrix}$，$\boldsymbol{A}_4=\begin{pmatrix}1&0\\0&-1\end{pmatrix}$ 下的矩阵为 $\boldsymbol{F}=\begin{pmatrix}0&0&0&1\\0&0&1&0\\0&1&0&0\\1&0&0&0\end{pmatrix}$，求 σ 在基 $\boldsymbol{E}_{11}=\begin{pmatrix}1&0\\0&0\end{pmatrix}$，$\boldsymbol{E}_{12}=\begin{pmatrix}0&1\\0&0\end{pmatrix}$，$\boldsymbol{E}_{21}=\begin{pmatrix}0&0\\1&0\end{pmatrix}$，$\boldsymbol{E}_{22}=\begin{pmatrix}0&0\\0&1\end{pmatrix}$ 下的矩阵.

7. 已知 $\mathbf{R}^3$ 的两组基(Ⅰ)$\boldsymbol{\alpha}_1,\boldsymbol{\alpha}_2,\boldsymbol{\alpha}_3$ 和基(Ⅱ)$\boldsymbol{\beta}_1=\boldsymbol{\alpha}_1-\boldsymbol{\alpha}_3$，$\boldsymbol{\beta}_2=-\boldsymbol{\alpha}_2$，$\boldsymbol{\beta}_3=\boldsymbol{\alpha}_1+\boldsymbol{\alpha}_3$，又 $\mathbf{R}^3$ 的线性变换 σ 满足 $\sigma(\boldsymbol{\alpha}_1+2\boldsymbol{\alpha}_2+3\boldsymbol{\alpha}_3)=\boldsymbol{\beta}_1+\boldsymbol{\beta}_2$，$\sigma(2\boldsymbol{\alpha}_1+\boldsymbol{\alpha}_2+2\boldsymbol{\alpha}_3)=\boldsymbol{\beta}_2+\boldsymbol{\beta}_3$，$\sigma(\boldsymbol{\alpha}_1+3\boldsymbol{\alpha}_2+4\boldsymbol{\alpha}_3)=\boldsymbol{\beta}_1+\boldsymbol{\beta}_3$，求：

(1) σ 在基(Ⅱ)下的矩阵；

(2) $\sigma(\boldsymbol{\beta}_1)$ 在基(Ⅰ)下的坐标.

8. 设 $\mathbf{R}^2$ 中线性变换 σ 在基 $\boldsymbol{\alpha}_1=(1,2)$，$\boldsymbol{\alpha}_2=(2,1)$ 下的矩阵是 $\begin{pmatrix}1&2\\2&3\end{pmatrix}$，线性变换 τ 在基 $\boldsymbol{\beta}_1=(1,1)$，$\boldsymbol{\beta}_2=(1,2)$ 下的矩阵是 $\begin{pmatrix}3&3\\2&4\end{pmatrix}$.

(1) 求 $\sigma+\tau$ 在基 $\boldsymbol{\beta}_1,\boldsymbol{\beta}_2$ 下的矩阵；

(2) 求 $\sigma\tau$ 在基 $\boldsymbol{\alpha}_1,\boldsymbol{\alpha}_2$ 下的矩阵；

(3) 设 $\boldsymbol{\xi}=(3,3)$，求 $\sigma(\boldsymbol{\xi})$ 在基 $\boldsymbol{\alpha}_1,\boldsymbol{\alpha}_2$ 下的坐标；

(4) 求 $\tau(\boldsymbol{\xi})$ 在基 $\boldsymbol{\beta}_1,\boldsymbol{\beta}_2$ 下的坐标.

9. 设 σ 是数域 P 上 n 维线性空间 V 的线性变换，如果 $\sigma^{n-1}\boldsymbol{\varepsilon}\neq\boldsymbol{0}$，但 $\sigma^n\boldsymbol{\varepsilon}=\boldsymbol{0}$，

(1) 证明：$\boldsymbol{\varepsilon},\sigma\boldsymbol{\varepsilon},\cdots,\sigma^{n-1}\boldsymbol{\varepsilon}$ 是 V 的一组基；

(2) 求 σ 在该组基下的矩阵.

10. 设 $\boldsymbol{\alpha}_1,\boldsymbol{\alpha}_2,\boldsymbol{\alpha}_3$ 为线性空间 V 的一组基，σ 是 V 的线性变换，且

$$\sigma(\boldsymbol{\alpha}_1)=\boldsymbol{\alpha}_1,\sigma(\boldsymbol{\alpha}_2)=\boldsymbol{\alpha}_1+\boldsymbol{\alpha}_2,\sigma(\boldsymbol{\alpha}_3)=\boldsymbol{\alpha}_1+\boldsymbol{\alpha}_2+\boldsymbol{\alpha}_3.$$

(1) 证明：σ 是可逆线性变换；

(2) 求 $2\sigma-\sigma^{-1}$ 在基 $\boldsymbol{\alpha}_1,\boldsymbol{\alpha}_2,\boldsymbol{\alpha}_3$ 下的矩阵.

11. (1) 设 λ_1,λ_2 是线性变换 σ 的两个不同特征值，$\boldsymbol{\varepsilon}_1,\boldsymbol{\varepsilon}_2$ 是分别属于 λ_1,λ_2 的特征向量，证明：$\boldsymbol{\varepsilon}_1+\boldsymbol{\varepsilon}_2$ 不是 σ 的特征向量；

(2) 证明：如果线性空间 V 的线性变换 σ 以 V 中每个非零向量作为它的特征向量，那么

σ 是数乘变换.

12. 求复数域上线性变换空间 V 的线性变换 σ 的特征值与特征向量. 已知 σ 在一组基下的矩阵为

(1) $\boldsymbol{A}=\begin{pmatrix}0&0&1\\0&1&0\\1&0&0\end{pmatrix}$;　　(2) $\boldsymbol{A}=\begin{pmatrix}\mathrm{i}&0&0&0\\-1&\mathrm{i}&0&0\\0&0&-\mathrm{i}&0\\0&0&-1&-\mathrm{i}\end{pmatrix}$

13. 在上题中,哪些变换的矩阵可以在适当的基下化成对角形? 在可以化成对角形的情况下,写出相应的基变换的过渡矩阵 $\boldsymbol{T}$,使 $\boldsymbol{T}^{-1}\boldsymbol{AT}$ 为对角阵.

14. 证明:设 σ 的全部不同的特征值是 $\lambda_1,\lambda_2,\cdots,\lambda_m$,则 σ 在某一组基下的矩阵是对角阵的充要条件是 σ 的特征子空间 $V_{\lambda_1},V_{\lambda_2},\cdots,V_{\lambda_m}$ 的维数之和等于空间的维数.

15. 设 V 是数域 P 上 n 维线性空间,σ 是 V 上的线性变换,且满足 $\sigma^2=\sigma$(幂等变换),证明:

(1) σ 的特征值是 1 和 0;

(2) σ 的特征子空间 $V_1=\sigma(V),V_2=\sigma^{-1}(\mathbf{0})$,且 $V=V_1\oplus V_2$.

16. 设 $\boldsymbol{\varepsilon}_1,\boldsymbol{\varepsilon}_2,\boldsymbol{\varepsilon}_3$ 是三维线性空间 V 的一组基,线性变换 σ 在这组基下的矩阵为 $\boldsymbol{A}$,

$$\boldsymbol{A}=\begin{pmatrix}1&0&2\\2&1&-1\\3&1&1\end{pmatrix}.$$

(1) 求 σ 的核与值域;

(2) 在 σ 的核中选一组基,把它扩充为 V 的一组基,并求 σ 在这组基下的矩阵;

(3) 在 σ 的值域中选一组基,把它扩充为 V 的一组基,并求 σ 在这组基下的矩阵.

17. 已知 $P^{2\times 2}$ 的线性变换 $\sigma(\boldsymbol{X})=\boldsymbol{MX}-\boldsymbol{XM}$,其中 $\boldsymbol{X}\in P^{2\times 2}$,$\boldsymbol{M}=\begin{pmatrix}1&2\\0&3\end{pmatrix}$,求 $\sigma(V)$ 与 $\sigma^{-1}(\mathbf{0})$ 的基与维数.

18. 已知 $P[x]_4$ 的线性变换

$\sigma(a_0+a_1x+a_2x^2+a_3x^3)=(a_0-a_2)+(a_1-a_3)x+(a_2-a_0)x^2+(a_3-a_1)x^3$,

求 $\sigma(V)$ 与 $\sigma^{-1}(\mathbf{0})$ 的基与维数.

19. 设 V 是全体次数不超过 n 的实系数多项式,再添加零多项式组成的实数域上的线性空间,定义 V 的线性变换 $\sigma(f(x))=xf'(x)-f(x)$,$\forall f(x)\in V$.

(1) 求 σ 的值域和核;

(2) 证明:$V=\sigma(V)\oplus\sigma^{-1}(\mathbf{0})$.

20. 设 σ 是 n 维线性空间 V 的线性变换,证明:$\sigma(V)\subseteq\sigma^{-1}(\mathbf{0})\Leftrightarrow\sigma^2=\mathbf{0}$.

21. 设三维线性空间 V 的线性变换在基 $\boldsymbol{\alpha}_1,\boldsymbol{\alpha}_2,\boldsymbol{\alpha}_3$ 下的矩阵为 $\boldsymbol{A}=\begin{pmatrix}1&2&2\\2&1&2\\2&2&1\end{pmatrix}$,证明:$W=L(-\boldsymbol{\alpha}_1+\boldsymbol{\alpha}_2,-\boldsymbol{\alpha}_1+\boldsymbol{\alpha}_3)$ 是 σ 的不变子空间.

22. 若 n 维线性空间 V 的线性变换 σ 有 n 个不同特征值,证明:σ 有 2^n 个不变子空间.

23. 设σ是n维线性空间V的可逆线性变换,V的子空间W是σ的不变子空间,证明:W是σ^{-1}的不变子空间.

24. 设V是复数域上的n维线性空间,σ,τ是V上的线性变换,且$\sigma\tau=\tau\sigma$,证明:

(1) 若λ_0是σ的一个特征值,那么V_{λ_0}是τ的不变子空间;

(2) σ,τ至少有一个公共的特征向量.

25. 已知$P^{2\times 2}$的线性变换$\sigma(\boldsymbol{X})=\boldsymbol{MXN}$,其中$\boldsymbol{X}\in P^{2\times 2}$,$\boldsymbol{M}=\begin{pmatrix}1&0\\1&1\end{pmatrix}$,$\boldsymbol{N}=\begin{pmatrix}1&-1\\-1&1\end{pmatrix}$,求$P^{2\times 2}$的一组基,使$\sigma$在该基下的矩阵为若尔当矩阵.

补充题

1. 设$\lambda_1,\lambda_2,\cdots,\lambda_n$是$n$阶实方阵$\boldsymbol{A}$的全部特征值,但$-\lambda_1,-\lambda_2,\cdots,-\lambda_n$不是$\boldsymbol{A}$的特征值.证明:线性变换$\sigma(\boldsymbol{X})=\boldsymbol{A}^{\mathrm{T}}\boldsymbol{X}+\boldsymbol{XA}$,$\forall \boldsymbol{X}\in\mathbf{R}^{n\times n}$是$\mathbf{R}^{n\times n}$的可逆线性变换.

2. 设V是n维线性空间,证明:V中的任意线性变换都可表示为一个可逆线性变换与一个幂等变换的乘积.

3. 设$\mathbf{R}[x]_5$是由次数小于5的一切实系数一元多项式组成的线性空间,对于$\mathbf{R}[x]_5$中任意$f(x)$,以x^2-1除$f(x)$所得商及余式为$q(x)$和$r(x)$,即$f(x)=q(x)(x^2-1)+r(x)$,设σ是$\mathbf{R}[x]_5$上的变换,使$\sigma(f(x))=r(x)$,证明σ是一个线性变换,并求它在基$1,x,x^2,x^3,x^4$下的矩阵.

4. 已知$P[x]_3$的两组基:

(Ⅰ) $f_1(x)=1+2x^2,f_2(x)=x+2x^2,f_3(x)=1+2x+5x^2$;

(Ⅱ) $g_1(x)=1-x,g_2(x)=1+x^2,g_3(x)=x+2x^2$.

又$P[x]_3$的线性变换σ满足$\sigma(f_1(x))=2+x^2,\sigma(f_2(x))=x,\sigma(f_3(x))=1+x+x^2$.

(1) 求σ在基(Ⅱ)下的矩阵;

(2) 设$f(x)=1+2x+3x^2$,求$\sigma(f(x))$.

5. 设σ,τ是n维空间V的两个线性变换,$\sigma^2=\sigma,\tau^2=\tau,\sigma\tau=\tau\sigma=\mathbf{0}$.证明:$V=W_1\oplus W_2\oplus U$,其中$W_1=\sigma V,W_2=\tau V,U=\sigma^{-1}(\mathbf{0})\cap\tau^{-1}(\mathbf{0})$.

6. 设V是n维线性空间,σ是V上的线性变换.证明:存在V上的线性变换τ,使得$\sigma\tau=\mathbf{0}$,且$\dim\sigma(V)+\dim\tau(V)=n$.

7. 设V是数域P上n维线性空间,V_1,V_2是V的两个子空间,且$V=V_1\oplus V_2$,又设σ是V上的线性变换.证明:σ是可逆线性变换$\Leftrightarrow V=\sigma(V_1)\oplus\sigma(V_2)$.

8. 证明:实数域上的n维线性空间V的任何线性变换σ必有一维或二维不变子空间.

9. 设V是数域P上的n维线性空间,$\boldsymbol{\alpha}_1,\boldsymbol{\alpha}_2,\cdots,\boldsymbol{\alpha}_n$是$V$的一组基,令$V_1=L(\boldsymbol{\alpha}_1+\boldsymbol{\alpha}_2+\cdots+\boldsymbol{\alpha}_n)$,$V_2=\left\{\sum\limits_{i=1}^{n}k_i\boldsymbol{\alpha}_i\ \middle|\ \sum\limits_{i=1}^{n}k_i=0,k_i\in P\right\}$,$V$的线性变换$\sigma$在基$\boldsymbol{\alpha}_1,\boldsymbol{\alpha}_2,\cdots,\boldsymbol{\alpha}_n$下的矩阵$\boldsymbol{A}$是置换矩阵,即$\boldsymbol{A}$的每行每列都有一个元素为1,其余元素为0,证明:$V_1,V_2$都是$\sigma$的不变子空间.

10. 设V是复数域上的n维线性空间,而线性变换σ在基$\boldsymbol{\varepsilon}_1,\boldsymbol{\varepsilon}_2,\cdots,\boldsymbol{\varepsilon}_n$下的矩阵是一若

尔当块.证明：

(1) V 中包含 $\boldsymbol{\varepsilon}_1$ 的 σ-子空间只有 V 自身；

(2) V 中任一非零 σ-子空间都包含 $\boldsymbol{\varepsilon}_n$；

(3) V 不能分解成两个非平凡的 σ-子空间的直和.

第 9 章

λ-矩阵

9.1 λ-矩阵

将矩阵中元素从数域 P 中的数推广为多项式，就得到 λ-矩阵. 通过研究 λ-矩阵的性质、初等变换和标准形等方面的内容，可以更好地理解和应用 λ-矩阵来解决实际问题.

定义 1 设 P 是一个数域，λ 是一个文字，$P[\lambda]$是多项式环，若矩阵 $\boldsymbol{A}$ 的元素是 λ 的多项式，即 $P[\lambda]$中的元素，则称 $\boldsymbol{A}$ 为 **λ-矩阵**，并把 $\boldsymbol{A}$ 写成 $\boldsymbol{A}(\lambda)$.

因为数域 P 中的数也是 $P[\lambda]$中的元素，所以 λ-矩阵中也包括以数为元素的矩阵. 为了与 λ-矩阵相区别，有时把以数域 P 中的数为元素的矩阵称为**数字矩阵**.

说明 ① λ-矩阵也有加法、减法、乘法、数量乘法运算，其定义和运算规律与数字矩阵的运算相同.

② 对于 $n\times n$ 的 λ-矩阵 $\boldsymbol{A}(\lambda)$，同样有行列式 $|\boldsymbol{A}(\lambda)|$，它是一个 λ 的多项式，且有 $|\boldsymbol{A}(\lambda)\boldsymbol{B}(\lambda)|=|\boldsymbol{A}(\lambda)||\boldsymbol{B}(\lambda)|$. 这里 $\boldsymbol{A}(\lambda)$，$\boldsymbol{B}(\lambda)$为同阶 λ-矩阵.

③ λ-矩阵与数字矩阵一样也有子式的概念. λ-矩阵的各阶子式是 λ 的多项式.

定义 2 若 λ-矩阵 $\boldsymbol{A}(\lambda)$中有一个 $r(r\geqslant 1)$ 阶子式不为零，而所有 $r+1$ 阶子式(若存在的话)皆为零，则称 $\boldsymbol{A}(\lambda)$的秩为 r. 规定零矩阵的秩为零.

定义 3 $n\times n$ 的 λ-矩阵 $\boldsymbol{A}(\lambda)$称为可逆的，若有一个 $n\times n$ 的 λ-矩阵 $\boldsymbol{B}(\lambda)$，使

$$\boldsymbol{A}(\lambda)\boldsymbol{B}(\lambda)=\boldsymbol{B}(\lambda)\boldsymbol{A}(\lambda)=\boldsymbol{E},$$

这里 $\boldsymbol{E}$ 是 n 阶单位矩阵. 称 $\boldsymbol{B}(\lambda)$(它是唯一的)为 $\boldsymbol{A}(\lambda)$的逆矩阵，记作 $\boldsymbol{A}^{-1}(\lambda)$.

关于 λ-矩阵可逆的判定有下面定理：

定理 1 $n\times n$ 的 λ-矩阵 $\boldsymbol{A}(\lambda)$可逆的充分必要条件是行列式 $|\boldsymbol{A}(\lambda)|$ 是非零常数.

证明 (必要性)若 $\boldsymbol{A}(\lambda)$可逆，则有 $\boldsymbol{B}(\lambda)$，使

$$\boldsymbol{A}(\lambda)\boldsymbol{B}(\lambda)=\boldsymbol{E}.$$

两边取行列式，得

$$|\boldsymbol{A}(\lambda)\boldsymbol{B}(\lambda)|=|\boldsymbol{A}(\lambda)||\boldsymbol{B}(\lambda)|=|\boldsymbol{E}|=1.$$

所以 $|\boldsymbol{A}(\lambda)|$，$|\boldsymbol{B}(\lambda)|$ 都是零次多项式，即为非零常数.

(充分性)设 $|\boldsymbol{A}(\lambda)|=d$ 是一个非零常数. $\boldsymbol{A}^{*}(\lambda)$为 $\boldsymbol{A}(\lambda)$的伴随矩阵，则

$$\boldsymbol{A}(\lambda)\frac{1}{d}\boldsymbol{A}^{*}(\lambda)=\frac{1}{d}\boldsymbol{A}^{*}(\lambda)\boldsymbol{A}(\lambda)=\boldsymbol{E}.$$

所以 $\boldsymbol{A}(\lambda)$可逆，且 $\boldsymbol{A}^{-1}(\lambda)=\frac{1}{d}\boldsymbol{A}^{*}(\lambda)$. ▍

小贴士

由证明过程知，若 $\boldsymbol{A}(\lambda)$ 可逆，则 $\boldsymbol{A}^{-1}(\lambda)=\dfrac{1}{|\boldsymbol{A}(\lambda)|}\boldsymbol{A}^{*}(\lambda)$.

例 判别下列 λ-矩阵是否可逆：

$$\boldsymbol{A}(\lambda)=\begin{pmatrix}1+\lambda & 3+\lambda\\ \lambda^2+3\lambda & \lambda^2+5\lambda+4\end{pmatrix},\quad \boldsymbol{B}(\lambda)=\begin{pmatrix}1+\lambda & 3+\lambda\\ \lambda^2+3\lambda+2 & \lambda^2+5\lambda+4\end{pmatrix}.$$

解 因为 $|\boldsymbol{A}(\lambda)|=4$，$|\boldsymbol{B}(\lambda)|=-2(1+\lambda)$，所以 $\boldsymbol{A}(\lambda)$ 可逆，$\boldsymbol{B}(\lambda)$ 不可逆.

9.2 λ-矩阵的标准形

数字矩阵有初等变换、初等矩阵，λ-矩阵也引入初等变换、初等矩阵.

定义 4 **λ-矩阵的初等变换**是指下面三种变换：

(1) 矩阵两行(列)互换位置；

(2) 矩阵的某一行(列)乘以非零常数 c；

(3) 矩阵的某一行(列)加另一行(列)的 $\varphi(\lambda)$ 倍，$\varphi(\lambda)$ 是一个多项式.

定义 5 单位矩阵进行一次 λ-矩阵的初等变换所得矩阵称为**λ-矩阵的初等矩阵**.

小贴士

① 全部初等矩阵有三类：

(a) 单位矩阵的第 i 行与第 j 行(或第 i 列与第 j 列)互换位置得初等矩阵

$$\boldsymbol{P}(i,j)=\begin{pmatrix}1&&&&&&&&\\&\ddots&&&&&&&\\&&1&&&&&&\\&&&0&\cdots&1&&&\\&&&&1&&&&\\&&&\vdots&\ddots&\vdots&&&\\&&&&&1&&&\\&&&1&\cdots&0&&&\\&&&&&&1&&\\&&&&&&&\ddots&\\&&&&&&&&1\end{pmatrix}\begin{matrix}\\ \\ \\ i\text{ 行}\\ \\ \\ \\ j\text{ 行}\\ \\ \\ \\ \end{matrix}.$$

(b) 单位矩阵的第 i 行(或第 i 列)乘非零常数 c 得初等矩阵

$$\boldsymbol{P}(i(c))=\begin{pmatrix}1&&&&&&\\&\ddots&&&&&\\&&1&&&&\\&&&c&&&\\&&&&1&&\\&&&&&\ddots&\\&&&&&&1\end{pmatrix}i\text{ 行}.$$

(c) 单位矩阵的第 j 行的 $\varphi(\lambda)$ 倍加到第 i 行(或第 i 列的 $\varphi(\lambda)$ 倍加到第 j 列)得初等矩阵

$$\boldsymbol{P}(i,j(\varphi(\lambda)))=\begin{pmatrix}1&&&&&&\\&\ddots&&&&&\\&&1&\cdots&\varphi(\lambda)&&\\&&&\ddots&\vdots&&\\&&&&1&&\\&&&&&\ddots&\\&&&&&&1\end{pmatrix}\begin{matrix}i\text{ 行}\\ \\ \\ j\text{ 行}\end{matrix}.$$

② 初等矩阵皆可逆,且有

$$\boldsymbol{P}(i,j)^{-1}=\boldsymbol{P}(i,j),$$
$$\boldsymbol{P}(i(c))^{-1}=\boldsymbol{P}\left(i\left(\frac{1}{c}\right)\right),$$
$$\boldsymbol{P}(i,j(\varphi(\lambda)))^{-1}=\boldsymbol{P}(i,j(-\varphi(\lambda))).$$

③ 对一个 $s\times n$ 的λ-矩阵 $\boldsymbol{A}(\lambda)$ 作一次初等行变换就相当于在 $\boldsymbol{A}(\lambda)$ 的左边乘上相应的 $s\times s$ 的初等矩阵;对 $\boldsymbol{A}(\lambda)$ 作一次初等列变换就相当于在 $\boldsymbol{A}(\lambda)$ 的右边乘上相应的 $n\times n$ 初等矩阵.

定义 6 λ-矩阵 $\boldsymbol{A}(\lambda)$ 若能经过一系列初等变换化为λ-矩阵 $\boldsymbol{B}(\lambda)$,则称 $\boldsymbol{A}(\lambda)$ 与 $\boldsymbol{B}(\lambda)$ **等价**,记为 $\boldsymbol{A}(\lambda)\cong\boldsymbol{B}(\lambda)$.

等价是λ-矩阵之间的一种关系,这个关系显然具有下列性质:

(1) 自反性:$\boldsymbol{A}(\lambda)\cong\boldsymbol{A}(\lambda)$.

(2) 对称性:若 $\boldsymbol{A}(\lambda)\cong\boldsymbol{B}(\lambda)$,则 $\boldsymbol{B}(\lambda)\cong\boldsymbol{A}(\lambda)$.

(3) 传递性:若 $\boldsymbol{A}(\lambda)\cong\boldsymbol{B}(\lambda)$,$\boldsymbol{B}(\lambda)\cong\boldsymbol{C}(\lambda)$,则 $\boldsymbol{A}(\lambda)\cong\boldsymbol{C}(\lambda)$.

由初等变换与初等矩阵的关系可知,$\boldsymbol{A}(\lambda)\cong\boldsymbol{B}(\lambda)$ 的充分必要条件是存在一系列初等矩阵 $\boldsymbol{P}_1,\cdots,\boldsymbol{P}_s,\boldsymbol{Q}_1,\cdots,\boldsymbol{Q}_t$,使得

$$\boldsymbol{A}(\lambda)=\boldsymbol{P}_1\cdots\boldsymbol{P}_s\boldsymbol{B}(\lambda)\boldsymbol{Q}_1\cdots\boldsymbol{Q}_t.$$

引理 1 设λ-矩阵 $\boldsymbol{A}(\lambda)$ 的左上角元素 $a_{11}(\lambda)\neq0$,且 $\boldsymbol{A}(\lambda)$ 中至少有一个元素不能被它除尽,那么一定可以找到一个与 $\boldsymbol{A}(\lambda)$ 等价的矩阵 $\boldsymbol{B}(\lambda)$,它的左上角元素 $b_{11}(\lambda)\neq0$,且 $\deg(b_{11}(\lambda))<\deg(a_{11}(\lambda))$.

证明 根据$\boldsymbol{A}(\lambda)$中不能被$a_{11}(\lambda)$除尽的元素所在的位置，分三种情形来讨论：

情形1：若在$\boldsymbol{A}(\lambda)$的第一列中有一个元素$a_{i1}(\lambda)$不能被$a_{11}(\lambda)$除尽，则有

$$a_{i1}(\lambda)=a_{11}(\lambda)q(\lambda)+r(\lambda),$$

其中余式$r(\lambda)\neq 0$，且$\deg(r(x))<\deg(a_{11}(\lambda))$. 对$\boldsymbol{A}(\lambda)$作下列初等行变换：

$$\boldsymbol{A}(\lambda)=\begin{pmatrix} a_{11}(\lambda) & \cdots \\ \vdots & \vdots \\ a_{i1}(\lambda) & \cdots \\ \vdots & \vdots \end{pmatrix}\xrightarrow{r_i-q(\lambda)r_1}\begin{pmatrix} a_{11}(\lambda) & \cdots \\ \vdots & \vdots \\ r(\lambda) & \cdots \\ \vdots & \vdots \end{pmatrix}\xrightarrow{r_1\leftrightarrow r_i}\begin{pmatrix} r(\lambda) & \cdots \\ \vdots & \vdots \\ a_{11}(\lambda) & \cdots \\ \vdots & \vdots \end{pmatrix}=\boldsymbol{B}(\lambda),$$

$\boldsymbol{B}(\lambda)$的左上角元素$r(\lambda)$符合引理的要求，故$\boldsymbol{B}(\lambda)$为所求的矩阵.

情形2：$\boldsymbol{A}(\lambda)$的第一行中有一个元素$a_{1i}(\lambda)$不能被$a_{11}(\lambda)$除尽，这种情况的证明与情形1类似，但需对$\boldsymbol{A}(\lambda)$作初等列变换.

情形3：$\boldsymbol{A}(\lambda)$的第一行与第一列中的元素都可以被$a_{11}(\lambda)$除尽，但$\boldsymbol{A}(\lambda)$中有另一个元素$a_{ij}(\lambda)(i>1,j>1)$不被$a_{11}(\lambda)$除尽. 我们设$a_{i1}(\lambda)=a_{11}(\lambda)\varphi(\lambda)$. 对$\boldsymbol{A}(\lambda)$作下述初等行变换：

$$\boldsymbol{A}(\lambda)=\begin{pmatrix} a_{11}(\lambda) & \cdots & a_{1j}(\lambda) & \cdots \\ \vdots & & \vdots & \\ a_{i1}(\lambda) & \cdots & a_{ij}(\lambda) & \cdots \\ \vdots & & \vdots & \end{pmatrix}\xrightarrow{r_i-\varphi(\lambda)r_1}\begin{pmatrix} a_{11}(\lambda) & \cdots & a_{1j}(\lambda) & \cdots \\ \vdots & & \vdots & \\ 0 & \cdots & a_{ij}(\lambda)-a_{1j}(\lambda)\varphi(\lambda) & \cdots \\ \vdots & & \vdots & \end{pmatrix}$$

$$\xrightarrow{r_1+r_i}\begin{pmatrix} a_{11}(\lambda) & \cdots & a_{ij}(\lambda)+(1-\varphi(\lambda))a_{1j}(\lambda) & \cdots \\ \vdots & & \vdots & \\ 0 & \cdots & a_{ij}(\lambda)-a_{1j}(\lambda)\varphi(\lambda) & \cdots \\ \vdots & & \vdots & \end{pmatrix}=\boldsymbol{A}_1(\lambda).$$

矩阵$\boldsymbol{A}_1(\lambda)$的第一行中，元素

$$a_{ij}(\lambda)+(1-\varphi(\lambda))a_{1j}(\lambda)$$

不能被左上角元素$a_{11}(\lambda)$除尽，这就转化为情形2. ▎

定理2 任意一个非零$s\times n$的λ-矩阵$\boldsymbol{A}(\lambda)$都等价于下列形式的矩阵

$$\boldsymbol{B}(\lambda)=\begin{pmatrix} d_1(\lambda) & & & & & & \\ & d_2(\lambda) & & & & & \\ & & \ddots & & & & \\ & & & d_r(\lambda) & & & \\ & & & & 0 & & \\ & & & & & \ddots & \\ & & & & & & 0 \end{pmatrix},$$

其中$r\geqslant 1$，$d_i(\lambda)(i=1,2,\cdots,r)$是首项系数为1的多项式，且

$$d_i(\lambda)\mid d_{i+1}(\lambda)\quad (i=1,2,\cdots,r-1).$$

称$\boldsymbol{B}(\lambda)$为$\boldsymbol{A}(\lambda)$的**标准形**.

证明 经过行列调动之后，可使$\boldsymbol{A}(\lambda)$的左上角元素$a_{11}(\lambda)\neq 0$，若$a_{11}(\lambda)$不能除尽

$\boldsymbol{A}(\lambda)$的全部元素，由引理，可以找到与$\boldsymbol{A}(\lambda)$等价的$\boldsymbol{B}_1(\lambda)$，且$\boldsymbol{B}_1(\lambda)$左上角元素$b_1(\lambda)\neq 0$，$\deg(b_1(\lambda))<\deg(a_{11}(\lambda))$. 若$b_1(\lambda)$还不能除尽$\boldsymbol{B}_1(\lambda)$的全部元素，由引理，又可以找到与$\boldsymbol{B}_1(\lambda)$等价的$\boldsymbol{B}_2(\lambda)$，且$\boldsymbol{B}_2(\lambda)$左上角元素$b_2(\lambda)\neq 0$，$\deg(b_2(\lambda))<\deg(b_1(\lambda))$. 如此下去，将得到一系列彼此等价的λ-矩阵：

$$\boldsymbol{A}(\lambda),\ \boldsymbol{B}_1(\lambda),\ \boldsymbol{B}_2(\lambda),\cdots.$$

它们的左上角元素皆不为零，而且次数越来越低. 但次数是非负整数，因此在有限步以后，将终止于一个λ-矩阵$\boldsymbol{B}_s(\lambda)$，它的左上角元素$b_s(\lambda)\neq 0$，而且可以除尽$\boldsymbol{B}_s(\lambda)$的全部元素$b_{ij}(\lambda)$，即

$$b_{ij}(\lambda)=b_s(\lambda)q_{ij}(\lambda)\quad(i=1,2,\cdots,s;\ j=1,2,\cdots,n).$$

对$\boldsymbol{B}_s(\lambda)$作初等变换：

$$\boldsymbol{B}_s(\lambda)=\begin{pmatrix} b_s(\lambda) & \cdots & b_{1j}(\lambda) & \cdots \\ \vdots & & \vdots & \\ b_{i1}(\lambda) & \cdots & \cdots & \cdots \\ \vdots & & \vdots & \end{pmatrix}\to\begin{pmatrix} b_s(\lambda) & 0 & \cdots & 0 \\ 0 & & & \\ \vdots & & \boldsymbol{A}_1(\lambda) & \\ 0 & & & \end{pmatrix},$$

因为$\boldsymbol{A}_1(\lambda)$中的全部元素都是$\boldsymbol{B}_s(\lambda)$中元素的组合，所以$\boldsymbol{A}_1(\lambda)$中的全部元素都可以被$b_s(\lambda)$除尽.

如果$\boldsymbol{A}_1(\lambda)\neq\boldsymbol{O}$，则对于$\boldsymbol{A}_1(\lambda)$可以重复上述过程，进而把矩阵化成

$$\begin{pmatrix} d_1(\lambda) & 0 & \cdots & 0 \\ 0 & d_2(\lambda) & \cdots & 0 \\ 0 & 0 & & \\ \vdots & \vdots & \boldsymbol{A}_2(\lambda) & \\ 0 & 0 & & \end{pmatrix},$$

其中$d_1(\lambda)$与$d_2(\lambda)$都是首项系数为 1 的多项式($d_1(\lambda)$与$b_s(\lambda)$只差一个常数倍数)，而且$d_1(\lambda)\mid d_2(\lambda)$，$d_2(\lambda)$能除尽$\boldsymbol{A}_2(\lambda)$的全部元素.

如此下去，$\boldsymbol{A}(\lambda)$最后就化成了所要求的形式$\boldsymbol{B}(\lambda)$，即标准形. ▎

例　用初等变换化下列λ-矩阵为标准形：

$$\boldsymbol{A}(\lambda)=\begin{pmatrix} 1-\lambda & 2\lambda-1 & \lambda \\ \lambda & \lambda^2 & -\lambda \\ 1+\lambda^2 & \lambda^3+\lambda-1 & -\lambda^2 \end{pmatrix}.$$

典例分析

解　$$\boldsymbol{A}(\lambda)\xrightarrow{c_3+c_1}\begin{pmatrix} 1-\lambda & 2\lambda-1 & 1 \\ \lambda & \lambda^2 & 0 \\ 1+\lambda^2 & \lambda^3+\lambda-1 & 1 \end{pmatrix}\xrightarrow{c_1\leftrightarrow c_3}\begin{pmatrix} 1 & 2\lambda-1 & 1-\lambda \\ 0 & \lambda^2 & \lambda \\ 1 & \lambda^3+\lambda-1 & 1+\lambda^2 \end{pmatrix}$$

$$\xrightarrow{r_3-r_1}\begin{pmatrix} 1 & 2\lambda-1 & 1-\lambda \\ 0 & \lambda^2 & \lambda \\ 0 & \lambda^3-\lambda & \lambda^2+\lambda \end{pmatrix}\xrightarrow[c_3+(\lambda-1)c_1]{c_2+(1-2\lambda)c_1}\begin{pmatrix} 1 & 0 & 0 \\ 0 & \lambda^2 & \lambda \\ 0 & \lambda^3-\lambda & \lambda^2+\lambda \end{pmatrix}$$

$$\xrightarrow{c_2\leftrightarrow c_3}\begin{pmatrix}1&0&0\\0&\lambda&\lambda^2\\0&\lambda^2+\lambda&\lambda^3-\lambda\end{pmatrix}\xrightarrow{c_3-\lambda c_2}\begin{pmatrix}1&0&0\\0&\lambda&0\\0&\lambda^2+\lambda&-\lambda^2-\lambda\end{pmatrix}$$

$$\xrightarrow[r_3\times(-1)]{r_3-(\lambda+1)r_2}\begin{pmatrix}1&0&0\\0&\lambda&0\\0&0&\lambda^2+\lambda\end{pmatrix}=\boldsymbol{B}(\lambda),$$

$\boldsymbol{B}(\lambda)$即为$\boldsymbol{A}(\lambda)$的标准形.

9.3 不变因子

下面证明λ-矩阵的标准形是唯一的. 为此,我们引入行列式因子的定义.

定义 7 设λ-矩阵$\boldsymbol{A}(\lambda)$的秩为$r(r\geqslant 1)$,对于正整数$k(1\leqslant k\leqslant r)$,$\boldsymbol{A}(\lambda)$中必有非零的$k$阶子式. $\boldsymbol{A}(\lambda)$中全部k阶子式的首项系数为1的最大公因式$D_k(\lambda)$称为$\boldsymbol{A}(\lambda)$的**k阶行列式因子**.

若λ-矩阵$\boldsymbol{A}(\lambda)$的秩为r,则$\boldsymbol{A}(\lambda)$有且仅有r个行列式因子. 行列式因子的意义在于,它在初等变换下是不变的.

定理 3 等价的λ-矩阵具有相同的秩与相同的各阶行列式因子.

证明 只需证:λ-矩阵经过一次初等变换,行列式因子是不变的.

设λ-矩阵$\boldsymbol{A}(\lambda)$经过一次初等行变换变成$\boldsymbol{B}(\lambda)$,$f(\lambda)$与$g(\lambda)$分别是$\boldsymbol{A}(\lambda)$与$\boldsymbol{B}(\lambda)$的k阶行列式因子. 下证$f=g$. 根据三种初等变换分三种情形讨论:

情形1: $\boldsymbol{A}(\lambda)$经过第一种初等行变换变成$\boldsymbol{B}(\lambda)$. 此时,$\boldsymbol{B}(\lambda)$的每个k阶子式或者等于$\boldsymbol{A}(\lambda)$的某个k阶子式,或者与$\boldsymbol{A}(\lambda)$的某个k阶子式反号. 因此$f(\lambda)$是$\boldsymbol{B}(\lambda)$的k阶子式的公因式,从而$f(\lambda)\mid g(\lambda)$.

情形2: $\boldsymbol{A}(\lambda)$经过第二种初等行变换变成$\boldsymbol{B}(\lambda)$. 此时,$\boldsymbol{B}(\lambda)$的每个k阶子式或者等于$\boldsymbol{A}(\lambda)$的某个k阶子式,或者等于$\boldsymbol{A}(\lambda)$的某个k阶子式的c倍. 因此$f(\lambda)$是$\boldsymbol{B}(\lambda)$的k阶子式的公因式,从而$f(\lambda)\mid g(\lambda)$.

情形3: $\boldsymbol{A}(\lambda)$经过第三种初等行变换变成$\boldsymbol{B}(\lambda)$. 此时,$\boldsymbol{B}(\lambda)$中那些包含i行与j行的k阶子式和那些不包含i行的k阶子式与$\boldsymbol{A}(\lambda)$中对应的k阶子式相等;$\boldsymbol{B}(\lambda)$中包含i行但不包含j行的k阶子式,按i行分成两部分,等于$\boldsymbol{A}(\lambda)$的一个k阶子式与另一个k阶子式的$\pm\varphi(\lambda)$倍的和,即为$\boldsymbol{A}(\lambda)$的两个k阶子式的组合. 因此$f(\lambda)$是$\boldsymbol{B}(\lambda)$的k阶子式的公因式,从而$f(\lambda)\mid g(\lambda)$.

对于列变换,可以完全一样地讨论. 总之,如果$\boldsymbol{A}(\lambda)$经过一次初等变换变成$\boldsymbol{B}(\lambda)$,那么$f(\lambda)\mid g(\lambda)$. 由初等变换的可逆性,$\boldsymbol{B}(\lambda)$也可以经过一次初等变换变成$\boldsymbol{A}(\lambda)$. 由上面的讨论知,同样应有$g(\lambda)\mid f(\lambda)$. 故有$f(\lambda)=g(\lambda)$.

当$\boldsymbol{A}(\lambda)$的全部k阶子式为零时,$\boldsymbol{B}(\lambda)$的全部k阶子式也为零;反之亦然.

综上可得,$\boldsymbol{A}(\lambda)$与$\boldsymbol{B}(\lambda)$有相同的各阶行列式因子,且有相同的秩. ▍

因为任一λ-矩阵都等价于其标准形,所以由定理3知,要计算λ-矩阵的行列式因子,只

需计算标准形矩阵的行列式因子. 设标准形为

$$D(\lambda)=\begin{pmatrix} d_1(\lambda) & & & & & \\ & \ddots & & & & \\ & & d_r(\lambda) & & & \\ & & & 0 & & \\ & & & & \ddots & \\ & & & & & 0 \end{pmatrix}, \tag{1}$$

其中 $d_1(\lambda),\cdots,d_r(\lambda)$是首项系数为 1 的多项式,且 $d_i(\lambda)\mid d_{i+1}(\lambda),i=1,2,\cdots r-1$. 不难证明,在这种形式的矩阵中,如果一个 k 阶子式包含的行与列的标号不完全相同,那么这个 k 阶子式一定为零. 因此为了计算 k 阶行列式因子,只要看由 $i_1,i_2,\cdots,i_k$ 行与 $i_1,i_2,\cdots,i_k$ 列$(1\leqslant i_1<i_2<\cdots<i_k\leqslant r)$组成的 k 阶子式就行了,而这个 k 阶子式等于

$$d_{i_1}(\lambda)d_{i_2}(\lambda)\cdots d_{i_k}(\lambda).$$

因而,k 阶子式的最大公因式是

$$d_1(\lambda)d_2(\lambda)\cdots d_k(\lambda).$$

定理 4 λ-矩阵的标准形是唯一的.

证明 设 λ-矩阵 $\boldsymbol{A}(\lambda)$的标准形为

$$D(\lambda)=\begin{pmatrix} d_1(\lambda) & & & & & \\ & \ddots & & & & \\ & & d_r(\lambda) & & & \\ & & & 0 & & \\ & & & & \ddots & \\ & & & & & 0 \end{pmatrix},$$

其中 $d_1(\lambda),\cdots,d_r(\lambda)$是首项系数为 1 的多项式,且 $d_i(\lambda)\mid d_{i+1}(\lambda),i=1,2,\cdots r-1$. 因为 $\boldsymbol{A}(\lambda)$与 $\boldsymbol{D}(\lambda)$等价,所以它们有相同的秩与相同的行列式因子. 因此 $\boldsymbol{A}(\lambda)$的秩就是 $\boldsymbol{D}(\lambda)$的主对角线上非零元素的个数;$\boldsymbol{A}(\lambda)$的 k 阶行列式因子为

$$D_k(\lambda)=d_1(\lambda)d_2(\lambda)\cdots d_k(\lambda)\quad(k=1,2,\cdots r).$$

于是

$$d_1(\lambda)=D_1(\lambda),d_2(\lambda)=\frac{D_2(\lambda)}{D_1(\lambda)},\cdots,d_r(\lambda)=\frac{D_r(\lambda)}{D_{r-1}(\lambda)}.$$

即 $d_1(\lambda),\cdots,d_r(\lambda)$被 $\boldsymbol{A}(\lambda)$的行列式因子唯一确定. 所以 $\boldsymbol{A}(\lambda)$的标准形唯一. ▍

小贴士

秩为 r 的 λ-矩阵的 r 个行列式因子满足:

$$D_k(\lambda)\mid D_{k+1}(\lambda)\quad(k=1,2,\cdots,r-1).$$

定义 8 λ-矩阵 $\boldsymbol{A}(\lambda)$的标准形

$$D(\lambda)=\begin{pmatrix} d_1(\lambda) & & & & & \\ & \ddots & & & & \\ & & d_r(\lambda) & & & \\ & & & 0 & & \\ & & & & \ddots & \\ & & & & & 0 \end{pmatrix}$$

的主对角线上的非零元素 $d_1(\lambda), d_2(\lambda), \cdots, d_r(\lambda)$ 称为 $\boldsymbol{A}(\lambda)$ 的**不变因子**.

定理 5 两个 λ-矩阵等价的充分必要条件是它们有相同的行列式因子,或者它们有相同的不变因子.

证明 必要性已由定理 3 证明. 下证充分性.

若 λ-矩阵 $\boldsymbol{A}(\lambda)$ 与 $\boldsymbol{B}(\lambda)$ 有相同的行列式因子,则 $\boldsymbol{A}(\lambda)$ 与 $\boldsymbol{B}(\lambda)$ 也有相同的不变因子,从而 $\boldsymbol{A}(\lambda)$ 与 $\boldsymbol{B}(\lambda)$ 有相同的标准形,所 $\boldsymbol{A}(\lambda)$ 与 $\boldsymbol{B}(\lambda)$ 等价. ▌

由此,我们可以得到下述推论.

推论 若 $n\times n$ 的 λ-矩阵 $\boldsymbol{A}(\lambda)$ 可逆,则 $\boldsymbol{A}(\lambda)$ 的不变因子全部为 1, $\boldsymbol{A}(\lambda)$ 的标准形为单位矩阵 $\boldsymbol{E}$,即 $\boldsymbol{A}(\lambda)$ 与 $\boldsymbol{E}$ 等价.

证明 若 $\boldsymbol{A}(\lambda)$ 可逆,则 $|\boldsymbol{A}(\lambda)|=d$, d 为一非零常数. 所以 $\boldsymbol{A}(\lambda)$ 的 n 阶行列式因子 $D_n(\lambda)=1$. 又 $\boldsymbol{A}(\lambda)$ 的 n 个行列式因子满足:

$$D_k(\lambda) \mid D_{k+1}(\lambda) \quad (k=1,2,\cdots,n-1),$$

所以 $D_k(\lambda)=1, k=1,2,\cdots,n-1$. 从而不变因子

$$d_k(\lambda)=\frac{D_k(\lambda)}{D_{k-1}(\lambda)}=1 \quad (k=1,2,\cdots,n).$$

所以 $\boldsymbol{A}(\lambda)$ 的标准形为 $\boldsymbol{E}$. ▌

小贴士

$\boldsymbol{A}(\lambda)$ 可逆 $\Leftrightarrow \boldsymbol{A}(\lambda)$ 与 $\boldsymbol{E}$ 等价.

定理 6 $\boldsymbol{A}(\lambda)$ 可逆的充分必要条件是 $\boldsymbol{A}(\lambda)$ 可表示成一些初等矩阵的乘积.

证明 $\boldsymbol{A}(\lambda)$ 可逆 $\Leftrightarrow \boldsymbol{A}(\lambda)$ 与 $\boldsymbol{E}$ 等价 $\Leftrightarrow$ 存在初等矩阵 $\boldsymbol{P}_1, \cdots, \boldsymbol{P}_s, \boldsymbol{Q}_1, \cdots, \boldsymbol{Q}_t$,使得 $\boldsymbol{A}(\lambda)=\boldsymbol{P}_1\cdots\boldsymbol{P}_s\boldsymbol{E}\boldsymbol{Q}_1\cdots\boldsymbol{Q}_t=\boldsymbol{P}_1\cdots\boldsymbol{P}_s\boldsymbol{Q}_1\cdots\boldsymbol{Q}_t$. ▌

由此又得到矩阵等价的另一个条件:

推论 两个 $s\times n$ 的 λ-矩阵 $\boldsymbol{A}(\lambda)$、$\boldsymbol{B}(\lambda)$ 等价的充分必要条件是存在一个 $s\times s$ 可逆矩阵 $\boldsymbol{P}(\lambda)$ 与一个 $n\times n$ 可逆矩阵 $\boldsymbol{Q}(\lambda)$,使得 $\boldsymbol{B}(\lambda)=\boldsymbol{P}(\lambda)\boldsymbol{A}(\lambda)\boldsymbol{Q}(\lambda)$.

例 求下列 λ-矩阵的行列式因子和不变因子:

$$(1)\ \boldsymbol{A}(\lambda)=\begin{pmatrix} \lambda^2+\lambda & 0 & 0 \\ 0 & \lambda & 0 \\ 0 & 0 & (\lambda+1)^2 \end{pmatrix};\quad (2)\ \boldsymbol{A}(\lambda)=\begin{pmatrix} \lambda-2 & -1 & 0 & 0 \\ 0 & \lambda-2 & -1 & 0 \\ 0 & 0 & \lambda-2 & -1 \\ 0 & 0 & 0 & \lambda-2 \end{pmatrix}.$$

解 (1) 因为 $\boldsymbol{A}(\lambda)$ 的非零 1 阶子式为: $\lambda^2+\lambda, \lambda, (\lambda+1)^2$,所以 $D_1(\lambda)=1$.

$\boldsymbol{A}(\lambda)$的非零二阶子式为

$$\begin{vmatrix} \lambda^2+\lambda & 0 \\ 0 & \lambda \end{vmatrix}=\lambda^2(\lambda+1),\quad \begin{vmatrix} \lambda & 0 \\ 0 & (\lambda+1)^2 \end{vmatrix}=\lambda(\lambda+1)^2,\quad \begin{vmatrix} \lambda^2+\lambda & 0 \\ 0 & (\lambda+1)^2 \end{vmatrix}=\lambda(\lambda+1)^3,$$

所以 $D_2(\lambda)=\lambda(\lambda+1)$.

又因为 $D_3(\lambda)=|A(\lambda)|=\lambda^2(\lambda+1)^3$,所以$\boldsymbol{A}(\lambda)$的不变因子为

$$d_1(\lambda)=D_1(\lambda)=1,\quad d_2(\lambda)=\frac{D_2(\lambda)}{D_1(\lambda)}=\lambda(\lambda+1),\quad d_3(\lambda)=\frac{D_3(\lambda)}{D_2(\lambda)}=\lambda(\lambda+1)^2.$$

(2) 因为

$$\begin{vmatrix} -1 & 0 & 0 \\ \lambda-2 & -1 & 0 \\ 0 & \lambda-2 & -1 \end{vmatrix}=-1,$$

所以 $D_3(\lambda)=1$. 又因为 $D_1(\lambda)\mid D_2(\lambda)$,$D_2(\lambda)\mid D_3(\lambda)$,所以 $D_1(\lambda)=D_2(\lambda)=1$. 而 $D_4(\lambda)=|\boldsymbol{A}(\lambda)|=(\lambda-2)^4$,所以$\boldsymbol{A}(\lambda)$的不变因子为

$$d_1(\lambda)=d_2(\lambda)=d_3(\lambda)=1,\quad d_4(\lambda)=(\lambda-2)^4.$$

小贴士

在计算 λ-矩阵的行列式因子时,常常是先计算最高阶或较高阶的行列式因子.

9.4 矩阵相似的条件

直接处理矩阵的相似关系是较困难的,本节将相似关系转化为等价关系来处理,证明两个 $n\times n$ 数字矩阵 $\boldsymbol{A}$ 与 $\boldsymbol{B}$ 相似的充要条件是**特征矩阵** $\lambda\boldsymbol{E}-\boldsymbol{A}$ 与 $\lambda\boldsymbol{E}-\boldsymbol{B}$ 等价.

引理 2 设 $\boldsymbol{A},\boldsymbol{B}$ 是数域 P 上的 $n\times n$ 矩阵,若有 $\boldsymbol{P}_0,\boldsymbol{Q}_0\in \boldsymbol{P}^{n\times n}$,使

$$\lambda\boldsymbol{E}-\boldsymbol{A}=\boldsymbol{P}_0(\lambda\boldsymbol{E}-\boldsymbol{B})\boldsymbol{Q}_0, \tag{1}$$

则 $\boldsymbol{A}$ 与 $\boldsymbol{B}$ 相似.

证明 因为

$$\boldsymbol{P}_0(\lambda\boldsymbol{E}-\boldsymbol{B})\boldsymbol{Q}_0=\lambda\boldsymbol{P}_0\boldsymbol{Q}_0-\boldsymbol{P}_0\boldsymbol{B}\boldsymbol{Q}_0=\lambda\boldsymbol{E}-\boldsymbol{A},$$

所以 $\boldsymbol{P}_0\boldsymbol{Q}_0=\boldsymbol{E}$,$\boldsymbol{P}_0\boldsymbol{B}\boldsymbol{Q}_0=\boldsymbol{A}$,即 $\boldsymbol{P}_0=\boldsymbol{Q}_0^{-1}$,$\boldsymbol{A}=\boldsymbol{Q}_0^{-1}\boldsymbol{B}\boldsymbol{Q}_0$. 所以 $\boldsymbol{A}$ 与 $\boldsymbol{B}$ 相似. ▎

引理 3 对任意非零矩阵 $\boldsymbol{A}\in P^{n\times n}$ 和 λ-矩阵 $\boldsymbol{U}(\lambda)$ 与 $\boldsymbol{V}(\lambda)$,一定存在 λ-矩阵 $\boldsymbol{Q}(\lambda)$ 与 $\boldsymbol{R}(\lambda)$及 $\boldsymbol{U}_0,\boldsymbol{V}_0\in P^{n\times n}$,使得

$$\boldsymbol{U}(\lambda)=(\lambda\boldsymbol{E}-\boldsymbol{A})\boldsymbol{Q}(\lambda)+\boldsymbol{U}_0, \tag{2}$$

$$\boldsymbol{V}(\lambda)=\boldsymbol{R}(\lambda)(\lambda\boldsymbol{E}-\boldsymbol{A})+\boldsymbol{V}_0. \tag{3}$$

证明 设

$$\boldsymbol{U}(\lambda)=\boldsymbol{D}_0\lambda^m+\boldsymbol{D}_1\lambda^{m-1}+\cdots+\boldsymbol{D}_{m-1}\lambda+\boldsymbol{D}_m,$$

其中 $\boldsymbol{D}_0,\boldsymbol{D}_1,\cdots,\boldsymbol{D}_m\in P^{n\times n}$,且 $\boldsymbol{D}_0\neq\boldsymbol{O}$.

情形 1:若 $m=0$,令 $\boldsymbol{Q}(\lambda)=\boldsymbol{O}$,$\boldsymbol{U}_0=\boldsymbol{D}_0$,则满足引理 3 的要求.

情形 2:若 $m>0$,令

$$\boldsymbol{Q}(\lambda)=\boldsymbol{Q}_0\lambda^{m-1}+\boldsymbol{Q}_1\lambda^{m-2}+\cdots+\boldsymbol{Q}_{m-2}\lambda+\boldsymbol{Q}_{m-1},$$

这里 $\boldsymbol{Q}_i\in P^{n\times n}$ 为待定矩阵. 于是

$$(\lambda\boldsymbol{E}-\boldsymbol{A})\boldsymbol{Q}(\lambda)=\boldsymbol{Q}_0\lambda^m+(\boldsymbol{Q}_1-\boldsymbol{A}\boldsymbol{Q}_0)\lambda^{m-1}+\cdots+(\boldsymbol{Q}_k-\boldsymbol{A}\boldsymbol{Q}_{k-1})\lambda^{m-k}+\cdots+(\boldsymbol{Q}_{m-1}-\boldsymbol{A}\boldsymbol{Q}_{m-2})\lambda-\boldsymbol{A}\boldsymbol{Q}_{m-1}.$$

要使式(2)成立,则要

$$\begin{cases}\boldsymbol{D}_0=\boldsymbol{Q}_0,\\ \boldsymbol{D}_1=\boldsymbol{Q}_1-\boldsymbol{A}\boldsymbol{Q}_0,\\ \cdots\cdots\cdots\cdots\\ \boldsymbol{D}_k=\boldsymbol{Q}_k-\boldsymbol{A}\boldsymbol{Q}_{k-1},\\ \cdots\cdots\cdots\cdots\\ \boldsymbol{D}_{m-1}=\boldsymbol{Q}_{m-1}-\boldsymbol{A}\boldsymbol{Q}_{m-2},\\ \boldsymbol{D}_m=\boldsymbol{U}_0-\boldsymbol{A}\boldsymbol{Q}_{m-1}.\end{cases}$$

故只需取

$$\begin{cases}\boldsymbol{Q}_0=\boldsymbol{D}_0,\\ \boldsymbol{Q}_1=\boldsymbol{D}_1+\boldsymbol{A}\boldsymbol{Q}_0,\\ \cdots\cdots\cdots\cdots\\ \boldsymbol{Q}_k=\boldsymbol{D}_k+\boldsymbol{A}\boldsymbol{Q}_{k-1},\\ \cdots\cdots\cdots\cdots\\ \boldsymbol{Q}_{m-1}=\boldsymbol{D}_{m-1}+\boldsymbol{A}\boldsymbol{Q}_{m-2},\\ \boldsymbol{U}_0=\boldsymbol{D}_m+\boldsymbol{A}\boldsymbol{Q}_{m-1}.\end{cases}$$

采用相同的办法可求得 $\boldsymbol{R}(\lambda)$ 和 $\boldsymbol{V}_0$. 引理证毕. ▌

定理 7 数域 P 上两个 $n\times n$ 数字矩阵 $\boldsymbol{A}$ 与 $\boldsymbol{B}$ 相似的充分必要条件是它们的特征矩阵 $\lambda\boldsymbol{E}-\boldsymbol{A}$ 与 $\lambda\boldsymbol{E}-\boldsymbol{B}$ 等价.

证明 (必要性)若 $\boldsymbol{A}$ 与 $\boldsymbol{B}$ 相似,则存在可逆矩阵 $\boldsymbol{T}$,使得

$$\boldsymbol{A}=\boldsymbol{T}^{-1}\boldsymbol{B}\boldsymbol{T}.$$

于是

$$\lambda\boldsymbol{E}-\boldsymbol{A}=\lambda\boldsymbol{E}-\boldsymbol{T}^{-1}\boldsymbol{B}\boldsymbol{T}=\boldsymbol{T}^{-1}(\lambda\boldsymbol{E}-\boldsymbol{B})\boldsymbol{T}.$$

得 $\lambda\boldsymbol{E}-\boldsymbol{A}$ 与 $\lambda\boldsymbol{E}-\boldsymbol{B}$ 等价.

(充分性)若 $\lambda\boldsymbol{E}-\boldsymbol{A}$ 与 $\lambda\boldsymbol{E}-\boldsymbol{B}$ 等价,则由 9.3 节定理 6 的推论知,存在可逆的 λ-矩阵 $\boldsymbol{U}(\lambda)$,$\boldsymbol{V}(\lambda)$,使得

$$\lambda\boldsymbol{E}-\boldsymbol{A}=\boldsymbol{U}(\lambda)(\lambda\boldsymbol{E}-\boldsymbol{B})\boldsymbol{V}(\lambda).\tag{4}$$

由引理 3,对于 $\boldsymbol{A}$,$\boldsymbol{U}(\lambda)$,$\boldsymbol{V}(\lambda)$,存在 λ-矩阵 $\boldsymbol{Q}(\lambda)$,$\boldsymbol{R}(\lambda)$ 及 $\boldsymbol{U}_0,\boldsymbol{V}_0\in P^{n\times n}$,使得

$$\boldsymbol{U}(\lambda)=(\lambda\boldsymbol{E}-\boldsymbol{A})\boldsymbol{Q}(\lambda)+\boldsymbol{U}_0,\tag{5}$$

$$\boldsymbol{V}(\lambda)=\boldsymbol{R}(\lambda)(\lambda\boldsymbol{E}-\boldsymbol{A})+\boldsymbol{V}_0.\tag{6}$$

由式(4),有

$$\boldsymbol{U}(\lambda)^{-1}(\lambda\boldsymbol{E}-\boldsymbol{A})=(\lambda\boldsymbol{E}-\boldsymbol{B})\boldsymbol{V}(\lambda)=(\lambda\boldsymbol{E}-\boldsymbol{B})[\boldsymbol{R}(\lambda)(\lambda\boldsymbol{E}-\boldsymbol{A})+\boldsymbol{V}_0],$$

即

$$[\boldsymbol{U}(\lambda)^{-1}-(\lambda\boldsymbol{E}-\boldsymbol{B})\boldsymbol{R}(\lambda)](\lambda\boldsymbol{E}-\boldsymbol{A})=(\lambda\boldsymbol{E}-\boldsymbol{B})\boldsymbol{V}_0.$$

比较两端,得

$$\boldsymbol{U}(\lambda)^{-1}-(\lambda\boldsymbol{E}-\boldsymbol{B})\boldsymbol{R}(\lambda)\in P^{n\times n}.$$

令

$$\boldsymbol{T}=\boldsymbol{U}(\lambda)^{-1}-(\lambda\boldsymbol{E}-\boldsymbol{B})\boldsymbol{R}(\lambda),$$

则

$$\boldsymbol{T}(\lambda\boldsymbol{E}-\boldsymbol{A})=(\lambda\boldsymbol{E}-\boldsymbol{B})\boldsymbol{V}_0 \quad (\boldsymbol{T}\in P^{n\times n}). \tag{7}$$

下证 $\boldsymbol{T}$ 可逆. 因

$$\boldsymbol{U}(\lambda)\boldsymbol{T}=\boldsymbol{E}-\boldsymbol{U}(\lambda)(\lambda\boldsymbol{E}-\boldsymbol{B})\boldsymbol{R}(\lambda),$$

故

$$\begin{aligned}\boldsymbol{E}&=\boldsymbol{U}(\lambda)\boldsymbol{T}+\boldsymbol{U}(\lambda)(\lambda\boldsymbol{E}-\boldsymbol{B})\boldsymbol{R}(\lambda)=\boldsymbol{U}(\lambda)\boldsymbol{T}+(\lambda\boldsymbol{E}-\boldsymbol{A})\boldsymbol{V}(\lambda)^{-1}\boldsymbol{R}(\lambda)\\&=[(\lambda\boldsymbol{E}-\boldsymbol{A})\boldsymbol{Q}(\lambda)+\boldsymbol{U}_0]\boldsymbol{T}+(\lambda\boldsymbol{E}-\boldsymbol{A})\boldsymbol{V}(\lambda)^{-1}\boldsymbol{R}(\lambda)\\&=\boldsymbol{U}_0\boldsymbol{T}+(\lambda\boldsymbol{E}-\boldsymbol{A})[\boldsymbol{Q}(\lambda)\boldsymbol{T}+\boldsymbol{V}(\lambda)^{-1}\boldsymbol{R}(\lambda)].\end{aligned}$$

比较两端,得

$$(\lambda\boldsymbol{E}-\boldsymbol{A})[\boldsymbol{Q}(\lambda)\boldsymbol{T}+\boldsymbol{V}(\lambda)^{-1}\boldsymbol{R}(\lambda)]=\boldsymbol{O}.$$

所以

$$\boldsymbol{U}_0\boldsymbol{T}=\boldsymbol{E}.$$

故 $\boldsymbol{T}$ 可逆. 于是由式(7),得

$$\lambda\boldsymbol{E}-\boldsymbol{A}=\boldsymbol{T}^{-1}(\lambda\boldsymbol{E}-\boldsymbol{B})\boldsymbol{V}_0.$$

由引理 2,$\boldsymbol{A}$ 与 $\boldsymbol{B}$ 相似. ▌

矩阵 $\boldsymbol{A}$ 的特征矩阵 $\lambda\boldsymbol{E}-\boldsymbol{A}$ 的不变因子简称为 $\boldsymbol{A}$ 的不变因子. 因为两个 λ-矩阵等价的充分必要条件是它们有相同的不变因子,所以由定理 7 可得下面的推论.

推论 设 $\boldsymbol{A},\boldsymbol{B}\in P^{n\times n}$,则 $\boldsymbol{A}$ 与 $\boldsymbol{B}$ 相似的充分必要条件是它们有相同的不变因子.

小贴士

对 $\forall \boldsymbol{A}\in P^{n\times n}$,$R(\lambda\boldsymbol{E}-\boldsymbol{A})=n$. 故 $\boldsymbol{A}$ 总有 n 个不变因子,且这 n 个不变因子的乘积等于 $|\lambda\boldsymbol{E}-\boldsymbol{A}|$,即 $\prod\limits_{i=1}^{n} d_i(\lambda)=|\lambda\boldsymbol{E}-\boldsymbol{A}|$.

由上述结论知道,不变因子是矩阵的相似不变量,因此可以把一个线性变换的任一矩阵的不变因子(它们与该矩阵的选取无关)定义为该线性变换的不变因子.

例 证明:下列三个矩阵彼此都不相似.

$$\boldsymbol{A}=\begin{pmatrix}a&0&0\\0&a&0\\0&0&a\end{pmatrix},\quad \boldsymbol{B}=\begin{pmatrix}a&0&0\\0&a&1\\0&0&a\end{pmatrix},\quad \boldsymbol{C}=\begin{pmatrix}a&1&0\\0&a&1\\0&0&a\end{pmatrix}.$$

证明 $\lambda\boldsymbol{E}-\boldsymbol{A}$ 的不变因子是

$$d_1=\lambda-a,\quad d_2=\lambda-a,\quad d_3=\lambda-a.$$

$\lambda\boldsymbol{E}-\boldsymbol{B}$ 的不变因子是

$$d_1=1,\quad d_2=\lambda-a,\quad d_3=(\lambda-a)^2.$$

$\lambda \boldsymbol{E}-\boldsymbol{C}$ 的不变因子是

$$d_1=1,\quad d_2=1,\quad d_3=(\lambda-a)^3.$$

故 $\boldsymbol{A},\boldsymbol{B},\boldsymbol{C}$ 的不变因子各不相同. 所以 $\boldsymbol{A},\boldsymbol{B},\boldsymbol{C}$ 彼此不相似.

9.5 初等因子

本节和下一节中所讨论的数域 P 是复数域.

定义 9 把矩阵 $\boldsymbol{A}\in \boldsymbol{C}^{n\times n}$(或线性变换 σ)的每个次数大于零的不变因子分解成互不相同的首项为 1 的一次因式方幂的乘积,所有这些一次因式方幂(相同的必须按出现的次数计算)称为矩阵 $\boldsymbol{A}$(或线性变换)的**初等因子**.

例 1 若 12 阶复矩阵 $\boldsymbol{A}$ 的不变因子是

$$\underbrace{1,1,\cdots,1}_{9个},(\lambda-1)^2,(\lambda-1)^2(\lambda+1),(\lambda-1)^2(\lambda+1)(\lambda^2+1)^2,$$

则 $\boldsymbol{A}$ 的初等因子有 7 个,它们是

$$(\lambda-1)^2,(\lambda-1)^2,(\lambda-1)^2,(\lambda+1),(\lambda+1),(\lambda+\mathrm{i})^2,(\lambda-\mathrm{i})^2.$$

下面进一步说明不变因子与初等因子的关系. 首先设 n 阶矩阵 $\boldsymbol{A}$ 的不变因子为

$$d_1(\lambda),d_2(\lambda),\cdots,d_n(\lambda).$$

将 $d_i(\lambda)(i=1,2,\cdots,n)$分解成互不相同的一次因式方幂的乘积:

$$d_1(\lambda)=(\lambda-\lambda_1)^{k_{11}}(\lambda-\lambda_2)^{k_{12}}\cdots(\lambda-\lambda_r)^{k_{1r}},$$
$$d_2(\lambda)=(\lambda-\lambda_1)^{k_{21}}(\lambda-\lambda_2)^{k_{22}}\cdots(\lambda-\lambda_r)^{k_{2r}},$$
$$\cdots\cdots\cdots\cdots$$
$$d_n(\lambda)=(\lambda-\lambda_1)^{k_{n1}}(\lambda-\lambda_2)^{k_{n2}}\cdots(\lambda-\lambda_r)^{k_{nr}},$$

则其中对应于 $k_{ij}\geqslant 1$ 的方幂

$$(\lambda-\lambda_j)^{k_{ij}}\quad (k_{ij}\geqslant 1)$$

就是 $\boldsymbol{A}$ 的全部初等因子. 因为不变因子满足

$$d_i(\lambda)\mid d_{i+1}(\lambda)\quad (i=1,2,\cdots,n-1).$$

从而有

$$(\lambda-\lambda_j)^{k_{ij}}\mid(\lambda-\lambda_j)^{k_{i+1,j}}\quad (i=1,2,\cdots,n-1;j=1,2,\cdots r).$$

因此有

$$k_{1j}\leqslant k_{2j}\leqslant\cdots\leqslant k_{nj}\quad (j=1,2,\cdots,r).$$

即同一个一次因式的方幂作成的初等因子中,方次最高的必出现在 $d_n(\lambda)$的分解式中,方次次高的必出现在 $d_{n-1}(\lambda)$的分解式中. 如此顺推下去,可知属于同一个一次因式的方幂的初等因子在不变因子的分解式中出现的位置是唯一确定的.

上述分析给了一个如何从初等因子和矩阵的阶数唯一地作出不变因子的方法. 设一个 n 阶矩阵 $\boldsymbol{A}$ 的全部初等因子为已知. 在全部初等因子中,将同一个一次因式

$$(\lambda-\lambda_j)\quad (j=1,2,\cdots r)$$

的方幂的那些初等因子按降幂排列,而且当这些初等因子的个数不足 n 时,则在后面补上适当个数的 1,使其凑成 n 个. 设所得排列为

$$(\lambda-\lambda_j)^{k_{nj}},(\lambda-\lambda_j)^{k_{n-1,j}},\cdots,(\lambda-\lambda_j)^{k_{1j}}\quad(j=1,2,\cdots r).$$

于是令

$$d_i(\lambda)=(\lambda-\lambda_1)^{k_{i1}}(\lambda-\lambda_2)^{k_{i2}}\cdots(\lambda-\lambda_r)^{k_{ir}}\quad(i=1,2,\cdots,n),$$

则 $d_1(\lambda),d_2(\lambda),\cdots,d_n(\lambda)$就是 $\boldsymbol{A}$ 的不变因子.

由上述分析,如果两个同阶的数字矩阵有相同的初等因子,则它们就有相同的不变因子,因而它们相似. 反之,如果两个矩阵相似,则它们有相同的不变因子,因而它们有相同的初等因子.

定理 8 两个同阶复矩阵相似的充分必要条件是它们有相同的初等因子.

例 2 已知三阶矩阵 $\boldsymbol{A}$ 的初等因子为$(\lambda-1)^2,\lambda-2$,求 $\boldsymbol{A}$ 的不变因子.

解 作排列

$$(\lambda-1)^2,1,1;\lambda-2,1,1,$$

得 $\boldsymbol{A}$ 的不变因子为

$$d_3(\lambda)=(\lambda-1)^2(\lambda-2),\quad d_2(\lambda)=d_1(\lambda)=1.$$

初等因子和不变因子都是矩阵的相似不变量. 但是初等因子的求法与不变因子的求法比较,反而方便一些.

引理 4 若多项式 $f_1(\lambda),f_2(\lambda)$都与 $g_1(\lambda),g_2(\lambda)$互素,则

$$(f_1(\lambda)g_1(\lambda),f_2(\lambda)g_2(\lambda))=(f_1(\lambda),f_2(\lambda))(g_1(\lambda),g_2(\lambda)).$$

证明 令

$$(f_1(\lambda)g_1(\lambda),f_2(\lambda)g_2(\lambda))=d(\lambda),$$
$$(f_1(\lambda),f_2(\lambda))=d_1(\lambda),$$
$$(g_1(\lambda),g_2(\lambda))=d_2(\lambda),$$

显然,$d_1(\lambda)\mid d(\lambda),d_2(\lambda)\mid d(\lambda)$.

由于$(f_1(\lambda),g_1(\lambda))=1$,故$(d_1(\lambda),d_2(\lambda))=1$,因而 $d_1(\lambda)d_2(\lambda)\mid d(\lambda)$.

另一方面,由于 $d(\lambda)\mid f_1(\lambda)g_1(\lambda)$,$(f_1(\lambda),g_1(\lambda))=1$,可令 $d(\lambda)=f(\lambda)g(\lambda)$,其中 $f(\lambda)\mid f_1(\lambda),g(\lambda)\mid g_1(\lambda)$.

又因为$(f_1(\lambda),g_2(\lambda))=1$,所以$(f(\lambda),g_2(\lambda))=1$. 由于 $d(\lambda)\mid f_2(\lambda)g_2(\lambda)$,所以 $f(\lambda)\mid f_2(\lambda)g_2(\lambda)$,又得 $f(\lambda)\mid f_2(\lambda)$. 所以 $f(\lambda)\mid d_1(\lambda)$.

同理可得 $g(\lambda)\mid d_2(\lambda)$. 所以 $f(\lambda)g(\lambda)\mid d_1(\lambda)d_2(\lambda)$,即 $d(\lambda)\mid d_1(\lambda)d_2(\lambda)$. 故 $d(\lambda)=d_1(\lambda)d_2(\lambda)$. ▌

引理 5 设

$$\boldsymbol{A}(\lambda)=\begin{pmatrix}f_1(\lambda)g_1(\lambda) & 0\\ 0 & f_2(\lambda)g_2(\lambda)\end{pmatrix},$$

$$\boldsymbol{B}(\lambda)=\begin{pmatrix}f_2(\lambda)g_1(\lambda) & 0\\ 0 & f_1(\lambda)g_2(\lambda)\end{pmatrix},$$

若多项式 $f_1(\lambda),f_2(\lambda)$都与 $g_1(\lambda),g_2(\lambda)$互素,则 $\boldsymbol{A}(\lambda)$与 $\boldsymbol{B}(\lambda)$等价.

证明 因为$|\boldsymbol{A}(\lambda)|=|\boldsymbol{B}(\lambda)|$,从而 $\boldsymbol{A}(\lambda),\boldsymbol{B}(\lambda)$二阶行列式因子相同.

其次,由引理 4,有

$$(f_1(\lambda)g_1(\lambda),f_2(\lambda)g_2(\lambda))=(f_1(\lambda),f_2(\lambda))(g_1(\lambda),g_2(\lambda))$$
$$=(f_2(\lambda)g_1(\lambda),f_1(\lambda)g_2(\lambda)).$$

从而 $\boldsymbol{A}(\lambda),\boldsymbol{B}(\lambda)$ 的一阶行列式因子相同. 所以 $\boldsymbol{A}(\lambda)$ 与 $\boldsymbol{B}(\lambda)$ 等价. ▎

下面的定理给了一个求初等因子的方法,它不必事先知道不变因子.

定理 9 设 $\boldsymbol{A}\in\mathbf{C}^{n\times n}$,将特征矩阵 $\lambda\boldsymbol{E}-\boldsymbol{A}$ 进行初等变换化成对角形,然后将主对角线上的元素分解成互不相同的一次因式方幂的乘积,则所有这些一次因式的方幂(相同的按出现的次数计算)就是 $\boldsymbol{A}$ 的全部初等因子.

证明 设 $\lambda\boldsymbol{E}-\boldsymbol{A}$ 经过初等变换化成对角形

$$\boldsymbol{D}(\lambda)=\begin{pmatrix}h_1(\lambda)&&&\\&h_2(\lambda)&&\\&&\ddots&\\&&&h_n(\lambda)\end{pmatrix},$$

其中 $h_i(\lambda)$ 皆为首项系数为 1 的多项式,$i=1,2,\cdots,n$. 将 $h_i(\lambda)$ 分解成互不相同的一次因式的方幂的乘积:

$$h_i(\lambda)=(\lambda-\lambda_1)^{k_{i1}}(\lambda-\lambda_2)^{k_{i2}}\cdots(\lambda-\lambda_r)^{k_{ir}}\quad(i=1,2,\cdots,n).$$

下证,对于每个相同的一次因式的方幂

$$(\lambda-\lambda_j)^{k_{1j}},(\lambda-\lambda_j)^{k_{2j}},\cdots,(\lambda-\lambda_j)^{k_{nj}}\quad(j=1,2,\cdots,r)$$

在 $\boldsymbol{D}(\lambda)$ 的主对角线上按升幂次排列后,得到的新对角矩阵 $\boldsymbol{D}'(\lambda)$ 与 $\boldsymbol{D}(\lambda)$ 等价. 此时 $\boldsymbol{D}'(\lambda)$ 就是 $\lambda\boldsymbol{E}-\boldsymbol{A}$ 的标准形且所有不为 1 的 $(\lambda-\lambda_j)^{k_{ij}}$ 就是 $\boldsymbol{A}$ 的全部初等因子.

为了方便起见,先对 $\lambda-\lambda_1$ 的方幂进行讨论. 令

$$g_i(\lambda)=(\lambda-\lambda_2)^{k_{i2}}(\lambda-\lambda_3)^{k_{i3}}\cdots(\lambda-\lambda_r)^{k_{in}}\quad(i=1,2,\cdots,n).$$

于是

$$h_i(\lambda)=(\lambda-\lambda_1)^{k_{i1}}g_i(\lambda)\quad(i=1,2,\cdots,n),$$

且每一个 $(\lambda-\lambda_1)^{k_{i1}}$ 都与 $g_j(\lambda)(j=1,2,\cdots,n)$ 互素. 如果有相邻的一对指数 $k_{i1}>k_{i+1,1}$,则在 $\boldsymbol{D}(\lambda)$ 中将 $(\lambda-\lambda_1)^{k_{i1}}$ 与 $(\lambda-\lambda_1)^{k_{i+1,1}}$ 对调位置,而其余因式保持不动. 由引理 5,

$$\begin{pmatrix}(\lambda-\lambda_1)^{k_{i1}}g_i(\lambda)&0\\0&(\lambda-\lambda_1)^{k_{i+1,1}}g_{i+1}(\lambda)\end{pmatrix}$$

与

$$\begin{pmatrix}(\lambda-\lambda_1)^{k_{i+1,1}}g_i(\lambda)&0\\0&(\lambda-\lambda_1)^{k_{i1}}g_{i+1}(\lambda)\end{pmatrix}$$

等价. 从而 $\boldsymbol{D}(\lambda)$ 与对角矩阵

$$\boldsymbol{D}_1(\lambda)=\begin{pmatrix}(\lambda-\lambda_1)^{k_{11}}g_1(\lambda)&&&&&\\&\ddots&&&&\\&&(\lambda-\lambda_1)^{k_{i+1,1}}g_i(\lambda)&&&\\&&&(\lambda-\lambda_1)^{k_{i1}}g_{i+1}(\lambda)&&\\&&&&\ddots&\\&&&&&(\lambda-\lambda_1)^{k_{n1}}g_n(\lambda)\end{pmatrix}$$

等价.

然后对 $D_1(\lambda)$作上述讨论. 如此继续进行,直到对角矩阵主对角线上元素所含 $\lambda-\lambda_1$ 的方幂是按递升幂次排列为止. 再依次对 $\lambda-\lambda_2,\cdots,\lambda-\lambda_r$ 进行同样处理. 最后便得到与 $D(\lambda)$ 等价的对角阵 $D'(\lambda)$. $D'(\lambda)$的主对角线上所含每个相同的一次因式的方幂都是按升幂排列的,$D'(\lambda)$即为 $\lambda E-A$ 的标准形. ▌

例 3 求下列矩阵的初等因子

$$A=\begin{pmatrix}-1 & -2 & 6\\ -1 & 0 & 3\\ -1 & -1 & 4\end{pmatrix}.$$

解 对 $\lambda E-A$ 作初等变换

$$\lambda E-A=\begin{pmatrix}\lambda+1 & 2 & -6\\ 1 & \lambda & -3\\ 1 & 1 & \lambda-4\end{pmatrix}\to\begin{pmatrix}0 & -\lambda+1 & -\lambda^2+3\lambda-2\\ 0 & \lambda-1 & -\lambda+1\\ 1 & 1 & \lambda-4\end{pmatrix}$$

$$\to\begin{pmatrix}1 & 1 & \lambda-4\\ 0 & \lambda-1 & -\lambda+1\\ 0 & -\lambda+1 & -\lambda^2+3\lambda-2\end{pmatrix}\to\begin{pmatrix}1 & 0 & 0\\ 0 & \lambda-1 & -\lambda+1\\ 0 & -\lambda+1 & -\lambda^2+3\lambda-2\end{pmatrix}$$

$$\to\begin{pmatrix}1 & 0 & 0\\ 0 & \lambda-1 & -\lambda+1\\ 0 & 0 & -\lambda^2+2\lambda-1\end{pmatrix}\to\begin{pmatrix}1 & 0 & 0\\ 0 & \lambda-1 & 0\\ 0 & 0 & (\lambda-1)^2\end{pmatrix},$$

所以 A 的初等因子为 $\lambda-1,(\lambda-1)^2$.

9.6 若尔当标准形的理论推导

本节我们用初等因子的理论来解决若尔当标准形的计算问题. 首先计算若尔当标准形的初等因子.

若尔当块

$$J_0=\begin{pmatrix}\lambda_0 & 0 & \cdots & 0 & 0\\ 1 & \lambda_0 & \cdots & 0 & 0\\ \vdots & \vdots & & \vdots & \vdots\\ 0 & 0 & \cdots & \lambda_0 & 0\\ 0 & 0 & \cdots & 1 & \lambda_0\end{pmatrix}_{n\times n},$$

则 J_0 的特征矩阵为

$$\lambda E-J_0=\begin{pmatrix}\lambda-\lambda_0 & 0 & \cdots & 0 & 0\\ -1 & \lambda-\lambda_0 & \cdots & 0 & 0\\ \vdots & \vdots & & \vdots & \vdots\\ 0 & 0 & \cdots & \lambda-\lambda_0 & 0\\ 0 & 0 & \cdots & -1 & \lambda-\lambda_0\end{pmatrix}_{n\times n},$$

故$|\lambda\boldsymbol{E}-\boldsymbol{J}_0|=(\lambda-\lambda_0)^n$,此为$\lambda\boldsymbol{E}-\boldsymbol{J}_0$的$n$阶行列式因子.又因为$\lambda\boldsymbol{E}-\boldsymbol{J}_0$有一个$n-1$阶子式是

$$\begin{vmatrix} -1 & \lambda-\lambda_0 & \cdots & 0 & 0 \\ 0 & -1 & \cdots & 0 & 0 \\ \vdots & \vdots & & \vdots & \vdots \\ 0 & 0 & \cdots & -1 & \lambda-\lambda_0 \\ 0 & 0 & \cdots & 0 & -1 \end{vmatrix}=(-1)^{n-1},$$

所以$\lambda\boldsymbol{E}-\boldsymbol{J}_0$的$n-1$阶行列式因子为1.从而$\lambda\boldsymbol{E}-\boldsymbol{J}_0$的$n-2,\cdots,2,1$阶行列式因子皆为1.因此$\boldsymbol{J}_0$的不变因子是

$$d_1(\lambda)=\cdots=d_{n-1}(\lambda)=1,\quad d_n(\lambda)=(\lambda-\lambda_0)^n.$$

故$\lambda\boldsymbol{E}-\boldsymbol{J}_0$的初等因子是$(\lambda-\lambda_0)^n$.

设若尔当形矩阵

$$\boldsymbol{J}=\begin{pmatrix} \boldsymbol{J}_1 & & & \\ & \boldsymbol{J}_2 & & \\ & & \ddots & \\ & & & \boldsymbol{J}_s \end{pmatrix},$$

其中

$$\boldsymbol{J}_i=\begin{pmatrix} \lambda_i & 0 & \cdots & 0 & 0 \\ 1 & \lambda_i & \cdots & 0 & 0 \\ \vdots & \vdots & & \vdots & \vdots \\ 0 & 0 & \cdots & \lambda_i & 0 \\ 0 & 0 & \cdots & 1 & \lambda_i \end{pmatrix}_{k_i\times k_i}\qquad (i=1,2,\cdots,s).$$

则$\boldsymbol{J}_i$的初等因子是$(\lambda-\lambda_i)^{k_i}(i=1,2,\cdots,s)$,所以$\lambda\boldsymbol{E}-\boldsymbol{J}_i$与矩阵

$$\begin{pmatrix} 1 & & & & \\ & 1 & & & \\ & & \ddots & & \\ & & & 1 & \\ & & & & (\lambda-\lambda_i)^{k_i} \end{pmatrix}$$

等价.于是

$$\lambda\boldsymbol{E}-\boldsymbol{J}=\begin{pmatrix} \lambda\boldsymbol{E}_{k_1}-\boldsymbol{J}_1 & & & \\ & \lambda\boldsymbol{E}_{k_2}-\boldsymbol{J}_2 & & \\ & & \ddots & \\ & & & \lambda\boldsymbol{E}_{k_s}-\boldsymbol{J}_s \end{pmatrix}$$

与矩阵

$$\begin{pmatrix} 1 &&&&&&&&&&&& \\ & \ddots &&&&&&&&&&& \\ && 1 &&&&&&&&&& \\ &&& (\lambda-\lambda_1)^{k_1} &&&&&&&&& \\ &&&& 1 &&&&&&&& \\ &&&&& \ddots &&&&&&& \\ &&&&&& 1 &&&&&& \\ &&&&&&& (\lambda-\lambda_2)^{k_2} &&&&& \\ &&&&&&&& 1 &&&& \\ &&&&&&&&& \ddots &&& \\ &&&&&&&&&& 1 && \\ &&&&&&&&&&& (\lambda-\lambda_s)^{k_s} \end{pmatrix}$$

等价. 由 9.5 节定理 9 得, $\boldsymbol{J}$ 的全部初等因子是

$$(\lambda-\lambda_1)^{k_1}, (\lambda-\lambda_2)^{k_2}, \cdots, (\lambda-\lambda_s)^{k_s}.$$

由此可见,每个若尔当形矩阵的全部初等因子就是由它的全部若尔当块的初等因子构成的. 因为每个若尔当块完全被它的阶数 n 与主对角线上的元素 λ_0 所刻画,而这两个数都反映在它的初等因子 $(\lambda-\lambda_0)^n$ 上. 因此,若尔当块被它的初等因子唯一确定. 从而,若尔当形矩阵除去其中若尔当块的排序外被它的初等因子唯一确定.

定理 10 每一个复矩阵 $\boldsymbol{A}$ 都与一个若尔当形矩阵相似,而这个若尔当形矩阵除去其中若尔当块的排序外是被矩阵 $\boldsymbol{A}$ 唯一决定的,且它称为 $\boldsymbol{A}$ 的若尔当标准形.

证明 若 n 阶复矩阵 $\boldsymbol{A}$ 的全部初等因子为

$$(\lambda-\lambda_1)^{k_1}, (\lambda-\lambda_2)^{k_2}, \cdots, (\lambda-\lambda_s)^{k_s}, \tag{1}$$

其中的 $\lambda_1, \lambda_2, \cdots, \lambda_s$ 可能有相同的,指数 $k_1, k_2, \cdots, k_s$ 也可能有相同的.

每一个初等因子 $(\lambda-\lambda_i)^{k_i}$ 对应于一个若尔当块

$$\boldsymbol{J}_i=\begin{pmatrix} \lambda_i & 0 & \cdots & 0 & 0 \\ 1 & \lambda_i & \cdots & 0 & 0 \\ \vdots & \vdots & & \vdots & \vdots \\ 0 & 0 & \cdots & \lambda_i & 0 \\ 0 & 0 & \cdots & 1 & \lambda_i \end{pmatrix}_{k_i} \quad (i=1,2,\cdots,s).$$

令

$$\boldsymbol{J}=\begin{pmatrix} \boldsymbol{J}_1 &&& \\ & \boldsymbol{J}_2 && \\ && \ddots & \\ &&& \boldsymbol{J}_s \end{pmatrix},$$

则 $\boldsymbol{J}$ 的初等因子也是式(1),即 $\boldsymbol{J}$ 与 $\boldsymbol{A}$ 有相同的初等因子. 故 $\boldsymbol{J}$ 与 $\boldsymbol{A}$ 相似.

如果另一个若尔当形矩阵 $\boldsymbol{J}'$ 与 $\boldsymbol{A}$ 相似,那么 $\boldsymbol{J}'$ 与 $\boldsymbol{A}$ 就有相同的初等因子,因此 $\boldsymbol{J}'$ 与 $\boldsymbol{J}$ 除了其中若尔当块排列的次序外是相同的,由此即得唯一性. ▍

定理 10 换成线性变换的语言即为如下定理：

定理 11 设 σ 是复数域上 n 维线性空间 V 的线性变换，在 V 中必定存在一组基，使得 σ 在这组基下的矩阵是若尔当形矩阵，并且这个若尔当形矩阵除去其中若尔当块的排列次序外是被 σ 唯一确定的.

证明 在 V 中任取一组基 $\boldsymbol{\varepsilon}_1,\boldsymbol{\varepsilon}_2,\cdots,\boldsymbol{\varepsilon}_n$，设 σ 在这组基下的矩阵是 $\boldsymbol{A}$. 由定理 10 知，存在可逆矩阵 $\boldsymbol{T}$，使得 $\boldsymbol{T}^{-1}\boldsymbol{AT}$ 成为若尔当形矩阵. 于是在由

$$(\boldsymbol{\eta}_1,\boldsymbol{\eta}_2,\cdots,\boldsymbol{\eta}_n)=(\boldsymbol{\varepsilon}_1,\boldsymbol{\varepsilon}_2,\cdots,\boldsymbol{\varepsilon}_n)\boldsymbol{T}$$

确定的基 $\boldsymbol{\eta}_1,\boldsymbol{\eta}_2,\cdots,\boldsymbol{\eta}_n$ 下，线性变换 σ 的矩阵就是 $\boldsymbol{T}^{-1}\boldsymbol{AT}$. 由定理 10，唯一性是显然的. ▍

对角矩阵是若尔当形矩阵的特殊情形，它是由一阶若尔当块构成的若尔当形矩阵，因此可得如下定理：

定理 12 复数矩阵 $\mathbf{A}$ 与对角矩阵相似的充分必要条件是 $\mathbf{A}$ 的初等因子全是一次的.

引理 6 n 阶复矩阵 $\mathbf{A}$ 的最小多项式就是 $\mathbf{A}$ 的最后一个不变因子 $d_n(x)$.

证明 设 $\mathbf{A}$ 的若尔当标准形是

$$\boldsymbol{J}=\begin{pmatrix}\boldsymbol{J}_1 & & & \\ & \boldsymbol{J}_2 & & \\ & & \ddots & \\ & & & \boldsymbol{J}_s\end{pmatrix},$$

其中

$$\boldsymbol{J}_i=\begin{pmatrix}\lambda_i & 0 & \cdots & 0 & 0\\ 1 & \lambda_i & \cdots & 0 & 0\\ \vdots & \vdots & & \vdots & \vdots\\ 0 & 0 & \cdots & \lambda_i & 0\\ 0 & 0 & \cdots & 1 & \lambda_i\end{pmatrix}_{k_i\times k_i},\quad \sum_{i=1}^{s}k_i=n.$$

由此可知，$\boldsymbol{J}_i$ 的最小多项式是 $(\lambda-\lambda_i)^{k_i}\ (i=1,2,\cdots,s)$. 由不变因子与初等因子的关系知，$d_n(\lambda)=[(\lambda-\lambda_1)^{k_1},(\lambda-\lambda_2)^{k_2},\cdots,(\lambda-\lambda_s)^{k_s}]$，则 $d_n(\lambda)$ 为 $\mathbf{A}$ 的最小多项式. 又相似矩阵具有相同的最小多项式与不变因子，所以 $\mathbf{A}$ 的最小多项式是它的最后一个不变因子 $d_n(\lambda)$. ▍

定理 13 复数矩阵 $\mathbf{A}$ 与对角矩阵相似的充分必要条件是 $\mathbf{A}$ 的不变因子没有重根.

典例分析

例 1 求矩阵 $\mathbf{A}=\begin{pmatrix}1 & -1 & 2\\ 3 & -3 & 6\\ 2 & -2 & 4\end{pmatrix}$ 的若尔当标准形.

解 $$\lambda\boldsymbol{E}-\mathbf{A}=\begin{pmatrix}\lambda-1 & 1 & -2\\ -3 & \lambda+3 & -6\\ -2 & 2 & \lambda-4\end{pmatrix}\to\begin{pmatrix}\lambda-1 & 1 & -2\\ -\lambda^2-2\lambda & 0 & 2\lambda\\ -2\lambda & 0 & \lambda\end{pmatrix}\to\begin{pmatrix}1 & -2 & \lambda-1\\ 0 & 2\lambda & -\lambda^2-2\lambda\\ 0 & \lambda & -2\lambda\end{pmatrix}$$

$$\to\begin{pmatrix}1 & 0 & 0\\ 0 & 2\lambda & -\lambda^2-2\lambda\\ 0 & \lambda & -2\lambda\end{pmatrix}\to\begin{pmatrix}1 & 0 & 0\\ 0 & 0 & -\lambda^2+2\lambda\\ 0 & \lambda & -2\lambda\end{pmatrix}\to\begin{pmatrix}1 & 0 & 0\\ 0 & 0 & -\lambda^2+2\lambda\\ 0 & \lambda & 0\end{pmatrix}$$

$$\to\begin{pmatrix}1&0&0\\0&\lambda&0\\0&0&\lambda(\lambda-2)\end{pmatrix}.$$

所以 **A** 的初等因子为 $\lambda,\lambda,\lambda-2$. 故 **A** 的若尔当标准形为

$$\begin{pmatrix}0&0&0\\1&0&0\\0&0&2\end{pmatrix}.$$

例 2 已知 12 阶矩阵 **A** 的不变因子为

$$\underbrace{1,1,\cdots,1}_{9个},(\lambda-1)^2,(\lambda-1)^2(\lambda+1),(\lambda-1)^2(\lambda+1)(\lambda^2+1)^2,$$

求 **A** 的若尔当标准形.

解 依题意,**A** 的初等因子为

$$(\lambda-1)^2,(\lambda-1)^2,(\lambda-1)^2,(\lambda+1),(\lambda+1),(\lambda-\mathrm{i})^2,(\lambda+\mathrm{i})^2.$$

所以 **A** 的若尔当标准形为

$$\begin{pmatrix}1&0&&&&&&&&&&\\1&1&&&&&&&&&&\\&&1&0&&&&&&&&\\&&1&1&&&&&&&&\\&&&&1&0&&&&&&\\&&&&1&1&&&&&&\\&&&&&&-1&&&&&\\&&&&&&&-1&&&&\\&&&&&&&&\mathrm{i}&&&\\&&&&&&&&1&\mathrm{i}&&\\&&&&&&&&&&-\mathrm{i}&\\&&&&&&&&&&1&-\mathrm{i}\end{pmatrix}.$$

9.7 矩阵的有理标准形

前面证明了复数域上任一矩阵 **A** 可相似于一个若尔当形矩阵. 本节将对任意数域 P 来讨论类似的问题.

定义 10 对数域 P 上的一个多项式

$$d(\lambda)=\lambda^n+a_1\lambda^{n-1}+\cdots+a_n,$$

称矩阵

$$A=\begin{pmatrix}0&0&\cdots&0&-a_n\\1&0&\cdots&0&-a_{n-1}\\0&1&\cdots&0&-a_{n-2}\\\vdots&\vdots&&\vdots&\vdots\\0&0&\cdots&1&-a_1\end{pmatrix}\tag{1}$$

为多项式 $d(\lambda)$ 的**友矩阵**.

命题 多项式 $d(\lambda)=\lambda^n+a_1\lambda^{n-1}+\cdots+a_n$ 的友矩阵 $\boldsymbol{A}$ 的不变因子($\lambda\boldsymbol{E}-\boldsymbol{A}$ 的不变因子)是 $\underbrace{1,1,\cdots,1}_{n-1个},d(\lambda)$.

定义 11 下列准对角矩阵

$$\boldsymbol{A}=\begin{pmatrix}\boldsymbol{A}_1&&&\\&\boldsymbol{A}_2&&\\&&\ddots&\\&&&\boldsymbol{A}_s\end{pmatrix},\tag{2}$$

其中 $\boldsymbol{A}_i$ 分别是数域 P 上某些多项式 $d_i(\lambda)(i=1,2,\cdots,s)$ 的友矩阵,且满足 $d_1(\lambda)\mid d_2(\lambda)\mid\cdots\mid d_s(\lambda)$,则称 $\boldsymbol{A}$ 为 P 上的一个**有理标准形矩阵**.

引理 7 矩阵(2)中矩阵 $\boldsymbol{A}$ 的不变因子为 $1,1,\cdots,1,d_1(\lambda),d_2(\lambda),\cdots,d_s(\lambda)$,其中 1 的个数等于 $d_1(\lambda),d_2(\lambda),\cdots,d_s(\lambda)$ 的次数之和 n 减去 s.

证明

$$\lambda\boldsymbol{E}-\boldsymbol{A}=\begin{pmatrix}\lambda\boldsymbol{E}_1-\boldsymbol{A}_1&&&\\&\lambda\boldsymbol{E}_2-\boldsymbol{A}_2&&\\&&\ddots&\\&&&\lambda\boldsymbol{E}_s-\boldsymbol{A}_s\end{pmatrix}.$$

由于每个 $\lambda\boldsymbol{E}_i-\boldsymbol{A}_i$ 的不变因子为 $1,\cdots,1,d_i(\lambda)$,故可用初等变换把它变成

$$\begin{pmatrix}1&&&\\&1&&\\&&\ddots&\\&&&d_i(\lambda)\end{pmatrix},$$

进而用初等变换将 $\lambda\boldsymbol{E}-\boldsymbol{A}$ 变成

$$\begin{pmatrix} 1 &&&&&&&&&&&& \\ & 1 &&&&&&&&&&& \\ && \ddots &&&&&&&&&& \\ &&& d_1(\lambda) &&&&&&&&& \\ &&&& 1 &&&&&&&& \\ &&&&& 1 &&&&&&& \\ &&&&&& \ddots &&&&&& \\ &&&&&&& d_2(\lambda) &&&&& \\ &&&&&&&& \ddots &&&& \\ &&&&&&&&& 1 &&& \\ &&&&&&&&&& 1 && \\ &&&&&&&&&&& \ddots & \\ &&&&&&&&&&&& d_s(\lambda) \end{pmatrix}. \tag{3}$$

对 λ-矩阵(3)再进行一些行或列互换，则可变成

$$\begin{pmatrix} 1 &&&&&& \\ & 1 &&&&& \\ && \ddots &&&& \\ &&& d_1(\lambda) &&& \\ &&&& d_2(\lambda) && \\ &&&&& \ddots & \\ &&&&&& d_s(\lambda) \end{pmatrix}.$$

由于 $d_1(\lambda)|d_2(\lambda)|\cdots|d_s(\lambda)$，它是 $\lambda\boldsymbol{E}-\boldsymbol{A}$ 的标准形，$1,1,\cdots,1,d_1(\lambda),d_2(\lambda),\cdots,d_s(\lambda)$是它的不变因子. ▍

定理 14 数域 P 上 $n\times n$ 方阵 $\boldsymbol{A}$ 在 P 上相似于唯一的一个有理标准形，称为 $\boldsymbol{A}$ 的有理标准形.

证明 设 $\boldsymbol{A}$ 的($\lambda\boldsymbol{E}-\boldsymbol{A}$ 的)不变因子为 $1,1,\cdots,1,d_1(\lambda),d_2(\lambda),\cdots,d_s(\lambda)$，其中 $d_1(\lambda)$，$d_2(\lambda),\cdots,d_s(\lambda)$的次数$\geqslant 1$，且 1 的个数等于 $d_1(\lambda),d_2(\lambda),\cdots,d_s(\lambda)$的次数之和减去 s. 设 $d_i(\lambda)$的友矩阵是 $\boldsymbol{B}_i$，则作

$$\boldsymbol{B}=\begin{pmatrix} \boldsymbol{B}_1 &&& \\ & \boldsymbol{B}_2 && \\ && \ddots & \\ &&& \boldsymbol{B}_s \end{pmatrix}.$$

由引理 7 得，$\boldsymbol{B}$ 的不变因子与 $\boldsymbol{A}$ 的不变因子完全相同，故 $\boldsymbol{B}$ 相似于 $\boldsymbol{A}$，即 $\boldsymbol{B}$ 是 $\boldsymbol{A}$ 的有理标准形.

又 $\boldsymbol{B}$ 是由 $\boldsymbol{A}$ 的不变因子唯一确定的，故 $\boldsymbol{B}$ 由 $\boldsymbol{A}$ 唯一决确定. ▍

上述结论变成线性变换形式的结论为如下定理：

定理 15 设 σ 是数域 P 上 n 维线性空间 V 的线性变换，则在 V 中存在一组基，使得 σ

在该基下的矩阵是有理标准形,且这个有理标准形由 σ 唯一确定,称为 σ 的有理标准形.

例 1 设 3×3 矩阵 $\boldsymbol{A}$ 的初等因子为 $(\lambda-1)^2,\lambda-1$,则它的不变因子是 $1,\lambda-1,(\lambda-1)^2$,它的有理标准形为

$$\begin{pmatrix}1&0&0\\0&0&-1\\0&1&2\end{pmatrix}.$$

例 2 求矩阵 $\boldsymbol{A}=\begin{pmatrix}0&1&1\\1&0&1\\1&1&0\end{pmatrix}$ 的有理标准形.

解 因为

$$\lambda\boldsymbol{E}-\boldsymbol{A}=\begin{pmatrix}\lambda&-1&-1\\-1&\lambda&-1\\-1&-1&\lambda\end{pmatrix},$$

所以 $D_1(\lambda)=1,D_2(\lambda)=\lambda+1,D_3(\lambda)=(\lambda-2)(\lambda+1)^2$,则有

$$d_1(\lambda)=1,\quad d_2(\lambda)=\lambda+1,\quad d_3(\lambda)=\lambda^2-\lambda-2.$$

因此,$\boldsymbol{A}$ 的有理标准形为 $\begin{pmatrix}-1&0&0\\0&0&2\\0&1&1\end{pmatrix}$.

知识脉络 范例解析 测一测 小百科

习 题

1. 化下列 λ-矩阵成标准形:

(1) $\begin{pmatrix}\lambda^3-\lambda&2\lambda^2\\\lambda^2+5\lambda&3\lambda\end{pmatrix}$;　　(2) $\begin{pmatrix}1-\lambda&\lambda^2&\lambda\\\lambda&\lambda&-\lambda\\1+\lambda^2&\lambda^2&-\lambda^2\end{pmatrix}$;

(3) $\begin{pmatrix}\lambda^2+\lambda&0&0\\0&\lambda&0\\0&0&(\lambda+1)^2\end{pmatrix}$;　　(4) $\begin{pmatrix}0&0&0&\lambda^2\\0&0&\lambda^2-\lambda&0\\0&(\lambda-1)^2&0&0\\\lambda^2-\lambda&0&0&0\end{pmatrix}$;

(5) $\begin{pmatrix} 3\lambda^2+2\lambda-3 & 2\lambda-1 & \lambda^2+2\lambda-3 \\ 4\lambda^2+3\lambda-5 & 3\lambda-2 & \lambda^2+3\lambda-4 \\ \lambda^2+\lambda-4 & \lambda-2 & \lambda-1 \end{pmatrix}$；(6) $\begin{pmatrix} 2\lambda & 3 & 0 & 1 & \lambda \\ 4\lambda & 3\lambda+6 & 0 & \lambda+2 & 2\lambda \\ 0 & 6\lambda & \lambda & 2\lambda & 0 \\ \lambda-1 & 0 & \lambda-1 & 0 & 0 \\ 3\lambda-3 & 1-\lambda & 2\lambda-2 & 0 & 0 \end{pmatrix}$.

2. 求下列 λ-矩阵的不变因子、初等因子：

(1) $\begin{pmatrix} \lambda & 1 & 0 \\ 0 & 1 & 2 \\ 0 & 0 & \lambda-1 \end{pmatrix}$； (2) $\begin{pmatrix} \lambda & -1 & 0 & 0 \\ 0 & \lambda & -1 & 0 \\ 0 & 0 & \lambda & -1 \\ 5 & 4 & 3 & \lambda+2 \end{pmatrix}$；

(3) $\begin{pmatrix} \lambda+\alpha & \beta & 1 & 0 \\ -\beta & \lambda+\alpha & 0 & 1 \\ 0 & 0 & \lambda+\alpha & \beta \\ 0 & 0 & -\beta & \lambda+\alpha \end{pmatrix}$； (4) $\begin{pmatrix} 0 & 0 & 1 & \lambda+2 \\ 0 & 1 & \lambda+2 & 0 \\ 1 & \lambda+2 & 0 & 0 \\ \lambda+2 & 0 & 0 & 0 \end{pmatrix}$；

(5) $\begin{pmatrix} \lambda+1 & 0 & 0 & 0 \\ 0 & \lambda+2 & 0 & 0 \\ 0 & 0 & \lambda-1 & 0 \\ 0 & 0 & 0 & \lambda-2 \end{pmatrix}$.

3. 求下列矩阵的若尔当标准形：

(1) $\begin{pmatrix} 2 & 3 & 2 \\ 1 & 8 & 2 \\ -2 & -14 & -3 \end{pmatrix}$； (2) $\begin{pmatrix} 1 & -3 & 3 \\ -2 & -6 & 13 \\ -1 & -4 & 8 \end{pmatrix}$；

(3) $\begin{pmatrix} -1 & -2 & 6 \\ -1 & 0 & 3 \\ -1 & -1 & 4 \end{pmatrix}$； (4) $\begin{pmatrix} -1 & 1 & 0 \\ -4 & 3 & 0 \\ 1 & 0 & 2 \end{pmatrix}$；

(5) $\begin{pmatrix} 1 & 1 & -1 \\ -3 & -3 & 3 \\ -2 & -2 & 2 \end{pmatrix}$； (6) $\begin{pmatrix} 1 & 2 & 0 \\ 0 & 2 & 0 \\ -2 & -2 & -1 \end{pmatrix}$；

(7) $\begin{pmatrix} 4 & 5 & -2 \\ -2 & -2 & 1 \\ -1 & -1 & 1 \end{pmatrix}$； (8) $\begin{pmatrix} 3 & 7 & -3 \\ -2 & -5 & 2 \\ -4 & -10 & 3 \end{pmatrix}$；

(9) $\begin{pmatrix} 3 & 1 & 0 & 0 \\ -4 & -1 & 0 & 0 \\ 7 & 1 & 2 & 1 \\ -7 & -6 & -1 & 0 \end{pmatrix}$； (10) $\begin{pmatrix} 1 & 2 & 3 & 4 \\ 0 & 1 & 2 & 3 \\ 0 & 0 & 1 & 2 \\ 0 & 0 & 0 & 1 \end{pmatrix}$；

(11) $\begin{pmatrix} 1 & -3 & 0 & 3 \\ -2 & 6 & 0 & 13 \\ 0 & -3 & 1 & 3 \\ -1 & 2 & 0 & 8 \end{pmatrix}$；　　(12) $\begin{pmatrix} 0 & 1 & 0 & \cdots & 0 & 0 \\ 0 & 0 & 1 & \cdots & 0 & 0 \\ \vdots & \vdots & \vdots & & \vdots & \vdots \\ 0 & 0 & 0 & \cdots & 0 & 1 \\ 1 & 0 & 0 & \cdots & 0 & 0 \end{pmatrix}$.

4. 证明：

$$\begin{pmatrix} \lambda & 0 & 0 & \cdots & 0 & a_n \\ -1 & \lambda & 0 & \cdots & 0 & a_{n-1} \\ 0 & -1 & \lambda & \cdots & 0 & a_{n-2} \\ \vdots & \vdots & \vdots & & \vdots & \vdots \\ 0 & 0 & 0 & \cdots & \lambda & a_2 \\ 0 & 0 & 0 & \cdots & -1 & \lambda+a_1 \end{pmatrix}$$

的不变因子是 $\overbrace{1,1,\cdots,1}^{n-1个}, f(\lambda)$，其中 $f(\lambda)=\lambda^n+a_1\lambda^{n-1}+\cdots+a_{n-1}\lambda+a_n$.

5. 设 $\boldsymbol{A}$ 是数域 P 上一个 $n\times n$ 矩阵，证明：$\boldsymbol{A}$ 与 $\boldsymbol{A}'$ 相似.

6. 设 $\varepsilon_1,\varepsilon_2,\cdots,\varepsilon_n$ 是 1 的不同 n 次单位根，证明：$\boldsymbol{A}=\begin{pmatrix} \varepsilon_1 & & & \\ & \varepsilon_2 & & \\ & & \ddots & \\ & & & \varepsilon_n \end{pmatrix}$ 相似于 $\boldsymbol{B}=$
$\begin{pmatrix} 0 & 1 & 0 & 0 & \cdots & 0 \\ 0 & 0 & 1 & 0 & \cdots & 0 \\ 0 & 0 & 0 & 1 & \cdots & 0 \\ \vdots & \vdots & \vdots & \vdots & & \vdots \\ 0 & 0 & 0 & 0 & \cdots & 1 \\ 1 & 0 & 0 & 0 & \cdots & 0 \end{pmatrix}$.

补充题

1. 矩阵 $\boldsymbol{A}$ 的特征多项式为 $f(\lambda)=(\lambda-2)^3(\lambda-3)^2$，若不计若尔当块的排列顺序，求 $\boldsymbol{A}$ 的所有可能的若尔当标准形.

2. 设矩阵 $\boldsymbol{A}=\begin{pmatrix} 1 & 2 & 0 & -a-1 \\ 1 & 1 & 0 & 0 \\ 0 & 1 & 1 & a+2 \\ 0 & 0 & 1 & 1 \end{pmatrix}$ 在复数域上不可对角化.(1) 求 a 的值；(2) 对每个 a，求出 $\boldsymbol{A}$ 的若尔当标准形.

3. 设 $\boldsymbol{A}$ 是一个 n 阶复矩阵且 $R(\boldsymbol{A})=1$，$\boldsymbol{E}$ 是 n 阶单位矩阵，求 $\boldsymbol{A}-\boldsymbol{E}$ 的若尔当标准形.

第 10 章

欧几里得空间

本章在实数域上的线性空间中引入内积的概念,得到欧氏空间.进而引进度量、标准正交基等概念,在此基础上研究了保内积变换——正交变换,对称变换,从而进一步研究了关于二次型的正定性的判定.

10.1 向量的内积

一、欧氏空间的定义

定义 1　设 V 是实数域 $\mathbf{R}$ 上一个线性空间,在 V 上定义了一个二元实函数,称为内积,记作 $(\boldsymbol{\alpha},\boldsymbol{\beta})$,具有以下性质:

(1) $(\boldsymbol{\alpha},\boldsymbol{\beta})=(\boldsymbol{\beta},\boldsymbol{\alpha})$;

(2) $(k\boldsymbol{\alpha},\boldsymbol{\beta})=k(\boldsymbol{\alpha},\boldsymbol{\beta})$;

(3) $(\boldsymbol{\alpha}+\boldsymbol{\beta},\boldsymbol{\gamma})=(\boldsymbol{\alpha},\boldsymbol{\gamma})+(\boldsymbol{\beta},\boldsymbol{\gamma})$;

(4) $(\boldsymbol{\alpha},\boldsymbol{\alpha})\geqslant 0$,当且仅当 $\boldsymbol{\alpha}=\mathbf{0}$ 时,$(\boldsymbol{\alpha},\boldsymbol{\alpha})-0$.

这里 $\boldsymbol{\alpha},\boldsymbol{\beta},\boldsymbol{\gamma}$ 是 V 中任意的向量,k 是任意实数.这样的线性空间 V 称为对这个内积的**欧几里得**空间,简称**欧氏空间**.

欧氏空间 V 是实数域上的线性空间,V 除向量的线性运算外,还有“内积”运算.

例 1　在线性空间 $\mathbf{R}^n$ 中,对于向量 $\boldsymbol{\alpha}=(a_1,a_2,\cdots,a_n)$,$\boldsymbol{\beta}=(b_1,b_2,\cdots,b_n)$,定义内积

$$(\boldsymbol{\alpha},\boldsymbol{\beta})=a_1b_1+a_2b_2+\cdots+a_nb_n.$$

则该式满足定义中的条件,这样 $\mathbf{R}^n$ 就成为一个欧氏空间.以后称 $\mathbf{R}^n$ 为欧氏空间,其内积均按上述方法定义(除了有特别说明的情况).

当 $n=3$ 时,该式就是几何空间中的向量的内积在直角坐标系中的坐标表达式.

例 2　在 $\mathbf{R}^n$ 里,对于向量 $\boldsymbol{\alpha}=(a_1,a_2,\cdots,a_n)$,$\boldsymbol{\beta}=(b_1,b_2,\cdots,b_n)$,定义内积

$$(\boldsymbol{\alpha},\boldsymbol{\beta})=a_1b_1+2a_2b_2+\cdots+na_nb_n.$$

该内积满足定义中的条件,这样 $\mathbf{R}^n$ 也成为一个欧氏空间.

对同一个线性空间可以引入不同的内积,使其成为不同的欧氏空间.

例 3　在闭区间 $[a,b]$ 上的所有实连续函数组成的空间 $C[a,b]$ 中,对于函数 $f(x)$,$g(x)$,定义内积

$$(f(x),g(x))=\int_a^b f(x)g(x)\mathrm{d}x.$$

对于该内积,$C[a,b]$ 构成一个欧氏空间.

同样地,线性空间 $\mathbf{R}[x]$,$\mathbf{R}[x]_n$ 对于该内积也构成欧氏空间.

例 4 设 V 和 U 都是欧氏空间,U 上指定了一个内积$(\ ,\ )_1$. 设 σ 是 V 到 U 的一个线性映射,且 σ 是单射. 对于 V 中任意两个向量 $\boldsymbol{\alpha},\boldsymbol{\beta}$,规定

$$(\boldsymbol{\alpha},\boldsymbol{\beta})\overset{\text{def}}{=}(\sigma(\boldsymbol{\alpha}),\sigma(\boldsymbol{\beta}))_1,$$

证明:$(\ ,\ )$是 V 上的一个内积.

证明 任取 $\boldsymbol{\alpha}_1,\boldsymbol{\alpha}_2,\boldsymbol{\beta}\in V,k_1,k_2\in\mathbf{R}$,有

$$\begin{aligned}(k_1\boldsymbol{\alpha}_1+k_2\boldsymbol{\alpha}_2,\boldsymbol{\beta})&=(\sigma(k_1\boldsymbol{\alpha}_1+k_2\boldsymbol{\alpha}_2),\sigma(\boldsymbol{\beta}))_1\\&=k_1(\sigma(\boldsymbol{\alpha}_1),\sigma(\boldsymbol{\beta}))_1+k_2(\sigma(\boldsymbol{\alpha}_2),\sigma(\boldsymbol{\beta}))_1\\&=k_1(\boldsymbol{\alpha}_1,\boldsymbol{\beta})+k_2(\boldsymbol{\alpha}_2,\boldsymbol{\beta}),\end{aligned}$$

$$(\boldsymbol{\alpha},\boldsymbol{\beta})=(\sigma(\boldsymbol{\alpha}),\sigma(\boldsymbol{\beta}))_1=(\sigma(\boldsymbol{\beta}),\sigma(\boldsymbol{\alpha}))_1=(\boldsymbol{\beta},\boldsymbol{\alpha}),$$

$$(\boldsymbol{\alpha},\boldsymbol{\alpha})=(\sigma(\boldsymbol{\alpha}),\sigma(\boldsymbol{\alpha}))_1\geqslant 0.$$

显然$(\boldsymbol{\alpha},\boldsymbol{\alpha})=0$,当且仅当$(\sigma(\boldsymbol{\alpha}),\sigma(\boldsymbol{\alpha}))_1=0$,当且仅当 $\sigma(\boldsymbol{\alpha})=0$. 因为 σ 是单射,所以$(\boldsymbol{\alpha},\boldsymbol{\alpha})=0$ 当且仅当 $\boldsymbol{\alpha}=\mathbf{0}$. 故$(\ ,\ )$是 V 上的一个内积.

二、欧氏空间的基本性质

下面我们在欧氏空间中引入向量的长度与夹角等度量的概念.

定义 2 设 $\boldsymbol{\alpha}$ 是欧氏空间 V 中的一个向量,非负实数$\sqrt{(\boldsymbol{\alpha},\boldsymbol{\alpha})}$称为向量 $\boldsymbol{\alpha}$ 的**长度**或**模**,记为$|\boldsymbol{\alpha}|$.

由内积的性质可知,$|\boldsymbol{\alpha}|=0$ 当且仅当 $\boldsymbol{\alpha}=\mathbf{0}$. $|\boldsymbol{\alpha}|=1$ 时,称 $\boldsymbol{\alpha}$ 为单位向量.

将非零向量 $\boldsymbol{\alpha}$ 变成单位向量$\dfrac{1}{|\boldsymbol{\alpha}|}\boldsymbol{\alpha}$ 称为把向量 $\boldsymbol{\alpha}$ 单位化.

空间解析几何中,两个非零向量 $\boldsymbol{\alpha},\boldsymbol{\beta}$ 的夹角$\langle\boldsymbol{\alpha},\boldsymbol{\beta}\rangle$的余弦可以通过内积来计算:

$$\cos\langle\boldsymbol{\alpha},\boldsymbol{\beta}\rangle=\frac{(\boldsymbol{\alpha},\boldsymbol{\beta})}{|\boldsymbol{\alpha}||\boldsymbol{\beta}|}.$$

类比这个公式,为了在一般欧氏空间中引入夹角的概念,我们需要首先证明:

$$|(\boldsymbol{\alpha},\boldsymbol{\beta})|\leqslant|\boldsymbol{\alpha}||\boldsymbol{\beta}|.$$

定理 1 在欧氏空间 V 中,对于任意的向量 $\boldsymbol{\alpha},\boldsymbol{\beta}$,有

$$|(\boldsymbol{\alpha},\boldsymbol{\beta})|\leqslant|\boldsymbol{\alpha}||\boldsymbol{\beta}|.\tag{1}$$

当且仅当 $\boldsymbol{\alpha},\boldsymbol{\beta}$ 线性相关时,等号成立.

证明 若 $\boldsymbol{\beta}=\mathbf{0}$,则$|(\boldsymbol{\alpha},\mathbf{0})|=|0(\boldsymbol{\alpha},\mathbf{0})|=0=|\boldsymbol{\alpha}||\mathbf{0}|$.

若 $\boldsymbol{\beta}\neq\mathbf{0}$,对 $\forall t\in\mathbf{R}$,作向量 $\boldsymbol{\gamma}=\boldsymbol{\alpha}+t\boldsymbol{\beta}$,则

$$0\leqslant(\boldsymbol{\gamma},\boldsymbol{\gamma})=(\boldsymbol{\alpha}+t\boldsymbol{\beta},\boldsymbol{\alpha}+t\boldsymbol{\beta})\quad(\forall t\in\mathbf{R}),$$

即

$$(\boldsymbol{\alpha},\boldsymbol{\alpha})+2t(\boldsymbol{\alpha},\boldsymbol{\beta})+t^2(\boldsymbol{\beta},\boldsymbol{\beta})\geqslant 0\quad(\forall t\in\mathbf{R}).$$

取 $t=-\dfrac{(\boldsymbol{\alpha},\boldsymbol{\beta})}{(\boldsymbol{\beta},\boldsymbol{\beta})}$,代入上式,得

$$(\boldsymbol{\alpha},\boldsymbol{\alpha})-\frac{(\boldsymbol{\alpha},\boldsymbol{\beta})^2}{(\boldsymbol{\beta},\boldsymbol{\beta})}\geqslant 0.$$

由此得出

$$|(\boldsymbol{\alpha},\boldsymbol{\beta})|\leqslant|\boldsymbol{\alpha}||\boldsymbol{\beta}|.$$

当 $\boldsymbol{\alpha},\boldsymbol{\beta}$ 线性相关时，则 $\boldsymbol{\beta}=\mathbf{0}$ 或 $\boldsymbol{\alpha}=k\boldsymbol{\beta}$ 对某个 $k\in\mathbf{R}$，显然等号成立.

反之，若 $|(\boldsymbol{\alpha},\boldsymbol{\beta})|=|\boldsymbol{\alpha}||\boldsymbol{\beta}|$，由上述证明过程知，$\boldsymbol{\beta}=\mathbf{0}$ 或者取 $t=-\dfrac{(\boldsymbol{\alpha},\boldsymbol{\beta})}{|\boldsymbol{\beta}|^2}$，则

$$\boldsymbol{\gamma}=\boldsymbol{\alpha}-\frac{(\boldsymbol{\alpha},\boldsymbol{\beta})}{(\boldsymbol{\beta},\boldsymbol{\beta})}\boldsymbol{\beta}=\mathbf{0},$$

即 $\boldsymbol{\alpha},\boldsymbol{\beta}$ 线性相关. ▍

不等式(1)称为柯西-布涅柯夫斯基不等式.

对于例 1 的空间 $\mathbf{R}^n$，式(1)就是柯西(Cauchy)不等式：

$$|a_1b_1+a_2b_2+\cdots+a_nb_n|\leqslant\sqrt{a_1^2+a_2{}^2+\cdots+a_n{}^2}\sqrt{b_1^2+b_2{}^2+\cdots+b_n{}^2}.$$

对于例 3 的空间 $C[a,b]$，式(1)就是不等式

$$\left|\int_a^b f(x)g(x)\mathrm{d}x\right|\leqslant\left(\int_a^b f^2(x)\mathrm{d}x\right)^{\frac{1}{2}}\left(\int_a^b g^2(x)\mathrm{d}x\right)^{\frac{1}{2}}.$$

定义 3　在欧氏空间 V 中，非零向量 $\boldsymbol{\alpha},\boldsymbol{\beta}$ 的**夹角** $\langle\boldsymbol{\alpha},\boldsymbol{\beta}\rangle$ 规定为

$$\langle\boldsymbol{\alpha},\boldsymbol{\beta}\rangle=\arccos\frac{(\boldsymbol{\alpha},\boldsymbol{\beta})}{|\boldsymbol{\alpha}||\boldsymbol{\beta}|}\quad(0\leqslant\langle\boldsymbol{\alpha},\boldsymbol{\beta}\rangle\leqslant\pi).$$

根据柯西-布涅柯夫斯基不等式，有如下命题：

命题 1(三角形不等式)　在欧氏空间 V 中，有

$$|\boldsymbol{\alpha}+\boldsymbol{\beta}|\leqslant|\boldsymbol{\alpha}|+|\boldsymbol{\beta}|\quad(\forall\,\boldsymbol{\alpha},\boldsymbol{\beta}\in V).$$

证明　因为

$$|\boldsymbol{\alpha}+\boldsymbol{\beta}|^2=(\boldsymbol{\alpha}+\boldsymbol{\beta},\boldsymbol{\alpha}+\boldsymbol{\beta})=|\boldsymbol{\alpha}|^2+2(\boldsymbol{\alpha},\boldsymbol{\beta})+|\boldsymbol{\beta}|^2\leqslant|\boldsymbol{\alpha}|^2+2|\boldsymbol{\alpha}||\boldsymbol{\beta}|+|\boldsymbol{\beta}|^2=(|\boldsymbol{\alpha}|+|\boldsymbol{\beta}|)^2,$$

所以

$$|\boldsymbol{\alpha}+\boldsymbol{\beta}|\leqslant|\boldsymbol{\alpha}|+|\boldsymbol{\beta}|\quad(\forall\,\boldsymbol{\alpha},\boldsymbol{\beta}\in V).$$ ▍

定义 4　在欧氏空间 V 中，如果向量 $\boldsymbol{\alpha},\boldsymbol{\beta}$ 的内积为零，即 $(\boldsymbol{\alpha},\boldsymbol{\beta})=0$，则称向量 $\boldsymbol{\alpha},\boldsymbol{\beta}$ 正交或互相垂直，记作 $\boldsymbol{\alpha}\perp\boldsymbol{\beta}$.

$\forall\,\boldsymbol{\beta}$，有 $(\mathbf{0},\boldsymbol{\beta})=0(\mathbf{0},\boldsymbol{\beta})=0$，因此零向量与 V 中任意向量正交.

由定义 4 知，只有零向量才与自身正交.

两个非零向量正交的充要条件是它们的夹角为 $\dfrac{\pi}{2}$.

命题 2(勾股定理)　设 V 是欧氏空间，$\forall\,\boldsymbol{\alpha},\boldsymbol{\beta}\in V$，$\boldsymbol{\alpha}\perp\boldsymbol{\beta}$ 的充分必要条件是

$$|\boldsymbol{\alpha}+\boldsymbol{\beta}|^2=|\boldsymbol{\alpha}|^2+|\boldsymbol{\beta}|^2.$$

证明　因为

$$|\boldsymbol{\alpha}+\boldsymbol{\beta}|^2=(\boldsymbol{\alpha}+\boldsymbol{\beta},\boldsymbol{\alpha}+\boldsymbol{\beta})=|\boldsymbol{\alpha}|^2+2(\boldsymbol{\alpha},\boldsymbol{\beta})+|\boldsymbol{\beta}|^2,$$

所以

$$|\boldsymbol{\alpha}+\boldsymbol{\beta}|^2=|\boldsymbol{\alpha}|^2+|\boldsymbol{\beta}|^2\Leftrightarrow(\boldsymbol{\alpha},\boldsymbol{\beta})=0\Leftrightarrow\boldsymbol{\alpha}\perp\boldsymbol{\beta}.$$ ▍

推广　如果向量 $\boldsymbol{\alpha}_1,\boldsymbol{\alpha}_2,\cdots,\boldsymbol{\alpha}_m$ 两两正交，那么

$$|\boldsymbol{\alpha}_1+\boldsymbol{\alpha}_2+\cdots+\boldsymbol{\alpha}_m|^2=|\boldsymbol{\alpha}_1|^2+|\boldsymbol{\alpha}_2|^2+\cdots+|\boldsymbol{\alpha}_m|^2.$$

命题 3(余弦定理) 设 V 是欧氏空间,非零向量 $\boldsymbol{\alpha},\boldsymbol{\beta},\boldsymbol{\gamma}\in V,\boldsymbol{\gamma}=\boldsymbol{\beta}-\boldsymbol{\alpha}$,则

$$|\boldsymbol{\gamma}|^2=|\boldsymbol{\alpha}|^2+|\boldsymbol{\beta}|^2-2|\boldsymbol{\alpha}||\boldsymbol{\beta}|\cos\langle\boldsymbol{\alpha},\boldsymbol{\beta}\rangle.$$

命题 4 在欧氏空间 V 中,如果向量 $\boldsymbol{\beta}$ 与向量 $\boldsymbol{\alpha}_1,\boldsymbol{\alpha}_2,\cdots,\boldsymbol{\alpha}_r$ 中的每一个正交,则 $\boldsymbol{\beta}$ 与向量 $\boldsymbol{\alpha}_1,\boldsymbol{\alpha}_2,\cdots,\boldsymbol{\alpha}_r$ 的任意线性组合正交.

小贴士

向量 $\boldsymbol{\alpha},\boldsymbol{\beta}$ 的距离定义为长度 $|\boldsymbol{\alpha}-\boldsymbol{\beta}|$,记为 $d(\boldsymbol{\alpha},\boldsymbol{\beta})$. 易得距离具有性质:$\forall\boldsymbol{\alpha},\boldsymbol{\beta},\boldsymbol{\gamma}\in V$,

① $d(\boldsymbol{\alpha},\boldsymbol{\beta})=d(\boldsymbol{\beta},\boldsymbol{\alpha})$;

② $d(\boldsymbol{\alpha},\boldsymbol{\beta})\geqslant 0$,当且仅当 $\boldsymbol{\alpha}=\boldsymbol{\beta}$ 时等号才成立;

③ $d(\boldsymbol{\alpha},\boldsymbol{\beta})\leqslant d(\boldsymbol{\alpha},\boldsymbol{\gamma})+d(\boldsymbol{\gamma},\boldsymbol{\beta})$.

例 5 已知 $\boldsymbol{\alpha}=(2,1,3,2),\boldsymbol{\beta}=(1,2,-2,1)$,在通常的内积定义下,求 $|\boldsymbol{\alpha}|,(\boldsymbol{\alpha},\boldsymbol{\beta}),\langle\boldsymbol{\alpha},\boldsymbol{\beta}\rangle,|\boldsymbol{\alpha}-\boldsymbol{\beta}|$.

解

$$|\boldsymbol{\alpha}|=\sqrt{(\boldsymbol{\alpha},\boldsymbol{\alpha})}=\sqrt{2^2+1^2+3^2+2^2}=\sqrt{18}=3\sqrt{2},$$
$$(\boldsymbol{\alpha},\boldsymbol{\beta})=2\times1+1\times2+3\times(-2)+2\times1=0,$$

所以 $\langle\boldsymbol{\alpha},\boldsymbol{\beta}\rangle=\dfrac{\pi}{2}$.

因为 $\boldsymbol{\alpha}-\boldsymbol{\beta}=(1,-1,5,1)$,所以 $|\boldsymbol{\alpha}-\boldsymbol{\beta}|=\sqrt{1^2+(-1)^2+5^2+1^2}=\sqrt{28}=2\sqrt{7}$.

三、n 维欧氏空间中内积的矩阵表示

在上述讨论中,我们没有限制欧氏空间的维数. 下面假定欧氏空间是有限维的.

设 V 是 n 维欧氏空间,$\boldsymbol{\varepsilon}_1,\boldsymbol{\varepsilon}_2,\cdots,\boldsymbol{\varepsilon}_n$ 为 V 的一组基,对 V 中任意两个向量

$$\boldsymbol{\alpha}=x_1\boldsymbol{\varepsilon}_1+x_2\boldsymbol{\varepsilon}_2+\cdots+x_n\boldsymbol{\varepsilon}_n,\quad \boldsymbol{\beta}=y_1\boldsymbol{\varepsilon}_1+y_2\boldsymbol{\varepsilon}_2+\cdots+y_n\boldsymbol{\varepsilon}_n,$$

有

$$(\boldsymbol{\alpha},\boldsymbol{\beta})=\left(\sum_{i=1}^n x_i\boldsymbol{\varepsilon}_i,\sum_{j=1}^n y_j\boldsymbol{\varepsilon}_j\right)=\sum_{i=1}^n\sum_{j=1}^n(\boldsymbol{\varepsilon}_i,\boldsymbol{\varepsilon}_j)x_iy_j.$$

令 $a_{ij}=(\boldsymbol{\varepsilon}_i,\boldsymbol{\varepsilon}_j)(i,j=1,2,\cdots,n)$,则

$$(\boldsymbol{\alpha},\boldsymbol{\beta})=\sum_{i=1}^n\sum_{j=1}^n(\boldsymbol{\varepsilon}_i,\boldsymbol{\varepsilon}_j)x_iy_j=\boldsymbol{X}^{\mathrm{T}}\boldsymbol{A}\boldsymbol{Y},$$

其中 $\boldsymbol{X}=\begin{pmatrix}x_1\\x_2\\\vdots\\x_n\end{pmatrix},\boldsymbol{Y}=\begin{pmatrix}y_1\\y_2\\\vdots\\y_n\end{pmatrix}$ 分别是向量 $\boldsymbol{\alpha},\boldsymbol{\beta}$ 的坐标,而矩阵

$$\boldsymbol{A}=(a_{ij})_{n\times n}=\begin{pmatrix}(\boldsymbol{\varepsilon}_1,\boldsymbol{\varepsilon}_1)&(\boldsymbol{\varepsilon}_1,\boldsymbol{\varepsilon}_2)&\cdots&(\boldsymbol{\varepsilon}_1,\boldsymbol{\varepsilon}_n)\\(\boldsymbol{\varepsilon}_2,\boldsymbol{\varepsilon}_1)&(\boldsymbol{\varepsilon}_2,\boldsymbol{\varepsilon}_2)&\cdots&(\boldsymbol{\varepsilon}_2,\boldsymbol{\varepsilon}_n)\\\vdots&\vdots&&\vdots\\(\boldsymbol{\varepsilon}_n,\boldsymbol{\varepsilon}_1)&(\boldsymbol{\varepsilon}_n,\boldsymbol{\varepsilon}_2)&\cdots&(\boldsymbol{\varepsilon}_n,\boldsymbol{\varepsilon}_n)\end{pmatrix}$$

称为基 $\boldsymbol{\varepsilon}_1,\boldsymbol{\varepsilon}_2,\cdots,\boldsymbol{\varepsilon}_n$ 的**度量矩阵**.

小贴士：

① 度量矩阵 $\boldsymbol{A}$ 是实对称矩阵.

② 由内积的正定性知，度量矩阵 $\boldsymbol{A}$ 也是正定矩阵. 事实上，$\forall \boldsymbol{\alpha}\in V,\boldsymbol{\alpha}\neq\boldsymbol{0}$，即 $\boldsymbol{X}\neq\boldsymbol{0}$，有 $(\boldsymbol{\alpha},\boldsymbol{\alpha})=\boldsymbol{X}^{\mathrm{T}}\boldsymbol{A}\boldsymbol{X}>0$，故 $\boldsymbol{A}$ 是正定矩阵.

③ 在基 $\boldsymbol{\varepsilon}_1,\boldsymbol{\varepsilon}_2,\cdots,\boldsymbol{\varepsilon}_n$ 下，向量的内积由度量矩阵 $\boldsymbol{A}$ 完全确定.

定理 2　对同一内积而言，不同基的度量矩阵是合同的.

证明　设 $\boldsymbol{\varepsilon}_1,\boldsymbol{\varepsilon}_2,\cdots,\boldsymbol{\varepsilon}_n,\boldsymbol{\eta}_1,\boldsymbol{\eta}_2,\cdots,\boldsymbol{\eta}_n$ 为欧氏空间 V 的两组基，它们的度量矩阵分别为 $\boldsymbol{A},\boldsymbol{B}$，且 $(\boldsymbol{\eta}_1,\boldsymbol{\eta}_2,\cdots,\boldsymbol{\eta}_n)=(\boldsymbol{\varepsilon}_1,\boldsymbol{\varepsilon}_2,\cdots,\boldsymbol{\varepsilon}_n)\boldsymbol{C}$，其中 $\boldsymbol{C}=(c_{ij})_{n\times n}=(\boldsymbol{C}_1,\boldsymbol{C}_2,\cdots,\boldsymbol{C}_n)$，则 $\boldsymbol{\eta}_i=\sum\limits_{k=1}^{n}c_{ki}\boldsymbol{\varepsilon}_k,i=1,2,\cdots,n$. 于是

$$(\boldsymbol{\eta}_i,\boldsymbol{\eta}_j)=\left(\sum_{k=1}^{n}c_{ki}\boldsymbol{\varepsilon}_k,\sum_{l=1}^{n}c_{lj}\boldsymbol{\varepsilon}_l\right)=\sum_{k=1}^{n}\sum_{l=1}^{n}(\boldsymbol{\varepsilon}_k,\boldsymbol{\varepsilon}_l)c_{ki}c_{lj}=\sum_{k=1}^{n}\sum_{l=1}^{n}a_{kl}c_{ki}c_{lj}=\boldsymbol{C}_i^{\mathrm{T}}\boldsymbol{A}\boldsymbol{C}_j,$$

其中，$i,j=1,2,\cdots,n$. 所以

$$\boldsymbol{B}=((\boldsymbol{\eta}_i,\boldsymbol{\eta}_j))=(\boldsymbol{C}_i^{\mathrm{T}}\boldsymbol{A}\boldsymbol{C}_j)=\begin{pmatrix}\boldsymbol{C}_1^{\mathrm{T}}\\ \boldsymbol{C}_2^{\mathrm{T}}\\ \vdots\\ \boldsymbol{C}_n^{\mathrm{T}}\end{pmatrix}\boldsymbol{A}(\boldsymbol{C}_1,\boldsymbol{C}_2,\cdots,\boldsymbol{C}_n)=\boldsymbol{C}^{\mathrm{T}}\boldsymbol{A}\boldsymbol{C}.\ \blacksquare$$

欧氏空间 V 的子空间在 V 中定义的内积下也是一欧氏空间，称为 V 的**欧氏子空间**.

10.2　正交基

一、标准正交基

定义 5　若欧氏空间中的一非零向量组中的向量两两正交，则称该向量组为**正交向量组**，简称**正交组**.

按定义，由单个非零向量所成的向量组也是正交向量组.

下面研究正交向量组的线性相关性.

定理 3　若 $\boldsymbol{\alpha}_1,\boldsymbol{\alpha}_2,\cdots,\boldsymbol{\alpha}_m$ 是欧氏空间中的一正交向量组，则 $\boldsymbol{\alpha}_1,\boldsymbol{\alpha}_2,\cdots,\boldsymbol{\alpha}_m$ 线性无关.

证明　设有 $k_1,k_2,\cdots,k_m\in\mathbf{R}$，使得 $k_1\boldsymbol{\alpha}_1+k_2\boldsymbol{\alpha}_2+\cdots+k_m\boldsymbol{\alpha}_m=\boldsymbol{0}$，则

$$(\boldsymbol{\alpha}_i,k_1\boldsymbol{\alpha}_1+k_2\boldsymbol{\alpha}_2+\cdots+k_m\boldsymbol{\alpha}_m)=k_i(\boldsymbol{\alpha}_i,\boldsymbol{\alpha}_i)=0\quad(i=1,2,\cdots,m).$$

由于 $\boldsymbol{\alpha}_i\neq\boldsymbol{0}$，故 $(\boldsymbol{\alpha}_i,\boldsymbol{\alpha}_i)>0$，从而 $k_i=0(i=1,2,\cdots,m)$，所以 $\boldsymbol{\alpha}_1,\boldsymbol{\alpha}_2,\cdots,\boldsymbol{\alpha}_m$ 线性无关. ▍

由此定理 3 知，在 n 维欧氏空间中，两两正交的非零向量不能超过 n 个.

定义 6　在 n 维欧氏空间 V 中，含 n 个向量的正交向量组 $\boldsymbol{\alpha}_1,\boldsymbol{\alpha}_2,\cdots,\boldsymbol{\alpha}_n$ 构成 V 的一组基，这样的基叫作 V 的一个**正交基**；由单位向量构成的正交基称为 V 的**标准正交基**.

设 $\boldsymbol{\varepsilon}_1,\boldsymbol{\varepsilon}_2,\cdots,\boldsymbol{\varepsilon}_n$ 是一组标准正交基，由定义 6，有

$$(\boldsymbol{\varepsilon}_i,\boldsymbol{\varepsilon}_j)=\delta_{ij}=\begin{cases}1, & i=j,\\ 0, & i\neq j\end{cases}\quad(i,j=1,2,\cdots,n).$$

由上式知：

定理 4 n 维欧氏空间中，基为标准正交基的充要条件是它的度量矩阵为单位矩阵.

下面研究在 n 维欧氏空间 V 中，标准正交基的作用.

设 $\boldsymbol{\varepsilon}_1,\boldsymbol{\varepsilon}_2,\cdots,\boldsymbol{\varepsilon}_n$ 是 n 维欧氏空间 V 中一组标准正交基，若

$$\boldsymbol{\alpha}=x_1\boldsymbol{\varepsilon}_1+x_2\boldsymbol{\varepsilon}_2+\cdots+x_n\boldsymbol{\varepsilon}_n=(\boldsymbol{\varepsilon}_1,\boldsymbol{\varepsilon}_2,\cdots,\boldsymbol{\varepsilon}_n)\boldsymbol{X},$$

$$\boldsymbol{\beta}=y_1\boldsymbol{\varepsilon}_1+y_2\boldsymbol{\varepsilon}_2+\cdots+y_n\boldsymbol{\varepsilon}_n=(\boldsymbol{\varepsilon}_1,\boldsymbol{\varepsilon}_2,\cdots,\boldsymbol{\varepsilon}_n)\boldsymbol{Y}\in V,$$

其中 $\boldsymbol{X}=\begin{pmatrix}x_1\\x_2\\\vdots\\x_n\end{pmatrix}$，$\boldsymbol{Y}=\begin{pmatrix}y_1\\y_2\\\vdots\\y_n\end{pmatrix}$，则有

(1) $(\boldsymbol{\alpha},\boldsymbol{\beta})=\boldsymbol{X}^{\mathrm{T}}\boldsymbol{Y}=x_1y_1+x_2y_2+\cdots+x_ny_n$，

(2) $x_i=(\boldsymbol{\varepsilon}_i,\boldsymbol{\alpha})(i=1,2,\cdots,n)$，$\boldsymbol{\alpha}=(\boldsymbol{\varepsilon}_1,\boldsymbol{\alpha})\boldsymbol{\varepsilon}_1+(\boldsymbol{\varepsilon}_2,\boldsymbol{\alpha})\boldsymbol{\varepsilon}_2+\cdots+(\boldsymbol{\varepsilon}_n,\boldsymbol{\alpha})\boldsymbol{\varepsilon}_n$，

(3) $|\boldsymbol{\alpha}|=\sqrt{x_1^2+x_2^2+\cdots+x_n^2}$.

二、标准正交基的存在性及其正交化方法

定理 5 对于 n 维欧氏空间 V 中任意一组线性无关的向量组 $\boldsymbol{\alpha}_1,\boldsymbol{\alpha}_2,\cdots,\boldsymbol{\alpha}_m$，令

$$\boldsymbol{\beta}_1=\boldsymbol{\alpha}_1,$$

$$\boldsymbol{\beta}_2=\boldsymbol{\alpha}_2-\frac{(\boldsymbol{\alpha}_2,\boldsymbol{\beta}_1)}{(\boldsymbol{\beta}_1,\boldsymbol{\beta}_1)}\boldsymbol{\beta}_1,$$

$$\cdots\cdots\cdots\cdots$$

$$\boldsymbol{\beta}_m=\boldsymbol{\alpha}_m-\sum_{i=1}^{m-1}\frac{(\boldsymbol{\alpha}_m,\boldsymbol{\beta}_i)}{(\boldsymbol{\beta}_i,\boldsymbol{\beta}_i)}\boldsymbol{\beta}_i,$$

则 $\boldsymbol{\beta}_1,\boldsymbol{\beta}_2,\cdots,\boldsymbol{\beta}_m$ 是正交向量组，且 $L(\boldsymbol{\beta}_1,\cdots,\boldsymbol{\beta}_i)=L(\boldsymbol{\alpha}_1,\cdots,\boldsymbol{\alpha}_i)$，$i=1,2,\cdots,m$.

定理 5 中把线性无关的向量组 $\boldsymbol{\alpha}_1,\boldsymbol{\alpha}_2,\cdots,\boldsymbol{\alpha}_m$ 变成正交向量组 $\boldsymbol{\beta}_1,\boldsymbol{\beta}_2,\cdots,\boldsymbol{\beta}_m$ 的方法称为施密特(Schmidt)正交化方法.

因为 n 维欧氏空间中任一个线性无关组都能扩充成一组基，由施密特正交化方法又可以化为正交基，进一步单位化，就可以得到标准正交基. 因此有下面结论：

定理 6 n 维欧氏空间中任一正交向量组都能扩充成一组正交基，故有标准正交基.

例 1 把 $\boldsymbol{\alpha}_1=(1,1,0,0)$，$\boldsymbol{\alpha}_2=(1,0,1,0)$，$\boldsymbol{\alpha}_3=(-1,0,0,1)$，$\boldsymbol{\alpha}_4=(1,-1,-1,1)$ 变成正交的单位向量组.

解 正交化：令

$\boldsymbol{\beta}_1=\boldsymbol{\alpha}_1=(1,1,0,0)$，

$\boldsymbol{\beta}_2=\boldsymbol{\alpha}_2-\dfrac{(\boldsymbol{\alpha}_2,\boldsymbol{\beta}_1)}{(\boldsymbol{\beta}_1,\boldsymbol{\beta}_1)}\boldsymbol{\beta}_1=\left(\dfrac{1}{2},-\dfrac{1}{2},1,0\right)$，

$\boldsymbol{\beta}_3=\boldsymbol{\alpha}_3-\dfrac{(\boldsymbol{\alpha}_3,\boldsymbol{\beta}_1)}{(\boldsymbol{\beta}_1,\boldsymbol{\beta}_1)}\boldsymbol{\beta}_1-\dfrac{(\boldsymbol{\alpha}_3,\boldsymbol{\beta}_2)}{(\boldsymbol{\beta}_2,\boldsymbol{\beta}_2)}\boldsymbol{\beta}_2=\left(-\dfrac{1}{3},\dfrac{1}{3},\dfrac{1}{3},1\right)$，

$\boldsymbol{\beta}_4=\boldsymbol{\alpha}_4-\dfrac{(\boldsymbol{\alpha}_4,\boldsymbol{\beta}_1)}{(\boldsymbol{\beta}_1,\boldsymbol{\beta}_1)}\boldsymbol{\beta}_1-\dfrac{(\boldsymbol{\alpha}_4,\boldsymbol{\beta}_2)}{(\boldsymbol{\beta}_2,\boldsymbol{\beta}_2)}\boldsymbol{\beta}_2-\dfrac{(\boldsymbol{\alpha}_4,\boldsymbol{\beta}_3)}{(\boldsymbol{\beta}_3,\boldsymbol{\beta}_3)}\boldsymbol{\beta}_3=(1,-1,-1,1)$.

单位化得正交向量组

$$\boldsymbol{\eta}_1=\frac{1}{|\boldsymbol{\beta}_1|}\boldsymbol{\beta}_1=\left(\frac{1}{\sqrt{2}},\frac{1}{\sqrt{2}},0,0\right),\qquad \boldsymbol{\eta}_2=\frac{1}{|\boldsymbol{\beta}_2|}\boldsymbol{\beta}_2=\left(\frac{1}{\sqrt{6}},-\frac{1}{\sqrt{6}},\frac{2}{\sqrt{6}},0\right),$$

$$\boldsymbol{\eta}_3=\frac{1}{|\boldsymbol{\beta}_3|}\boldsymbol{\beta}_3=\left(-\frac{1}{\sqrt{12}},\frac{1}{\sqrt{12}},\frac{1}{\sqrt{12}},\frac{3}{\sqrt{12}}\right),\qquad \boldsymbol{\eta}_4=\frac{1}{|\boldsymbol{\beta}_4|}\boldsymbol{\beta}_4=\left(\frac{1}{2},-\frac{1}{2},-\frac{1}{2},\frac{1}{2}\right).$$

例 2　在 $\mathbf{R}[x]_4$ 中定义内积 $(f,g)=\int_{-1}^{1}f(x)g(x)\mathrm{d}x$，求 $\mathbf{R}[x]_4$ 的一组标准正交基.

解　取一组基：$\alpha_1=1,\alpha_2=x,\alpha_3=x^2,\alpha_4=x^3$.

正交化：$\beta_1=\alpha_1=1$,

$$\beta_2=\alpha_2-\frac{(\alpha_2,\beta_1)}{(\beta_1,\beta_1)}\beta_1=x,$$

$$\beta_3=\alpha_3-\frac{(\alpha_3,\beta_1)}{(\beta_1,\beta_1)}\beta_1-\frac{(\alpha_3,\beta_2)}{(\beta_2,\beta_2)}\beta_2=\alpha_3-\frac{1}{2}\cdot\frac{2}{3}\beta_1-0\beta_2=x^2-\frac{1}{3},$$

$$\beta_4=\alpha_4-\frac{(\alpha_4,\beta_1)}{(\beta_1,\beta_1)}\beta_1-\frac{(\alpha_4,\beta_2)}{(\beta_2,\beta_2)}\beta_2-\frac{(\alpha_4,\beta_3)}{(\beta_3,\beta_3)}\beta_3=x^3-\frac{3}{5}x.$$

单位化：$(\beta_1,\beta_1)=\int_{-1}^{1}\mathrm{d}x=2$,

$$(\beta_2,\beta_2)=\int_{-1}^{1}x^2\mathrm{d}x=\frac{2}{3},$$

$$(\beta_3,\beta_3)=\int_{-1}^{1}\left(x^2-\frac{1}{3}\right)^2\mathrm{d}x=\frac{8}{45}=\left(\frac{4}{3\sqrt{10}}\right)^2,$$

$$(\beta_4,\beta_4)=\int_{-1}^{1}\left(x^3-\frac{3}{5}x\right)^2\mathrm{d}x=\frac{8}{175}=\left(\frac{4}{5\sqrt{14}}\right)^2.$$

得 $\mathbf{R}[x]_4$ 的一组标准正交基：

$$\eta_1=\frac{1}{|\beta_1|}\beta_1=\frac{\sqrt{2}}{2},\qquad \eta_2=\frac{1}{|\beta_2|}\beta_2=\frac{\sqrt{6}}{2}x,$$

$$\eta_3=\frac{1}{|\beta_3|}\beta_3=\frac{\sqrt{10}}{4}(3x^2-1),\qquad \eta_4=\frac{1}{|\beta_4|}\beta_4=\frac{\sqrt{14}}{4}(5x^3-3x).$$

三、标准正交基间的基变换

由于标准正交基在欧氏空间中占有特殊的地位，所以有必要讨论从一组标准正交基到另一组标准正交基的基变换公式.

设 n 维欧氏空间 V 的两组标准正交基 $\boldsymbol{\alpha}_1,\boldsymbol{\alpha}_2,\cdots,\boldsymbol{\alpha}_n$ 和 $\boldsymbol{\beta}_1,\boldsymbol{\beta}_2,\cdots,\boldsymbol{\beta}_n$，它们之间的过渡矩阵为 $\mathbf{A}=(a_{ij})_{n\times n}$，即 $(\boldsymbol{\beta}_1,\boldsymbol{\beta}_2,\cdots,\boldsymbol{\beta}_n)=(\boldsymbol{\alpha}_1,\boldsymbol{\alpha}_2,\cdots,\boldsymbol{\alpha}_n)\mathbf{A}$，或

$$\boldsymbol{\beta}_i=a_{1i}\boldsymbol{\alpha}_1+a_{2i}\boldsymbol{\alpha}_2+\cdots+a_{ni}\boldsymbol{\alpha}_n\quad(i=1,2,\cdots,n).$$

由于 $\boldsymbol{\beta}_1,\boldsymbol{\beta}_2,\cdots,\boldsymbol{\beta}_n$ 是标准正交基，所以 $(\boldsymbol{\beta}_i,\boldsymbol{\beta}_j)=\begin{cases}1, & i=j,\\0, & i\neq j,\end{cases}$ $i,j=1,2,\cdots,n$. 则

$$(\boldsymbol{\beta}_i,\boldsymbol{\beta}_j)=a_{1i}a_{1j}+a_{2i}a_{2j}+\cdots+a_{ni}a_{nj}=\begin{cases}1, & i=j,\\0, & i\neq j,\end{cases}$$

即 $A^{T}A=E$.

由此自然引出下列概念：

定义 7 n 阶实矩阵 A 称为**正交矩阵**，如果 $A^{T}A=AA^{T}=E$.

由上述讨论，我们可以得到正交矩阵的一些性质.

性质 1 由标准正交基到标准正交基的过渡矩阵是正交矩阵；反过来，若 $\alpha_1,\alpha_2,\cdots,\alpha_n$ 是标准正交基，A 为正交矩阵，$(\beta_1,\beta_2,\cdots,\beta_n)=(\alpha_1,\alpha_2,\cdots,\alpha_n)A$，则 $\beta_1,\beta_2,\cdots,\beta_n$ 也是标准正交基.

性质 2 n 阶实矩阵 A 为正交矩阵，则

$$A^{T}A=E \Leftrightarrow A \text{ 可逆，且 } A^{-1}=A^{T}$$
$$\Leftrightarrow A \text{ 的列(或行)向量组是欧氏空间 } \mathbf{R}^n \text{ 的标准正交基.}$$

例 3 欧氏空间 $\mathbf{R}^n$ 的基 $\varepsilon_i=(0,\cdots,0,\overset{(i)}{1},0,\cdots,0)$，$i=1,2,\cdots,n$ 是 $\mathbf{R}^n$ 的一组标准正交基.

10.3 子空间的正交补

本节通过欧氏空间的子空间来研究整个空间的结构.

一、欧氏空间中的正交子空间

定义 8 V_1 与 V_2 是欧氏空间 V 中的两个子空间，如果对 $\forall \alpha\in V_1,\beta\in V_2$，恒有 $(\alpha,\beta)=0$，那么就说 **V_1 与 V_2 正交**，记为 $V_1\perp V_2$.

如果给定向量 $\gamma\in V$，$\forall \beta\in V_1$，恒有 $(\gamma,\beta)=0$，那么就说 **γ 与 V_1 正交**，记为 $\gamma\perp V_1$.

小贴士

① $V_1\perp V_2$ 当且仅当 V_1 中每个向量都与 V_2 正交.

② $V_1\perp V_2 \Rightarrow V_1\cap V_2=\{\mathbf{0}\}$.

③ 当 $\alpha\perp V_1$ 且 $\alpha\in V_1$ 时，必有 $\alpha=\mathbf{0}$.

定理 7 两两正交的子空间的和必是直和.

证明 设子空间 $V_1,V_2,\cdots,V_s$ 两两正交，要证明 $V_1\oplus V_2\oplus\cdots\oplus V_s$，只需证：$V_1+V_2+\cdots+V_s$ 中零向量分解式唯一.

设 $\alpha_1+\alpha_2+\cdots+\alpha_s=\mathbf{0}$，$\alpha_i\in V_i$，$i=1,2,\cdots,s$.

因为 $V_i\perp V_j$，$i\neq j$，$i,j=1,2,\cdots,s$，所以

$$(\alpha_i,\mathbf{0})=(\alpha_i,\alpha_1+\alpha_2+\cdots+\alpha_s)=(\alpha_i,\alpha_i).$$

而 $(\alpha_i,\mathbf{0})=0$，故 $(\alpha_i,\alpha_i)=0$. 由内积的正定性可知，$\alpha_i=\mathbf{0}$，$i=1,2,\cdots,s$. ▎

二、子空间的正交补

定义 9 如果欧氏空间 V 的子空间 V_1,V_2 满足 $V_1\perp V_2$，并且 $V_1+V_2=V$，则称 V_2 为 V_1 的**正交补**.

如果 V_2 是 V_1 的正交补，那么 V_1 也是 V_2 的正交补.

定理 8　n 维欧氏空间 V 的每个子空间 V_1 都有唯一的正交补.

证明　当 $V_1=\{\mathbf{0}\}$ 时，V 就是 V_1 的唯一正交补.

当 $V_1\neq\{\mathbf{0}\}$ 时，V_1 也是有限维欧氏空间. 取 V_1 的一组正交基 $\boldsymbol{\varepsilon}_1,\boldsymbol{\varepsilon}_2,\cdots,\boldsymbol{\varepsilon}_m$，则它可扩充成 V 的一组正交基 $\boldsymbol{\varepsilon}_1,\boldsymbol{\varepsilon}_2,\cdots,\boldsymbol{\varepsilon}_m,\boldsymbol{\varepsilon}_{m+1},\cdots,\boldsymbol{\varepsilon}_n$. 令子空间 $V_2=L(\boldsymbol{\varepsilon}_{m+1},\cdots,\boldsymbol{\varepsilon}_n)$，则 $V_1+V_2=V$. $\forall\boldsymbol{\alpha}=x_1\boldsymbol{\varepsilon}_1+x_2\boldsymbol{\varepsilon}_2+\cdots+x_m\boldsymbol{\varepsilon}_m\in V_1$，$\boldsymbol{\beta}=x_{m+1}\boldsymbol{\varepsilon}_{m+1}+\cdots+x_n\boldsymbol{\varepsilon}_n\in V_2$，有

$$(\boldsymbol{\alpha},\boldsymbol{\beta})=\left(\sum_{i=1}^{m}x_i\boldsymbol{\varepsilon}_i,\sum_{j=m+1}^{n}x_j\boldsymbol{\varepsilon}_j\right)=\sum_{i=1}^{m}\sum_{j=m+1}^{n}x_ix_j(\boldsymbol{\varepsilon}_i,\boldsymbol{\varepsilon}_j)=0.$$

所以 $V_1\perp V_2$. 即 V_2 是 V_1 的正交补.

再证唯一性. 设 V_2,V_3 是 V_1 的正交补，则 $V=V_1\oplus V_2=V_1\oplus V_3$.

令 $\boldsymbol{\alpha}\in V_2$，则 $\boldsymbol{\alpha}=\boldsymbol{\alpha}_1+\boldsymbol{\alpha}_3$，其中 $\boldsymbol{\alpha}_1\in V_1,\boldsymbol{\alpha}_3\in V_3$. 因为 $V_1\perp V_2,V_1\perp V_3$，所以 $\boldsymbol{\alpha}_1\perp\boldsymbol{\alpha}$，$\boldsymbol{\alpha}_1\perp\boldsymbol{\alpha}_3$. 由此得

$$(\boldsymbol{\alpha},\boldsymbol{\alpha}_1)=(\boldsymbol{\alpha}_1+\boldsymbol{\alpha}_3,\boldsymbol{\alpha}_1)=(\boldsymbol{\alpha}_1,\boldsymbol{\alpha}_1)+(\boldsymbol{\alpha}_3,\boldsymbol{\alpha}_1)=(\boldsymbol{\alpha}_1,\boldsymbol{\alpha}_1)=0,$$

即 $\boldsymbol{\alpha}_1=\mathbf{0}$. 因而 $\boldsymbol{\alpha}=\boldsymbol{\alpha}_3\in V_3$，则 $V_2\subset V_3$.

同理可证 $V_3\subset V_2$. 因此 $V_2=V_3$，唯一性得证. ▎

小贴士

① 子空间的 W 正交补记为 $W^{\perp}$，且 $W^{\perp}=\{\boldsymbol{\alpha}\in V\mid\boldsymbol{\alpha}\perp W\}$.

② n 维欧氏空间 V 的子空间 W 满足：

(a) $(W^{\perp})^{\perp}=W$；

(b) $\dim W+\dim W^{\perp}=\dim V=n$；

(c) $W\oplus W^{\perp}=V$；

(d) W 的正交补 $W^{\perp}$ 必是 W 的余子空间.

但一般地，子空间 W 的余子空间未必是其正交补.

三、向量到子空间的距离

在中学几何中，我们知道一个点到一个平面(或一条直线)上所有点的距离以垂线最短. 下证一个固定向量和一个子空间中各向量间的距离也是“垂线最短”.

设 W 是欧氏空间 V 的子空间，由 $W\oplus W^{\perp}=V$，对 $\forall\boldsymbol{\alpha}\in V$，有唯一的 $\boldsymbol{\alpha}_1\in W,\boldsymbol{\alpha}_2\in W^{\perp}$，使 $\boldsymbol{\alpha}=\boldsymbol{\alpha}_1+\boldsymbol{\alpha}_2$，称 $\boldsymbol{\alpha}_1$ 为 $\boldsymbol{\alpha}$ 在子空间 W 上的**内射影**或**正交投影**.

若 W 是 n 维欧氏空间 V 的子空间，$\boldsymbol{\eta}_1,\boldsymbol{\eta}_2,\cdots,\boldsymbol{\eta}_m$ 是 W 的一组标准正交基，则 $\boldsymbol{\alpha}$ 在 W 上的正交投影为

$$\boldsymbol{\alpha}_1=\sum_{i=1}^{m}(\boldsymbol{\alpha},\boldsymbol{\eta}_i)\boldsymbol{\eta}_i.$$

定理 9　设 W 是欧氏空间 V 的子空间，向量 $\boldsymbol{\alpha}\in V$，则 $\boldsymbol{\alpha}_1\in W$ 为 $\boldsymbol{\alpha}$ 在子空间 W 上的正交投影的充分必要条件为 $d(\boldsymbol{\alpha},\boldsymbol{\alpha}_1)\leqslant d(\boldsymbol{\alpha},\boldsymbol{\gamma})$，$\forall\boldsymbol{\gamma}\in W$.

证明　(必要性)若 $\boldsymbol{\alpha}_1\in W$ 为 $\boldsymbol{\alpha}$ 在子空间 W 上的正交投影，则存在 $\boldsymbol{\alpha}_2\in W^{\perp}$，使得 $\boldsymbol{\alpha}=\boldsymbol{\alpha}_1+\boldsymbol{\alpha}_2$，即 $\boldsymbol{\alpha}-\boldsymbol{\alpha}_1\in W^{\perp}$. 对 $\forall\boldsymbol{\gamma}\in W$，有 $\boldsymbol{\gamma}-\boldsymbol{\alpha}_1\in W$，则 $\boldsymbol{\alpha}-\boldsymbol{\alpha}_1\perp\boldsymbol{\gamma}-\boldsymbol{\alpha}_1$. 由勾股定理得

$$d^2(\boldsymbol{\alpha},\boldsymbol{\gamma})=|\boldsymbol{\alpha}-\boldsymbol{\gamma}|^2=|\boldsymbol{\alpha}-\boldsymbol{\alpha}_1+\boldsymbol{\alpha}_1-\boldsymbol{\gamma}|^2=|\boldsymbol{\alpha}-\boldsymbol{\alpha}_1|^2+|\boldsymbol{\alpha}_1-\boldsymbol{\gamma}|^2,$$

所以

$$d(\boldsymbol{\alpha},\boldsymbol{\alpha}_1)\leqslant d(\boldsymbol{\alpha},\boldsymbol{\gamma})\quad(\forall\boldsymbol{\gamma}\in W).$$

(充分性)设 $\boldsymbol{\alpha}_1\in W$,且

$$d(\boldsymbol{\alpha},\boldsymbol{\alpha}_1)\leqslant d(\boldsymbol{\alpha},\boldsymbol{\gamma})\quad(\forall\boldsymbol{\gamma}\in W).$$

设 $\boldsymbol{\beta}$ 为 $\boldsymbol{\alpha}$ 在子空间 W 上的正交投影,则 $\boldsymbol{\beta}\in W$,故 $d(\boldsymbol{\alpha},\boldsymbol{\alpha}_1)\leqslant d(\boldsymbol{\alpha},\boldsymbol{\beta})$. 又因为 $\boldsymbol{\beta}$ 为 $\boldsymbol{\alpha}$ 在子空间 W 上的正交投影,由必要性知 $d(\boldsymbol{\alpha},\boldsymbol{\beta})\leqslant d(\boldsymbol{\alpha},\boldsymbol{\alpha}_1)$,得 $d(\boldsymbol{\alpha},\boldsymbol{\beta})=d(\boldsymbol{\alpha},\boldsymbol{\alpha}_1)$. 由必要性的证明过程知

$$d^2(\boldsymbol{\alpha},\boldsymbol{\alpha}_1)=|\boldsymbol{\alpha}-\boldsymbol{\alpha}_1|^2=|\boldsymbol{\alpha}-\boldsymbol{\beta}+\boldsymbol{\beta}-\boldsymbol{\alpha}_1|^2=|\boldsymbol{\alpha}-\boldsymbol{\beta}|^2+|\boldsymbol{\beta}-\boldsymbol{\alpha}_1|^2=d^2(\boldsymbol{\alpha},\boldsymbol{\beta})+d^2(\boldsymbol{\beta},\boldsymbol{\alpha}_1).$$

所以 $d(\boldsymbol{\beta},\boldsymbol{\alpha}_1)=0$,由此得 $\boldsymbol{\alpha}_1=\boldsymbol{\beta}$. 充分性得证. ▎

例 1 设 W 是欧氏空间 $\mathbf{R}^4$(标准内积)的子空间,$W=L(\boldsymbol{\alpha}_1,\boldsymbol{\alpha}_2)$,其中 $\boldsymbol{\alpha}_1=(1,1,2,1)^{\mathrm{T}}$,$\boldsymbol{\alpha}_2=(1,0,0,-2)^{\mathrm{T}}$.

(1) 求 $W^{\perp}$ 的维数和一个标准正交基;

(2) 求 $\boldsymbol{\alpha}=(1,-3,2,2)^{\mathrm{T}}$ 在 W 上的正交投影.

解 (1) $\boldsymbol{\alpha}_1,\boldsymbol{\alpha}_2$ 线性无关,因此 $\boldsymbol{\alpha}_1,\boldsymbol{\alpha}_2$ 是 W 的一个基. 从而 $\dim W=2$. 于是

$$\dim W^{\perp}=\dim\mathbf{R}^4-\dim W=4-2=2.$$

$$\boldsymbol{\beta}\in W^{\perp}\Leftrightarrow(\boldsymbol{\beta},\boldsymbol{\alpha}_i)=0\quad(i=1,2)\Leftrightarrow\boldsymbol{\alpha}_i^{\mathrm{T}}\boldsymbol{\beta}=0\quad(i=1,2)$$

$$\Leftrightarrow\begin{pmatrix}\boldsymbol{\alpha}_1^{\mathrm{T}}\\\boldsymbol{\alpha}_2^{\mathrm{T}}\end{pmatrix}\boldsymbol{\beta}=\mathbf{0}\Leftrightarrow\boldsymbol{\beta}\text{ 是齐次线性方程组}\begin{pmatrix}\boldsymbol{\alpha}_1^{\mathrm{T}}\\\boldsymbol{\alpha}_2^{\mathrm{T}}\end{pmatrix}\boldsymbol{X}=\mathbf{0}\text{ 的解.}$$

解齐次线性方程组 $\begin{pmatrix}\boldsymbol{\alpha}_1^{\mathrm{T}}\\\boldsymbol{\alpha}_2^{\mathrm{T}}\end{pmatrix}\boldsymbol{X}=\mathbf{0}$,求出一组基础解系:

$$\boldsymbol{\beta}_1=(0,2,-1,0)^{\mathrm{T}},\quad\boldsymbol{\beta}_2=(2,-3,0,1)^{\mathrm{T}}.$$

则 $\boldsymbol{\beta}_1,\boldsymbol{\beta}_2$ 是 $W^{\perp}$ 的一组基. 把它们正交化和单位化:

$$\boldsymbol{\gamma}_1=\boldsymbol{\beta}_1;$$

$$\boldsymbol{\gamma}_2=\boldsymbol{\beta}_2-\frac{(\boldsymbol{\beta}_2,\boldsymbol{\gamma}_1)}{(\boldsymbol{\gamma}_1,\boldsymbol{\gamma}_1)}\boldsymbol{\gamma}_1=\left(2,-\frac{3}{5},-\frac{6}{5},1\right)^{\mathrm{T}};$$

$$\boldsymbol{\eta}_1=\frac{1}{|\boldsymbol{\gamma}_1|}\boldsymbol{\gamma}_1=\frac{1}{\sqrt{5}}\boldsymbol{\gamma}_1=\left(0,\frac{2\sqrt{5}}{5},-\frac{\sqrt{5}}{5},0\right)^{\mathrm{T}};$$

$$\boldsymbol{\eta}_2=\frac{1}{|\boldsymbol{\gamma}_2|}\boldsymbol{\gamma}_2=\sqrt{\frac{5}{34}}\boldsymbol{\gamma}_2=\left(\frac{\sqrt{170}}{17},-\frac{3\sqrt{170}}{170},-\frac{3\sqrt{170}}{85},\frac{\sqrt{170}}{34}\right)^{\mathrm{T}}.$$

于是 $W^{\perp}$ 的一组标准正交基是:

$$\boldsymbol{\eta}_1=\left(0,\frac{2\sqrt{5}}{5},-\frac{\sqrt{5}}{5},0\right)^{\mathrm{T}};$$

$$\boldsymbol{\eta}_2=\left(\frac{\sqrt{170}}{17},-\frac{3\sqrt{170}}{170},-\frac{3\sqrt{170}}{85},\frac{\sqrt{170}}{34}\right)^{\mathrm{T}}.$$

(2) 把 W 的一组基 $\boldsymbol{\alpha}_1,\boldsymbol{\alpha}_2$ 进行正交化和单位化,得

$$\boldsymbol{\xi}_1=\left(\frac{\sqrt{7}}{7},\frac{\sqrt{7}}{7},\frac{2\sqrt{7}}{7},\frac{\sqrt{7}}{7}\right)^{\mathrm{T}};$$

$$\boldsymbol{\xi}_2=\left(\frac{4\sqrt{238}}{119},\frac{\sqrt{238}}{238},\frac{\sqrt{238}}{119},-\frac{13\sqrt{238}}{238}\right)^{\mathrm{T}}.$$

则 $\boldsymbol{\alpha}$ 在 W 上的正交投影 $\boldsymbol{\alpha}_1=(\boldsymbol{\alpha},\boldsymbol{\xi}_1)\boldsymbol{\xi}_1+(\boldsymbol{\alpha},\boldsymbol{\xi}_2)\boldsymbol{\xi}_2=\left(0,\frac{1}{2},1,\frac{3}{2}\right)^{\mathrm{T}}$.

四、最小二乘法

问题的提出　实系数线性方程组

$$\begin{cases}a_{11}x_1+a_{12}x_2+\cdots+a_{1s}x_s=b_1,\\ a_{21}x_1+a_{22}x_2+\cdots+a_{2s}x_s=b_2,\\ \qquad\cdots\cdots\cdots\cdots\\ a_{n1}x_1+a_{n2}x_2+\cdots+a_{ns}x_s=b_n\end{cases}$$

可能无解,即任意一组 $x_1,x_2,\cdots,x_s$ 都可能使

$$\sum_{i=1}^{n}(a_{i1}x_1+a_{i2}x_2+\cdots+a_{is}x_s-b_i)^2 \tag{1}$$

不等于零. 因此设法找实数组 $x_1^0,x_2^0,\cdots,x_s^0$ 使式(1)最小,这样的 $x_1^0,x_2^0,\cdots,x_s^0$ 称为式(1)的**最小二乘解**,此问题叫**最小二乘法问题**.

下面利用欧氏空间的概念来表达最小二乘法,并给出最小二乘解所满足的代数条件. 令

$$\boldsymbol{A}=\begin{pmatrix}a_{11}&a_{12}&\cdots&a_{1s}\\ a_{21}&a_{22}&\cdots&a_{2s}\\ \vdots&\vdots&&\vdots\\ a_{n1}&a_{n2}&\cdots&a_{ns}\end{pmatrix},\quad \boldsymbol{B}=\begin{pmatrix}b_1\\ b_2\\ \vdots\\ b_n\end{pmatrix},\quad \boldsymbol{X}=\begin{pmatrix}x_1\\ x_2\\ \vdots\\ x_s\end{pmatrix},\quad \boldsymbol{Y}=\begin{pmatrix}\sum_{j=1}^{s}a_{1j}x_j\\ \sum_{j=1}^{s}a_{2j}x_j\\ \vdots\\ \sum_{j=1}^{s}a_{nj}x_j\end{pmatrix}=\boldsymbol{AX}.$$

根据距离的概念,式(1)就是

$$|\boldsymbol{Y}-\boldsymbol{B}|^2.$$

最小二乘问题就是找 $\boldsymbol{X}$ 使 $\boldsymbol{Y}$ 与 $\boldsymbol{B}$ 的距离最小. 把 $\boldsymbol{A}$ 的各列向量分别记成 $\boldsymbol{\alpha}_1,\boldsymbol{\alpha}_2,\cdots,\boldsymbol{\alpha}_s$,由它们生成的子空间为 $L(\boldsymbol{\alpha}_1,\boldsymbol{\alpha}_2,\cdots,\boldsymbol{\alpha}_s)$,则 $\boldsymbol{Y}\in L(\boldsymbol{\alpha}_1,\boldsymbol{\alpha}_2,\cdots,\boldsymbol{\alpha}_s)$. 于是最小二乘法问题可叙述成:

找 $\boldsymbol{X}$ 使式(1)最小,就是在 $L(\boldsymbol{\alpha}_1,\boldsymbol{\alpha}_2,\cdots,\boldsymbol{\alpha}_s)$ 中找一向量 $\boldsymbol{Y}$,使 $\boldsymbol{B}$ 到 $\boldsymbol{Y}$ 的距离 $|\boldsymbol{Y}-\boldsymbol{B}|$ 比它到 $L(\boldsymbol{\alpha}_1,\boldsymbol{\alpha}_2,\cdots,\boldsymbol{\alpha}_s)$ 中其他向量的距离都短.

令 $\boldsymbol{C}=\boldsymbol{B}-\boldsymbol{Y}=\boldsymbol{B}-\boldsymbol{AX}$,则 $\boldsymbol{C}\perp L(\boldsymbol{\alpha}_1,\boldsymbol{\alpha}_2,\cdots,\boldsymbol{\alpha}_s)$. 这等价于

$$(\boldsymbol{C},\boldsymbol{\alpha}_1)=(\boldsymbol{C},\boldsymbol{\alpha}_2)=\cdots=(\boldsymbol{C},\boldsymbol{\alpha}_s)=0.$$

上述等式写成矩阵相乘的式子,即 $\boldsymbol{\alpha}_1^{\mathrm{T}}\boldsymbol{C}=0,\boldsymbol{\alpha}_2^{\mathrm{T}}\boldsymbol{C}=0,\cdots,\boldsymbol{\alpha}_s^{\mathrm{T}}\boldsymbol{C}=0$. 而

$$A^{\mathrm{T}}=\begin{pmatrix}\boldsymbol{\alpha}_1^{\mathrm{T}}\\ \boldsymbol{\alpha}_2^{\mathrm{T}}\\ \vdots\\ \boldsymbol{\alpha}_s^{\mathrm{T}}\end{pmatrix},$$

故上述等式合起来就是

$$\boldsymbol{A}^{\mathrm{T}}(\boldsymbol{B}-\boldsymbol{A}\boldsymbol{X})=\boldsymbol{0}\text{ 或 }\boldsymbol{A}^{\mathrm{T}}\boldsymbol{A}\boldsymbol{X}=\boldsymbol{A}^{\mathrm{T}}\boldsymbol{B}.$$

这就是最小二乘解所满足的代数方程. 它是一个线性方程组，系数矩阵是 $\boldsymbol{A}^{\mathrm{T}}\boldsymbol{A}$，常数项是 $\boldsymbol{A}^{\mathrm{T}}\boldsymbol{B}$，这种线性方程组总是有解的.

例 2 已知某种材料在生产过程中的废品率 y 与某种化学成分 x 的占比有关. 表 10-1 中记载了某工厂生产中 y 与相应的 x 的几次数值.

表 10-1 废品率与化学成分的关系

y/%	1.00	0.9	0.9	0.81	0.60	0.56	0.35
x/%	3.6	3.7	3.8	3.9	4.0	4.1	4.2

找出 y 对 x 的一个近似公式.

解 把表 10-1 中的数值以图的形式来呈现，发现它的变化趋势近似于一条直线. 因此，选取 x 的一次式 $ax+b$ 来表达. 当然最好能选到适当的 a,b，使得下面的等式

$$3.6a+b-1.00=0,\quad 3.7a+b-0.9=0,\quad 3.8a+b-0.9=0,\quad 3.9a+b-0.81=0,$$
$$4.0a+b-0.60=0,\quad 4.1a+b-0.56=0,\quad 4.2a+b-0.35=0$$

都成立. 实际上这是不可能的. 任何 a,b 代入上面各式都发生些误差. 于是想找到 a,b，使得上面各式的误差的平方和最小，即找 a,b，使

$$(3.6a+b-1.00)^2+(3.7a+b-0.9)^2+(3.8a+b-0.9)^2+(3.9a+b-0.81)^2+$$
$$(4.0a+b-0.60)^2+(4.1a+b-0.56)^2+(4.2a+b-0.35)^2$$

最小. 易知

$$\boldsymbol{A}=\begin{pmatrix}3.6 & 1\\ 3.7 & 1\\ 3.8 & 1\\ 3.9 & 1\\ 4.0 & 1\\ 4.1 & 1\\ 4.2 & 1\end{pmatrix},\quad \boldsymbol{B}=\begin{pmatrix}1.00\\ 0.90\\ 0.90\\ 0.81\\ 0.60\\ 0.56\\ 0.35\end{pmatrix}.$$

最小二乘解 a,b 所满足的方程就是

$$\boldsymbol{A}^{\mathrm{T}}\boldsymbol{A}\begin{pmatrix}a\\ b\end{pmatrix}-\boldsymbol{A}^{\mathrm{T}}\boldsymbol{B}=\boldsymbol{0},$$

即为

$$\begin{cases}106.75a+27.3b-19.675=0,\\ 27.3a+7b-5.12=0.\end{cases}$$

解得

$$a=-1.05,\quad b=4.81(\text{取三位有效数字}).$$

10.4 同构

下面我们研究欧氏空间的同构.

定义 10　实数域 $\mathbf{R}$ 上欧氏空间 V 与 V' 称为同构的,如果由 V 到 V' 有一个双射 σ,满足对 $\forall \boldsymbol{\alpha},\boldsymbol{\beta}\in V,k\in\mathbf{R}$,有

(1) $\sigma(\boldsymbol{\alpha}+\boldsymbol{\beta})=\sigma(\boldsymbol{\alpha})+\sigma(\boldsymbol{\beta})$;

(2) $\sigma(k\boldsymbol{\alpha})=k\sigma(\boldsymbol{\alpha})$;

(3) $(\sigma(\boldsymbol{\alpha}),\sigma(\boldsymbol{\beta}))=(\boldsymbol{\alpha},\boldsymbol{\beta})$.

这样的映射 σ 称为欧氏空间 V 到欧氏空间 V' 的同构映射.

说明　根据同构的定义,我们得到:

① σ 是欧氏空间 V 到 V' 的同构映射,也是作为线性空间 V 到 V' 的**同构映射**.

② 如果 σ 是有限维欧氏空间 V 到 V' 的同构映射,则 $\dim V=\dim V'$.

③ 任一 n 维欧氏空间 V 必与 $\mathbf{R}^n$ 同构.

证明　③ 设 V 是一个 n 维欧氏空间,在 V 中取一组标准正交基 $\boldsymbol{\varepsilon}_1,\boldsymbol{\varepsilon}_2,\cdots,\boldsymbol{\varepsilon}_n$,在这组基下,$V$ 的每个向量 $\boldsymbol{\xi}$ 都可表示成 $\boldsymbol{\xi}=x_1\boldsymbol{\varepsilon}_1+x_2\boldsymbol{\varepsilon}_2+\cdots+x_n\boldsymbol{\varepsilon}_n,x_i\in\mathbf{R}$. 令

$$f(\boldsymbol{\xi})=(x_1,x_2,\cdots,x_n)\in\mathbf{R}^n,$$

可知 f 是 V 到 $\mathbf{R}^n$ 的一个同构映射. 由此可知,每个 n 维的欧氏空间都与 $\mathbf{R}^n$ 同构. ▎

同构作为欧氏空间之间的关系具有反身性、对称性与传递性.

既然每个 n 维欧氏空间都与 $\mathbf{R}^n$ 同构,按对称性与传递性得,任意两个 n 维欧氏空间都同构. 因而可得如下定理.

定理 10　两个有限维欧氏空间同构的充要条件是它们的维数相等.

该定理说明,欧氏空间的结构完全由它的维数决定.

10.5 正交变换

几何空间中绕一条直线的旋转、镜面反射都保持向量的长度不变,保持两个非零向量的夹角不变. 这促使人们研究欧氏空间 V 到自身上的保持向量的内积不变的映射.

定义 11　欧氏空间 V 上的线性变换 σ 叫作一个**正交变换**,如果 $\forall \boldsymbol{\alpha},\boldsymbol{\beta}\in V$,有

$$(\sigma(\boldsymbol{\alpha}),\sigma(\boldsymbol{\beta}))=(\boldsymbol{\alpha},\boldsymbol{\beta}).$$

正交变换可以从几个不同方面加以刻画.

定理 11　设 σ 是 n 维欧氏空间 V 的一个线性变换,于是下面结论是相互等价的:

(1) σ 是正交变换;

(2) σ 保持向量的长度不变,即对于 $\forall \boldsymbol{\alpha}\in V,|\sigma(\boldsymbol{\alpha})|=|\boldsymbol{\alpha}|$;

(3) σ 保持向量间的距离不变,即

$$d(\sigma(\boldsymbol{\alpha}),\sigma(\boldsymbol{\beta}))=d(\boldsymbol{\alpha},\boldsymbol{\beta})\quad(\forall \alpha,\beta\in V);$$

(4) 如果 $\boldsymbol{\varepsilon}_1,\boldsymbol{\varepsilon}_2,\cdots,\boldsymbol{\varepsilon}_n$ 是标准正交基,那么 $\sigma(\boldsymbol{\varepsilon}_1),\sigma(\boldsymbol{\varepsilon}_2),\cdots,\sigma(\boldsymbol{\varepsilon}_n)$ 也是标准正交基;

(5) σ 在任一组标准正交基下的矩阵是正交矩阵.

证明 首先证明(1)与(2)等价.

(1)⇒(2) 若 σ 是正交变换,则 $(\sigma(\boldsymbol{\alpha}),\sigma(\boldsymbol{\alpha}))=(\boldsymbol{\alpha},\boldsymbol{\alpha})$, $\forall \boldsymbol{\alpha}\in V$. 故

$$|\sigma(\boldsymbol{\alpha})|=|\boldsymbol{\alpha}|\quad(\forall \boldsymbol{\alpha}\in V).$$

(2)⇒(1) 对 $\forall \boldsymbol{\alpha},\boldsymbol{\beta}\in V$,有 $|\sigma(\boldsymbol{\alpha}+\boldsymbol{\beta})|=|\boldsymbol{\alpha}+\boldsymbol{\beta}|$. 故

$$(\sigma(\boldsymbol{\alpha}+\boldsymbol{\beta}),\sigma(\boldsymbol{\alpha}+\boldsymbol{\beta}))=(\boldsymbol{\alpha}+\boldsymbol{\beta},\boldsymbol{\alpha}+\boldsymbol{\beta}),$$

等式两边展开得

$$(\sigma(\boldsymbol{\alpha}),\sigma(\boldsymbol{\alpha}))+2(\sigma(\boldsymbol{\alpha}),\sigma(\boldsymbol{\beta}))+(\sigma(\boldsymbol{\beta}),\sigma(\boldsymbol{\beta}))=(\boldsymbol{\alpha},\boldsymbol{\alpha})+2(\boldsymbol{\alpha},\boldsymbol{\beta})+(\boldsymbol{\beta},\boldsymbol{\beta}).$$

而 $(\sigma(\boldsymbol{\alpha}),\sigma(\boldsymbol{\alpha}))=(\boldsymbol{\alpha},\boldsymbol{\alpha})$, $(\sigma(\boldsymbol{\beta}),\sigma(\boldsymbol{\beta}))=(\boldsymbol{\beta},\boldsymbol{\beta})$,因而

$$(\sigma(\boldsymbol{\alpha}),\sigma(\boldsymbol{\beta}))=(\boldsymbol{\alpha},\boldsymbol{\beta}).$$

再证明(2)与(3)等价.

(2)⇒(3) 因为 $\forall \boldsymbol{\alpha},\boldsymbol{\beta}\in V$, $\sigma(\boldsymbol{\alpha})-\sigma(\boldsymbol{\beta})=\sigma(\boldsymbol{\alpha}-\boldsymbol{\beta})$,所以由(2)知,

$$d(\sigma(\boldsymbol{\alpha}),\sigma(\boldsymbol{\beta}))=|\sigma(\boldsymbol{\alpha})-\sigma(\boldsymbol{\beta})|=|\sigma(\boldsymbol{\alpha}-\boldsymbol{\beta})|=|\boldsymbol{\alpha}-\boldsymbol{\beta}|=d(\boldsymbol{\alpha},\boldsymbol{\beta}).$$

(3)⇒(2) 因为对 $\forall \boldsymbol{\alpha},\boldsymbol{\beta}\in V$,有 $d(\sigma(\boldsymbol{\alpha}),\sigma(\boldsymbol{\beta}))=d(\boldsymbol{\alpha},\boldsymbol{\beta})$,故

$$d(\sigma(\boldsymbol{\alpha}),\sigma(\boldsymbol{0}))=d(\boldsymbol{\alpha},\boldsymbol{0})\quad(\forall \boldsymbol{\alpha}\in V).$$

即 $|\sigma(\boldsymbol{\alpha})|=|\boldsymbol{\alpha}|$, $\forall \boldsymbol{\alpha}\in V$.

下面证明(1)与(4)等价.

(1)⇒(4) 若 σ 是 V 上的正交变换,$\boldsymbol{\varepsilon}_1,\boldsymbol{\varepsilon}_2,\cdots,\boldsymbol{\varepsilon}_n$ 是 V 的标准正交基,则有

$$(\sigma(\boldsymbol{\varepsilon}_i),\sigma(\boldsymbol{\varepsilon}_j))=(\boldsymbol{\varepsilon}_i,\boldsymbol{\varepsilon}_j)=\begin{cases}1, & i=j,\\ 0, & i\neq j,\end{cases}$$

故 $\sigma(\boldsymbol{\varepsilon}_1),\sigma(\boldsymbol{\varepsilon}_2),\cdots,\sigma(\boldsymbol{\varepsilon}_n)$ 是 V 的标准正交基.

(4)⇒(1) 若线性变换 σ 使 V 的标准正交基 $\boldsymbol{\varepsilon}_1,\boldsymbol{\varepsilon}_2,\cdots,\boldsymbol{\varepsilon}_n$ 变成标准正交基 $\sigma(\boldsymbol{\varepsilon}_1)$, $\sigma(\boldsymbol{\varepsilon}_2),\cdots,\sigma(\boldsymbol{\varepsilon}_n)$. 对 $\forall \boldsymbol{\alpha},\boldsymbol{\beta}\in V$,设

$$\boldsymbol{\alpha}=x_1\boldsymbol{\varepsilon}_1+x_2\boldsymbol{\varepsilon}_2+\cdots+x_n\boldsymbol{\varepsilon}_n,$$
$$\boldsymbol{\beta}=y_1\boldsymbol{\varepsilon}_1+y_2\boldsymbol{\varepsilon}_2+\cdots+y_n\boldsymbol{\varepsilon}_n,$$

则 $(\boldsymbol{\alpha},\boldsymbol{\beta})=\sum\limits_{i=1}^{n}x_iy_i$.

又因为 $\sigma(\boldsymbol{\alpha})=\sum\limits_{i=1}^{n}x_i\sigma(\boldsymbol{\varepsilon}_i)$, $\sigma(\boldsymbol{\beta})=\sum\limits_{j=1}^{n}y_j\sigma(\boldsymbol{\varepsilon}_j)$,且 $\sigma(\boldsymbol{\varepsilon}_1),\sigma(\boldsymbol{\varepsilon}_2),\cdots,\sigma(\boldsymbol{\varepsilon}_n)$ 是标准正交基,故 $(\sigma(\boldsymbol{\alpha}),\sigma(\boldsymbol{\beta}))=\sum\limits_{i=1}^{n}x_iy_i$. 所以 $(\sigma(\boldsymbol{\alpha}),\sigma(\boldsymbol{\beta}))=(\boldsymbol{\alpha},\boldsymbol{\beta})$, $\forall \boldsymbol{\alpha},\boldsymbol{\beta}\in V$.

最后证明(1)与(5)等价.

(1)⇒(5) 设 $\boldsymbol{\varepsilon}_1,\boldsymbol{\varepsilon}_2,\cdots,\boldsymbol{\varepsilon}_n$ 是标准正交基,σ 在 $\boldsymbol{\varepsilon}_1,\boldsymbol{\varepsilon}_2,\cdots,\boldsymbol{\varepsilon}_n$ 下的矩阵为 $\boldsymbol{A}$,则

$$\sigma(\boldsymbol{\varepsilon}_1,\boldsymbol{\varepsilon}_2,\cdots,\boldsymbol{\varepsilon}_n)=(\sigma(\boldsymbol{\varepsilon}_1),\sigma(\boldsymbol{\varepsilon}_2),\cdots,\sigma(\boldsymbol{\varepsilon}_n))=(\boldsymbol{\varepsilon}_1,\boldsymbol{\varepsilon}_2,\cdots,\boldsymbol{\varepsilon}_n)\boldsymbol{A}.$$

若 σ 是正交变换,由(4)知,$\sigma(\boldsymbol{\varepsilon}_1),\sigma(\boldsymbol{\varepsilon}_2),\cdots,\sigma(\boldsymbol{\varepsilon}_n)$ 也是标准正交基,而由标准正交基 $\boldsymbol{\varepsilon}_1$, $\boldsymbol{\varepsilon}_2,\cdots,\boldsymbol{\varepsilon}_n$ 到标准正交基的过渡矩阵 $\boldsymbol{A}$ 是正交阵. 即(5)成立.

(5)⇒(1) 设 $\boldsymbol{\varepsilon}_1,\boldsymbol{\varepsilon}_2,\cdots,\boldsymbol{\varepsilon}_n$ 是标准正交基，且 $\sigma(\boldsymbol{\varepsilon}_1,\boldsymbol{\varepsilon}_2,\cdots,\boldsymbol{\varepsilon}_n)=(\boldsymbol{\varepsilon}_1,\boldsymbol{\varepsilon}_2,\cdots,\boldsymbol{\varepsilon}_n)\boldsymbol{A}$，即

$$(\sigma(\boldsymbol{\varepsilon}_1),\sigma(\boldsymbol{\varepsilon}_2),\cdots,\sigma(\boldsymbol{\varepsilon}_n))=(\boldsymbol{\varepsilon}_1,\boldsymbol{\varepsilon}_2,\cdots,\boldsymbol{\varepsilon}_n)\boldsymbol{A}.$$

由于当 $\boldsymbol{A}$ 是正交矩阵时，$\sigma(\boldsymbol{\varepsilon}_1),\sigma(\boldsymbol{\varepsilon}_2),\cdots,\sigma(\boldsymbol{\varepsilon}_n)$ 也是 V 的标准正交基，由(4)知 σ 是正交变换. ▌

因为正交矩阵是可逆的，所以正交变换是可逆的. 由定义可以得到下面结论：

命题 5　欧氏空间 V 上的线性变换 σ 是正交变换当且仅当 σ 是 V 到自身的同构映射.

命题 6　欧氏空间上的正交变换的乘积是正交变换，正交变换的逆变换是正交变换.

如果 $\boldsymbol{A}$ 是正交矩阵，那么由 $\boldsymbol{A}\boldsymbol{A}^{\mathrm{T}}=\boldsymbol{E}$，可知 $|\boldsymbol{A}|=\pm 1$. 行列式等于 $+1$ 的正交变换通常称为旋转变换，或者称为第一类正交变换；行列式等于 -1 的正交变换称为镜面变换，或者称为第二类正交变换.

例 1　设 σ 是 $\mathbf{R}^3$ 上的一个线性变换，令 $\sigma(\boldsymbol{\xi})=(x_2,x_3,x_1)$，$\forall\boldsymbol{\xi}=(x_1,x_2,x_3)\in\mathbf{R}^3$，则 σ 是 $\mathbf{R}^3$ 的一个正交变换.

典例分析

例 2　设 $\boldsymbol{\eta}$ 是 n 维欧氏空间 V 内的一个单位向量. 定义 V 上的一个线性变换：

$$\sigma(\boldsymbol{\alpha})=\boldsymbol{\alpha}-2(\boldsymbol{\eta},\boldsymbol{\alpha})\boldsymbol{\eta}\quad(\forall\boldsymbol{\alpha}\in V).$$

称这种线性变换是 V 上的一个镜面反射. 证明：

(1) σ 是 V 上的一个正交变换；

(2) σ 在 V 的任一组基下的矩阵的行列式为 -1.

证明　(1)对 $\forall\boldsymbol{\alpha},\boldsymbol{\beta}\in V$，有

$$\begin{aligned}(\sigma(\boldsymbol{\alpha}),\sigma(\boldsymbol{\beta}))&=(\boldsymbol{\alpha}-2(\boldsymbol{\eta},\boldsymbol{\alpha})\boldsymbol{\eta},\boldsymbol{\beta}-2(\boldsymbol{\eta},\boldsymbol{\beta})\boldsymbol{\eta})\\&=(\boldsymbol{\alpha},\boldsymbol{\beta})-2(\boldsymbol{\eta},\boldsymbol{\alpha})(\boldsymbol{\eta},\boldsymbol{\beta})-2(\boldsymbol{\eta},\boldsymbol{\beta})(\boldsymbol{\eta},\boldsymbol{\alpha})+4(\boldsymbol{\eta},\boldsymbol{\alpha})(\boldsymbol{\eta},\boldsymbol{\beta})(\boldsymbol{\eta},\boldsymbol{\eta})\\&=(\boldsymbol{\alpha},\boldsymbol{\beta}),\end{aligned}$$

因此 σ 是 V 上的一个正交变换.

(2) 将 $\boldsymbol{\eta}=\boldsymbol{\varepsilon}_1$ 扩充为 V 的一组标准正交基 $\boldsymbol{\varepsilon}_1,\boldsymbol{\varepsilon}_2,\cdots,\boldsymbol{\varepsilon}_n$，则

$$\sigma(\boldsymbol{\varepsilon}_1)=\boldsymbol{\varepsilon}_1-2(\boldsymbol{\eta},\boldsymbol{\varepsilon}_1)\boldsymbol{\eta}=\boldsymbol{\varepsilon}_1-2(\boldsymbol{\eta},\boldsymbol{\eta})\boldsymbol{\varepsilon}_1=\boldsymbol{\varepsilon}_1-2\boldsymbol{\varepsilon}_1=-\boldsymbol{\varepsilon}_1,$$

$$\sigma(\boldsymbol{\varepsilon}_i)=\boldsymbol{\varepsilon}_i-2(\boldsymbol{\eta},\boldsymbol{\varepsilon}_i)\boldsymbol{\eta}=\boldsymbol{\varepsilon}_i-2(\boldsymbol{\varepsilon}_1,\boldsymbol{\varepsilon}_i)\boldsymbol{\varepsilon}_1=\boldsymbol{\varepsilon}_i,\ i=2,\cdots,n,$$

故

$$\sigma(\boldsymbol{\varepsilon}_1,\boldsymbol{\varepsilon}_2,\cdots,\boldsymbol{\varepsilon}_n)=(\boldsymbol{\varepsilon}_1,\boldsymbol{\varepsilon}_2,\cdots,\boldsymbol{\varepsilon}_n)\begin{pmatrix}-1&&&\\&1&&\\&&\ddots&\\&&&1\end{pmatrix}=(\boldsymbol{\varepsilon}_1,\boldsymbol{\varepsilon}_2,\cdots,\boldsymbol{\varepsilon}_n)\boldsymbol{A},$$

则 $|\boldsymbol{A}|=-1$.

因为 σ 在任一组基下的矩阵与 $\boldsymbol{A}$ 相似，所以 σ 在 V 的任一组基下的矩阵的行列式为 -1.

10.6　对称矩阵和对称变换

由任意二次型都可经非退化线性替换化为标准形可知，任意一个对称矩阵 $\boldsymbol{A}$ 都合同于一个对角矩阵. 换句话说，都有一个可逆矩阵 $\boldsymbol{C}$，使 $\boldsymbol{C}'\boldsymbol{A}\boldsymbol{C}$ 成对角形. 下面利用欧氏空间的理

论研究实对称矩阵的对角化. 我们先讨论实对称矩阵的一些性质.

一、对称矩阵与对称变换

引理 实对称矩阵的特征值皆为实数.

证明 设 λ_0 是实对称矩阵 $\boldsymbol{A}$ 的任意一个特征值,则有非零向量 $\boldsymbol{\xi}=(x_1,x_2,\cdots,x_n)^{\mathrm{T}}$ 满足 $\boldsymbol{A\xi}=\lambda_0\boldsymbol{\xi}$. 令 $\overline{\boldsymbol{\xi}}=(\overline{x}_1,\overline{x}_2,\cdots,\overline{x}_n)^{\mathrm{T}}$,其中 $\overline{x}_i$ 是 x_i 的共轭复数,则$\overline{\boldsymbol{A\xi}}=\overline{\lambda}_0\,\overline{\boldsymbol{\xi}}$. 考察等式

$$\overline{\boldsymbol{\xi}}^{\mathrm{T}}(\boldsymbol{A\xi})=\overline{\boldsymbol{\xi}}^{\mathrm{T}}\boldsymbol{A}^{\mathrm{T}}\boldsymbol{\xi}=(\boldsymbol{A}\,\overline{\boldsymbol{\xi}})^{\mathrm{T}}\boldsymbol{\xi}=(\overline{\boldsymbol{A\xi}})^{\mathrm{T}}\boldsymbol{\xi},$$

则 $\overline{\boldsymbol{\xi}}^{\mathrm{T}}(\lambda_0\boldsymbol{\xi})=(\overline{\lambda_0\boldsymbol{\xi}})^{\mathrm{T}}\boldsymbol{\xi}$,即

$$\lambda_0\,\overline{\boldsymbol{\xi}}^{\mathrm{T}}\boldsymbol{\xi}=\overline{\lambda}_0\,\overline{\boldsymbol{\xi}}^{\mathrm{T}}\boldsymbol{\xi}.$$

又因为 $\boldsymbol{\xi}$ 是非零向量,所以

$$\overline{\boldsymbol{\xi}}^{\mathrm{T}}\boldsymbol{\xi}=\overline{x}_1x_1+\overline{x}_2x_2+\cdots+\overline{x}_nx_n\neq 0.$$

故 $\lambda_0=\overline{\lambda}_0$,于是 λ_0 是一个实数. ▎

定义 12 设 σ 是欧氏空间 V 上的一个线性变换,如果 $\forall\boldsymbol{\alpha},\boldsymbol{\beta}\in V$,

$$(\sigma(\boldsymbol{\alpha}),\boldsymbol{\beta})=(\boldsymbol{\alpha},\sigma(\boldsymbol{\beta}))$$

成立,那么就称 σ 是欧氏空间 V 上的一个**对称变换**.

命题 7 n 维欧氏空间 V 上的线性变换 σ 是对称变换的充分必要条件是 σ 在标准正交基下的矩阵是实对称矩阵.

证明 设 σ 是 n 维欧氏空间 V 上的线性变换,$\boldsymbol{\varepsilon}_1,\boldsymbol{\varepsilon}_2,\cdots,\boldsymbol{\varepsilon}_n$ 是 V 的任一组标准正交基,$\boldsymbol{A}=(a_{ij})_{n\times n}\in\mathbf{R}^{n\times n}$ 为 σ 在该基下的矩阵,即 $\sigma(\boldsymbol{\varepsilon}_1,\boldsymbol{\varepsilon}_2,\cdots,\boldsymbol{\varepsilon}_n)=(\boldsymbol{\varepsilon}_1,\boldsymbol{\varepsilon}_2,\cdots,\boldsymbol{\varepsilon}_n)\boldsymbol{A}$,或 $\sigma(\boldsymbol{\varepsilon}_i)=\sum\limits_{k=1}^{n}a_{ki}\boldsymbol{\varepsilon}_k=a_{1i}\boldsymbol{\varepsilon}_1+a_{2i}\boldsymbol{\varepsilon}_2+\cdots+a_{ni}\boldsymbol{\varepsilon}_n,i=1,2,\cdots,n.$

(必要性) $(\sigma(\boldsymbol{\varepsilon}_i),\boldsymbol{\varepsilon}_j)=\left(\sum\limits_{k=1}^{n}a_{ki}\boldsymbol{\varepsilon}_k,\boldsymbol{\varepsilon}_j\right)=\sum\limits_{k=1}^{n}a_{ki}(\boldsymbol{\varepsilon}_k,\boldsymbol{\varepsilon}_j)=a_{ji}(\boldsymbol{\varepsilon}_j,\boldsymbol{\varepsilon}_j)=a_{ji}$;

$$(\boldsymbol{\varepsilon}_i,\sigma(\boldsymbol{\varepsilon}_j))=\left(\boldsymbol{\varepsilon}_i,\sum_{k=1}^{n}a_{kj}\boldsymbol{\varepsilon}_k\right)=\sum_{k=1}^{n}a_{kj}(\boldsymbol{\varepsilon}_i,\boldsymbol{\varepsilon}_k)=a_{ij}(\boldsymbol{\varepsilon}_i,\boldsymbol{\varepsilon}_i)=a_{ij}.$$

因为 σ 是对称变换,所以$(\sigma(\boldsymbol{\varepsilon}_i),\boldsymbol{\varepsilon}_j)=(\boldsymbol{\varepsilon}_i,\sigma(\boldsymbol{\varepsilon}_j))$,得 $a_{ij}=a_{ji},i,j=1,2,\cdots,n$. 所以矩阵 $\boldsymbol{A}$ 为实对称阵.

(充分性) 对 $\forall\boldsymbol{\alpha},\boldsymbol{\beta}\in V$,

$$\boldsymbol{\alpha}=x_1\boldsymbol{\varepsilon}_1+x_2\boldsymbol{\varepsilon}_2+\cdots+x_n\boldsymbol{\varepsilon}_n=(\boldsymbol{\varepsilon}_1,\boldsymbol{\varepsilon}_2,\cdots,\boldsymbol{\varepsilon}_n)\begin{pmatrix}x_1\\x_2\\\vdots\\x_n\end{pmatrix}=(\boldsymbol{\varepsilon}_1,\boldsymbol{\varepsilon}_2,\cdots,\boldsymbol{\varepsilon}_n)\boldsymbol{X},$$

$$\boldsymbol{\beta}=y_1\boldsymbol{\varepsilon}_1+y_2\boldsymbol{\varepsilon}_2+\cdots+y_n\boldsymbol{\varepsilon}_n=(\boldsymbol{\varepsilon}_1,\boldsymbol{\varepsilon}_2,\cdots,\boldsymbol{\varepsilon}_n)\begin{pmatrix}y_1\\y_2\\\vdots\\y_n\end{pmatrix}=(\boldsymbol{\varepsilon}_1,\boldsymbol{\varepsilon}_2,\cdots,\boldsymbol{\varepsilon}_n)\boldsymbol{Y}.$$

于是

$$\sigma(\boldsymbol{\alpha})=\sigma(\boldsymbol{\varepsilon}_1,\boldsymbol{\varepsilon}_2,\cdots,\boldsymbol{\varepsilon}_n)\boldsymbol{X}=(\boldsymbol{\varepsilon}_1,\boldsymbol{\varepsilon}_2,\cdots,\boldsymbol{\varepsilon}_n)\boldsymbol{AX},$$

$$\sigma(\boldsymbol{\beta})=\sigma(\boldsymbol{\varepsilon}_1,\boldsymbol{\varepsilon}_2,\cdots,\boldsymbol{\varepsilon}_n)\boldsymbol{Y}=(\boldsymbol{\varepsilon}_1,\boldsymbol{\varepsilon}_2,\cdots,\boldsymbol{\varepsilon}_n)\boldsymbol{AY}.$$

因为 $\boldsymbol{\varepsilon}_1,\boldsymbol{\varepsilon}_2,\cdots,\boldsymbol{\varepsilon}_n$ 是标准正交基,$\boldsymbol{A}$ 为实对称阵,所以

$$(\sigma(\boldsymbol{\alpha}),\boldsymbol{\beta})=(\boldsymbol{AX})^{\mathrm{T}}\boldsymbol{Y}=\boldsymbol{X}^{\mathrm{T}}\boldsymbol{A}^{\mathrm{T}}\boldsymbol{Y}=\boldsymbol{X}^{\mathrm{T}}\boldsymbol{AY}=\boldsymbol{X}^{\mathrm{T}}(\boldsymbol{AY})=(\boldsymbol{\alpha},\sigma(\boldsymbol{\beta})).$$

即 σ 是一个对称变换. ▌

由上述定理知,n 维欧氏空间 V 的对称变换与 n 阶实对称矩阵在标准正交基下是相互确定的.

容易看出,用对称变换来反映实对称矩阵,一些性质可以看得更清楚.

命题 8 n 维欧氏空间 V 上的对称变换 σ 的不变子空间 W 的正交补 $W^{\perp}$ 也是 σ 的不变子空间.

证明 对 $\forall\boldsymbol{\alpha}\in W^{\perp}$,要证 $\sigma(\boldsymbol{\alpha})\in W^{\perp}$,即证 $\sigma(\boldsymbol{\alpha})\perp W$.

任取 $\boldsymbol{\beta}\in W$,有 $\sigma(\boldsymbol{\beta})\in W$. 因为 $\boldsymbol{\alpha}\in W^{\perp}$,所以 $(\boldsymbol{\alpha},\sigma(\boldsymbol{\beta}))=0$. 又因为 σ 是对称变换,故 $(\sigma(\boldsymbol{\alpha}),\boldsymbol{\beta})=(\boldsymbol{\alpha},\sigma(\boldsymbol{\beta}))=0$,所以 $\sigma(\boldsymbol{\alpha})\perp W$. 故 $W^{\perp}$ 是 σ 的不变子空间. ▌

命题 9 设 σ 为 n 维欧氏空间 V 上的一个对称变换,则属于 σ 的不同特征值的特征向量是正交的.

证明 设 λ,μ 是 σ 的两个不同特征值,$\boldsymbol{\alpha},\boldsymbol{\beta}$ 是分别属于 λ,μ 的特征向量,则

$$\sigma(\boldsymbol{\alpha})=\lambda\boldsymbol{\alpha},\quad \sigma(\boldsymbol{\beta})=\mu\boldsymbol{\beta}.$$

因为 σ 是对称变换,所以 $(\sigma(\boldsymbol{\alpha}),\boldsymbol{\beta})=(\boldsymbol{\alpha},\sigma(\boldsymbol{\beta}))$,故 $(\lambda\boldsymbol{\alpha},\boldsymbol{\beta})=(\boldsymbol{\alpha},\mu\boldsymbol{\beta})$,即 $\lambda(\boldsymbol{\alpha},\boldsymbol{\beta})=\mu(\boldsymbol{\alpha},\boldsymbol{\beta})$. 因为 $\lambda\neq\mu$,所以 $(\boldsymbol{\alpha},\boldsymbol{\beta})=0$,即 $\boldsymbol{\alpha},\boldsymbol{\beta}$ 正交. ▌

定理 12 设 σ 为 n 维欧氏空间 V 上的一个对称变换,则 V 内存在一组标准正交基,使得 σ 在此基下的矩阵为对角阵.

证明 设对称变换 σ 在标准正交基 $\boldsymbol{\varepsilon}_1,\boldsymbol{\varepsilon}_2,\cdots,\boldsymbol{\varepsilon}_n$ 下的矩阵为 $\boldsymbol{A}$. 由实对称矩阵和对称变换互相确定的关系,只需证 σ 有 n 个特征向量构成的标准正交基即可.

我们对空间的维数 n 作数学归纳法.

$n=1$ 时,$V=L(\boldsymbol{\eta})$,其中 $\boldsymbol{\eta}$ 是单位向量. 于是 $\sigma(\boldsymbol{\eta})=\lambda\boldsymbol{\eta},\lambda\in\mathbf{R}$,则 σ 在 V 的这个标准基 $\boldsymbol{\eta}$ 下的矩阵是(λ),这是对角矩阵. 因此 $n=1$ 时命题成立.

假设对于 $n-1$ 时,结论成立. 设 n 维欧氏空间 V 上的对称变换 σ 有一单位特征向量 $\boldsymbol{\alpha}_1$,其对应的特征值为 λ_1,即 $\sigma(\boldsymbol{\alpha}_1)=\lambda_1\boldsymbol{\alpha}_1,|\boldsymbol{\alpha}_1|=1$.

设子空间 $W=L(\boldsymbol{\alpha}_1)$,显然 W 是σ-子空间,则 $W^{\perp}$ 也是 σ-子空间,且

$$W\oplus W^{\perp}=V,\quad \dim W^{\perp}=n-1.$$

对 $\forall\boldsymbol{\alpha},\boldsymbol{\beta}\in W^{\perp}$,有 $(\sigma|_{W^{\perp}}(\boldsymbol{\alpha}),\boldsymbol{\beta})=(\sigma(\boldsymbol{\alpha}),\boldsymbol{\beta})=(\boldsymbol{\alpha},\sigma(\boldsymbol{\beta}))=(\boldsymbol{\alpha},\sigma|_{W^{\perp}}(\boldsymbol{\beta}))$. 所以 $\sigma|_{W^{\perp}}$ 是 $W^{\perp}$ 上的对称变换. 由归纳假设知,$\sigma|_{W^{\perp}}$ 有 $n-1$ 个特征向量 $\boldsymbol{\alpha}_2,\cdots,\boldsymbol{\alpha}_n$ 构成 $W^{\perp}$ 的一组标准正交基. 从而 $\boldsymbol{\alpha}_1,\boldsymbol{\alpha}_2,\cdots,\boldsymbol{\alpha}_n$ 就是 V 的一组标准正交基,且都是 σ 的特征向量. 即结论成立. ▌

小贴士

若 $\boldsymbol{A}$ 是实对称矩阵，在欧氏空间 $\mathbf{R}^n$ 上定义线性变换 σ：

$$\sigma\begin{pmatrix}x_1\\x_2\\\vdots\\x_n\end{pmatrix}=\boldsymbol{A}\begin{pmatrix}x_1\\x_2\\\vdots\\x_n\end{pmatrix}.$$

则 σ 在标准正交基

$$\boldsymbol{\varepsilon}_1=\begin{pmatrix}1\\0\\\vdots\\0\end{pmatrix},\boldsymbol{\varepsilon}_2=\begin{pmatrix}0\\1\\\vdots\\0\end{pmatrix},\cdots,\boldsymbol{\varepsilon}_n=\begin{pmatrix}0\\0\\\vdots\\1\end{pmatrix}$$

下的矩阵就是 $\boldsymbol{A}$，故 σ 是对称变换.

由以上可得到关于是实对称矩阵的类似结论.

推论 对于任意一个 n 阶实对称矩阵 $\boldsymbol{A}$，都存在一个 n 阶正交矩阵 $\boldsymbol{P}$，使得 $\boldsymbol{P}^{\mathrm{T}}\boldsymbol{AP}=\boldsymbol{P}^{-1}\boldsymbol{AP}$ 成为对角阵.

下面研究在给定了一个实对称矩阵 $\boldsymbol{A}$ 之后，如何求正交矩阵 $\boldsymbol{P}$ 使 $\boldsymbol{P}^{\mathrm{T}}\boldsymbol{AP}$ 成为对角阵. 由上面定理和推论知，求正交矩阵 $\boldsymbol{P}$ 的问题就相当于在 $\mathbf{R}^n$ 中求一组由 $\boldsymbol{A}$ 的特征向量构成的标准正交基. 事实上，设

$$\boldsymbol{\eta}_1=\begin{pmatrix}t_{11}\\t_{21}\\\vdots\\t_{n1}\end{pmatrix},\boldsymbol{\eta}_2=\begin{pmatrix}t_{12}\\t_{22}\\\vdots\\t_{n2}\end{pmatrix},\cdots,\boldsymbol{\eta}_n=\begin{pmatrix}t_{1n}\\t_{2n}\\\vdots\\t_{nn}\end{pmatrix}$$

是 $\mathbf{R}^n$ 的一组标准正交基，它们都是 $\boldsymbol{A}$ 的特征向量. 显然，由 $\boldsymbol{\varepsilon}_1,\boldsymbol{\varepsilon}_2,\cdots,\boldsymbol{\varepsilon}_n$ 到 $\boldsymbol{\eta}_1,\boldsymbol{\eta}_2,\cdots,\boldsymbol{\eta}_n$ 的过渡矩阵就是

$$\boldsymbol{P}=\begin{pmatrix}t_{11}&t_{12}&\cdots&t_{1n}\\t_{21}&t_{22}&\cdots&t_{2n}\\\vdots&\vdots&&\vdots\\t_{n1}&t_{n2}&\cdots&t_{nn}\end{pmatrix}.$$

$\boldsymbol{P}$ 是一个正交矩阵，而 $\boldsymbol{P}^{-1}\boldsymbol{AP}=\boldsymbol{P}^{\mathrm{T}}\boldsymbol{AP}$ 就是对角阵.

根据上面的讨论，正交矩阵 $\boldsymbol{P}$ 的求法可以按以下步骤进行：

(1) 求出 $\boldsymbol{A}$ 的所有不同特征值 $\lambda_1,\lambda_2,\cdots,\lambda_r\in\mathbf{R}$，其重数 $k_1,k_2,\cdots,k_r$ 必满足

$$\sum_{i=1}^{r}k_i=n.$$

(2) 对于每个 λ_i，解齐次线性方程组 $(\lambda_i\boldsymbol{E}-\boldsymbol{A})\boldsymbol{X}=\boldsymbol{0}$，求出一基础解系，这就是 $\boldsymbol{A}$ 的特征子空间 V_{λ_i} 的一组基. 由这组基出发，求出 V_{λ_i} 的一组标准正交基 $\boldsymbol{\eta}_{i1},\cdots,\boldsymbol{\eta}_{ik_i}$.

(3) 因为 $\lambda_1,\lambda_2,\cdots,\lambda_r$ 两两不同，向量组 $\boldsymbol{\eta}_{11},\cdots,\boldsymbol{\eta}_{1k_1},\cdots,\boldsymbol{\eta}_{r1},\cdots,\boldsymbol{\eta}_{rk_r}$ 还是两两正交的，所以它们的个数就等于空间的维数. 因此，它们构成 $\mathbf{R}^n$ 的一组标准正交基，并且也都是 $\boldsymbol{A}$

的特征向量. 这样，正交矩阵 $\boldsymbol{P}$ 也就求出了.

例 1　已知

$$\boldsymbol{A}=\begin{pmatrix}1&2&2\\2&1&2\\2&2&1\end{pmatrix},$$

典例分析

求一正交矩阵 $\boldsymbol{P}$，使 $\boldsymbol{P}^{\mathrm{T}}\boldsymbol{A}\boldsymbol{P}$ 成对角形.

解　先求 $\boldsymbol{A}$ 的特征值. 因为

$$|\lambda\boldsymbol{E}-\boldsymbol{A}|=\begin{vmatrix}\lambda-1&-2&-2\\-2&\lambda-1&-2\\-2&-2&\lambda-1\end{vmatrix}=(1+\lambda)^2(\lambda-5),$$

所以 $\boldsymbol{A}$ 的特征值为 $\lambda_1=\lambda_2=-1,\lambda_3=5$.

求属于 $\lambda_1=\lambda_2=-1$ 的特征向量，即求解齐次线性方程组 $(-\boldsymbol{E}-\boldsymbol{A})\boldsymbol{X}=\boldsymbol{0}$.

$$-\boldsymbol{E}-\boldsymbol{A}=\begin{pmatrix}-2&-2&-2\\-2&-2&-2\\-2&-2&-2\end{pmatrix}\xrightarrow{r}\begin{pmatrix}1&1&1\\0&0&0\\0&0&0\end{pmatrix},$$

得基础解系 $\boldsymbol{\alpha}_1=(-1,0,1)^{\mathrm{T}},\boldsymbol{\alpha}_2=(0,-1,1)^{\mathrm{T}}$. 把它们正交化，再单位化，得

$$\boldsymbol{\eta}_1=\left(-\frac{1}{\sqrt{2}},0,\frac{1}{\sqrt{2}}\right)^{\mathrm{T}},\quad \boldsymbol{\eta}_2=\left(\frac{1}{\sqrt{6}},-\frac{2}{\sqrt{6}},\frac{1}{\sqrt{6}}\right)^{\mathrm{T}}.$$

这是属于特征值 $\lambda_1=\lambda_2=-1$ 的两个单位正交特征向量，也是特征子空间 V_{λ_1} 的一组标准正交基.

再求属于 $\lambda_3=5$ 的特征向量，即解齐次线性方程组 $(5\boldsymbol{E}-\boldsymbol{A})\boldsymbol{X}=\boldsymbol{0}$.

$$5\boldsymbol{E}-\boldsymbol{A}=\begin{pmatrix}4&-2&-2\\-2&4&-2\\-2&-2&4\end{pmatrix}\xrightarrow{r}\begin{pmatrix}1&0&-1\\0&1&-1\\0&0&0\end{pmatrix},$$

得其基础解系 $\boldsymbol{\alpha}_3=(1,1,1)^{\mathrm{T}}$，再单位化得 $\boldsymbol{\eta}_3=\left(\frac{1}{\sqrt{3}},\frac{1}{\sqrt{3}},\frac{1}{\sqrt{3}}\right)^{\mathrm{T}}$. 这样 $\boldsymbol{\eta}_1,\boldsymbol{\eta}_2,\boldsymbol{\eta}_3$ 构成 $\mathbf{R}^3$ 的一组标准正交基，它们都是 $\boldsymbol{A}$ 的特征向量，正交矩阵

$$\boldsymbol{P}=(\boldsymbol{\eta}_1,\boldsymbol{\eta}_2,\boldsymbol{\eta}_3)=\begin{pmatrix}-\frac{1}{\sqrt{2}}&\frac{1}{\sqrt{6}}&\frac{1}{\sqrt{3}}\\0&-\frac{2}{\sqrt{6}}&\frac{1}{\sqrt{3}}\\\frac{1}{\sqrt{2}}&\frac{1}{\sqrt{6}}&\frac{1}{\sqrt{3}}\end{pmatrix}$$

使得

$$\boldsymbol{P}^{\mathrm{T}}\boldsymbol{A}\boldsymbol{P}=\begin{pmatrix}-1&0&0\\0&-1&0\\0&0&5\end{pmatrix}.$$

小贴士

① 对于实对称矩阵 $\boldsymbol{A}$,使 $\boldsymbol{P}^{\mathrm{T}}\boldsymbol{AP}=\mathrm{diag}(\lambda_1,\lambda_2,\cdots,\lambda_n)$ 成立的正交矩阵不是唯一的. 而且对于正交矩阵 $\boldsymbol{P}$,还可进一步要求 $|\boldsymbol{P}|=1$. 事实上,如果由上述方法求得的正交矩阵 $\boldsymbol{P}$,有 $\boldsymbol{P}^{\mathrm{T}}\boldsymbol{AP}=\mathrm{diag}(\lambda_1,\lambda_2,\cdots,\lambda_n)$,$|\boldsymbol{P}|=-1$. 取正交矩阵 $\boldsymbol{S}=\mathrm{diag}(-1,1,\cdots,1)$,则 $\boldsymbol{P}_1=\boldsymbol{PS}$ 是正交矩阵,且 $|\boldsymbol{P}_1|=|\boldsymbol{P}||\boldsymbol{S}|=1$. 同时有

$$\begin{aligned}\boldsymbol{P}_1^{\mathrm{T}}\boldsymbol{AP}_1&=(\boldsymbol{PS})^{\mathrm{T}}\boldsymbol{A}(\boldsymbol{PS})=\boldsymbol{S}^{\mathrm{T}}(\boldsymbol{P}^{\mathrm{T}}\boldsymbol{AP})\boldsymbol{S}\\&=\begin{pmatrix}-1&&&\\&1&&\\&&\ddots&\\&&&1\end{pmatrix}\begin{pmatrix}\lambda_1&&&\\&\lambda_2&&\\&&\ddots&\\&&&\lambda_n\end{pmatrix}\begin{pmatrix}-1&&&\\&1&&\\&&\ddots&\\&&&1\end{pmatrix}\\&=\mathrm{diag}(\lambda_1,\lambda_2,\cdots,\lambda_n).\end{aligned}$$

② 如果不计较主对角线上元素的排列次序,与实对称矩阵 $\boldsymbol{A}$ 正交相似的对角矩阵是唯一确定的.

③ 因为正交相似的矩阵也是互相合同的,所以可用实对称矩阵的特征值的性质刻画其正定性:

设 $\lambda_1\geqslant\lambda_2\geqslant\cdots\geqslant\lambda_n$ 为实对称矩阵 $\boldsymbol{A}$ 的所有特征值,则

(a) $\boldsymbol{A}$ 为正定的 $\Leftrightarrow\lambda_n>0$;

(b) $\boldsymbol{A}$ 为半正定的 $\Leftrightarrow\lambda_n\geqslant0$;

(c) $\boldsymbol{A}$ 为负定(半负定)的 $\Leftrightarrow\lambda_1<0(\lambda_1\leqslant0)$;

(d) $\boldsymbol{A}$ 为不定的 $\Leftrightarrow\lambda_1>0$ 且 $\lambda_n<0$.

④ 实对称矩阵 $\boldsymbol{A}$ 的正、负惯性指数分别为正、负特征值的个数(重根按重数计). $n-R(\boldsymbol{A})$ 是 0 为 $\boldsymbol{A}$ 的特征值的重数.

二、实二次型的主轴问题

在讨论解析几何中的主轴问题时,将 $\mathbf{R}^2$ 上有心二次曲线或 $\mathbf{R}^3$ 上有心二次曲面通过坐标的旋转化成标准形,这个变换的矩阵是正交矩阵. 而对任意 n 元实二次型,如果线性替换

$$\begin{cases}x_1=c_{11}y_1+c_{12}y_2+\cdots+c_{1n}y_n,\\x_2=c_{21}y_1+c_{22}y_2+\cdots+c_{2n}y_n,\\\qquad\cdots\cdots\cdots\cdots\\x_n=c_{n1}y_1+c_{n2}y_2+\cdots+c_{nn}y_n\end{cases}$$

的矩阵 $\boldsymbol{C}=(c_{ij})$ 是正交的,则称它为正交的线性替换. 正交的线性替换当然是非退化的.

用二次型的语言,上述过程可叙述为如下定理:

定理 13 任意一个实二次型

$$\sum_{i=1}^{n}\sum_{j=1}^{n}a_{ij}x_ix_j,a_{ij}=a_{ji}\quad(i,j=1,2,\cdots,n)$$

都可以经过正交的线性替换化成平方和

$$\lambda_1y_1^2+\lambda_2y_2^2+\cdots+\lambda_ny_n^2,$$

其中平方项的系数 $\lambda_1,\lambda_2,\cdots,\lambda_n$ 就是矩阵 $\boldsymbol{A}$ 的特征多项式全部的根.

利用正交的线性替换研究二次曲面的图形.

例 2　在直角坐标系下,二次曲面的一般方程是

$$a_{11}x^2+a_{22}y^2+a_{33}z^2+2a_{12}xy+2a_{13}xz+2a_{23}yz+2b_1x+2b_2y+2b_3z+d=0. \tag{1}$$

令

$$\boldsymbol{A}=\begin{pmatrix} a_{11} & a_{12} & a_{13} \\ a_{21} & a_{22} & a_{23} \\ a_{31} & a_{32} & a_{33} \end{pmatrix},\quad \boldsymbol{B}=\begin{pmatrix} b_1 \\ b_2 \\ b_3 \end{pmatrix},\quad \boldsymbol{X}=\begin{pmatrix} x \\ y \\ z \end{pmatrix},$$

则式(1)可以写成

$$\boldsymbol{X}^{\mathrm{T}}\boldsymbol{A}\boldsymbol{X}+2\boldsymbol{B}^{\mathrm{T}}\boldsymbol{X}+d=0. \tag{2}$$

其中的 $\boldsymbol{A}^{\mathrm{T}}=\boldsymbol{A}\in\mathbf{R}^{3\times 3}$,故有正交矩阵 $\boldsymbol{C}$(且 $|\boldsymbol{C}|=1$)确定的坐标变换公式

$$\begin{pmatrix} x \\ y \\ z \end{pmatrix}=\begin{pmatrix} c_{11} & c_{12} & c_{13} \\ c_{21} & c_{22} & c_{23} \\ c_{31} & c_{32} & c_{33} \end{pmatrix}\begin{pmatrix} x_1 \\ y_1 \\ z_1 \end{pmatrix} \quad 或 \quad \boldsymbol{X}=\boldsymbol{C}\boldsymbol{X}_1,$$

满足 $\boldsymbol{C}^{\mathrm{T}}\boldsymbol{A}\boldsymbol{C}=\mathrm{diag}(\lambda_1,\lambda_2,\lambda_3)$. 这样由式(2)知道经过由 $\boldsymbol{X}=\boldsymbol{C}\boldsymbol{X}_1$ 的坐标轴旋转,曲面方程(1)的方程化成

$$\lambda_1x_1^2+\lambda_2y_1^2+\lambda_3z_1^2+2b_1^*x_1+2b_2^*y_1+2b_3^*z_1+d=0,$$

其中 $(b_1^*,b_2^*,b_3^*)=(b_1,b_2,b_3)\boldsymbol{C}$. 这时,再按 $\lambda_1,\lambda_2,\lambda_3$ 是否为零,作适当的坐标轴的平移或旋转可以将曲面的方程化成标准方程.

如当 $\lambda_1,\lambda_2,\lambda_3$ 全不为零时,作平移

$$\begin{cases} x_1=x_2-\dfrac{b_1^*}{\lambda_1}, \\ y_1=y_2-\dfrac{b_2^*}{\lambda_2}, \\ z_1=z_2-\dfrac{b_3^*}{\lambda_3}, \end{cases}$$

曲面方程(1)可以化为

$$\lambda_1x_2^2+\lambda_2y_2^2+\lambda_3z_2^2+d^*=0,$$

其中 $d^*=d-\dfrac{b_1^{*2}}{\lambda_1}-\dfrac{b_2^{*2}}{\lambda_2}-\dfrac{b_3^{*2}}{\lambda_3}$. 由此可确定该曲面的图形.

*10.7　酉空间

欧氏空间是对实数域上的线性空间进行的讨论,这节我们讨论复数域上的线性空间.

一、酉空间的基本概念

定义 13　设 V 是复数域 $\mathbf{C}$ 上线性空间,在 V 上定义一个二元复函数,记作 $(\boldsymbol{\alpha},\boldsymbol{\beta})$,如果它满足:$\forall\boldsymbol{\alpha},\boldsymbol{\beta},\boldsymbol{\gamma}\in V,k\in\mathbf{C}$,有

(1) $(\boldsymbol{\alpha},\boldsymbol{\beta})=\overline{(\boldsymbol{\beta},\boldsymbol{\alpha})}$；

(2) $(\boldsymbol{\alpha}+\boldsymbol{\beta},\boldsymbol{\gamma})=(\boldsymbol{\alpha},\boldsymbol{\gamma})+(\boldsymbol{\beta},\boldsymbol{\gamma})$；

(3) $(k\boldsymbol{\alpha},\boldsymbol{\beta})=k(\boldsymbol{\alpha},\boldsymbol{\beta})$；

(4) $(\boldsymbol{\alpha},\boldsymbol{\alpha})\geqslant 0$，$(\boldsymbol{\alpha},\boldsymbol{\alpha})=0$ 当且仅当 $\boldsymbol{\alpha}=\mathbf{0}$，

则称$(\boldsymbol{\alpha},\boldsymbol{\beta})$为 V 上的**内积**. 定义了这种内积的 $\mathbf{C}$ 上线性空间称为**酉空间**.

例 复数域上线性空间 $\mathbf{C}^n$ 中，若 $\boldsymbol{\alpha}=(a_1,a_2,\cdots,a_n)^{\mathrm{T}}$，$\boldsymbol{\beta}=(b_1,b_2,\cdots,b_n)^{\mathrm{T}}$，令

$$(\boldsymbol{\alpha},\boldsymbol{\beta})=a_1\overline{b_1}+a_2\overline{b_2}+\cdots+a_n\overline{b_n}=\boldsymbol{\alpha}^{\mathrm{T}}\overline{\boldsymbol{\beta}}.$$

则这样规定的$(\boldsymbol{\alpha},\boldsymbol{\beta})$满足内积的条件. 在 $\mathbf{C}^n$ 中这样定义的内积称为 $\mathbf{C}^n$ 的标准内积，$\mathbf{C}^n$ 成为一个酉空间.

今后凡是把 $\mathbf{C}^n$ 看作酉空间时，其内积都是如上定义.

由于酉空间的讨论与欧氏空间类似，因此有一套平行的概念和结论.

定义 14 设 V 是酉空间，对 $\forall\boldsymbol{\alpha}\in V$，$\sqrt{(\boldsymbol{\alpha},\boldsymbol{\alpha})}$ 称为向量 $\boldsymbol{\alpha}$ 的长度，记作 $|\boldsymbol{\alpha}|$.

定理 14(柯西-布涅柯夫斯基不等式) 设 V 是酉空间，$\forall\boldsymbol{\alpha},\boldsymbol{\beta}\in V$，有

$$|(\boldsymbol{\alpha},\boldsymbol{\beta})|\leqslant|\boldsymbol{\alpha}||\boldsymbol{\beta}|,$$

等号成立当且仅当 $\boldsymbol{\alpha},\boldsymbol{\beta}$ 线性相关.

定义 15 在酉空间 V 中，非零向量 $\boldsymbol{\alpha},\boldsymbol{\beta}$ 的夹角$\langle\boldsymbol{\alpha},\boldsymbol{\beta}\rangle$规定为

$$\langle\boldsymbol{\alpha},\boldsymbol{\beta}\rangle=\arccos\frac{|(\boldsymbol{\alpha},\boldsymbol{\beta})|}{|\boldsymbol{\alpha}||\boldsymbol{\beta}|}.$$

于是 $0\leqslant\langle\boldsymbol{\alpha},\boldsymbol{\beta}\rangle\leqslant\frac{\pi}{2}$.

定义 16 设 V 是酉空间，对 $\forall\boldsymbol{\alpha},\boldsymbol{\beta}\in V$，若$(\boldsymbol{\alpha},\boldsymbol{\beta})=0$，则称 $\boldsymbol{\alpha},\boldsymbol{\beta}$ 正交，记作 $\boldsymbol{\alpha}\perp\boldsymbol{\beta}$.

$\forall\boldsymbol{\beta}\in V$，有$(\mathbf{0},\boldsymbol{\beta})=0(\mathbf{0},\boldsymbol{\beta})=0$，因此零向量与 V 中任意向量正交.

命题 10(三角形不等式) 在酉空间 V 中，有 $|\boldsymbol{\alpha}+\boldsymbol{\beta}|\leqslant|\boldsymbol{\alpha}|+|\boldsymbol{\beta}|$，$\forall\boldsymbol{\alpha},\boldsymbol{\beta}\in V$.

命题 11(勾股定理) 设 V 是酉空间，$\boldsymbol{\alpha},\boldsymbol{\beta}\in V$，若 $\boldsymbol{\alpha}\perp\boldsymbol{\beta}$，则

$$|\boldsymbol{\alpha}+\boldsymbol{\beta}|^2=|\boldsymbol{\alpha}|^2+|\boldsymbol{\beta}|^2.$$

推广 如果向量 $\boldsymbol{\alpha}_1,\boldsymbol{\alpha}_2,\cdots,\boldsymbol{\alpha}_m$ 两两正交，那么

$$|\boldsymbol{\alpha}_1+\boldsymbol{\alpha}_2+\cdots+\boldsymbol{\alpha}_m|^2=|\boldsymbol{\alpha}_1|^2+|\boldsymbol{\alpha}_2|^2+\cdots+|\boldsymbol{\alpha}_m|^2.$$

定义 17 设 V 是酉空间，$\boldsymbol{\alpha},\boldsymbol{\beta}\in V$，规定

$$d(\boldsymbol{\alpha},\boldsymbol{\beta})\overset{\text{def}}{=}|\boldsymbol{\alpha}-\boldsymbol{\beta}|,$$

则 d 是一个**距离**.

在酉空间中，一组非零的两两正交的向量称为一个正交向量组. 正交向量组有一个非常重要的定理.

定理 15 酉空间中任意正交向量组线性无关.

证明 设 $\boldsymbol{\alpha}_1,\boldsymbol{\alpha}_2,\cdots,\boldsymbol{\alpha}_s$ 是正交向量组. 若存在 $k_1,k_2,\cdots,k_s\in\mathbf{C}$，使得

$$k_1\boldsymbol{\alpha}_1+k_2\boldsymbol{\alpha}_2+\cdots+k_s\boldsymbol{\alpha}_s=\mathbf{0},$$

则

$$(k_1\boldsymbol{\alpha}_1+k_2\boldsymbol{\alpha}_2+\cdots+k_s\boldsymbol{\alpha}_s,\boldsymbol{\alpha}_i)=0\quad(i=1,2,\cdots,s).$$

得

$$k_i(\boldsymbol{\alpha}_i,\boldsymbol{\alpha}_i)=0\quad(i=1,2,\cdots,s).$$

因为 $\boldsymbol{\alpha}_i\neq\boldsymbol{0}$,所以 $k_i=0,i=1,2,\cdots,s$. 故 $\boldsymbol{\alpha}_1,\boldsymbol{\alpha}_2,\cdots,\boldsymbol{\alpha}_s$ 线性无关. ▍

定义 18　在 n 维酉空间 V 中,n 个两两正交的单位向量组成的基称为 V 的**标准正交基**.

利用标准正交基,易计算向量内积. 设 $\boldsymbol{\varepsilon}_1,\boldsymbol{\varepsilon}_2,\cdots,\boldsymbol{\varepsilon}_n$ 是 n 维酉空间 V 的标准正交基,

$$\boldsymbol{\alpha}=x_1\boldsymbol{\varepsilon}_1+x_2\boldsymbol{\varepsilon}_2+\cdots+x_n\boldsymbol{\varepsilon}_n,$$

$$\boldsymbol{\beta}=y_1\boldsymbol{\varepsilon}_1+y_2\boldsymbol{\varepsilon}_2+\cdots+y_n\boldsymbol{\varepsilon}_n,$$

则

$$(\boldsymbol{\alpha},\boldsymbol{\beta})=\left(\sum_{i=1}^{n}x_i\boldsymbol{\varepsilon}_i,\sum_{j=1}^{n}y_j\boldsymbol{\varepsilon}_j\right)=\sum_{i=1}^{n}\sum_{j=1}^{n}x_i\overline{y_j}(\boldsymbol{\varepsilon}_i,\boldsymbol{\varepsilon}_j)=\sum_{i=1}^{n}\sum_{j=1}^{n}x_i\overline{y_i}.$$

在酉空间内有与欧氏空间相同的施密特正交化方法.

定理 16　n 维酉空间 V 中任意 n 个线性无关的向量 $\boldsymbol{\alpha}_1,\boldsymbol{\alpha}_2,\cdots,\boldsymbol{\alpha}_n$ 可用施密特正交化方法转化成一个正交向量组 $\boldsymbol{\beta}_1,\boldsymbol{\beta}_2,\cdots,\boldsymbol{\beta}_n$,其中

$$\boldsymbol{\beta}_1=\boldsymbol{\alpha}_1,$$

$$\boldsymbol{\beta}_2=\boldsymbol{\alpha}_2-\frac{(\boldsymbol{\alpha}_2,\boldsymbol{\beta}_1)}{(\boldsymbol{\beta}_1,\boldsymbol{\beta}_1)}\boldsymbol{\beta}_1,$$

$$\cdots\cdots$$

$$\boldsymbol{\beta}_n=\boldsymbol{\alpha}_n-\frac{(\boldsymbol{\alpha}_n,\boldsymbol{\beta}_1)}{(\boldsymbol{\beta}_1,\boldsymbol{\beta}_1)}\boldsymbol{\beta}_1-\frac{(\boldsymbol{\alpha}_n,\boldsymbol{\beta}_2)}{(\boldsymbol{\beta}_2,\boldsymbol{\beta}_2)}\boldsymbol{\beta}_2-\cdots-\frac{(\boldsymbol{\alpha}_n,\boldsymbol{\beta}_{n-1})}{(\boldsymbol{\beta}_{n-1},\boldsymbol{\beta}_{n-1})}\boldsymbol{\beta}_{n-1}.$$

再将 $\boldsymbol{\beta}_1,\boldsymbol{\beta}_2,\cdots,\boldsymbol{\beta}_n$ 单位化即可得标准正交基 $\boldsymbol{\gamma}_1,\boldsymbol{\gamma}_2,\cdots,\boldsymbol{\gamma}_n$.

下面我们介绍酉空间中子空间的正交补的概念.

定义 19　设 V 是酉空间,W 是 V 的子空间,称 $W^{\perp}=\{\boldsymbol{\alpha}\in V\mid\boldsymbol{\alpha}\perp W\}$ 为 W 的正交补.

易证:$W^{\perp}$ 是 V 的子空间. 且有下面结论.

命题 12　设 V 是酉空间,若 W 是 V 的子空间,则 $V=W\oplus W^{\perp}$.

推论　设 W 是酉空间 V 的子空间,则 $(W^{\perp})^{\perp}=W$.

二、酉矩阵、酉变换

定义 20　设 $\boldsymbol{A}$ 是 n 阶复矩阵,$\overline{\boldsymbol{A}^{\mathrm{T}}}\boldsymbol{A}=\boldsymbol{A}\overline{\boldsymbol{A}^{\mathrm{T}}}=\boldsymbol{E}$,则称 $\boldsymbol{A}$ 为一个**酉矩阵**.

实数矩阵也可看成复矩阵,因此将正交矩阵看作复矩阵时就是酉矩阵,所以酉矩阵是正交矩阵的推广. 在欧氏空间中两组标准正交基的过渡矩阵是正交矩阵,对于酉空间,也有类似的结论.

定理 17　设 V 是 n 维酉空间,$\boldsymbol{\varepsilon}_1,\boldsymbol{\varepsilon}_2,\cdots,\boldsymbol{\varepsilon}_n$ 是 V 的一组标准正交基,$\boldsymbol{A}$ 是 n 阶复矩阵. 若

$$(\boldsymbol{\eta}_1,\boldsymbol{\eta}_2,\cdots,\boldsymbol{\eta}_n)=(\boldsymbol{\varepsilon}_1,\boldsymbol{\varepsilon}_2,\cdots,\boldsymbol{\varepsilon}_n)\boldsymbol{A},$$

则 $\boldsymbol{\eta}_1,\boldsymbol{\eta}_2,\cdots,\boldsymbol{\eta}_n$ 是标准正交基的充分必要条件是 $\boldsymbol{A}$ 是酉矩阵.

类似于欧氏空间的正交变换和对称矩阵,在酉空间中引入酉变换和埃尔米特(Hermite)矩阵.

定义 21　设 σ 是酉空间 V 内的一个线性变换,满足

$$(\sigma(\boldsymbol{\alpha}),\sigma(\boldsymbol{\beta}))=(\boldsymbol{\alpha},\boldsymbol{\beta})\quad(\forall\,\boldsymbol{\alpha},\boldsymbol{\beta}\in V),$$

则称 σ 是酉变换.

酉变换不改变向量的内积,所以它与正交变换有类似的性质.

定理 18 设 σ 是 n 维酉空间 V 内的一个线性变换,则下列命题等价:

(1) σ 是酉变换;

(2) σ 保持向量长度不变,即 $\forall\,\boldsymbol{\alpha}\in V,|\sigma(\boldsymbol{\alpha})|=|\boldsymbol{\alpha}|$;

(3) σ 把标准正交基变为标准正交基;

(4) σ 在任意一组标准正交基下的矩阵是酉矩阵.

定义 22 设 $\boldsymbol{A}$ 是 n 阶复矩阵,若 $\overline{\boldsymbol{A}^{\mathrm{T}}}=\boldsymbol{A}$,则称 $\boldsymbol{A}$ 为一个**埃尔米特矩阵**.

定义 23 设 σ 是酉空间 V 内的一个线性变换,满足

$$(\sigma(\boldsymbol{\alpha}),\boldsymbol{\beta})=(\boldsymbol{\alpha},\sigma(\boldsymbol{\beta}))\quad(\forall\,\boldsymbol{\alpha},\boldsymbol{\beta}\in V),$$

则称 σ 是一个**埃尔米特变换**.

定理 19 n 维酉空间 V 上的线性变换 σ 是埃尔米特变换的充分必要条件是 σ 在 V 的任意一组标准正交基下的矩阵是埃尔米特矩阵.

埃尔米特变换可以看作欧氏空间中的对称变换的自然推广. 关于埃尔米特变换有下列重要结论.

定理 20 埃尔米特变换的特征值都是实数,且属于不同特征值的特征向量正交.

定理 21 设 σ 是 n 维酉空间 V 上的埃尔米特变换,则在 V 中存在一组标准正交基,使得 σ 在这组基下的矩阵是实对角矩阵.

定义 24 设 $\boldsymbol{A}$ 为埃尔米特矩阵,二次齐次函数

$$f(x_1,x_2,\cdots,x_n)=\sum_{i=1}^{n}\sum_{j=1}^{n}a_{ij}x_i\overline{x_j}=\boldsymbol{X}^{\mathrm{T}}\boldsymbol{A}\,\overline{\boldsymbol{X}}$$

称为**埃尔米特二次型**.

定理 22 对埃尔米特二次型 $f(x_1,x_2,\cdots,x_n)=\sum\limits_{i=1}^{n}\sum\limits_{j=1}^{n}a_{ij}x_i\overline{x_j}=\boldsymbol{X}^{\mathrm{T}}\boldsymbol{A}\,\overline{\boldsymbol{X}}$,必存在一个酉矩阵 $\boldsymbol{C}$,当 $\boldsymbol{X}=\boldsymbol{C}\boldsymbol{Y}$ 时,二次型变为标准形

$$f(x_1,x_2,\cdots,x_n)=d_1y_1\overline{y_1}+d_2y_2\overline{y_2}+\cdots+d_ny_n\overline{y_n},$$

其中 $d_1,d_2,\cdots,d_n$ 均为实数,且除排列次序外,是被 f 唯一确定的.

知识脉络　　范例解析　　测一测　　小百科

习　题

1. 设 $\mathbf{A}=(a_{ij})$ 是一个 n 阶正定矩阵，而 $\boldsymbol{\alpha}=(x_1,x_2,\cdots,x_n)$，$\boldsymbol{\beta}=(y_1,y_2,\cdots,y_n)$. 在 $\mathbf{R}^n$ 中定义内积 $(\boldsymbol{\alpha},\boldsymbol{\beta})$ 为

$$(\boldsymbol{\alpha},\boldsymbol{\beta})=\boldsymbol{\alpha}\mathbf{A}\boldsymbol{\beta}^{\mathrm{T}}.$$

(1) 证明：在这个定义下，$\mathbf{R}^n$ 成为一欧氏空间；

(2) 求向量 $\boldsymbol{\varepsilon}_1=(1,0,\cdots,0)$，$\boldsymbol{\varepsilon}_2=(0,1,\cdots,0)$，$\cdots$，$\boldsymbol{\varepsilon}_n=(0,0,\cdots,1)$ 的度量矩阵；

(3) 具体写出这个空间中的柯西-布涅柯夫斯基不等式.

2. 在 $\mathbf{R}^4$ 中，求 $\boldsymbol{\alpha},\boldsymbol{\beta}$ 之间的夹角 $\langle\boldsymbol{\alpha},\boldsymbol{\beta}\rangle$（内积按通常定义）. 设

(1) $\boldsymbol{\alpha}=(1,-1,4,0)$，$\boldsymbol{\beta}=(3,1,-2,2)$；

(2) $\boldsymbol{\alpha}=(1,2,2,3)$，$\boldsymbol{\beta}=(1,2,-2,1)$；

(3) $\boldsymbol{\alpha}=(1,1,1,2)$，$\boldsymbol{\beta}=(3,1,-1,0)$.

3. 在 $\mathbf{R}^2$ 中（内积按通常定义），设 $\boldsymbol{\alpha}=(1,2)$，$\boldsymbol{\beta}=(-1,1)$，求 $\boldsymbol{\gamma}$，使得 $(\boldsymbol{\alpha},\boldsymbol{\gamma})=-1$，且 $(\boldsymbol{\beta},\boldsymbol{\gamma})=3$.

4. 在 $\mathbf{R}^4$ 中（内积按通常定义），求一单位向量与 $(1,1,-1,1)$，$(1,-1,-1,1)$，$(2,1,1,3)$ 正交.

5. 设 $\boldsymbol{\alpha}_1,\boldsymbol{\alpha}_2,\cdots,\boldsymbol{\alpha}_n$ 是 n 维欧氏空间 V 的一组基，证明：

(1) 如果 $\boldsymbol{\eta}\in V$ 使得 $(\boldsymbol{\eta},\boldsymbol{\alpha}_i)=0$，$i=1,2,\cdots,n$，那么 $\boldsymbol{\eta}=\mathbf{0}$；

(2) 如果 $\boldsymbol{\beta}_1,\boldsymbol{\beta}_2\in V$ 使得对任意 $\boldsymbol{\alpha}\in V$，有 $(\boldsymbol{\beta}_1,\boldsymbol{\alpha})=(\boldsymbol{\beta}_2,\boldsymbol{\alpha})$，那么 $\boldsymbol{\beta}_1=\boldsymbol{\beta}_2$.

6. 设 $\boldsymbol{\varepsilon}_1,\boldsymbol{\varepsilon}_2,\boldsymbol{\varepsilon}_3$ 是三维欧氏空间 V 的一组标准正交基，令

$$\boldsymbol{\alpha}_1=\frac{1}{3}(2\boldsymbol{\varepsilon}_1-\boldsymbol{\varepsilon}_2+2\boldsymbol{\varepsilon}_3),\ \boldsymbol{\alpha}_2=\frac{1}{3}(2\boldsymbol{\varepsilon}_1+2\boldsymbol{\varepsilon}_2-\boldsymbol{\varepsilon}_3),\ \boldsymbol{\alpha}_3=\frac{1}{3}(\boldsymbol{\varepsilon}_1-2\boldsymbol{\varepsilon}_2-2\boldsymbol{\varepsilon}_3).$$

证明：$\boldsymbol{\alpha}_1,\boldsymbol{\alpha}_2,\boldsymbol{\alpha}_3$ 也是 V 的一组标准正交基.

7. 设 V 是三维欧氏空间，V 中指定的内积在基 $\boldsymbol{\alpha}_1,\boldsymbol{\alpha}_2,\boldsymbol{\alpha}_3$ 下的度量矩阵

$$\mathbf{A}=\begin{pmatrix}1&0&1\\0&10&-2\\1&-2&2\end{pmatrix}.$$

求 V 的一个标准正交基.

8. 设 $\boldsymbol{\varepsilon}_1,\boldsymbol{\varepsilon}_2,\boldsymbol{\varepsilon}_3,\boldsymbol{\varepsilon}_4,\boldsymbol{\varepsilon}_5$ 是 5 维欧氏空间 V 的一组标准正交基，$V_1=L(\boldsymbol{\alpha}_1,\boldsymbol{\alpha}_2,\boldsymbol{\alpha}_3)$，其中

$$\boldsymbol{\alpha}_1=\boldsymbol{\varepsilon}_1+2\boldsymbol{\varepsilon}_3-\boldsymbol{\varepsilon}_5,\ \boldsymbol{\alpha}_2=\boldsymbol{\varepsilon}_2-\boldsymbol{\varepsilon}_3+\boldsymbol{\varepsilon}_4,\ \boldsymbol{\alpha}_3=-\boldsymbol{\varepsilon}_2+\boldsymbol{\varepsilon}_3+\boldsymbol{\varepsilon}_5.$$

(1) 求 $(\boldsymbol{\alpha}_i,\boldsymbol{\alpha}_j)$，$1\leqslant i,j\leqslant 3$；

(2) 求 V_1 的一组标准正交基.

9. 求齐次线性方程组 $\begin{cases}2x_1+x_2-x_3+x_4-3x_5=0,\\x_1+x_2-x_3+x_5=0\end{cases}$ 的解空间（作为 $\mathbf{R}^5$ 的子空间）的一组标准正交基.

10. 设 V 是一 n 维欧氏空间，$\boldsymbol{\alpha}\neq\mathbf{0}$ 是 V 中一固定向量.

(1) 证明：$V_1=\{\boldsymbol{x}\mid(\boldsymbol{x},\boldsymbol{\alpha})=0,x\in V\}$ 是 V 的一子空间.

(2) 证明：V_1 的维数等于 $n-1$.

11. 在 $\mathbf{R}^2$ 中指定一个内积为

$$(\boldsymbol{\alpha},\boldsymbol{\beta})=x_1y_1+2x_2y_2,$$

其中 $\boldsymbol{\alpha}=(x_1,x_2)$，$\boldsymbol{\beta}=(y_1,y_2)$. 这个欧氏空间记作 V，找出 V 到欧氏空间 $\mathbf{R}^2$（内积按通常定义）的一个同构映射.

12. 设 V 是欧氏空间，$\boldsymbol{\alpha},\boldsymbol{\beta}\in V$. 证明：$\boldsymbol{\alpha}$ 与 $\boldsymbol{\beta}$ 正交当且仅当 $\forall t\in\mathbf{R}$，有 $|\boldsymbol{\alpha}+t\boldsymbol{\beta}|\geqslant|\boldsymbol{\alpha}|$.

13. 已知一个 3×5 实矩阵

$$\boldsymbol{A}=\begin{pmatrix}1&-1&2&0&3\\2&0&-1&1&4\\-1&1&1&0&-2\end{pmatrix}.$$

求一个 5×2 实矩阵 $\boldsymbol{B}$，使得 $\boldsymbol{AB}=\boldsymbol{O}$，且 $\boldsymbol{B}$ 的列向量组是正交单位向量组（$\mathbf{R}^5$ 中内积按通常定义）.

14. 设 $\boldsymbol{\alpha}_1,\boldsymbol{\alpha}_2,\cdots,\boldsymbol{\alpha}_m$ 是 n 维欧氏空间 V 中的一组向量，而

$$\boldsymbol{\Delta}=\begin{pmatrix}(\boldsymbol{\alpha}_1,\boldsymbol{\alpha}_1)&(\boldsymbol{\alpha}_1,\boldsymbol{\alpha}_2)&\cdots&(\boldsymbol{\alpha}_1,\boldsymbol{\alpha}_m)\\(\boldsymbol{\alpha}_2,\boldsymbol{\alpha}_1)&(\boldsymbol{\alpha}_2,\boldsymbol{\alpha}_2)&\cdots&(\boldsymbol{\alpha}_2,\boldsymbol{\alpha}_m)\\\vdots&\vdots&&\vdots\\(\boldsymbol{\alpha}_m,\boldsymbol{\alpha}_1)&(\boldsymbol{\alpha}_m,\boldsymbol{\alpha}_2)&\cdots&(\boldsymbol{\alpha}_m,\boldsymbol{\alpha}_m)\end{pmatrix}.$$

证明：当且仅当 $|\boldsymbol{\Delta}|\neq0$ 时，$\boldsymbol{\alpha}_1,\boldsymbol{\alpha}_2,\cdots,\boldsymbol{\alpha}_m$ 线性无关.

15. 设 $\boldsymbol{A}$ 是一个 n 阶正交矩阵，证明：

(1) 如果 $\boldsymbol{A}$ 有特征值，那么 $\boldsymbol{A}$ 的实特征值是 1 或 -1；

(2) 如果 $|\boldsymbol{A}|=-1$，那么 -1 是 $\boldsymbol{A}$ 的一个特征值；

(3) 如果 $|\boldsymbol{A}|=1$，且 n 是奇数，那么 1 是 $\boldsymbol{A}$ 的一个特征值.

16. 证明：上三角形的正交矩阵必为对角矩阵，且对角线上的元素为 1 或 -1.

17. 在欧氏空间 $\mathbf{R}^3$（内积按通常定义）中，设 $V=L(\boldsymbol{\alpha}_1,\boldsymbol{\alpha}_2)$，其中 $\boldsymbol{\alpha}_1=(1,2,1)$，$\boldsymbol{\alpha}_2=(1,0,-2)$. 求 $\boldsymbol{\alpha}=(1,-3,0)$ 在 V 上的正交投影.

18. 求正交矩阵 $\boldsymbol{P}$，使 $\boldsymbol{P}^{\mathrm{T}}\boldsymbol{AP}$ 成对角形，其中 $\boldsymbol{A}$ 为

(1) $\begin{pmatrix}0&-2&2\\-2&-3&4\\2&4&-3\end{pmatrix}$；　　(2) $\begin{pmatrix}2&2&-2\\2&5&-4\\-2&-4&5\end{pmatrix}$；

(3) $\begin{pmatrix}0&0&4&1\\0&0&1&4\\4&1&0&0\\1&4&0&0\end{pmatrix}$；　　(4) $\begin{pmatrix}4&1&0&-1\\1&4&-1&0\\0&-1&4&1\\-1&0&1&4\end{pmatrix}$.

19. 用正交线性替换化下列二次型为标准形：

(1) $f(x_1,x_2,x_3)=x_1^2+2x_2^2+3x_3^2-4x_1x_2-4x_2x_3$；

(2) $f(x_1,x_2,x_3)=2x_1^2+5x_2^2+5x_3^2+4x_1x_2-4x_1x_3-8x_2x_3$；

(3) $f(x_1,x_2,x_3,x_4)=2x_1x_2-2x_3x_4$；

(4) $f(x_1,x_2,x_3,x_4)=x_1^2+x_2^2+x_3^2+x_4^2-2x_1x_2+6x_1x_3-4x_1x_4-4x_2x_3+6x_2x_4-2x_3x_4$.

20. 设 $\boldsymbol{A}$ 是 n 阶实矩阵，证明：存在正交矩阵 $\boldsymbol{P}$，使得 $\boldsymbol{P}^{\mathrm{T}}\boldsymbol{AP}$ 为三角形矩阵的充分必要条件是 $\boldsymbol{A}$ 的特征多项式的根全是实数.

21. 设 $\boldsymbol{A},\boldsymbol{B}$ 都是实对称矩阵，证明：存在正交矩阵 $\boldsymbol{P}$，使得 $\boldsymbol{P}^{-1}\boldsymbol{AP}=\boldsymbol{B}$ 的充分必要条件是 $\boldsymbol{A},\boldsymbol{B}$ 的特征多项式的根全部相同.

22. 设 $\boldsymbol{A}$ 是 n 阶实对称矩阵，且 $\boldsymbol{A}^2=\boldsymbol{A}$，证明：存在正交矩阵 $\boldsymbol{P}$，使得

$$\boldsymbol{P}^{-1}\boldsymbol{AP}=\begin{pmatrix}1&&&&&&\\&1&&&&&\\&&\ddots&&&&\\&&&1&&&\\&&&&0&&\\&&&&&\ddots&\\&&&&&&0\end{pmatrix}.$$

23. 证明：如果 σ 是 n 维欧氏空间的一个正交变换，那么 σ 的不变子空间的正交补也是 σ 的不变子空间.

24. 欧氏空间 V 中的线性变换 σ 称为反称的，如果对任意 $\boldsymbol{\alpha},\boldsymbol{\beta}\in V$，

$$(\sigma(\boldsymbol{\alpha}),\boldsymbol{\beta})=-(\boldsymbol{\alpha},\sigma(\boldsymbol{\beta})).$$

证明：(1) σ 为反称的充分必要条件是 σ 在一组标准正交基下的矩阵为反对称的；

(2) σ 为反称的，当且仅当 $\forall\boldsymbol{\alpha}\in V$ 有 $(\sigma(\boldsymbol{\alpha}),\boldsymbol{\alpha})=0$；

(3) 如果 V_1 是反称线性变换 σ 的不变子空间，则 $V_1^{\perp}$ 也是.

25. 证明：向量 $\boldsymbol{\beta}\in V_1$ 是向量 $\boldsymbol{\alpha}$ 在子空间 V_1 上的内射影的充分必要条件是对 $\forall\boldsymbol{\xi}\in V_1$，

$$|\boldsymbol{\alpha}-\boldsymbol{\beta}|\leqslant|\boldsymbol{\alpha}-\boldsymbol{\xi}|.$$

26. 设 V_1,V_2 是欧氏空间 V 的两个子空间. 证明：

$$(V_1+V_2)^{\perp}=V_1^{\perp}\cap V_2^{\perp},\quad (V_1\cap V_2)^{\perp}=V_1^{\perp}+V_2^{\perp}.$$

27. 设 $\boldsymbol{A}$ 是 n 阶实对称矩阵，且 $\boldsymbol{A}^2=\boldsymbol{E}$，证明：存在正交矩阵 $\boldsymbol{P}$，使得

$$\boldsymbol{P}^{-1}\boldsymbol{AP}=\begin{pmatrix}\boldsymbol{E}_r&\boldsymbol{O}\\\boldsymbol{O}&-\boldsymbol{E}_{n-r}\end{pmatrix}.$$

28. 求下列方程组的最小二乘解：

$$\begin{cases}0.39x-1.89y=1,\\0.61x-1.80y=1,\\0.93x-1.68y=1,\\1.35x-1.50y=1.\end{cases}$$

用“到子空间距离最短的线是垂线”的语言表达出上面方程组的最小二乘解的几何意义. 由此列出方程组并求解.(用三位有效数字计算)

29. 证明：酉矩阵的行列式的模为 1.

30. 设 n 阶复矩阵 $\boldsymbol{A}=\boldsymbol{P}+\mathrm{i}\boldsymbol{Q}$，其中 $\boldsymbol{P},\boldsymbol{Q}$ 都是实矩阵. 证明：$\boldsymbol{A}$ 是酉矩阵，当且仅当 $\boldsymbol{P}^{\mathrm{T}}\boldsymbol{Q}$ 是对称矩阵，且 $\boldsymbol{P}^{\mathrm{T}}\boldsymbol{P}+\boldsymbol{Q}^{\mathrm{T}}\boldsymbol{Q}=\boldsymbol{E}$.

31. 设 σ 是 n 维酉空间 V 上的酉变换，其全部特征值为 $\lambda_1,\lambda_2,\cdots,\lambda_n$. 证明：$\overline{\lambda_1},\overline{\lambda_2},\cdots,\overline{\lambda_n}$ 是 σ^{-1} 的全部特征值.

32. 设 σ 是 n 维酉空间 V 上的一个线性变换. 证明：σ 是对称变换，当且仅当对 $\forall\boldsymbol{\alpha}\in V$，$(\sigma(\boldsymbol{\alpha}),\boldsymbol{\alpha})$ 是实数.

33. 设 σ,τ 是 n 维酉空间 V 上的对称变换，证明：$\sigma\tau+\tau\sigma$ 和 $\mathrm{i}(\sigma\tau-\tau\sigma)$ 也是对称变换.

补充题

1. 设 $\boldsymbol{A},\boldsymbol{B}$ 为 n 阶实对称矩阵. 证明：$\mathrm{tr}((\boldsymbol{AB})^2)\leqslant\mathrm{tr}(\boldsymbol{A}^2\boldsymbol{B}^2)$.

2. 设 n 阶实对称矩阵 $\boldsymbol{A}$ 的全部特征值按大小顺序排成：$\lambda_1\geqslant\lambda_2\geqslant\cdots\geqslant\lambda_n$. 证明：$\forall\boldsymbol{X}\in\mathbf{R}^n$，有 $\lambda_n\boldsymbol{X}^{\mathrm{T}}\boldsymbol{X}\leqslant\boldsymbol{X}^{\mathrm{T}}\boldsymbol{AX}\leqslant\lambda_1\boldsymbol{X}^{\mathrm{T}}\boldsymbol{X}$.

3. 设 $\boldsymbol{A},\boldsymbol{B}$ 均为 n 阶半正定实对称矩阵，且满足 $n-1\leqslant R(\boldsymbol{A})\boldsymbol{A}\leqslant n$. 证明：存在实可逆矩阵 $\boldsymbol{C}$，使得 $\boldsymbol{C}^{\mathrm{T}}\boldsymbol{AC},\boldsymbol{C}^{\mathrm{T}}\boldsymbol{BC}$ 均为对角阵.

4. 设 $\boldsymbol{A}$ 是三阶正交矩阵并且 $|\boldsymbol{A}|=1$，证明：

(1) $\boldsymbol{A}$ 的特征多项式 $f(\lambda)$ 可表示为 $f(\lambda)=\lambda^3-a\lambda^2+a\lambda-1$，其中 a 是某个实数.

(2) 若 $\boldsymbol{A}$ 的特征值全为实数并且 $|\boldsymbol{A}+\boldsymbol{E}|\neq0$，则 $\boldsymbol{A}$ 的转置 $\boldsymbol{A}^{\mathrm{T}}=\boldsymbol{A}^2-3\boldsymbol{A}+3\boldsymbol{E}$，其中 $\boldsymbol{E}$ 是三阶单位矩阵.

5. $\boldsymbol{\alpha}_1,\boldsymbol{\alpha}_2,\cdots,\boldsymbol{\alpha}_m$ 和 $\boldsymbol{\beta}_1,\boldsymbol{\beta}_2,\cdots,\boldsymbol{\beta}_m$ 是 n 维欧氏空间中的两个向量组，证明：存在一个正交变换 σ，使得 $\sigma(\boldsymbol{\alpha}_i)=\boldsymbol{\beta}_i\,(i=1,2,\cdots,m)$ 的充分必要条件为

$$(\boldsymbol{\alpha}_i,\boldsymbol{\alpha}_j)=(\boldsymbol{\beta}_i,\boldsymbol{\beta}_j)\quad(i,j=1,2,\cdots,m).$$

6. 设 $\boldsymbol{A}=\begin{pmatrix}a_{11}&a_{12}&a_{13}\\a_{12}&a_{22}&a_{23}\\a_{13}&a_{23}&a_{33}\end{pmatrix}$ 为实对称矩阵，$\boldsymbol{A}^*$ 为 $\boldsymbol{A}$ 的伴随矩阵. 记

$$f(x_1,x_2,x_3,x_4)=\begin{vmatrix}x_1^2&x_2&x_3&x_4\\-x_2&a_{11}&a_{12}&a_{13}\\-x_3&a_{12}&a_{22}&a_{23}\\-x_4&a_{13}&a_{23}&a_{33}\end{vmatrix}.$$

若 $|\boldsymbol{A}|=-12$，$\boldsymbol{A}$ 的特征值之和为 1，且 $(1,0,-2)^{\mathrm{T}}$ 为 $(\boldsymbol{A}^*-4\boldsymbol{E})\boldsymbol{x}=\boldsymbol{0}$ 的一个解. 试给出一正交变换 $\begin{pmatrix}x_1\\x_2\\x_3\\x_4\end{pmatrix}=\boldsymbol{Q}\begin{pmatrix}y_1\\y_2\\y_3\\y_4\end{pmatrix}$，使得 $f(x_1,x_2,x_3,x_4)$ 化为标准形.

7. 设 $\boldsymbol{A}$ 是正定实矩阵，证明：对任一正整数 m，存在唯一的正定实矩阵 $\boldsymbol{B}$，使得 $\boldsymbol{B}^m=\boldsymbol{A}$.

8. 设 $\boldsymbol{A}=(a_{ij})_{n\times n}$ 为 n 阶实方阵，满足：

(1) $a_{11}=a_{22}=\cdots=a_{nn}=a$；

(2) 对每个 $i(i=1,\cdots,n)$，有 $\sum\limits_{j=1}^{n}|a_{ij}|+\sum\limits_{j=1}^{n}|a_{ji}|<4a$.

求 $f(x_1,\cdots,x_n)=(x_1,\cdots,x_n)\boldsymbol{A}\begin{pmatrix}x_1\\ \vdots\\ x_n\end{pmatrix}$的规范形.

9. 记两个特征值为 1,2 的二阶实对称矩阵全体为 Γ，a_{21}表示 $\boldsymbol{A}$ 的(2,1)位置元素，则集合$\bigcup_{\boldsymbol{A}\in\Gamma}\{a_{21}\}$的最小元是多少？

10. 设 $\boldsymbol{A}$ 是 n 阶正定矩阵，$\boldsymbol{B}$ 是 n 阶实对称矩阵，证明：存在 n 阶实可逆矩阵 $\boldsymbol{C}$，使得 $\boldsymbol{C}^{\mathrm{T}}\boldsymbol{AC}$ 与 $\boldsymbol{C}^{\mathrm{T}}\boldsymbol{BC}$ 同时为对角阵.

附录

Matlab 与高等代数

高等代数包含多项式、矩阵、线性方程组、若尔当标准形等，具有较强的抽象性、逻辑性和概括性. 本附录从计算方法的角度，列举一些使用 Matlab 求解与高等代数相关的实际问题的案例.

实验 1 Matlab 与多项式

Matlab 提供了多项式运算、带余除法、因式分解、多项式求根、多项式函数等相关运算指令.

假设 n 次多项式如下：

$$P(x)=a_0+a_1x+a_2x^2+\cdots+a_nx^n.$$

向量定义方式：多项式 $P_n(x)$ 用向量表示为 $(a_n,a_{n-1},\cdots,a_0)$，Matlab 可以将 $n+1$ 维向量解释成一个 n 次多项式.

符号定义方式：用指令 sym/syms 定义符号变量、符号多项式. Matlab 中与多项式有关的函数见附表 1-1.

附表 1-1 Matlab 中与多项式有关的函数

函数	说明
poly(x)	构造以 x 为根的多项式(x 是向量)
poly(A)	计算 **A** 的特征多项式(**A** 是方阵)
charpoly(A)	计算 **A** 的特征多项式(**A** 是方阵)
minpoly(A)	矩阵 **A** 的最小多项式
polyvalm(A)	矩阵 **A** 的多项式计算(矩阵运算)
polyval(x)	计算多项式在 x 处的值(数组运算)
roots(p)	计算多项式 p 的根
gcd(f,g)	多项式 f,g 的最大公因式
lcm(f,g)	多项式 f,g 的最小公倍式
factor(p)	多项式 p 因式分解(默认在有理数域内分解)
w=conv(u,v)	多项式 u,v 乘法：$w=u*v$
[q,r]=deconv(u,v)	多项式除法 u/v：$u=\text{conv}(v,q)+r$

例 1 计算 $f=x^4+2x^3-x^2-4x-2$，$g=x^4+x^3-x^2-2x-2$ 的最大公因式 (f,g)，并求 u,v 使得 $(f,g)=uf+vg$.

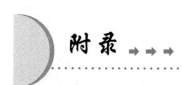

解 在 Matlab 中,有两种形式的多项式计算方法:

① 向量方式:将多项式表示为向量,此法计算量小;

② 符号方法:将多项式表示为符号表达式,此法直观灵活但计算量较大.

两个多项式的最大公因式,可用指令 gcd、辗转相除法和因式分解方法计算.

(1) 用指令 gcd 计算(f,g),代码如下:

```
clc,clear % 向量方式定义多项式
f = [1,2, - 1, - 4, - 2];f = poly2sym(f)
g = [1,1, - 1, - 2, - 2];g = poly2sym(g)
h = gcd(f,g)
h =
    x^2 - 2
```

```
syms x   % 符号方法定义多项式
f = x^4 + 2 * x^3 - x^2 - 4 * x - 2;
g = x^4 + x^3 - x^2 - 2 * x - 2;
h = gcd(f,g)
h =
x^2 - 2
```

(2) 使用辗转相除法计算(f,g)及 u,v 的过程及代码如下:

```
% 辗转相除法如下:
f = g * Q1 + r1
g = r1 * Q2 + r2
r1 = r2 * Q3 + r3
…
```

```
% 辗转相除法代码如下:
clc;clear
f = [1,2, - 1, - 4, - 2];
g = [1,1, - 1, - 2, - 2];
[Q1,r1] = deconv(f,g)
r1 = sym2poly(poly2sym(r1))
[Q2,r2] = deconv(g,r1)
r2 = sym2poly(poly2sym(r2))
[Q3,r3] = deconv(r1,r2)
V = norm(r3)
```

```
% 辗转相除法计算数据如下:
Q1 = 1
r1 = 1  0 - 2  0
Q2 = 1  1
r2 = 1  0 - 2
Q3 = 1  0
r3 = 0  0  0  0
V = 0
```

从 $V=0$ 知,因子 r_3 是零多项式,因此最大公因式等于 $r_2=[1,0,-2]$,表达式如下:

```
>> poly2sym(r2) % 计算结果为:ans = x^2 - 2
```

根据辗转相除法,多项式 u,v 满足关系:$u=-Q_2$, $v=1+Q_1*Q_2$,计算代码如下:

```
>> u = - poly2sym(Q2)
u =
    - x - 1
```

```
>> v = poly2sym(conv(Q1,Q2)) + 1
v =
    x + 2
```

(3) 使用因式分解法求(f,g),代码如下:

```
>> f1 = factor(poly2sym(f))
f1 =
    (x^2 - 2) * (x + 1)^2
```

```
>> g1 = factor(poly2sym(g))
g1 =
    (x^2 + x + 1) * (x^2 - 2)
```

由此可见,$(f,g)=x^2-2$.

例 2 计算矩阵 $\boldsymbol{A}=\begin{pmatrix}1&-1&-1&0\\0&1&0&0\\1&1&3&0\\0&1&1&1\end{pmatrix}$的最小多项式、特征多项式.

解 矩阵 $\boldsymbol{A}$ 的首项系数为 1 的最低次零化多项式称为 $\boldsymbol{A}$ 的最小多项式,可用指令 minpoly 计算. 矩阵的特征多项式为$|\boldsymbol{A}-\lambda\boldsymbol{I}|$,其中 $\boldsymbol{I}$ 是单位矩阵,可用指令 poly/charpoly 计算.

代码如下：

```
>>A=[1 -1  -1 0;0 1 0  0;
      1  1  3  0;0 1  1  1];
>> p=minpoly(A)
p =
    1     -5     8     -4
>> poly2sym(p) % 多项式转为符号
ans =
    x^3 - 5*x^2 + 8*x - 4
```

```
>>A=[1 -1  -1 0;0 1 0  0;
      1  1  3  0;0 1  1  1];
>>charpoly(A) % 可换用 poly(A)
ans =
    1     -6     13     -12     4
>> poly2sym(ans)
ans =
    x^4 - 6*x^3 + 13*x^2 - 12*x + 4
```

即最小多项式为

$$x^3-5x^2+8x-4.$$

特征多项式为

$$x^4-6x^3+13x^2-12x+4.$$

实验 2 逆矩阵计算及应用

假设矩阵 $\boldsymbol{A}$ 可逆，逆阵 $\boldsymbol{A}^{-1}$ 的计算公式有：

(1) 公式法：$\boldsymbol{A}^{-1}=\dfrac{1}{|\boldsymbol{A}|}\boldsymbol{A}^*$，其中 $\boldsymbol{A}^*$ 为方阵 $\boldsymbol{A}$ 的伴随矩阵.

(2) 初等变换法：$(\boldsymbol{A},\boldsymbol{I})\xrightarrow{\text{初等变换}}(\boldsymbol{I},\boldsymbol{A}^{-1})$，其中 $\boldsymbol{I}$ 是与 $\boldsymbol{A}$ 同阶的单位矩阵.

Matlab 指令：

```
inv(A)、A^-1、rref([A,eye(size(A))]).
```

下面给出一个用迭代法计算 $\boldsymbol{A}^{-1}$ 的方法.

例 1 逆矩阵有多种方法计算. 本例介绍迭代方法，计算仅包含矩阵乘法和加减法. 假设方阵 $\boldsymbol{A}$ 可逆，用多项式 $(1-x)^3$ 构造迭代公式计算 $\boldsymbol{A}^{-1}$.

解 方法简介. 记 $\boldsymbol{I}$ 是与 $\boldsymbol{A}$ 同阶的单位矩阵. 假设 $\boldsymbol{A}^{-1}\approx\boldsymbol{V}_n$，则根据展开式 $(1-x)^3=1-3x+3x^2-x^3$，得

$$(\boldsymbol{I}-\boldsymbol{A}\boldsymbol{V}_n)^3=\boldsymbol{I}-\boldsymbol{A}(3\boldsymbol{V}_n+3\boldsymbol{V}_n\boldsymbol{A}\boldsymbol{V}_n-\boldsymbol{V}_n\boldsymbol{A}\boldsymbol{V}_n\boldsymbol{A}\boldsymbol{V}_n).$$

令 $\boldsymbol{V}_{n+1}=3\boldsymbol{V}_n+3\boldsymbol{V}_n\boldsymbol{A}\boldsymbol{V}_n-\boldsymbol{V}_n\boldsymbol{A}\boldsymbol{V}_n\boldsymbol{A}\boldsymbol{V}_n$，则上式成为

$$(\boldsymbol{I}-\boldsymbol{A}\boldsymbol{V}_n)^3=\boldsymbol{I}-\boldsymbol{A}\boldsymbol{V}_{n+1}.$$

若记 $\boldsymbol{E}_n=\boldsymbol{I}-\boldsymbol{A}\boldsymbol{V}_n$ 为误差矩阵，则上式表明

$$\boldsymbol{E}_{n+1}=\boldsymbol{E}_n^3=\cdots=\boldsymbol{E}_0^{3^{n+1}}.$$

若取初始矩阵 $\boldsymbol{V}_0$ 满足 $\|\boldsymbol{E}_0\|<1$，则有 $\boldsymbol{E}_{n+1}=\boldsymbol{I}-\boldsymbol{A}\boldsymbol{V}_{n+1}\to\boldsymbol{O}$ 或 $\boldsymbol{V}_{n+1}\to\boldsymbol{A}^{-1}$，表明迭代公式

$$\begin{cases}\text{给定初始矩阵 }\boldsymbol{V}_0,\\ \boldsymbol{V}_{n+1}=3\boldsymbol{V}_n+3\boldsymbol{V}_n\boldsymbol{A}\boldsymbol{V}_n-\boldsymbol{V}_n\boldsymbol{A}\boldsymbol{V}_n\boldsymbol{A}\boldsymbol{V}_n\end{cases}\quad(n=0,1,2,\cdots)\tag{1}$$

产生的矩阵序列 $\boldsymbol{V}_{n+1}$ 收敛到 $\boldsymbol{A}^{-1}$.

例如,给定矩阵 $A=\begin{pmatrix}1&0&1&2\\1&1&2&3\\1&1&3&3\\2&1&4&6\end{pmatrix}$,以及 $V_0=\dfrac{A^T}{\|A\|_1\|A\|_\infty}$,其中 $\|A\|_1=14$,$\|A\|_\infty=13$. 利用公式有

$$V_{12}=\begin{pmatrix}3&1&1&-2\\0&2&0&-1\\0&-1&1&0\\-1&0&-1&1\end{pmatrix}=A^{-1}.$$

代码如下:

```
clc;clear
A = [1 0 1 2;1 1 2 3;1 1 3 3;2 1 4 6];
V0 = A'/(14 * 13);                              % 定义初始矩阵
I = eye(size(A));                               % 定义I为与A同阶的单位矩阵
for n = 1:150
    V1 = V0 * (3 * I - A * V0 * (3 * I - A * V0));
    if norm(V1 - V0)<1e - 7                     % 判断矩阵V1,V0之间误差是否足够小
      break
    end
    V0 = V1;
end
n  % 输出迭代次数
V1 % 输出A的逆
% 为验证V1是否正确,下面用inv,rref计算A^-1,用于数据比较
inv(A) % 用指令计算A的逆,也可用A^-1计算
C = rref([A,eye(size(A))]);C(:,size(A,1) + 1:end);% 用rref计算A的逆
```

输出结果如下:

```
n =
    12
V1 =
     3.0000      1.0000      1.0000     - 2.0000
   - 0.0000      2.0000    - 0.0000     - 1.0000
     0.0000    - 1.0000      1.0000       0.0000
   - 1.0000      0.0000    - 1.0000       1.0000
```

ans = % inv/rref 的计算结果如下:

3	1	1	−2
0	2	0	−1
0	−1	1	0
−1	0	−1	1

例 2 可逆矩阵的应用：希尔(Hill)加密.

Hill 加密是一种基于可逆矩阵的通信加密技术. 在保密通信中，将需要发送的信息，用 Hill 加密技术对其加密后发送给接收方，接收方再对其解密即得所需信息. 假设发送信息为 euclidean space. 为应用 Hill 加密技术，发送者先将 26 个英文字母与空格当成 27 进制数，建立与 0～26 的整数对应关系，见附表 2-1.

附表 2-1 字符与整数的对应关系

字符	空格	a	b	c	d	e	f	g	h
整数	0	1	2	3	4	5	6	7	8
字符	i	j	k	l	m	n	o	p	q
整数	9	10	11	12	13	14	15	16	17
字符	r	s	t	u	v	w	x	y	z
整数	18	19	20	21	22	23	24	25	26

将要发送的信息字符用附表 2-1 中整数替换，并按列排成 m 行 n 列矩阵 $\boldsymbol{A}$，此处取 $m=3$，不足部分用空格替换，则

$$\boldsymbol{A}=\begin{pmatrix}5&12&5&0&1\\21&9&1&19&3\\3&4&14&16&5\end{pmatrix},\quad \boldsymbol{P}=\begin{pmatrix}2&0&1\\0&1&1\\1&0&1\end{pmatrix}$$

下面取可逆矩阵 $\boldsymbol{P}$ 作为加密矩阵，对 $\boldsymbol{A}$ 左乘加密矩阵 $\boldsymbol{P}$，得

$$\boldsymbol{B}=\boldsymbol{PA}=\begin{pmatrix}13&28&24&16&7\\24&13&15&35&8\\8&16&19&16&6\end{pmatrix}.$$

对 $\boldsymbol{B}$ 中元素取模 27，得到 $\boldsymbol{A}$ 的加密矩阵

$$\boldsymbol{B}_{密}=\boldsymbol{PA}=\begin{pmatrix}13&1&24&16&7\\24&13&15&8&8\\8&16&19&16&6\end{pmatrix}. \tag{2}$$

将 $\boldsymbol{B}_{密}$元素按附表 2-1 转换为加密信息

mxhampxosphpghf

发送给接收者.

由此可见加密信息与发送信息 euclidean space 完全不一致. 接收者为获取发送信息，可将加密信息按附表 2-1 写成矩阵 $\boldsymbol{B}_{密}$形式，再左乘 $\boldsymbol{P}^{-1}$，得到发送信息矩阵

$$\boldsymbol{A}_{发}=\begin{pmatrix}5&-15&5&0&1\\21&-18&1&-8&3\\3&31&14&16&5\end{pmatrix}.$$

对 $\boldsymbol{A}_{发}$ 中元素取模 27 可以得到矩阵 $\boldsymbol{A}$，再利用附表 2-1 得到信息 euclidean space.

从上述过程可以看出，如果接收者没有加密矩阵，那么很难从加密信息中获取原文信息. 需注意的是，当整数矩阵 $\boldsymbol{P}$ 的行列式等于±1 时，$\boldsymbol{P}^{-1}$也为整数矩阵.

构造加密信息“mxhampxosphpghf”的代码如下：

```
clc;clear
str = 'euclidean space';          % 发送信息
P = [2 0 1;0 1 1;1 0 1];          % 加密矩阵 P
A = str - 96;                     % 字符转换为整数向量
A = A + (A = = - 64) * 64;        % 空格定义为零
A = reshape(A,3,5)                % 将向量 A 按 3 行 5 列重新排列成矩阵 A
B = mod(P * A,27)                 % 对发送信息矩阵取模 27，得 A 的加密矩阵(2)
B = B(:);                         % 将矩阵 B 拉伸为列向量
str1 = char(B + 96)';             % 按附表 2-1 转换为加密信息 str1
str1
```

输出结果如下：

```
str1 =
  mxhampxosphpghf
```

注：参照上述代码，不难写出解密代码. 这里不再赘述.

实验 3 线性方程组及应用

在理论研究和工程应用中，许多实际问题最终可归结为求解线性方程组的数学问题.

对于线性方程组 $\boldsymbol{Ax}=\boldsymbol{b}$，'\\'是 Matlab 求解 $\boldsymbol{Ax}=\boldsymbol{b}$ 的首选方法，它会根据 $\boldsymbol{A}$ 的特殊属性采用相应算法. 此外，Matlab 还可用

linsolve(A,b)、inv(A) * b、rref([A,b])、pinv(A) * b,

或矩阵分解、迭代法等求解 $\boldsymbol{Ax}=\boldsymbol{b}$. 对于大型矩阵 $\boldsymbol{A}$，它们的求解效率与计算精度可能会有所不同.

例 土壤有机质检测中，土壤样品充分燃烧时，土壤氧化发光信号与氧化时间的检测数据见附表 3-1.

附表 3-1 土壤氧化发光信号与氧化时间的检测数据

时间/s	0.50	0.510	0.520	0.530	0.540	0.550	0.560
信号/mV	100.55	100.69	100.31	99.97	99.13	97.88	97.96
时间/s	0.570	0.580	0.590	0.600	0.610	0.620	0.630
信号/mV	97.16	96.63	95.31	94.15	93.34	92.75	91.73
时间/s	0.640	0.650	0.660	0.670	0.680	0.690	0.700
信号/mV	90.64	89.90	89.33	88.70	87.85	87.38	87.81

试用曲线拟合方法，找出信号与时间之间的函数关系.

解 曲线拟合步骤如下：给定数据 $(x_i, y_i)_{i=0}^{n}$，根据其分布图确定 m 次多项式

$$p_m(x)=a_0+a_1x+a_2x^2+\cdots+a_mx^m$$

拟合数据，并将 $p_m(x)$ 作为信号与时间之间的函数关系. $p_m(x)$ 的系数 $a_i, i=0,1,\cdots,m$ 由方程组

$$\boldsymbol{A}^{\mathrm{T}}\boldsymbol{A}\boldsymbol{\alpha}=\boldsymbol{A}^{\mathrm{T}}\boldsymbol{y} \tag{1}$$

确定,其中

$$\boldsymbol{A}=\begin{pmatrix}1 & x_0 & x_0^2 & \cdots & x_0^m\\ 1 & x_1 & x_1^2 & \cdots & x_1^m\\ \vdots & \vdots & \vdots & & \vdots\\ 1 & x_n & x_n^2 & \cdots & x_n^m\end{pmatrix},\quad \boldsymbol{\alpha}=\begin{pmatrix}\alpha_0\\ \alpha_1\\ \vdots\\ \alpha_m\end{pmatrix},\quad \boldsymbol{y}=\begin{pmatrix}y_0\\ y_1\\ \vdots\\ y_n\end{pmatrix}.$$

计算 $\boldsymbol{\alpha}=(a_0,a_1,\cdots,a_m)^{\mathrm{T}}$ 的代码如下:

```
clc;clear,clf
x =[0.50   0.510   0.520   0.530   0.540   0.550   0.560   0.570   0.580   0.590   0.600
    0.610   0.620   0.630   0.640   0.650   0.660   0.670   0.680   0.690   0.700]';
y =[100.550   100.69   100.310   99.970   99.130   97.880   97.960   97.160   96.630
    95.310   94.150   93.340   92.750   91.730   90.640   89.900   89.330   88.70   87.850
    87.380   87.810]';
m = 3;                                  % 根据数据散点图确定多项式次数为 3
for i = 1:m+1
    A(:,i) = x.^(i-1);
end
a = (A' * A) \ (A' * y);                % 求解方程(1)
disp('3 次拟合多项式为')
vpa(poly2sym(a(end:-1:1),5)             % 按 5 位数显示多项式
x0 = x(1):0.005:x(end);                 % 根据数据(x0,y0)绘制拟合多项式的图形
y0 = polyval(a(end:-1:1),x0);           % 根据 x0 计算拟合多项式的值 y0
plot(x, y,'ro',x0, y0, 'b-');
legend('检测数据','拟合多项式');
xlabel('时间/s');ylabel('信号 mV'); title('检测数据与拟合多项式')
```

输出结果如下:

```
3 次拟合多项式为
2725.1 * x^3 - 4936.3 * x^2 + 2887.3 * x - 449.55
```

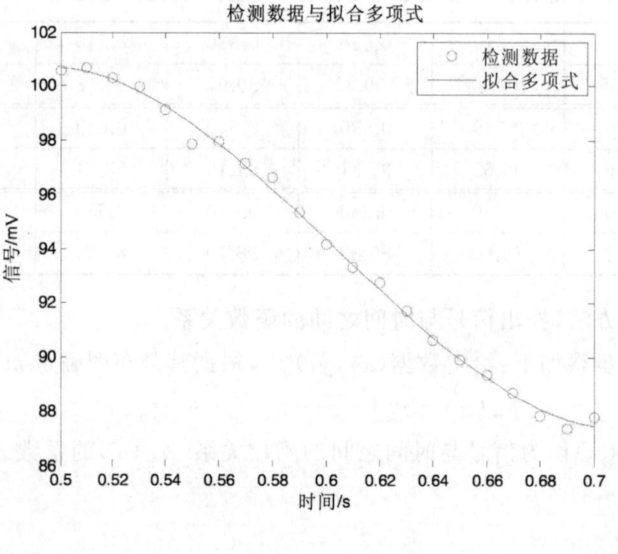

注 使用 Matlab 指令 A\y,polyfit 得同样结果.

实验 4 向量组的应用

向量组的线性相关性、极大无关组和秩的概念,在线性方程组的基础解系、线性空间的基与维数等问题中有非常重要的作用,下面考察其在中成药成分配置中的应用.

例 某中药厂用 6 种中草药(用 A~F 表示),按照不同比例配置了 7 种中成药(附表 4-1).

附表 4-1 7 种中成药的成分 单位:克

中草药	中成药 1	中成药 2	中成药 3	中成药 4	中成药 5	中成药 6	中成药 7
A	10	5	35	25	12	2	37
B	2	1	7	5	3	3	10
C	7	2	23	16	1	2	25
D	5	3	18	13	5	6	24
E	0	1	1	1	2	2	3
F	9	4	10	22	2	10	41

(1) 某医院需要购买这 7 种中成药,但药厂的 4 号、6 号药已卖完,请问能否用其他中成药配制出这两种药?

(2) 现在该医院想用这 7 种中成药配制 2 种新药,附表 4-2 给出了 2 种新药的成分,请问能否配制? 如何配制?

附表 4-2 2 种新药的成分 单位:克

中草药	配药 1	配药 2
A	19	26
B	9	11
C	13	10
D	20	22
E	5	6
F	33	30

解 假设有列向量组 $T:\boldsymbol{\alpha}_1,\boldsymbol{\alpha}_2,\cdots,\boldsymbol{\alpha}_s$,将 T 排列成矩阵 $\boldsymbol{A}=(\boldsymbol{\alpha}_1,\boldsymbol{\alpha}_2,\cdots,\boldsymbol{\alpha}_s)$,则向量组 T 的秩等于矩阵 $\boldsymbol{A}$ 的秩. 在 Matlab 中,矩阵 $\boldsymbol{A}$ 的秩可用指令 rank(A)计算,亦等于 $\boldsymbol{A}$ 的列向量组的秩. 行向量组类似. 指令 rref 也常用于判别向量组的线性相关性.

(1) 将 7 种中成药的成分视为 7 个列向量,并记为矩阵 $\boldsymbol{A}$ 如下:

$$A=\begin{pmatrix}10&5&35&12&37&25&2\\2&1&7&3&10&5&3\\7&2&23&1&25&16&2\\5&3&18&5&24&13&6\\0&1&1&2&3&1&2\\9&4&10&2&41&22&10\end{pmatrix}=(\boldsymbol{v}_1,\boldsymbol{v}_2,\boldsymbol{v}_3,\boldsymbol{v}_5,\boldsymbol{v}_7,\boldsymbol{v}_4,\boldsymbol{v}_6).$$

其中 $\boldsymbol{v}_i(i=1,2,\cdots,7)$ 为 $\boldsymbol{A}$ 的列向量,也就是 7 种中成药成分构成的列向量.问题"4 号、6 号药能否配制",相当于向量 $\boldsymbol{v}_4,\boldsymbol{v}_6$ 能否用其余向量线性表示.利用指令 rref(A)得

```
>> A=[10 5 35  12 37 25 2;2 1 7 3 10  5 3;7 2 23 1 25 16  2;
5 3 18  5 24 13 6;0 1 1  2 3 1 2;9 4 10  2 41 22 10]
>> [c,n]=rref(A)

 c =

      1     0     0     0     0     2    -3
      0     1     0     0     0     1    -1
      0     0     1     0     0     0     0
      0     0     0     1     0     0     0
      0     0     0     0     1     0     1
      0     0     0     0     0     0     0

 n =

      1     2     3     4     5
```

计算结果表明:$\boldsymbol{v}_1,\boldsymbol{v}_2,\boldsymbol{v}_3,\boldsymbol{v}_5,\boldsymbol{v}_7$ 是向量组 $\{\boldsymbol{v}_1,\boldsymbol{v}_2,\boldsymbol{v}_3,\boldsymbol{v}_4,\boldsymbol{v}_5,\boldsymbol{v}_6,\boldsymbol{v}_7\}$ 的最大线性无关组,且有

$$\boldsymbol{v}_4=2\boldsymbol{v}_1+\boldsymbol{v}_2,$$

$$\boldsymbol{v}_6=\boldsymbol{v}_7-3\boldsymbol{v}_1-\boldsymbol{v}_2.$$

因此 4 号可以配置,即 2 份中成药 1 与 1 份中成药 2 可配置出中成药 4.而 6 号药不能配置(系数有负).

(2) 新药能否配置,相当于配药 1 和配药 2 对应的列向量能否用向量组 $\{\boldsymbol{v}_1,\boldsymbol{v}_2,\boldsymbol{v}_3,\boldsymbol{v}_4,\boldsymbol{v}_5,\boldsymbol{v}_6,\boldsymbol{v}_7\}$ 线性表示.计算过程如下:

```
>> B =[ 10    5    35    25    12    2    37    19    26
         2    1     7     5     3    3    10     9    11
         7    2    23    16     1    2    25    13    10
         5    3    18    13     5    6    24    20    22
         0    1     1     1     2    2     3     5     6
         9    4    10    22     2   10    41    33    30];
>> [c,n]=rref(B)
c =

     1     0     0     2     0     0     3     1     0
     0     1     0     1     0     0     1     1     0
     0     0     1     0     0     0     0     0     0
```

```
    0     0     0     0     1     0     0     0     0
    0     0     0     0     0     1     1     2     0
    0     0     0     0     0     0     0     0     1
n =
    1     2     3     5     6     9
```

从 n 的数值可知,配药 1 可以配置,配置公式为

$$\boldsymbol{v}_1+\boldsymbol{v}_2+2\boldsymbol{v}_6.$$

配药 2 不可以配置.

实验 5 特征值的应用

矩阵特征值在数学、物理、材料、图像处理等领域有重要应用.下面先讨论矩阵特征值在矩阵幂运算中的应用,然后考察若尔当标准形的计算.

给出矩阵 $\boldsymbol{A}$,计算 $\boldsymbol{A}^k$:若矩阵 $\boldsymbol{A}$ 可对角化,则存在可逆阵 $\boldsymbol{P}$,有

$$\boldsymbol{A}^k=\boldsymbol{P}\begin{pmatrix}\lambda_1^k & & & \\ & \lambda_2^k & & \\ & & \ddots & \\ & & & \lambda_n^k\end{pmatrix}\boldsymbol{P}^{-1}.$$

例 1 斐波那契(Fibonacci)数列$\{F_k\}$:0,1,2,3,5,…,满足条件

$$F_0=0,F_1=1,F_{k+2}=F_{k+1}+F_k\quad(k=0,1,2,\cdots),\tag{1}$$

求通项 F_k.

解 记 $\boldsymbol{A}=\begin{pmatrix}1 & 1\\ 1 & 0\end{pmatrix}$,$\boldsymbol{x}_k=\begin{pmatrix}F_{k+1}\\ F_k\end{pmatrix}$,$\boldsymbol{x}_0=\begin{pmatrix}1\\ 0\end{pmatrix}$,则式(1)成为

$$\boldsymbol{x}_{k+1}=\boldsymbol{A}\boldsymbol{x}_k\quad(k=0,1,2,\cdots),$$

对上式递推有

$$\boldsymbol{x}_k=\boldsymbol{A}^k\boldsymbol{x}_0\quad(k=1,2,3,\cdots),$$

问题转化到 $\boldsymbol{A}^k$ 的计算.对矩阵 $\boldsymbol{A}$ 作特征值分解:

$$\boldsymbol{A}=\boldsymbol{P}\begin{pmatrix}\lambda_1 & 0\\ 0 & \lambda_2\end{pmatrix}\boldsymbol{P}^{-1}=\boldsymbol{P}\begin{pmatrix}\dfrac{1+\sqrt{5}}{2} & 0\\ 0 & \dfrac{1-\sqrt{5}}{2}\end{pmatrix}\boldsymbol{P}^{-1},$$

其中 $\boldsymbol{P}=\begin{pmatrix}\lambda_1 & \lambda_2\\ 1 & 1\end{pmatrix}$.因此

$$\boldsymbol{x}_k=\boldsymbol{A}^k\boldsymbol{x}_0=\boldsymbol{P}\begin{pmatrix}\lambda_1^k & 0\\ 0 & \lambda_2^k\end{pmatrix}\boldsymbol{P}^{-1}\begin{pmatrix}1\\ 0\end{pmatrix}=\frac{1}{\lambda_1-\lambda_2}\begin{pmatrix}\lambda_1^{k+1}-\lambda_2^{k+1}\\ \lambda_1^k-\lambda_2^k\end{pmatrix},$$

所以通项

$$F_k=\frac{1}{\sqrt{5}}\left[\left(\frac{1+\sqrt{5}}{2}\right)^k-\left(\frac{1-\sqrt{5}}{2}\right)^k\right].$$

```
clc;clear
A = sym([1 1 ;1 0])                      % 定义 A 为符号矩阵
syms k                                   % 定义 k 为符号变量
[P,D] = eig(A)                           % 计算 A 的特征值与特征向量,满足 AP = PD
Ak = P * D^k * inv(P) * [1,0]′;          % 计算 A^k x_0,即 x_k
simplify(Ak(2))                          % 化简 Ak 的第二个分量,即 F_k
```

输出结果如下：

```
ans =
    -(5^(1/2) * ((1/2 - 5^(1/2)/2)^k - (5^(1/2)/2 + 1/2)^k))/5
```

例 2 已知方程组 $\boldsymbol{Ax}=\boldsymbol{b}$ 如下：

$$\boldsymbol{A}=\left(\begin{array}{ccc:ccc:ccc}4&-1&0&-1&0&0&0&0&0\\-1&4&-1&0&-1&0&0&0&0\\0&-1&4&0&0&-1&0&0&0\\\hdashline -1&0&0&4&-1&0&-1&0&0\\0&-1&0&-1&4&-1&0&-1&0\\0&0&-1&0&-1&4&0&0&-1\\\hdashline 0&0&0&-1&0&0&4&-1&0\\0&0&0&0&-1&0&-1&4&-1\\0&0&0&0&0&-1&0&-1&4\end{array}\right),\quad \boldsymbol{b}=\begin{pmatrix}1\\1\\1\\1\\1\\1\\1\\1\\1\end{pmatrix}. \tag{2}$$

试建立求解(2)的雅可比(Jacobi)迭代公式,并判断是否收敛.

解 该方程组来源于离散单位正方形上拉普拉斯方程第一边值问题. 记 $\boldsymbol{D}=\mathrm{diag}(\boldsymbol{A})$,求解(2)的雅可比迭代公式为

$$\boldsymbol{x}^{(k+1)}=(\boldsymbol{I}-\boldsymbol{D}^{-1}\boldsymbol{A})\boldsymbol{x}^{(k)}+\boldsymbol{D}^{-1}\boldsymbol{b}. \tag{3}$$

雅可比迭代公式(3)属于一阶定常迭代法

$$\boldsymbol{x}^{(k+1)}=\boldsymbol{B}\boldsymbol{x}^{(k)}+\boldsymbol{f}\quad(k=0,1,2,\cdots),$$

其中 $\boldsymbol{B}\in\mathbf{R}^{nn},\boldsymbol{x}^{(k)}\in\mathbf{R}^n,\boldsymbol{f}\in\mathbf{R}^n$. 它的收敛性由 $\boldsymbol{B}$ 特征值大小决定,即当 $\max\limits_{1\leqslant i\leqslant n}|\lambda_i|<1$ 时收敛,其中 $\lambda_i(i=1,2,\cdots,n)$ 是 $\boldsymbol{B}$ 的特征值. 原因如下:假设 $\boldsymbol{x}^*$ 是 $\boldsymbol{x}=\boldsymbol{Bx}+\boldsymbol{f}$ 的解,考察误差向量

$$\boldsymbol{\varepsilon}_k=\boldsymbol{x}^{(k)}-\boldsymbol{x}^*=\boldsymbol{B}(\boldsymbol{x}^{(k-1)}-\boldsymbol{x}^*)=\cdots=\boldsymbol{B}^k(\boldsymbol{x}^{(0)}-\boldsymbol{x}^*).$$

可见 $\lim\limits_{k\to\infty}\boldsymbol{x}^{(k)}=\boldsymbol{x}^*$ 等价于 $\lim\limits_{k\to\infty}\boldsymbol{\varepsilon}_k=\boldsymbol{0}$,等价于 $\lim\limits_{k\to\infty}\boldsymbol{B}^k=\boldsymbol{O}$,等价于 $\max\limits_{1\leqslant i\leqslant n}|\lambda_i|<1$.

由于 $\max\limits_{1\leqslant i\leqslant 9}|\lambda_{\boldsymbol{I}-\boldsymbol{D}^{-1}\boldsymbol{A}}|=0.707<1$,所以式(3)收敛. 取初始向量 $\boldsymbol{x}^{(0)}$ 为零向量,式(3)迭代 $k=108$ 次收敛到极限,即 $x^{(108)}$ 是方程组 $\boldsymbol{Ax}=\boldsymbol{b}$ 的精确解：

$$\boldsymbol{x}=(0.6875,0.875,0.6875,0.875,1.125,0.875,0.6875,0.875,0.6875)^{\mathrm{T}}.$$

```
clc;clear
C = [4 -1 0; -1 4 -1;0 -1 4];I = -eye(3);O = I * 0;
A = [C,I,O;I,C,I;O,I,C];b = ones(size(A,1),1);
x0 = b * 0;                              % x_0 是初始向量
B = eye(size(A)) - inv(diag(diag(A))) * A;% 计算迭代矩阵 B
```

```
f = inv(diag(diag(A))) * b;                 % 计算向量 f
for k = 1:120                               % 确定迭代 108 次(注:可用事前误差公式确定迭代次数)
    x1 = B * x0 + f;
    x0 = x1;
end
x1'                                         % 按行向量的形式输出 x1
```

输出结果如下:

```
x1 =
    0.6875    0.8750    0.6875    0.8750    1.1250    0.8750
    0.6875    0.8750    0.6875
```

注 在数值分析中,称 $\max\limits_{1\leqslant i\leqslant n}|\lambda_{I-D^{-1}A}|$ 为矩阵 $I-D^{-1}A$ 的谱半径. 谱半径小于 1 是一阶定长迭代收敛的基本定理. 此外,更简单的一些判断方法为:① $\|I-D^{-1}A\|<1$;② 对称正定条件等;③ A 对角占优条件. 对于此例,下面 3 个结论均成立:① $\|I-D^{-1}A\|_1=0.75<1$;② A,$2D-A$ 都是对称正定矩阵;③ A 是不可约对角占优矩阵. 而这 3 个条件之一均能够得出谱半径小于 1 的结论. 所以只要使用 3 个条件之一,可更方便地断定雅可比迭代公式收敛.

关于判断一阶定长迭代收敛的详细情况,以及事前误差公式,可参见数值分析教材.

例 3 求矩阵 $A=\begin{pmatrix}-1&-2&6\\-1&0&3\\-1&-1&4\end{pmatrix}$ 的若尔当标准形.

解 首先将 $\lambda E-A$ 通过初等变换化为对角形式,再将对角线上元素分解为一次因式方幂的乘积,据此计算 A 的全部初等因子,根据初等因子写出若尔当标准形.

计算过程:

首先求初等因子:

$$kE-A=\begin{pmatrix}k+1&2&-6\\1&k&-3\\1&1&k-4\end{pmatrix}\to\begin{pmatrix}1&1&k-4\\0&k-1&-k+1\\0&-k+1&-k^2+3k-2\end{pmatrix}\to\begin{pmatrix}1&0&0\\0&k-1&-k+1\\0&-k+1&-k^2+3k-2\end{pmatrix}\to\begin{pmatrix}1&0&0\\0&k-1&0\\0&0&(k-1)^2\end{pmatrix}$$

在命令窗口中输入如下 Matlab 代码:

```
>>syms k;
>>A = [-1,-2,6;-1,0,3;-1,-1,4];
>> T = k * eye(3) - A
>> T(2,:) = T(2,:) - T(3,:)
>>T(1,:) = T(1,:) - T(3,:) * (k + 1)
>> T([1,3],:) = T([3,1],:)
>> expand(T)
    ans =
    [ 1,     1,          k - 4]
    [ 0, k - 1,          1 - k]
    [ 0, 1 - k, - k^2 + 3 * k - 2]
>> T(:,2) = T(:,2) - T(:,1)
>> T(:,3) = T(:,3) - T(:,1) * (k - 4)
>> expand(T)
```

所以 $\boldsymbol{A}$ 的初等因子是

$k-1,(k-1)^2$,

所以 $\boldsymbol{A}$ 的若尔当标准形为

$$\begin{pmatrix}1&0&0\\0&1&0\\0&1&1\end{pmatrix}$$

%———————————————————

%注 利用 Matlab 指令计算如下：

```
>>J = jordan(A)
J =
      1     1     0
      0     1     0
      0     0     1
```

注 Matlab 计算的若尔当标准形是上三角形式.

```
    ans =
    [ 1, 0,              0]
    [ 0, k - 1,          1 - k]
    [ 0, 1 - k, - k^2 + 3*k - 2]
>> T(3,:) = T(3,:) + T(2,:)
>> T(:,3) = T(:,3) + T(:,2)
>> T(3,:) = -1 * T(3,:)
>> factor(T)
    ans =
    [ 1,     0,          0]
    [ 0, k - 1,          0]
    [ 0,     0, (k - 1)^2]
>>disp('第一个若尔当块:')
>> J1 = dial(1)
    J1 =
       1
>>disp('第二个若尔当块:')
>> J2 = diag(1, -1) + eye(2)
    J2 =
       1     0
       1     1
```

实验 6 二次型和对称正定矩阵

二次型和正定矩阵在矩阵理论与应用中有十分重要的意义，在几何、最优化理论、数值分析等方面有广泛应用.

例 1 给定二次型 $f(x_1,x_2,x_3)=4x_1^2+4x_2^2+4x_3^2+2x_1x_2+2x_2x_3$.

(1) 判定 $f(x_1,x_2,x_3)$ 的正定性，并作正交变换将其变换为标准形.

(2) 求 $f(x_1,x_2,x_3)=4x_1^2+4x_2^2+4x_3^2+2x_1x_2+2x_2x_3$ 的极值.

解 记二次型为 $f=\boldsymbol{x}^{\mathrm{T}}\boldsymbol{A}\boldsymbol{x}$，其中 $\boldsymbol{x}=(x_1,x_2,x_3)^{\mathrm{T}}$. 定义

$$\frac{\partial f}{\partial \boldsymbol{x}}=\begin{pmatrix}\dfrac{\partial f}{\partial x_1}\\[2ex]\dfrac{\partial f}{\partial x_2}\\[2ex]\dfrac{\partial f}{\partial x_3}\end{pmatrix},\quad \boldsymbol{B}=\frac{\partial^2 f}{\partial \boldsymbol{x}^2}=\begin{pmatrix}\dfrac{\partial^2 f}{\partial x_1^2}&\dfrac{\partial^2 f}{\partial x_1x_2}&\dfrac{\partial^2 f}{\partial x_1x_3}\\[2ex]\dfrac{\partial^2 f}{\partial x_2x_1}&\dfrac{\partial^2 f}{\partial x_2^2}&\dfrac{\partial^2 f}{\partial x_2x_3}\\[2ex]\dfrac{\partial^2 f}{\partial x_1x_3}&\dfrac{\partial^2 f}{\partial x_2x_3}&\dfrac{\partial^2 f}{\partial x_3^2}\end{pmatrix}.$$

则易验证有

$$\frac{\partial f(x)}{\partial \boldsymbol{x}}=\frac{\partial \boldsymbol{x}^{\mathrm{T}}\boldsymbol{A}\boldsymbol{x}}{\partial \boldsymbol{x}}=2\boldsymbol{A}\boldsymbol{x},\tag{1}$$

$$\frac{\partial^2 f}{\partial \boldsymbol{x}^2}=2\boldsymbol{A}.\tag{2}$$

由式(1)计算 f 的驻点：

$$\frac{\partial f}{\partial \boldsymbol{x}}=\begin{pmatrix}\frac{\partial f}{\partial x_1}\\ \frac{\partial f}{\partial x_2}\\ \frac{\partial f}{\partial x_3}\end{pmatrix}=\begin{pmatrix}8x_1+2x_2\\ 8x_2+2x_1+2x_3\\ 8x_3+2x_2\end{pmatrix}=\mathbf{0},$$

解得驻点

$$\boldsymbol{x}^*=\begin{pmatrix}x_1\\ x_2\\ x_3\end{pmatrix}=\begin{pmatrix}0\\ 0\\ 0\end{pmatrix}.$$

下面考察 $f=\boldsymbol{x}^{\mathrm{T}}\boldsymbol{A}\boldsymbol{x}$ 在驻点处是否有极值. 由式(2)知

$$\frac{\partial^2 f}{\partial \boldsymbol{x}^2}=\begin{pmatrix}8&2&0\\ 2&8&2\\ 0&2&8\end{pmatrix}=2\boldsymbol{A},$$

得二次型矩阵 $\boldsymbol{A}$,其特征值皆大于零,故 $\boldsymbol{A}$ 正定,从而 $f(x_1,x_2,x_3)$ 在驻点 $\boldsymbol{x}^*$ 处达到最小,且最小值为零.

用 Matlab 求解上述过程,代码如下:

```
clc;clear
syms x1 x2 x3 y1 y2 y3;                          % 定义符号变量
f(x1,x2,x3) = 4 * x1^2 + 4 * x2^2 + 4 * x3^2 + 2 * x1 * x2 + 2 * x2 * x3;
F = jacobian(f,[x1,x2,x3]);                      % 计算∂f/∂x
[a1,a2,a3] = solve(F);                           % 计算 f 驻点
S0 = double([a1,a2,a3])';
B = jacobian(F,[x1,x2,x3]);                      % 计算∂²f/∂²x
A = 0.5 * double(B);                             % 计算二次型的矩阵 A
disp('题 1 结论:')
disp('二次型的矩阵 A 为')
A
[P,D] = eig(A);                                  % 计算 A 的特征值与特征向量,满足 AP = PD
if all(diag(D)>0)                                % 判断正定性
    disp('A 是正定矩阵')
else
    disp('A 不是正定矩阵')
end
disp('标准形如下:')
vpa([y1 y2 y3] * D * [y1;y2;y3],3)               % 3 位数表示标准形
disp('所作正交变换为 y = Px,其中正交矩阵 P 为:')
P
disp('题 2 结论:')
disp('最小值为')
```

```
f(a1,a2,a3)
```

输出结果如下：

题 1 结论：

二次型的矩阵 **A** 为

```
A =

     4     1     0
     1     4     1
     0     1     4
```

A 是正定矩阵

标准形如下：

```
ans =

    2.59 * y1^2  +  4.0 * y2^2  +  5.41 * y3^2
```

所作正交变换为 $\boldsymbol{y}=\boldsymbol{P}\boldsymbol{x}$，其中正交矩阵 **P** 为

```
P =

      0.5000     - 0.7071     0.5000
    - 0.7071       0.0000     0.7071
      0.5000       0.7071     0.5000
```

题 2 结论：

最小值为

```
ans = 0
```

例 2 试用附表 6-1 中 4 个氮氧化合物的原子量计算氮、氧的原子量.

附表 6-1 氮氧化合物的原子量

氮氧化合物	NO	N_2O	NO_2	N_2O_3
原子量	30.006	44.013	46.006	76.012

解 设氮、氧的原子量为 N，O，根据表格数据得

$$\begin{cases} \mathrm{N}+\mathrm{O}=30.006, \\ 2\mathrm{N}+\mathrm{O}=44.013, \\ \mathrm{N}+2\mathrm{O}=46.006, \\ 2\mathrm{N}+3\mathrm{O}=76.012 \end{cases} \xrightarrow[\text{阵形式}]{\text{记成矩}} \begin{pmatrix} 1 & 1 \\ 2 & 1 \\ 1 & 2 \\ 2 & 3 \end{pmatrix} \begin{pmatrix} \mathrm{N} \\ \mathrm{O} \end{pmatrix} = \begin{pmatrix} 30.006 \\ 44.013 \\ 46.006 \\ 76.012 \end{pmatrix} \xrightarrow{\text{记为}} \boldsymbol{A} \begin{pmatrix} \mathrm{N} \\ \mathrm{O} \end{pmatrix} = \boldsymbol{b}. \tag{3}$$

下面分析线性方程组(3)是否有解. 由 $R(\boldsymbol{A})=2, R(\boldsymbol{A},\boldsymbol{b})=3$，易知 **A** 列满秩，且方程组(3)无解. 下求(3)的最小二乘解，即使得误差 $\|\boldsymbol{b}-\boldsymbol{A}\boldsymbol{x}\|_2$ 最小的向量 $\boldsymbol{x}$. 记

$$F(\boldsymbol{x})=\|\boldsymbol{b}-\boldsymbol{A}\boldsymbol{x}\|_2^2=(\boldsymbol{b}-\boldsymbol{A}\boldsymbol{x},\boldsymbol{b}-\boldsymbol{A}\boldsymbol{x})=(\boldsymbol{b},\boldsymbol{b})-2(\boldsymbol{x},\boldsymbol{A}^{\mathrm{T}}\boldsymbol{b})+(\boldsymbol{x},\boldsymbol{A}^{\mathrm{T}}\boldsymbol{A}\boldsymbol{x}).$$

由式(1)知 $F(\boldsymbol{x})$ 的驻点满足方程

$$\boldsymbol{A}^{\mathrm{T}}\boldsymbol{A}\boldsymbol{x}=\boldsymbol{A}^{\mathrm{T}}\boldsymbol{b}. \tag{4}$$

由于矩阵 **A** 列满秩，故 $\boldsymbol{A}^{\mathrm{T}}\boldsymbol{A}$ 对称正定，式(4)有唯一解

$$x=(A^{T}A)^{-1}A^{T}b. \tag{5}$$

又由式(2)知$\frac{\partial^2 F(x)}{\partial x^2}=2A^{T}A$对称正定,所以式(5)使得$F(x)$最小,即式(5)是方程(3)的最小二乘解.因此

$$\begin{pmatrix}N\\O\end{pmatrix}=(A^{T}A)^{-1}A^{T}b=\begin{pmatrix}14.0066\\15.9996\end{pmatrix},$$

故氮、氧的原子量分别为14.0066,15.9996.

用Matlab求解上述过程,代码如下:

```
clc;clear
A=[1 1; 2 1; 1 2; 2 3]
b=[30.006, 44.013, 46.006, 76.012]';
rank(A)                              % 计算A的秩
rank([A,b])                          % 计算增广矩阵[A,b]的秩
inv(A'*A)*A'*b                       % 结果同指令A\b,推荐使用A\b
```

计算结果如下:

```
ans =                                % A的秩
     2
ans =                                % 增广矩阵[A,b]的秩
     3
ans =
   14.0067
   15.9996
```